普通高等教育“十一五”国家级规划教材

计算机基础课程系列教材

Visual Basic 程序设计教程

第4版

郭志强 邱李华 曹青 等编著

机械工业出版社
China Machine Press

图书在版编目（CIP）数据

Visual Basic 程序设计教程 / 郭志强等编著．—4 版．—北京：机械工业出版社，2017.1（2023.1 重印）
（计算机基础课程系列教材）

ISBN 978-7-111-55879-8

I. V… II. 郭… III. BASIC 语言－程序设计－高等学校－教材 IV. TP312.8

中国版本图书馆 CIP 数据核字（2017）第 014962 号

本书以 Visual Basic 6.0 为开发环境，深入浅出地介绍了程序设计的基本概念和基础知识、结构化程序的基本结构（顺序、选择和循环结构）、数组、过程、Visual Basic 常用控件、Windows 界面设计要素、计算机图形设计基本概念、文件、数据库基础及应用程序开发等。

本书内容全面，介绍了大学生应该掌握的多种常用算法，并提供了大量实用、有趣的实例，增强学生学习兴趣的同时开阔了学生视野。另外，每章配有大量知识点全面且难易结合的上机练习题，对学生巩固所学知识提供了强有力的帮助。本书配套出版的习题集紧密结合教材编写，包含了大量各种类型的练习题，同时附有参考答案，有利于学生进行课外自主练习和能力培养。

本书可作为高等学校计算机及其相关专业教材、全国计算机等级考试的参考用书，也可作为广大计算机爱好者的入门自学读物。

出版发行：机械工业出版社（北京市西城区百万庄大街 22 号　邮政编码：100037）
责任编辑：佘　洁　　　责任校对：董纪丽
印　　刷：北京建宏印刷有限公司　　　版　　次：2023 年 1 月第 4 版第 7 次印刷
开　　本：185mm×260mm　1/16　　　印　　张：22
书　　号：ISBN 978-7-111-55879-8　　　定　　价：39.00 元

客服电话：（010）88361066　68326294

前　言

Visual Basic 源自于 BASIC 编程语言，是一种由微软公司开发的可视化程序设计语言。它基于 Windows 开发环境，以事件驱动为机制，采用图形化用户界面（GUI），具有简单、易学、易用的优点，深受程序专业开发人员和初学者的喜爱。

Visual Basic 不但继承了传统的结构化程序设计语言的功能，而且引入了最新的面向对象程序设计思想。随着 Windows 版本的变化，Visual Basic 语言的版本也在逐步升级，它的功能也越来越强大。使用 Visual Basic 既可以编写各种小的客户端程序，或轻松地创建 ActiveX 控件，又可以方便快捷地使用 ADO 连接数据库，创建功能强大的数据库应用程序。

目前 Visual Basic 已经成为许多高等学校首选教学使用程序设计语言，也是全国计算机等级考试指定的程序设计语言之一。

2002 年 1 月，我们出版了《 Visual Basic 程序设计教程》及配套习题集。

2006 年 9 月，教育部高等学校计算机科学与技术教学指导委员会正式制定了《关于进一步加强高等学校计算机基础教学的意见暨计算机基础课程教学基本要求（试行）》（以下简称《要求》），对计算机程序设计基础课程教学提出了“一般要求”和“较高要求”。在充分领会《要求》精神的基础上，我们对原教材进行了修订，形成了第 2、3 版。第 2、3 版教材涵盖了《要求》中有关 Visual Basic 程序设计的“一般要求”和“较高要求”涉及的所有内容，为不同办学层次的学校和不同专业提供了选择余地。第 2、3 版突出了教改特色，适应了各高校计算机课程改革的新要求和新动向，被许多高等学校选为教材，深受广大师生的喜爱，是普通高等教育“十一五”国家级规划教材。

本书为《 Visual Basic 程序设计教程》第 4 版。第 4 版秉承了前面版本的特点，注重对学生基本概念、基本理论、基本技能的培养，条理清晰，深入浅出，实例丰富。同时，结合一线教师多年在教学实践过程中遇到的问题和其他高校教师反馈的意见，对第 3 版进行了修订，主要体现在以下几个方面：

1）强化了面向对象程序设计的基本概念。面向对象程序设计方法在当今应用程序的创建中用得越来越多，学生有必要对面向对象程序设计的基本概念、架构和设计方法有一个较全面的了解。

2）完善了数据库基本概念和相关知识介绍。数据库在各种信息系统中得到了广泛的应用，为了让学生快速掌握数据库应用程序的设计方法，本版加大了 SQL 的描述比重，引入了 ADO 对象的介绍，并通过实例深入浅出地介绍了数据库设计和应用程序的开发过程。

3）所有的例题和练习题在最新的 Windows 10 环境下进行了测试，做到了完美的兼容。

4）更正了以前版本中错误和不适当的概念描述。

5）在例题中增加了更多的注释语句，方便学生理解程序。

6）对较难的上机练习题，增加了更多提示，减轻了学生的困惑。

7）文字描述更加简练，易读易用，即使对于初学者，阅读起来也比较容易。

8）例题和习题更加丰富，增加了更多具有实用性和趣味性的例题和上机练习题。

9）完善了部分上机练习题的视频演示，视频以 swf 文件形式给出（通过网站 www.hzbook.com 下载）。

编　者

教学建议

内容	教学要求	讲课	上机	小计
第 1 章 程序设计基础	了解程序设计语言的编辑、解释、编译、连接的概念 了解源程序、目标程序和可执行程序的概念 了解算法的概念及表示 了解结构化程序设计的三种基本结构及面向对象程序设计基本概念	2		2
第 2 章 Visual Basic 简介	了解 Visual Basic 简单工程结构和工程文件的管理 了解可视化编程的基本概念 掌握属性的设置，以及方法、事件过程的使用 掌握窗体、命令按钮、标签、文本框等常用控件的使用	4	4	8
第 3 章 Visual Basic 程序设计代码基础	了解 Visual Basic 的基本数据类型 掌握常量与变量的概念及定义方法 了解常用内部函数的使用 掌握运算符、表达式的书写及求值规则 了解代码的书写规则及语法格式的约定	4	4	8
第 4 章 顺序结构程序设计	掌握赋值语句的使用方法 掌握数据输入、输出的基本方法	3	4	7
第 5 章 选择结构程序设计	掌握单行结构条件语句、块结构条件语句、多分支选择语句的语法结构和使用方法 掌握选择结构嵌套的使用	3	4	7
第 6 章 循环结构程序设计	掌握 For…Next 循环结构、Do…Loop 循环结构的基本语法和使用方法	4	6	10
第 7 章 数组	掌握数组的基本概念，以及静态数组、动态数组的定义和使用 掌握数组的基本操作 了解控件数组的概念、创建及简单使用	4	4	8
第 8 章 过程	了解过程的概念和分类 掌握 Function 过程、Sub 过程的定义和调用方法 掌握过程调用中的参数传递原理和方法 掌握过程的嵌套调用 了解变量和过程的作用域与变量的生存期	6	4	10
第 9 章 Visual Basic 常用控件	了解 Visual Basic 常用控件的使用	4	4	8
第 10 章 界面设计	掌握下拉式菜单和弹出式菜单的设计方法 掌握工具栏的设计方法 掌握对话框的设计方法	2	2	4
第 11 章 图形设计	了解 Visual Basic 图形设计的基本概念和方法 了解 Visual Basic 常用图形控件的使用 了解画点、画线、画圆等基本绘图方法	2	2	4

（续）

内容	教学要求	讲课	上机	小计
第 12 章 文件	了解文件结构与文件的分类 掌握对顺序文件、随机文件、二进制文件的打开、关闭以及读写操作	4	4	8
第 13 章 数据库	了解数据库的基本原理和概念 掌握 INSERT、UPDATE、DELETE 语句的基本语法结构和使用方法 掌握 SELECT 语句的基本语法结构和常用子句的使用方法 了解 ADO 控件及对象 掌握使用 ADO 对象连接并操纵数据库的方法	6	6	12

说明：根据教材涵盖的内容，建议课程安排的总学时为 96 学时，其中讲课和上机各占 48 学时，教师可以根据实际教学大纲要求及后续课程的安排进行适当的调整。

目　录

第 1 章
程序设计基础

要使计算机能够按人的要求完成一系列的操作，就需要在人和计算机之间建立一种二者都能识别的特定语言，这种特定语言就是程序设计语言。使用程序设计语言编写的用来使计算机完成某种特定任务的一系列命令的集合构成程序，编写程序的工作则称为程序设计。Visual Basic 是一种程序设计语言。本书将介绍 Visual Basic 6.0 程序设计语言的基础知识，以及如何使用 Visual Basic 6.0 进行简单程序设计。

1.1 程序设计语言

计算机语言种类繁多，可以从应用特点和对客观系统的描述等多个方面对其进一步分类。例如，从应用范围来分，可以分为通用语言与专用语言；从程序设计方法来分，可以分为面向过程与面向对象语言；从程序设计语言与计算机硬件的联系程度分，可以分为机器语言、汇编语言和高级语言。其中，机器语言、汇编语言依赖于计算机硬件，被统称为低级语言，高级语言与计算机硬件基本无关，因此可以说程序设计语言经历了由低级向高级发展的过程。

随着计算机的发展，出现了许许多多的高级程序设计语言。例如，早期出现的 BASIC、Pascal、FORTRAN、C 等高级语言，采用的是面向过程的程序设计方法，而较新出现的 Visual Basic、Visual C++、Java 等，采用的是面向对象的程序设计方法。面向过程的语言致力用计算机能够理解的逻辑来描述需要解决的问题和解决问题的具体方法和步骤；面向对象的程序设计语言将客观世界的事物抽象成对象，通过面向对象的方法更利于用人理解的方式对复杂系统进行分析、设计与编程。同时，面向对象能提高编程的效率，通过封装技术、消息机制可以像搭积木一样快速开发出一个全新的系统。面向对象的语言已经成为当前最流行的一类程序设计语言。Visual Basic 6.0 是一种面向对象的高级程序设计语言。

在所有的程序设计语言中，除了用机器语言编写的源程序可以在计算机上直接执行外，用其他语言编写的源程序都需要使用相应的翻译工具对其进行翻译，才能被计算机所理解并执行，这种语言翻译工具称为语言处理程序或翻译程序，用不同的程序设计语言编写出来的源程序，需要使用不同的语言处理程序。通过语言处理程序翻译后的目标代码称为目标程序。

对高级语言源程序进行翻译可以有两种方式：解释方式和编译方式，相应的翻译工具分别称为解释程序和编译程序。在解释方式下，解释程序对源程序进行逐句分析，如果没有错误，则将该语句翻译成相应的机器指令并立即执行，如果发现有错误，则立即停止执行。解释方式不生成可执行程序，其工作过程如图 1-1 所示。

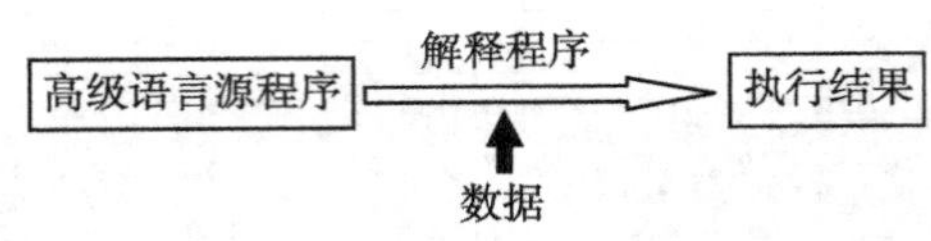

图 1-1　解释方式的工作过程

在编译方式下，编译程序对整个源程序进行编译处理，产生等价的目标程序。通常在目标程序中还可能调用一些其他语言编写的程序和标准程序库中的标准子程序，因此需要使用连接程序将目标程序和有关的其他程序库组合成一个完整的可执行程序，产生的可执行程序可以脱离源程序和语言处理程序独立存在，且可以重复运行。编译方式的工作过程如图 1-2 所示。

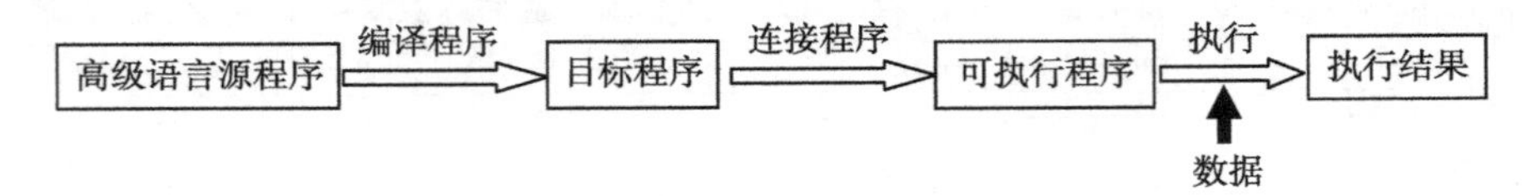

图 1-2　编译方式的工作过程

1.2　程序设计

程序设计就是使用某种程序设计语言编写一些代码来驱动计算机完成特定功能的过程。为了有效地进行程序设计，至少应当具备两个方面的知识：一个是要掌握一种或一种以上的程序设计语言；另一个是要掌握解题的方法和步骤，也就是说，在遇到一个需要求解的问题后，怎样将它分解成一系列计算机可以实现的操作步骤，这就是“算法”需要研究的问题。可以说，程序设计的灵魂是算法，而语言只是实现算法的工具。有了正确的算法，就可以利用任何一种语言编写程序，使计算机进行工作，得出正确的结果。因此本书在正式介绍 Visual Basic 语言之前，先简要介绍算法的概念和算法的表示。

1.2.1　算法

1. 什么是算法

算法是对解决某一特定问题的操作步骤的具体描述。广义地说，算法就是为解决某个问题而采取的方法和步骤。例如，厨师炒菜的操作步骤就是“烹调算法”；期末考试前的复习计划就是“复习算法”；到医院看病，先挂号，再问诊、检查、诊断，然后取药等，这就是“看病算法”。

在这里我们只讨论计算机算法，计算机中的算法就是为计算机解决问题而设计的有明确意义的操作步骤的有限集合。

计算机算法可分为两大类：数值计算算法和非数值计算算法。数值计算算法的目的是求数值解，如求方程的根、求函数的定积分等；非数值计算算法包括的范围很广，最常见的是用于管理领域，如用于文字处理和图形图像处理以及信息的排序、分类、查找等的算法。

2. 算法的特性

算法应具有以下特性：

- 有穷性：算法中执行的步骤总是有限次数的，不能无休止地执行下去。
- 确定性：算法中的每一步操作必须含义明确，不能有二义性。
- 有效性：算法中的每一步操作都必须是可执行的。
- 有 0 个到若干个输入：算法常需要对数据进行处理，因此，算法常需要数据输入。

- 有 1 个到若干个输出：算法的目的是用来解决一个给定的问题，因此，它应向人们提供解题的结果。

3. 算法的表示形式

描述算法的方法有多种，常用的有自然语言、流程图、NS 图、伪代码和 PAD 图等，其中最普遍的是流程图。下面简要介绍用自然语言和用流程图表示算法。

（1）用自然语言表示算法

自然语言就是人们日常使用的语言，因此用自然语言表示的算法较容易理解。

例如，将两个变量 X 和 Y 的值互换。

交换存在直接交换和间接交换两种方式。例如，两个人交换座位，只要各自去坐对方的座位就行了，这种交换就是直接交换。再如一瓶酒和一瓶醋互换，就不能直接从一个瓶子倒入另一个瓶子，必须借助一个空瓶子，先把酒倒入空瓶子，再把醋倒入已倒空的酒瓶子，最后把酒倒入已倒空的醋瓶子，这样才能实现酒和醋的交换，这种交换就是间接交换。

计算机中交换两个变量的值不能用直接交换的方法，而必须采取间接交换的方法，因此，需要引入一个中间变量 Z。用自然语言表示该算法，可以描述为：

步骤 1：将 X 的值存入中间变量 Z 中：$X \rightarrow Z$。

步骤 2：将 Y 的值存入变量 X 中：$Y \rightarrow X$。

步骤 3：将中间变量 Z 的值存入 Y 中：$Z \rightarrow Y$。

用自然语言表示算法，虽然容易表达，但文字冗长，而且往往不严格，对于同一段文字，不同的人会有不同的理解，容易产生二义性，因此，除了很简单的问题外，一般不用自然语言表示算法。

（2）用流程图表示算法

流程图用一些图框、流程线以及文字说明来描述操作过程。用流程图来表示算法，直观、形象、容易理解。

传统流程图采用了美国国家标准化协会（American National Standard Institute，ANSI）规定的一些符号，常见的流程图符号表示如下：

（起止框）：表示流程开始或结束。

（输入 / 输出框）：表示输入或输出。

（处理框）：表示基本处理功能的描述。

（判断框）：根据条件是否满足，在几个可以选择的路径中，选择某一路径。

↓→（流程线）：表示流程的路径和方向。

（连接点）：表示流程图中向其他地点或来自其他地点的输出或输入。

图 1-3 为交换两个变量的传统流程图。

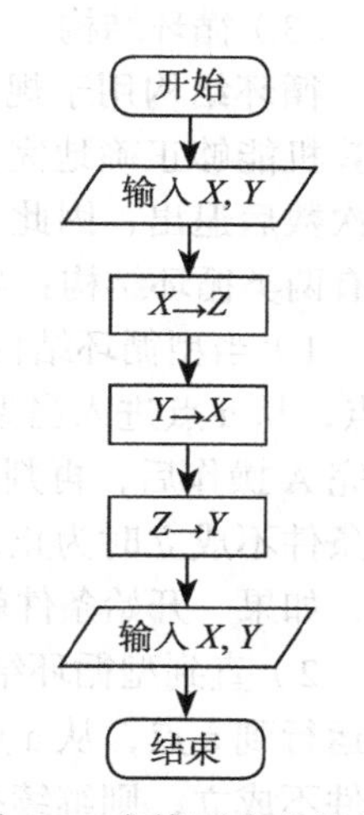

图 1-3　交换两个变量的传统流程图

1.2.2　程序设计的基本结构

在一些高级语言中设置了无条件转移语句，当程序执行到此语句时，就会无条件地转移去执行某条语句。对于编制一些小程序来说，无条件转移语句使用起来很方便，可以转到程序的任意位置去执行，但是，在长期的程序设计实践中人们发现，当设计的程序较大而且无条件转移语句稍多时，就会给程序的阅读、修改、维护带来很多的麻烦。任意地转移会使程序设计思路显得非常没有条理性且难以理解。于是人们设想，能否使用一些基本的结构来设计程序，无论多么复杂的程序，都可以使用这些基本结构按一定的顺序组合起来。这些基本结构的特点都是只有一个入口、一个出口。由这些基本结构组成的程序就避免了任意转移、难以阅读的问题。

1966 年，Bohra 和 Jacopini 提出了 3 种基本结构，认为算法和程序都可以由这 3 种基本结构组成。这 3 种基本结构分别是顺序结构、选择结构和循环结构。

（1）顺序结构

顺序结构是最简单的一种基本结构，计算机在执行顺序结构的程序时，按语句出现的先后次序依次执行。图 1-4 是用传统流程图表示的顺序结构。图 1-4 的虚线框内是一个顺序结构，其中，A 和 B 表示操作步骤。计算机先执行 A 操作，再执行 B 操作。

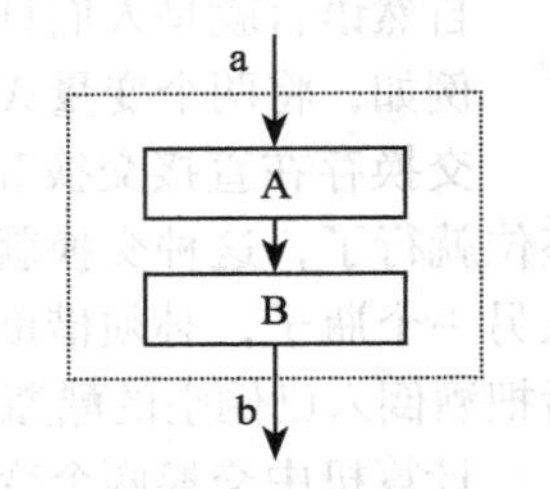

图 1-4　顺序结构流程图

（2）选择结构

当程序在执行过程中需要根据某种条件的成立与否有选择地执行一些操作时，就需要使用选择结构。图 1-5 是用传统流程图表示的选择结构，图 1-5 的虚线框内是一个选择结构。这种结构中包含一个判断框，根据判断给定的条件是否成立，从两个分支路径中选择执行其中的一个。从图 1-5 可以看出，无论执行哪一个分支路径都通过汇合点 b。b 点是该基本结构的出口点。

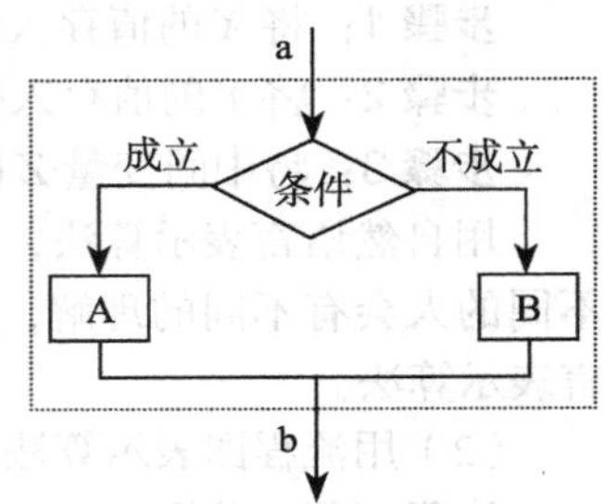

图 1-5　选择结构流程图

（3）循环结构

循环结构用于规定重复执行一些相同或相似的操作。要使计算机能够正确地完成循环操作，就必须使循环能够在执行有限次数后退出，因此，循环的执行要在一定的条件下进行。根据对条件的判断位置不同，可以有两类循环结构：当型循环和直到型循环。

1）当型循环结构。图 1-6 表示了当型循环结构。当型循环的执行过程是：当程序运行到 a 点，从 a 点进入当型循环时，首先判断条件是否成立，如果条件成立，则执行 A 操作，执行完 A 操作后，再判断条件是否成立，若仍然成立，再执行 A 操作。如此反复执行，直到某次条件不成立时为止，这时不再执行 A 操作，而是从 b 点退出循环。显然，在进入当型循环时，如果一开始条件就不成立，则 A 操作一次都不执行。

2）直到型循环结构。图 1-7 表示了直到型循环的结构。直到型循环的执行过程是：当程序运行到 a 点，从 a 点进入直到型循环时，首先执行 A 操作，然后判断条件是否成立，如果条件不成立，则继续执行 A 操作，再判断条件是否成立，若仍然不成立，再执行 A 操作。如此反复执行，直到某次条件成立时为止，这时不再执行 A 操作，而是从 b 点退出循环。显然，在进入直到型循环时，A 操作至少执行一次。

以上 3 种基本结构的共同特点如下：

- 只有一个入口、一个出口。
- 每一个基本结构中的每一部分都有机会被执行到。也就是说，对每一个框来说，都应当有一条从入口到出口的路径通过它。
- 结构内不存在“死循环”（即无终止的循环）。

已经证明，由以上 3 种基本结构组成的算法，可以解决任何复杂的问题，并且由基本结构构成的算法属于“结构化”的算法，不存在无规律的转移。

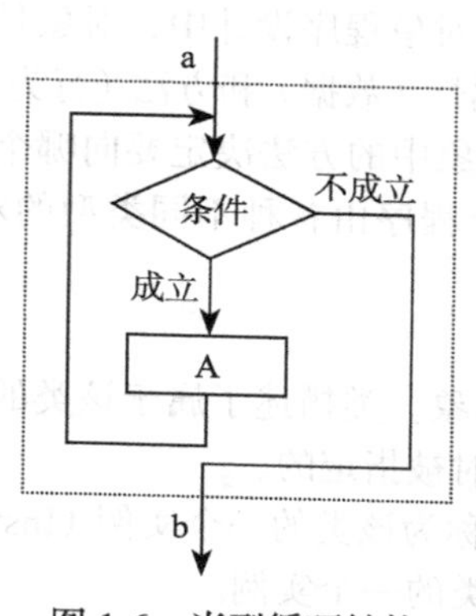

图 1-6　当型循环结构

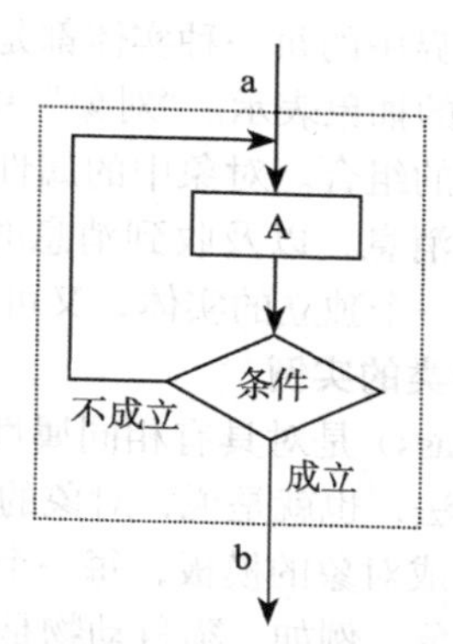

图 1-7　直到型循环结构

1.3　结构化程序设计

结构化程序设计是软件发展的一个重要里程碑，它采用自顶向下、逐步求精及模块化的设计思想，将一个系统问题按功能划分为若干模块，并使各模块之间的关系尽可能简单、在功能上相对独立，每一模块内部均是由顺序、选择和循环 3 种基本结构组成，而模块功能的实现是由子程序（函数）来完成的。

虽然结构化程序设计方法具有很多优点，但它仍是一种面向过程的程序设计方法，它把数据和处理数据的过程分离为相互独立的实体，一般只突出了实现功能的操作方法及过程的实现，其中心思想是用计算机能够理解的逻辑来描述和表达待解决的问题及其具体的解决流程，而被操作的数据处于实现功能的从属地位，程序模块和数据结构是松散地耦合在一起的。使用这种方法编写的程序在执行时是线性的，顺序是不能改变的。如果在执行过程中，用户需要输入什么参数或用户做出选择，程序将等待用户的输入。只有用户提供足够的数据，程序才能继续执行下去。像早期出现的 BASIC、FORTRAN、Pascal、C 等都是进行结构化程序设计的语言。

使用结构化程序设计方法编写小的程序比较有效。然而，随着程序规模与复杂性的增长，程序中的数据结构变得越来越重要。当数据结构改变时，所有相关的处理过程都要进行相应的修改，每一种相对于“老问题”的新方法都要重新编写处理过程，带来了额外的开销，致使程序的可重用性变差。

由于上述缺陷，面向过程的结构化程序设计思想已不能完全满足现代化软件开发的要求，一种全新的软件开发技术应运而生，这就是面向对象程序设计（Object Oriented Programming，OOP）。

1.4　面向对象程序设计

面向对象程序设计是一种计算机程序设计架构，它按照人们对现实世界的习惯认识和思维方式来设计和组织程序，它强调系统的结构应该直接与现实世界的结构相对应，应该围绕现实世界中的事物来构造系统。因此，面向对象程序设计将现实世界中的任何事物都看作对象，通过在对象之间建立相互关系来解决实际问题。

面向对象程序设计一般会涉及以下基本概念。

1. 对象

现实世界中的每一种实体都是对象（Object）。在面向对象程序设计中，对象是现实世界中各种实体的抽象表示。“对象”中封装了描述该对象的属性（数据）和方法（行为方式），是数据和代码的组合。对象中的属性描述了对象的特征；对象中的方法决定要向哪个对象发消息、发什么消息，以及收到消息时如何进行处理等。整个程序由各种不同类型的对象组成，各对象既是一个独立的实体，又可以通过消息相互作用。

2. 类和类的实例

类（Class）是对具有相同属性和行为的一组对象的抽象。类描述了属于该类的所有对象的属性和方法，也就是说，对象的属性和方法是在定义类时被指定的。

类是生成对象的模板，每一个属于某个类的特定对象称为该类的一个实例（Instance），通常简称为对象。例如，猫科动物是类，每只老虎或猫是该类的一个实例。

Visual Basic 为用户提供了丰富的类，能满足用户绝大多数的需求，如 Button 类、Label 类、TextBox 类等。用户通过这些类的实例（即对象）完成相应的编程工作。在编程时，程序员经常使用工具箱中的控件进行界面设计，每一个控件都对应一个类，每一个具体控件就是对应类的实例，即对象。

用户还可以创建自己的类，为它们定义属性、方法和事件，然后利用自己定义的类创建相应的对象。

3. 封装

对象中包含了描述该对象的属性（数据）和方法（行为方式），这种技术叫做封装(Encapsulation)。对象的这种封装性可以将对象的内部复杂性与应用程序的其他部分隔离开来，这样，在程序中使用一个对象时就不必关心对象的内部是如何实现的，而每一个对象仅有若干接口为应用程序所使用。封装使对象的内部实现与外界应用分割开来，可以有效地防止外界对对象内部数据和代码的破坏，也避免了程序各部分之间数据的滥用。

4. 继承

在面向对象程序设计中，可以在已有类的基础上通过增加新特征而派生出新的类，这种机制称为继承（Inheritance）。其原有的类称为基类（Base Class）或父类，而新建立的类则称为派生类或子类。

例如，生物是一个类，而动物就是生物的一个派生类，猫科动物又是动物的一个派生类。

在继承机制中，可以在基类的基础上增加一些属性和方法来构造出新的类。当定义新的类时，如果将新类说明为某个类的派生类，则该派生类会自动地继承其基类的属性和方法。如果基类的特征发生了改变，则其派生类将继承这些改变的特征。继承性可以使得在一个类上所做的改动，能够自动反映到它的所有派生类中。

通过继承，基类的内容在新类中可以直接使用而不必重新定义，这显然减少了软件开发的工作量，也实现了代码的重用，这正是面向对象程序设计的优点。

5. 多态

多态（Polymorphism）性是面向对象程序设计的另一重要特征。在通过继承而派生出的一系列类中，可能存在一些名称相同但实现过程和功能不同的方法。

多态性有两个方面的含义：一种是将同一个消息发送给同一个对象，但由于消息的参数不同，对象表现出不同的行为，这种多态性是通过“重载”来实现的；另一种是将同一个消息发送给不同的对象，各对象表现出的行为各不相同，这种多态性是通过“重写”来实现的。

例如，Move 方法是多态性的一个很典型的例子。当 Move 方法被一个窗体对象执行时，窗体就会将自身以及其上的全部内容移到指定的坐标；当Move方法被一个按钮对象执行时，窗体上的按钮会移到指定的位置，而窗体不会移动。同一个名称的方法提供了多态性的结果。

6. 抽象

抽象（Abstraction）是使具体事物一般化的一种过程，即对具有特定属性及行为特征的对象进行概括，从中提炼出这一类对象的共性，并从通用性的角度描述共有的属性及行为特征。抽象包括两方面的内容：一是数据抽象，即描述某类对象的公共属性；二是代码抽象，即描述某类对象共有的行为特征。

面向对象程序设计并不是要抛弃结构化程序设计方法，而是站在比结构化程序设计更高、更抽象的层次上解决问题。结构化的分解突出过程，即如何做（How to do），它强调代码的功能是如何得以实现的。面向对象的分解突出真实世界和抽象的对象，即做什么（What to do），它将大量的工作由相应的对象来完成，程序员在程序设计中只需说明要求对象完成的任务。

第2章

Visual Basic 简介

Visual Basic 是美国微软公司 1991 年推出的，它提供了开发 Microsoft Windows 应用程序的最迅速、最简捷的方法。它既易于被非专业人员学习使用，又是专业人员得心应手的开发工具。本章将介绍 Visual Basic 的主要特点、安装与启动方法、集成开发环境、Visual Basic 工程的设计步骤、可视化编程的基本概念及基本方法、几个常用对象以及 Visual Basic 帮助系统的使用。

2.1 概述

Visual Basic 是以结构化 BASIC 语言为基础，以事件驱动作为运行机制的新一代可视化程序设计语言。其中，Visual 指的是开发图形用户界面（GUI）的方法，它不需要编写大量代码描述界面元素的外观和位置，而只要把预先建立的控件（对象）添加到屏幕上即可；Basic 指的是 BASIC（Beginners' All-purpose Symbolic Instruction Code）语言，它是计算机技术发展史上应用最为广泛的语言之一。Visual Basic 在原有 BASIC 语言的基础上进一步发展，综合运用了 BASIC 语言和新的可视化设计工具，既具有 Windows 所特有的优良性能和图形工作环境，又具有编程的简易性。

无论是 Microsoft Windows 应用程序专业开发人员，还是初学者，Visual Basic 都为他们提供了一整套工具，以方便开发小到个人使用的小工具，大到企业的应用系统，甚至可以开发通过 Internet 遍及全球的分布式应用程序。

Visual Basic 具有以下主要功能特点：

1）Visual Basic 是可视化程序设计工具。在 Visual Basic 中，每个界面对象都是可视的。开发人员只需要按设计要求的屏幕布局，用系统提供的工具，直接在屏幕上“画”出窗口、菜单、按钮、滚动条等不同类型的对象，并为每个对象设置属性，Visual Basic 将自动产生界面设计代码，程序设计人员只需要编写实现程序功能的那部分代码，因此大大提高了程序设计的效率。

2）Visual Basic 沿用了结构化程序设计的思想，具有丰富的数据类型、众多的内部函数，简单易学。

3）Visual Basic 采用事件驱动的编程机制，通过事件来驱动代码的执行，完成指定功能。

在一个对象上可能会产生多个事件，每个事件都可以通过一段程序来响应。各个事件之间不一定有联系。这样的应用程序代码较短，易于编写和维护。

4）Visual Basic 提供了易学易用的应用程序集成开发环境，在该集成开发环境中，用户可以设计界面、编写代码、调试程序，直至把应用程序编译成可执行文件，脱离 Visual Basic 集成开发环境，直接在 Windows 环境下运行。

5）Visual Basic 支持对多种数据库系统的访问。利用数据访问对象能够访问 Microsoft Access、Microsoft FoxPro、SQL Server 和 Oracle 等数据库系统，也可访问 Microsoft Excel、Lotus 1-2-3 等电子表格。

6）Visual Basic 采用了对象的链接与嵌入（Object Linking and Embedding，OLE）技术，利用 OLE 技术可以很方便地开发集声音、图像、动画、文本、Web 页等对象于一体的应用程序。

2.2 Visual Basic 6.0 的安装与启动

Visual Basic 6.0 有多种版本，在安装之前首先需要根据应用环境选择合适的版本。不同的版本对硬件及软件环境的要求不同，因此在明确要安装的版本之后，还需要根据该版本对计算机系统的要求，选择正确的安装环境，以保证 Visual Basic 的正确安装和运行。

2.2.1 Visual Basic 6.0 的版本

Visual Basic 6.0 包括 3 种版本：学习版、专业版和企业版。这些版本是在相同的基础上建立起来的，多数应用程序可以在 3 种版本中通用。3 种版本适合不同的用户层次。

1）学习版：Visual Basic 的基础版本，可用于开发 Windows 和 Windows NT 应用程序。该版本包括所有的内部控件以及网格、数据绑定控件等。

2）专业版：为专业编程人员提供了一整套功能完备的开发工具。该版本包括学习版的全部功能以及 ActiveX 控件、Internet 控件开发工具、动态 HTML 页面设计等高级特性。

3）企业版：可供专业编程人员开发功能强大的组内分布式应用程序。该版本包括专业版的全部功能，同时具有自动化管理器、部件管理器、数据库管理工具等。

2.2.2 Visual Basic 6.0 的系统要求

Visual Basic 6.0 是 Windows 环境下的应用程序，对运行环境的具体要求如下：

1）微处理器：486DX/66 MHz 或更高。

2）内存：至少 16 MB 以上。

3）硬盘空间：安装不同版本的 Visual Basic 6.0 所需要的硬盘空间有所区别。

- 学习版：典型安装需要 48 MB，完全安装需要 80 MB。
- 专业版：典型安装需要 48 MB，完全安装需要 80 MB。
- 企业版：典型安装需要 128 MB，完全安装需要 147 MB。

另外，安装 Visual Basic 的帮助文档 MSDN 需要 67 MB 的硬盘空间，还需要安装 Internet Explorer 4.x 或更高的版本（Windows 98 及以上版本中已经包含），至少再需要 66 MB 的空间。

4）显示设备：VGA 或更高分辨率的显示器。

5）读入设备：CD-ROM。

6）操作系统：Microsoft Windows NT 3.51 或更新的版本，或 Microsoft Windows 95/98 或更新的版本。

2.2.3 Visual Basic 6.0 的安装

下面以安装 Visual Basic 6.0 中文企业版为例介绍 Visual Basic 6.0 的安装。

1）将 Visual Basic 安装光盘放入光驱，若系统能够自动播放，则自动启动安装程序，否则运行 1 # 光盘中的 setup.exe，显示“ Visual Basic 6.0 中文企业版安装向导”对话框，如图 2-1 所示。

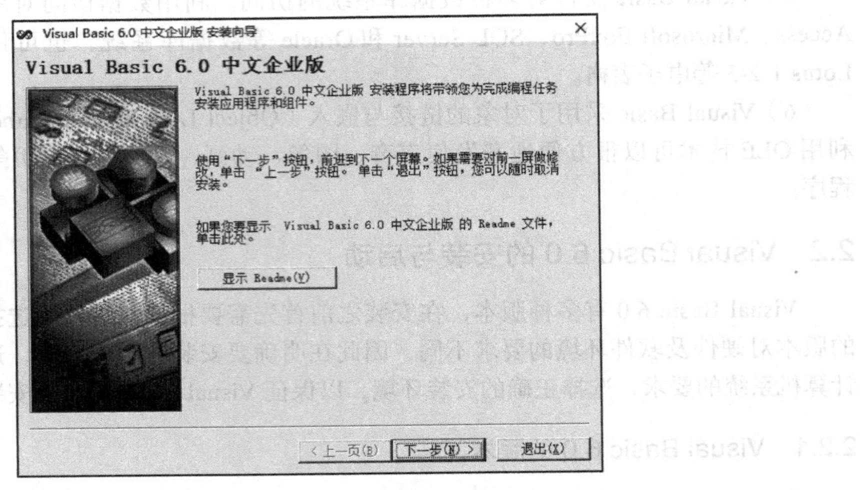

图 2-1 “Visual Basic 6.0 中文企业版安装向导”对话框

2）在图 2-1 所示对话框中，单击“下一步”按钮，则打开“最终用户许可协议”对话框，选择“接受协议”，再单击“下一步”按钮，输入产品 ID 号和用户信息，继续单击“下一步”按钮，打开选择安装程序对话框，如图 2-2 所示。

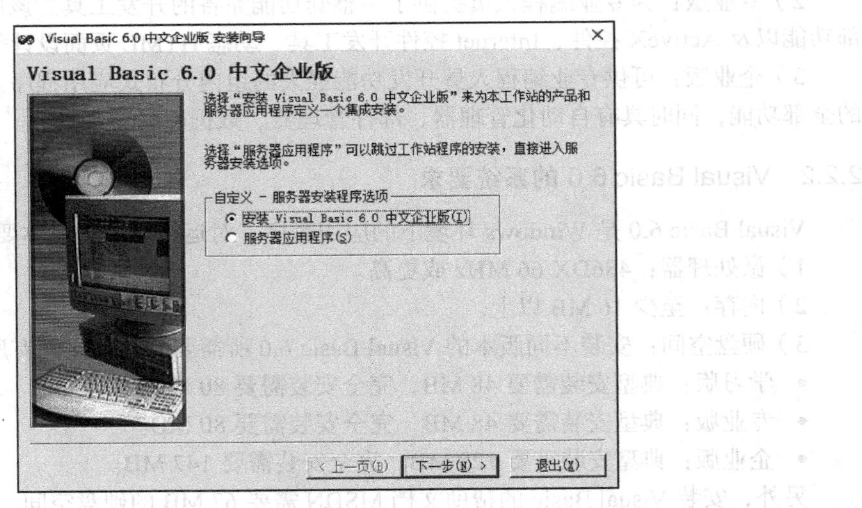

图 2-2 选择安装程序对话框

3）在图 2-2 中选择“安装 Visual Basic 6.0 中文企业版”后，单击“下一步”按钮，打开选择安装类型对话框，如图 2-3 所示。

4）在图 2-3 中，选择“典型安装”，系统自动安装一些最常用的组件；选择“自定义安装”，可以根据用户自己的实际需要有选择地安装组件。图 2-4 为“自定义安装”对话框。

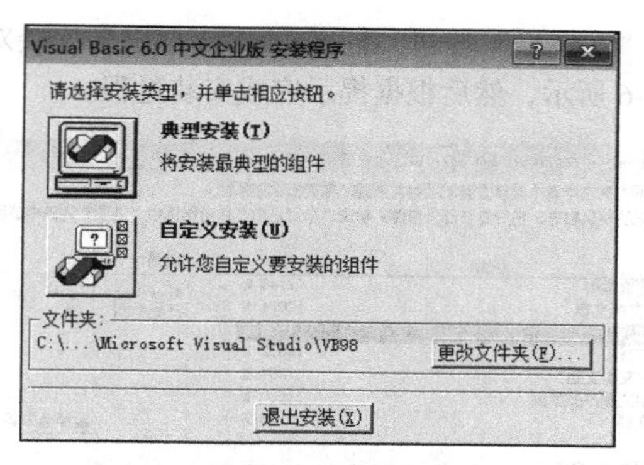

图 2-3　选择安装类型对话框

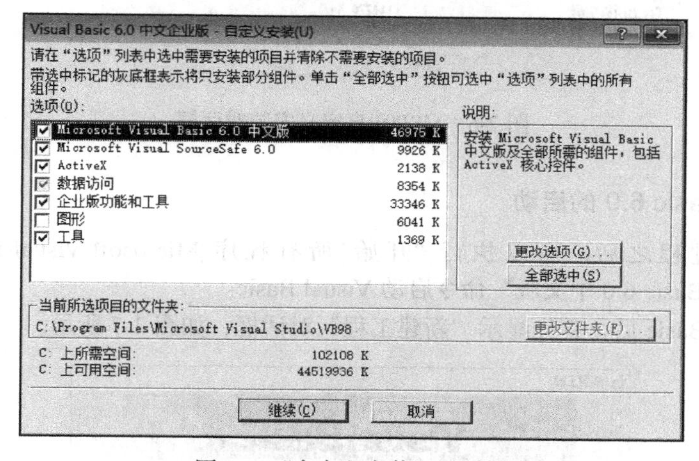

图 2-4　“自定义安装”对话框

5）在“自定义安装”对话框中，选择所需要的组件后，单击“继续”按钮，安装程序将文件复制到硬盘上，复制完成后重新启动计算机，完成 Visual Basic 6.0 的安装。

6）重新启动计算机后，安装程序将自动打开“安装 MSDN”对话框，如图 2-5 所示。选择“安装 MSDN”选项，可以安装联机帮助文档。

图 2-5　“安装 MSDN”对话框

7）在图2-5中单击“下一步”按钮，打开MSDN自定义安装对话框，在对话框中选择需要安装的组件，如图2-6所示，然后根据提示完成安装过程。

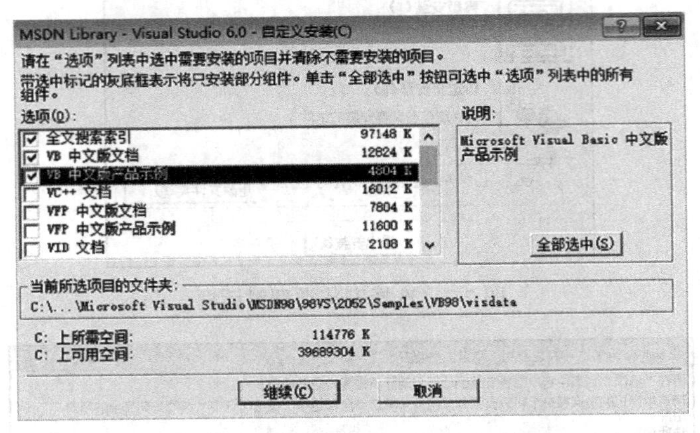

图2-6 MSDN自定义安装对话框

2.2.4 Visual Basic 6.0的启动

完成安装过程之后，可以执行“开始|所有程序|Microsoft Visual Basic 6.0中文版|Microsoft Visual Basic 6.0中文版”命令启动Visual Basic。

启动Visual Basic后，首先显示“新建工程”对话框，如图2-7所示。

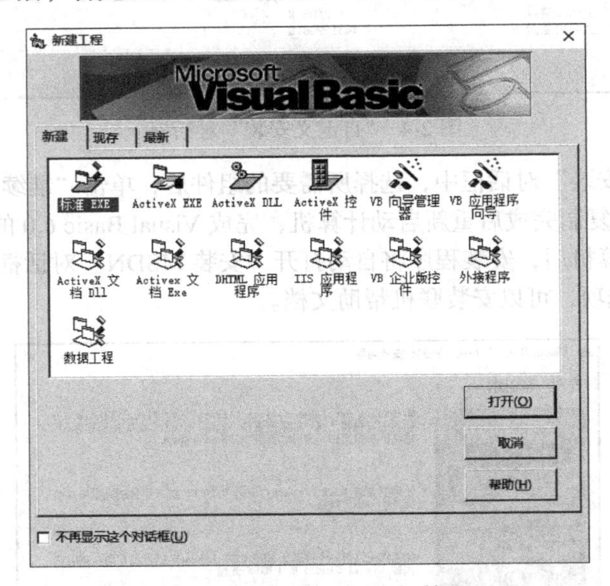

图2-7 “新建工程”对话框

“新建工程”对话框列出了可以在Visual Basic 6.0中使用的工程类型，在该对话框中有以下3个选项卡。

- 新建：用于建立一个新的工程。在该选项卡中，选择默认的“标准EXE”，单击“打开”按钮，就可以创建该类型的应用程序，进入Visual Basic的集成开发环境。初学者新建工程时，只要选择默认的“标准EXE”即可。

- 现存：用于选择和打开现有的工程。
- 最新：列出最近建立或使用过的工程，可以从中直接选择要打开的工程。

2.3 Visual Basic 的集成开发环境

Visual Basic 的集成开发环境（IDE）与 Windows 环境下的许多应用程序相似，同样有标题栏、菜单栏、工具栏、快捷菜单，除此之外，它还有工具箱、工程资源管理器窗口、属性窗口、窗体布局窗口、窗体设计器窗口、代码编辑器窗口、立即窗口等，如图 2-8 所示。

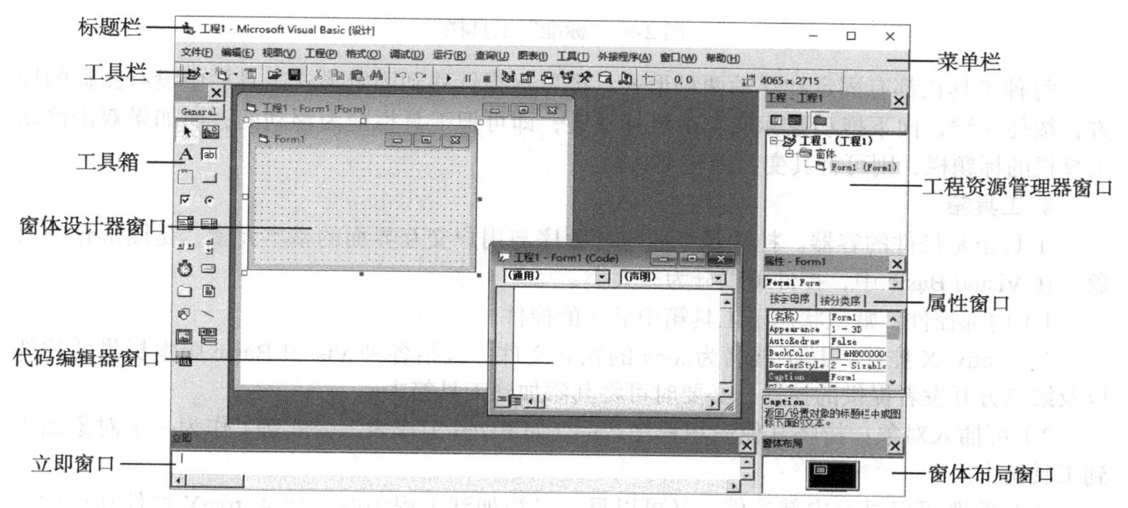

图 2-8　Visual Basic 集成开发环境

1. 标题栏

启动 Visual Basic 6.0 后，标题栏中显示的信息是“工程 1-Microsoft Visual Basic[设计]”。方括号中的“设计”表明当前的工作状态是处于“设计模式”。随着工作状态的不同，方括号中的信息也随之改变。Visual Basic 6.0 有 3 种工作状态：设计模式、运行模式、中断模式。

1）设计模式：可以进行用户界面的设计和代码的编写。

2）运行模式：运行应用程序，此时方括号中显示“运行”。在此工作状态下，不可以编辑代码，也不可以编辑界面。

3）中断模式：应用程序运行暂时中断，此时方括号中显示“ break”。在此工作状态下，可以编辑代码，但不可以编辑界面。按 F5 键或单击工具栏上的“继续”按钮可以使程序继续运行；单击工具栏上的“结束”按钮结束程序的运行。在此模式下，会弹出立即窗口，在立即窗口内可以输入简短的命令，并立即执行。

2. 菜单栏

菜单栏提供了 Visual Basic 中用于开发、调试和保存应用程序所需要的所有命令。除了提供标准的“文件”“编辑”“视图”“窗口”和“帮助”菜单之外，还提供了编程专用的功能菜单，如“工程”“格式”“调试”等菜单。

3. 工具栏

工具栏提供了对常用命令的快速访问。单击工具栏上的按钮，即可执行该按钮所代表的操作。Visual Basic 6.0 提供了 4 种工具栏：编辑、标准、窗体编辑器和调试。默认情况下，启动 Visual Basic 之后显示如图 2-9 所示的“标准”工具栏。其他工具栏可以从“视图”菜单下的“工具栏”命令中打开或关闭。

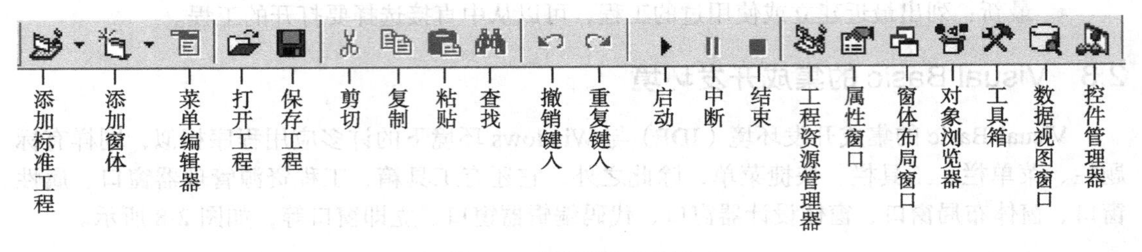

图 2-9 “标准”工具栏

每种工具栏都有固定和浮动两种形式。把鼠标指针移到固定形式工具栏中没有图标的地方，按住左键，向下拖动鼠标或双击鼠标左键，即可把工具栏变为浮动的；而如果双击浮动工具栏的标题栏，则可将其变为固定工具栏。

4. 工具箱

工具箱是控件的容器。控件是组成应用程序与用户交互界面的基本元素，是图形化的对象。在 Visual Basic 中，控件可以分为三大类：

1）内部控件：默认状态下工具箱中显示的控件。

2）ActiveX 控件：是扩展名为 .ocx 的独立文件，包括各种 Visual Basic 版本提供的控件以及第三方开发者提供的控件，必要时可将其添加到工具箱中。

3）可插入对象：指将其他应用程序产品（如 Excel 工作表、公式等）作为一个对象加入到工具箱中。

工具箱既可以显示内部控件，又可以显示已添加到工程中的任何 ActiveX 控件和可插入对象。每个控件由工具箱中的一个图标来表示。

通过向工具箱中添加新的选项卡，可以组织安排控件。添加选项卡的步骤是：

1）在工具箱上单击鼠标右键。

2）选择快捷菜单中的“添加选项卡”命令。

3）在打开的“新选项卡名称”对话框中输入选项卡名称，如“xx”，如图 2-10 所示。

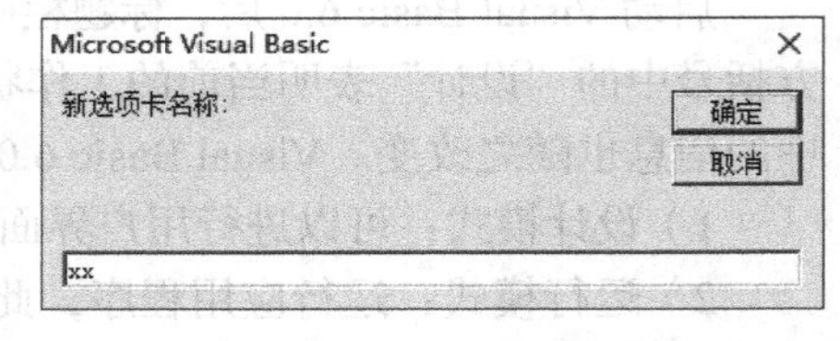

图 2-10 “新选项卡名称”对话框

要将控件放到新的选项卡上，只需用鼠标左键将控件“拖”到新选项卡“xx”上，如图 2-11 所示。

右击选项卡名称，从弹出的快捷菜单中选择“删除选项卡”或“重命名选项卡”可以删除当前选项卡或重新命名当前选项卡。当在工具箱中需要添加很多控件时，使用新建选项卡可以对控件进行分类组织。

如果关闭了工具箱，可以执行“视图 | 工具箱”命令或单击工具栏的按钮将其打开。

5. 工程资源管理器窗口

一个工程由多种类型的文件组成，如工程文件、窗体文件、标准模块文件等。在工程资源管理器窗口中，以树形目录结构的形式列出了当前工程中包括的所有文件，并列出了每个文件相应的名称（与“名称”属性相同）和存盘文件名，如图 2-12 所示。

以下是几种常见的文件：

1）工程文件（.vbp）：每个工程对应一个工程文件。用“文件 | 新建工程”命令可以建立一个新的工程。

2）工程组文件（.vbg）：当一个应用程序包含两个以上的工程时，这些工程构成一个工

程组。执行“文件 | 添加工程”命令或单击工具栏的按钮可以添加一个工程，构成一个工程组。

3）窗体文件（.frm）：该文件存储窗体及其所使用的控件的属性、对应的事件过程、程序代码等。

4）标准模块文件（.bas）：该文件包含变量、常量、通用过程的全局（在整个应用程序范围内有效）声明或模块级声明，是一个纯代码性质的文件。

5）类模块文件（.cls）：该文件包含用户自定义的对象。

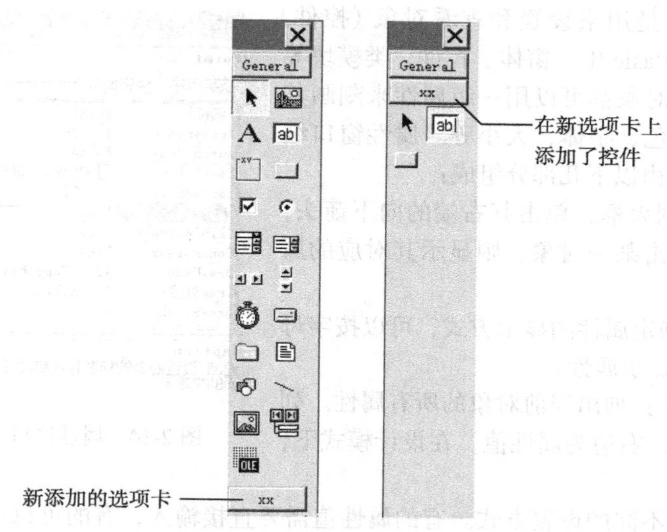

图 2-11　添加选项卡后的工具箱

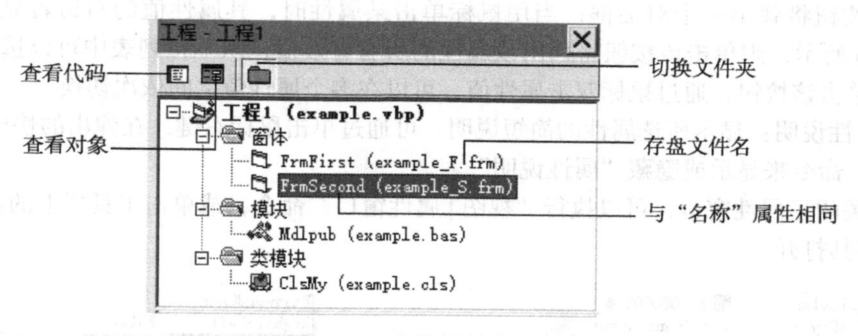

图 2-12　工程资源管理器窗口

各种文件的层次关系如图 2-13 所示。

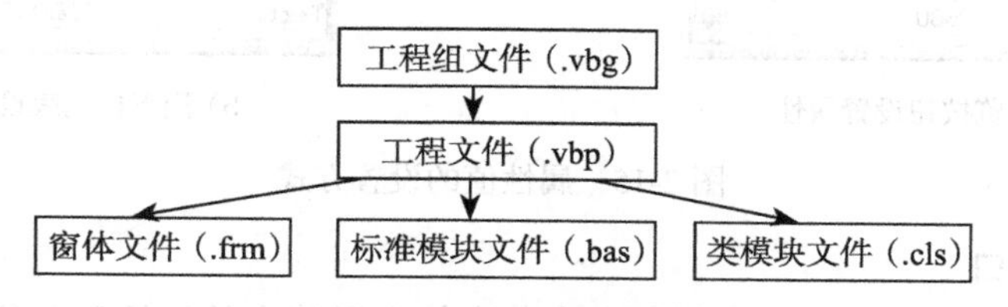

图 2-13　各种文件之间的层次关系

工程资源管理器窗口中有以下 3 个按钮：

1）“查看代码”按钮：切换到代码窗口，以显示或编辑代码。

2）“查看对象”按钮：切换到窗体设计器窗口，以显示或编辑对象。

3）“切换文件夹”按钮：切换文件夹显示方式。单击“切换文件夹”按钮，则显示各类文件所在的文件夹，再单击一次该按钮，则取消文件夹显示。

如果关闭了工程资源管理器窗口，可以执行“视图 | 工程资源管理器”命令，或使用工具栏的按钮将其打开。

6. 属性窗口

属性窗口主要是用来设置和查看对象（控件）的属性。在 Visual Basic 中，窗体、控件、类模块等被称为对象。每个对象都可以用一组属性来刻画其特征，如名称、颜色、字体、大小等。属性窗口结构如图 2-14 所示，由以下几部分组成：

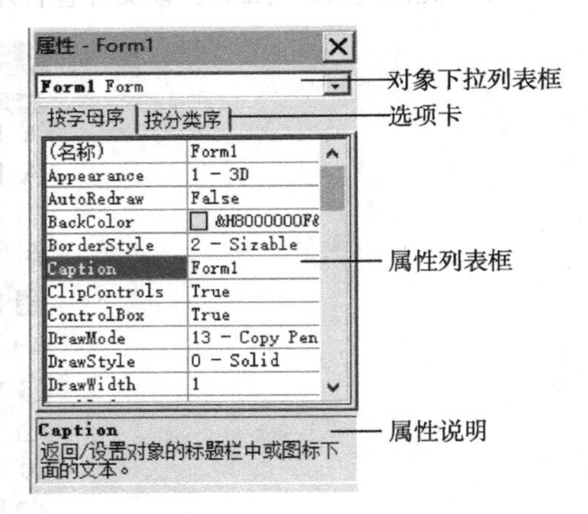

图 2-14 属性窗口

1）对象下拉列表框：单击其右端的向下箭头，显示对象列表，单击某一对象，则显示其对应的属性名和属性值。

2）选项卡：确定属性的显示方式，可以按字母顺序或按分类顺序显示属性。

3）属性列表框：列出当前对象的所有属性。列表中左边为属性名，右边为属性值。在设计模式下，可以改变属性值。

不同的属性有不同的设置方式。有的属性值需要直接输入，有的可以从列表或对话框中选择。例如，当用鼠标单击某属性时，其属性值的右边若显示浏览按钮，如图 2-15a 所示，则单击该按钮将弹出一个对话框；当用鼠标单击某属性时，其属性值的右边若显示按钮，如图 2-15b 所示，则单击该按钮将列出该属性的所有有效值，从下拉列表中可以选择属性值，也可以不单击该按钮，通过鼠标双击属性值，可以在多个属性值之间依次切换。

4）属性说明：显示所选属性的简短说明。可通过单击鼠标右键，在弹出的快捷菜单中单击“描述”命令来显示或隐藏“属性说明”。

如果关闭了属性窗口，可以执行“视图 | 属性窗口”命令，或单击工具栏上的按钮，或按 F4 键将其打开。

a）用浏览按钮设置属性

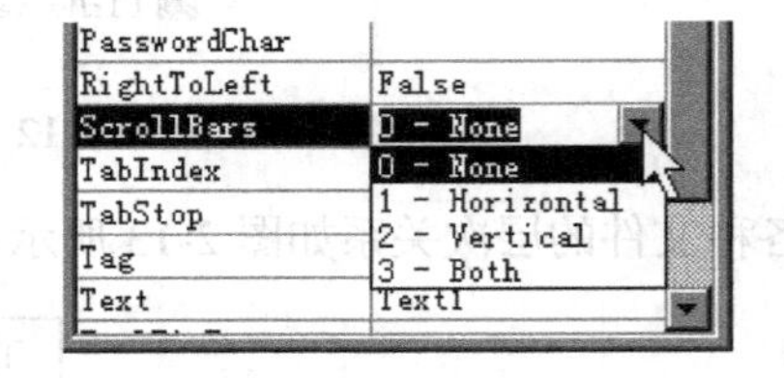

b）用下拉列表设置属性

图 2-15 属性值的设置方式

7. 窗体布局窗口

使用窗体布局窗口可以调整应用程序中各窗体在屏幕中的初始显示位置。使用鼠标拖曳窗体布局窗口中的小窗体图标，可以调整程序运行时窗体显示的位置，如图 2-16 所示。还可以将鼠标放置在小窗体图标上，单击鼠标右键，在弹出的快捷菜单中通过“启动位置”设置窗体运行时的初始位置。

如果关闭了窗体布局窗口，可以执行“视图 | 窗体布局窗口”命令，或单击工具栏上的按钮将其打开。

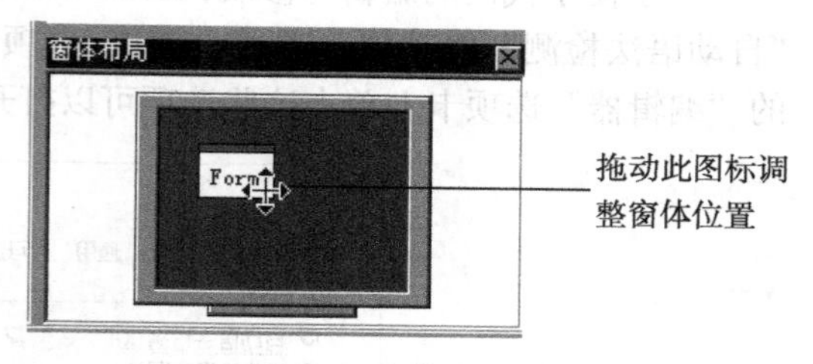

图 2-16 窗体布局窗口

8. 窗体设计器窗口

窗体设计器窗口是进行界面设计的窗口。应用程序中每一个窗体都有自己的窗体设计器窗口。

如果关闭了窗体设计器窗口，可以执行“视图 | 对象窗口”命令，或按“Shift+F7”组合键，或单击工程资源管理器窗口中的“查看对象”按钮将其打开。

9. 代码编辑器窗口

代码编辑器窗口又称为代码窗口，是编辑程序代码的窗口。应用程序中的每个窗体或标准模块都有一个独立的代码编辑器窗口与之对应。可以通过下列方法之一进入代码窗口编写程序代码。

- 双击窗体的任何地方。
- 在窗体上单击鼠标右键，在弹出的快捷菜单中选择“查看代码”命令。
- 单击工程资源管理器窗口中的“查看代码”按钮。
- 执行“视图 | 代码窗口”命令。

代码窗口如图 2-17 所示，主要包括以下几部分。

1）对象下拉列表框：列出了当前窗体及其所包含的所有对象名。无论窗体名称是什么，在该列表中总是显示为 Form。

2）过程下拉列表框：列出了所选对象的所有事件过程名。

如果在对象下拉列表中选择“通用”，在过程下拉列表中选择“声明”，则光标所停留的位置称为“模块的通用声明段”，在该位置可以编写与特定对象无关的通用代码，一般在此声明模块级变量或定义通用过程。

3）“过程查看”按钮：单击该按钮，则在代码窗口中只显示当前过程代码。

4）“全模块查看”按钮：单击该按钮，则在代码窗口中显示当前模块中所有过程的代码。

5）拆分栏：拖动拆分栏可以将代码窗口分隔成上下两个窗格，两者都具有滚动条，通过单击各自的滚动条可以实现在同一时间查看代码中的不同部分。双击拆分栏将关闭一个窗格。

6）代码区：编写程序代码的位置。在对象下拉列表框中选择“对象名”，在过程下拉列表框中选择“事件过程名”，即可在代码区形成对象的事件过程模板，用户可在该模板内输入代码。

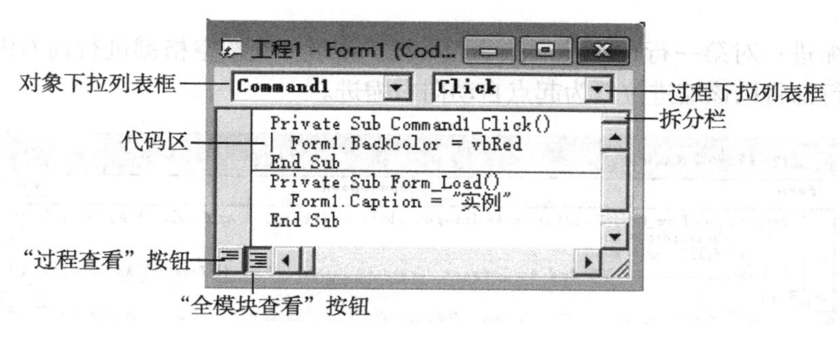

图 2-17 代码窗口

为了便于代码的编辑与修改，Visual Basic 提供了“自动列出成员”、“自动显示快速信息”、“自动语法检测”等功能。通过“工具|选项”命令访问“选项”对话框，在“选项”对话框的“编辑器”选项卡上单击这些选项可以打开或关闭相应功能，如图 2-18 所示。

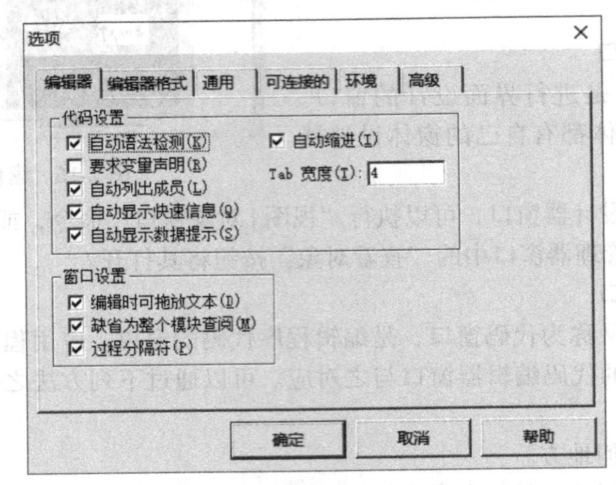

图 2-18 “选项”对话框的“编辑器”选项卡

- 自动列出成员：当要输入某个对象的属性或方法时，在对象名后输入完小数点后，系统就会自动列出这个对象的成员。如图 2-19 所示，列表中包含该对象的所有成员（属性和方法）。键入属性名或方法名的前几个字母，系统就会从列表中选中该成员，按 Tab 键、空格键或用鼠标双击该成员将完成这次输入。如果关闭了“自动列出成员”功能，当在对象名后输入完小数点后，使用“Ctrl+J”组合键也可以列出该对象的成员。

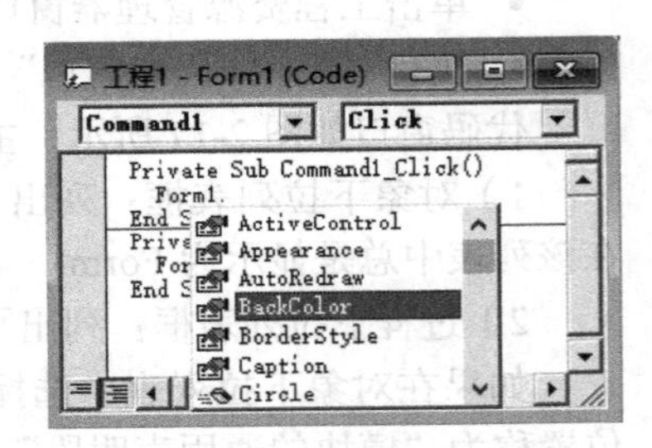

图 2-19 自动列出成员

- 自动显示快速信息：该功能显示语句和函数的语法。如图 2-20 所示，当在代码窗口输入合法的语句或函数名之后，其语法立即显示在当前行的下面，并用黑体字显示它的第一个参数。在输入第一个参数值之后，第二个参数成为黑体字，依此类推。如果关闭了“自动显示快速信息”功能，可以用“Ctrl+I”组合键得到该功能。
- 自动语法检测：当输入完一行代码并使光标离开该行（如按回车键）后，如果该行代码存在语法错误，那么系统会显示警告对话框，同时该语句变成红色，如图 2-21 所示。
- 自动缩进：对第一行代码使用制表符（按 Tab 键）或按空格键进行向右缩进后，所有后续行都将以该缩进位置为起点自动向右缩进。

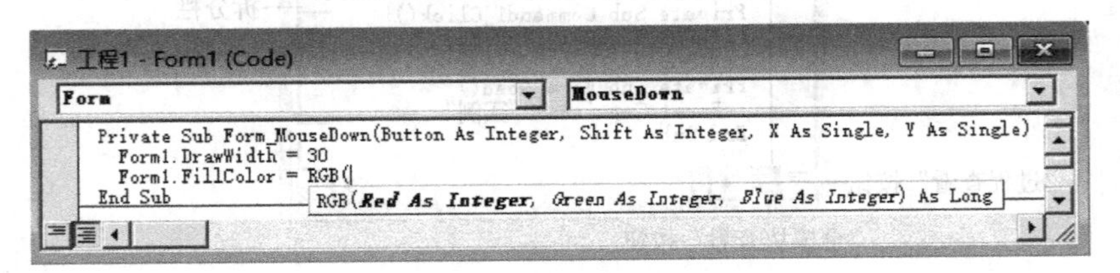

图 2-20 自动显示快速信息

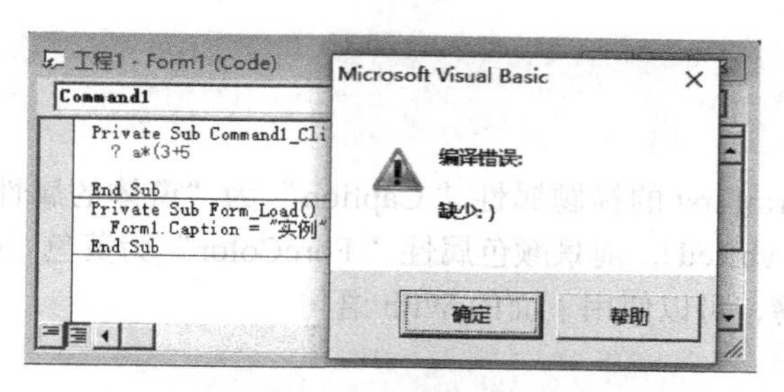

图 2-21　自动语法检测

10. 立即窗口

使用"视图 | 立即窗口"命令可以打开立即窗口。在立即窗口中可以键入或粘贴一行代码，按下回车键就可以执行该行代码。例如，可以直接在该窗口中使用 Print 方法显示所关心的表达式的值。该窗口是为调试应用程序提供的。当中断应用程序的执行时，可以在立即窗口中检查某些变量或表达式的值，以检验程序执行到中断位置的状态。

2.4 可视化编程的基本概念及基本方法

Visual Basic 采用事件驱动的编程机制，提供了面向对象程序设计的强大功能，用 Visual Basic 进行应用程序设计，实际上是与一组对象进行交互的过程。因此，准确地理解对象的有关概念是设计 Visual Basic 应用程序的重要环节。

2.4.1 对象

在现实生活中，一个实体就是一个对象，如一个人、一个气球、一台计算机等都是对象。在面向对象的程序设计中，对象是系统中的基本运行实体，是代码和数据的集合。

Visual Basic 的对象分为两类：一类由系统设计，可以直接使用或对其进行操作，如工具箱中的控件、窗体、菜单、应用程序等；另一类由用户定义。建立一个对象之后，就可以通过对其属性、事件和方法的引用实现对该对象的操纵。

2.4.2 属性

属性是一个对象的特性，不同的对象具有不同的属性。例如，对于某个人，有名字、职务和住址等属性；对于某辆汽车，有型号、颜色、各种性能指标等属性。在 Visual Basic 中，对象常见的属性有标题（Caption）、名称（Name）、颜色（Color）、字体（Font）、是否可见（Visible）等。通过修改对象的属性，可以改变对象的外观和功能。可以通过下面两种方法之一来设置对象的属性。

- 在设计阶段，在属性窗口中对选定的对象进行属性设置。
- 在代码中，用赋值语句设置，使程序在运行时实现对对象属性的设置，其格式为：

```
对象名 . 属性名 = 属性值
```

例如，给一个对象名为"cmdOK"的命令按钮的"Caption"属性设置为"确定"，相应的语句为：

```
cmdOK.Caption=" 确定 "
```

在代码中，当需要对同一对象设置多个属性时，可以使用 With…End With 语句，其格式为：

```
With 对象名
    [语句]
End With
```

例如，设置窗体frmFirst的标题属性“Caption”为“窗体的属性设置”，背景颜色属性“BackColor”为红色（vbRed），前景颜色属性“ForeColor”为黄色（vbYellow），字体大小属性“FontSize”为16磅，可以使用下面的With语句：

```
With frmFirst
    .Caption = "窗体的属性设置"
    .BackColor = vbRed
    .ForeColor = vbYellow
    .FontSize = 16
End With
```

2.4.3 事件

事件是指可以被对象识别的动作，如单击鼠标、双击鼠标、按下键盘键等。Visual Basic为每个对象预先定义好了一系列的事件。例如，单击鼠标事件（Click）、双击鼠标事件（DblClick）、按键事件（KeyPress）、窗体加载事件（Load）等。

事件的发生可以由用户触发（如用户在对象上单击了鼠标），也可以由系统触发（如窗体加载），或者由代码间接触发。用户可以为每个事件编写一段相关联的代码，这段代码称为事件过程。当在一个对象上发生某种事件时，就会执行与该事件相关联的事件过程。这就是事件驱动的编程机制。在事件驱动的应用程序中，代码执行的顺序由事件发生的先后顺序决定，因此应用程序每次运行时所经过的代码路径可以是不同的。

事件过程的一般格式如下：

```
Private Sub 对象名_事件名([参数表])
    程序代码
End Sub
```

其中，“参数表”随事件过程的不同而不同，有些事件过程没有参数。

例如，运行时，要在命令按钮Command1上发生单击（Click）事件时将窗体的背景颜色设置成红色，事件过程为：

```
Private Sub Command1_Click()
    Form1.BackColor = vbRed            ' 表示将窗体的背景颜色设置成红色
End Sub
```

这里的Click事件过程就没有参数。

例如，运行时，在窗体上按下鼠标左键，会触发窗体的MouseDown事件。要在发生MouseDown事件时在窗体标题栏上显示“你好！”，事件过程为：

```
Private Sub Form_MouseDown(Button As Integer, Shift As Integer, X As Single, Y As Single)
    Form1.Caption = "你好！"
End Sub
```

MouseDown事件过程模板中就含有参数，其中，Button、Shift、X、Y即为MouseDown事件过程的参数。

控件对象的事件是固定的，用户不能建立新的事件。一个对象可以响应一个或多个事件，因此可以使用一个或多个事件过程对用户或系统的事件做出响应。

建议在代码窗口中通过对象下拉列表框及过程下拉列表框来选择对象及事件过程，由系统自动生成对象的事件过程模板，以避免键入错误或遗漏参数。

2.4.4 方法

方法定义了在对象上可以进行的操作。每一种对象都有其特定的方法。例如，窗体对象有打印方法（Print）、显示方法（Show）、清除方法（Cls）、移动方法（Move）等。对象方法的使用格式为：

```
[对象名.]方法名 [参数表]
```

若省略了对象名，则表示当前对象，一般指窗体。

例如，使用 Print 方法在名称为 FirstForm 的窗体上显示字符串“欢迎使用 Visual Basic”，语句如下：

```
FirstForm.Print "欢迎使用 Visual Basic"
```

使用 Show 方法显示名称为 SecondForm 的窗体，语句如下：

```
SecondForm.Show
```

使用 Cls 方法清除名称为 MyPicture 的图片框中的内容，语句如下：

```
MyPicture.Cls
```

【例 2-1】 编写一个事件过程，实现运行时在窗体上移动鼠标画出指定宽度的、红色的点。

要实现上述功能，可以在窗体的 MouseMove 事件过程中编写代码，颜色通过窗体的 ForeColor 属性设置，图形宽度通过窗体的 DrawWidth 属性设置，画点通过窗体的 PSet 方法实现。

```
Private Sub Form_MouseMove(Button As Integer, Shift As Integer, _
                X As Single, Y As Single)
    Form1.ForeColor = vbRed           ' 设置窗体的前景颜色
    Form1.DrawWidth = 10              ' 设置图形方法输出的线宽
    Form1.PSet (X, Y)                 ' 在 (X, Y) 坐标位置画点
End Sub
```

以上 MouseMove 事件过程返回的参数 X、Y 表示了当前鼠标箭头所指向的位置，代码中使用该坐标作为 PSet 方法的参数，实现了在鼠标箭头所指向的位置画点。

2.5 Visual Basic 工程的设计步骤

在 Visual Basic 中，建立一个简单的工程一般可按以下步骤进行。

1）新建一个工程。

2）设计用户界面。

3）编写事件过程及通用过程。

4）运行、调试并保存工程。

2.5.1 新建工程

新建一个工程有以下两种方法：

- 启动 Visual Basic 后，在系统显示的“新建工程”对话框的“新建”选项卡中选择“标

准 EXE”，然后单击“打开”按钮。

- 执行“文件|新建工程”命令，然后在打开的“新建工程”对话框中选择“标准 EXE”，然后单击“确定”按钮。

用以上方法之一新建一个工程之后，观察工程资源管理器窗口，可以看见新建的工程名称。Visual Basic 为新建的工程取名为“工程 1”，并且工程中已经有了一个窗体 Form1。接下来就可以在窗体 Form1 上设计应用程序界面，或添加新的窗体，设计多个界面。界面设计是通过在窗体上放置各种对象并设置对象的属性来实现的。

2.5.2 设计界面

界面是用户与应用程序交互的基础，应用程序的界面应该能够向用户提供所允许的操作，所以在设计阶段，需要根据应用程序的初始界面要求在窗体上添加控件、调整控件布局、设置对象的初始属性如（对象的名称、显示的字体大小、背景样式等）。

1. 控件的画法

在窗体上画一个控件有以下两种方法：

- 单击工具箱中所需的控件按钮，在窗体上拖动鼠标画出控件。
- 双击工具箱中所需的控件按钮，即可在窗体中央位置画出控件。

一般情况下，每单击一次工具箱中的控件按钮，只能在窗体上画一个相应的控件。如果希望单击一次工具箱中的控件按钮在窗体上连续画出多个相同类型的控件，可按如下步骤操作：

1）按下 Ctrl 键同时单击工具箱中所需的控件按钮，然后松开 Ctrl 键。

2）在窗体上拖动鼠标画出一个或多个控件。

3）画完后，单击工具箱中的指针按钮或其他按钮。

2. 控件的选择

在对某个控件或某些控件进行操作之前，需要先选择相应的控件。当画完一个控件或用鼠标单击某控件之后，表明选择了该控件。如果要同时选择多个控件，则可以使用以下两种方法。

- 按住 Shift 键或 Ctrl 键不放，再用鼠标依次单击各个控件。
- 在窗体的空白区域按住鼠标左键拖曳鼠标，只要鼠标拖曳出的虚线框接触到的控件都会被选择，如图 2-22 所示。

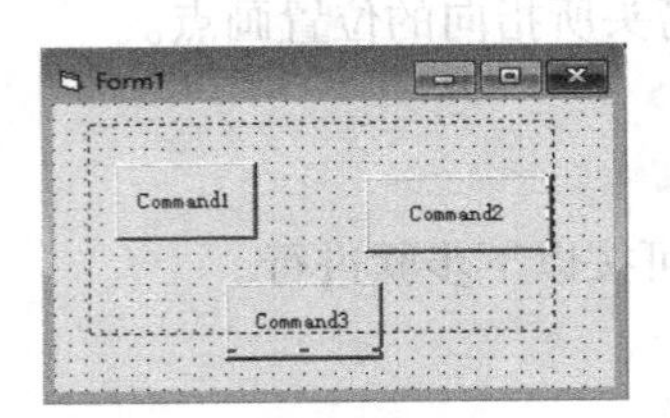

a）鼠标拖曳选择 3 个控件

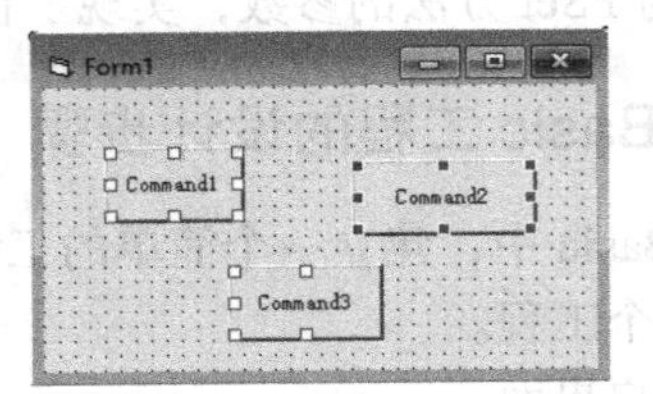

b）Command2 为当前控件

图 2-22　拖曳鼠标选择多个控件

选择了一个或多个控件之后，在控件的边框上会有 8 个小控制柄，其中有一个控件的控制柄为实心，表明该控件是“活动”的，称为当前控件。图 2-22b 中的命令按钮 Command2 为当前控件。若要改变当前控件，如将命令按钮 Command1 设置为当前控件，则只需要单击 Command1 即可。

选择了一个或多个控件之后，在属性窗口显示的是这个控件或这些控件共有的属性，这时在属性窗口可以为多个控件同时设置属性。例如，可以通过设置 Font 属性将多个控件的字体设置为相同的字体。

3. 控件的缩放和移动

在窗体上画出控件后，其大小和位置不一定符合设计要求，此时可以对控件进行放大、缩小和移动等操作。

要改变控件的大小，首先选择该控件，然后通过拖拉边框上的控制柄进行放大或缩小。要调整控件位置，可以将鼠标指针移到控件内，按下鼠标左键拖曳鼠标将控件移到合适的位置上。另外，还可以使用“ Shift+ 方向箭头”来改变当前控件的大小，用“ Ctrl+ 方向箭头”来移动当前控件的位置。

除了上述方法外，还可以通过控件的属性设置控件的位置和大小。在属性窗口中，有 4 个属性与控件的大小和位置有关，即 Width、Height、Top 和 Left。其中，Left 属性表示对象内部的左边与它的容器（如窗体）的左边之间的距离，Top 属性表示对象的顶部和它的容器（如窗体）的顶边之间的距离，Width 属性表示对象的宽度，Height 属性表示对象的高度，图 2-23 显示了命令按钮的这 4 个属性的含义。

对于窗体，Left、Top、Width 和 Height 属性总是以缇为单位来表示；对于控件，这些属性的度量单位取决于控件所在容器（如窗体）的坐标系。坐标系的概念将在第 11 章介绍。

4. 控件的复制与删除

假设窗体上有一个名称为“ Text1”的控件，要对其进行复制操作，需要首先选中该控件使其成为当前控件，然后执行“编辑 | 复制”命令，再执行“编辑 | 粘贴”命令，此时屏幕上会弹出一个对话框，如图 2-24 所示，询问是否要创建控件数组，单击“否”按钮后，将在窗体的左上角复制一个文本框，用鼠标拖曳此文本框将其移到适当的位置上。注意，如果单击“是”按钮，将创建控件数组，有关控件数组的使用将在第 7 章介绍。

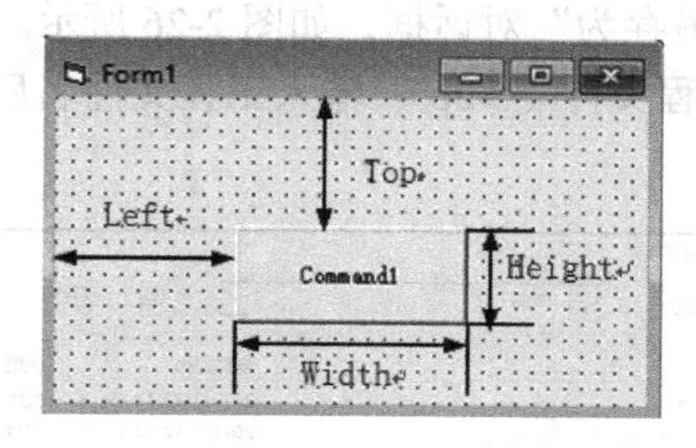

图 2-23　控件的大小及位置属性

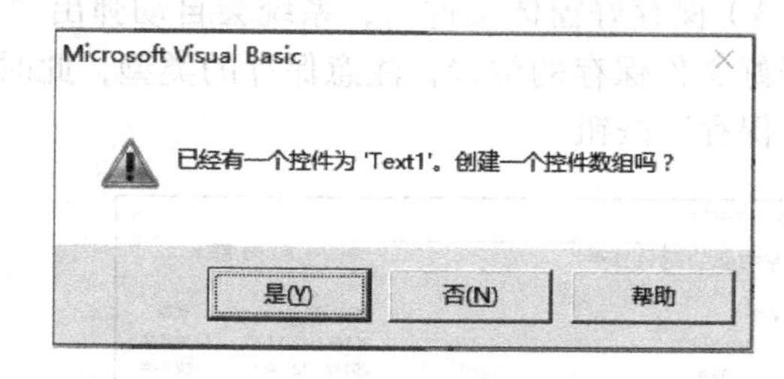

图 2-24　询问是否要创建控件数组

要删除一个控件，需要首先选中该控件使其成为当前控件，然后按 Delete 键，或右击控件，执行快捷菜单中的“删除”命令。

5. 控件的布局

当窗体上存在多个控件时，需要对这些控件进行排列、对齐、统一尺寸、调整间距等操作。这些操作可以通过“格式”菜单来完成。

首先选定多个控件，然后使用“格式”菜单对这些选定的控件进行格式调整。如果要进行对齐或统一尺寸，需要首先确定以哪个控件为准。在选定多个控件之后，可以用鼠标单击某一控件，使该控件成为当前控件（控制柄成为实心)，则对齐或调整大小时会以该控件为准。例如，对图 2-22b 中的 3 个选择的命令按钮使用“格式 | 统一尺寸 | 两者都相同”命令，则将命令按钮 Command1 和 Command3 的宽度和高度调整为与命令按钮 Command2 相同。

在设计界面阶段需要特别注意的是，要首先确定好各对象的名称属性。如果在编写完代码后再修改对象的名称属性，则需要再次修改代码中所有使用该对象名称的部分。

完成窗体界面设置后，就可以编写代码，实现应用程序的功能了。

2.5.3 编写代码

代码也叫程序，用于完成应用程序的功能。代码的编写需在代码窗口中进行。

Visual Basic 采用事件驱动的编程机制，代码的执行需要由事件来驱动，除了一些通用的常量、变量、过程等之外，大多数代码都要写在相应的事件过程中。因此编写代码之前首先要明确该代码的编写位置。例如，如果希望在窗体加载时设置窗体的字体为隶书、24 磅，则需要在窗体的 Load 事件过程中编写该段代码。又如，希望在单击某命令按钮时实现某些功能，则需要将代码写在该命令按钮的 Click 事件过程中。

从下一章开始将介绍 Visual Basic 的代码基础知识，以及如何编写 Visual Basic 的代码，完成所需的功能。

编写好程序后，对于程序正确与否需要通过运行、调试之后才能确定。

2.5.4 保存工程

一个 Visual Basic 工程由多种类型的文件组成，如工程文件、窗体文件、标准模块文件等，因此，保存一个工程需要分多步才能完成。下面以一个只有一个窗体的简单工程为例，介绍工程的保存方法。

1）对于从未保存过的工程，执行“文件 | 保存工程”命令或“文件 | 工程另存为”命令，或单击工具栏中的“保存工程”按钮，都会打开“文件另存为”对话框，如图 2-25 所示。

2）在“文件另存为”对话框中，选择好文件保存的位置，并注意保存的类型，此时为窗体文件（.frm），输入窗体文件名后，单击“保存”按钮。

3）保存好窗体文件后，系统会自动弹出“工程另存为”对话框，如图 2-26 所示。同样选择好文件保存的位置，注意保存的类型，此时为工程文件（.vbp），输入工程文件名后，单击“保存”按钮。

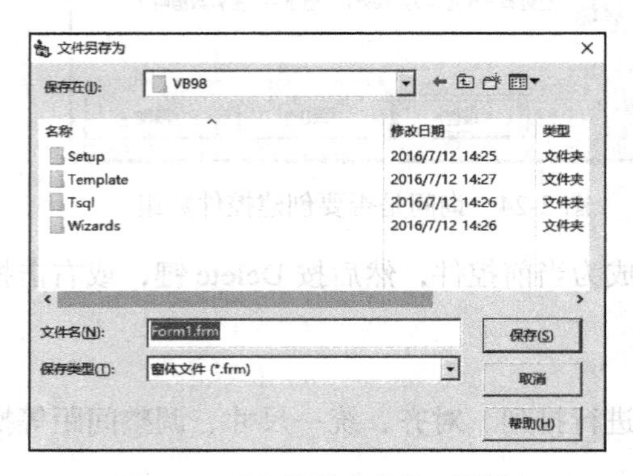

图 2-25 “文件另存为”对话框

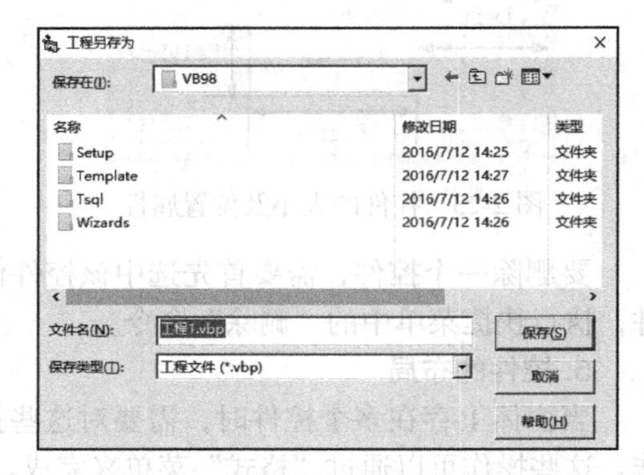

图 2-26 “工程另存为”对话框

注意：窗体文件和工程文件最好保存在相同的文件夹中，并且取相同的文件名前缀，以免进行磁盘复制时，找不到所需文件。保存完毕后，在工程资源管理器窗口中可以看到相应的文件名。

在保存工程文件后，对工程进行的任何修改都需要使用“文件 | 保存工程”或单击工具

栏中的“保存工程”按钮再次保存。

若要修改文件名，可以依次选择“文件|Form1 另存为”（其中，“Form1”视具体窗体名而定）和“文件|工程另存为”命令，分别将窗体文件和工程文件另存为新的名称。注意，要先另存窗体文件后再另存工程文件。若只修改了窗体文件名，仍然要重新保存工程文件，因为在保存工程文件时，系统要记录其所含窗体文件所在的路径和文件名。

至此，一个完整的工程编制完成了。选择“文件|移除工程”命令可以关闭当前工程，继续设计其他工程。

若用户需要再次修改或运行已关闭的工程，可以使用“文件|打开工程”命令。如果用户在 Windows 10 中的“此电脑”或“文件资源管理器”中打开文件，应双击工程文件，即扩展名为 .vbp 的文件，其默认的显示图标为。

需要注意的是，不要直接在“此电脑”或“文件资源管理器”下直接修改工程文件或窗体文件的文件名，更不要修改其扩展名。

2.5.5 运行与调试工程

执行“运行|启动”命令，或单击工具栏中的启动按钮，或按 F5 键，即可运行当前工程。在运行阶段需要对所编写的代码正确与否进行验证，如果运行有错或者不能达到预期的目的，则需要执行“运行|结束”命令，或单击工具栏中的结束按钮，或单击窗体的关闭按钮结束运行，重新回到设计状态修改代码甚至修改界面，然后再次运行，检查修改结果是否正确。这一步骤往往需要多次重复才能完成。

Visual Basic 提供了多种手段来帮助编程人员查找代码中的错误。

2.6 窗体、命令按钮、标签和文本框

本节将介绍 Visual Basic 中 4 个常用的对象：窗体、命令按钮、标签和文本框，并结合示例介绍 Visual Basic 简单工程的设计。

2.6.1 窗体

窗体（Form）就是平时所说的窗口，它是 Visual Basic 应用程序中最常见的对象，也是界面设计的基础。各种控件对象必须建立在窗体上，即窗体是所有控件的容器。一个窗体对应一个窗体模块。

1. 窗体的结构

与 Windows 环境下的应用程序窗口一样，Visual Basic 中的窗体也具有控制菜单、标题栏、最大化 / 还原按钮、最小化按钮、关闭按钮及边框，如图 2-27 所示。

在设计阶段，可以将窗体最大化，可以通过双击最大化窗体的标题栏将窗体进行还原，但不能将窗体最小化和关闭。在运行阶段，窗体同 Windows 下的窗口一样，如果不加特别限制，可以对其进行最大化、最小化、关闭、移动、调整大小等操作。

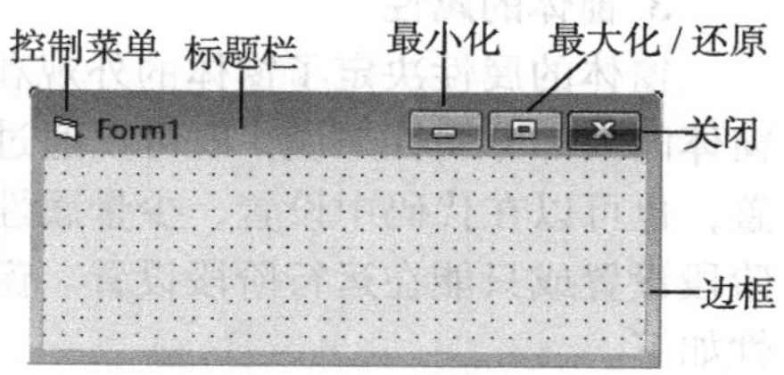

图 2-27 窗体的结构

2. 窗体的添加和移除

当建立新工程时，系统会自动创建一个窗体 Form1，但在实际应用中，可能需要使用多个窗体，这时就需要向当前工程中添加新的窗体。添加新窗体的步骤如下：

1）执行“工程 | 添加窗体”命令，默认情况下，系统将显示如图 2-28 所示的“添加窗体”对话框。

2）在“添加窗体”对话框中，选择“新建”选项卡可以添加一个新窗体，列表框中列出了各种类型的新窗体，选择“窗体”类型选项，可以建立一个新的空白窗体；选择“现存”选项卡，可以添加已经建立的窗体。

3）单击“打开”按钮，一个新窗体即添加到当前工程中。

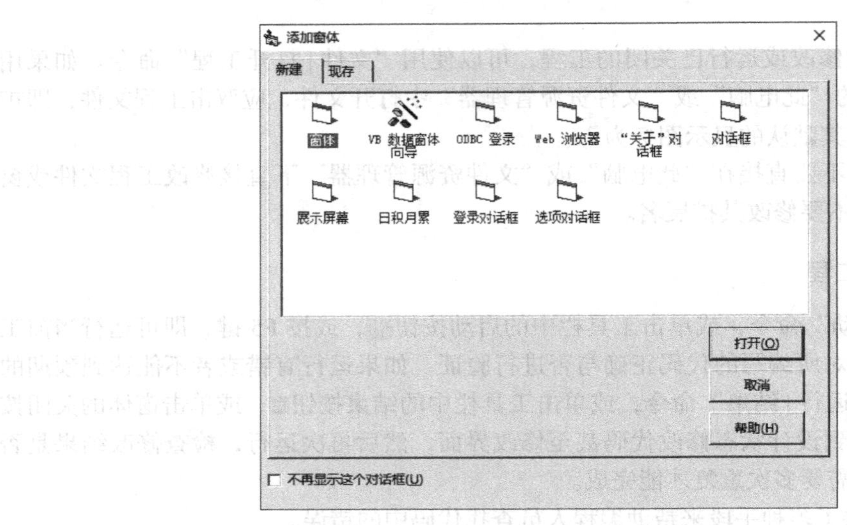

图 2-28 “添加窗体”对话框

也可以将一个窗体从当前工程中移除，移除窗体的步骤如下：

1）从工程资源管理器窗口中选择要移除的窗体。

2）执行“工程 | 移除 Form1”命令，其中，Form1 为窗体名，随具体窗体的不同而不同。

在工程资源管理器窗口中用鼠标右击窗体名，从弹出的快捷菜单中选择“移除 Form1”命令也可以移除窗体。

一个工程在运行时必须有一个主窗体作为工程的启动对象。通常，工程有一个默认的启动对象。如果将启动对象从工程中移除，或者需要改变工程的启动对象，则可以通过“工程 ××× 属性”命令打开“工程属性”对话框（其中，××× 为当前工程的名称），如图 2-29 所示，从“启动对象”下拉列表中选择一个启动对象来设置或改变当前工程的启动对象。图 2-29 中的启动对象可以选择 Form1、Form2、Sub Main，其中，Form1、Form2 为窗体，Sub Main 是一种特殊的过程，关于 Sub Main 的概念将在第 8 章介绍。

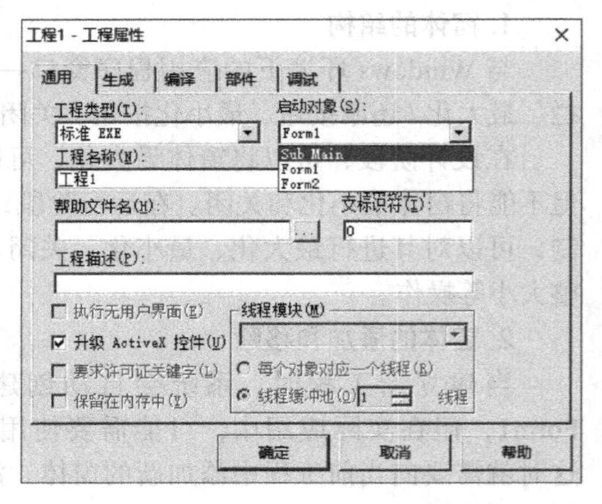

图 2-29 “工程属性”对话框

3. 窗体的属性

窗体的属性决定了窗体的外观和操作。对于窗体的大部分属性来说，既可以通过属性窗口设置，也可以在代码中设置，少量属性只能在设计阶段设置或只能在运行阶段设置。窗体的常用属性如下。

1）名称属性：决定窗体的名称，必须以一

个字母开始，最长可达 40 个字符。它可以包括数字和下划线（_），但不能包括标点符号或空格。该名称也是默认的窗体文件名。

2）Caption 属性：决定窗体标题栏显示的内容。

3）BackColor 属性：决定窗体的背景颜色。

4）BorderStyle 属性：决定窗体的边框样式。

5）ForeColor 属性：决定窗体的前景颜色。在窗体上绘制图形或打印文本都将采用此颜色。

6）Font 属性：决定要在窗体中输出的字符的字体、大小等特性，它是一个 Font 对象。在设计阶段，在属性窗口单击 Font 属性右边的浏览按钮，可以打开一个对话框，在该对话框中可以设置字体、字形、大小、效果等。在代码中也可以通过访问 Font 对象的属性来设置字符的字体、大小等特性，格式为：

```
对象名.Font.属性名
```

其中，“属性名”可以是 Name（字体）、Size（大小）、Bold（粗体）、Italic（斜体）、Underline（下划线）、Strikethrough（删除线）。

例如，将窗体 frmFirst 的字体设置为隶书、18 磅、带下划线，可以使用如下语句：

```
frmFirst.Font.Name = "隶书"
frmFirst.Font.Size = 18
frmFirst.Font.Underline = True
```

除了 Font 属性外，还可以通过对 FontName（字体）、FontSize（大小）、FontBold（粗体）、FontItalic（斜体）、FontUnderline（下划线）、FontStrikethru（删除线）等属性的设置，来完成对窗体上字符输出特性的控制。例如，将窗体 frmFirst 的字体设置为隶书、18 磅、带下划线，可以使用如下语句：

```
frmFirst.FontName = "隶书"
frmFirst.FontSize = 18
frmFirst.FontUnderline = True
```

7）CurrentX 属性、CurrentY 属性：返回或设置下一次打印或绘图的水平（CurrentX）或垂直（CurrentY）坐标，设计时不可用，即在属性窗口看不见这两个属性。默认的坐标以缇为单位表示。一缇相当于 1/20 个打印机的磅。

8）Picture 属性：决定要在窗体上显示的图片。默认属性值为 None，表示无图片。在设计期间，要取消设置的图片，可以将光标置于属性窗口中该属性的属性值上，按 Delete 键。

9）Icon 属性：决定运行时窗体处于最小化时所显示的图标，也是窗体左上角的控制菜单图标。

10）ControlBox 属性：决定窗体是否具有控制菜单。

11）MaxButton 属性：决定窗体的标题栏中是否具有最大化按钮。

12）MinButton 属性：决定窗体的标题栏中是否具有最小化按钮。

13）Moveable 属性：决定运行时窗体是否能移动。

14）WindowState 属性：决定运行时窗体是正常、最小化还是最大化。

4. 窗体的事件

常用的窗体事件有：

1）Click（单击）事件：单击窗体中不含任何其他控件的空白区域，触发该事件。

2）DblClick（双击）事件：双击窗体中不含任何其他控件的空白区域，触发该事件。

3）Load（加载）事件：当窗体被装入工作区时，触发该事件。

4）Activate（激活）事件：当窗体变为活动窗口时，触发该事件。

5）MouseDown（鼠标按下）事件：在窗体上按下鼠标按钮时，触发该事件。

6）MouseUp（鼠标释放）事件：在窗体上释放鼠标按钮时，触发该事件。

7）MouseMove（鼠标移动）事件：在窗体上移动鼠标时，触发该事件。

在设计阶段，双击窗体中不含任何其他控件的空白区域，进入代码窗口，直接显示窗体的 Load 事件过程模板。通常在窗体的 Load 事件过程中编写一个窗体的启动代码，如指定窗体的初始背景颜色、指定窗体上控件的初始属性设置等。

5. 窗体的方法

窗体上常用的方法有 Print、Cls、Move 和 Show 等，其语法及应用将在后续章节中介绍。

【例 2-2】 设计一个简单的欢迎界面。

界面设计：启动 Visual Basic 6.0，新建一个“标准 EXE”工程，将窗体的名称属性改为 frmFirst。

代码设计：在窗体的激活（Activate）事件过程中编写代码，设置窗体的背景色、前景色、字体、打印的位置，并清空窗体标题栏。使用 Print 方法打印“欢迎使用 Visual Basic”。运行界面如图 2-30 所示。代码如下：

图 2-30 简单的欢迎界面

```
Private Sub Form_Activate()
    With frmFirst
        .BackColor = vbYellow
        .ForeColor = vbRed
        .FontName = "宋体"
        .FontSize = 24
        .FontBold = True
        .CurrentX = 200
        .CurrentY = 400
        .Caption = ""                              ' 将窗体标题栏设置为空
    End With
    frmFirst.Print "欢迎使用 Visual Basic"         ' 使用 Print 方法在窗体上显示文字
End Sub
```

2.6.2 命令按钮

命令按钮在工具箱中的图标为▭，属于 CommandButton 类，是使用最多的控件之一，它常用来接受用户的操作，激发相应的事件过程，是用户与应用程序交互的最简便的方法。

1. 命令按钮的属性

命令按钮的常用属性如下。

1）Caption 属性：决定命令按钮的标题，即显示在命令按钮上的文本信息。可以在该属性中给命令按钮定义一个访问键。在想要指定为访问键的字符前加一个“&”符号，该字符就会带有一个下划线。运行时，同时按下 Alt 键和带下划线的字符与单击命令按钮效果相同。

2）Font 属性：决定命令按钮上显示的文字的字体、字形、大小和效果等。与窗体的 Font 属性类似。

3）Default 属性：用于确定命令按钮是否是窗体的缺省按钮。当该属性值为 True 时，指定该命令按钮为窗体的缺省按钮。运行时，当焦点在任何其他控件（非命令按钮）上时，用户都可以通过按回车键触发具有 Default 属性的命令按钮的单击事件（相当于单击该命令按钮）。

4）Cancel 属性：用于确定命令按钮是否是窗体的缺省取消按钮。当该属性值为 True 时，指定该命令按钮为窗体的缺省取消按钮。运行时，按键盘上的 Esc 键相当于单击了具有 Cancel 属性的命令按钮。

5）Style 属性：决定命令按钮的显示类型和行为。将该属性设置为 0 时，命令按钮显示为标准样式，这时不能为命令按钮设置颜色或图形；将该属性设置为 1 时，则可以进一步使用 BackColor 属性为命令按钮设置颜色，或使用 Picture 属性设置要在命令按钮上显示的图形。Style 属性在运行时是只读的，即不能用代码修改 Style 属性值。

6）Picture 属性：在 Style 属性值为 1 时，指定命令按钮上显示的图形。

7）DownPicture 属性：在 Style 属性值为 1 时，指定命令按钮按下时显示的图形。

8）DisabledPicture 属性：在 Style 属性值为 1 时，指定命令按钮无效时显示的图形。

9）Enabled 属性：用来确定命令按钮是否能够对用户产生的事件做出响应。该属性值为 False 时，表示命令按钮无效，不能对用户产生的事件做出响应，呈暗淡显示。缺省值为 True。

10）Visible 属性：决定命令按钮在运行时是否可见。该属性值为 False 时，表示命令按钮在运行时不可见。缺省值为 True。

11）Value 属性：该属性只能在程序运行期间使用，设置为 True 表示该命令按钮被按下。

2. 命令按钮的事件

命令按钮常用的事件如下。

1）Click 事件：在命令按钮上按下然后释放一个鼠标按钮（单击）时，触发该事件。

2）KeyPress 事件：当命令按钮具有焦点时按下一个键盘按键时，触发该事件。

3）KeyDown 事件：当命令按钮具有焦点时按下一个键盘按键时，触发该事件。

4）KeyUp 事件：当命令按钮具有焦点时抬起一个键盘按键时，触发该事件。

KeyPress 事件和 KeyDown 事件返回的参数不同，详见第 9 章。在设计阶段，双击命令按钮，进入代码窗口，直接显示该命令按钮的 Click 事件过程模板。

在程序运行时，可以用以下方法之一触发命令按钮的单击事件：

- 用鼠标单击命令按钮。
- 按 Tab 键，把焦点移动到相应的命令按钮上，再按回车键或空格键。
- 按命令按钮的访问键，即按下 Alt 键和命令按钮上带下划线的字母。
- 在代码中将命令按钮的 Value 属性值设为 True，如 Command1.Value = True。
- 直接在代码中调用命令按钮的 Click 事件，如 Command1_Click。
- 如果指定某命令按钮为窗体的缺省按钮，那么即使焦点移到其他控件上，也能通过按回车键单击该命令按钮。
- 如果指定某命令按钮为窗体的缺省取消按钮，那么即使将焦点移到其他控件上，也能通过按 Esc 键单击该命令按钮。

3. 命令按钮的方法

可以使用 SetFocus 方法将焦点定位在指定的命令按钮上。例如，cmdOk.SetFocus 表示将焦点定位到名称为 cmdOk 的命令按钮上。

【例 2-3】 启动 Visual Basic 6.0，新建一个“标准 EXE”工程，设计如图 2-31a 所示的界面。编程序实现，运行时，单击“隐藏”按钮，隐藏图像，并且使“隐藏”按钮无效（见图 2-31b）。单击“显示”按钮，显示图像，并且使“显示”按钮无效，“隐藏”按钮有效（见图 2-31c）。

界面设计：图 2-31a 中各个对象的属性设置见表 2-1。其中，图像框使用工具箱的图标为▣的控件创建。

表 2-1　图 2-31a 中各个对象的属性设置

对象	属性名	属性值	说明
窗体	（名称）	frmSecond	定义窗体名称
	Caption	单击隐藏按钮隐藏图像	定义窗体标题
命令按钮	（名称）	cmdShow	定义“显示”按钮名称
	Caption	显示（&S）	定义命令按钮显示的文本，且设置访问键为 Alt+S
	Enabled	False	使运行时命令按钮的初始状态为无效
命令按钮	（名称）	cmdHide	定义“隐藏”按钮名称
	Caption	隐藏（&H）	定义命令按钮显示的文本，且设置访问键为 Alt+H
	Enabled	True	使运行时命令按钮的初始状态为有效
图像框	（名称）	Image1	定义图像框控件的名称，这里使用默认名称
	Picture	任意指定一幅图像	该属性用于指定在图像框中显示的图像
	BorderStyle	1–FixedSingle	使图像框边框为立体样式
	Strecth	True	将该属性设置为 True 可以使图像大小随 Image 控件的大小自动调整

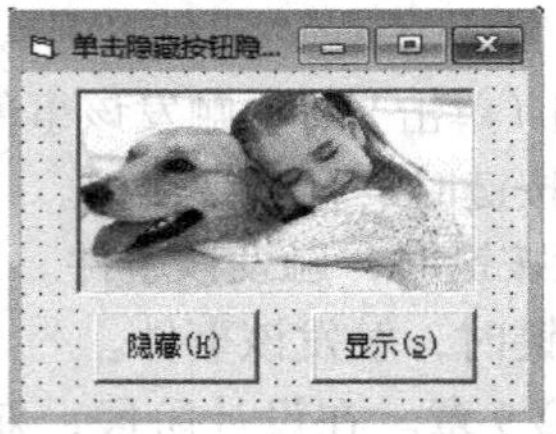

a）设计界面

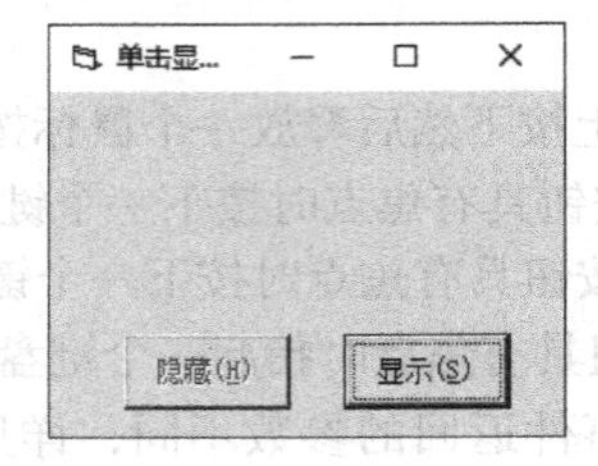

b）运行界面 1

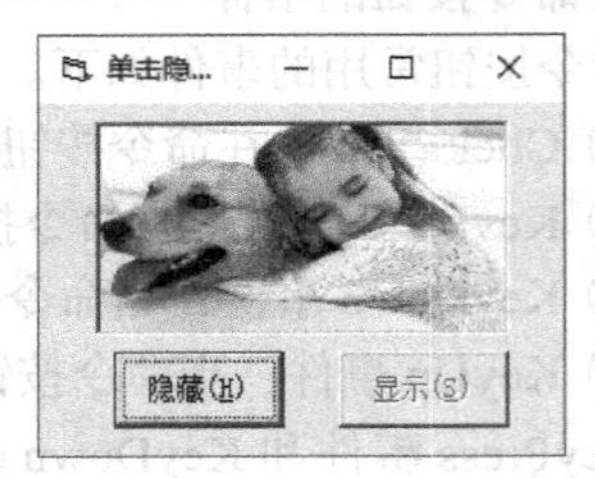

c）运行界面 2

图 2-31　图像的显示与隐藏

代码设计：在命令按钮的单击（Click）事件过程中，通过设置 Image1 控件的 Visible 属性完成图像的显示与隐藏。

1）“隐藏”按钮 cmdHide 的 Click 事件过程如下：

```
Private Sub cmdHide_Click()              ' "隐藏"按钮
    Image1.Visible = False               ' 隐藏图像
    cmdHide.Enabled = False              ' 使"隐藏"按钮无效
    cmdShow.Enabled = True               ' 使"显示"按钮有效
    frmSecond.Caption = "单击显示按钮显示图像"    ' 修改窗体的标题内容
End Sub
```

2）“显示”按钮 cmdShow 的 Click 事件过程如下：

```
Private Sub cmdShow_Click()              ' "显示"按钮
    Image1.Visible = True                ' 显示图像
    cmdHide.Enabled = True               ' 使"隐藏"按钮有效
    cmdShow.Enabled = False              ' 使"显示"按钮无效
    frmSecond.Caption = "单击隐藏按钮隐藏图像"    ' 修改窗体的标题内容
End Sub
```

2.6.3 标签

标签在工具箱中的图标为A，属于 Label 类。标签常用于在界面上提供一些文字提示信息。该控件只能显示文本，不能用来对文本进行编辑。

1. 标签的属性

1）Caption 属性：决定标签的标题，即标签上显示的文本。

2）Alignment 属性：决定标签标题的对齐方式。可以设置为左对齐、右对齐和居中对齐。

3）AutoSize 属性：决定标签的大小能否随其标题的长短自动调节。将该属性设置为 True 时，标签可根据标题自动调整大小；设置为 False（缺省值）时，标签保持设计时定义的大小，太长的标题内容将无法显示出来。

4）BorderStyle 属性：决定标签的边框样式。在默认情况下，该属性值为 0，标签无边框；设置为 1 时，标签有边框。

5）BackStyle 属性：决定标签的背景样式。设置为 1（缺省值）时，标签不透明；设置为 0 时，标签透明。

6）WordWrap 属性：决定标签是否要进行垂直展开以适应其标题的变化。设置为 True 时，标签将在垂直方向改变大小以与标题相适应，此时 AutoSize 属性值应设置为 True；设置为 False（缺省值）时，标签不能在垂直方向上自动扩展。

2. 标签的事件

标签控件可以支持 Click、DblClick 等事件，但通常不在标签的事件过程中编写代码。

3. 标签的方法

标签控件支持 Move 方法，用于实现标签的移动。Move 方法的格式如下：

```
[对象名].Move left[,[top][,[width][, height]]]
```

Move 方法用于实现对指定对象的移动，移动后的坐标和大小由其参数指定，各参数作用如下：

- 对象名：指定要移动的对象的名称。如果省略“对象名”，则默认为当前窗体。
- left：指示对象左边的水平坐标，即对象左边与其容器（如窗体）左边界的距离。
- top：可选项，指示对象顶边的垂直坐标，即对象上边与其容器（如窗体）顶部的距离，省略时表示对象垂直坐标不变。
- width：可选项，指示对象新的宽度，省略时表示对象宽度不变。
- height：可选项，指示对象新的高度，省略时表示对象高度不变。

Move 方法的各参数的度量单位取决于对象所在的容器（如窗体）的坐标系。默认情况下，它们以缇为单位。

在 Move 方法的各参数中，只有 left 参数是必需的，如果要指定任何其他参数，必须先指定出现在语法格式中该参数前面的全部参数。例如，如果不先指定 left 和 top 参数，则无法指定 width 参数。

【例 2-4】 设计一个水平滚动的条幅。

界面设计：启动 Visual Basic 6.0，新建一个“标准 EXE”工程，设计界面如图 2-32a 所示。其中，定时器 Timer1 使用工具箱中图标为的控件创建。各对象的属性设置见表 2-2。运行时单击“开始”按钮，使条幅从窗体左侧逐渐移向窗体右侧，如图 2-32b 所示；单击“停止”按钮，条幅回到窗体左侧，停止移动，如图 2-32c 所示。

表 2-2 图 2-32a 中各对象的属性设置

对象	属性名	属性值	说明
窗体	Caption	水平滚动的条幅	定义窗体标题
命令按钮	（名称）	cmdBegin	定义“开始”按钮名称
	Caption	开始 (&B)	定义命令按钮显示的文本，且设置访问键为 Alt+B
命令按钮	（名称）	cmdEnd	定义“停止”按钮名称
	Caption	停止 (&E)	定义命令按钮显示的文本，且设置访问键为 Alt+E
	Enabled	False	使运行时命令按钮的初始状态为无效
定时器	（名称）	Timer1	定义定时器控件的名称，这里使用默认名称
	Enabled	False	初始状态关闭定时器
	Interval	100	设置定时器两次调用 Timer 事件间隔的毫秒数为 100ms，即 0.1s
标签	（名称）	Label1	定义标签控件的名称，这里使用默认名称
	Caption	北京您早	定义标签显示内容
	AutoSize	True	使标签随着显示内容的多少自动调整大小
	Font	隶书、粗体、小一号	设置标签字体大小

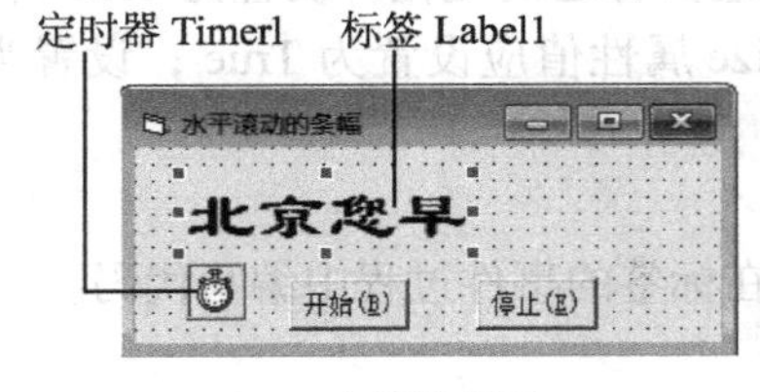

a）设计界面

b）运行界面 1

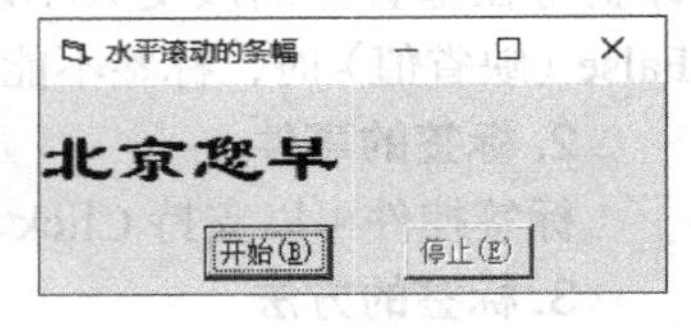

c）运行界面 2

图 2-32 水平滚动的条幅

代码设计：1）在窗体的 Load 事件过程中编写代码，使得运行时，标签的初始位置在窗体的左侧。

```
Private Sub Form_Load()
    Label1.Left = 0                    ' 将标签的初始位置设置在窗体左侧
End Sub
```

2）在“开始”按钮的 Click 事件过程中，激活定时器，并设置“开始”按钮无效，“停止”按钮有效。

```
Private Sub cmdBegin_Click()
    Timer1.Enabled = True              ' 激活定时器
    cmdBegin.Enabled = False
    cmdEnd.Enabled = True
End Sub
```

3）在“停止”按钮的 Click 事件过程中，关闭定时器，使标签回到窗体左侧，设置“开始”按钮有效，“停止”按钮无效。

```
Private Sub cmdEnd_Click()
    Timer1.Enabled = False             ' 关闭定时器
    Label1.Left = 0                    ' 标签回到窗体左侧
    cmdBegin.Enabled = True
    cmdEnd.Enabled = False
End Sub
```

4）在定时器的 Timer 事件过程中编写代码，实现对标签的移动。当定时器的 Enabled 属性为 True 时，定时器的 Timer 事件过程会每隔一定时间（由 Interval 属性决定）自动执行一次。通过在该事件过程中对标签使用 Move 方法即可以实现标签自动从左向右移动。

```
Private Sub Timer1_Timer()
    Label1.Move Label1.Left + 20        ' 每隔 0.1 秒标签向右移动 20 缇
End Sub
```

2.6.4 文本框

文本框在工具箱中的图标为▣，属于 TextBox 类。可以使用文本框控件输入、编辑、显示数据。

1. 文本框的属性

1）Text 属性：返回或设置文本框中显示的内容。例如：

```
Text1.Text = "欢迎使用 Visual Basic"
```

2）MultiLine 属性：决定 TextBox 控件是否能够接受和显示多行文本。当该属性值为 True 时，文本框可以输入或显示多行文本，且会在输入的内容超出文本框宽度时自动换行。该属性默认值为 False。在设计阶段，在属性窗口设置 Text 属性值时，通过按下“Ctrl+Enter”组合键实现文本的换行；在运行阶段，如果窗体上没有缺省按钮，则在文本框中按下回车键可以把光标移动到下一行；如果有缺省按钮存在，则必须按下“Ctrl+Enter”组合键才能移动到下一行。

3）PasswordChar 属性：如果将 PasswordChar 属性设置为一个字符（如“*”），则在文本框中键入字符时只显示该字符，而不显示键入的字符，但文本框的 Text 属性值仍为键入的实际字符。使用该属性可以将文本框设计为一个口令输入框。

4）ScrollBars 属性：用于决定文本框是否带滚动条。有以下 4 种选择。

- 0-None：没有滚动条。
- 1-Horizontal：只有水平滚动条。
- 2-Vertical：只有垂直滚动条。
- 3-Both：同时具有水平和垂直滚动条。

只有当 MultiLine 属性值为 True 时，对文本框设置的滚动条才可以显示出来。

5）Locked 属性：决定运行时是否可以编辑文本框的内容。将该属性值设置为 True 时，表示不可以编辑文本框中的文本。默认值为 False，表示可以编辑。

6）SelStart 属性：在程序运行期间返回或设置当前选择文本的起始位置。例如：

```
Text1.SelStart=0
```

表示设置选择文本的起始位置从第一个字符开始。

7）SelLength 属性：在程序运行期间返回或设置选择文本的字符数。例如：

```
Text1.SelLength=Len(Text1.Text)
```

表示选择文本框 Text1 中的所有字符。Len(Text1.Text) 表示获取文本框文本的总长度。

8）SelText：在程序运行期间返回或设置当前所选择文本的字符串；如果没有字符被选中，则该属性值为零长度字符串（""）。

例如，设在窗体上有一个命令按钮 Command1、一个文本框 Text1。要在程序运行时，单击命令按钮 Command1，选择文本框的前 3 个字符，并将它们打印在窗体上，可以使用以下代码实现：

```
Private Sub Command1_Click()
    Text1.SetFocus                ' 将焦点定位在文本框中
    Text1.SelStart = 0            ' 设置选择文本的起点为第一个字符
    Text1.SelLength = 3           ' 设置选择文本的长度为 3 个字符
    Print Text1.SelText           ' 将选择的文本打印在窗体上
End Sub
```

运行时，单击命令按钮 Command1，文本框中选择的文本和窗体上打印的文本如图 2-33 所示。

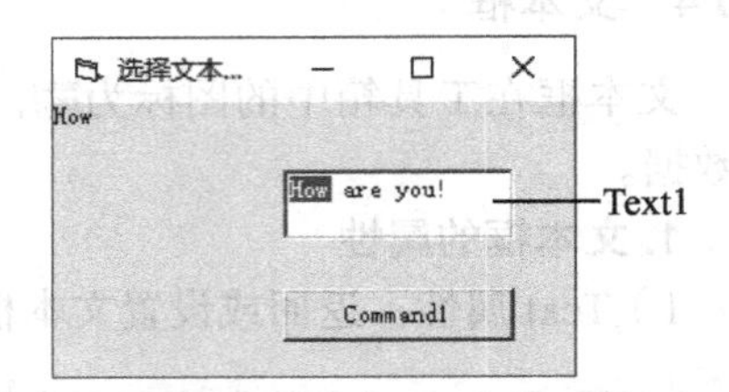

图 2-33 选择文本示例

2. 文本框的事件

文本框除了支持 Click、DblClick 事件外，还支持 Change、GotFocus、LostFocus、KeyPress 等事件。

1）Change 事件：当用户向文本框输入新的内容，或通过代码改变了文本框的 Text 属性时，触发 Change 事件。在 Change 事件过程中应避免改变文本框自身的内容。

在设计阶段，双击窗体上的文本框，进入代码窗口，直接显示该文本框的 Change 事件过程模板。

2）GotFocus 事件：当运行时用鼠标单击文本框对象，或使用 Tab 键或 SetFocus 方法将焦点设置到文本框时，触发该事件，称为“获得焦点”事件。

3）LostFocus 事件：当运行时按下 Tab 键使光标离开文本框对象，或者用鼠标选择其他对象时触发该事件，称为“失去焦点”事件。

4）KeyPress 事件：当焦点在文本框并在键盘上按下某个键时触发该事件。KeyPress 事件返回一个参数 KeyAscii，该参数值为整数，表示所按下键的 ASCII 码值。

3. 方法

文本框常用的方法是 SetFocus 方法，使用该方法可以把光标移到指定的文本框中，使文本框获得焦点。SetFocus 方法的使用格式如下：

```
[对象名.]SetFocus
```

例如，将焦点定位在文本框 Text1 中，使用语句：

```
Text1.SetFocus
```

【例 2-5】 设计程序，对文本框实现以下操作：

1）实现对文本框文字的复制、剪切、粘贴。

2）设置或取消设置文本框文字的下划线、删除线、粗体、斜体效果。

3）对文本框文字进行放大或缩小。

界面设计：启动 Visual Basic 6.0，新建一个“标准 EXE”工程，参照图 2-34 设计界面。将所有命令按钮的 Caption 属性清空，将 Style 属性设置为“1-Graphical”，然后通过 Picture 属性设置相应图片。将文本框 Text1 的 MultiLine 属性设置为 True，ScrollBars 属性设置为“2-Vertical”，在 Text 属性中输入一段文字。

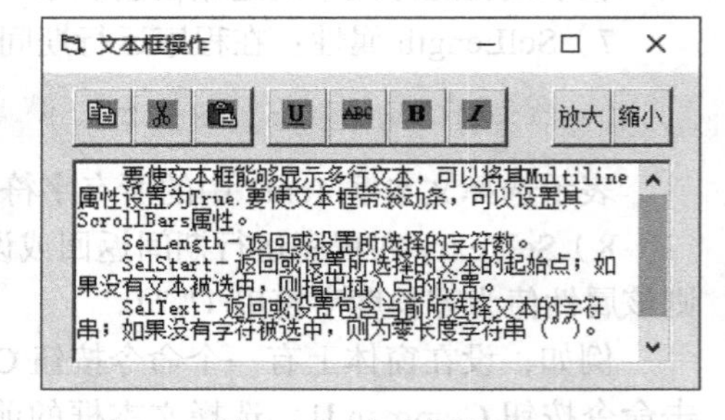

图 2-34 文本框操作

代码设计：1）在代码窗口的通用声明段定义一

个临时变量 tmp，用于存放文本框中选中的内容（即 SelText 属性的值）。

```
Dim tmp
```

2）编写各命令按钮的 Click 事件过程。

```
Private Sub Command1_Click()          ' "复制"按钮
    Text1.SetFocus                    ' 焦点定位在文本框 Text1
    tmp = Text1.SelText               ' 将选中的内容存放在变量 tmp 中
End Sub
Private Sub Command2_Click()          ' "剪切"按钮
    tmp = Text1.SelText               ' 将选中的内容存放在变量 tmp 中
    Text1.SelText = ""                ' 将选中的内容置为空串
    Text1.SetFocus                    ' 焦点定位在文本框 Text1
End Sub
Private Sub Command3_Click()          ' "粘贴"按钮
    Text1.SelText = tmp               ' 将变量 tmp 的值赋给文本框选中的内容
    Text1.SetFocus                    ' 焦点定位在文本框 Text1
End Sub
Private Sub Command4_Click()          ' "下划线"按钮
    Text1.FontUnderline = Not Text1.FontUnderline        ' 设置或取消下划线
End Sub
Private Sub Command5_Click()          ' "删除线"按钮
    Text1.FontStrikethru = Not Text1.FontStrikethru      ' 设置或取消删除线
End Sub
Private Sub Command6_Click()          ' "加粗"按钮
    Text1.FontBold = Not Text1.FontBold                  ' 设置或取消加粗线
End Sub
Private Sub Command7_Click()          ' "斜体"按钮
    Text1.FontItalic = Not Text1.FontItalic              ' 设置或取消斜体
End Sub
Private Sub Command8_Click()          ' "放大"按钮
    Text1.FontSize = Text1.FontSize + 5                  ' 字体放大 5 磅
End Sub
Private Sub Command9_Click()          ' "缩小"按钮
    Text1.FontSize = Text1.FontSize - 5                  ' 字体缩小 5 磅
End Sub
```

2.7 Visual Basic 的帮助系统

Visual Basic 提供了功能强大而全面的联机帮助系统，如果在安装 Visual Basic 6.0 时，选择"安装 MSDN"（Microsoft Developer Network, MSDN），则可以获得联机帮助。编写程序期间遇到的问题，几乎都可以从联机帮助系统中得到解答。

MSDN Library（MSDN 库）是开发人员的重要参考资料，它包含了超过 1.1 GB 的编程技术信息，其中包括示例代码、开发人员知识库、Visual Studio 文档、SDK 文档、技术文章、会议及技术讲座的论文以及技术规范等，而且它是 Microsoft Visual Studio 6.0 套件之一，由两张光盘组成。如果在安装 Visual Basic 6.0 时没有安装 MSDN，用户也可以通过运行第一张盘上的 SETUP.EXE 程序，通过"用户安装"选项将 MSDN 安装到机器上。最新版的 MSDN 可以从 MSDN Web 站点 http://www.microsoft.com/msdn/ 获得。

2.7.1 使用 MSDN 库浏览器

用户可以通过 Windows 的"开始 | 所有程序 |Microsoft Developer Network|MSDN Library Visual Studio 6.0(CHS)"命令，或者在 Visual Basic 6.0 中通过"帮助"菜单中的"内容"、"索

引”或“搜索”命令，打开MSDN库，如图2-35所示。

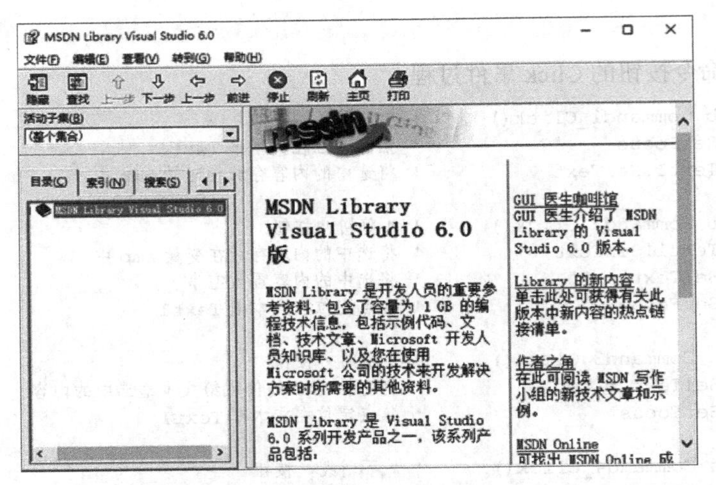

图2-35 “MSDN Library Visual Studio 6.0”窗口

在图2-35中，MSDN以浏览器的方式显示帮助文档。窗口的顶部是菜单栏、工具栏。窗口的下半部分为左右两个显示区域，其中左侧显示区的上部为“活动子集”，可以通过下拉列表选择要显示的文档类别，左侧显示区的下部是各种定位方法，如“目录”、“索引”、“搜索”及“书签”选项卡；而右侧显示区域则显示主题内容。

打开Visual Basic帮助窗口的“搜索”选项卡，如图2-36所示，使用AND、OR、NEAR和NOT操作符可优化搜索。如果要查找两项共存的主题，可以使用AND操作符；如果要查找二者居一的主题，可以使用OR操作符；如果要查找只有第一项而没有第二项的主题，可以使用NOT操作符；如果要查找两项同时存在且位置相近的主题，可以使用NEAR操作符。

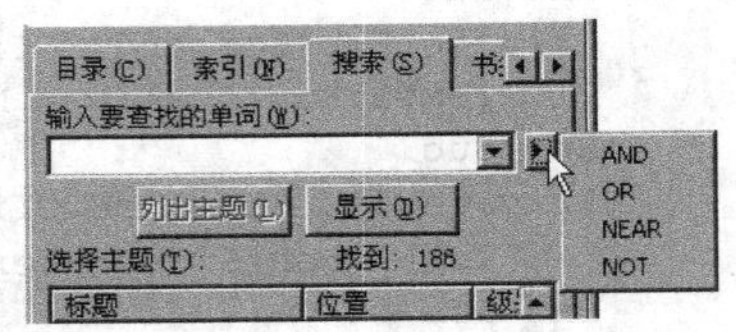

图2-36 帮助窗口的“搜索”选项卡

2.7.2 使用上下文相关帮助

Visual Basic的许多部分提供了上下文相关帮助。上下文相关意味着不必搜寻帮助文档就可以直接获得有关内容的帮助信息。

在Visual Basic界面的任何上下文相关部分按F1键，就可显示有关该部分的帮助信息。上下文相关部分有：

- Visual Basic中的每个窗口（属性窗口、代码窗口等）。
- 工具箱中的控件。
- 窗体或文档对象内的对象。
- 属性窗口中的属性。
- Visual Basic关键字，关键字的概念将在3.1节介绍。
- 错误信息。

例如，在窗体的属性窗口中选择BackColor属性，按F1键，即显示如图2-37所示的帮助信息。

单击“示例”超链接可以显示与当前帮助信息有关的示例，将许多示例复制到当前工程中可以直接运行。

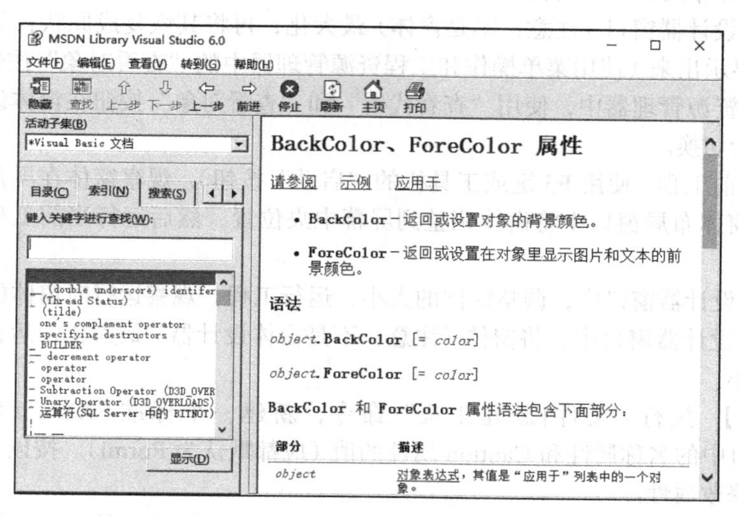

图 2-37 BackColor 属性的帮助信息

也可以通过因特网获得 Visual Basic 的更多信息。Visual Basic 主页的地址为 http://msdn.microsoft.com/vbasic/。

2.8 上机练习

【练习 2-1】 启动 Visual Basic，新建一个标准 EXE 工程，在 Visual Basic 的集成开发环境中找出以下部分：菜单栏、工具栏、工具箱、工程资源管理器窗口、属性窗口、窗体布局窗口、窗体设计器窗口（对象窗口）、代码窗口（代码编辑器），并在图 2-38 中标出。

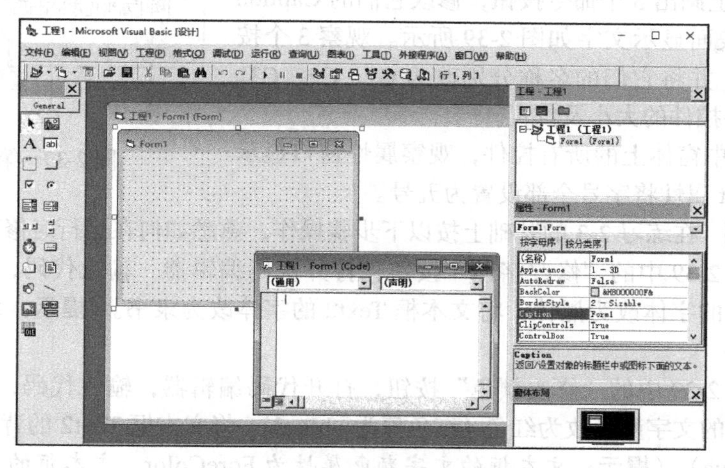

图 2-38 Visual Basic 的集成开发环境

【练习 2-2】 在 Visual Basic 的集成开发环境中执行以下操作。

1）关闭工具箱，再打开工具箱（使用菜单操作和工具栏操作两种方法）。

2）关闭属性窗口，再打开属性窗口（使用菜单操作和工具栏操作两种方法）。

3）关闭工程资源管理器窗口，再打开工程资源管理器窗口（使用菜单操作和工具栏操作两种方法）。

4）关闭窗体布局窗口，再打开窗体布局窗口（使用菜单操作和工具栏操作两种方法）。

5）将窗体设计器窗口（注意：不是窗体）最大化，再将其恢复成原状；关闭窗体设计器窗口，再将其显示出来（使用菜单操作和工程资源管理器中的“查看对象”按钮两种方法）。

6）在工程资源管理器中，使用“查看代码”和“查看对象”按钮在窗体设计器窗口与代码窗口之间进行切换。

7）运行当前工程（使用F5键或工具栏的“启动”按钮），观察窗体在屏幕上的位置；结束运行，再在窗体布局窗口中将窗体调整到屏幕中央位置，然后运行当前工程，观察窗体在屏幕上的位置。

8）在窗体设计器窗口中，调整窗体的大小，运行工程，观察运行时窗体的大小。

9）在窗体设计器窗口中，将窗体（注意：不是窗体设计器）最大化，运行工程，观察运行时窗体的大小。

【练习2-3】 执行“文件|新建工程”命令，新建一个标准EXE工程，观察其窗体Form1属性窗口中的名称属性和Caption属性的值（应都默认为Form1）。按以下要求熟悉如何在属性窗口中修改属性。

1）将窗体的名称属性改为f1，标题（Caption）属性改为“我的第一个工程”。

2）单击工具箱中的文本框控件 ab|（TextBox），在窗体上拖动鼠标画一个文本框，如图2-39的Text1所示，在其属性窗口中修改Text属性值为“欢迎使用Visual Basic”。

3）用同样的方法在窗体上画另一个文本框Text2，将文本框Text2的MultiLine属性设置为True，以便显示多行文本。修改其Text属性，使其内容如图2-39所示，在Text属性中输入每行文本后用“Ctrl+Enter”组合键换行。

注意文本框控件的名称属性与Text属性的区别。

4）在窗体上画出3个命令按钮，修改它们的Caption属性，使按钮表面显示文字如图2-39所示。观察3个按钮的名称属性，并将它们的名称分别改为C1、C2、C3。调整好界面中各控件的大小及位置。

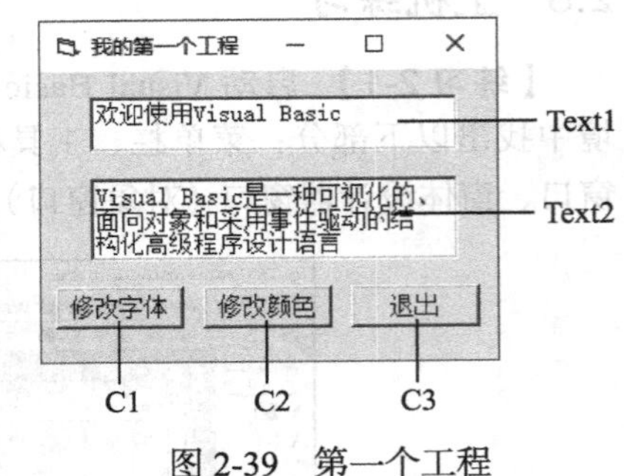

图2-39　第一个工程

5）同时选中窗体上的所有控件，观察属性窗口显示内容，使用Font属性将字号全部设置为五号。

【练习2-4】 在练习2-3的基础上按以下步骤操作，熟悉如何在运行时修改控件的属性。

1）双击图2-39中的“修改字体”按钮，打开代码编辑器，输入代码，实现以下功能：将文本框Text1的字体改为黑体；将文本框Text2的字体改为隶书。（**提示：**文本框的字体属性为Font。）

2）双击图2-39中的“修改颜色”按钮，打开代码编辑器，输入代码，实现以下功能：将文本框Text1的文字颜色改为红色（红色值为vbRed）；将文本框Text2的背景颜色改为蓝色（蓝色值为vbBlue）。（**提示：**文本框的文字颜色属性为ForeColor，文本框的背景颜色属性为BackColor。）

3）双击图2-39中的“退出”按钮，打开代码编辑器，输入End语句（或Unload Me语句），这样，运行时单击“退出”按钮将结束程序的运行。

4）运行工程，检查各按钮的作用。如果有错，继续修改代码，直到正确为止。

5）使用菜单或工具栏操作保存工程，将所有文件保存在硬盘上。

6）执行“文件|另存为”命令再将当前工程以原文件名另存到移动存储器（如U盘）上。

（**提示**：该操作要分两步进行，需要先另存窗体文件，再另存工程文件。）

7）打开 Windows 的资源管理器，观察存盘结果是否正确，以及工程包括几个文件。

8）执行“文件 | 移除工程”命令移去当前工程，然后再从移动存储器打开该工程。运行正确后，再移除工程。

思考：在 Windows 资源管理器中，双击工程中的哪个文件可以正确打开工程？

【练习 2-5】 执行“文件 | 新建工程”命令新建一个标准 EXE 工程，按以下步骤操作，熟悉事件的概念。

1）在窗体中添加一个命令按钮“改变窗体颜色”，编写代码，使得运行时鼠标在该按钮上按下时，窗体背景颜色为红色（vbRed），鼠标抬起时窗体背景颜色为绿色（vbGreen）。

提示：窗体的背景颜色属性为 BackColor，鼠标按下事件为 MouseDown，鼠标抬起事件为 MouseUp。

2）将该工程文件保存在硬盘中，关闭 Visual Basic，然后在 Windows 资源管理器中将当前工程的有关文件全部复制到移动存储器上（不用上题中的“另存为”方法）。

3）在移动存储器上双击有关文件打开以上第 2 步保存的工程，在当前窗体中添加一个新的文本框，文本框内容清空。编写代码，使得运行时鼠标在窗体空白区域按下时，文本框内容为“在窗体上按下了鼠标”，鼠标抬起时文本框内容为“在窗体上抬起了鼠标”。界面参考见图 2-40。

4）以原文件名保存修改后的工程。

5）执行“文件 | 移除工程”命令，移除该工程。

【练习 2-6】 执行“文件 | 新建工程”命令新建一个标准 EXE 工程，在窗体上放置两个命令按钮“打印”和“清除”，界面如图 2-41 所示。

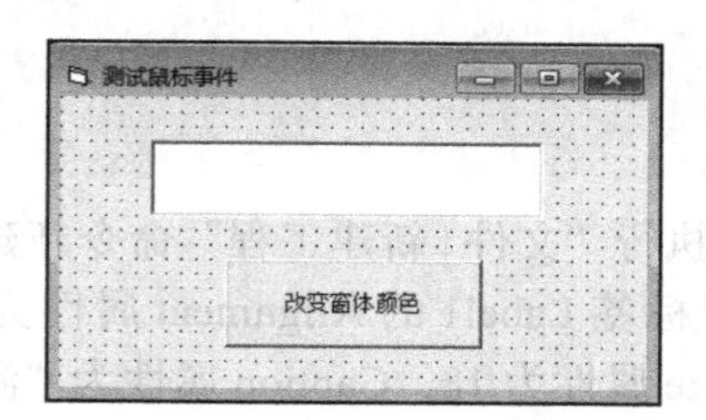

图 2-40 “测试事件”界面

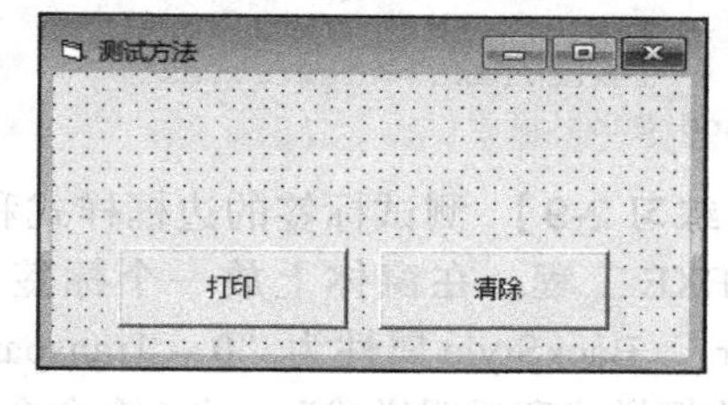

图 2-41 “测试方法”界面

其中，“打印”按钮 Command1 的 Click 事件过程如下：

```
Private Sub Command1_Click()
    Form1.Print   "对窗体使用打印方法 Print"
    Form1.Print   "对窗体使用清除方法 Cls"
End Sub
```

“清除”按钮 Command2 的 Click 事件过程如下：

```
Private Sub Command2_Click()
    Form1.Cls
End Sub
```

运行该工程，检查对窗体 Form1 使用 Print 方法与 Cls 方法的效果。

思考：在保存文件之后，如果发现文件名错了，能否在 Windows 下（如“此电脑”或“文件资源管理器”中）直接修改工程中的文件名？

【练习 2-7】 执行“文件 | 新建工程”命令新建一个标准 EXE 工程，先将窗体的字体设

置为宋体、四号字，设计如图 2-42 所示的计算器界面，要求：

1）窗体高度和宽度相同（提示：设置窗体的 Width 和 Height 属性）。

2）窗体边框样式（BorderStyle 属性）为“1 - Fixed Single”，标题为“计算器”。

3）除了“清除”按钮外，其他控件大小相同，水平间距相同、垂直间距相同，按图示对齐（使用“格式”菜单对齐）。

【练习 2-8】 执行“文件 | 新建工程”命令新建一个标准 EXE 工程，建立三个文本框和两个命令按钮，如图 2-43 所示。运行时，用户在文本框 Text1 中输入内容的同时，文本框 Text2 和 Text3 显示相同的内容，但显示的字体不同（字体自定）。单击“清除”按钮清空三个文本框中的内容，单击“退出”按钮结束程序的运行。

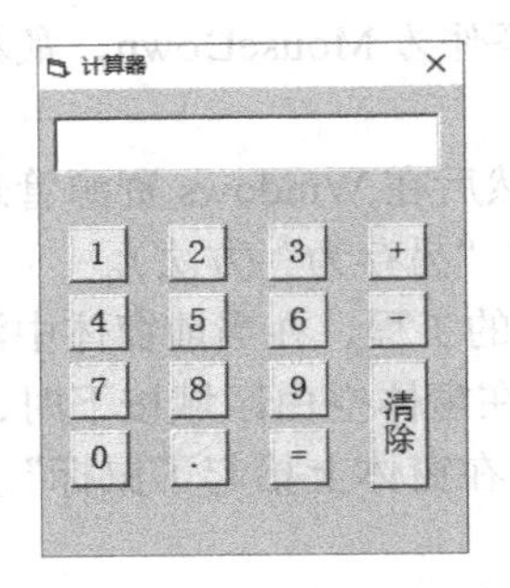

图 2-42 计算器

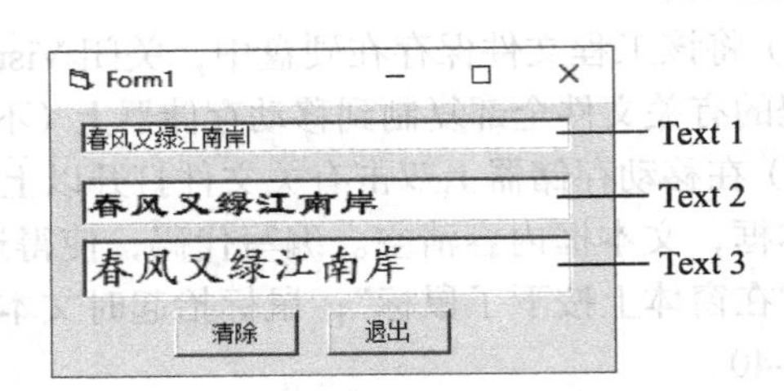

图 2-43 文本框的 Change 事件

提示：要在 Text1 中改变内容时改变 Text2 和 Text3 的内容，需要使用文本框的 Change 事件，代码如下：

```
Private Sub Text1_Change()
    Text2.Text = Text1.Text
    Text3.Text = Text1.Text
End Sub
```

【练习 2-9】 测试标签的边框样式和透明样式。执行“文件 | 新建工程”命令新建一个标准 EXE 工程。在窗体上放一个标签 Label1，设置标签 Label1 的 Alignment 属性为“2 – Center”，BackStyle 属性为“0 – Transparent”，FontSize 属性为 18，Caption 属性为“测试标签的边框样式和透明样式”；放 4 个命令按钮：有边框（Command1）、无边框（Command2）、不透明（Command3）和透明（Command4），其中 Command2、Command4 两个命令按钮的 Visible 属性为 False。设计界面如图 2-44a 所示。运行时初始界面如图 2-44b 所示，单击“有边框”按钮，标签有边框，同时按钮“有边框”不可见，“无边框”按钮可见，如图 2-44c 所示；单击“无边框”按钮，标签无边框，同时按钮“无边框”不可见，“有边框”按钮可见，如图 2-44b 所示；单击“不透明”按钮，标签不透明，同时“不透明”按钮不可见，“透明”按钮可见，如图 2-44d 所示；单击“透明”按钮，标签透明，同时按钮“透明”不可见，“不透明”按钮可见，如图 2-44b 所示。

提示：标签的 BorderStyle 属性决定标签的边框样式，标签的 BackStyle 属性决定标签是否透明。

思考：如果将代码中所有的 Visible 属性改为 Enabled 属性，运行效果如何？

【练习 2-10】 执行“文件 | 新建工程”命令新建一个标准 EXE 工程，设计如图 2-45 所示的界面。编写代码实现，运行时按下某命令按钮对文本框中的文字完成相应的设置。其中，每按一次“增大”或“缩小”按钮将使文本框中的文字增大或缩小 5 磅。

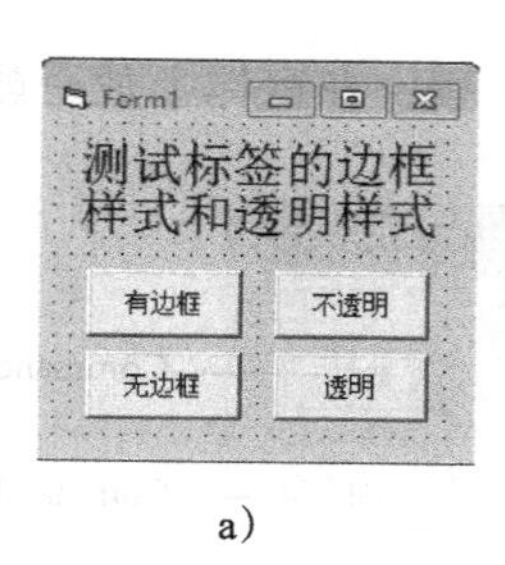

a)

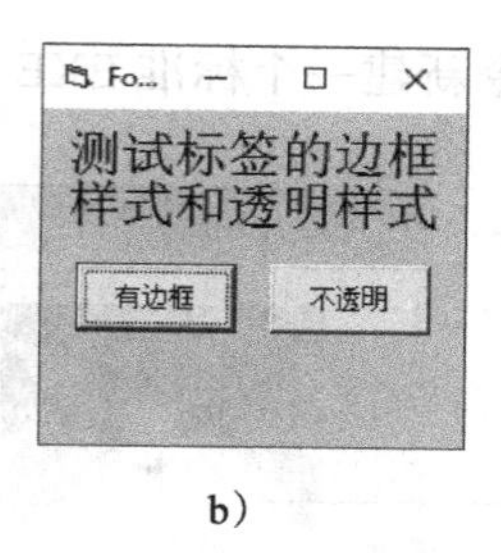

b)

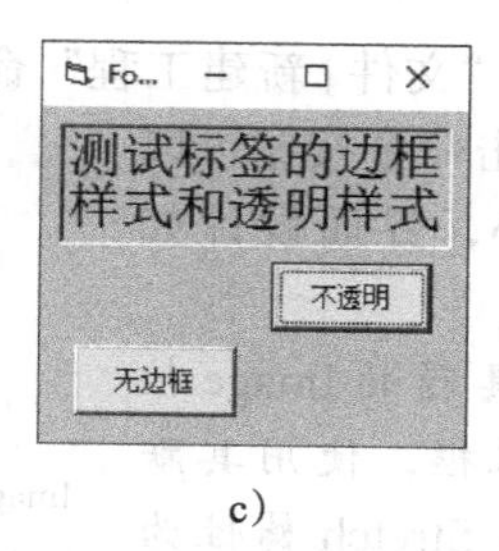

c)

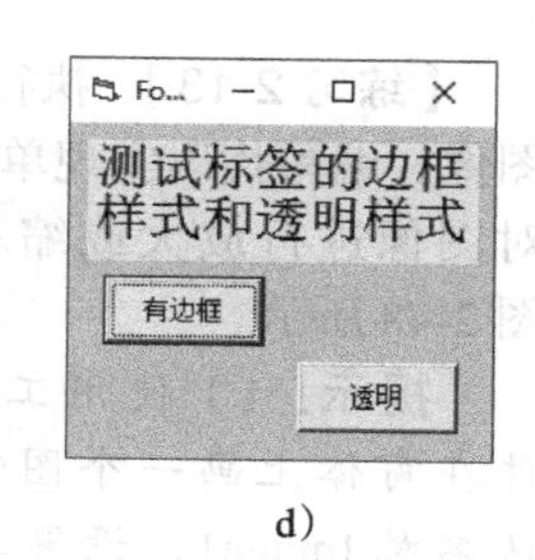

d)

图 2-44　测试标签的边框样式、透明样式

提示：文本框的字号属性为 FontSize，下划线属性为 FontUnderline，删除线属性为 FontStrikethru，粗体属性为 FontBold，斜体属性为 FontItalic。

【练习 2-11】 执行“文件 | 新建工程”命令新建一个标准 EXE 工程，参照图 2-46 的设计界面。将窗体标题栏设置为“Move 方法的使用”；在窗体上绘制一个标签 Label1，显示“厚德载物”，华文行楷，一号字，AutoSize 属性为 True；画 4 个命令按钮。编写代码实现，运行时，单击“向右移动”按钮，标签向右移动 100 缇，单击“向左移动”按钮，标签向左移动 100 缇，单击“向下移动”按钮，标签向下移动 100 缇，单击“向上移动”按钮，标签向上移动 100 缇。

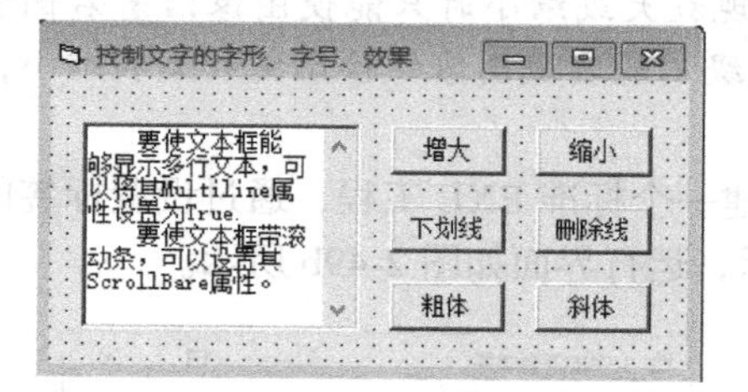

图 2-45　设置文字的字形、字号和效果

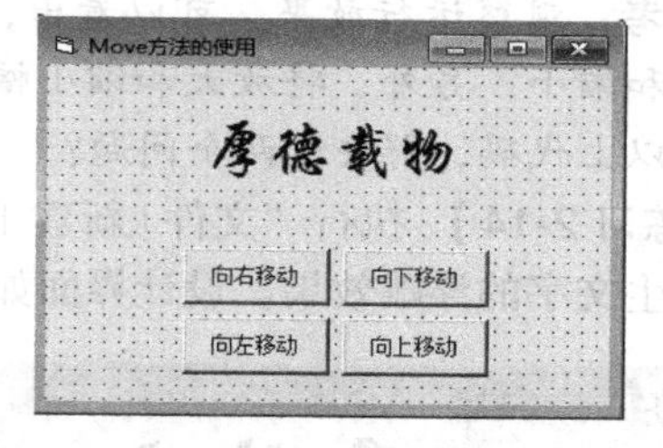

图 2-46　标签的 Move 方法的使用

【练习 2-12】 执行“文件 | 新建工程”命令新建一个标准 EXE 工程，在窗体上放一幅图像，参照图 2-47a 设计界面。编写代码实现图像从窗体左上角向右下角逐渐移动。

要求：运行初始时，“移动”按钮有效，“停止”按钮无效，且关闭定时器；单击“移动”按钮，激活定时器，图像开始向右下角移动，且“移动”按钮无效，“停止”按钮有效；单击“停止”按钮，则关闭定时器，将图像移回到左上角，且“移动”按钮有效，“停止”按钮无效。

提示：1）使用工具箱的 Image 控件在窗体上画图像框，设置其 Stretch 属性为 True，使图像的大小能够随图像框的大小自动调整，将其 Left 属性和 Top 属性设置为 0，通过设置 Image 控件的 Picture 属性加载任意一幅图片。

2）使用工具箱的 Timer 控件在窗体的任意位置画一个定时器，设置其 Interval 属性值为 100（即 100 ms），将其 Enabled 属性设置为 False，使其在初始运行时无效。

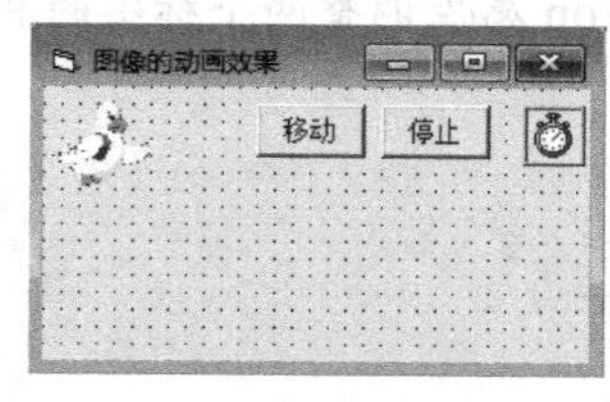

a）设计界面

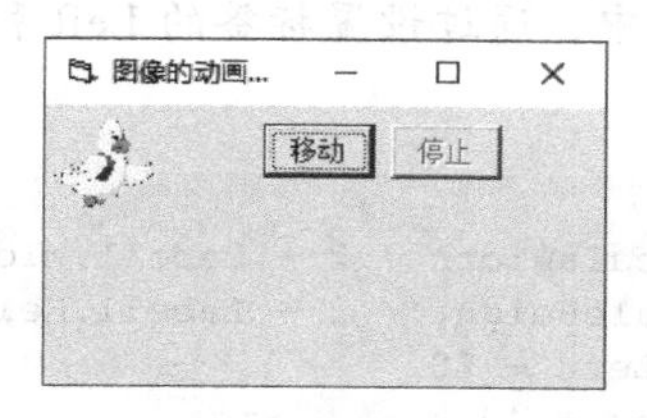

b）运行界面 1

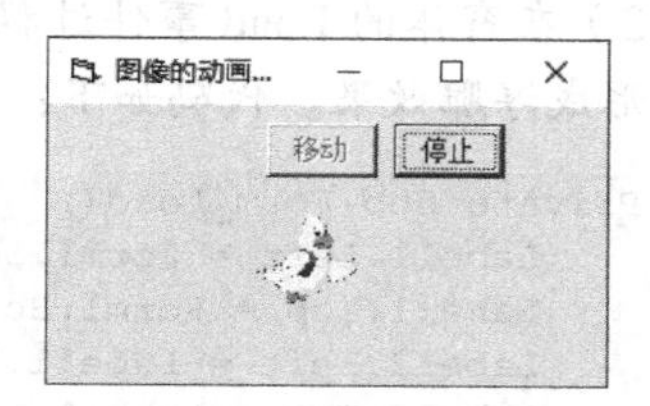

c）运行界面 2

图 2-47　图像的动画效果

【练习 2-13】 执行“文件|新建工程”命令新建一个标准 EXE 工程，在窗体上放一幅图像，编写代码实现单击命令按钮可以对图像进行放大或缩小，界面设计如图 2-48 所示。

图 2-48　图像的放大与缩小

提示： 1）使用工具箱的 Image 控件在窗体上画一个图像框，使用其默认名称 Image1，设置其 Stretch 属性为 True，使图像的大小能够随图像框的大小自动调整，通过设置 Image1 控件的 Picture 属性加载任意一幅图片。

2）在放大按钮 Command1 的 Click 事件过程中编写代码，实现运行时每次单击“放大”按钮时，将图像框的宽度和高度同时增大 30 缇。具体如下：

```
Private Sub Command1_Click()                    ' "放大" 按钮
    Image1.Width = Image1.Width + 30            ' Image1 控件的宽度增加 30 缇
    Image1.Height = Image1.Height + 30          ' Image1 控件的高度增加 30 缇
End Sub
```

思考： 观察运行效果，可以看出，以上代码实现放大或缩小时只能使图像沿着右侧和下方放大和缩小，另外，将放大和缩小幅度固定为 30 缇不能实现图像的按比例放大和缩小，如何修改以上代码，解决这两个问题？

【练习 2-14】 执行“文件|新建工程”命令新建一个标准 EXE 工程，通过设置标签的属性，产生文字的浮雕效果。设计界面如图 2-49a 所示，运行界面如图 2-49b 所示。

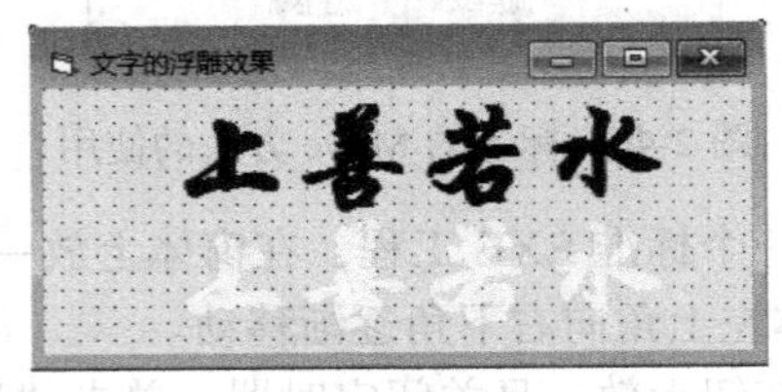

a）设计界面

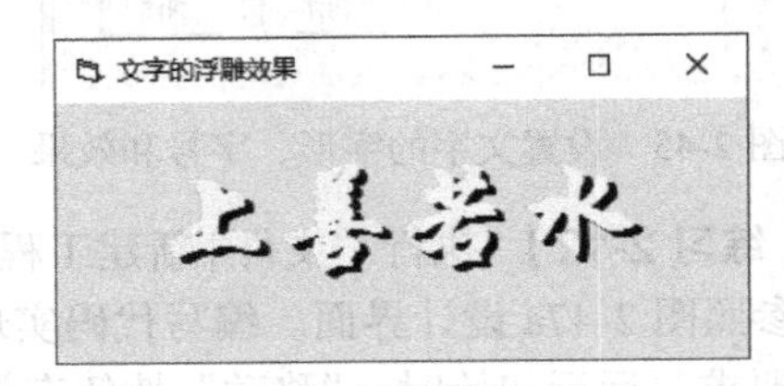

b）运行界面

图 2-49　文字的浮雕效果

提示： 1）向窗体上添加一个标签控件 Label1，将其 BackStyle 属性设置为“0-Transparent”（透明），AutoSize 属性设置为 True，Font 属性设置为华文行楷、粗体、初号，ForeColor 属性设置为黑色。

2）选择 Label1 控件，用复制粘贴的办法形成另一个控件 Label2。注意，在粘贴时选择不创建控件数组，然后将 Label2 控件的 ForeColor 属性设置为黄色。

3）在窗体的 Load 事件过程中，通过设置标签的 Left 和 Top 属性调整两个标签的相对位置，形成浮雕效果。代码如下：

```
Private Sub Form_Load()
    Label1.Left = Form1.ScaleWidth / 2 - Label1.Width / 2
    Label1.Top = Form1.ScaleHeight / 2 - Label1.Height / 2
    Label2.Left = Label1.Left + 60
    Label2.Top = Label1.Top + 40
End Sub
```

【练习 2-15】 执行“文件 | 新建工程”命令新建一个标准 EXE 工程，窗体 Form1 界面设计如图 2-50a 所示；执行“工程 | 添加窗体”命令，添加窗体 Form2，界面设计如图 2-50b 所示。编写代码实现：运行时，在“注册界面”输入学号、姓名、性别，单击“注册”按钮，显示窗体 Form2，卸载窗体 Form1，并在窗体 Form2 的标签 Label1 中显示刚注册的学生的学号、姓名、性别信息；单击“返回注册界面”按钮，显示窗体 Form1，卸载窗体 Form2；单击窗体 Form1 中的“返回”按钮，结束程序运行。

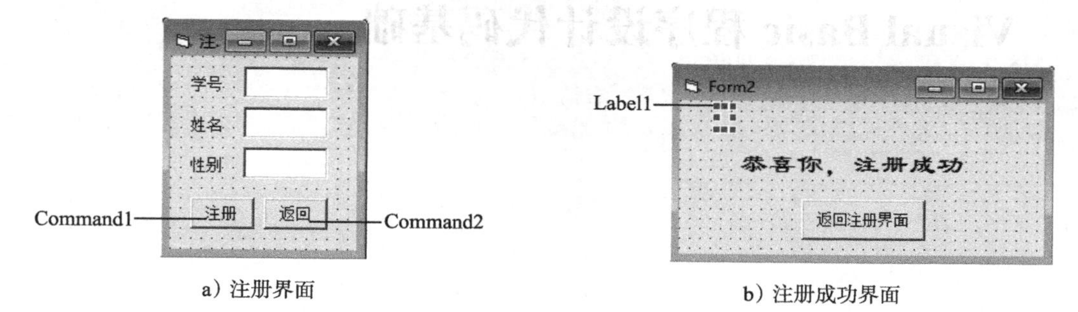

a）注册界面

b）注册成功界面

图 2-50　具有两个窗体的工程

提示：窗体 Form1 的程序代码如下：

```
Private Sub Command1_Click()              ' "注册"按钮
    Form2.Show
    Unload Me
End Sub
Private Sub Command2_Click()              ' "退出"按钮
    End
End Sub
```

窗体 Form2 的程序代码如下：

```
Private Sub Form_Load()                   ' 在窗体加载时显示注册信息
    Label1.Caption = Form1.Text1.Text & Space(3) & _
          Form1.Text2.Text & Space(3) & Form1.Text3.Text
End Sub
Private Sub Command1_Click()              ' "返回注册界面"按钮
    Form1.Show
    Unload Me
End Sub
```

注意：保存工程时，系统首先弹出“文件另存为”对话框两次，按先后顺序分别保存窗体 Form2、Form1，然后才弹出“工程另存为”对话框，保存工程文件。

【练习 2-16】 按以下要求操作，用不同的方法获取帮助信息。

1）打开帮助窗口，进入 Visual Basic 起始页，阅读其“快速入门”部分，然后选择“窗体、控件和菜单”主题，进入“属性、方法和事件概述”部分，仔细阅读其中内容。理解什么是对象的属性、事件和方法。

2）单击工具箱中的命令按钮控件▭，然后按 F1 键，获取命令按钮的 Caption 属性、Move 方法和 Click 事件的帮助信息，并将找到的各帮助信息主题添加到书签中。

3）打开代码窗口，输入单词 Dim，然后按 F1 键，显示 Dim 语句的帮助信息。

4）在窗体的属性窗口中找到 DrawWidth 和 FillColor 属性，分别用鼠标单击相应的属性后按 F1 键，获取 DrawWidth 和 FillColor 属性的帮助信息，按示例要求运行其中的示例。

第3章

Visual Basic 程序设计代码基础

人类学习语言的过程是从单词的积累开始，然后将单词按一定的规则连成句子，再经过学习，用句子写成文章。程序设计语言的学习也遵循这样的规律。学习使用 Visual Basic 编程，首先必须了解程序的基本组成部分，然后学习语句的组成和格式，再用语句组合成程序。本章将介绍 Visual Basic 程序的基本语法单位，包括字符集、数据类型、常量、变量、运算符与表达式、内部函数等。

在编写代码时，必须严格按照 Visual Basic 规定的语法来书写。为了便于解释 Visual Basic 的各种语法成分（如语句、方法和函数等），本书在提供各种语法成分的通用格式时，格式中的符号将采用如下所示的统一约定。

“[ ]”为可选参数表示符。中括号中的内容选与不选由用户根据具体情况决定，且都不影响语句本身的语法。如中括号中的内容省略，则 Visual Basic 会使用该参数的缺省值（即默认值）。

“|”为多选一表示符。竖线分隔多个选择项，表示选择其中之一。

“{ }”大括号中包含多个用竖线“|”隔开的选择项，必须从中选择一项。

“，…”表示同类项目重复出现，各项之间用逗号隔开。

“…”表示省略了在当时叙述中不涉及的部分。

注意：这些符号只是代码的书面表示。在输入具体代码时，上述符号均不能作为代码的组成部分。

3.1 字符集

1. 字符集

字符是构成程序设计语言的最小语法单位。每一种程序设计语言都有自己的字符集。Visual Basic 使用 Unicode 字符集，其基本字符集包括：

- 数字：0 ～ 9。
- 英文字母：a ～ z，A ～ Z。
- 特殊字符：空格 ! " # $ % & ' ( ) * + − / \ ^ , . : ; < = > ? @ [ ] _ { } | ～等。

2. 关键字

关键字又称为保留字，它们在语法上有着固定的含义，是语言的组成部分，用于表示系统提供的标准过程、函数、运算符、常量等，如 Print、Sin、Rnd、Mod 等都是 Visual Basic 的关键字。在 Visual Basic 中，约定关键字的首字母为大写字母，当用户在代码窗口键入关键字时，无论大小写字母，系统都能自动识别并转换为系统标准形式。例如，输入 PRINT 5+6 后，按回车键，系统自动将关键字 PRINT 转换为 Print。

3. 标识符

标识符用于标记用户自定义的类型、常量、变量、过程、控件等的名字。在程序编码中引用这些元素的名字来完成相关操作。在 Visual Basic 中，标识符的命名规则如下：

- 第一个字符必须是字母。
- 长度不超过 255 个字符。控件、窗体、模块的名字不能超过 40 个字符。
- 不可以包含小数点或者内嵌的类型声明字符。类型声明字符是附加在标识符之后的字符，用于指出标识符的数据类型，包括 %、&、!、#、$、@。
- 不能使用关键字。

例如，Sum、Age、Average、stuName、myScore% 等都是合法的标识符。而 2E、A.1、my%Score、Print 等都是不合法的标识符。

习惯上，将组成标识符的每个单词的首字母大写，其余字母小写。Visual Basic 不区分标识符的大小写。例如，标识符 A1 和标识符 a1 是等价的。

3.2 数据类型

数据是程序的必要组成部分，也是程序处理的对象。在各种程序设计语言中，数据类型的规定和处理方法是各不相同的。Visual Basic 不但提供了系统定义的基本数据类型，而且还允许用户定义自己的数据类型。

Visual Basic 提供的数据类型有数值型、字符串型、布尔型、日期型、对象型和可变类型等。

3.2.1 数值型数据

Visual Basic 支持的数值型数据有：Integer（整型）、Long（长整型）、Single（单精度浮点型）、Double（双精度浮点型）、Currency（货币型）和 Byte（字节型）。

1. 整数类型

整数类型的数据即数学上指代的整数。根据表示数的范围的不同，可以分为整型、长整型。整型和长整型都可以有 3 种表示形式，即十进制、八进制和十六进制。

（1）整型

整型用关键字 Integer 表示。每个整型数占 2 字节的存储空间。

十进制整型数由 0 ～ 9 和正、负号组成，取值范围为 −32 768 ～ 32 767。

八进制整型数由数字 0 ～ 7 组成，前面冠以 &O，取值范围为 &O0 ～ &O177777。例如，&O123、&O277 都是八进制整型数。

十六进制整型数由 0 ～ 9 及 A ～ F（或 a ～ f）组成，前面冠以 &H(或 &h)，取值范围为 &H0 ～ &HFFFF。例如，&H56、&H7F 都是十六进制整型数。

（2）长整型

长整型用关键字 Long 表示。每个长整型数占 4 字节的存储空间。

十进制长整型数由 0 ～ 9 和正、负号组成，取值范围为 −2 147 483 648 ～ 2 147 483 647。

八进制长整型数由数字 0 ～ 7 组成，以 &O 开始，以 & 结束，取值范围为 &O0& ～ &O37777777777&。例如，&O123&、&O277& 都是八进制长整型数。

十六进制长整型数由 0 ～ 9 及 A ～ F（或 a ～ f）组成，以 &H(或 &h) 开始，以 & 结尾，取值范围为 &H0& ～ &HFFFFFFFF&。例如，&H56&、&H7F& 都是十六进制长整型数。在 Visual Basic 中常使用十六进制长整型数来表示颜色值。

2. 实数类型

实数类型的数据即数学上指代的实数。按存储格式的不同，又分为浮点数和定点数。

浮点数采用 IEEE（Institute of Electrical and Electronics Engineers, 电气及电子工程师学会）格式，由尾数及指数两部分组成：

$$\underbrace{[+|-]\times\times\times[.\times\cdots\times]}_{\text{尾数部分}}\underbrace{\{E|D\}[+|-]\times\times\times}_{\text{指数部分}}$$

其中，× 表示一位数字，“[]”括起的部分可以省略，“{}”括起的部分表示其中的多个选项选一个。“|”表示可以取其两侧的内容之一。单精度浮点数的指数用 E（或 e）表示，双精度浮点数的指数用 D（或 d）表示。

（1）单精度浮点型

单精度浮点型用关键字 Single 表示。每个单精度浮点数占 4 字节的存储空间，可以精确到 7 位十进制数。其负数的取值范围为 $-3.402\ 823\times10^{38}$ ～ $-1.401\ 298\times10^{-45}$，而正数的取值范围为 $1.401\ 298\times10^{-45}$ ～ $3.402\ 823\times10^{38}$。

例如，123.45E3 是一个单精度浮点数，其中 123.45 是尾数，E3 是指数，相当于数学中的 123.45×10^{3}。

（2）双精度浮点型

双精度浮点型用关键字 Double 表示。每个双精度浮点数占 8 字节的存储空间，可以精确到 15 或 16 位十进制数。其负数的取值范围为 $-1.797\ 693\ 134\ 862\ 32\times10^{308}$ ～ $-4.940\ 656\ 458\ 412\ 47\times10^{-324}$，而正数的取值范围为 $4.940\ 656\ 458\ 412\ 47\times10^{-324}$ ～ $1.797\ 693\ 134\ 862\ 32\times10^{308}$。

例如，123.45678D3 是一个双精度数，其中 123.456 78 是尾数，D3 是指数，相当于数学中的 $123.456\ 78\times10^{3}$。

（3）货币型

货币型用关键字 Currency 表示。每个货币型数据占 8 字节的存储空间，用于表示定点数，其小数点左边有 15 位数字，右边有 4 位数字。这种表示法的取值范围为 −922 337 203 685 477.580 8 ～ 922 337 203 685 477.580 7。

货币型数据主要用于对精度有特别要求的重要场合，如货币计算与定点计算。

例如，以下各数均为合法的 Visual Basic 实数：

```
3.9     6.78e-3       -7.56D6
```

例如，以下各数均为不合法的 Visual Basic 实数：

```
E5                            没有尾数部分
1.23D6.2                      指数部分不能带小数点，必须是整数
-12,345.67                    不能有逗号
```

3. 字节型

字节型用关键字 Byte 表示。每个字节型数据占 1 字节的存储空间，取值范围为 0 ～ 255。字节型在存储二进制数据时很有用。

3.2.2 字符串型数据

字符串型数据用关键字 String 表示。字符串是一个用双引号括起来的字符序列，由一切可打印的西文字符和汉字组成。例如，以下表示都是合法的字符串："Hello"、"12345"、"ABCD123"、"Visual Basic 6.0 程序设计 "、"5+6=、"" (空字符串)。

Visual Basic 的字符串有两种，即可变长度字符串和固定长度字符串。可变长度字符串是指在程序运行期间字符串长度可以改变的字符串，最多可包含大约 20 亿 (2^{31}) 个字符。固定长度字符串是指在程序执行期间，字符串长度保持不变的字符串，可包含大约 64 000(2^{16}) 个字符。

双引号在代码中起字符串的定界作用。当输出一个字符串时，代码中的双引号是不输出的；当运行时需要从键盘输入一个字符串时，也不需要键入双引号。

在字符串中，字母的大小写是有区别的。例如，"ABCD123" 与 "abcd123" 代表两个不同的字符串。

如果字符串本身包括双引号，可以使用连续的两个双引号表示。例如，要打印以下字符串：

```
"You must study hard", he said.
```

相应的 Print 方法应写成：

```
Print """You must study hard"" , he said."
```

3.2.3 布尔型数据

布尔型数据在 Visual Basic 中用关键字 Boolean 表示。每个布尔型数据占 2 字节的存储空间。布尔型数据只有 True 和 False 两个值，常用于表示具有两种状态的数据，如表示条件的成立与否。

当将数值型数据转换为布尔型数据时，0 转换为 False，非 0 值转换为 True。当将布尔型数据转换为数值类型时，False 转换为 0，True 转换为 −1。

3.2.4 日期型数据

日期型数据在 Visual Basic 中用关键字 Date 表示。日期型数据按 8 字节的浮点形式存储，可以表示的日期范围从 100 年 1 月 1 日到 9999 年 12 月 31 日，而时间可以从 0:00:00 到 23:59:59。

日期型数据由一对 “ # ” 号所包围，包含具有有效格式的字符序列。有效的格式包括区域设置中指定的日期格式或国际日期格式。

例如，1992 年 12 月 31 日可以表示为：

```
#12/31/92#
```

1993 年 1 月 11 日可以表示为：

```
#January 11 ,1993#
```

1993年3月27日凌晨1点20分可以表示为：

```
#March 27,1993 1:20am#
```

3.2.5 对象型数据

对象型数据用关键字 Object 表示。对象型数据占用的存储空间随操作系统而定，用于引用应用程序中的对象。

3.2.6 可变类型数据

可变类型数据用关键字 Variant 表示。可变类型数据是一种特殊的数据类型，指所有没被显式声明为其他类型的变量的数据类型。可以将变量理解成“某个存储单元的名称，用于保存某种类型的数据”，变量在使用之前通常需要声明类型，如果不声明类型，则默认为 Variant 类型。有关变量的概念及其类型声明将在 3.4 节介绍。

除了以上介绍的系统定义的数据类型之外，用户还可以根据需要自己定义数据类型。用户自定义的数据类型将在第 12 章介绍。

在程序中，不同类型的数据既可以以常量的形式出现，也可以以变量的形式出现。下面分别介绍常量和变量。

3.3 常量

常量是指在程序运行期间其值不发生变化的量。Visual Basic 有两种形式的常量——直接常量和符号常量。符号常量又分为用户自定义符号常量和系统定义符号常量。

3.3.1 直接常量

直接常量是指在代码中以直接明显的形式给出的数。根据常量的数据类型分，有字符串常量、数值常量、布尔常量、日期常量。例如："欢迎使用 Visual Basic"为字符串常量，长度为 16 个字符；12345 为整型常量；True 为布尔型常量；"#11/10/2001#"为日期型常量。

3.3.2 用户自定义符号常量

在程序设计中，经常会遇到一些多次出现或难于记忆的数，在这些情况下，最好将这类数用符号表示，一次定义，多次使用，可以提高代码的可读性和可维护性。这种命名的常量称为符号常量。符号常量在使用前需要使用 Const 语句进行声明。Const 语句的语法格式如下：

```
[Public | Private] Const 常量名 [As 类型] = 表达式
```

各参数说明如下：

- Public：可选项，用于在标准模块的通用声明段定义全局常量（标准模块将在第 8 章介绍）。全局常量是指在所有模块的所有过程中都可以使用的常量。注意，在窗体模块或类模块中不能用 Public 声明符号常量。
- Private：可选项，用于在模块的通用声明段定义模块级常量。模块级常量是指只能在定义该常量的模块中使用的常量。如果声明常量时省略 Public 和 Private，则默认为 Private。
- 常量名：符号常量名，按标识符的命名规则命名。
- 类型：可选项。用于说明符号常量的数据类型，可以是 Byte、Boolean、Integer、

Long、Currency、Single、Double、Date、String、String*n 或 Variant。其中 String*n 表示固定长度字符串，n 是一个整数，用于指定字符串的长度。一个“As 类型”子句只能说明一个符号常量。如果省略该项，则系统根据表达式的求值结果，确定最合适的数据类型。

- 表达式：由其他常量及运算符组成。在表达式中不能使用函数。

例如：

```
Const Pi As Single = 3.14159          ' 声明常量 Pi 代表 3.14159，单精度类型
Const Max As Integer = 9              ' 声明常量 Max 代表 9，整型
Const BirthDate = #1/2/01#            ' 声明常量 BirthDate 代表 2001 年 1 月 2 日，日期型
Const MyString = "friend"             ' 声明常量 MyString 代表 "friend"，字符串类型
Const MyStr As String * 4 = "12345"           ' 声明常量 MyStr 代表 "1234"，固定长度字符串
Const Pi = 3.14, Max = 9, MyStr="Hello"       ' 用逗号分隔多个常量声明
Const Pi2 = Pi * 2                            ' 用先前定义过的常量定义新常量
Const sinx = Sin(20 * 3.14 / 180)             ' 错误，表达式中使用了 Sin 函数
```

说明：1）如果要使创建的符号常量只作用于某个过程中，则应在该过程内部声明该符号常量。在过程中的 Const 语句不能使用 Public 和 Private 关键字。

例如，以下是某窗体模块的代码，符号常量 pi 在事件过程之前（既模块的通用声明段）声明，因此在 Command1 和 Command2 的 Click 事件过程中都可以使用，而符号常量 r 在 Command1 的 Click 事件过程中定义，因此只能在该事件过程中使用。

```
Const pi = 3.14159      ' 符号常量 pi 在整个窗体模块中有效．默认为 Private
Private Sub Command1_Click()
   Const r = 100      ' 符号常量 r 只在本事件过程中有效
   s = pi * r ^ 2
   Print "圆面积="; s
End Sub
Private Sub Command2_Click()
   angle = Sin(20 * pi / 180)
   Print angle
End Sub
```

2）由于符号常量可以用其他符号常量定义，因此注意两个以上的符号常量之间不要出现循环引用。例如，如果在程序中有以下两条语句，则出现了循环引用，运行时会产生错误信息。

```
Public Const conA = conB * 2            ' 用符号常量 conB 定义符号常量 conA
Public Const conB = conA / 2            ' 用符号常量 conA 定义符号常量 conB
```

3）符号常量采用有意义的名字取代直接常量。尽管符号常量看上去有点像变量，但在程序运行期间不能像对变量那样修改符号常量的值，即不能对符号常量再次赋值。

例如，以下第一条语句定义了符号常量 pi，而第二条语句试图修改符号常量 pi 的值，因此是错误的。

```
Const pi = 3.14
pi = 3.1415926
```

3.3.3 系统定义符号常量

除了用户自定义的符号常量外，Visual Basic 系统还提供了一系列预先定义好的符号常量，供用户直接使用，这些符号常量称为系统定义的符号常量。这些符号常量的定义可以从“对

象浏览器”中获得。执行 Visual Basic 集成开发环境中的“视图 | 对象浏览器”命令可以打开“对象浏览器”窗口，如图 3-1 所示。

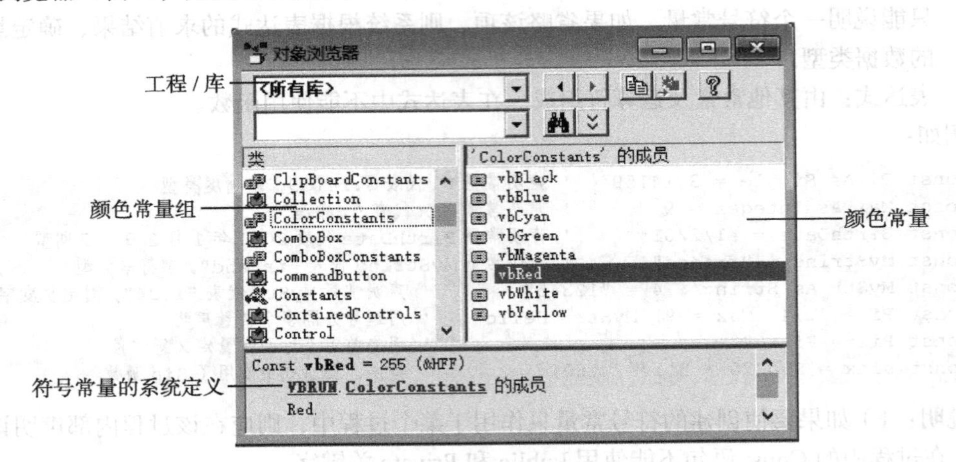

图 3-1 对象浏览器

使用对象浏览器可以显示包括当前工程及对象库在内的过程、模块、类、属性和方法等的描述信息。从“工程 / 库”下拉列表中选择某对象库，然后在“类”列表中选择所需要的符号常量组，在右侧的成员列表中就会列出相应的符号常量，用鼠标单击某一个符号常量，就可以在窗口底部的描述框中显示有关该符号常量的定义及描述信息。

例如，在 VBRUN 库中选择 ColorConstants 类就可以显示其成员。在右侧的成员列表中选择 vbBlue 即可在窗体底部的描述框中显示其描述，如图 3-1 所示。在窗体底部显示了颜色常量 vbBlue 的定义。vbBlue 所表示的颜色值为 16 711 680，即十六进制 &HFF0000。

3.4 变量

数据存入内存后，必须用某种方式访问它，才能对该数据进行操作。在 Visual Basic 中，可以用名字表示内存单元，这样就能访问内存中的数据。一个有名称的内存单元称为变量，该名称称为变量名。在应用程序执行期间，用变量临时存储数据，变量的内容（值）可以发生变化。

每个变量都有名字和数据类型，通过名字来引用一个变量，而通过数据类型来确定该变量的存储方式。在使用变量之前，一般需要先声明变量名和类型，以便系统为其分配存储单元。在 Visual Basic 中可以用以下方式来声明（定义）变量及其类型。

1. 声明变量

声明变量的格式如下：

```
Dim|Private|Static|Public 变量名 [As 类型]
```

各参数说明如下：

1）Dim：在窗体模块、标准模块或过程中声明变量。写在不同的位置，变量的作用范围不同。在模块的通用声明段中声明的变量，则变量对该模块中的所有过程都是可用的，这种变量叫模块级变量。在过程中声明的变量，则变量只在过程内是可用的，这种变量叫过程级变量。

2）Private：在窗体模块的通用声明段中声明变量，使变量仅在该模块中有效，其他模块不能访问这种变量，这种变量也是模块级变量。

3）Static：在过程中声明变量。这种变量即使该过程结束，也仍然保留变量的值，是一种过程级变量，称为静态变量。

4）Public：在模块的通用声明段中声明变量，其作用范围为应用程序的所有过程。这种变量称为全局变量。

5）变量名：应遵循标识符的命名规则。例如，strMyString、intCount、姓名、性别等都是合法的变量名；而 2x、a+b、α、π 等是不合法的变量名。

6）AS 类型：指定变量的数据类型，包括 Byte、Boolean、Integer、Long、Currency、Single、Double、Date、String、String * n、Object、Variant、用户自定义类型或对象类型。所声明的每个变量都要有一个单独的"As 类型"子句，如果省略"As 类型"子句，则所创建的变量默认为可变类型。

例如，以下都是合法的变量声明语句。

```
Dim Sum As Long                     ' 声明长整型变量 Sum
Dim Address As String               ' 声明字符串变量 Address
Dim No As String * 8                ' 声明固定长度字符串变量 No，长度为 8 个字符
Dim Num, Total As Integer           ' 声明可变类型变量 Num，整型变量 Total
Private Price As Currency           ' 声明模块级变量 Price，为货币类型
Public Average As Single            ' 声明全局变量 Average，为单精度类型
Static I As Integer                 ' 声明静态变量 I，为整型
```

使用声明语句声明变量之后，Visual Basic 自动对各类变量进行初始化。例如，数值变量被初始化为 0；可变长度字符串变量被初始化为一个零长度的字符串（""）；布尔型变量被初始化为 False。

2. 隐式声明

如果一个变量未经定义而直接使用，则该变量默认为 Variant 类型，即可变类型变量。使用可变类型变量可以存放任何类型的数据。例如，假设没有对变量 SomeValue 进行类型声明，则执行以下赋值语句可以使变量 SomeValue 具有不同的类型：

```
SomeValue = "100"                ' SomeValue 的值为字符串类型
SomeValue = 10                   ' SomeValue 的值变为数值类型
SomeValue= True                  ' SomeValue 的值变为布尔类型
```

可以看出，随着所赋值的不同，SomeValue 变量的类型随之变化。虽然使用可变类型变量很方便，但是常常会因为其适应性太强导致难以预料的错误，因此，建议所有变量必须在被声明后才能使用。

3. 强制显式声明

为了保证所有变量都得到声明，可以使用 Visual Basic 的强制声明功能，这样，只要在运行时遇到一个未经显式声明的变量，Visual Basic 就会发出错误警告。

要强制显式声明变量，需要在窗体模块或标准模块的通用声明段中加入语句：

```
Option Explicit
```

或执行"工具 | 选项"命令，打开"选项"对话框，在其"编辑器"选项卡上选中"要求变量声明"选项，如图 3-2 所示。这样就可以在任何新建的模块中自动插入 Option Explicit 语句。对于已经建立起来的现有模块只能用手工方法添加 Option Explicit 语句。

如果加入了 Option Explicit 语句，那么在运行时 Visual Basic 就会对没有声明的变量显示错误信息（如图 3-3 所示），以帮助编程人员对变量补充声明。

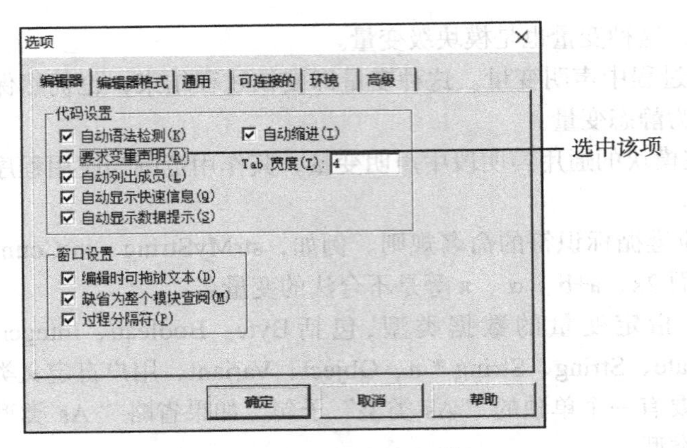

图 3-2 “选项”对话框

注意：由于 Option Explicit 语句的作用范围仅限于该语句所在的模块，所以，对每个需要强制显式声明变量的模块，都需要在该模块的通用声明段中使用 Option Explicit 语句。

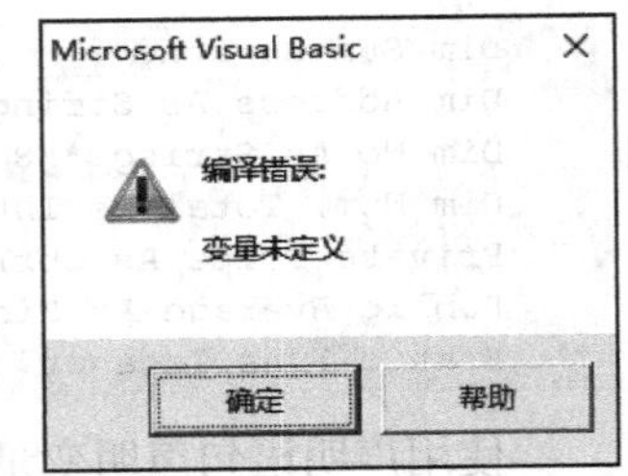

图 3-3 给出的错误信息

3.5 常用内部函数

在数学中，函数的定义是：在一个变化过程中，假设有两个变量 x、y，如果对于任意一个 x 都有唯一确定的一个 y 和它对应，那么就称 y 是 x 的函数，其中 x 是自变量，y 是因变量，x 的取值范围叫做这个函数的定义域，相应 y 的取值范围叫做函数的值域。

在程序设计语言中，函数是完成某种特定任务的语句的集合。Visual Basic 将一些常用的功能模块编写成函数，供程序员使用（调用），这些函数称为内部函数。程序员除了可以使用内部函数外，还可以自己编写函数，这类函数称为用户自定义函数。

Visual Basic 的每一个函数可以带有零个或多个自变量，这些自变量称为“参数”。函数根据这些参数进行计算，返回一个结果值，称为函数值或返回值。函数的一般调用格式为：

```
函数名 ([ 参数表 ])
```

其中，“参数表”列出的参数可以是常量、变量或表达式。若有多个参数，参数之间以逗号分隔。函数在表达式中被调用。根据函数所完成的功能，可以将函数分为数学函数、字符串函数、转换函数、日期和时间函数等多种类型。

3.5.1 数学函数

数学函数用于各种数学运算，如求三角函数、求平方根、求绝对值、求对数等。表 3-1 列出了常用的数学函数。

表 3-1 常用的数学函数

函数	功能	示例	返回值
Abs(x)	返回 x 的绝对值	Abs(−5.3)	5.3
Sqr(x)	返回 x 的平方根，x ≥ 0	Sqr(9)	3
Log(x)	返回 x 的自然对数值，即数学中的 $\ln x$	Log(10)	2.30258509299405
Exp(x)	返回 e（自然对数的底）的 x 次方，即数学中的 e^x	Exp(1)	2.71828182845905

（续）

函数	功能	示例	返回值
Fix(x)	返回 x 的整数部分	Fix(3.6)	3
		Fix(−3.6)	−3
Int(x)	返回不大于 x 的最大整数	Int(3.6)	3
		Int(−3.6)	−4
Sgn(x)	当 x 为正数时返回 1；当 x 为 0 时返回 0；当 x 为负数时返回 −1	Sgn(5)	1
		Sgn(0)	0
		Sgn(−5)	−1
Sin(x)	返回 x 的正弦函数，x 以弧度为单位	Sin(30 * 3.1416 / 180)	0.500001060362603
Cos(x)	返回 x 的余弦函数，x 以弧度为单位	Cos(30 * 3.1416 / 180)	0.866024791582939
Tan(x)	返回 x 的正切函数，x 以弧度为单位	Tan(45 * 3.1416 / 180)	1.00000367321185
Atn(x)	返回 x 的反正切函数，函数值以弧度为单位	Atn(1)	0.785398163397448
Rnd[(x)]	返回 [0,1) 范围的单精度随机数	Rnd	[0,1) 之间的数

说明：1）Visual Basic 没有提供常用对数函数，要想计算常用对数，可以使用以下换底公式：

$$\log_{10} x = \frac{\ln x}{\ln 10}$$

即写成：Log(x)/Log(10)。

2）将角度转换为弧度的公式为：弧度 = 角度 ×π/180

3）随机数在计算机应用中的使用随处可见。例如，在考试系统中随机生成题库中的试题题号，在游戏中模拟骰子产生点数，在计算机彩票系统中随机生成彩票号码，等等。真正的随机数只能使用物理方法得到，如掷骰子产生的点数。使用计算机并不能产生真正的随机数，计算机中的随机数是按照一定算法模拟产生的，这种随机数也叫伪随机数。产生随机数的程序叫随机数发生器。随机数发生器需要根据某一给定的初始值，按照某种算法来产生随机数，这个初始值称为种子。

Rnd 函数的参数 x 的值决定了 Rnd 生成随机数的方式：

- 若 x<0，则使用 x 作为种子，生产随机数，相同的数会得到相同的结果。
- 若 x>0，则以上一个随机数作种子，产生序列中的下一个随机数。
- 若 x=0，则产生与最近生成的随机数相同的数。

若省略参数 x，则与 x>0 的情况相同。

例如，设某命令按钮 Command1 的 Click 事件过程如下：

```
Private Sub Command1_Click()
    Print Rnd(-5)          ' 以 -5 作为种子产生随机数
End Sub
```

则运行时，多次单击命令按钮，产生的随机数相同。如果有如下代码：

```
Private Sub Command1_Click()
    Print Rnd(5)           ' 以上一个随机数作种子，与直接使用 Rnd 效果一样
End Sub
```

则运行时，每次单击命令按钮，产生序列中的下一个随机数。如果有如下代码：

```
Private Sub Command1_Click()
    Print Rnd
```

```
    Print Rnd(0)        ' 产生与上一个随机数相同的随机数
End Sub
```

则运行时，每次单击命令按钮，产生相同的两个随机数。如果有如下代码：

```
Private Sub Command1_Click()
Print Rnd           ' 结果为 .7055475
Print Rnd           ' 结果为 .533424
End Sub
```

则运行时，每次单击命令按钮，产生两个随机数。但再次运行时产生的两个随机数和上一次得到的一样，这是因为它们使用了同一个系统默认的种子。

如果希望每次运行时产生的随机数序列不同，可以结合使用 Randomize 语句，Randomize 语句用于初始化随机数发生器，格式如下：

```
Randomize [n]
```

其中，n 是一个单精度数，作为随机数发生器的“种子”。如果省略 n，则使用系统时钟返回的值作为新的种子值。由于系统时钟在不停地变化，所以每次 Randomize 被执行后得到的种子也就不相同，这样使用 Rnd 就能产生不同的随机序列。如果有如下代码：

```
Private Sub Command1_Click()
    Randomize
    Print Rnd
    Print Rnd
End Sub
```

则运行时，每次单击命令按钮，产生两个随机数。再次运行时将产生两个与上一次不同的随机数。

Rnd 函数只能产生 [0，1) 区间的随机小数，要生成 [a, b] 区间内的随机整数，可以使用公式：

```
Int((b-a+1)*Rnd+a)
```

例如，要产生 [1，99] 区间的随机整数，可以使用公式 Int(99*Rnd+1) 获得。

【例 3-1】 绘制如图 3-4 所示的彩带。

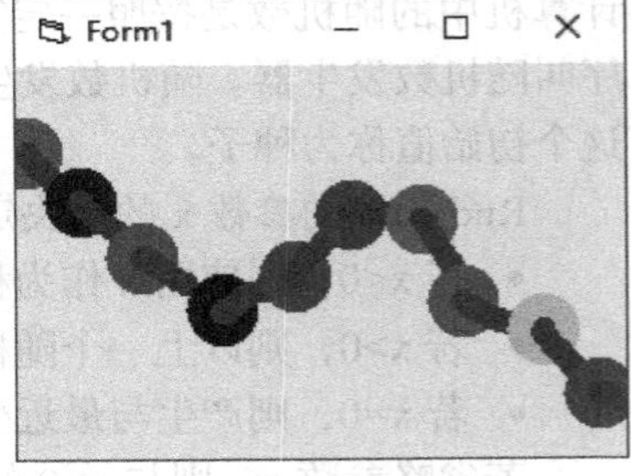

图 3-4　彩带

代码设计： 1）通过在窗体上拖动鼠标来实现绘制线条，线条由一系列连续画出的红色点组成。代码应写在窗体的鼠标移动（MouseMove）事件过程中。具体如下：

```
Private Sub Form_MouseMove(Button As Integer, Shift As Integer, X As Single, Y As Single)
    Form1.ForeColor = vbRed        ' 设置窗体的前景颜色，即为画点的颜色
    Form1.DrawWidth = 10           ' 设置窗体的画线宽度，即为画点的粗细
    Form1.PSet (X, Y)              ' 在 (X, Y) 坐标处画点
End Sub
```

2）当拖动鼠标到某处时单击鼠标，画出更大的点，且点的颜色是随机的。画随机颜色点的代码应写在窗体的鼠标按下（MouseDown）事件过程中，具体如下：

```
Private Sub Form_MouseDown(Button As Integer, Shift As Integer, X As Single, Y As Single)
    Dim red As Integer, green As Integer, blue As Integer
```

```
    Randomize
    red = Int(Rnd * 256)          ' 产生 [0,255] 区间的随机整数，作为颜色中的红色成分
    green = Int(Rnd * 256)        ' 产生 [0,255] 区间的随机整数，作为颜色中的绿色成分
    blue = Int(Rnd * 256)         ' 产生 [0,255] 区间的随机整数，作为颜色中的蓝色成分
    Form1.ForeColor = RGB(red, green, blue)    ' 通过 RGB 函数设置窗体前景色
    Form1.DrawWidth = 30          ' 设置窗体的画线宽度，即为画点的粗细
    PSet (X, Y)                   ' 在 (X, Y) 坐标位置画点
End Sub
```

以上代码使用 RGB 函数生成一个长整型的颜色值。RGB 函数格式为：

```
RGB(red, green, blue)
```

其中，red、green 和 blue 参数分别代表颜色中的红色、绿色、蓝色成分，取值范围都是 0 ～ 255。

MouseDown 事件过程返回参数 x 和 y，表示当前鼠标按下的位置，因此以上代码中使用参数 x 和 y 作为画点的坐标，实现了单击鼠标时在相应的位置画点。

运行时，在窗体上拖动鼠标画红色线条，单击鼠标画随机颜色的点，由这些线条和点构成了“彩带”。

3.5.2 字符串函数

Visual Basic 提供了大量的字符串函数，具有很强的字符串处理能力。表 3-2 列出了常用的字符串函数。

表 3-2 常用的字符串函数

函数	功能	示例	返回值
LTrim(s)	去掉字符串 s 左边的空白字符（即前导空格）	LTrim(" ∪∪∪ ABC")	"ABC"
RTrim(s)	去掉字符串 s 右边的空白字符（即后置空格）	RTrim("ABC ∪∪∪ ")	"ABC"
Trim(s)	去掉字符串 s 左右的空白字符	Trim(" ∪∪ ABC ∪∪ ")	"ABC"
Left(s,n)	取字符串 s 左边的 n 个字符	Left("ABCDE",2)	"AB"
Right(s,n)	取字符串 s 右边的 n 个字符	Right("ABCDE",2)	"DE"
Mid(s,p[,n])	从字符串 s 的第 p 个字符开始取 n 个字符，如果省略 n 或 n 超过文本的字符数（包括 p 处的字符），将返回字符串中从 p 到末尾的所有字符	Mid("ABCDE",2,3)	"BCD"
		Mid("ABCDE",2,6)	"BCDE"
		Mid("ABCDE",4)	"DE"
Len(s)	返回字符串 s 的长度，即所含字符个数	Len("ABCDE")	5
String(n,s)	返回对 s 的第一个字符重复 n 次的字符串。s 可以是一个字符串，也可以是字符的 ASCII 码值	String(3, "ABC")	"AAA"
		String(3, 65)	"AAA "
Space(n)	返回 n 个空格	Space(3)	" ∪∪∪ "
InStr([n],s1,s2)	从字符串 s1 中第 n 个位置开始查找字符串 s2 出现的起始位置。省略 n 时默认 n 为 1	InStr("ABCABC","BC")	2
		InStr(3,"ABCABC","BC")	5
UCase(s)	把小写字母转换为大写字母	UCase("Abc")	"ABC"
LCase(s)	把大写字母转换为小写字母	LCase("Abc")	"abc"

注：表中符号“∪”代表空格，下同。

【例 3-2】 编程序实现，运行时在文本框中任意输入一个 18 位的身份证号码，从中分解出行政区划分代码、出生日期、顺序码和校验码。

分析：根据国家标准，身份证号码由 18 位数字组成：前 6 位为行政区划分代码，第 7 位至 14 位为出生日期码，第 15 位至 17 位为顺序码，第 18 位为校验码。

界面设计：设计界面如图3-5a所示。将各标签控件的Caption属性设置为空，BorderStyle属性设置为1-Fixed Single。运行时，通过文本框Text1输入任意一个18位身份证号码，单击"分解"按钮Command1将得到的各部分号码输出到标签控件上，如图3-5b所示。单击"清除"按钮Command2清空文本框及各标签的内容。

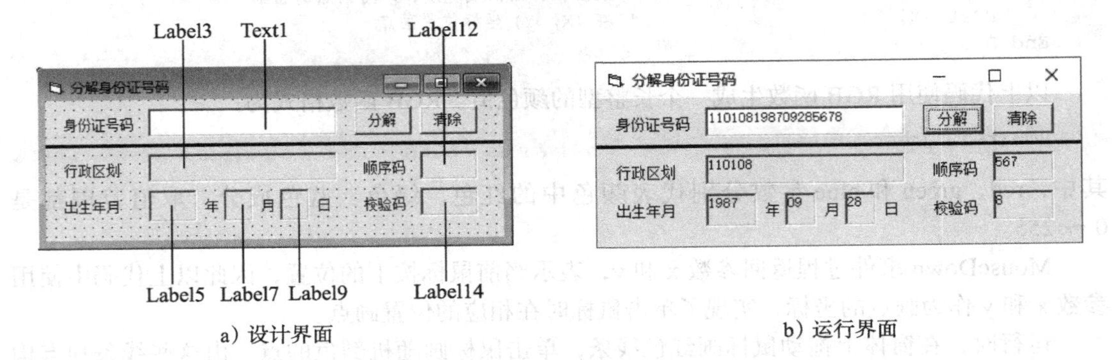

a）设计界面　　　　b）运行界面

图3-5　分解身份证号码

代码设计：1）在"分解"按钮Command1的Click事件过程中编写代码，先将文本框Text1的内容赋值给变量no，然后分别使用Left函数、Mid函数和Right函数提取相关信息。

```
Private Sub Command1_Click()
    Dim no As String * 18
    no = Text1.Text
    Label3.Caption = Left(no, 6)        ' 提取行政区划号码
    Label5.Caption = Mid(no, 7, 4)      ' 提取出生年份
    Label7.Caption = Mid(no, 11, 2)     ' 提取出生月份
    Label9.Caption = Mid(no, 13, 2)     ' 提取出生日期
    Label12.Caption = Mid(no, 15, 3)    ' 提取顺序码
    Label14.Caption = Right(no, 1)      ' 提取校验码
End Sub
```

2）在"清除"按钮Command2的Click事件过程中编写代码，清空文本框及各标签的内容。

```
Private Sub Command2_Click()
    Text1.Text = ""
    Label3.Caption = "" : Label5.Caption  = "" : Label7.Caption = ""
    Label9.Caption = "" : Label12.Caption = "" : Label14.Caption = ""
End Sub
```

3.5.3　转换函数

转换函数用于数据类型或形式的转换，表3-3列出常用的转换函数。

表3-3　常用的转换函数

函数	功能	示例	返回值
Asc(s)	返回字符串s中第一个字符的ASCII码值	Asc("ABC")	65
Chr(x)	把x的值作为ASCII码转换为对应的字符	Chr(65)	"A"
Str(x)	把数值x转换为一个字符串，如果x为正数，则返回的字符串前有一前导空格	Str(123)	"∪123"
		Str(−123)	"−123"
Val(s)	把数字字符串s转换为数值。当遇到非数字字符时停止转换	Val("123")	123

（续）

函数	功能	示例	返回值
Val(s)	把数字字符串 s 转换为数值。当遇到非数字字符时停止转换	Val("123AB")	123
		Val("a123AB")	0
		Val("12e3abc")	12000
Hex(x)	返回与 x 等值的十六进制值，结果为字符串类型	Hex(27)	"1B"
Oct(x)	返回与 x 等值的八进制数值，结果为字符串类型	Oct(27)	"33"

Visual Basic 还提供了一系列的类型转换函数，用于强制将一个表达式转换成某种特定的数据类型。例如，CInt(x) 函数用于将参数 x 转换为整型，CDbl(x) 用于将参数 x 转换为双精度浮点数。有关这些函数的具体使用，可以参看 Visual Basic 帮助文档中关于“类型转换函数”的主题。

3.5.4　日期和时间函数

日期和时间函数可以返回系统的日期和时间、返回指定的日期和时间的一部分，以及对日期型数据进行运算。表 3-4 列出了常用的日期和时间函数。

表 3-4　常用的日期和时间函数

函数	功能	示例
Now	返回系统日期和时间	Now
Date	返回系统日期	Date
Time	返回系统时间	Time
Day(d)	返回参数 d 中指定的日期是月份中的第几天	Day(Date)
WeekDay(d,[f])	返回参数 d 中指定的日期是星期几，f 的值为 1 表示将星期日作为一星期的第一天，f 的值为 2 表示将星期一作为一星期的第一天。F 的缺省值为 1	Weekday(Date, 2)
Month(d)	返回参数 d 中指定日期的月份	Month(Date)
Year(d)	返回参数 d 中指定日期的年份	Year(Date)
Hour(t)	返回参数 t 中的小时（0 ～ 23）	Hour(Time)
Minute(t)	返回参数 t 中的分钟（0 ～ 59）	Minute(Time)

【例 3-3】 设计一个数字钟表，界面设计如图 3-6a 所示。运行时，单击窗体，显示当前系统的年、月、日、星期及时间。运行界面如图 3-6b 所示。

界面设计：使用标签控件显示当前的年、月、日、星期及时间，将标签控件的 Caption 属性设置为空，BorderStyle 属性设置为 1-Fixed Single，按图 3-6a 所示给各标签控件命名。

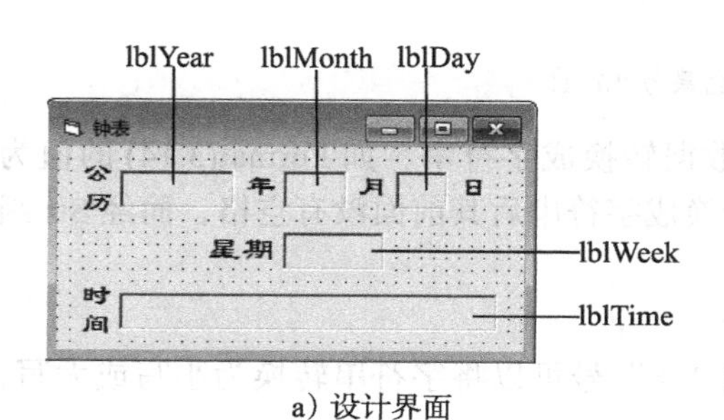

a）设计界面　　b）运行界面

图 3-6　数字钟表

代码设计：在窗体的 Click 事件过程中编写代码，利用日期和时间函数计算当前系统的年、月、日、星期及时间。代码如下：

```
Private Sub Form_Click()
    lblYear.Caption = Year(Date)
    lblMonth.Caption = Month(Date)
    lblDay.Caption = Day(Date)
    lblWeek.Caption = Weekday(Date, 2)
    lblTime.Caption = Time
End Sub
```

3.5.5 格式输出函数

格式输出函数 Format 用于将表达式的值转换为指定的格式。Format 函数格式为：

```
Format(表达式 [, 格式字符串 ])
```

其中，“表达式”指定要被格式化的任何有效的表达式；“格式字符串”指定表达式转换后的格式。格式字符串要用双引号括起来。Format 函数的返回值为 String 类型。

下面以例子说明格式输出函数中最常用的一些格式字符串的使用，有关格式字符串的详细使用请查阅 Visual Basic 帮助文档。

1. 数值的格式化

在 Format 的格式字符串中用“0”来表示数字占位符。如果表达式中整数位数少于格式字符串中小数点前面 0 的个数，则在高位补足 0；如果表达式中整数位数多于格式字符串中小数点前面 0 的个数，则返回实际位数；如果表达式中小数位数少于格式字符串中小数点后面 0 的个数，则在低位补足 0；如果表达式中小数位数多于格式字符串中小数点后面 0 的个数，则四舍五入到指定的位数。例如：

```
Print Format(123.45, "0000.000")          ' 结果为"0123.450"
Print Format(123.45, "0.0")               ' 结果为"123.5"
```

也可以在格式字符串中用“#”来表示数字占位符。表达式中整数部分按实际位数返回；如果表达式中小数位数少于格式字符串中小数点后面“#”的个数，则按实际位数显示；如果表达式中小数部分位数多于格式字符串中小数点后面“#”的个数，则四舍五入到指定的位数。例如：

```
Print Format(123.45, "####.###")          ' 结果为"123.45"
Print Format(123.45, "#.#")               ' 结果为"123.5"
Print Format(0.123, ".##")                ' 结果为".12"
```

格式字符“#”号和 0 可以混合使用。例如：

```
Print Format(0.123, "0.##")               ' 结果为"0.12"
```

还可以使用 Format(表达式) 将一个数值型数据转换成字符串，如 Format(3.14) 的值为 "3.14"。注意，与 Str 函数不同，正数经 Format 转换成字符串后其前面没有空格，而经 Str 函数转换后前面会有一个空格。

2. 字符串的格式化

在 Format 函数的格式字符串中使用“<”或“>”号可以将字符串转换为小写或大写，例如：

```
Print Format("How Are You", "<")          ' 结果为"how are you"
Print Format("How Are You", ">")          ' 结果为"HOW ARE YOU"
```

在格式字符串中使用“@”表示字符占位符。如果字符串的字符个数多于指定的“@”字符的个数，则返回字符串本身。如果字符串的字符个数少于指定的“@”字符的个数，则在字符串左侧补足空格（右对齐）。例如：

```
Print Format("Hello", "@@@")              ' 结果为 "Hello"
Print Format("Hello", "@@@@@@")           ' 结果为 " ∪ Hello"
```

可以配合使用惊叹号（！）指定转换后在字符串右侧补空格（左对齐），例如：

```
Print Format("Hello", "!@@@@@@")          ' 结果为 "Hello ∪ "
Print Format("Bye", "!@@@@@@")            ' 结果为 "Bye ∪∪∪ "
```

3. 日期和时间的格式化

Visual Basic 提供了丰富的日期时间格式字符。例如：

```
Print Format(#12/25/2010 8:10:20 AM#, "yyyy-mm-dd")      ' 结果为 "2010-12-25"
Print Format(#12/25/2010 8:10:20 AM#, "hh:mm:ss")        ' 结果为 "08:10:20"
Print Format(#12/25/2010 8:10:20 AM#, "hh:mm:ss am/pm")' 结果为 "08:10:20 am"
Print Format(#12/25/2010 8:10:20 AM#, "dd-mmmm-yy")      ' 结果为 "25-December-10"
```

3.5.6 Shell 函数

在 Visual Basic 中，除了可以调用内部函数之外，还可以调用 Windows 下的应用程序。这一功能可以通过 Shell 函数来实现。Shell 函数的格式如下：

```
Shell(文件名[,窗口样式])
```

其中，"文件名"为要执行的应用程序名（包含路径）。应用程序必须是可执行文件。“窗口样式”是可选项，决定在程序运行时窗口的样式。如果省略窗口样式，则程序以具有焦点的最小化窗口执行。“窗口样式”参数值如表 3-5 所示。

表 3-5 “窗口样式”参数值

系统定义符号常量	值	说明
vbHide	0	窗口被隐藏，且焦点会移到隐式窗口
vbNormalFocus	1	窗口具有焦点，且会还原到它原来的大小和位置
vbMinimizedFocus	2	窗口会以一个具有焦点的图标来显示
vbMaximizedFocus	3	窗口是一个具有焦点的最大化窗口
vbNormalNoFocus	4	窗口会被还原到最近使用的大小和位置，而当前活动的窗口仍然保持活动
vbMinimizedNoFocus	6	窗口会以一个图标来显示，而当前活动的窗口仍然保持活动

如果 Shell 函数成功地执行了所要执行的文件，则它会返回正在运行的程序的任务 ID。如果 Shell 函数不能打开指定的程序，则会产生错误。

例如，要打开 Windows 下的计算器，可以使用如下所示的 Shell 函数：

```
a = Shell("c:\windows\system32\calc.exe", vbNormalFocus)
```

或使用以下 Shell 语句：

```
Shell "c:\windows\system32\calc.exe", vbNormalFocus
```

3.6 运算符与表达式

用运算符将运算对象（或称为操作数）连接起来即构成表达式。表达式表示了某种求值规则。操作数可以是常量、变量、函数、对象等，而运算符也有各种类型。Visual Basic 有以下 6 类运算符和表达式。

- 算术运算符与算术表达式。
- 字符串运算符与字符串表达式。
- 关系运算符与关系表达式。
- 布尔运算符与布尔表达式。
- 日期运算符与日期表达式。
- 对象运算符与对象表达式。

本节主要介绍算术运算符与算术表达式、字符串运算符与字符串表达式、关系运算符与关系表达式、布尔运算符与布尔表达式。

3.6.1 算术运算符与算术表达式

算术运算符用于对数值型数据执行各种算术运算。Visual Basic 提供了 7 个算术运算符，表 3-6 以优先级次序列出了这些运算符，优先级为 1 表示具有最高优先级。

表 3-6 算术运算符

优先级	运算符	运算	示例	结果
1	^	乘方	3^2	9
2	−	取负	−3	−3
3	*	乘法	3*5	15
3	/	浮点除法	10/3	3.333 333 333 333 33
4	\	整数除法	10\3	3
5	Mod	取模	10 Mod 3	1
6	+	加法	2+3	5
6	−	减法	2−3	−1

其中，取负（−）运算符是单目运算符，其余运算符均为双目运算符（即需要两个操作数）。加、减（取负）、乘、除运算符的含义与数学中含义相同。下面介绍其余运算符的使用。

1. 乘方运算

乘方运算用来计算乘方和方根。例如：

```
10^2                    10 的平方，结果为 100
10^(-2)                 10 的平方的倒数，即 1/100，结果为 0.01
25^0.5                  25 的平方根，结果为 5
8^(1/3)                 8 的立方根，结果为 2
2^2^3                   运算顺序从左到右，结果为 64
(-8)^(-1/3)             错误，当底数为负数时，指数必须是整数
```

2. 整数除法

整数除法执行整除运算，结果为整型值。参加整除运算的操作数一般为整型数。当操作数带有小数点时，首先被四舍五入为整型数，然后进行整除运算，运算结果截取整数部分，小数部分不做舍入处理。例如：

```
10\3                    结果为 3
25.68\6.99              先四舍五入再整除，结果为 3
```

3. 取模运算

取模运算符 Mod 用于求余数，其结果为第一个操作数整除第二个操作数所得的余数。如

果操作数带小数，则首先被四舍五入为整型数，然后求余数。运算结果的符号取决于第一个操作数。例如：

```
10 Mod 3                  结果为 1
25.68 Mod 6.99            先四舍五入再求余数，结果为 5
11 Mod - 4                结果为 3
-11 Mod 5                 结果为 -1
-11 Mod -3                结果为 -2
```

3.6.2 字符串运算符与字符串表达式

字符串运算符有两个：“&”“+”，它们的作用都是将两个字符串连接起来，合并成一个新的字符串。例如：

```
"Hello" & " World"        结果为 "Hello World"
"ABC" + "DEF"             结果为 "ABCDEF"
```

这里要特别注意“&”“+”两个运算符的区别。

“&”运算符两边的操作数无论是数值型还是字符串型，都进行字符串的连接运算。如果是数值型操作数，系统先将数值型操作数转换为字符串，然后再进行连接运算。例如：

```
"Check" & 123             结果为 "Check123"
123 & 456                 结果为 "123456"
"123" & 456               结果为 "123456"
```

“+”运算符两边的操作数应均为字符串。如果均为数值型，则进行算术运算；如果有一个为字符串，另一个为数值型，则要求字符串为数字串，其结果是将字符串转换成相应的数，然后再相加。如果字符串不是数字串，则出错。例如：

```
123 + 456                 结果为 579
"123" + 456               结果为 579
"123" + "456"             结果为 "123456"
"Check" + 123             错误
```

【例 3-4】 模拟掷骰子。

素材准备：准备好对应于骰子 6 个面的 6 个图形文件。设名称为 pic1.jpg ～ pic6.jpg。如图 3-7c 所示，将这些图形文件保存在指定文件夹下。

界面设计：新建一个标准 EXE 工程，将其保存到与骰子图形文件相同的文件夹下。设计如图 3-7a 所示的界面。使用 Image 控件 Image1 显示骰子图形，将 Image1 的 Stretch 属性设置为 True，使图形大小可以与 Image 控件的大小相适应，设置其 BorderStyle 属性值为 1-Fixed Single，使其带有边框。使用标签控件 Label1 显示骰子的点数，设置 Label1 的 Alignment 属性为 2-Center，BorderStyle，属性值为 1-Fixed Single，Font 属性为隶书、粗体、三号。

代码设计：1）在“掷骰子”按钮 Command1 的 Click 事件过程中编写代码，生成一个 1 ～ 6 之间的随机整数 x，用字符串连接运算符“&”将当前应用程序所在的路径（通过 App.Path 属性获得）、字符串 "pic" 与该随机整数 x 进行连接，产生当前要显示的骰子文件的路径及文件名（picFilename）。最后使用 LoadPicture 函数为 Image1 的 Picture 属性加载该图形。代码如下：

```
Private Sub Command1_Click()
    Dim x As Integer
```

```
    Randomize                                         ' 初始化随机数发生器
    x = Int(6 * Rnd + 1)                              ' 生成一个 1 ～ 6 之间的随机整数 x
    picFilename = App.Path & "\pic" & Format(x) & ".jpg"   ' 根据 x 产生图形文件名
    Image1.Picture = LoadPicture(picFilename)         ' 给 Image 控件加载图形
    Label1.Caption = Format(x)                        ' 在标签上显示骰子的点数
End Sub
```

2）在"结束"按钮 Command2 的 Click 事件过程中输入 End 语句，结束程序运行。

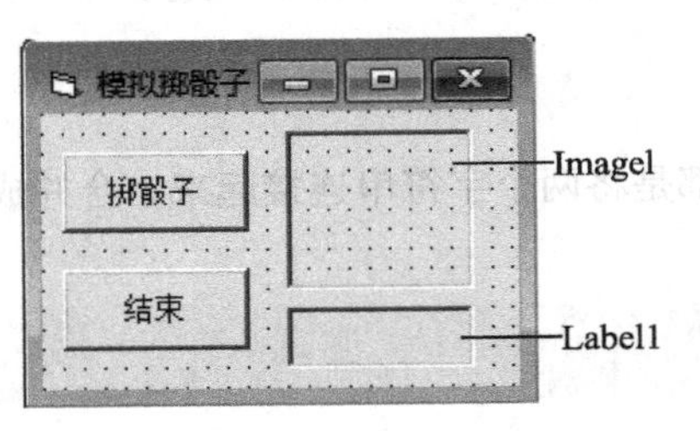

a）设计界面

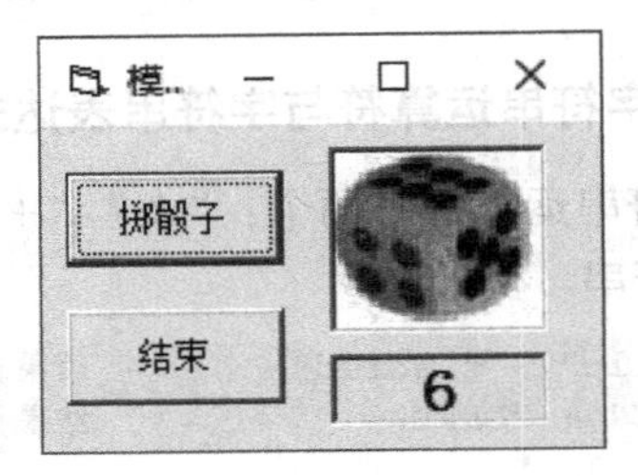

b）运行界面

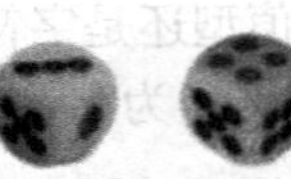
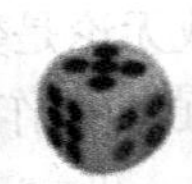

picl.jpg pic2.jpg pic3.jpg pic4.jpg pic5.jpg pic6.jpg

c）表示骰子 6 个面的图片与文件名的对应关系

图 3-7 模拟掷骰子

3.6.3 关系运算符与关系表达式

关系运算符又称为比较运算符，用于对两个表达式的值进行比较，比较的结果为布尔值 True（真）或 False（假）。Visual Basic 提供的关系运算符如表 3-7 所示。

表 3-7 关系运算符

运算符	运算	示例	结果
=	等于	2=3	False
<> 或 ><	不等于	2<>3	True
>	大于	2>3	False
<	小于	2<3	True
>=	大于等于	2>=3	False
<=	小于等于	2<=3	True

Visual Basic 按以下规则对表达式进行比较。

1）如果两个操作数都是数值型的，则按其值的大小进行比较。

2）如果两个操作数是单字符的字符串，则通过 Option Compare 语句来指定是按字符的内部二进制 (ASCII 码) 表示比较还是按文本比较。Option Compare 语句格式为：

```
Option Compare {Binary | Text }
```

其中，指定参数"Binary"将根据字符的内部二进制表示来进行字符串比较。在 Microsoft Windows 中，典型的二进制排序顺序如下：

```
空格 < "0" < "1" < … < "9" < "A" < "B" < … < "Z" < "a" < "b" < … < "z"
```

指定参数“Text”将根据由系统国别确定的一种不区分大小写的文本排序级别来进行字符串比较，此时，"A" = "a"、"B" = "b"、"…"、"Z" = "z"。

例如，在模块的通用声明部分使用了语句 Option Compare Binary，则关系表达式 "a" > "A" 的结果为 True。如果在模块的通用声明部分使用了 Option Compare Text 语句，则关系表达式 "a" > "A" 的结果为 False。

Option Compare 语句在模块的通用声明部分使用。如果模块中没有 Option Compare 语句，则默认的比较方法是 Binary。

3）如果两个操作数是字符串，则根据当前的比较方式从左侧第 1 个字符开始逐个比较，直到比较出结果，字符大的，字符串就大。

例如，如果在模块的通用声明部分使用了语句 Option Compare Binary 或没有该语句，则：

```
"abc" > "Abc"                        结果为 True
"compare " < "compose "              结果为 True，因为 "a" < "o"
```

如果在模块的通用声明部分使用了 Option Compare Text 语句，则：

```
"abc" > "Abc"                        结果为 False，因为 "a"= "A"
"compare " < "compose "              结果为 True
```

4）由于浮点数在计算机内的不精确表示，在对浮点数进行比较时，应尽量避免直接判断两个浮点数是否相等，而要改成对误差的判断。

例如，要判断两个单精度型变量 A 和 B 的值是否相等，可以将判断条件写成：

```
Abs(A-B)<1E-5
```

即用两个变量 A 和 B 的差的绝对值是否小于一个很小的数（如 1E-5）来判断是否相等。

5）关系运算符的优先级相同。

3.6.4 布尔运算符与布尔表达式

布尔运算也称为逻辑运算。布尔运算符两边的操作数要求为具有布尔值的表达式。用布尔运算符连接两个或多个操作数构成布尔表达式或逻辑表达式。布尔表达式的结果值仍为布尔值 True 或 False。表 3-8 列出了 Visual Basic 中的布尔运算符。

表 3-8 布尔运算符

优先级	运算符	运算	说明	示例	结果
1	Not	非	当操作数为假时，结果为真；当操作数为真时，结果为假	Not (3>8) Not (8>3)	True False
2	And	与	当两个操作数均为真时，结果才为真	(3>8) And (5<6)	False
3	Or	或	当两个操作数均为假时，结果才为假	(3>8) Or (5<6)	True
4	Xor	异或	当两个操作数同时为真或同时为假时，结果为假	(3>8) Xor (5<6)	True
5	Eqv	等价	当两个操作数同时为真或同时为假时，结果为真	(3>8) Eqv (5<6)	False
6	Imp	蕴涵	当第一个操作数为真，第二个操作数为假时，结果才为假	(3>8) Imp (5<6)	True

其中，Not 运算符为单目运算符，其他运算符为双目运算符。表 3-9 为布尔运算符的真值表。

表 3-9　布尔运算符的真值表

A	B	Not A	A And B	A Or B	A Xor B	A Eqv B	A Imp B
True	True	False	True	True	False	True	True
True	False	False	False	True	True	False	False
False	True	True	False	True	True	False	True
False	False	True	False	False	False	True	True

例如，数学中表示条件“x 在区间 $[a, b]$ 内”，习惯上写成 $a \leqslant x \leqslant b$，在 Visual Basic 中应写成：

```
a<=x And x<=b
```

例如，表示 M 和 N 之一为 5，但不能同时为 5，表示该条件的布尔表达式为：

```
M=5 Xor N=5
```

也可以写成：

```
((M = 5) And (N<>5)) Or ((M <> 5) And (N = 5))
```

3.6.5　混合表达式的运算顺序

一个表达式中可能含有多种运算，计算机按以下先后顺序对表达式求值：

括号→函数运算→算术运算→字符串运算→关系运算→布尔运算

例如，设 a=3，b=5，c=−1，d=7，则以下表达式按标注①～⑩的顺序进行运算。

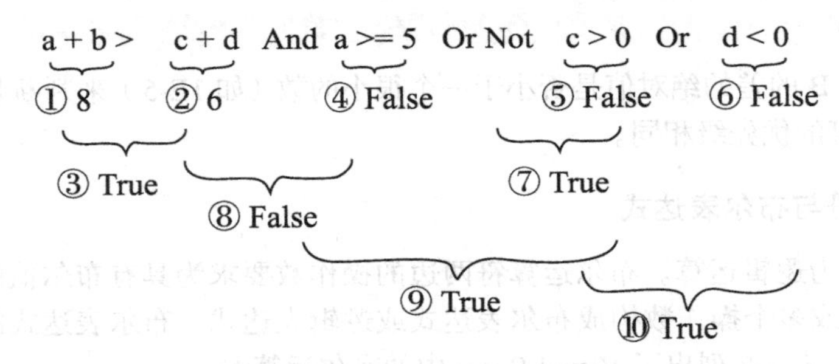

在代码中书写表达式时应注意以下几点：

- 表达式要写在同一行。例如，数学式 $\dfrac{a+b}{c-d}$ 应写成 (a+b)/(c−d)。
- 乘号“*”不能省略，也不能用“.”代替。例如，2ab 应写成 2*a*b。
- 表达式中只能使用圆括号，不允许使用中括号或大括号。圆括号必须配对。例如，数学式 $\dfrac{a+b}{a+\dfrac{c+d}{c-d}}$ 只能写成 (a+b)/(a+(c+d)/(c−d))，而不能写成 (a+b)/[a+(c+d)/(c−d)]。

3.7　编码基础

程序由语句组成，语句又由以上介绍的各种语法成分组成。学习了 Visual Basic 的各种语法成分之后，就可以开始学习语句，利用语句来编写程序了。以下是书写语句的简单书写规则。

1）书写各种语句都应该严格按照 Visual Basic 的语法格式要求进行书写，否则在编译时将产生语法错误或运行时产生意想不到的结果。

例如，语句：

```
Dim a As Integer, b As Integer
```

用于定义变量 a 和 b 为整型变量，如果不小心将逗号写错了，变成：

```
Dim a As Integer; b As Integer
```

则会产生语法错误。

又如，语句：

```
Const Pi = 3.14
```

表示定义符号常量 Pi 的值为 3.14，如果不小心写成：

```
ConstPi = 3.14
```

即在 Const 和 Pi 之间少了空格，则虽然编译时不产生语法错误，但运行时 Visual Basic 会认为 ConstPi 是一个变量的名称，而 ConstPi = 3.14 表示给变量 ConstPi 赋值 3.14。

2）每条语句用于完成某种功能，通常单独占一行。

3）如果想在一行中写多条语句，语句之间要用冒号（:）分隔。例如：

```
Form1.FontSize=14 : Form1.BackColor=vbRed
```

4）如果想将一条语句（不包括注释）写在多行上（如一条语句太长），则可以在下一行继续，并在行的末尾用续行字符表示此行尚未结束。续行字符是一个空格加一个下划字符（_），例如：

```
Text3.Text = Val(Text1.Text) + _
  Val(Text2.Text)
```

5）在一些代码块或语句块中，常使用一定的左缩进来体现代码的层次关系，虽然这不是必须的，但适当的缩进会使代码层次清楚，易于阅读和维护。例如：

```
Private Sub Command1_Click()
    X = Val(Text1.Text)
    If X >= 0 Then
        Print "X>0"
    Else
        Print "Not X>"
    End If
End Sub
```

Visual Basic 会自动对语句进行一定的格式化，如调整大小写、运算符与操作数之间的间距等，使编写的程序更易于阅读理解。

3.8 上机练习

【练习 3-1】 设计如图 3-8 所示的界面。编程序实现，运行时，输入圆柱体的底面半径和高，单击“计算”按钮求圆柱体的底面积、侧面积和体积。要求：

1）程序中将 π 定义成符号常量（用 Const pi=…）。

2）将输入的底面半径和高先分别存于变量 r 和 h 中（r 和 h 声明为单精度型）。再利用 pi、r、h 计算圆柱体的底面积、侧面积和体积。运算结果设为只读。

【练习3-2】 设计如图3-9所示的界面。编程序实现，运行时，单击“出题”按钮，产生任意两个[1,100]之间的随机整数，单击“计算”按钮，求这两个数的和。

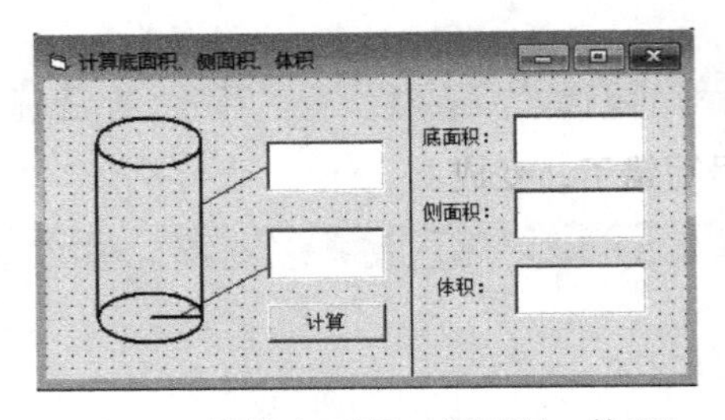

图3-8　计算底面积、侧面积、体积

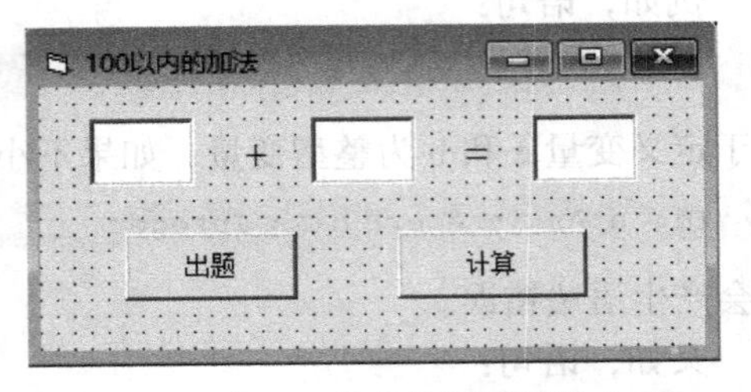

图3-9　求100以内的随机整数之和

【练习3-3】 设计程序实现，每隔0.1 s以随机的颜色和随机的半径在窗体上绘制同心圆(每次画一个圆)。

提示：在窗体上画一个定时器控件，设置其Interval属性值为100（相当于0.1 s），在定时器的Timer事件过程编写代码。通过随机函数生成RGB函数的3个参数值，圆心设置在窗体中心（ScaleWidth / 2，ScaleHeight / 2），半径随机产生，范围在0与窗体高度一半之间。以坐标(x,y)为圆心绘制圆的Circle方法的简单格式为：

```
Circle (X,Y)，半径，颜色
```

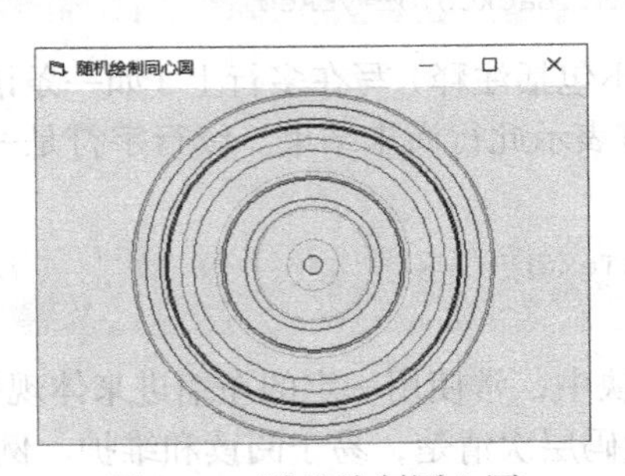

图3-10　随机绘制同心圆

【练习3-4】 设计数字时钟，每隔1 s更新显示一次，界面如图3-11所示。

提示：在窗体上画一个定时器控件，设置其Interval属性值为1 000（相当于1 s），在定时器的Timer事件过程编写代码。

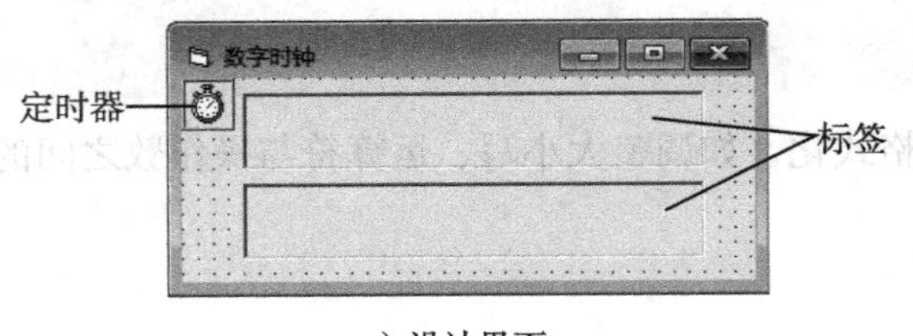

a）设计界面

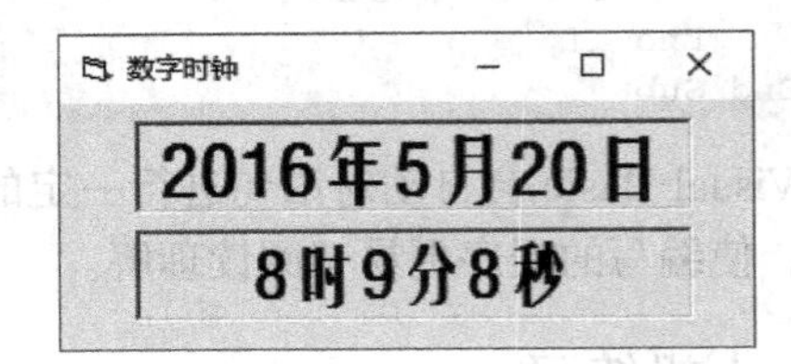

b）运行界面

图3-11　数字时钟

【练习3-5】 编程序实现，在一个给定的字符串中查找某个指定字符第1次出现的位置。运行界面如图3-12所示。运行时，在文本框中任意输入一个小写字母后，即显示“× first occurs in position ×”。如在文本框中输入小写字母m，则将显示“m first occurs in position 5”。

文本框内容始终处于选中状态。

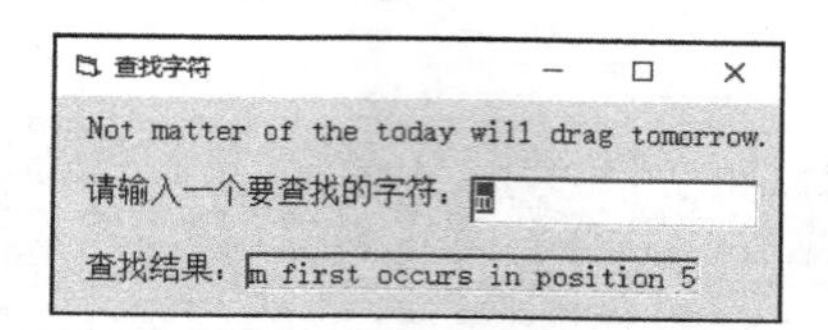

图 3-12　查找字符

【练习 3-6】 设计应用程序，使其运行时的界面如图 3-13 所示，当单击不同按钮时，调出相应的应用程序。要求：

1）按钮表面的图形可以任选，参考位置：C:\Program File\Microsoft Visual Studio\Common\Graphics\Icon\Writing。

2）将窗体背景设置成某种图案。

3）修改窗体左上角图标，图标文件自定，参考位置：C:\Program File\Microsoft Visual Studio\Common\Graphics\Icon。

4）各应用程序文件名如下，请查找计算机中这些文件所在的路径（如 C:\Windows），以便调用。

计算器：calc.exe　　　　画图：mspaint.exe

写字板：write.exe　　　　记事本：notepad.exe

提示：使用 Shell 函数实现调用其他应用程序。

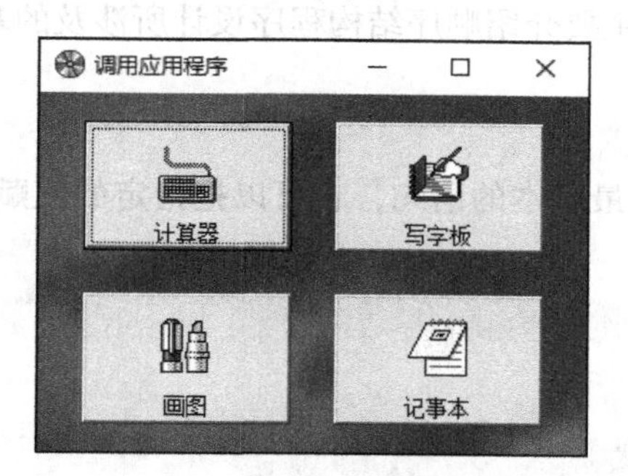

图 3-13　在 Visual Basic 中调用其他应用程序

第4章

顺序结构程序设计

Visual Basic 程序设计是基于事件驱动的，程序设计者的任务就是处理事件（消息），就是在事件过程中编写代码完成相应的操作。对于事件过程本身，仍然要使用程序设计的 3 种基本结构来控制内部流程的执行。顺序结构是结构化程序最简单的一种结构，其特点是按语句出现的先后次序从上到下、从左到右依次执行，程序设计的主要思路是按“输入→处理→输出”的顺序进行设计。本章主要介绍顺序结构程序设计所涉及的基本概念及基本语句。

4.1 赋值语句

赋值语句是程序设计中最基本的语句，它可以把指定的值赋给某个变量或某个对象的属性。格式：

```
变量名 = 表达式
```

或

```
[对象名.]属性名 = 表达式
```

功能：首先计算“=”号（称为赋值号）右边的表达式，然后将计算结果（表达式的值）赋给赋值号左边的变量或对象属性。

说明：1)“变量名”应符合 Visual Basic 的标识符的命名约定。

2)“表达式”可以是常量、变量、表达式及对象的属性。

3)“对象名”缺省时为当前窗体。

注意：1）赋值号“=”与数学中的等号意义不同。

例如，语句 X = X + 1 表示将变量 X 加 1 后的结果值赋给变量 X，取代 X 现有的值，而不表示等号两边的值相等。

2）赋值号左边必须是变量或对象的属性。例如，以下赋值语句是正确的：

```
X = 1
MyStr = "Good Morning"
Command1.Caption = "确定"
```

而以下赋值语句是错误的，因为赋值号左边是表达式：

```
X+1 = X
```

3）变量名或对象属性名的类型应与表达式的类型相容。所谓相容是指赋值号右边的表达式的值能被 Visual Basic 合法转换成变量或对象属性所对应的数据类型。例如：

```
Dim A As Integer, B As Single, C As Double, S As String
A = 100                    ' 将整型常量 100 赋给整型变量 A
S = "123.45"               ' 将字符串 "123.45" 赋给字符串变量 S
A = S                      ' 将存放数字字符串的变量值赋给整型变量，变量 A 中存放 123
S = "abc"
A = S                      ' 错误，类型不匹配
S = A                      ' 将整型变量值赋给字符串变量 S，S 中存放字符串 "123"
B = 12345.67
A = B         ' 将高精度变量赋给低精度变量。先四舍五入后取整，变量 A 中存放 12346
C = 123456.789
B = C         ' 将高精度变量赋给低精度变量，变量 B 中存放 123456.8（七位有效数字）
```

【例 4-1】 交换两个变量的值。设变量 A 中存放 5，变量 B 中存放 8，交换两个变量的值，使变量 A 中存放 8，变量 B 中存放 5。

根据第 1 章介绍的交换变量的算法，需要借助第三个变量 C 才能实现交换。代码如下：

```
A = 5
B = 8
C = A
A = B
B = C
```

4.2 数据输入

把要加工的初始数据从某种外部设备（如键盘、磁盘文件）读取到计算机（如变量）中，以便进行处理，这就叫数据的输入。

在 Visual Basic 中，可以用多种方法输入数据，本节将介绍两种常用的数据输入方法：使用 InputBox（输入框）函数输入数据和使用 TextBox（文本框）控件输入数据。

4.2.1 用 InputBox 函数输入数据

格式：`InputBox(提示信息 [, 对话框标题 ][, 默认值 ])`

功能：产生一个输入对话框，用户可以在该对话框中输入数据。如果单击对话框的“确定”按钮，则输入的数据将作为函数值返回，返回值为字符串类型；如果单击对话框的“取消”按钮，则函数返回空串（""）。

说明：1）“提示信息”：字符串表达式，表示要在对话框内显示的提示信息。如果要显示多行提示信息，则可在提示信息中插入回车符 Chr(13)、换行符 Chr(10)、回车换行符的组合 Chr(13) & Chr(10) 或系统符号常量 vbCrLf 实现换行。

2）“对话框标题”：字符串表达式，是可选项。运行时该参数显示在对话框的标题栏中。如果省略，则在标题栏中显示当前的应用程序名。

3）“默认值”：字符串表达式，是可选项。显示在对话框上的文本框中，在没有其他输入时作为缺省值。如果省略，则对话框上的文本框为空。

4）如果只省略第 2 个参数，则相应的逗号分隔符不能省略。

例如，假设某程序中有如下代码：

```
MyStr = InputBox("提示" & vbCrLf & "信息", "对话框标题", "aaaaaa")
```

执行该行代码时，弹出的输入对话框如图4-1所示。可以在文本框中将默认值修改成其他内容，单击“确定”按钮，文本框中的文本赋值给变量MyStr；单击“取消”按钮，返回一个零长度的字符串。

图4-1 输入对话框

4.2.2 用TextBox控件输入数据

TextBox（文本框）控件常用来作为输入控件，在运行时接收用户输入的数据。用文本框输入数据时，也就是将文本框的Text属性的内容赋给某个变量。

例如，将文本框Text1中输入的字符串赋给字符串变量MyStr，代码如下：

```
Dim MyStr As String
MyStr = Text1.Text
```

由于文本框的Text属性为字符串类型，因此，要想将输入到文本框中的内容作为数值输入，需要进行类型转换。例如，将在文本框Text1中输入的内容作为数值赋给整型变量，代码如下：

```
Dim A As Integer
A = Val(Text1.Text)          ' 这里使用Val函数将文本框的内容转换为数值型
```

4.2.3 焦点和Tab键序

1. 焦点

焦点表示了控件接收用户鼠标或键盘输入的能力。当对象具有焦点时，可以接收用户的输入。例如，在有几个文本框的Visual Basic窗体中，只有具有焦点的文本框才能接收由键盘输入的文本。

当对象得到或失去焦点时，会产生GotFocus或LostFocus事件。窗体和多数控件支持这些事件。

用下列方法之一可以使对象获得焦点：

- 运行时使用Tab键、访问键或用鼠标单击选择对象。
- 在代码中用SetFocus方法。

有些对象是否获得了焦点是可以看出来的。例如，当命令按钮获得焦点时，按钮周围的边框将突出显示；当文本框获得焦点时，光标在文本框内闪烁。

只有当对象的Enabled和Visible属性设置为True时，它才能接收焦点。Enabled属性允许对象响应由用户产生的事件，如键盘和鼠标事件。Visible属性决定了对象运行时在屏幕上是否可见。

2. Tab键序

当窗体上有多个控件时，用鼠标单击某个控件或者按键盘上的Tab键，就可以把焦点移到该控件上。每按一次Tab键，可以使焦点从一个控件移到另一个控件上。所谓Tab键序，就是指按Tab键时焦点在各个控件之间的移动顺序。

一般情况下，Tab键序由控件建立时的先后顺序确定。例如，在窗体上先后建立了文本框Text1、Text2和一个命令按钮Command1。运行时，Text1先获得焦点。按Tab键将使焦点按控件建立的顺序在控件间移动，如图4-2所示。

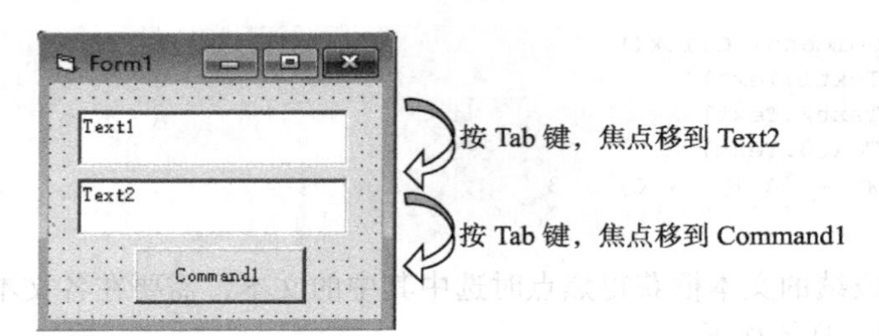

图 4-2 Tab 键序示例

控件的 TabIndex 属性决定了它在 Tab 键序中的位置。设置控件的 TabIndex 属性可以改变该控件在 Tab 键序中的位置。默认情况下，第一个建立的控件其 TabIndex 值为 0，第二个建立的控件其 TabIndex 值为 1，以此类推。当改变了一个控件的 TabIndex 值时，Visual Basic 会自动调整其他控件的 TabIndex 值。例如，上例中要使 Command1 变为 Tab 键序中的首位，其他控件的 TabIndex 值将自动调整，如表 4-1 所示。

表 4-1 控件的 TabIndex 值

控件	变化前的 TabIndex 值	变化后的 TabIndex 值
Text1	0	1
Text2	1	2
Command1	2	0

由于编号从 0 开始，所以 TabIndex 的最大值总是比 Tab 键序中控件的数目少 1。即使 TabIndex 属性值高于控件数目，Visual Basic 也会将这个值转换为控件数减 1。

不能获得焦点的控件（如定时器、菜单、框架、标签等控件）以及无效的（Enabled 属性值为 False）和不可见的（Visible 属性值为 False）控件，在按 Tab 键时将被跳过。

通常，在运行时按 Tab 键能将焦点移到 Tab 键序中的每一个控件上。若要跳过某个控件，可以将该控件的 TabStop 属性值设为 False。TabStop 属性已置为 False 的控件，仍然保持它在实际 Tab 键序中的位置，只不过在按 Tab 键时该控件被跳过了，但如果用鼠标单击该控件，仍然可以使其获得焦点。

【例 4-2】 设计如图 4-3 所示的界面，编程序实现，运行时，输入 3 门课的成绩，求平均成绩，要求：

1）单击“计算”按钮求平均成绩。

2）当输入成绩的文本框 Text1、Text2、Text3 获得焦点时，选中其中的文本。

3）当输入成绩的文本框 Text1、Text2、Text3 中的任何一个内容发生变化时，清除文本框 Text4 中的内容。

4）单击“清除”按钮清除所有文本框的内容，并将焦点定位在文本框 Text1 中。

5）单击“退出”按钮结束程序的运行。

界面设计： 新建一个标准 EXE 工程，按图 4-3 所示设计界面。将文本框 Text1、Text2、Text3、Text4 的 Alignment 属性设置为 1-Right Justify，使其中的数据靠右对齐。将 Text4 的 Locked 属性设置为 True，使其内容在运行时不能修改（只读）。

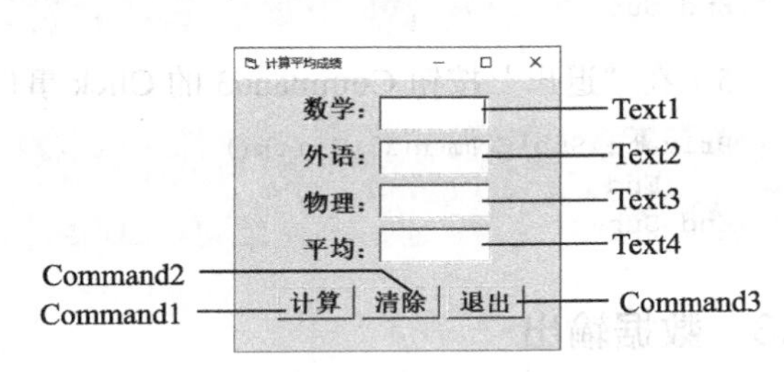

图 4-3 计算平均成绩

代码设计： 1）编写“计算”按钮 Command1 的 Click 事件过程，从文本框 Text1、Text2、Text3 读取数据，计算平均值，显示在文本框 Text4 中。

```
Private Sub Command1_Click()
    A = Val(Text1.Text)
    B = Val(Text2.Text)
    C = Val(Text3.Text)
    Text4.Text = (A + B + C) / 3
End Sub
```

2）要在输入成绩的文本框获得焦点时选中其中的文本，需要在各文本框的 GotFocus 事件过程中编写代码。具体如下：

```
Private Sub Text1_GotFocus()                    '文本框 Text1 获得焦点时
    Text1.SelStart = 0
    Text1.SelLength = Len(Text1.Text)
End Sub
Private Sub Text2_GotFocus()
    Text2.SelStart = 0
    Text2.SelLength = Len(Text2.Text)
End Sub
Private Sub Text3_GotFocus()
    Text3.SelStart = 0
    Text3.SelLength = Len(Text3.Text)
End Sub
```

3）要在输入成绩的文本框内容发生变化时，清除 Text4 的内容，需要在各文本框的 Change 事件过程中编写代码。具体如下：

```
Private Sub Text1_Change()                      '文本框 Text1 的内容改变时
    Text4.Text = ""
End Sub
Private Sub Text2_Change()
    Text4.Text = ""
End Sub
Private Sub Text3_Change()
    Text4.Text = ""
End Sub
```

4）编写“清除”按钮 Command2 的 Click 事件过程，清除所有文本框的内容，并将焦点定位在文本框 Text1 中。

```
Private Sub Command2_Click()
    Text1.Text = "" : Text2.Text = "" : Text3.Text = "" : Text4.Text = ""
    Text1.SetFocus                    '将焦点定位在文本框 Text1 中.
End Sub
```

5）在“退出”按钮 Command3 的 Click 事件过程中输入 End 语句，结束程序的运行。

```
Private Sub Command3_Click()
    End
End Sub
```

4.3 数据输出

在程序中对输入的数据进行加工后，往往需要将处理结果、提示信息等呈现给用户，即输出。本节将介绍使用 Print 方法、MsgBox（消息框）函数或语句、TextBox（文本框）控件和 Label（标签）控件来实现输出。

4.3.1 用 TextBox 控件输出数据

设置文本框的 Text 属性，就可以将输出文本（数据）显示在文本框内，即使用文本框实现了数据的输出。例如，假设变量 X 中存放计算结果，将结果保留 2 位小数并输出到文本框 Text1 中，可以使用语句：

```
Text1.Text = Format(X, "0.00")
```

由于文本框的 MultiLine 属性的缺省值为 False，所以一般情况下文本框只能以单行的形式显示文本信息。如果要使其显示多行文本，需要将文本框的 MultiLine 设置为 True。

例如，用文本框 Text1 输出两个数值型变量 X 和 Y 的值，分两行显示，需要编写如下代码：

```
Text1.Text = Str(X) & vbCrLf & Str(Y)
```

用文本框显示较多文本时，可以设置文本框的 ScrollBars 属性，使其带有滚动条，以使文本能够滚动显示。

【例 4-3】 用文本框输入任意一个英文字母，用另一个文本框显示该英文字母及其 ASCII 码值。

界面设计：新建一个标准 EXE 工程，按图 4-4a 所示设计界面，注意将文本框 Text2 的 MultiLine 属性设置为 True，ScrollBars 属性设置为“2 – Vertical”，使其具有垂直滚动条。

代码设计：代码写在“ ASCII 码值”按钮 Command1 的 Click 事件过程中，先从文本框 Text1 中读取字符，然后通过字符串的连接运算将文本框 Text2 中已有内容、新输入的字母、转换得到的 ASCII 码值以及间隔的空格连接起来，将其显示在文本框 Text2 中，同时将焦点设置在文本框 Text1 中，并选中 Text1 中的所有内容。代码如下：

```
Private Sub Command1_Click()
    Dim Char As String * 1              ' 声明变量 Char 为字符串型，且只能存放 1 个字符
    Char = Text1.Text                   ' 从文本框输入字母
    ' 显示 Char 及其 ASCII 码值 Asc(Char)，用 Space() 函数添加适当的间距，用 vbCrLf 换行
    Text2.Text =Text2.Text & Space(5) & Char & Space(10) & Str(Asc(Char)) & vbCrLf
    ' 将焦点设置在文本框 Text1 中，选中 Text1 中的所有内容
    Text1.SetFocus
    Text1.SelStart = 0
    Text1.SelLength = Len(Text1.Text)
End Sub
```

在以上代码中，对于显示字符及其 ASCII 码的语句是：

```
Text2.Text = Text2.Text & Space(5) & Char & Space(10) &  Str(Asc(Char)) & vbCrLf
```

如果去掉赋值号（=）右侧的 Text2.Text，运行效果会怎样？请读者思考并上机测试一下。

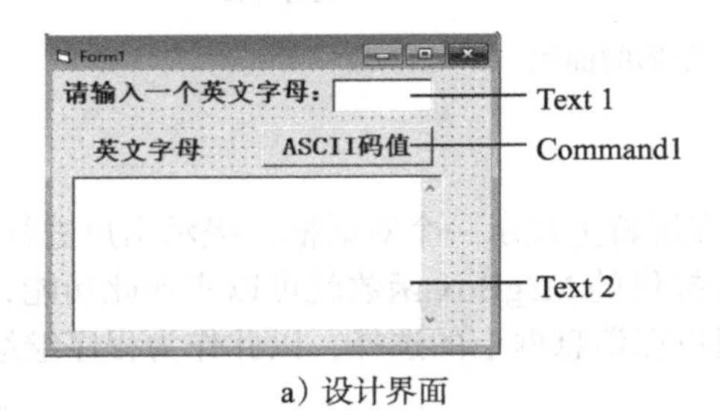

a）设计界面

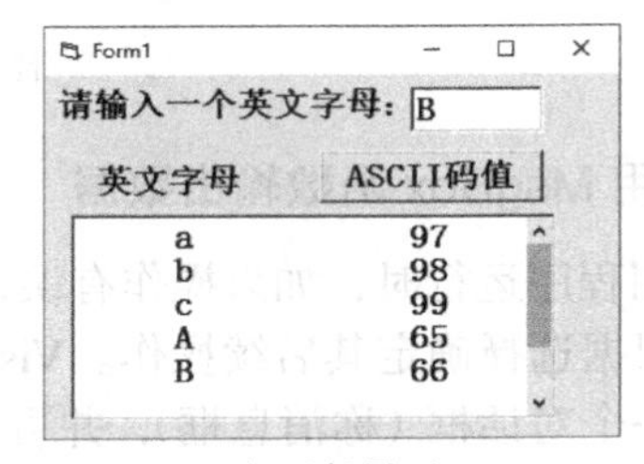

b）运行界面

图 4-4 用文本框输出多个数据

使用文本框输出结果时，如果不希望用户在界面上修改结果，可以将文本框的 Locked 属性设置为 True，此时文本框处于只读状态。

4.3.2 用 Label 控件输出数据

用 Label（标签）控件输出数据，也就是将数据赋给标签的 Caption 属性。例如，如果要在标签 Label1 上显示信息"输入错，请重新输入"，可以使用语句：

```
Label1.Caption = "输入错，请重新输入"
```

又如，要在标签 Label1 上分两行显示所求得的 x、y 的值，可以使用语句：

```
Label1.Caption = "x=" & Str(x) & vbCrLf & "y=" & Str(y)
```

【例 4-4】 输入三角形的 3 条边 a、b、c 的长度，求三角形的面积。已知三角形的 3 条边 a、b、c 的长度，可以用海伦公式求三角形的面积 s，即

$$s=\sqrt{p(p-a)(p-b)(p-c)},\qquad p=\frac{1}{2}(a+b+c)$$

界面设计：新建一个标准 EXE 工程，按图 4-5a 所示设计界面。其中的三角形由工具箱的 Line 控件绘制。将 3 个文本框的 Alignment 属性设置为 1-Right Justify，将标签 Label2 的 BorderStyle 属性设置为 1-Fixed Single。

代码设计：代码写在 Command1 按钮的 Click 事件过程中，首先从文本框 Text1、Text2 和 Text3 读取三角形的 3 条边的值，分别保存到变量 A、B、C 中，然后利用海伦公式求面积，保存到变量 S 中，最后在标签中显示 S 的值。具体如下：

```
Private Sub Command1_Click()
   Dim A As Single, B As Single, C As Single,P As Single, S As Single
   A = Val(Text1.Text)
   B = Val(Text2.Text)
   C = Val(Text3.Text)
   P = (A + B + C) / 2
   S = Sqr(P * (P - A) * (P - B) * (P - C))
   Label2.Caption = Format(S, "0.00")            ' 用标签输出数据，保留两位小数
End Sub
```

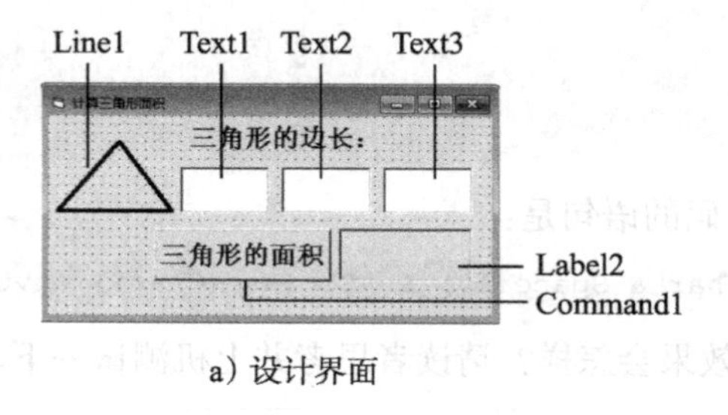

a）设计界面

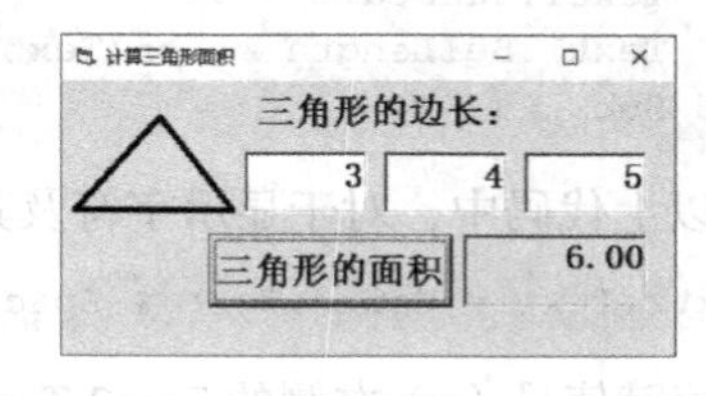

b）运行界面

图 4-5　求三角形的面积

4.3.3 用 MsgBox 函数输出数据

应用程序运行时，如果操作有误，通常会在屏幕上显示一个对话框，提示用户进行选择，然后再根据选择确定其后续操作。Visual Basic 提供的 MsgBox 函数就可以实现此功能，它可以显示一个对话框（称消息框），并可以接收用户在消息框上的选择，以此作为程序继续执行的依据。MsgBox 函数的格式如下：

```
MsgBox(提示信息 [, 按钮类型 ][, 对话框标题 ])
```

功能：打开一个消息框，在消息框中显示指定的信息，等待用户进行按钮的选择（单击），并返回一个整数告诉用户选择了哪个按钮。

说明：1）“提示信息”：字符串表达式，用于指定显示在消息框中的信息，在提示信息中若要对文本信息进行换行，可以使用回车符 Chr(13)、换行符 Chr(10)、回车与换行符的组合 Chr(13) & Chr(10) 或系统符号常量 vbCrLf。

2）“按钮类型”：数值型数据，是可选项，用于指定消息框中出现的按钮和图标的种类及数量，该参数的值由 3 类数值相加产生，这 3 类数值分别表示按钮的类型、显示图标的种类及默认按钮的位置（见表 4-2），如果省略“按钮类型”，则默认为 0。

3）对话框标题：字符串表达式，是可选项，指定在消息框的标题栏中显示的文本。如果省略，则在标题栏中显示当前应用程序名。

4）如果只省略第 2 个参数，则相应的逗号分隔符不能省略。

表 4-2 “按钮类型”的设置值及含义

分类	按钮值	系统定义符号常量	含义
按钮的类型	0	vbOKOnly	只显示“确定”按钮
	1	vbOKCancel	显示“确定”“取消”按钮
	2	vbAbortRetryIgnore	显示“终止”“重试”“忽略”按钮
	3	vbYesNoCancel	显示“是”“否”“取消”按钮
	4	vbYesNo	显示“是”“否”按钮
	5	vbRetryCancel	显示“重试”“取消”按钮
图标类型	16	vbCritical	显示停止图标“×”
	32	vbQuestion	显示询问图标“?”
	48	vbExclamation	显示警告图标“!”
	64	vbInformation	显示信息图标“i”
默认按钮	0	vbDefaultButton1	第一个按钮是默认按钮
	256	vbDefaultButton2	第二个按钮是默认按钮
	512	vbDefaultButton3	第三个按钮是默认按钮

消息框出现后，用户必须做出选择，程序才能继续执行下一步操作。当在消息框中选择不同的按钮时，MsgBox 函数将根据所选择的按钮返回不同的值。表 4-3 列出了 MsgBox 函数的返回值。

表 4-3 MsgBox 函数的返回值

系统符号常量	返回值	选择的按钮
vbOK	1	确定
vbCancel	2	取消
vbAbort	3	终止
vbRetry	4	重试
vbIgnore	5	忽略
vbYes	6	是
vbNo	7	否

如果不需要返回值，则可以使用 MsgBox 语句，其格式为：

```
MsgBox 提示信息 [, 按钮类型 ][, 对话框标题 ]
```

例如，语句

```
MsgBox "提示信息"
```

只显示“提示信息”，默认显示一个“确定“按钮，如图 4-6a 所示。

语句

```
MsgBox "提示信息" & vbCrLf & "换行显示"
```

显示两行提示信息，默认显示一个“确定“按钮，如图 4-6b 所示。

语句

```
MsgBox "提示信息", , "标题"
```

省略了第2个参数“按钮类型”，但逗号不能省。显示的消息框如图4-6c所示。

语句

```
a = MsgBox("提示信息", 1, "标题")
```

显示“确定”“取消”按钮，如图4-6d所示。

语句

```
a = MsgBox("提示信息", 1 + 16, "标题")
```

显示“确定”“取消”按钮和停止图标，如图4-6e所示。

语句

```
a = MsgBox("提示信息", 2 + 32 + 0, "标题")
```

显示“终止”“重试”和“忽略”按钮和询问图标，并将第1个按钮设置为默认按钮，如图4-6f所示。

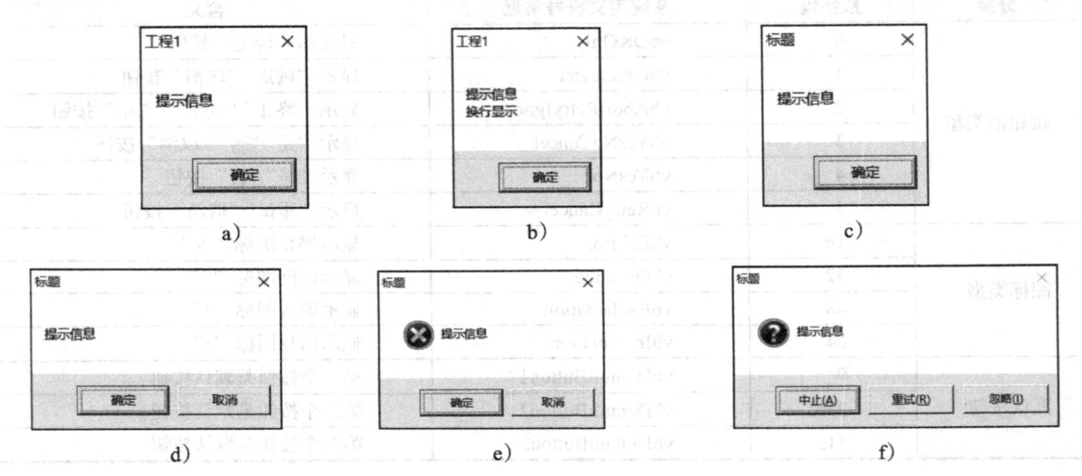

图4-6 MsgBox函数示例

4.3.4 用Print方法输出数据

使用Print方法可以在窗体、图片框（这个控件将在第9章介绍）、打印机和立即窗口等对象上输出数据。

1. Print方法

格式：[对象名.]Print[表达式表][{;|,}]

功能：在指定的对象上显示（打印）表达式表指定的数据。

说明： 1）“对象名”可以是窗体、图片框、打印机或立即窗口。如果省略“对象名”，则“对象名”为当前窗体名。例如：

```
Print "Hello"                 ' 在当前窗体上显示字符串"Hello"
Form1.Print "Hello"           ' 在窗体Form1上显示字符串"Hello"
Picture1.Print "Hello"        ' 在图片框Picture1上显示字符串"Hello"
Debug.Print "Hello"           ' 在立即窗口上显示字符串"Hello"
Printer.Print "Hello"         ' 在打印机上打印字符串"Hello"
```

2）“表达式表”中的表达式可以是算术表达式、字符串表达式、关系表达式或布尔表达式，多个表达式之间可以用逗号（,）或分号（;）分隔。

3）Print 方法具有计算和输出双重功能。对于表达式，先计算表达式的值，然后输出。输出时，数值型数据前面有一个符号位（正号不显示），后面留一个空格位；对于字符串则原样输出，前后无空格。例如，执行以下代码：

```
Private Sub Form_Activate()
    X = 5: Y = 8
    Print "12345678901234567890"
    Print X + Y
    Print Z = X + Y          ' 关系表达式
End Sub
```

在当前窗体上输出结果如图 4-7 所示。

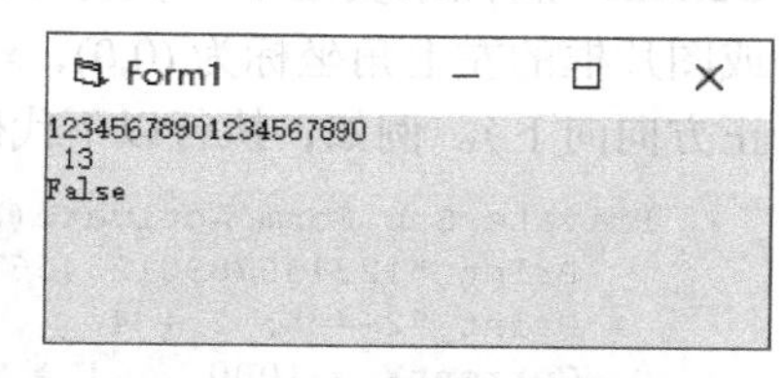

图 4-7　不同类型数据的输出

4）Print 方法有两种显示格式：分区格式和紧凑格式。当各表达式之间用逗号作为分隔符时，则按分区格式显示数据项。Visual Basic 以 14 个字符为单位把一个输出行分成若干区段，以逗号分隔的各表达式值分别输出到不同的区段上。当各表达式之间用分号作为分隔符时，则按紧凑格式输出数据，后一项紧跟前一项输出。例如，执行以下代码：

```
Private Sub Form_Activate()
    Print "12345678901234567890"
    Print "2+4="; 2 + 4
    Print "2-4=", 2 - 4
End Sub
```

在当前窗体上输出结果如图 4-8 所示。

5）如果 Print 方法的末尾不加逗号或分号，则每执行一次 Print 方法都要自动换行，执行随后的 Print 方法时，会在新的一行上输出数据；如果在 Print 方法的末尾加上分号或逗号，则执行随后的 Print 方法时将在当前行继续输出数据。例如，执行以下代码：

```
Private Sub Form_Activate()
    Print "12345678901234567890"
    Print "2+4="; 2 + 4,
  Print "2-4=";
  Print 2 - 4
  Print "2+4="; 2 + 4; "2-4=";2 - 4
End Sub
```

在当前窗体上输出结果如图 4-9 所示，注意第 3 行“6”后面的空格。

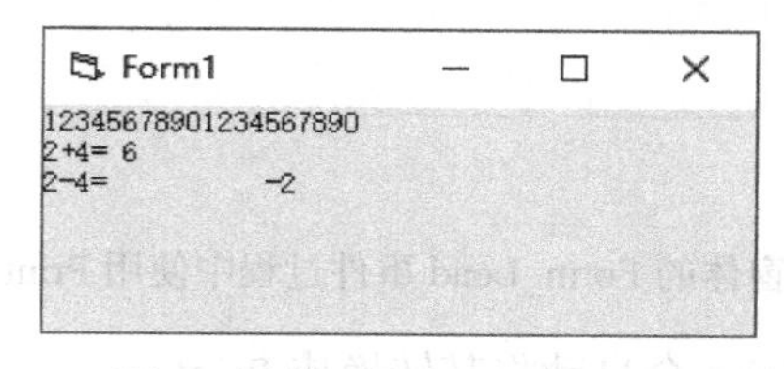

图 4-8　分区格式和紧凑格式

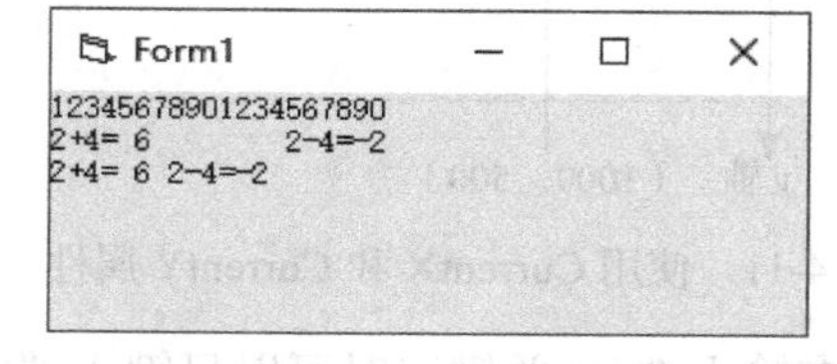

图 4-9　在 Print 方法末尾使用逗号或分号

6）如果省略“表达式表”，则输出一个空行或取消前面 Print 末尾的逗号、分号的作用。例如，执行以下代码：

```
Private Sub Form_Activate()
   Print "12345678901234567890"
   Print          ' 产生空行
```

```
    Print "2+4="; 2 + 4,
    Print          ' 取消上句末尾逗号的作用
    Print "2-4=";
    Print 2 - 4
End Sub
```

在当前窗体上输出结果如图 4-10 所示。

图 4-10　使用无参数的 Print 方法

如果要在窗体上或图片框上的指定位置上打印，可以在运行时通过设置窗体或图片框的 CurrentX 属性和 CurrentY 属性来决定下一次打印的水平和垂直坐标（窗体或图片框的左上角坐标为 (0,0)，x 坐标正方向向右，y 坐标正方向向下）。例如，执行以下代码：

```
Private Sub Form_Activate()
    Print "12345678901234567890"
    Print "2+4="; 2 + 4
    CurrentX = 1000      ' 坐标的默认单位为缇
    CurrentY = 500
    Print "2-4=";        ' 在 (1000,500) 位置上打印
    Print 2 - 4
End Sub
```

在当前窗体上输出结果如图 4-11 所示。

注意：*若要在 Form_Load 事件过程中对窗体对象、图片框对象使用 Print 方法显示数据，必须首先使用窗体的 Show 方法；或者把窗体对象、图片框对象的 AutoRedraw 属性设置为 True，否则 Print 方法不起作用。*

例如，以下代码在窗体加载时执行，在窗体上显示结果如图 4-12 所示。

```
Private Sub Form_Load()
    Form1.Show
    Print "12345678901234567890"
    Print "2+4="; 2 + 4,
    Print "2-4=";
    Print 2 - 4
End Sub
```

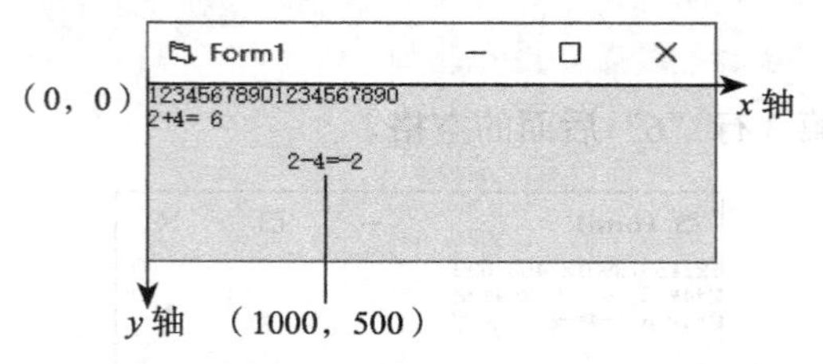

图 4-11　使用 CurrentX 和 CurrentY 属性

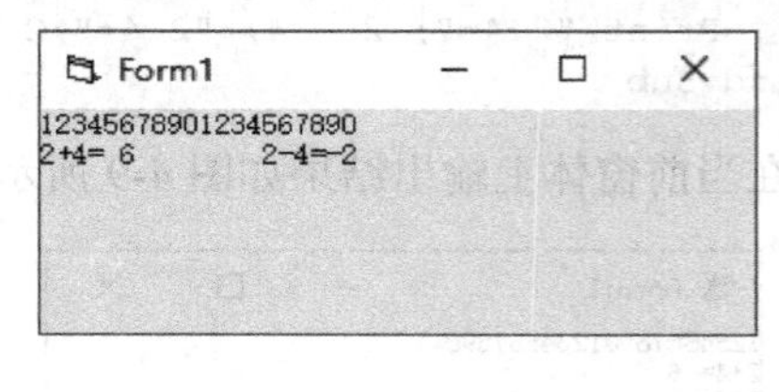

图 4-12　在窗体的 Form_Load 事件过程中使用 Print 方法

在输入 Print 关键字时可以只键入“?”，Visual Baisc 会自动将其转换成 Print。

2. 与 Print 方法有关的函数

在 Print 方法中还可以配合使用 Tab 函数和 Spc 函数来控制打印位置。

（1）Tab 函数

格式：`Tab[(n)]`

功能：将当前打印位置移动到第 n 列。

说明：若n小于当前打印位置，则自动移到下一个输出行的第n列；若n小于1，则打印位置在第1列；若省略此参数，则将打印位置移动到下一个打印区的起点（14列为一个打印区）。

```
Private Sub Form_Activate()
    Print "12345678901234567890"
    Print "Big"; Tab(10); "Apple"        ' 第二个输出项在第10列输出
    Print "Good"; Tab; "Luck"            ' Tab函数无参数，第二项在第二个打印区输出
    Print "Hello"; Tab(4); "World"       ' n小于当前打印位置，第二项在下一行输出
    Print Tab(-5); "Ace"                 ' n小于1，在第1列输出
End Sub
```

在窗体上输出结果如图4-13所示。

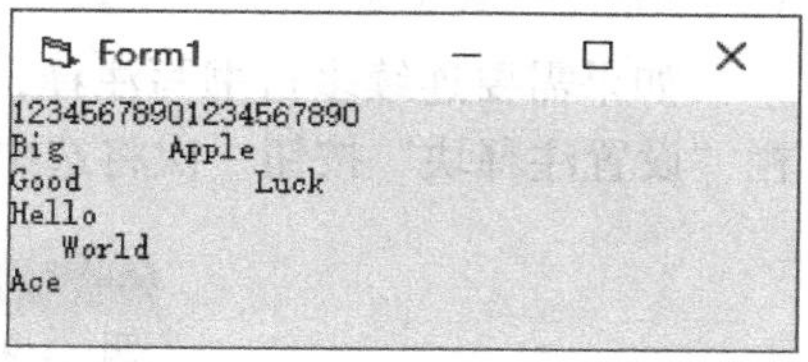

图4-13 使用Tab函数示例

（2）Spc函数

格式：Spc(n)

功能：跳过n个空格。

说明：n是一个数值表达式，表示空格数。

例如，执行语句：

```
Private Sub Form_Activate()
    Print "12345678901234567890"
    Print "Hello"; Spc(3); "World"
End Sub
```

在窗体上输出结果如图4-14所示。

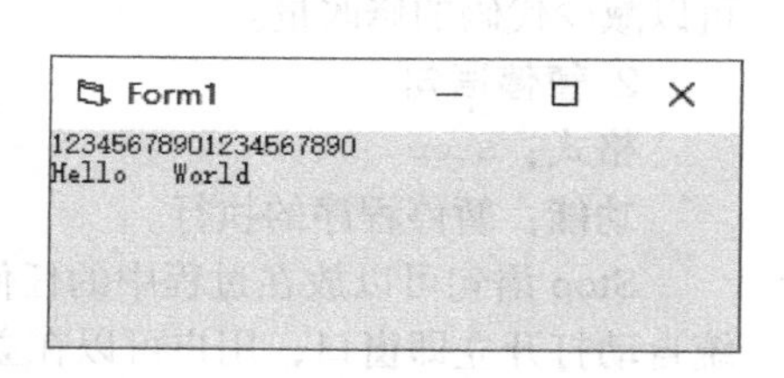

图4-14 使用Spc函数示例

注意：1）在Spc函数和Tab函数之后应使用分号分隔，如果使用逗号，则随后的表达式将从下一个打印区输出。

2）Spc函数与Space函数的区别：Spc函数只能在Print方法中使用；Space函数既可以在Print方法中使用，也可以在字符串表达式中使用。下面3条语句是等效的。

```
Print "Hello"; Spc(3); "World"
Print "Hello"; Space(3); "World"
Print "Hello" & Space(3) & "World"
```

下列语句是错误的：

```
Text2.Text ="Hello" & Spc(3) & "World"
```

4.4 注释、暂停与程序结束语句

1. 注释语句

格式：' |Rem 注释内容

功能：给程序中的语句或程序段加上注释内容，以提高程序的可读性。

说明：1）如果用Rem来注释，则Rem与注释内容之间应至少空一个空格。如果将以Rem开始的注释语句放在其他语句行的后边，则语句间需用冒号分隔。

2）注释语句是非执行语句，仅对程序的有关内容起注释作用，它不被解释和编译。

3）任何字符（包括汉字）都可以放在注释行中作为注释内容。注释语句通常放在过程、模块的开头，用于对过程或模块进行功能说明，也可以放在执行语句的后面，用于对相应语

句进行功能说明。

4）注释语句不能放在续行符的后面。

例如，以下代码包含了多种形式的注释。

```
Private Sub Form_Activate()
    Rem 本程序用于计算圆的面积
    Dim R As String, AREA As Single          ' R表示半径，AREA表示面积
    R= Val(InputBox("请输入半径", , "1"))     : Rem 输入半径
    AREA = 3.14 * R ^ 2                       ' 计算面积
    ' 将半径和面积输出到窗体上
    Print R; AREA
End Sub
```

如果需要连续多行书写注释，需要将“'”或“Rem”放在每行的开头。可以用编辑工具栏“设置注释块”按钮一次将选中的多行设置为注释行，如图4-15所示。

图4-15 编辑工具栏

在调试程序时，对于某些暂时不用的语句（以后还要使用），可以在这些语句之前添加“Rem”或“'”暂时停止其执行，在需要的时候再去掉“Rem”或“'”，使其起作用，这样可以减少代码的修改量。

2. 暂停语句

格式：`Stop`

功能：暂停程序的执行。

Stop语句可以放在过程中的任何地方，当程序执行到Stop语句时将暂停执行，这时，系统自动打开立即窗口，用户可以在立即窗口中观察当前的执行情况，如变量、表达式的值等。Stop语句常用来调试程序，在必要的位置插入Stop语句，使程序分段执行，以分析程序段的执行情况，找出错误所在。在程序调试完毕之后，生成可执行文件（.EXE文件）之前，应删除所有的Stop语句。

3. 结束语句

格式：`End`

功能：结束程序的执行。

为了保持程序的完整性并使程序能够正常结束，应当在程序中含有End语句，并且通过End语句来结束程序的运行。

4.5 顺序结构程序应用举例

【例4-5】 鸡兔同笼问题。已知笼中鸡兔总头数为h，总脚数为f，问鸡兔各有多少只？

分析：设鸡有x只，兔有y只，则根据题意列出方程式如下：

$$\begin{cases} x+y=h \\ 2x+4y=f \end{cases}$$

解方程，得出求x和y的公式为：

$$\begin{cases} x=(4h-f)/2 \\ y=(f-2h)/2 \end{cases}$$

界面设计：按图 4-16a 所示设计界面。用文本框 Text1、Text2 输入鸡和兔的总头数、总脚数，用标签 Label5 和 Label6 显示计算结果。

代码设计：1）在“计算”按钮 Command1 的 Click 事件过程中，按“输入→计算→输出”的思路编写代码。

```
Private Sub Command1_Click()
    Dim h As Integer, f As Integer, x As Integer, y As Integer
    ' 输入
    h = Val(Text1.Text)
    f = Val(Text2.Text)
    ' 计算
    x = (4 * h - f) / 2
    y = (f - 2 * h) / 2
    ' 输出
    Label5.Caption = Str(x)
    Label6.Caption = Str(y)
End Sub
```

2）为了方便用户多次输入数据，在输入数据的文本框 Text1 和 Text2 获得焦点（GotFocus 事件）时，选中其中的文本。

```
Private Sub Text1_GotFocus()     ' 文本框 Text1 获得焦点时，选中其中的文本
    Text1.SelStart = 0
    Text1.SelLength = Len(Text1.Text)
End Sub
Private Sub Text2_GotFocus()     ' 文本框 Text2 获得焦点时，选中其中的文本
    Text2.SelStart = 0
    Text2.SelLength = Len(Text2.Text)
End Sub
```

3）在输入数据的文本框内容改变时（Change 事件）清除结果标签 Label5 和 Label6 的内容。

```
Private Sub Text1_Change()      ' 文本框 Text1 内容改变时，清空结果标签的内容
    Label5.Caption = ""
    Label6.Caption = ""
End Sub
Private Sub Text2_Change()       ' 文本框 Text2 内容改变时，清空结果标签的内容
    Label5.Caption = ""
    Label6.Caption = ""
End Sub
```

运行时输入鸡兔总头数 20，总脚数 50，单击“计算”按钮，结果如图 4-16b 所示。

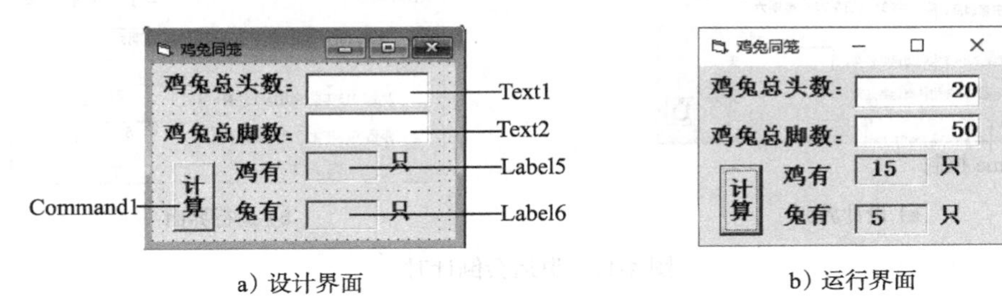

a）设计界面　　　　b）运行界面

图 4-16　鸡兔同笼

【例 4-6】 根据系统的具体日期和时间，设计一个倒计时程序。要求：

1）能在界面上显示当前时间。

2）能在界面上显示目标时间。

3）能显示距离目标时间还有多少天、多少小时。

界面设计：新建一个标准EXE工程。以目标时间为2016年巴西里约奥运会开幕式时间为例，参考界面如图4-17a所示。界面设计说明如下。

1）界面上的所有文字提示使用标签进行设计。

2）界面上所有显示日期时间的控件用文本框设计。

3）界面下部的显示结果使用Frame控件（框架）对其进行分组。具体方法是，单击工具箱的Frame控件▣，在窗体上画出一个矩形框，在属性窗口将其Caption属性清空，然后在该矩形框中添加控件。

4）向窗体上添加一个定时器控件，在属性窗口设置其Interval属性值为1000（即1s）。使用该控件用来实现每隔1s界面刷新显示一次时间。

代码设计：代码写在定时器的Timer事件过程中。使用系统内部函数Now获取当前的日期和时间，使用Year、Month、Day、Hour、Minute函数获取当前的年、月、日、小时、分钟。使用DateDiff函数计算天数和小时数。DateDiff函数用于返回两个指定date类型的数据之间的时间间隔。其格式如下。

```
DateDiff(interval, date1, date2)
```

其中，参数interval是一个String类型的参数，用来指定要获取的时间间隔的类型，指定“d”表示天数，指定“h”表示小时数。代码如下：

```
Private Sub Timer1_Timer()
    Text1.Text = Year(Now)
    Text2.Text = Month(Now)
    Text3.Text = Day(Now)
    Text4.Text = Hour(Now)
    Text5.Text = Minute(Now)
    Text7.Text = DateDiff("d", Now, "2016-08-06 07:00:00")    ' 计算天数
    Text8.Text = DateDiff("h", Now, "2016-08-06 07:00:00")    ' 计算小时数
End Sub
```

运行时，界面上的时间会每隔1s自动刷新显示一次，效果如图4-17b所示。

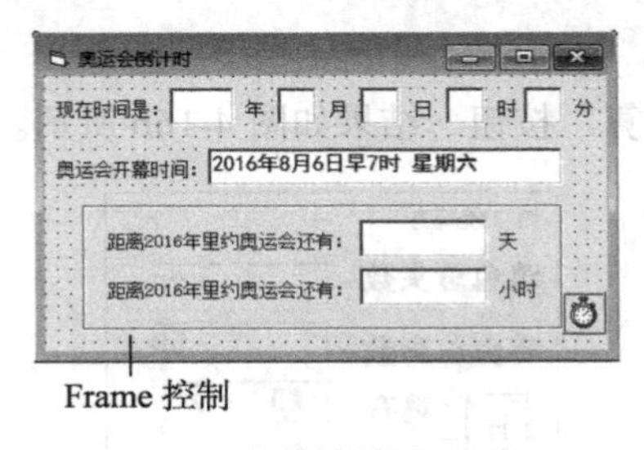

a）设计界面

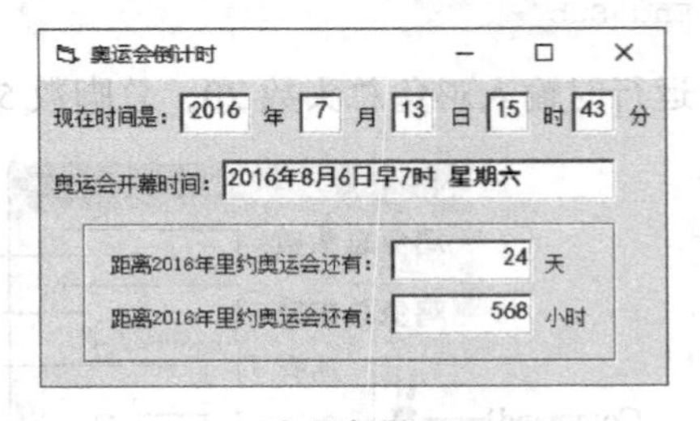

b）运行界面

图4-17 奥运会倒计时

【例4-7】 设计一个计算器计算个人缴纳的五险一金。

界面设计：设计界面如图4-18a所示。

分析：我国规定五险一金个人缴纳比例如表4-4所示。

表 4-4　五险一金个人缴纳比例

类别	个人	类别	个人
养老保险	8%	工伤保险	0%
失业保险	1%	生育保险	0%
医疗保险	4%	住房公积金	12%

代码设计：首先在文本框 Text1 中输入税前工资，单击“计算”按钮 Command1 按表 4-4 所示的比例计算五险一金。代码如下。

```
Private Sub Command1_Click()
    salary = Val(Text1.Text)
    yangl = salary * 0.08         '养老保险 8%
    shiy = salary * 0.01          '失业保险 1%
    yl = salary * 0.04            '医疗保险 4%
    gs = 0                        '工伤保险 0%
    sy = 0                        '生育保险 0%
    zf = salary * 0.12            '住房公积金 12%
    Label11.Caption = Format(yangl, "0.00")
    Label12.Caption = Format(shiy, "0.00")
    Label13.Caption = Format(yl, "0.00")
    Label14.Caption = Format(gs, "0.00")
    Label15.Caption = Format(sy, "0.00")
    Label16.Caption = Format(zf, "0.00")
    hj = yangl + shiy + yl + gs + sy + zf    '合计
    Label17.Caption = Format(hj, "0.00")
End Sub
```

运行时显示结果如图 4-18b 所示。

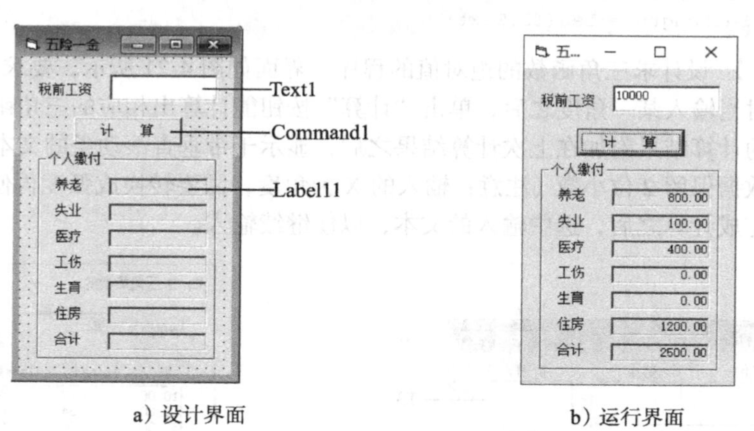

a）设计界面　　b）运行界面

图 4-18　五险一金计算器

4.6　上机练习

【练习 4-1】设计一个计算购书价的程序，界面如图 4-19 所示。要求：

1）界面上的文字全部为宋体五号字（请一次设定）。

2）按图示给各文本框取名。为“计算总价 (C)”和“退出 (X)”按钮设定访问键。

3）设置 Tab 键序，使得运行时焦点首先定位在 DJ 文本框，输入单价后，按 Tab 键可输入数量（设置 TabIndex 属性）。

4）设置 ZJ 文本框的 Locked 属性和 TabStop 属性，使其运行时为只读，且用户不能通过按 Tab 键将焦点定位在 ZJ 文本框中。

5）编写代码实现，运行时在输入单价与数量之后，单击"计算总价 (C)"按钮将计算出总价钱，显示于文本框 ZJ 中。单击"退出 (X)"按钮结束运行。

提示：先将文本框中的内容使用 Val 函数转换后再进行计算。

6）将 ZJ 文本框改换成标签，同样将标签命名为 ZJ。将标签的 BorderStyle 属性设置为"1 - Fixed Single"，用标签输出计算结果。

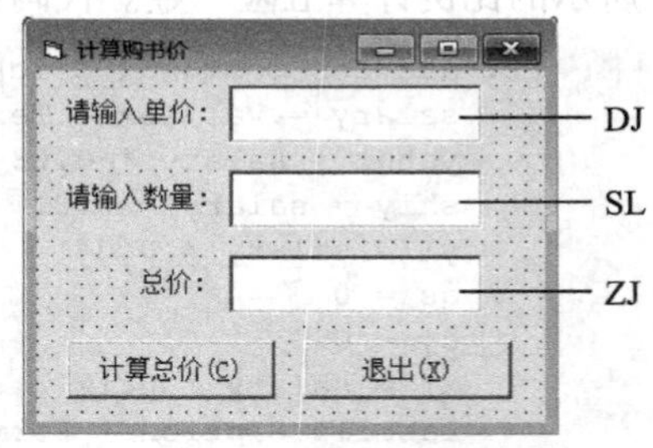

图 4-19　计算购书价

【练习 4-2】 设计一个收款计算程序，界面如图 4-20 所示。要求：

1）将 3 个输入文本框依次命名为 T1、T2、T3，应付款文本框命名为 TRESULT。

2）设置 Tab 键序，使得运行时焦点首先在折扣一栏，输入折扣后，按 Tab 键可输入单价，再按 Tab 键可输入数量。

3）将应付款文本框 TRESULT 设置为只读。

4）编程序实现，运行时单击"计算"按钮计算应付款；单击"清除"按钮或按 Esc 键（设置 Cancel 属性为 True）都能清除应付款的内容，并将焦点定位在"折扣"一栏，选中"折扣"中的所有内容；单击"退出"按钮结束执行。

提示：使用以下语句定位焦点并选中文本。

```
T3.SetFocus
T3.SelStart = 0
T3.SelLength = Len(T3.Text)
```

【练习 4-3】 设计求三角函数的绝对值的程序，界面如图 4-21 所示。要求：

1）运行时当输入某一角度之后，单击"计算"按钮能计算出相应的三角函数的绝对值。

2）每次的计算结果附加在上次计算结果之后，显示于带垂直滚动条的文本框中。

3）所有数据保留 2 位小数（注意：输入的 X 为角度，需要转换成弧度再使用三角函数）。

4）每次完成计算之后，选中输入的文本，以便继续输入。

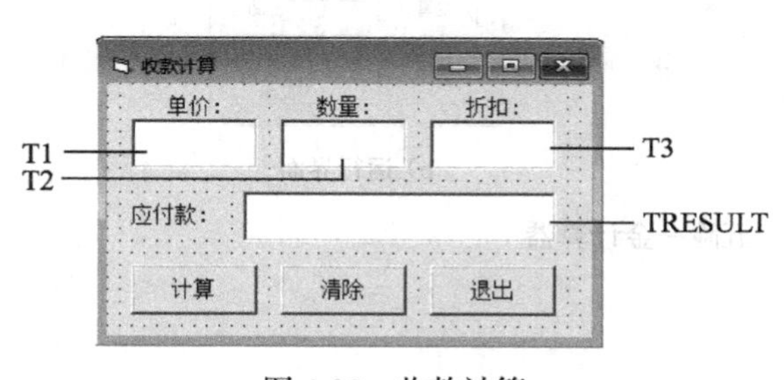

图 4-20　收款计算

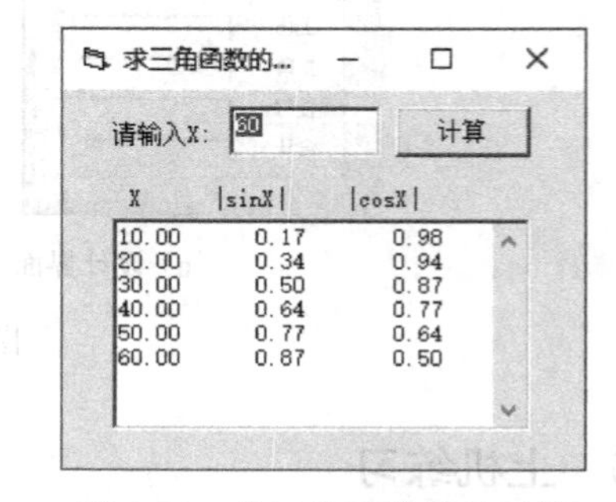

图 4-21　求三角函数的绝对值

【练习 4-4】 编程序实现，用 InputBox 函数输入时、分、秒，求一共多少秒。运行时单击窗体，将转换结果打印在窗体上，要求输出数据格式为：× × 小时 × × 分 × × 秒 =× ×…× × 秒。输入小时的输入框形式如图 4-22a 所示（用 InputBox 函数自动生成），输入分、秒类似。输出如图 4-22b 所示。

a）输入界面

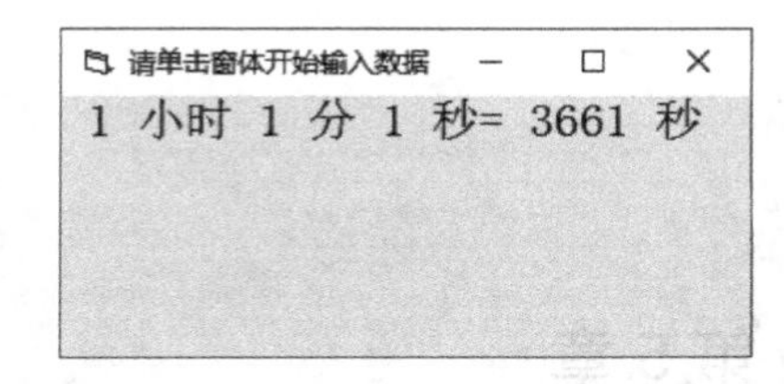

b）输出界面

图 4-22 时分秒转换

【练习 4-5】 设计包括两个图片框（使用工具箱的 PictureBox 控件）的界面，运行时单击图片框在相应的图片框中显示如图 4-23 所示的图形，要求每行的打印起始位置用 Tab 函数实现，用 String 函数生成字符串。

【练习 4-6】 编程序，求二元一次联立方程组的解，二元一次联立方程组的通用形式为：

$$\begin{cases} A_1X + B_1Y = C_1 \\ A_2X + B_2Y = C_2 \end{cases}$$

运行时界面如图 4-24 所示。要求：

1）单击“求解”按钮求解，将所求的解使用 Print 方法直接显示再窗体上。

2）设置 Tab 键序为：A_1、B_1、C_1、A_2、B_2、C_2。

3）所有输入的文本框在获取焦点时自动选中其中的文本，以便输入。

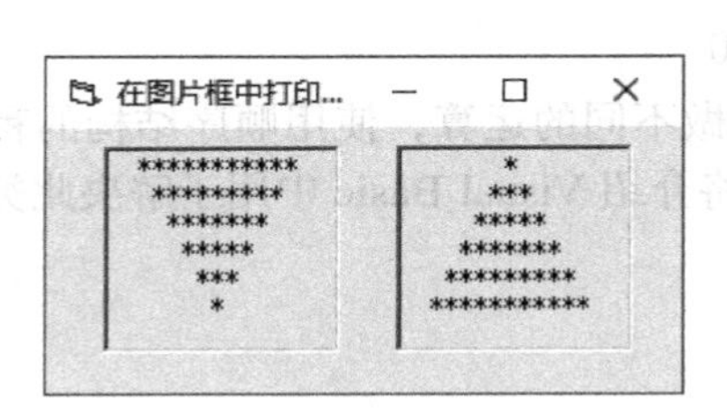

图 4-23 单击图片框打印图形

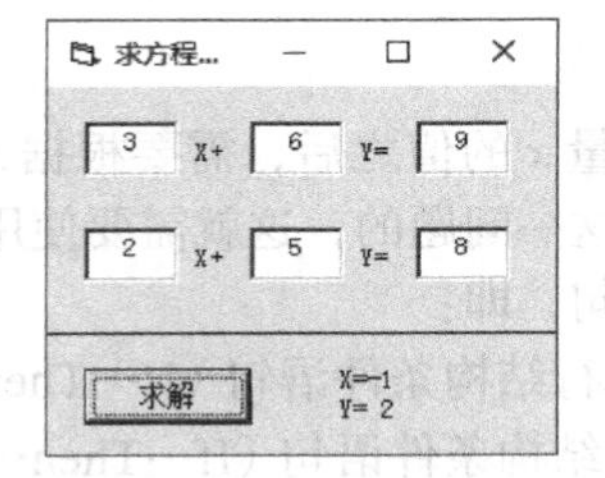

图 4-24 求方程的解

【练习 4-7】 用文本框输入平面直角坐标系两点的坐标，单击命令按钮求两点间的距离，结果显示于某标签中，界面自定。

【练习 4-8】 求用十进制表示 2^{30} 有多少位。设计界面和运行界面如图 4-25 所示。

提示：首先求出 2^{30} 的值，然后用 Str 函数将其转换成字符串，用 Trim 函数去掉该字符串前的空格，再用 Len 函数求其位数。

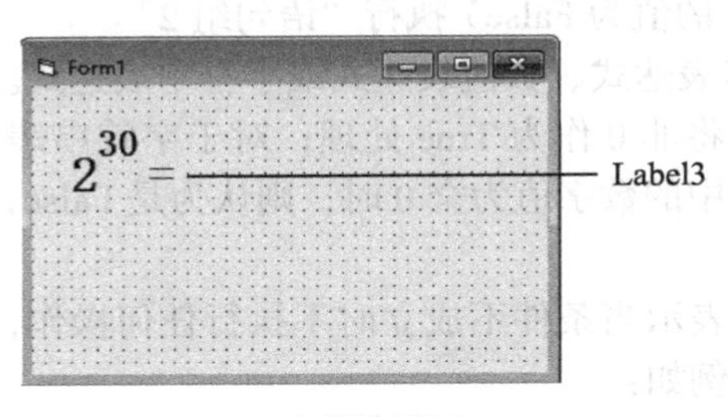

a）设计界面

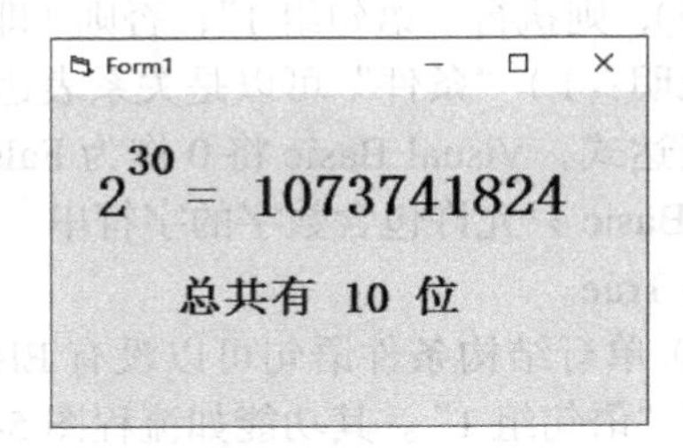

b）运行界面

图 4-25 求用十进制表示 2^{30} 的位数

第5章

选择结构程序设计

顺序结构程序的执行次序是按语句的先后排列次序执行的，然而，计算机在处理实际问题时，经常需要对某些条件进行判断，满足不同的条件将执行不同的处理。假如遇到这样一个问题：

$$y=\begin{cases}|x| & x\leqslant 0\\ \ln x & x>0\end{cases}$$

在输入变量 x 的值之后，需要根据 x 的不同取值范围做不同的运算，使用顺序结构的程序是无法解决这一问题的，这就需要使用选择结构。本章将介绍 Visual Basic 中用于解决此类问题的 3 种语句，即：

- 单行结构条件语句（If…Then…Else…）。
- 块结构条件语句（If…Then…End If）。
- 多分支选择语句（Select Case…End Select）。

以上语句又统称为条件语句，其功能都是根据条件或表达式的值有选择地执行一组语句。

5.1 单行结构条件语句

格式：`If 条件 Then [语句组1] [Else 语句组2]`

功能：该语句的功能可以用流程图 5-1 表示。即：如果“条件”成立（即“条件”的值为 True），则执行“语句组 1”，否则（即“条件”的值为 False）执行“语句组 2”。

说明：1）“条件”可以是关系表达式、布尔表达式、数值表达式或字符串表达式。对于数值表达式，Visual Basic 将 0 作为 False 处理，将非 0 作为 True 处理；对于字符串表达式，Visual Basic 只允许包含数字的字符串，当字符串中的数字值为全 0 时，则认为是 False，否则认为是 True。

2）单行结构条件语句可以没有 Else 部分，表示当条件不成立时不执行任何操作，这时必须有“语句组 1”。其功能如流程图 5-2 所示。例如：

```
If X<>"abc" Then Print X
```

3）“语句组 1”和“语句组 2”分别可以包含多条语句，但各语句之间要用冒号隔开。例如：

```
If N>0 Then A=A+B:B=B+A Else A=A-B:B=B-A
```

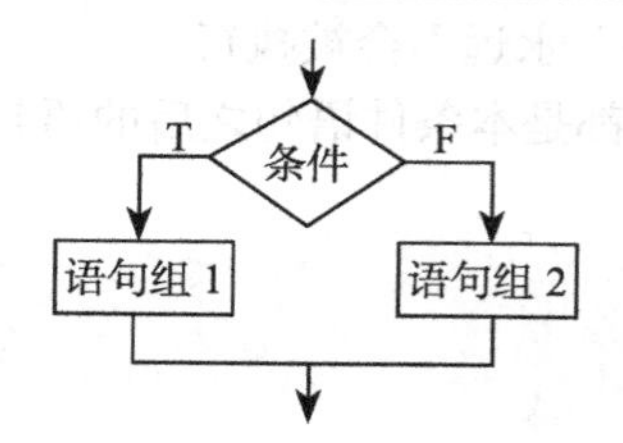

图 5-1 单行结构条件语句的功能

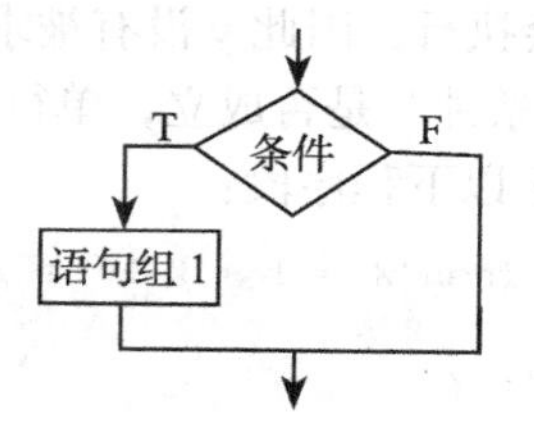

图 5-2 没有 Else 部分的单行结构条件语句的功能

【例 5-1】 使用单行结构条件语句，根据以下公式计算 Y 的值。

$$Y=\begin{cases}|X| & X\leqslant 0\\ \ln X & X>0\end{cases}$$

界面设计：设计如图 5-3 所示的界面。运行时，在文本框 Text1 中输入 X 的值，单击“计算 Y”按钮 Command1 计算 Y 的值，计算结果显示于标签 Label3 中。

代码设计：在“计算 Y”按钮 Command1 的 Click 事件过程中编写代码，首先读取文本框 Text1 的值并赋值给变量 X，然后根据 X 的不同取值计算 Y 的值，最后用标签 Label3 显示 Y 的值。该过程可以用图 5-4 所示的流程图表示。代码如下：

```
Private Sub Command1_Click()
    X = Val(Text1.Text)                        ' 读取文本框 Text1 的值并赋值给变量 X
    If X <= 0 Then Y = Abs(X) Else Y = Log(X)    ' 根据 X 的不同取值计算 Y 的值
    Label3.Caption = Y                         ' 用标签 Label3 显示 Y 的值
End Sub
```

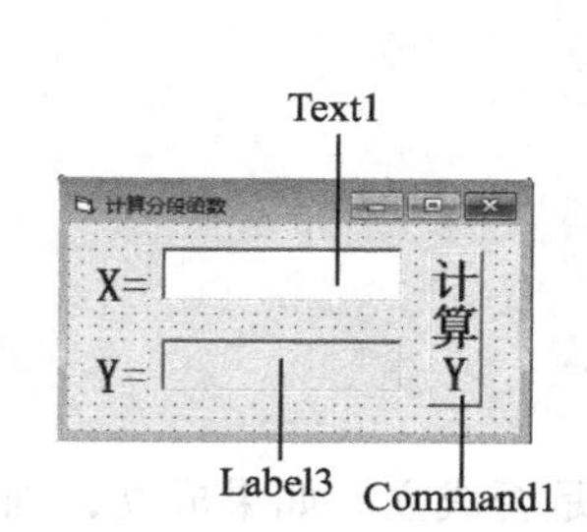

图 5-3 计算分段函数界面

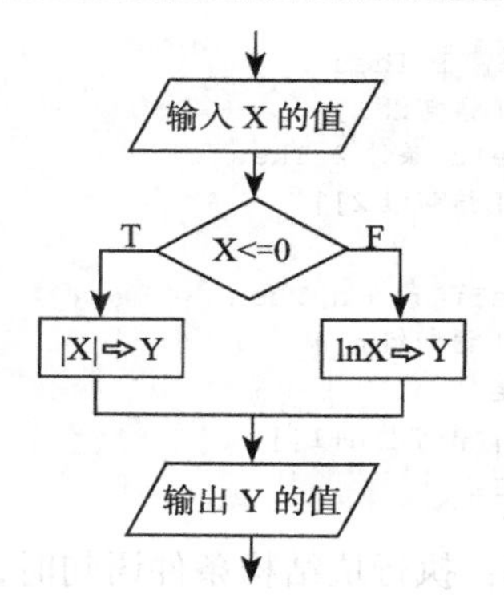

图 5-4 “计算 Y”按钮的处理流程

使用单行结构条件语句应注意以下几点：

1）单行结构条件语句应作为一条语句书写。如果语句太长需要换行，必须在折行处使用续行符号，即一个空格跟一个下划线。

2）多条单行结构条件语句不允许用冒号合并成一行。例如，执行代码段：

```
a = 1 : b = -2
If a > 0 And b > 0 Then y = a + b
If a > 0 And b < 0 Then y = a - b
Print y
```

打印出 y 的值为 3，如果把以上两个单行结构条件语句合并成一行：

```
If a > 0 And b > 0 Then y = a + b: If a > 0 And b < 0 Then y = a - b
```

则第二个单行结构条件语句成了第一个单行结构条件语句的一部分，仅在“a > 0 And b > 0”条件成立时才会执行，因此 y 没有被求值。语句“y = a – b”永远不会被执行。

3）无论“条件”是否成立，单行结构条件语句的出口都是本条件语句之后的语句。

例如，对于以下程序段：

```
If X >= 0 Then X = 1 + X Else X = 5 - X
Y = 1 - X
Print "Y="; Y
```

无论条件“X>=0”是否成立，都要执行 If 语句后面的语句“Y=1–X”。

4）单行结构条件语句可以嵌套，也就是说，在“语句组 1”或“语句组 2”中可以包含另外一个单行结构条件语句。例如：

```
If x > 0 Then If y > 0 Then z = x + y Else z = x - y Else Print "error"
```

以上语句在“x>0”条件成立时又执行另一个单行结构条件语句（下划线部分）。由于单行结构条件语句需要在一行内写完，因此，嵌套的单行结构条件语句会显得冗长，且结构不清楚，容易引起混乱。

可以看出，单行结构条件语句书写简单，适合于处理具有两个条件分支的情况，而当条件分支较多或处理的问题较复杂时，使用该结构写出的语句就显得非常冗长，且结构不清楚，容易引起混乱。使用以下的块结构条件语句来处理这类问题会更方便些。

5.2 块结构条件语句

格式：

```
If 条件 1 Then
    [语句组 1]
[ElseIf 条件 2 Then
    [语句组 2]]
...
[ElseIf 条件 n Then
    [语句组 n]]
[Else
    [语句组 n+1]]
End If
```

功能：执行块结构条件语句时，首先判断“条件 1”是否成立。如果成立，则执行“语句组 1”；如果不成立，则继续判断 ElseIf 子句中的“条件 2”是否成立。如果成立，则执行“语句组 2”，否则，继续判断以下的各个条件，以此类推。如果“条件 1”到“条件 n”都不成立，则执行 Else 子句后面的“语句组 n+1”。

当某个条件成立而执行了相应的语句组后，将不再继续往下判断其他条件，而直接退出块结构，执行 End If 之后的语句。块结构条件语句的功能可以用图 5-5 所示的流程图表示。

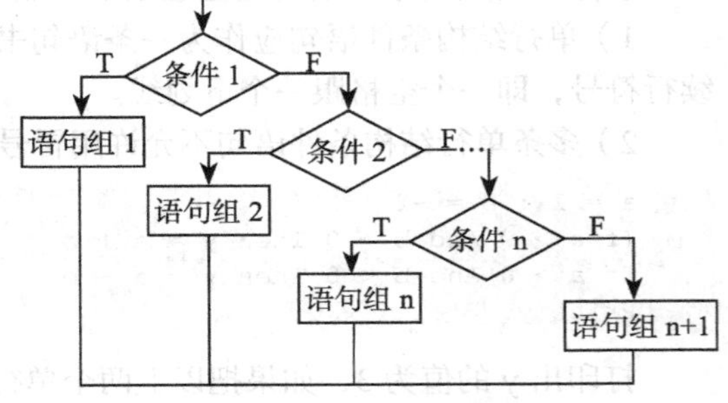

图 5-5　块结构条件语句的功能

说明：1）“条件”可以是关系表达式、布尔表达式、数值表达式或字符串表达式。对于数值表达式，Visual Basic 将 0 作为 False 处理，将非 0 作为 True 处理；对于字符串表达式，

Visual Basic 只允许包含数字的字符串，当字符串中的数字值为全 0 时，则认为是 False，否则认为是 True。

2）除了第一行的 If 语句和最后一行的 End If 语句是必需的以外，ElseIf 子句和 Else 子句都是可选的。以下是块结构条件语句的两种常见的简化形式。

形式一：

```
If 条件 Then
    语句组 1
Else
    语句组 2
End If
```

形式二：

```
If 条件 Then
    语句组
End If
```

形式一的功能与单行结构条件语句功能相同（参见图 5-1），用于处理两个条件分支的情况；而形式二仅在条件成立时执行一定的操作，当条件不成立时则不做任何处理（参见图 5-2）。

【例 5-2】 百货公司促销期间会根据顾客购物金额给一个优惠折扣，购物金额越多，顾客获得折扣越大，购物金额和折扣的计算标准如下：

购物金额＜ 1000	没有折扣
1000 ≤购物金额＜ 3000	9.5 折
3000 ≤购物金额＜ 5000	9 折
5000 ≤购物金额＜ 8000	8.5 折
购物金额≥ 8000	8 折

使用块结构条件语句，获得应得到的折扣。

界面设计：设计如图 5-6a 所示的界面。用文本框 Text1 输入购物金额，用标签 Label4 显示应付金额。将 Label4、Label5 的 BorderStyle 属性设置为“1-Fixed Single”，使其具有立体边框。运行时通过单击“计算”按钮计算应付金额及折扣。

代码设计：代码应写在命令按钮 Command1 的 Click 事件过程中。思路是：首先从文本框 Text1 运输购物金额并赋值给变量 Price，然后用块结构条件语句根据 Price 的值确定折扣 Discount，使用公式 Price*Discount 计算应付金额并将结果显示在标签 Label4 中，折扣显示在 Label5 中。具体如下。

```
Private Sub Command1_Click()
    Price = Val(Text1.Text)             ' 输入购物金额
    ' 根据不同的购物金额 Price 计算折扣
    If Price < 1000 Then
       Discount = 0
    ElseIf Price >= 1000 And Price < 3000 Then
       Discount = 9.5
    ElseIf Price >= 3000 And Price < 5000 Then
       Discount = 9
    ElseIf Price >= 5000 And Price < 8000 Then
       Discount = 8.5
    Else
       Discount = 8
    End If
    Label4.Caption = Format(Price * Discount / 10, "0.00")      ' 输出应付金额
    Label5.Caption = Format(Discount, "0.0") & "折"             ' 输出折扣
End Sub
```

```
Private Sub Command2_Click()
    End
End Sub
```

运行时，首先输入购物金额，然后单击“计算”按钮，则在标签 Label4 中显示计算结果，在 Label5 中显示折扣，如图 5-6b 所示。

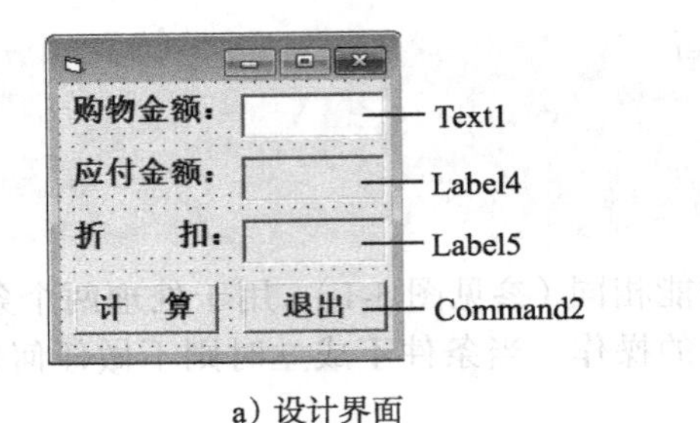

a）设计界面

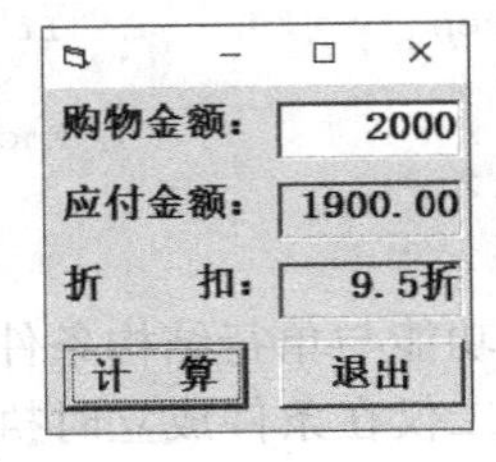

b）运行界面

图 5-6 计算应付金额

由于在块结构条件语句中，只有在前一个条件不成立的情况下才会继续判断下一个条件是否成立，因此，本例的条件语句可以简化成如下形式：

```
If Price < 1000 Then
    Discount = 0
ElseIf Price < 3000 Then
    Discount = 9.5
ElseIf Price < 5000 Then
    Discount = 9
ElseIf Price < 8000 Then
    Discount = 8.5
Else
    Discount = 8
End If
```

以上条件语句首先判断条件“ Price < 1000”，如果成立，则执行语句“ Discount = 0”，接着就退出整个块结构，执行 End If 之后的语句；如果不成立，即在“ Price >= 1000”的情况下，才继续判断下一个条件，这时将条件写成“ Price < 3000”和写成“ Price >= 1000 And Price < 3000”显然是完全相同的。其他条件的省略书写也是因为同样的原因。

使用块结构条件语句应注意以下几点：

1）整个块结构必须以 If 语句开头，End If 语句结束。

2）关键字 ElseIf 不能写成 Else If，即中间不能有空格。

3）要注意严格按格式要求进行书写，不可以随意换行或将两行合并成一行。例如，对于条件结构：

```
If x >= 0 Then
    y = 1
Else
    y = 2
End If
```

以下两种写法都是错误的。

写法一：

```
If x >= 0 Then y = 1
Else y = 2
End If
```

写法二：

```
If x >= 0 Then y = 1 Else y = 2
End If
```

在写法一中，第一条语句被认为是一个完整的单行结构条件语句，因此 Visual Basic 将找不到与 Else 配对的 If 语句。而 Else 和 y = 2 也应该分成两行书写。

在写法二中，第一条语句被认为是一个单行结构条件语句，因此 Visual Basic 将找不到与 End If 配对的 If 语句。

在书写块结构条件语句时，可以将 If 语句、ElseIf 子句、Else 子句和 End If 语句左对齐，而各语句组向右缩进若干空格，以使程序结构更加清楚，便于阅读和查错。

块结构条件语句对于根据单一表达式的值来决定执行简单的多种选择时比较方便。但当要处理的问题需要从多个复杂的可能方案中进行选择的时，用下面介绍的多分支选择语句更方便、更简洁。

5.3 多分支选择语句

格式：

```
Select Case 测试表达式
    Case 表达式表 1
        [语句组 1]
    [Case 表达式表 2
        [语句组 2]]
        …
    [Case 表达式表 n
        [语句组 n]]
    [Case Else
        [语句组 n+1]]
End Select
```

功能：根据“测试表达式”的值，按顺序匹配 Case 后的表达式表，如果匹配成功，则执行该 Case 下边的语句组，然后转到 End Select 语句之后继续执行；如果“测试表达式”的值与各 Case 后的表达式表都不匹配，则执行 Case Else 之后的“语句组 n+1”，再转到 End Select 语句之后继续执行。多分支选择语句的功能可以用图 5-7 所示的流程图表示。

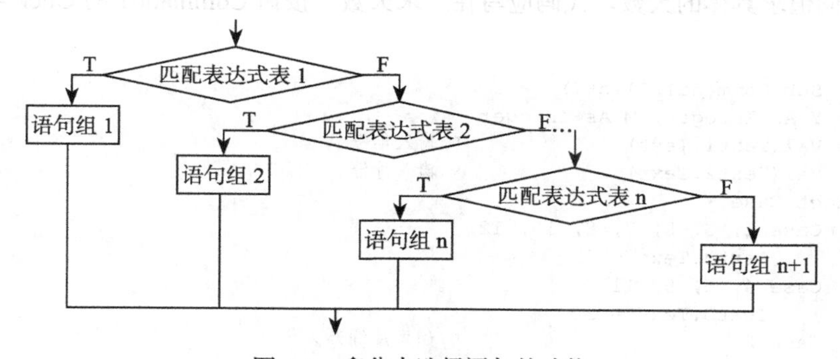

图 5-7 多分支选择语句的功能

说明：1）Select Case 之后的“测试表达式”可以是任何数值表达式或字符串表达式。

2）这里所说的“匹配”与 Case 后的“表达式表”的书写形式有关，Case 后的“表达式表”可以有如下 3 种形式之一：

①表达式 1[, 表达式 2]…

如：`Case 1,3,5`

表示“测试表达式”的值为 1 或 3 或 5 时匹配，将执行该 Case 语句之后的语句组。

②表达式 1 To 表达式 2

如：`Case 10 To 30`

表示“测试表达式”的值在 10 到 30 之间（包括 10 和 30）时匹配，将执行该 Case 语句之后的语句组。

又如：`Case "A" To "Z"`

表示“测试表达式”值在 "A" 到 "Z" 之间（包括 "A" 和 "Z"）时匹配，将执行该 Case 语句之后的语句组。

③ Is 关系运算符 表达式

如：`Case Is >= 10`

表示“测试表达式”的值大于或等于 10 时匹配，将执行该 Case 语句之后的语句组。

以上 3 种形式可以同时出现在同一个 Case 语句之后，各项之间用逗号隔开。

如：`Case 1,3,10 To 20,Is < 0`

表示“测试表达式”的值为 1 或 3，或在 10 到 20 之间（包括 10 和 20），或小于 0 时将执行该 Case 语句之后的语句组。

【例 5-3】 用多分支选择语句实现：输入年份和月份，求该月的天数。

分析：当月份为 1、3、5、7、8、10、12 时，天数为 31 天；当月份为 4、6、9、11 时，天数为 30 天；当月份为 2 时，如果是闰年则天数为 29 天，否则天数为 28 天。某年为闰年的条件是：年份能被 4 整除，但不能被 100 整除；或年份能被 400 整除。

界面设计：设计如图 5-8a 所示的界面，用文本框 Text1 和 Text2 输入年份和月份，用“求天数”按钮 Command1 计算天数，用文本框 Text3 显示计算出的天数。设置 3 个文本框的 Alignment 属性为“1-Right Justify”，使其中的内容靠右对齐。设置文本框 Text3 的 Locked 属性为 True，使运行时计算结果为只读。

代码设计：首先分别将文本框 Text1 和 Text2 中输入的年份和月份赋值给变量 Y 和 M，然后通过 Select Case 语句对月份 M 进行判断。如果 M 为 1、3、5、7、8、10、12，则天数为 31 天；如果 M 为 4、6、9、11，则月份为 30 天；如果 M 为 2，则需要进一步判断年份 Y 的值，根据 Y 的不同值求具体的天数。代码应写在“求天数”按钮 Command1 的 Click 事件过程中，具体如下：

```
Private Sub Command1_Click()
    Dim Y As Integer, M As Integer
    Y = Val(Text1.Text)                    ' 输入年份
    M = Val(Text2.Text)                    ' 输入月份
    Select Case M
        Case 1, 3, 5, 7, 8, 10, 12
            Text3.Text = 31
        Case 4, 6, 9, 11
            Text3.Text = 30
        Case 2                             ' 如果月份为 2
        If (Y Mod 4 = 0 And Y Mod 100 <> 0) Or (Y Mod 400 = 0) Then
            Text3.Text = 29
        Else
            Text3.Text = 28
        End If
```

```
    End Select
End Sub
```

假设运行时输入年份为 2016，月份为 2，单击“求天数”按钮，求出的天数为 29，如图 5-8b 所示。

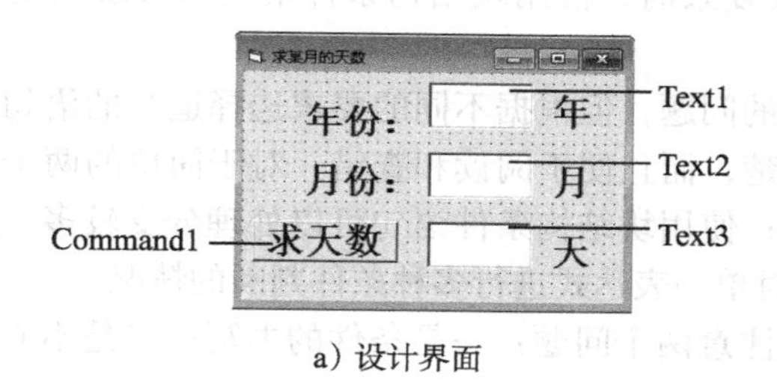

a）设计界面

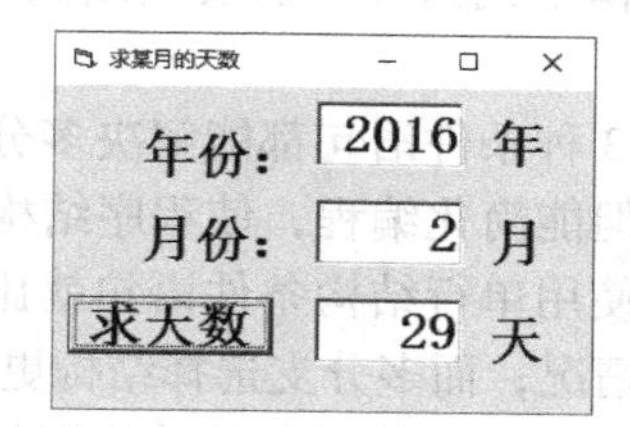

b）运行界面

图 5-8　计算某月的天数

本例使用多分支选择语句来判断月份，简化了条件的书写。对于判断某年是否为闰年，由于需要对多个表达式的值进行判断，即需要判断 Y Mod 4、Y Mod 100 和 Y Mod 400 的值，因此不宜使用多分支选择语句来实现，而使用块结构条件语句书写该条件更方便。

使用 Select Case 语句应注意以下几点：

1）“测试表达式”的类型应与各 Case 后的表达式类型一致。

2）不可以在 Case 后的表达式中使用“测试表达式”中的变量。例如，以下写法是错误的：

```
Select Case X
    Case X < 0                    ' 在这里使用了变量 X，是错误的
        Y = Abs(X)
    …
End Select
```

而应该写成：

```
Select Case X
    Case Is < 0                   ' 在这里要使用 Is 关键字
        Y = Abs(X)
    …
End Select
```

3）“测试表达式”只能是一个变量或一个表达式，而不能是变量表或表达式表。例如，检查变量 X1、X2、X3 之和是否小于零，不能写成：

```
Select Case X1,X2,X3          ' 这里的测试表达式是列表形式，是错误的
    Case X1+X2+X3 < 0
        …
End Select
```

而应该写成：

```
Select Case X1+X2+X3                    ' 这里的测试表达式只有一个，是正确的
    Case Is < 0
        …
End Select
```

4）不要在 Case 后直接使用布尔运算符来表示条件。例如，要表示条件 0<X<100，不能写成：

```
Select Case X
    Case Is>0 And Is<100              ' 在这里使用了布尔运算符And，因此是错误的
        …
End Select
```

对于像上例这样，需要判断的条件比较复杂时，使用块结构条件语句来实现则更方便一些。

以上3种条件语句都能解决多分支处理的问题，但根据不同的要求选择适当的语句进行编程，不但能简化编程，使程序结构更加清楚，而且便于阅读和查错。对于简单的两个分支的情况，使用单行结构条件语句就比较方便；使用块结构条件语句可以处理分支较多、条件较复杂的情况；而多分支选择结构更适合于对单一表达式进行多种条件判断的情况。

在编程序时，使用条件结构语句尤其要注意两个问题：一是条件的书写；二是不同语句结构之间的格式区别。

5.4 条件函数

1. IIf 函数

IIf函数的功能类似于具有两个分支的If语句的功能。IIf函数的格式如下：

```
IIf(表达式，表达式为True时的值，表达式为False时的值)
```

功能：当“表达式”的值为True时，返回第二个参数的值；当“表达式”的值为False时，返回第三个参数的值。

例如，使用IIf函数求两个变量A和B的较大数，语句如下：

```
MaxAB = IIf(A > B, A, B)        ' 如果A大于B，则返回A，否则返回B
```

又如，使用IIf函数求3个变量A、B和C的最大数，语句如下：

```
MaxAB = IIf(A > B, A, B)
MaxABC = IIf(MaxAB > C, MaxAB, C)
```

2. Choose 函数

Choose函数的功能类似于多分支选择语句的功能。Choose函数的格式如下：

```
Choose(数值表达式，选项1，选项2，…，选项n)
```

功能：当“数值表达式”的值为1时，Choose函数返回“选项1”的值；当“数值表达式”的值为2时，Choose函数返回“选项2”的值；以此类推。如果“数值表达式”的值不是整数，则会先四舍五入为整数。当数值表达式小于1或大于n时，Choose函数返回Null。

例如，将成绩1分、2分、3分、4分和5分转换成相应的等级：不及格（1分，2分）、及格（3分）、良（4分）、优（5分），语句如下：

```
Grade = Choose(Score, "不及格", "不及格", "及格", "良", "优")
```

5.5 条件语句的嵌套

如果在条件成立或不成立的情况下要继续判断其他条件，则可以使用嵌套的条件语句来实现，也就是在“语句组”中再使用另一个条件语句。相同的条件语句可以嵌套，不同的条件语句也可以互相嵌套，但在嵌套时要注意，对于块结构条件语句，每一个If语句必须有一个与之配对的End If语句，对于多分支选择语句，每一个Select Case语句必须要有相应的End Select

语句，而且整个条件结构必须完整地出现在“语句组”中。以下给出了3个嵌套示例。

块结构条件语句的嵌套：

```
If A = 1 Then
    If B = 0 Then
        Print "**0**"
    ElseIf B = 1 Then
        Print "**1**"
    End If
ElseIf A = 2 Then
    Print "**2**"
End If
```

多分支选择语句的嵌套：

```
Select Case A
    Case 1
        Select Case B
            Case 0
                Print "**0**"
            Case 1
                Print "**1**"
        End Select
    Case 2
        Print "**2**"
End Select
```

多分支选择语句与块结构条件语句的互相嵌套：

```
Select Case A
    Case 1
        If B = 0 Then
            Print "**0**"
        ElseIf B = 1 Then
            Print "**1**"
        End If
    Case 2
        Print "**2**"
End Select
```

前面的例5-3使用了多分支选择语句与块结构条件语句的互相嵌套，实现对某年的二月份天数的判断。

在书写嵌套的条件语句时，可以将同一层次的条件语句左对齐，而将其中的语句适当地向右缩进。虽然不是必须这样，但这样书写可以使程序的结构和嵌套的层次更加清楚。例如，以上3个嵌套示例的书写就比较清楚地体现了条件语句的嵌套层次。

5.6 选择结构程序应用举例

【例5-4】 求一元二次方程 $ax^2+bx+c=0$ 的解。

分析：根据系数 a、b、c 的值，求一元二次方程的解有以下几种可能。

1）如果 $a=0$，则不是二次方程，此时如果 $b=0$，则需要重新输入系数；如果 $b \neq 0$，则求出方程的解：$x=-\frac{c}{b}$。

2）如果 $a \neq 0$，则求方程的解可以有以下3种情况：

如果 $b^2-4ac=0$，则方程有两个相等的实根，即 $x_1 = x_2 = \frac{-b}{2a}$。

如果 $b^2-4ac>0$，则方程有两个不等的实根。即 $x_1 = \frac{-b+\sqrt{b^2-4ac}}{2a}$，$x_2 = \frac{-b-\sqrt{b^2-4ac}}{2a}$。

如果 $b^2-4ac<0$，则方程有两个共轭复根。即 $x_1 = \frac{-b}{2a} + \frac{\sqrt{|b^2-4ac|}}{2a}$，$x_2 = \frac{-b}{2a} + \frac{\sqrt{|b^2-4ac|}}{2a}$。

界面设计：要求一元二次方程 $ax^2+bx+c=0$ 的解，需要已知 a、b、c 的值，因此可以设计如图5-9a所示的界面。运行时通过3个文本框输入 a、b、c 的值，单击“求解”按钮求解，所求的解直接显示在窗体上。

代码设计：代码写在“求解”按钮Command1的Click事件过程中，具体如下。

```
Private Sub Command1_Click()
    ' 输入系数 a、b、c
    A = Val(Text1.Text) : B = Val(Text2.Text) : C = Val(Text3.Text)
    Cls                                          ' 清除窗体
    CurrentX = 600 : CurrentY = 1100             ' 确定窗体的当前打印坐标
    If A = 0 Then
        If B = 0 Then
            ' 如果系数 A 和 B 都为零，则给出提示并选中 Text1 中的文本
```

```
            MsgBox "系数为零，请重新输入"
            Text1.SetFocus
            Text1.SelStart = 0
            Text1.SelLength = Len(Text1.Text)
        Else
            ' 如果系数A为零，B不为零，求出一个解X=-C/B，保留3位小数并打印在窗体上
            X = -C / B
            Print "X="; Format(X, "0.000")
        End If
        Exit Sub                ' 退出本事件过程
    End If
    ' 如果系数A不为零，根据B^2-4*A*C的不同值求解
    Delta = B ^ 2 - 4 * A * C
    Select Case Delta
        Case 0                  ' Delta为0，有两个相等的实根-B / (2 * A)
            Print "X1=X2="; Format(-B / (2 * A), "0.000")  ' 打印，保留3位小数
        Case Is > 0              ' Delta大于0，有两个不等的实根
            X1 = (-B + Sqr(Delta)) / (2 * A)       ' 求第一个根
            X2 = (-B - Sqr(Delta)) / (2 * A)       ' 求第二个根
            Print "X1="; Format(X1, "0.000")       ' 打印第一个根，保留3位小数
            CurrentX = 600 : CurrentY = 1300       ' 确定第二个根的打印坐标
            Print "X2="; Format(X2, "0.000")       ' 打印第二个根，保留3位小数
        Case Is < 0                                ' Delta小于0，有两个共轭复根
            A1 = -B / (2 * A)                      ' 求实部
            A2 = Sqr(Abs(Delta)) / (2 * A)         ' 求虚部
            Print "X1="; Format(A1, "0.000"); "+"; Format(A2, "0.000"); "i"
            CurrentX = 600 :  CurrentY = 1300      ' 确定第二个根的打印坐标
            Print "X2="; Format(A1, "0.000"); "-"; Format(A2, "0.000"); "i"
    End Select
End Sub
```

由于Visual Basic不能求负数的开平方，因此本例在Delta值为负数时，分别求根的实部$A_1=\dfrac{-b}{2a}$和虚部$A_2=\dfrac{\sqrt{|b^2-4ac|}}{2a}$，然后再按复数的形式打印在窗体上，即分别打印$A_1$、加号或减号、$A_2$、字符i。图5-9b是$a$、$b$、$c$分别为1、6、5的求解结果。

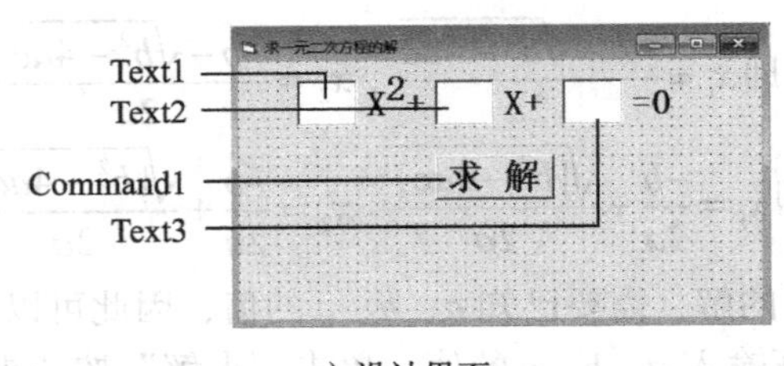

a）设计界面

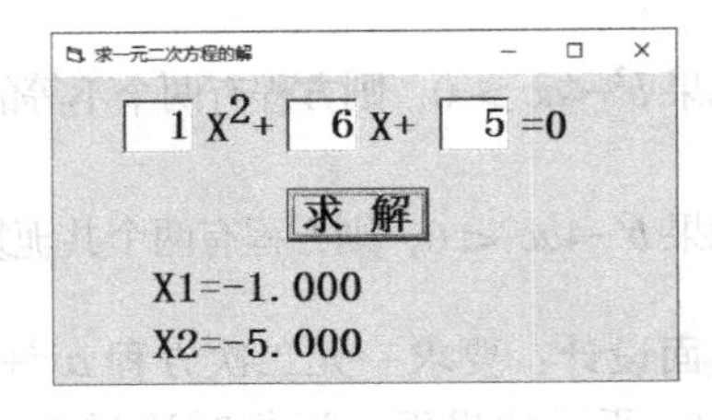

b）运行界面

图5-9　求一元二次方程$ax^2+bx+c=0$的解

【例5-5】 设计一个口令检测程序，界面如图5-10a所示。运行时，用户通过文本框Text1输入口令，当口令正确时，显示“恭喜！您已成功进入本系统”（如图5-10b所示）；否则，显示“口令错！请重新输入”（如图5-10c所示）；如果连续两次输入了错误口令，则在第三次输入完错误口令后显示一个消息框，提示“对不起，您不能使用本系统”，然后结束运行。

界面设计：按图5-10a设计界面，将文本框Text1的PasswordChar属性设置为“*”号，使输入的口令显示为“*”号，将其MaxLength属性设置为6，使最大口令长度为6个字符。

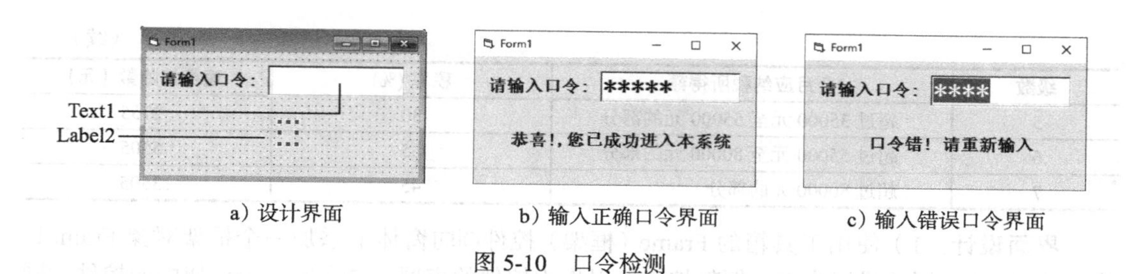

a）设计界面　　b）输入正确口令界面　　c）输入错误口令界面

图 5-10　口令检测

代码设计：为了实现运行时在用户输入完口令并按回车键时对口令进行判断，代码可以写在文本框的 KeyUp 事件过程中。当焦点在文本框时，松开键盘任一键后产生 KeyUp 事件，同时返回按键代码 KeyCode，所以在 KeyUp 事件过程中，可以根据 KeyCode 的值是否为回车键的代码（13）来判断口令是否输入完毕，如果口令输入完毕，再判断口令是否正确。Text1 的 KeyUp 事件过程如下：

```
Private Sub Text1_KeyUp(KeyCode As Integer, Shift As Integer)
    Static I As Integer              ' 变量 I 用于统计输入错误口令的次数
    If KeyCode = 13 Then             ' 如果按下的键为回车键
        If UCase(Text1.Text) = "HELLO" Then    ' 如果口令转换为大写字母后为 "HELLO"
            Label2.Caption = " 恭喜 ! 您已成功进入本系统 "
        ElseIf I = 0 Or I = 1 Then      ' 如果口令错且以前的错误次数少于 2
            I = I + 1
            Label2.Caption = " 口令错 ! 请重新输入 "
            Text1.SelStart = 0
            Text1.SelLength = Len(Text1.Text)
        Else                            ' 如果口令错且以前的错误次数等于 2
            MsgBox " 对不起 , 您不能使用本系统 "
            End             ' 结束程序
        End If
    End If
End Sub
```

程序中定义了一个静态变量 I，用于统计输入错误口令的次数。静态变量 I 只在第一次判断口令时被初始化为 0，以后每次执行该过程时，如果口令错，则 I 的值累加 1，因此，当 I 的值为 2 时，表示已经连续两次输入了错误口令。

代码中的 UCase(Text1.Text) 用于将输入的口令全部转换成大写字符，这样处理是为了对用户输入的口令不区分大小写。

【例 5-6】 设计一个计算个人所得税计算器，计算个人每月应缴纳的个人所得税，即应纳个人所得税税额。

分析：我国实行的 7 级超额累进个人所得税税率，税率表如表 5-1 所示。

应纳个人所得税税额 = 应纳税所得额 × 适用税率 − 速算扣除数

应纳税所得额 = 税前工资 − 五险一金个人（25%）− 个税免征额

个税免征额为 3500 元。

表 5-1　个人所得税税率

级数	全月应纳税所得额	税率（%）	速算扣除数（元）
1	不超过 1500 元	3	0
2	超过 1500 元至 4500 元的部分	10	105
3	超过 4500 元至 9000 元的部分	20	555
4	超过 9000 元至 35000 元的部分	25	1005

（续）

级数	全月应纳税所得额	税率 (%)	速算扣除数（元）
5	超过35000元至55000元的部分	30	2755
6	超过55000元至80000元的部分	35	5505
7	超过80000元的部分	45	13505

界面设计：1）使用工具箱的Frame（框架）控件向窗体上添加一个框架对象Frame1，将它的Caption属性设置为空。框架控件可以作为控件的容器，画在同一个框架中的控件为同一组控件。

2）向窗体上添加两个命令按钮Command1、Command2，将它们的Caption属性分别设置为“计算”和“退出”。

3）向窗体添加一个文本框Text1，并清空文本框。

4）向窗体添加3个标签Label8～Label10。将标签的BorderStyle属性设置为1-Fixed Single，使其具有立体边框；将标签的Alignment属性设置为“1-Right Justify”，使其文字居右。设置标签的字体为宋体、字形为粗体、大小为四号，文字颜色为默认的黑色。

代码设计：在“确定”按钮Command1的Click事件过程中，根据个人所得税表计算个人所得税。具体如下：

```
Private Sub Command1_Click()
    grossincome = Val(Text1.Text)
    ' 月实际工资 - 五险一金 - 个税免征额（3500元）
    income = grossincome - grossincome * 0.25 - 3500
    ' 根据应纳税所得额income计算
    '个人所得税tax=应纳税所得额income*税率 - 速算扣除数
    Select Case income
    Case Is <= 0
        MsgBox "您的工资低于3500元，不用交个人所得税"
        Text1.SetFocus
        Text1.SelStart = 0
        Text1.SelLength = Len(Text1.Text)
    Case Is <= 1500
        Taxrate = 3
        tax = income * Taxrate / 100
    Case Is <= 4500
        Taxrate = 10
        tax = income * Taxrate / 100 - 105
    Case Is <= 9000
        Taxrate = 20
        tax = income * Taxrate / 100 - 555
    Case Is <= 35000
        Taxrate = 25
        tax = income * Taxrate / 100 - 1005
    Case Is <= 5000
        Taxrate = 30
        tax = income * Taxrate / 100 - 2755
    Case Is <= 80000
        Taxrate = 35
        tax = income * Taxrate / 100 - 5505
    Case Else
        Taxrate = 45
        tax = income * Taxrate / 100 - 13505
    End Select
    netincome = grossincome * 0.75 - tax
```

```
    Label8.Caption = Format(tax, "0.00")              ' 输出个人所得税
    Label9.Caption = Format(Taxrate, "0") & "%"       ' 输出税率
    Label10.Caption = Format(netincome, "0.00")
End Sub
```

图 5-11b 为运行效果。

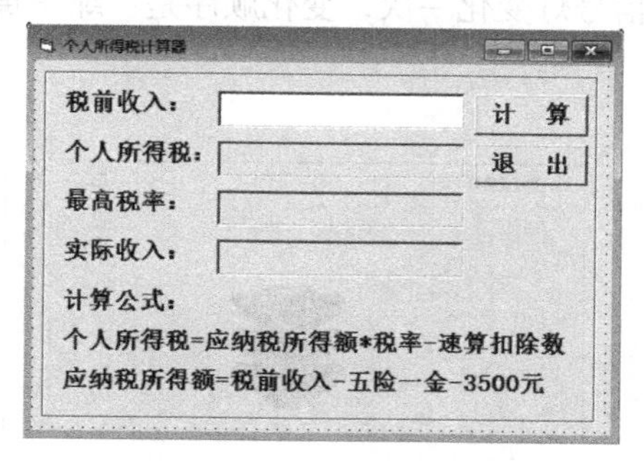

a）设计界面

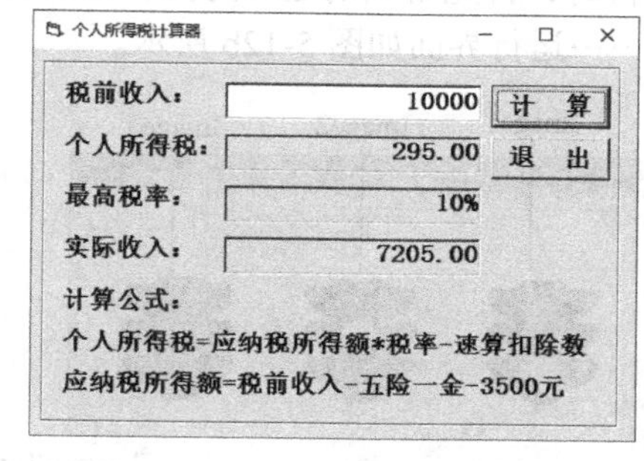

b）运行界面

图 5-11 个人所得税计算器

【例 5-7】 编写应用程序，模拟交通管理信号灯。

界面设计：参照图 5-12a，按以下步骤设计界面。

1）向窗体上添加 3 个 Image 控件，设名称为 Image1、Image2 和 Image3，设置它们的 Picture 属性，使它们的图像分别为绿、黄、红 3 种信号灯。如果安装 Visual Basic 时选择了安装图像，则信号灯图像的参考位置和名称如下：

参考位置：Program Files\Microsoft Visual Studio\Common\Graphics\Icons\Traffic。

文件名：TRFFC10A.ICO，TRFFC10B.ICO，TRFFC10C.ICO。

2）向窗体上添加一个 Timer 控件，设名称为 Timer1，将其 Interval 属性设置为 1000。即定时时间间隔为 1s。

代码设计：1）在窗体的 Load 事件过程中编写代码，使得运行时 3 个信号灯图像重叠在一起，且绿色信号灯图像 Image1 置于顶层，这样运行时首先看到的是绿灯。

```
Private Sub Form_Load()
    Image1.Left = Image2.Left
    Image1.Top = Image2.Top
    Image3.Left = Image2.Left
    Image3.Top = Image2.Top
    Image1.ZOrder              ' 将绿灯图像 Image1 置前
End Sub
```

2）假设每隔 1s 信号灯变换一种状态。信号灯按绿→黄→红的顺序变化。代码应写在 Timer1 控件的 Timer 事件过程中。代码中定义了一个静态变量 i，假设 i 的值为 0 时，将绿灯图像 Image1 置前；i 的值为 1 时，将黄灯图像 Image2 置前；i 的值为 2 时，将红灯图像 Image3 置前。使用“i = (i + 1) Mod 3”使 i 的值在 1、2、0 这 3 个值之间依次变化。

```
Private Sub Timer1_Timer()
    Static i As Integer
    i = (i + 1) Mod 3                 ' 该运算使 i 的值按 1、2、0 依次变化
    If i = 1 Then
       Image2.ZOrder                  ' 将黄灯图像置前
    ElseIf i = 2 Then
```

```
        Image3.ZOrder        ' 将红灯图像置前
    ElseIf i = 0 Then
        Image1.ZOrder        ' 将绿灯图像置前
    End If
End Sub
```

运行时，首先看到的是绿灯亮，然后每隔1s信号灯变化一次，变化顺序是：绿→黄→红→绿→……运行界面如图5-12b所示。

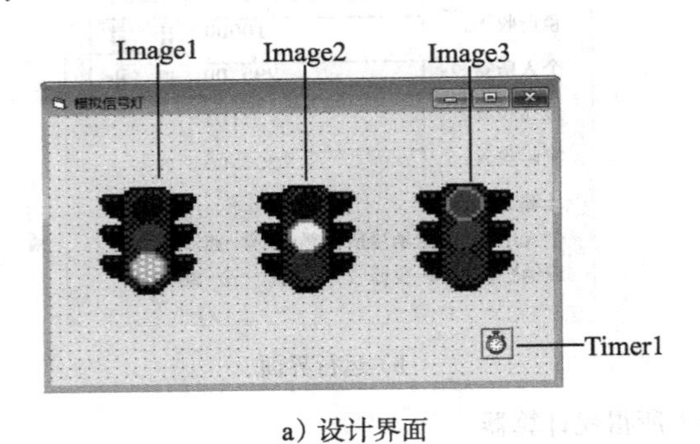

a）设计界面

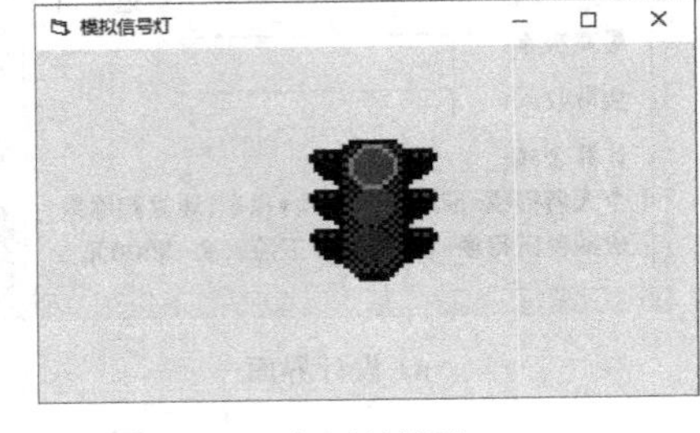

b）运行界面

图5-12 模拟信号灯

5.7 上机练习

【练习5-1】 用单行结构条件语句实现：从文本框输入一个数，单击“判断”按钮判断它能否同时被3、5、7整除，若能整除，则用另一个文本框显示“能同时被3、5、7整除”，否则显示“不能整除”。

【练习5-2】 用单行结构条件语句实现：用InputBox函数输入3个数，选出其中的最大数和最小数，用消息框（使用MsgBox函数）显示最大数和最小数。

【练习5-3】 用块结构条件语句实现：从文本框输入a、b值（以角度为单位），单击“计算”按钮按以下公式计算y值，用标签显示计算结果。

$$y=\begin{cases}\sin a\times\cos b & a>0,\ b>0\\ \sin a+\cos b & a>0,\ b\leqslant 0\\ \sin a-\cos b & a\leqslant 0\end{cases}$$

提示：需要首先将输入的角度转换为弧度才能使用三角函数。

【练习5-4】 用块结构条件语句实现：从文本框输入月收入，单击“计算”按钮按以下规定计算税款，并将税款显示于另一个文本框中。

月收入少于或等于800元者	税款为0（不纳税）
月收入在800元到2000元者	税款为超过800元部分的10%
月收入超过2000元者	税款为超过800元部分的20%

【练习5-5】 在街头广告中经常看到滚动的霓虹灯，试设计如图5-13所示的广告效果。

提示：为窗体的背景添加一个图片；设置Label控件的Caption属性为“北京欢迎您”，Font属性为“华文彩云”一号字；在定时器的Timer事件中，将Label不断移动且使其中的字体在黄色和红色间不断切换闪烁，呈现霓虹灯的效果。

【练习5-6】 用多分支选择语句实现：运行时单击窗体，可以根据当前的时间决定在窗体上打印“早上好”“中午好”“下午好”还是“晚上好”。具体标准如下：

1）当前时间为 0 点到 11 点：提示“早上好”。

2）当前时间为 12 点：提示“中午好”。

3）当前时间为 13 点到 17 点：提示“下午好”。

4）其他时间：提示“晚上好”。

提示：可以使用 Hour 函数获取当前时间（Now）的小时部分进行判断。

图 5-13　霓虹灯广告

【练习 5-7】 用多分支选择语句实现：用文本框输入学生某门课程的分数后，给出五级评分。评分标准如下：

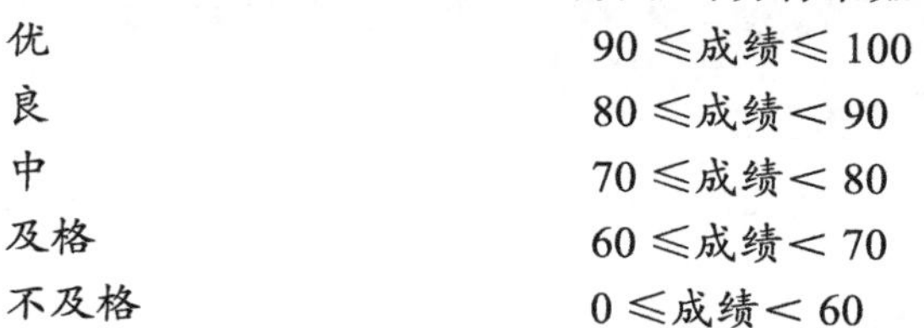

优　　　90 ≤成绩≤ 100

良　　　80 ≤成绩＜ 90

中　　　70 ≤成绩＜ 80

及格　　60 ≤成绩＜ 70

不及格　0 ≤成绩＜ 60

如果输入的分数不在 [0，100] 范围内，则用消息框（使用 MsgBox 函数）给出错误提示，并将焦点定位在输入分数的文本框，选中其中的全部文本。

【练习 5-8】 设计口令检测界面，口令自定，要求输入口令长度不超过 8 个字符。运行初始效果如图 5-14a 所示。运行时，当用户输入完口令并按回车键或者按“确定 (Y)”按钮时，都可以对口令进行判断。当输入正确口令时，将显示另一个欢迎窗口，如图 5-14b 所示；否则，在原口令检测界面的窗口标题上显示“口令错，请重新输入”，如图 5-14c 所示；在连续 3 次输入错误口令后，给出警告，并结束运行。

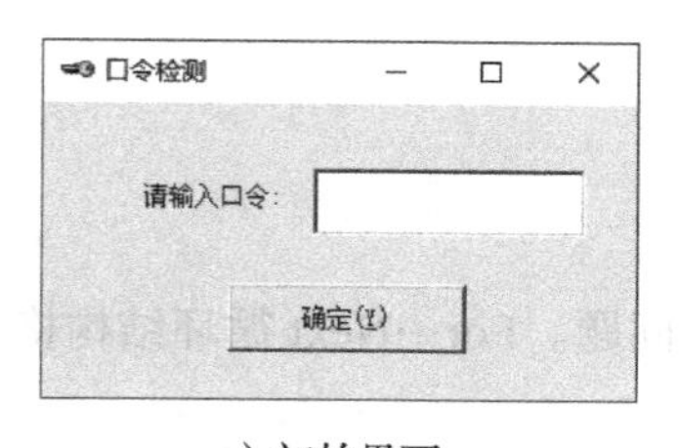

a) 初始界面

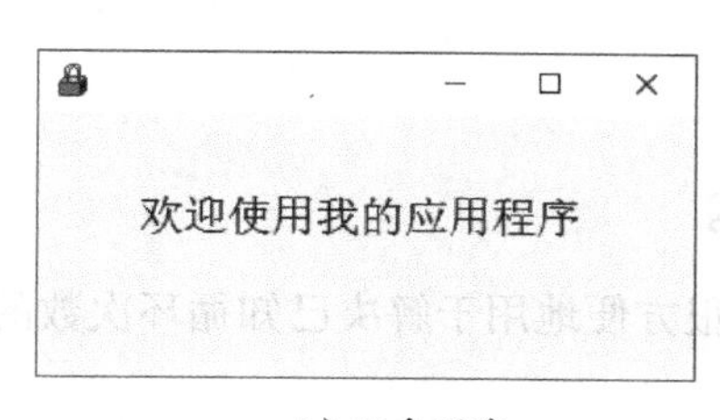

b) 口令正确

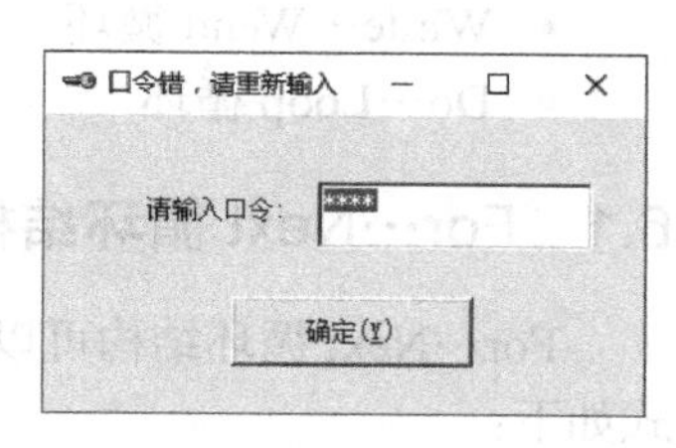

c) 口令错误

图 5-14　口令检测

提示：本题需要用到两个窗体，可以使用“工程 | 添加窗体”命令添加一个新的窗体（如 Form2）。当口令正确时，使用 Show 方法（如 Form2.Show）打开该窗体。

第 6 章

循环结构程序设计

在程序设计时，如果需要重复相同或相似的操作，则可以使用循环结构来实现。使用循环结构可以用较少的代码方便地处理大量的重复性操作。在循环结构中被重复执行的语句，称为循环体；规定循环的重复条件或重复次数的语句，为循环的控制部分。

Visual Basic 支持的循环结构有：

- For…Next 循环
- While…Wend 循环
- Do…Loop 循环

6.1 For…Next 循环结构

For…Next 循环结构可以很方便地用于解决已知循环次数的问题。For…Next 循环结构格式如下：

```
For 循环变量 = 初值 To 终值 [Step 步长 ]
    语句组 1
    [Exit For]
    语句组 2
Next [ 循环变量 ]
```

Visual Basic 按以下步骤执行 For…Next 循环：

1）首先将“循环变量”设置为“初值”。

2）判断“循环变量”是否超过“终值”，即：

①如果“步长”为正数，则测试“循环变量”是否大于（超过）“终值”，如果是，则退出循环，执行 Next 语句之后的语句，否则继续第 3 步。

②如果“步长”为负数，则测试“循环变量”是否小于（超过）“终值”，如果是，则退出循环，执行 Next 语句之后的语句，否则继续第 3 步。

3）执行循环体部分，即执行 For 语句和 Next 语句之间的语句组。

4）“循环变量”的值增加“步长”值。

5）返回第 2 步继续执行。

For…Next 循环的执行过程可以用图 6-1 所示的流程图表示。

说明：1）“循环变量”“初值”“终值”和“步长”都应是数值型的，其中，“循环变量”“初值”和“终值”是必需的。

2）“步长”可正可负，也可以省略。如果“步长”省略，则默认为 1。

如果“步长”为正，则“初值”必须小于或等于“终值”，否则不能执行循环体内的语句；如果“步长”为负，则“初值”必须大于或等于“终值”，否则不能执行循环体内的语句。

3）Exit For 语句用于退出循环体，执行 Next 语句之后的语句。必要时，循环体中可以放置若干条 Exit For 语句。该语句一般放在某条件结构中，用于表示当某种条件成立时，强行退出循环。当然，循环体中也可以没有 Exit For 语句。

4）Next 语句中的“循环变量”必须与 For 语句中的“循环变量”一致，也可以省略。

【例 6-1】 求 $1+2+3+\cdots+n$ 的值。

分析：在程序设计中，求取一系列有规律的数据之和是一种典型的操作，称为“累加”。“累加”问题可以很方便地用循环来实现。设计程序时，一般要引入一个存放“和”值变量（称为累加器）并初始化其值为 0，然后通过循环重复执行：累加器 = 累加器 + 累加项，累加项的值按一定规律变化，执行完成后，累加器中存放的值即为这一系列有规律的数据之和。在本例中设累加器为 Sum，首先设置 Sum 为 0，然后重复执行“Sum = Sum + I”，每循环一次，累加项 I 自动加 1，按 1、2、3、…、n 的规律变化，循环 n 次后，Sum 中的值即为 $1+2+3+\cdots+n$ 的值。该算法可以用图 6-2 所示的流程图表示。

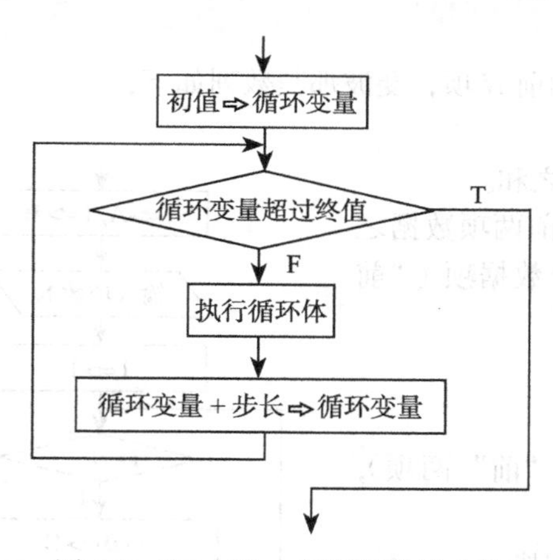

图 6-1　For…Next 循环结构的功能

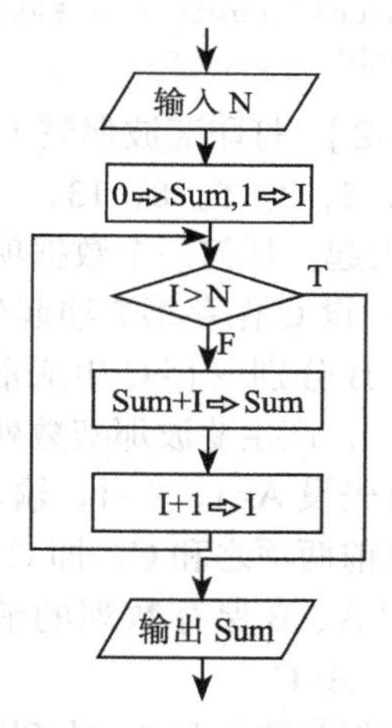

图 6-2　用循环求 $1+2+3+\cdots+n$ 的值

- **界面设计**：设计界面如图 6-3a 所示。运行时，从文本框 Text1 输入 n，单击“计算 (C)”按钮求和，结果显示于标签 Label3 中。

代码设计：“计算 (C)”按钮 Command1 的 Click 事件过程如下：

```
Private Sub Command1_Click()
    Dim N As Integer, I As Integer, Sum As Integer
    N = Val(Text1.Text)           ' 输入累加总项数
    Sum = 0                       ' 设累加和初值为 0
    For I = 1 To N
        Sum = Sum + I             ' 循环体：和值 = 和值 + 累加项
    Next I
    Label3.Caption = Sum          ' 输出累加结果
End Sub
```

设运行时输入 n 值为 100，单击“计算(C)”按钮，求出的和为 5050，如图 6-3b 所示。

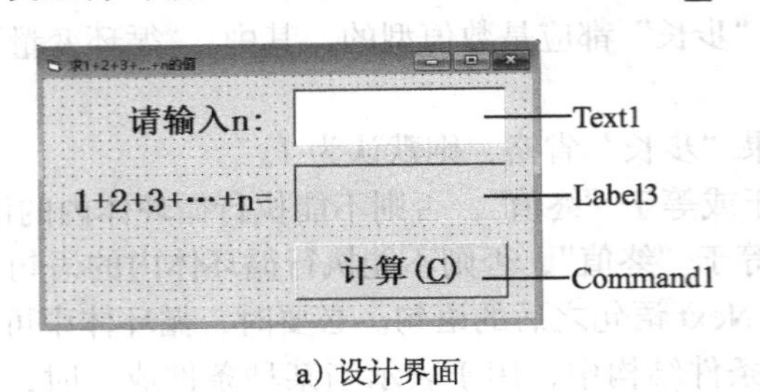

a）设计界面

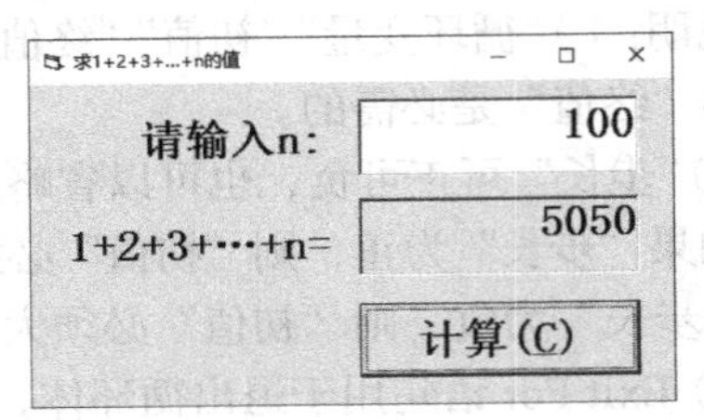

b）运行界面

图 6-3　求 1+2+3+…+n 的值

用同样的思路可以设计另外一种典型操作——“累乘”，即求取一批有规律的数据的积。只需把存放乘积的变量初始值设置为 1，然后通过循环重复执行：乘积 = 乘积 * 累乘项。例如，如果将上例的题目改成求 $1\times2\times3\times\cdots\times n$，即求 $n!$，则程序可以改写成：

```
Private Sub Command1_Click()
    Dim N As Integer, I As Integer, Fact As Long
    N = Val(Text1.Text)                    ' 输入累乘总项数
    Fact= 1                                ' 设乘积初值为 1
    For I = 1 To N
        Fact = Fact * I                    ' 循环体：乘积 = 乘积 × 累乘项
    Next I
    Label3.Caption = Fact                  ' 输出累乘结果
End Sub
```

【例 6-2】 打印斐波那契（Fibonacci）数列的前 N 项，斐波那契数列如下：

1，1，2，3，5，8，13，…

即从第 3 项起，任何一个数据项是其前两项数据之和。

分析：设 C 保存第 3 项起生成的数据项（“前两项数据之和”），A、B 分别保存 C 生成前最后得到的两个数据项（“前两项数据”），产生斐波那契数列的方法是：

1）首先设 A=1，B=1，输入项数 N。

2）求前两项之和 C，即 C=A+B，输出 C。

3）用 A、B 保存数列的最后两项（所谓的“前”两项），即令 A=B、B=C。

4）重复步骤 2 和 3，直到数列前 N 项输出完毕。

打印斐波那契数列前 N 项的过程可以用图 6-4 所示的流程图来表示。

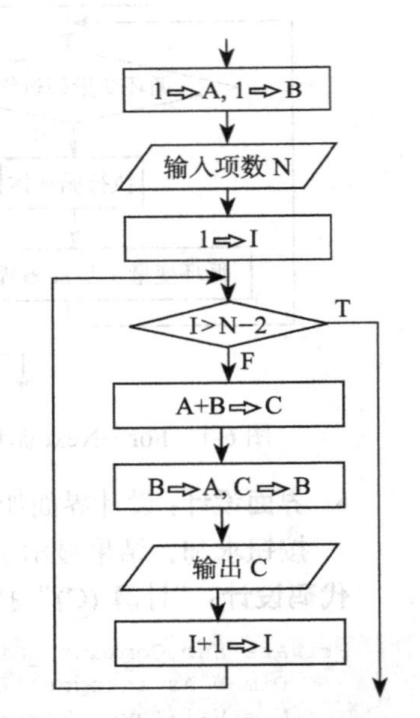

图 6-4　打印斐波那契数列前 N 项的流程图

界面设计：假设用文本框显示斐波那契数列。向窗体上添加一个文本框，将其 MultiLine 属性设置为 True，ScrollBars 属性设置为“1-Horizontal”，使文本框具有垂直滚动条，以便显示较多的数据，参考图 6-5。

代码设计：设运行时通过单击窗体生成斐波那契数列。因此，代码应写在窗体的 Click 事件过程中，具体如下：

```
Private Sub Form_Click()
    Dim A, B, C, N As long
```

```
        N = Val(InputBox(" 请输入项数 "))
        A = 1 : B = 1                                        ' 设置数列的初始值
        Text1.Text = Str(A) & " " & Str(B) & " "             ' 显示前两项
        For I = 1 To N - 2
            C = A + B
            Text1.Text = Text1.Text & Str(C) & " "
            A = B
            B = C
        Next I
    End Sub
```

运行时单击窗体，在输入框中输入总项数 10，将斐波那契数列的前 10 项显示于带垂直滚动条的文本框中，如图 6-5 所示。

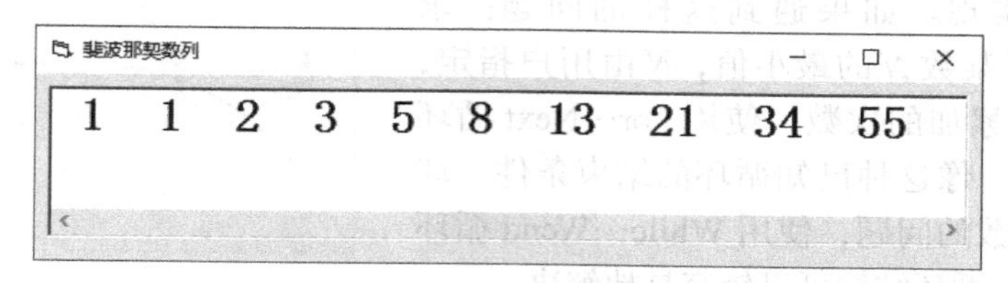

图 6-5　在文本框中显示斐波那契数列

【例 6-3】 画出方程 $y=x^3$ 在 [−10，10] 区间的曲线。

界面设计：假设运行时单击窗体，将曲线直接画在窗体上，因此无须向窗体上添加任何控件。

代码设计：为便于画图且使得画出的图形基本填满整个窗体，需要首先重新定义窗体的坐标系。默认情况下，窗体左上角坐标为（0，0），x 坐标轴向右，y 坐标轴向下，度量单位为“缇”，如图 6-6a 所示。假设要将新坐标系的原点定义在窗体的中心位置，x 坐标轴向右，y 坐标轴向上，如图 6-6b 所示。使用 Scale 方法可以实现该功能，只需要在 Scale 方法中指定在新坐标系下窗体左上角的坐标和窗体右下角的坐标就可以了。本例要求画出 x 的值在 [−10，10] 区间的曲线，在该区间内，y 的取值范围是 [−1000，1000]，因此可以将窗体左上角的坐标定义为（−10，1000），右下角的坐标定义为（10，−1000），相应的 Scale 方法为：Scale (−10, 1000)−(10, −1000)。

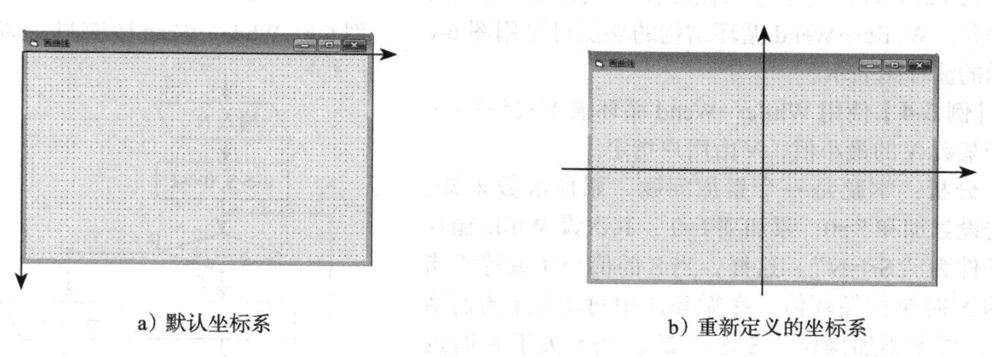

a）默认坐标系　　b）重新定义的坐标系

图 6-6　默认坐标系和重新定义的坐标系

在代码中可以结合循环，让 x 的值从 −10 按一定步长变化到 10，对于每一个 x 值，根据方程 $y=x^3$ 求出对应的 y 值，然后在 (x, y) 坐标处画一个点，由这些点组成的图形则构成了方程所对应的曲线，代码如下：

```
Private Sub Form_Click()
    Scale (-10, 1000)-(10, -1000)      ' 重新定义坐标系
    Form1.DrawWidth = 3                ' 定义在窗体上画点的像素
    For x = -10 To 10 Step 0.1
        y = x ^ 3
        PSet (x, y), vbRed             ' 在 (x,y) 坐标处画红色的点
    Next x
End Sub
```

运行时，单击窗体，画出的曲线如图6-7所示。

在以上几个例子中，循环次数在使用循环语句前都可以确定，因此可以很方便地使用For…Next循环结构实现。如果遇到这样的问题：求$1^2+2^2+3^2+\cdots$大于某数N的最小值，N由用户指定，则无法确定循环累加的次数，使用For…Next循环结构就难以实现。像这种已知循环的结束条件，却不能确定循环次数的问题，使用While…Wend循环结构或Do…Loop循环结构可以较容易地解决。

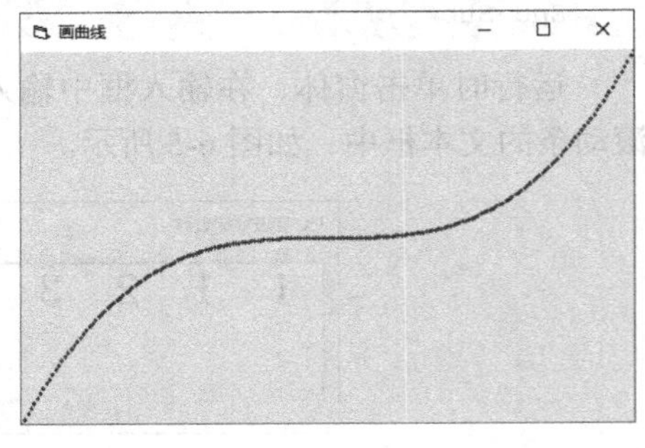

图6-7　方程$y=x^3$在[−10，10]区间的曲线

6.2　While…Wend循环结构

While…Wend循环结构格式如下：

```
While 条件
    [语句组]
Wend
```

执行While… Wend循环时，当给定“条件”为True时，执行While与Wend之间的“语句组”（即循环体），直到遇到Wend语句，随后控制返回到While语句并再次检查“条件”。如果“条件”仍为True，则再次执行循环体。重复以上过程，直到“条件”为False时，则不进入循环体，执行Wend之后的语句。While…Wend循环结构的功能可以用图6-8所示的流程图表示。

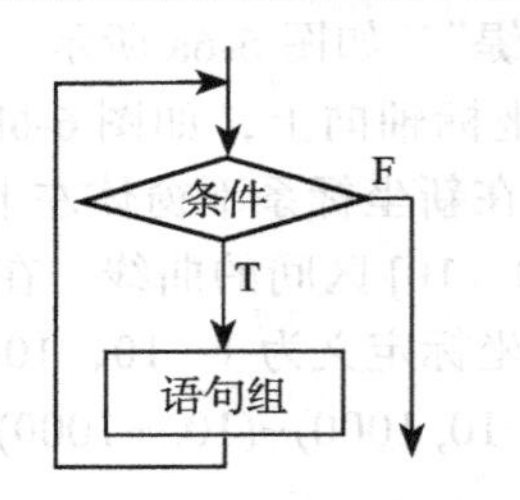

图6-8　While…Wend循环结构的功能

【例6-4】使用While…Wend循环求$1^2+2^2+3^2+\cdots$大于某数N的最小值，N由用户指定。

分析：本题是一个累加问题，累加次数未知。首先设累加和S=0，累加项I=0；其次设While循环的条件为“S<=N”。这样，当S的值小于或等于指定的N时执行循环体，在循环体中每次使I的值增加1，再做累加操作“S=S+I^2”。当S大于N时退出循环，这时S的值即为大于N的最小值。该算法可以用图6-9所示的流程图表示。

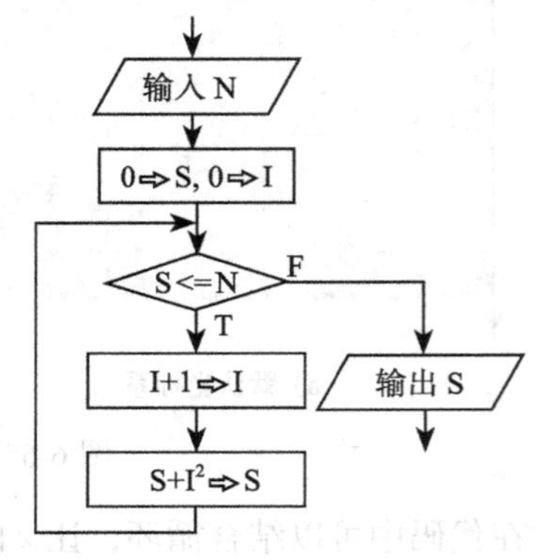

图6-9　求$1^2+2^2+3^2+\cdots$大于某数N的最小值的流程图

界面设计：设计如图6-10a所示的界面。将标签Label2的BorderStyle属性设置为1-FixedSingle。

代码设计：代码写在“计算”按钮 Command1 的 Click 事件过程中，具体如下：

```
Private Sub Command1_Click()
    Dim I As Integer, N As Integer, S As Integer
    N = Val(Text1.Text)                    ' 输入N
    I = 0 : S = 0                          ' 初始化，用S保存累加和
    While S <= N                           ' 当和值S小于或等于N时，进入循环体
        I = I + 1
        S = S + I * I                      ' 累加
    Wend
    Label2.Caption = S                     ' 输出和值S
End Sub
```

运行时，假设在文本框 Text1 中输入 N 的值 10000，单击“计算”按钮，计算结果如图 6-10b 所示。

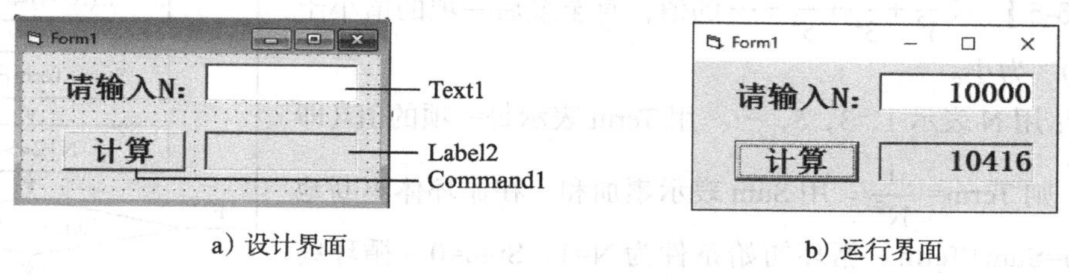

a）设计界面　　b）运行界面

图 6-10　求 $1^2+2^2+3^2+4^2+\cdots$ 大于某数 N 的最小值

While…Wend 循环可以使用以下的 Do…Loop 循环来代替，但 Do…Loop 循环比 While... Wend 循环具有更多的形式。

6.3　Do…Loop 循环结构

Do…Loop 循环结构以 Do 语句开头，Loop 语句结束，Do 语句和 Loop 语句之间的语句构成循环体。Do…Loop 循环结构具体有以下 4 种格式，其功能可以用图 6-11 表示。

格式一：	格式二：	格式三：	格式四：
Do While 条件	Do Until 条件	Do	Do
[语句组 1]	[语句组 1]	[语句组 1]	[语句组 1]
[Exit Do]	[Exit Do]	[Exit Do]	[Exit Do]
[语句组 2]	[语句组 2]	[语句组 2]	[语句组 2]
Loop	Loop	Loop While 条件	Loop Until 条件

图 6-11　Do…Loop 循环结构的功能

说明：1）以上 4 种格式的区别在于“条件”的书写位置不同，可以写在 Do 语句之后，也可以写在 Loop 语句之后；“条件”之前的关键字可以是 While，也可以是 Until。

2）如果使用“ While 条件”，则表示条件成立（即条件值为 True）时，执行循环体中的语句组，而当条件不成立（即条件值为 False）时退出循环，执行循环终止语句 Loop 之后的语句。

如果使用“ Until 条件”，则表示条件不成立（即条件值为 False）时，执行循环体中的语句组，而当条件成立（即条件值为 True）时退出循环，执行循环终止语句 Loop 之后的语句。

3）格式一和格式二属于当型循环，其特点是先判断条件，后决定是否执行循环体，因

此循环可能一次都不执行；而格式三和格式四属于直到型循环，其特点是至少要先执行一次循环体，然后再判断循环条件，因此，对于可能在循环开始时循环条件就不满足要求的情况，应该选择使用当型循环。大多数情况下，这两类循环是可以互相代替的。

4）Exit Do 语句用于退出循环体，执行 Loop 语句之后的语句。必要时，循环体中可以放置多条 Exit Do 语句。该语句一般放在某条件结构中，用于表示当某种条件成立时，强行退出循环。当然，循环体中也可以没有 Exit Do 语句。

5）在 Do 语句和 Loop 语句之后也可以没有“While 条件”或“Until 条件”，这时循环将无条件地重复，因此在这种情况下，在循环体内必须有强行退出循环的语句，如 Exit Do 语句，以保证循环在执行有限次数后退出。

【例 6-5】 求 $\frac{1}{1^2}+\frac{1}{3^2}+\frac{1}{5^2}+\cdots$ 的值，直至最后一项的值小于或等于 10^{-4} 为止。

分析：用 N 表示 1，3，5，…。用 Term 表示每一项的值（即累加项），则 Term= $\frac{1}{N^2}$。用 Sum 表示累加和，在循环体不断地执行 Sum=Sum+Term。循环初始条件为 N=1，Sum=0。循环终止条件为 Term<=0.0001。计算过程可以用图 6-12 所示的流程图来表示。

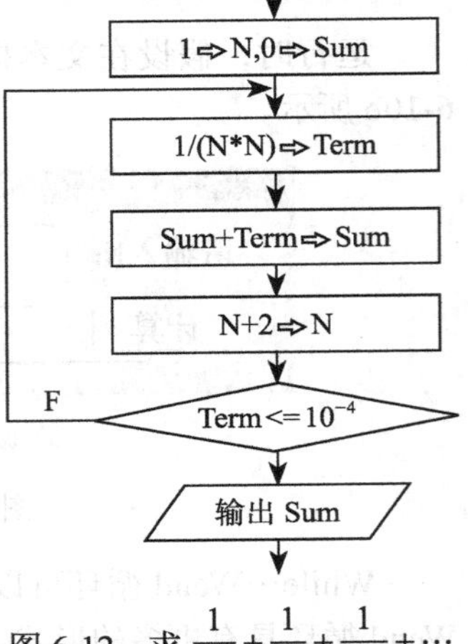

图 6-12　求 $\frac{1}{1^2}+\frac{1}{3^2}+\frac{1}{5^2}+\cdots$ 的流程图

界面设计：假设运行时通过单击窗体进行计算，计算结果直接打印在窗体上，因此无须向窗体上添加任何控件。

代码设计：代码写在窗体的 Click 事件过程中，具体如下：

```
Private Sub Form_Click()
    N = 1:Sum = 0
    Do
        Term = 1 / (N * N)
        Sum = Sum + Term
        N = N + 2
    Loop Until Term <= 0.0001
    Print "运算结果为："; Sum
    Print "最后一项的值为："; Term
End Sub
```

运行时单击窗体，计算结果如图 6-13 所示。

单击窗体开始计算
运算结果为：1.22879874638445
最后一项的值为：9.80296049406921E-05

图 6-13　运算结果和最后一项的值

虽然 For…Next 循环结构适用于已知循环次数的情况，While…Wend 循环结构和 Do…Loop 循环结构适用于循环次数未知，只知道循环条件的情况，但也不是说 3 种循环互相不能代替。根据问题的不同选择合适的循环结构来设计程序，往往会使程序设计更方便些，程序结构更清楚些。

6.4 循环的嵌套

如果在一个循环体内又包含一个完整的循环结构，则称为循环的嵌套。根据嵌套的循环层数不同，又可以有二层循环、三层循环等。Visual Basic 对循环嵌套层数没有限制，当层数太多时，程序的可读性会下降。按一般习惯，为了使循环结构更具可读性，在书写时循环体部分可以进行适当的向右缩进。

多层循环的执行过程是，外层循环每执行一次，内层循环就要从头开始执行一轮，如：

```
For I=1 To 9
    For J=1 To 9
        Print I;J
    Next J
Next I
```

在以上二层循环中，外层循环变量 I 取 1 时，内层循环就要执行 9 次（J 依次取 1,2,3,…,9），当 J=10 时超过终值 9，退出内层循环，接着，外层循环变量 I 取 2，内层循环同样要重新执行 9 次（J 再依次取 1,2,3,…,9），当 J=10 时超过终值 9，再次退出内层循环……所以循环共执行 9×9 次，即 81 次。

【例 6-6】 打印九九乘法表，如图 6-14 所示。

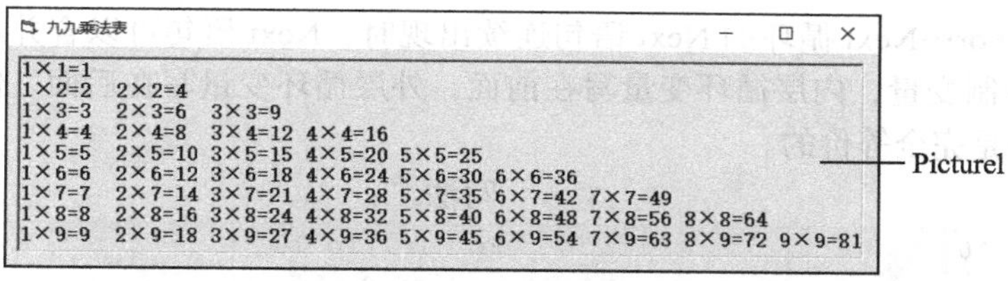

```
九九乘法表
1×1=1
1×2=2  2×2=4
1×3=3  2×3=6  3×3=9
1×4=4  2×4=8  3×4=12 4×4=16
1×5=5  2×5=10 3×5=15 4×5=20 5×5=25
1×6=6  2×6=12 3×6=18 4×6=24 5×6=30 6×6=36
1×7=7  2×7=14 3×7=21 4×7=28 5×7=35 6×7=42 7×7=49
1×8=8  2×8=16 3×8=24 4×8=32 5×8=40 6×8=48 7×8=56 8×8=64
1×9=9  2×9=18 3×9=27 4×9=36 5×9=45 6×9=54 7×9=63 8×9=72 9×9=81
```

Picture1

图 6-14 九九乘法表

分析：九九乘法表行号、被乘数和乘数的对应关系如表 6-1 所示。

从表 6-1 可以看出，对于第 *H* 行，乘数也是 *H*，被乘数分别是 1 ～ *H*，设计时用外层循环控制行号（乘数），内层循环控制被乘数，内层循环变量从 1 ～ *H*，即可完成九九表的打印。

界面设计：在界面上画一个图片框控件 Picture1，设置其 Align 属性为“1-Align Top”，使 Picture1 控件显示在窗体的顶部，其宽度自动随窗体的宽度调整。

代码设计：在 Picture1 的 Click 事件过程中编写代码如下：

表 6-1 行号、被乘数和乘数的对应关系

行号（*H*）	被乘数（*C*）	乘数（*H*）
1	1	1
2	1,2	2
3	1,2,3	3
4	1,2,3,4	4
5	1,2,3,4,5	5
6	1,2,3,4,5,6	6
7	1,2,3,4,5,6,7	7
8	1,2,3,4,5,6,7,8	8
9	1,2,3,4,5,6,7,8,9	9

```
Private Sub Picture1_Click()
    For H = 1 To 9          '乘数或行号
        For C = 1 To H      '被乘数
            Picture1.Print Format(C); "×"; Format(H); "="; Format(H * C, "!@@@");
        Next
        Picture1.Print      ' 换行
    Next
End Sub
```

运行时单击图片框，打印结果如图 6-14 所示。

使用循环嵌套时，需要注意以下几点：

1）同一种循环结构可以嵌套，不同类型的循环结构也可以互相嵌套。嵌套时，内层循环必须完全嵌套在外层循环之内。例如，以下的嵌套都是允许的：

```
Do
    ...
    Do While J<=20
        ...
    Loop
    ...
Loop Until I>10
```

```
For I=1 To 10
    ...
    While J<=20
        ...
    Wend
    ...
Next I
```

```
Do
    ...
    For J=1 To 20
        ...
    Next J
    ...
Loop While I<=10
```

```
For I=1 To 10
    ...
    For J=1 To 20
        ...
    Next J
    ...
Next I
```

而以下嵌套是不允许的，因为内层循环没有完全嵌套在外层循环之内。

```
For I=1 To 10
    ...
    While J<=20
        ...
    Next I
    ...
Wend
```

```
Do
    ...
    For J=1 To 20
        ...
    Loop While I>10
    ...
Next J
```

```
For I=1 To 10
    ...
    For J=1 To 20
        ...
    Next I
    ...
Next J
```

2）当多层 For…Next 循环的 Next 语句连续出现时，Next 语句可以合并成一条，而在其后跟着各循环控制变量，内层循环变量写在前面，外层循环变量写在后面。例如，以下两个三层循环的写法是完全等价的。

写法一：

```
For I=1 To 10
    ...
    For J=1 To 20
        ...
        For K=1 To 30
            ...
Next k,j,I
```

写法二：

```
For I=1 To 10
    ...
    For J=1 To 20
        ...
        For K=1 To 30
            ...
        Next K
    Next J
Next I
```

注意：Next 语句之后的循环变量的次序，只能按先内层循环变量，后外层循环变量的次序。如果将以上写法二中的 Next 语句写成 Next I,J,K 则是错误的。

3）在多层循环中，如果用 Exit Do 或 Exit For 退出循环，要注意只能退出 Exit Do 或 Exit For 语句所对应的循环。例如，以下代码的循环退出位置如图中箭头所示。

```
F = 1
Do While I <= 10
    For J = 1 To 10
        F = F * I * J
        If F > 1000 Then Exit Do
    Next J
    Print F
    F = 1
    I = I + 1
Loop
Print F
```

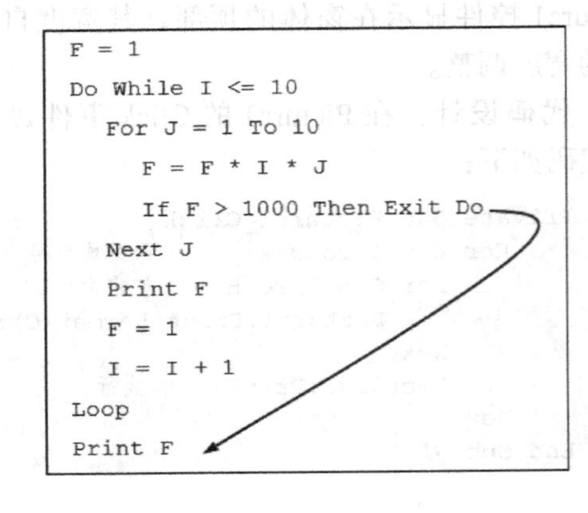

4）嵌套循环应选用不同的循环变量，并列的循环可以使用相同的循环变量。

【例 6-7】 编写程序求 $1+(1+2)+(1+2+3)+\cdots+(1+2+3+\cdots+n)$，$n$ 由用户输入。

界面设计：设计如图 6-15a 所示的界面，用文本框 Text1 输入总项数 N，用文本框 Text2 输出总和 Sum。

代码设计：首先把要求的和看成 N 项相加。第 1 项是 1，第 2 项是 (1+2)，…，第 I 项是 (1+2+…+I)，设存放该 N 项和的变量为 Sum，因此可以结合循环，用“ Sum=Sum+ 累加项”的形式实现累加，初步写出循环总体结构如下：

```
Sum = 0
For I = 1 To N
    Sum = Sum + 第 I 项
Next I
```

而对于第 I 项 1+2+…+I，又是一个累加问题。设存放该累加和的变量为 Sum1，因此求第 I 项的和可以用以下循环来实现：

```
Sum1 = 0
For J = 1 To I
    Sum1 = Sum1 + J
Next J
```

结合以上两个循环，可以用双层循环来解决本题。用外循环对 I 取 1, 2, …, N，求 N 项和。对于第 I 项，用内循环求 1+2+…+I 的和。

设运行时在文本框 Text1 中输入 n 并按回车键后计算结果，则代码应写在文本框 Text1 的 KeyPress 事件过程中，具体如下：

```
Private Sub Text1_KeyPress(KeyAscii As Integer)
    If KeyAscii = 13 Then    ' 如果在文本框中按下了回车键
        N = Val(Text1.Text)
        Sum = 0
        For I = 1 To N
            Sum1 = 0
            For J = 1 To I
                Sum1 = Sum1 + J
            Next J
            Sum = Sum + Sum1
        Next I
        Text2.Text = Sum
    End If
End Sub
```

运行工程，在文本框 Text1 中输入总项数 100，按下回车键后，产生计算结果为 171700，如图 6-15b 所示。

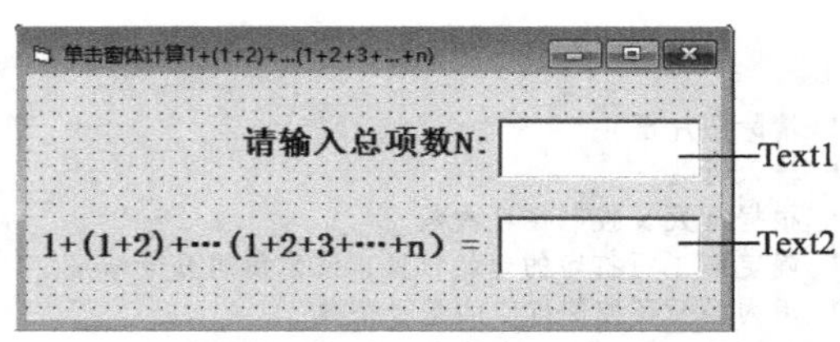

a）设计界面

b）运行界面

图 6-15 求 $1+(1+2)+(1+2+3)+\cdots+(1+2+3+\cdots+n)$ 的值

【例 6-8】设计如图 6-16a 所示的界面。编程序实现：运行时单击图片框 Picture1，用输入框指定行数，然后按该行数在图片框中打印一个三角形，如图 6-16b 所示。

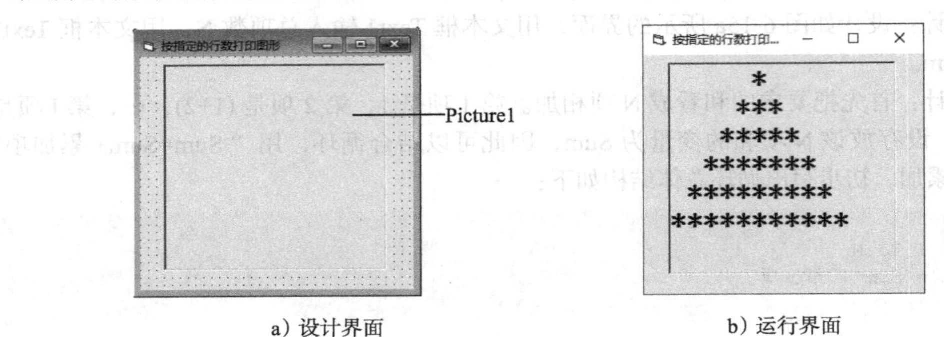

a）设计界面　　b）运行界面

图 6-16　按指定的行数在图片框中打印图形

界面设计：使用工具箱的 PictureBox 控件向窗体上添加一个图片框，设名称为 Picture1。如图 6-16a 所示。

代码设计：首先用 InputBox 函数输入行数 N，然后用 N 来控制循环次数，每循环一次打印一行字符。对于每一行，只需要确定该行打印的起始位置（即从图片框左侧起第几个字符）及打印的星号个数就可以了。对于本题要打印的三角形，分析其行号、打印起始位置和打印的星号个数之间具有如表 6-2 所示的对应关系，表中给出的是 N 为 6 的情况。

表 6-2　行号、打印起始位置和星号个数的对应关系

行号 I	打印起始位置	星号个数
1	6	1
2	5	3
3	4	5
4	3	7
5	2	9
6	1	11

从表 6-2 可以看出，打印的起始位置为 7-I，如果是 N 行，则为 N+1-I, 可以在 Print 语句中使用 Tab 函数来确定打印的起始位置，即：

```
Picture1.Print Tab(N+1-I);          ' 注意这里要以分号结束，表示不换行
```

从表 6-2 可以看出，对于第 I 行，星号的个数为“2*I-1”，可以用以下循环来控制每行打印的星号个数。

```
For J = 1 To 2 * I - 1
    Picture1.Print "*";            ' 注意这里要以分号结束，表示打印后不换行
Next J
```

因此，程序可以用两层循环来实现，用外层循环来控制打印的行数，每执行一次循环，在循环体内需要确定当前行打印的起始位置和打印的星号个数，用内层循环控制打印的星号个数。每完成一行的打印后再用 Picture1.Print 语句换行。因此，Picture1 的 Click 事件过程如下：

```
Private Sub Picture1_Click()
    Picture1.Cls                          ' 清除图片框
    N = Val(InputBox(" 请输入行数 "))        ' 输入行数
    For I = 1 To N                        ' 根据行数 N 控制循环次数
        Picture1.Print Tab(N + 1 - I);    ' 确定第 I 行打印的起始位置，注意使用分号结束
        For J = 1 To 2 * I - 1            ' 用内层循环控制打印的星号个数
            Picture1.Print "*";           ' 每循环一次打印一个星号，注意使用分号结束
        Next J
        Picture1.Print                    ' 换行
```

```
    Next I
End Sub
```

实际上，使用 String 函数可以简化以上程序，只需将内层循环用以下语句代替：

```
Picture1.Print String(2 * i - 1, "*");
```

6.5 循环结构程序应用举例

【例 6-9】 用梯形法求函数 $f(x)=x^2+12x+4$ 在 $[a，b]$ 区间的定积分。

分析：函数 $f(x)$ 在区间 $[a,b]$ 的定积分，等于 x 轴、直线 $x=a$、直线 $x=b$ 和曲线 $y=f(x)$ 所围成的曲边梯形部分的面积，见图 6-17。梯形法是将区间 $[a,b]$ 分成 n 等分，把曲边梯形分成 n 个小的曲边梯形，每一小块曲边梯形的面积用相应的梯形面积来代替，将 n 个小梯形的面积之和作为曲边梯形面积的近似值，即积分的近似值。

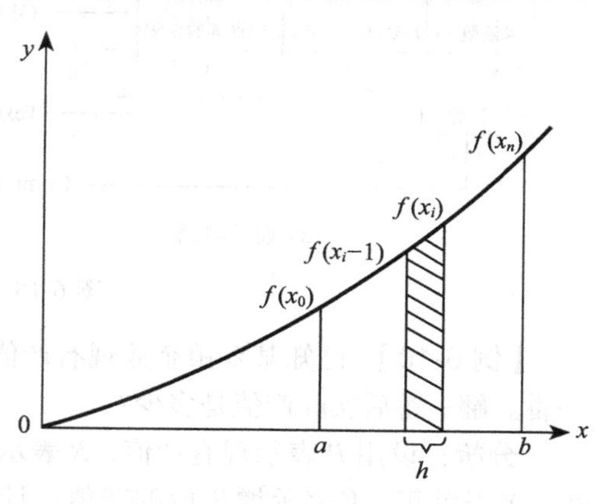

图 6-17 定积分的几何意义

将 $[a,b]$ 区间 n 等分后，每个小梯形的高 $h=\dfrac{b-a}{n}$。

设 $x_0=a$，则 $x_1=a+h$，$x_2=a+2h$，…，$x_i=a+ih$，…，$x_n= a+nh =b$，第一个小梯形的面积为 $\dfrac{f(x_0)+f(x_1)}{2}h$，第 i 个小梯形的面积为 $\dfrac{f(x_{i-1})+f(x_i)}{2}h$，因此 $\int_a^b f(x)\mathrm{d}x \approx \sum_{i=1}^{n}\dfrac{f(x_{i-1})+f(x_i)}{2}h$。

界面设计：设计界面如图 6-18a 所示。将 4 个文本框的 Alignment 属性均设置为“1-Right Justify”，使其内容靠右对齐。使用工具箱的 OLE 控件向窗体上添加一个 OLE 对象，默认名称为 OLE1，在弹出的“插入对象”对话框中，选择“ Microsoft Word 文档”，输入“求函数 $f(x)=x^2+12x+4$ 在 $[a，b]$ 区间的定积分”。运行时分别用文本框 Text1、Text2、Text3 输入 a、b、n 的值，单击“计算”按钮 Command1 计算定积分值，结果显示于文本框 Text4 中。

代码设计：根据以上分析可以看出，求定积分的问题可以转化为求 N 个小曲边梯形的面积之和，因此是一个累加问题，所以可以很方便地使用 For…Next 循环来求该累加和。曲边梯形的个数可以由 N 来确定，“计算”按钮 Command1 的 Click 事件过程如下。

```
Private Sub Command1_Click()
    a = Val(Text1.Text) : b = Val(Text2.Text) : n = Val(Text3.Text)
    h = (b - a) / n
    x = a
    Area = 0                                    ' Area 用于存放梯形面积的累加和
    f1 = x ^ 2 + 12 * x + 4                     ' f1 为梯形的上底
    For I = 1 To n
        x = x + h
        f2 = x ^ 2 + 12 * x + 4                 ' f2 为梯形的下底
        AreaI = (f1 + f2) * h / 2               ' 计算第 I 个小梯形的面积
        Area = Area + AreaI                     ' 累加梯形面积
        f1 = f2                                 ' 把当前梯形的下底作为下一个梯形的上底
    Next I
    Text4.Text = Area
End Sub
```

运行时，假设输入 a,b,n 的值分别为 1,4,30，单击“计算”按钮计算定积分值，计算结果如图 6-18b 所示。

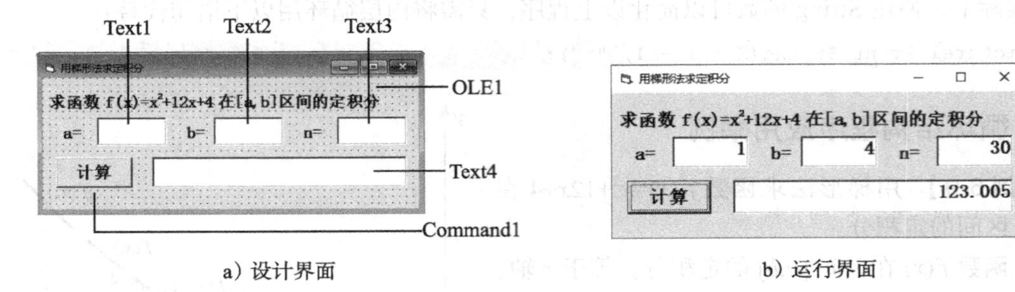

a）设计界面　　b）运行界面

图 6-18　用梯形法求定积分

【例 6-10】 已知某乡镇企业现有产值和年增长率，试问多少年后，该企业的产值可以翻一番。翻一番后实际产值是多少？

分析：设用 P 表示现有产值，R 表示年增长率，Y 表示年，V 表示增长后的产值。计算产值的公式为 $V=P(1+R)(1+R)\cdots$。设 V 的初始值为 P，对 V 做重复乘以 $1+R$ 的计算可以由循环来实现，当满足条件 $V \geqslant 2P$ 时不再计算，退出循环。计算产值的过程可以用图 6-19 所示的流程图表示。

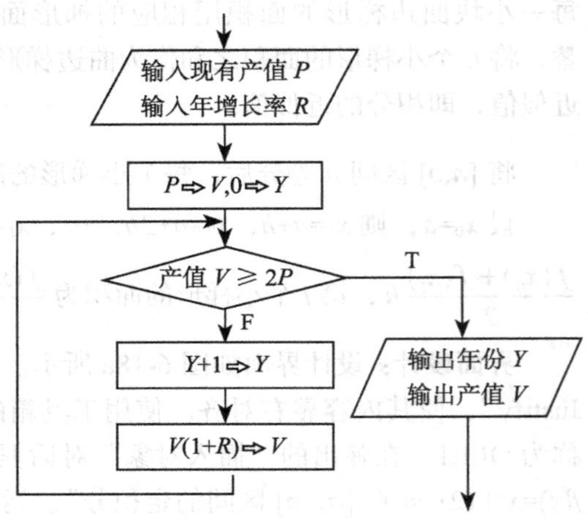

图 6-19　计算乡镇企业产值流程图

界面设计：设计界面如图 6-20a 所示。运行时分别用文本框 Text1 和 Text2 输入现有产值和年增长率，通过单击窗体进行计算，求出的年份和翻一番以后的产值显示在文本框 Text3 和 Text4 中。将 Text1 ～ Text4 的 Alignment 属性设置为“1-Right Justify”，使其内容靠右对齐，界面如图 6-20a 所示。

代码设计：在窗体的 Click 事件过程中编写代码，根据图 6-19 编写代码如下：

```
Private Sub Form_Click()
    P = Val(Text1.Text)                ' 输入现有产值
    R = Val(Text2.Text) / 100          ' 输入年增长率
    V = P:Y = 0
    Do Until V >= 2 * P
        Y = Y + 1
        V = V * (1 + R)
    Loop
    Text3.Text = Y
    Text4.Text = Format(V, "0.00")    ' 计算结果保留两位小数
End Sub
```

假设现有产值 4 000，年增长率为 4%，计算结果如图 6-20b 所示。

【例 6-11】 给出两个正整数，求它们的最大公约数和最小公倍数。

分析：求最大公约数可以用辗转相除法实现，方法如下。

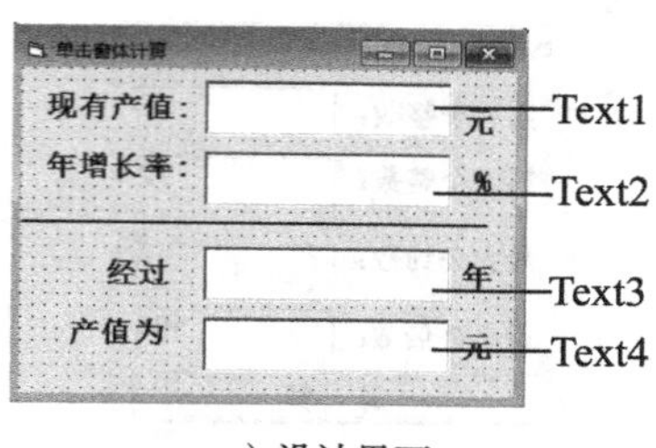

a) 设计界面

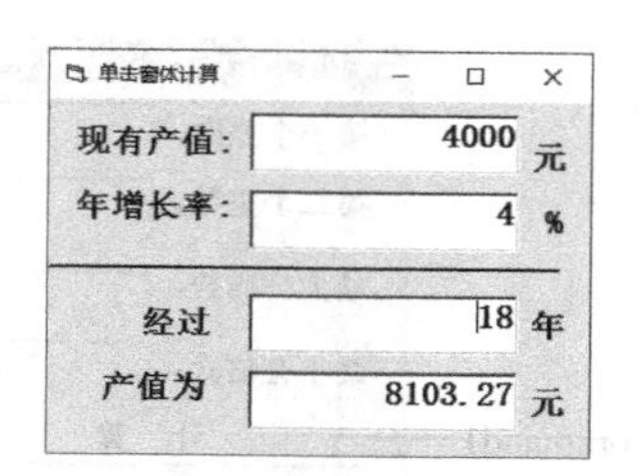

b) 运行界面

图 6-20 计算乡镇企业产值

1) 以第一个数 M 作被除数，第二个数 N 作除数（设 $M \geq N$），求余数 R。

2) 如果 R 不为零，则将除数 N 作为新的被除数 M，即 $N \Rightarrow M$，而将余数 R 作为新的除数 N，即 $R \Rightarrow N$，再进行相除，得到新的余数 R。

3) 如果 R 仍不等于 0，则重复上述步骤 2。如果 R 为零，则这时的除数 N 就是最大公约数。

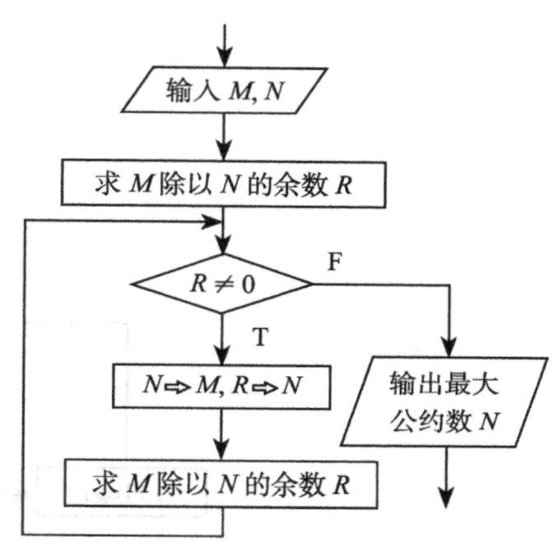

图 6-21 求最大公约数流程图

求最大公约数的过程可以用图 6-21 所示的流程图表示。最小公倍数为两个数的积除以它们的最大公约数。

界面设计：设计界面如图 6-22a 所示。将 Text1、Text2、Label5、Label6 的 Alignment 属性设置为“1-Right Justify”，使其内容靠右对齐。Label5、Label6 的 BorderStyle 属性设置为“1-Fixed Single”。

代码设计：根据图 6-21，编写出求最大公约数的代码如下：

```
Private Sub Command1_Click()          ' "求最大公约数"按钮的事件过程
    M = Val(Text1.Text): N = Val(Text2.Text)          ' 输入M,N
    R = M Mod N                       ' 求M除以N的余数R
    Do While R <> 0                   ' 当余数R不为0时执行循环体
        M = N                         ' 将除数N作为新的被除数M
        N = R                         ' 将余数R作为新的除数N
        R = M Mod N                   ' 求M除以N的余数R
    Loop
    Label5.Caption = N                ' 输出最大公约数N
    Label6.Caption = A * B / N
End Sub
```

运行时分别用文本框 Text1 和 Text2 输入 M 和 N 的值，单击“计算”按钮即可求出最大公约数和最小公倍数，最大公约数显示于标签 Label5 中，最小公倍数显示于标签 Label6 中，如图 6-22b 所示。

【例 6-12】 输入某个正整数 $N(N \geq 3)$，判断 N 是否是素数。

分析：判断 N 是否是素数的方法是，用 N 除以 2 到 $\sqrt{N}$ 之间的全部整数，如果都除不尽，则 N 是素数，否则 N 不是素数。算法流程图如图 6-23 所示。

界面设计：设计界面如图 6-24a 所示，运行时用文本框 Text1 输入 N，通过单击“判断”按钮 Command1 对 N 进行判断，判断结果显示在标签 Label2 中。

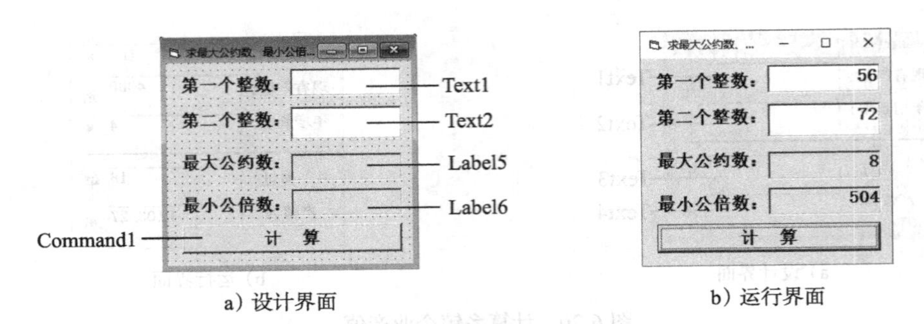

a）设计界面　　b）运行界面

图 6-22　求两个数的最大公约数和最小公倍数

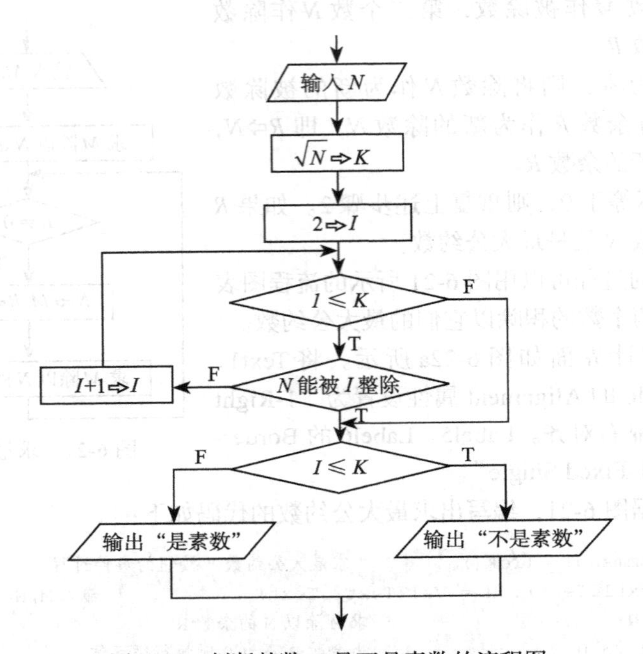

图 6-23　判断某数 N 是否是素数的流程图

代码设计：根据图 6-23 的算法流程图可知，输入 N 之后，首先设 $K=\sqrt{N}$，然后用循环实现用 N 除以 2 ～ K 之间的任一整数 I，当遇到整除时，退出循环，这时的 I 值必然小于或等于 K；如果 N 不能被 2 ～ K 之间的任一整数 I 整除，则在完成最后一次循环之后，I 的值变为 $K+1$，结束循环。因此在退出循环之后可以根据 I 的值来决定 N 是否是素数。如果 $I \leqslant K$，则说明 N 不是素数，否则 N 是素数。"判断"按钮 Command1 的 Click 事件过程如下。

```
Private Sub Command1_Click()
    N = Val(Text1.Text): K = Int(Sqr(N)): I = 2
    Do While I <= K
        If N Mod I <> 0 Then
            I = I + 1                       ' 不能整除，I 值累加 1
        Else
            Exit Do                         ' 整除，退出循环
        End If
    Loop
    If I <= K Then
        Label2.Caption = " 不是素数 "
    Else
        Label2.Caption = " 是素数 "
```

```
    End If
End Sub
```

运行时，向文本框 Text1 输入一个整数，单击“判断”按钮，在标签 Label2 中显示判断结果，如图 6-24 所示。

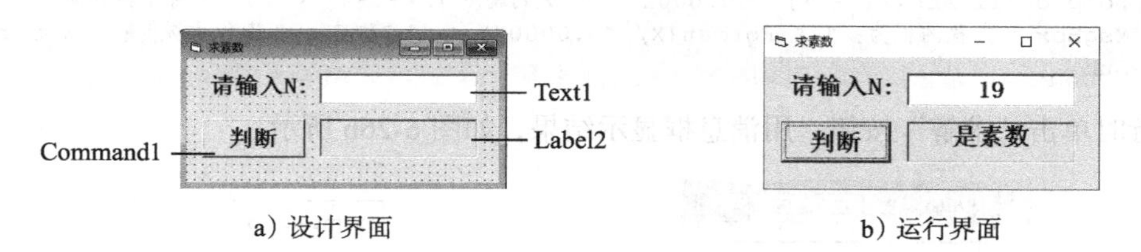

a）设计界面　　b）运行界面

图 6-24　判断某数 N 是否是素数

【例 6-13】 用牛顿迭代法求方程 $\sin x-\frac{x}{2}=0$ 在 $x=\pi$ 附近的一个实根，精度要求：$|x_{n+1}-x_n|\leqslant 10^{-4}$。

分析：在数值分析中，导出牛顿迭代公式的方法有多种，这里使用台劳展开技术导出牛顿迭代公式。这种方法的基本思想是，设法将非线性方程转化为某种线性方程来求解。设已知方程 $f(x)=0$ 的一个近似根为 x_0，则函数 $f(x)$ 在点 x_0 附近可用一阶台劳多项式。

$$f(x_0)+f'(x_0)(x-x_0)$$

来近似，因此方程 $f(x)=0$ 在点 x_0 附近可以近似地表示为线性方程：

$$f(x_0)+f'(x_0)(x-x_0)=0$$

设 $f'(x_0)\neq 0$，解以上线性方程得：

$$x=x_0-f(x_0)/f'(x_0)$$

取 x 作为原方程的近似新根，再用类似以上的方法求下一个根，即牛顿迭代公式为：

$$x_{k+1}=x_k-f(x_k)/f'(x_k) \qquad k=0, 1, 2,\cdots$$

牛顿迭代法的几何解释如图 6-25 所示。

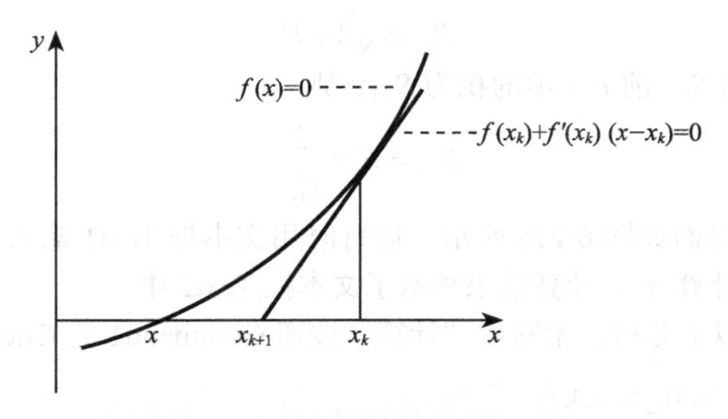

图 6-25　牛顿迭代法的几何解释

界面设计：设计界面如图 6-26a 所示。运行时通过单击“求解”按钮 Command1 直接求解，结果用消息框显示。

代码设计：根据以上分析，编写出“计算”按钮 Command1 的 Click 事件过程如下。

```
Private Sub Command1_Click()
    Dim X As Single
    X = 3.1415926
    N = 0                                   ' N 用于保存迭代次数
    Do
```

```
        FX = Sin(X) - X / 2          ' 求 f(x)
        FX1 = Cos(X) - 0.5           ' 求 f'(x)
        X1 = X                       ' 保存当前根
        X = X - FX / FX1             ' 求下一个根
        N = N + 1
    Loop Until Abs(X1 - X) < 0.0001     ' 达到精度 |xk+1-xk|<0.0001 时不再计算
    MsgBox "方程的根为: " & Format(X, "0.0000") & vbCrLf & "迭代次数为: " & Str(N)
End Sub
```

运行时单击“求解”按钮，用消息框显示结果，如图 6-26b 所示。

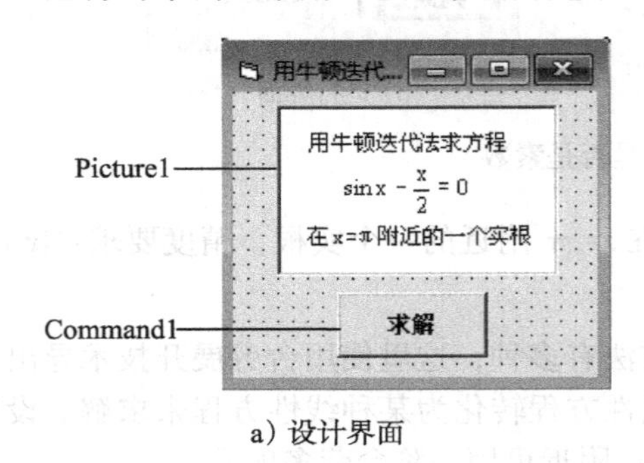

a）设计界面

example6-13

方程的根为：1.8955

迭代次数为：5

确定

b）运行结果

图 6-26　用牛顿迭代法求方程的根

【例 6-14】 利用以下公式求 π 的近似值。

$$\pi \approx S_n = 2 \cdot \frac{2}{\sqrt{2}} \cdot \frac{2}{\sqrt{2+\sqrt{2}}} \cdot \frac{2}{\sqrt{2+\sqrt{2+\sqrt{2}}}} \cdots$$

要求精度为 $|S_{n+1}-S_n|<\varepsilon$。

分析：这是一个累乘问题，首先找出乘积各项的规律。设第 i 项的分母为 P_i，第 i+1 项的分母为 P_{i+1}，则

$$P_{i+1} = \sqrt{2+P_i}$$

若设前 i 项的积为 S_i，前 i+1 项的积为 S_{i+1}，则

$$S_{i+1} = S_i \times \frac{2}{P_{i+1}}$$

界面设计：设计界面如图 6-27a 所示，运行时用文本框 Text1 输入精度 ε 值，单击“计算”按钮 Command1 计算 π，计算结果显示于文本框 Text2 中。

代码设计：根据以上分析，编写出“计算”按钮 Command1 的 Click 事件过程如下。

```
Private Sub Command1_Click()
    Dim E As Double                          ' E 表示精度 ε
    E = Val(Text1.Text)
    P = 0
    S = 2
    Do
        P = Sqr(2 + P)
        S1 = S
        S = S * 2 / P
    Loop Until Abs(S1 - S) < E
    Text2.Text = S
End Sub
```

运行时输入精度 0.000 001，计算结果如图 6-27b 所示。

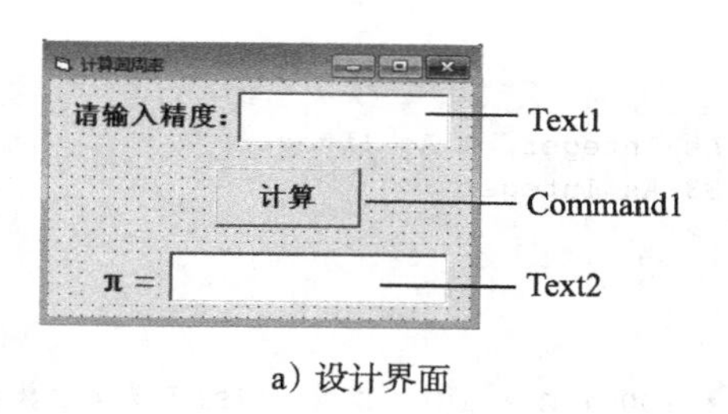

a）设计界面

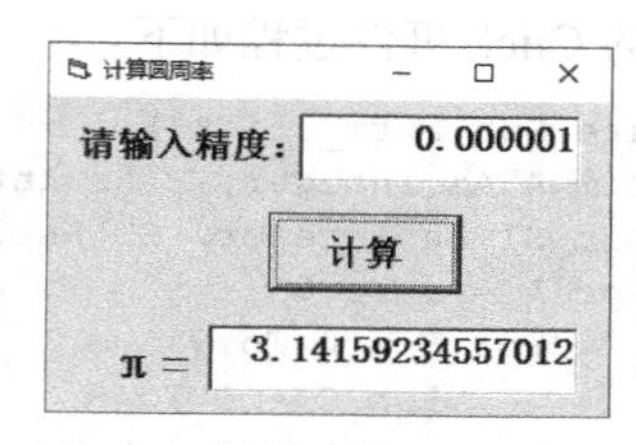

b）运行界面

图 6-27　计算圆周率

【例 6-15】 求解我国古代数学家张丘建在《算经》一书中提出的“百钱百鸡”问题。设公鸡 5 块钱一只，母鸡 3 块钱一只，小鸡 1 块钱 3 只，要用 100 块钱买 100 只鸡，问公鸡、母鸡和小鸡各买几只？

界面设计：运行时通过单击窗体进行求解，结果直接打印在窗体上，因此无须向窗体上添加任何控件。

代码设计：设公鸡、母鸡、小鸡分别有 *I*、*J*、*K* 只。公鸡 5 块钱一只，用 100 块钱最多只能买 20 只，因此 I 的值只能在 0 ～ 20 之间；母鸡 3 块钱一只，用 100 块钱最多只能买 33 只，因此 *J* 的值只能在 0 ～ 33 之间；小鸡 1 块钱 3 只，因此 *K* 的值可以在 0 ～ 100 之间，但 *K* 只能是 3 的整数倍。本例可以使用“穷举法”来求解。所谓“穷举法”就是对可能出现的各种情况进行一一测试，将满足条件的数据挑选出来，也就是对 *I*、*J*、*K* 在允许的范围内的所有可能的组合情况进行判断，找出满足“百钱买百鸡”这一条件的所有可能的 *I*、*J*、*K* 值。这可以通过三层循环来实现。因此，编写窗体的 Click 事件过程如下。

```
Private Sub Form_Click()
    Dim I As Integer, J As Integer, K As Integer
    Print Tab(5); "公鸡"; Tab(15); "母鸡"; Tab(25); "小鸡"
    For I = 0 To 20
        For J = 0 To 33
            For K = 0 To 100 Step 3
                If I * 5 + J * 3 + K \ 3 = 100 And I + J + K = 100 Then
                    Print Tab(5); I; Tab(15); J; Tab(25); K
                End If
    Next K, J, I
End Sub
```

运行时单击窗体，得出的结果有 4 种，如图 6-28 所示。

单击窗体计算——百钱买百鸡

公鸡	母鸡	小鸡
0	25	75
4	18	78
8	11	81
12	4	84

图 6-28　百钱买百鸡

【例 6-16】 数字灯谜。设有算式：

$$\begin{array}{r} ABCD \\ -\ CDC \\ \hline ABC \end{array}$$

A、B、C、D 分别为非负一位数字，算式中的 ABCD 为 4 位数，CDC 为 3 位数，ABC 为 3 位数。找出满足以上算式的 A、B、C、D。

界面设计：运行时通过单击窗体进行求解，结果直接打印在窗体上，因此无须向窗体上添加任何控件。

代码设计：本例同样可以用“穷举法”来实现，也就是对 4 位数字的所有可能的组合，检测以上算式是否成立，这可以用四层循环来实现。A、C 作为最高一位数不能为 0。因此，编写窗体的 Click 事件过程如下。

```
Private Sub Form_Click()
    Dim A As Integer, B As Integer, C As Integer, D As Integer
    Dim S1 As Integer, S2 As Integer, S3 As Integer
    For A = 1 To 9
        For B = 0 To 9
            For C = 1 To 9
                For D = 0 To 9
                    S1 = A * 1000 + B * 100 + C * 10 + D      ' S1 即为 4 位数 ABCD
                    S2 = C * 100 + D * 10 + C                 ' S2 即为 3 位数 CDC
                    S3 = A * 100 + B * 10 + C                 ' S3 即为 3 位数 ABC
                    If S1 - S2 = S3 Then                      ' 如果满足算式
                        Print A; B; C; D
                    End If
    Next D, C, B, A
End Sub
```

运行时单击窗体，在窗体上打印结果为：1 0 9 8。

【例 6-17】 在有些情况下，出于保密的原因，需要对文本中的字符串进行加密操作，使一般读者无法辨认字符串内容。加密后的文本称为密文，只有通过一定解密过程才能识读。编写程序，实现对输入的字符串进行加密与解密。

分析：最简单的加密方法是对字符串中的每一个字符进行变换，如将其 ASCII 码值加上一个数值，这样原字符就变成了另一个字符。例如，将每一个字符的 ASCII 码值加 5，则 A→F，B→G，…，Z→E。解密的运算过程正好相反。本例将采用这种最简单的方法对字符串进行加密和解密。

界面设计：设计如图 6-29 所示的界面，用文本框 Text1 输入待加密的字符串，运行时单击“加密”按钮，则在文本框 Text2 中显示加密后的字符串，同时“加密”按钮文字变为“解密”，这时如果单击“解密”按钮，则对文本框 Text2 中的内容进行解密，解密结果仍显示在文本框 Text2 中，可以通过和 Text1 中的原字符串进行比较来验证解密结果的正确性。

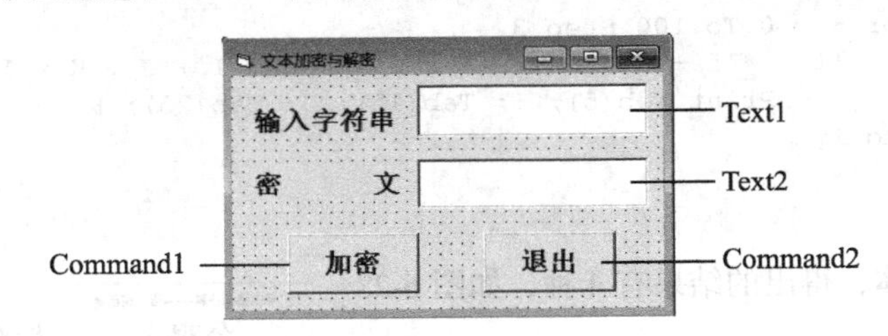

图 6-29 文本加密与解密设计界面

代码设计：代码的主要思路如下。

1）使用 Len 函数获取需要加、解密的字符串 strInput 的长度，保存到变量 Length 中，即：Length=Len(strInput)。

2）用 Length 控制循环次数，每循环一次从字符串 strInput 中取出一个字符，存储到变量 strTemp 中，然后判断 strTemp 是否为“A”～“Z”或“a”～“z”中的某个字符，如果是，则进行加密或解密。

3）假设将加、解密后字符的 ASCII 码存储在变量 iAsc 中，则：

加密过程为：iAsc = Asc(strTemp) + 5

解密过程为：iAsc = Asc(strTemp) – 5

4）加密过程中还应判断，加密后的字符是否超过“Z”或“z”。如超过，则应将变换后的字母的 ASCII 值减 26（绕回到字母表的起始位置），即

```
If iAsc > Asc("Z") Then iAsc = iAsc - 26
```

或

```
If iAsc > Asc("z") Then iAsc = iAsc  - 26
```

解密过程中还应判断，解密后的字符是否小于“A”或“a”。如小于，则应将变换后的字母的 ASCII 值加 26（绕回到字母表的末尾位置）。即

```
If iAsc < Asc("A") Then iAsc = iAsc + 26
```

或

```
If iAsc < Asc("a") Then iAsc = iAsc + 26
```

5）将加密或解密后的字符拼接到字符串变量 Code 中，即

```
Code = Code & Chr(iAsc)
```

根据以上思路，编写命令按钮 Command1 的 Click 事件过程如下

```
Private Sub Command1_Click()
    Dim strTemp As String * 1
    Dim I As Integer, Length As Integer, iAsc As Integer
    Dim strInput As String, Code As String
    If Command1.Caption = "加密" Then    '如果命令按钮显示文字为"加密"，则执行加密
        Command1.Caption = "解密"
        Form1.Icon = LoadPicture(App.Path & "\secur02a.ico") '改变窗体控制菜单图标
        Label2.Caption = "密    文"
        strInput = Text1.Text                    '获取要加密的字符串
        I = 1
        Code = ""                                'Code 用于保存加密后的字符串
        Length = Len(strInput)                   '获取原字符串的长度
        Do While (I <= Length)
            strTemp = Mid(strInput, I, 1)      '提取原字符串中的一个字符
            If (strTemp >= "A" And strTemp <= "Z") Then    '如果是大写字母
                iAsc = Asc(strTemp) + 5                     '求加密后的 ASCII 码
                If iAsc > Asc("Z") Then iAsc = iAsc - 26
                Code = Code & Chr(iAsc)          '将加密后的字符添加到 Code 中
            ElseIf (strTemp >= "a" And strTemp <= "z") Then    '如果是小写字母
                iAsc = Asc(strTemp) + 5                         '求加密后的 ASCII 码
                If iAsc > Asc("z") Then iAsc = iAsc - 26
                Code = Code & Chr(iAsc)                 '将加密后的字符添加到 Code 中
            Else         '如果不是字母，则不加密，直接连接到 Code 中
                Code = Code & strTemp
            End If
            I = I + 1
        Loop
        Text2.Text = Code           '显示加密后的结果
    Else          '如果命令按钮显示文字为"解密"，则执行解密
        Command1.Caption = "加密"
        Form1.Icon = LoadPicture(App.Path & "\secur02b.ico")
        Label2.Caption = "原    文"
        strInput = Text2.Text
        I = 1
```

```
        Code = ""
        Length = Len(strInput)
        Do While (I <= Length)
            strTemp = Mid(strInput, I, 1)
            If (strTemp >= "A" And strTemp <= "Z") Then
                iAsc = Asc(strTemp) - 5
                If iAsc < Asc("A") Then iAsc = iAsc + 26
                Code = Code & Chr(iAsc)
        ElseIf (strTemp >= "a" And strTemp <= "z") Then
                iAsc = Asc(strTemp) - 5
                If iAsc < Asc("a") Then iAsc = iAsc + 26
                Code = Code & Chr(iAsc)
        Else
            Code = Code & strTemp
        End If
        I = I + 1
        Loop
        Text2.Text = Code
    End If
End Sub
```

在"退出"按钮 Command2 的 Click 事件过程中输入 End 语句，实现结束程序的运行。

运行时初始界面如图 6-30a 所示。首先在文本框 Text1 中输入待加密的字符串，单击"加密"按钮，则在文本框 Text2 中显示加密后的密文，如图 6-30b 所示，这时单击"解密"按钮，则密文变成原文，如图 6-30c 所示。

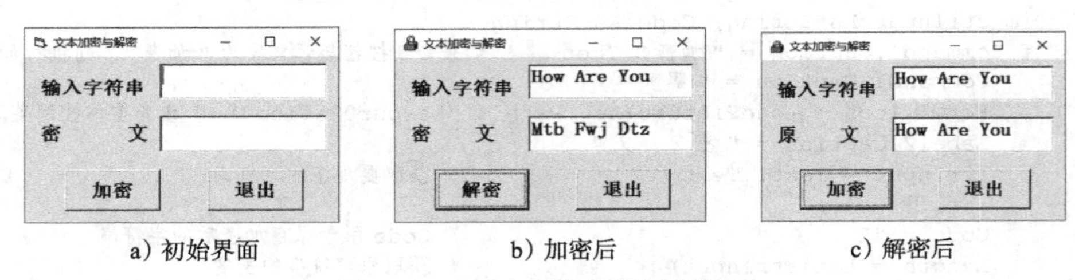

a）初始界面　　b）加密后　　c）解密后

图 6-30　文本加密与解密运行界面

6.6　上机练习

【练习 6-1】 编程序实现，运行时单击某命令按钮求 $\sum_{k=1}^{100}k+\sum_{k=1}^{50}k^2+\sum_{k=1}^{10}\frac{1}{k}$ 的值，用标签显示结果。

【练习 6-2】 编程序实现，运行时用文本框输入 n 值，单击某命令按钮求以下 S 的值，用文本框显示结果。

$$S=4\times\left(1-\frac{1}{3}+\frac{1}{5}-\frac{1}{7}+\frac{1}{9}-\cdots+(-1)^{n+1}\times\frac{1}{2n-1}\right)$$

【练习 6-3】 编程序求 $S_n=a+aa+aaa+\cdots+\overbrace{aa\cdots a}^{n}$ 的值，其中 a 是一个数字，如 2+22+222+2222（此时 n=4），n 和 a 用输入框输入。

【练习 6-4】 编程序实现，运行时单击窗体求数列 $\frac{2}{1},\frac{3}{2},\frac{5}{3},\frac{8}{5},\cdots$ 的前 20 项的和，用消息框显示结果。

【练习 6-5】 编程序实现，运行时用文本框输入 n 值，单击窗体求 $1\times3\times5\times7\times\cdots\times(2n-1)$ 的值，用标签显示结果。

【练习 6-6】 编程序实现，运行时单击某命令按钮输出 3 ～ 100 之间的所有奇数。将奇数显示于带垂直滚动条的文本框中，每行显示一个数。

【练习 6-7】 有一袋球（100 ～ 200 个之间），如果一次数 4 个，则剩 2 个；一次数 5 个，则剩 3 个；一次数 6 个，则正好数完，编程序求该袋球的个数。

【练习 6-8】 编程序找出 1 ～ 9 999 之间的全部同构数。所谓同构数是指这样的整数，它恰好出现在其平方数的右边。例如，1 和 5 都是同构数。

【练习 6-9】 编程序求 $1\times3\times5\times7\times\cdots\times(2n-1)$ 大于 400 000 的最小值。

【练习 6-10】 编程序求 $1^1+2^2+3^3+\cdots+N^N$ 小于 100 000 的最大值。

【练习 6-11】 编程序实现，运行时单击窗体，打印如图 6-31 所示的七彩文字。

提示：可以通过若干次循环打印若干个层叠的文字来产生七彩文字的效果。每执行一次循环，改变当前 CurrentX、CurrentY 属性值，并将窗体的 ForeColor 属性设置为一个随机颜色，然后用 Print 方法打印文字。要给窗体的 ForeColor 属性设置为随机颜色，可以使用 Rgb 函数。例如：Form1.ForeColor = RGB(red, green, blue)。其中，red、green、blue 参数值在 0 ～ 255 之间，代表红、绿、蓝 3 种颜色分量，可以使用随机函数 rnd 来生成这 3 个参数值。

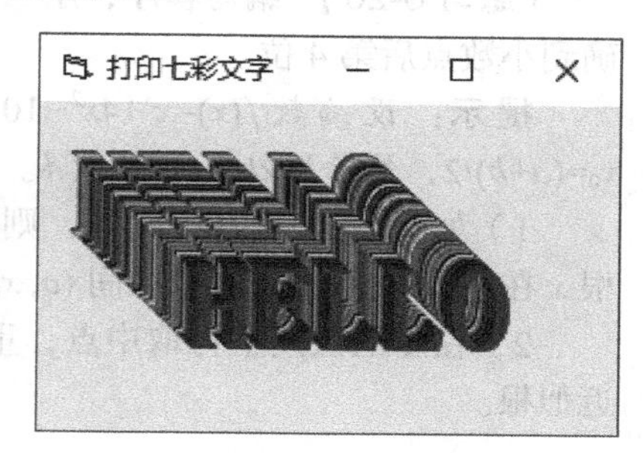

图 6-31 打印七彩文字

【练习 6-12】 编程序求：$S=\frac{1}{1}+\frac{1}{1+2}+\frac{1}{1+2+3}+\cdots+\frac{1}{1+2+3+\cdots+100}$

【练习 6-13】 编程序求 $\sum_{n=1}^{20} n!$，即求 $1!+2!+3!+4!+\cdots+20!$。

【练习 6-14】 编程序打印出 100 ～ 1000 之间的所有“水仙花数”。“水仙花数”是指一个 3 位数，其各位数的立方和等于该数，如 $153=1^3+5^3+3^3$。

【练习 6-15】 编程序找出 1 000 之内的所有完数。一个数如果恰好等于它的因子之和，这个数就称为“完数”。例如，6 的因子为 1，2，3，而 6=1+2+3，因此 6 是“完数”。

【练习 6-16】 设计如图 6-32a 所示的界面，编程序实现，运行时，单击各按钮时输入行数，按此行数在窗体上打印不同的图形，如图 6-32b 所示。

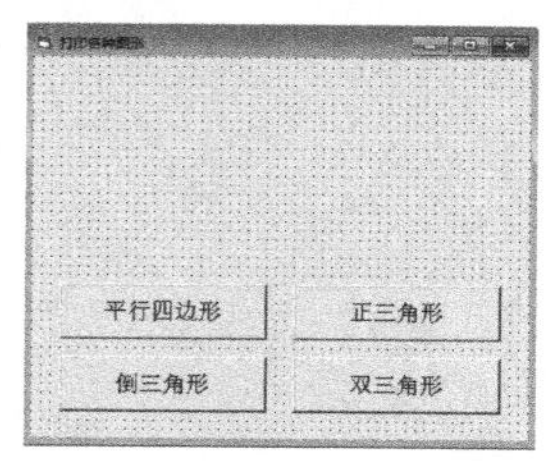

a）设计界面

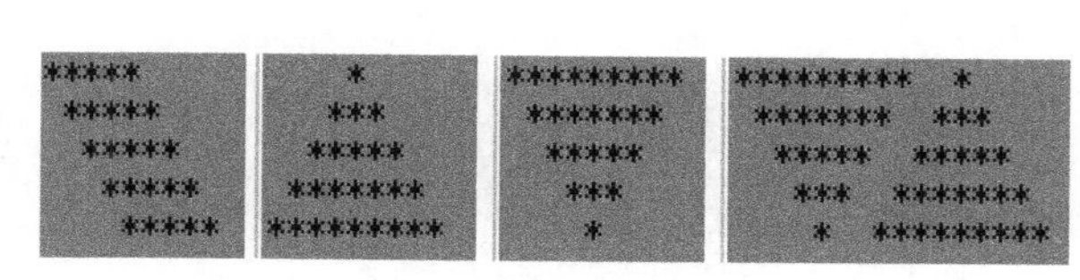
b）各种结果

图 6-32 打印各种图形

【练习 6-17】 编程序实现，运行时用输入框输入 x 的值，分别按以下要求，求：

$$e^x \approx 1+\frac{x}{1!}+\frac{x^2}{2!}+\frac{x^3}{3!}+\cdots+\frac{x^n}{n!}$$

1）直到第 20 项。

2）直到最后一项小于 10^{-6}。

【练习 6-18】 编写程序，用以下公式求 sinx 的近似值，当最后一项小于 10^{-7} 时停止计算。公式中的 x 为弧度。

$$\sin(x)\approx x-\frac{x^3}{3!}+\frac{x^5}{5!}-\frac{x^7}{7!}+\cdots+(-1)^{n-1}\frac{x^{2n-1}}{(2n-1)!}$$

【练习 6-19】 编写程序，用矩形法求定积分 $\int_{-4}^{4}\frac{1}{1+x^2}\mathrm{d}x$。

【练习 6-20】 编写程序，用二分法求方程 $x^3+4x^2-10=0$ 在区间（1, 4）内的实根。要求精确到小数点后第 4 位。

提示： 设函数 $f(x)=x^3+4x^2-10$，$f(x)=0$ 在区间（a,b）内有一实根 x。取（a,b）的中点 $x_0=(a+b)/2$，然后按以下方法求解。

1）如果 $f(x_0)$ 与 $f(a)$ 同号，则说明所求的根 x 在 x_0 的右侧，这时取区间 (x_0, b)，否则，根 x 在 x_0 的左侧，这时取区间 (a, x_0)，见图 6-33。

2）在新的区间上再取中点，重复上述步骤 1，直到区间长度小于 ε，则 x_0 即为 $f(x)=0$ 的近似根。

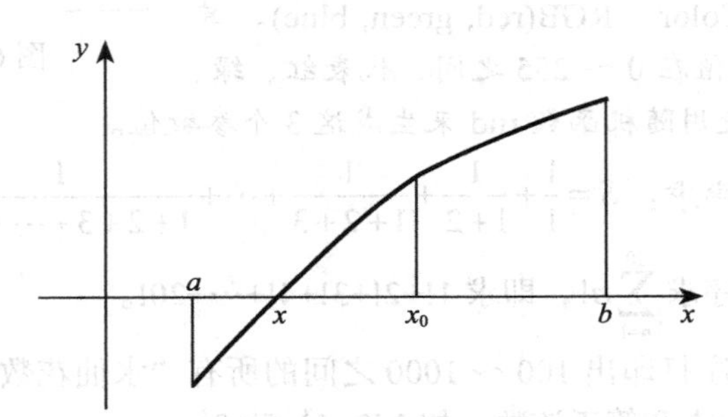

图 6-33 用二分法求方程的根

第7章
数　组

7.1　数组的基本概念

前面的各种问题中一般只涉及少量的数据，这些数据使用简单变量就可以很方便地进行存取或处理，但是，在实际问题中往往会有大量相关的数据需要处理。例如，要处理全校3 000个学生的数学成绩，如果使用简单变量，就要引入3000个不同的变量来存储这些数据，这样显然太烦琐，如果数据量再大，采用这种处理几乎是难以做到的。另外，这种数据除了量比较大以外，各数据在整组数中的位置是明确的，即数据是有序的，这种顺序使用简单变量难以体现，而使用本章要介绍的数组，在多数场合可以很方便地处理这种大量的性质相同的有序数。

7.1.1　数组与数组元素

数组用于表示一组性质相同的有序的数，这一组数用一个统一的名称来表示，称为数组名。例如，1 000个学生的数学成绩，可以统一取名为MScore。数组名的命名规则与简单变量的命名规则相同。

数组中的每一个元素称为数组元素。为了在处理时能够区分数组中的每一个元素，需要用一个索引号加以区别，该索引号称为下标。数组中的每一个元素可以用数组名和下标唯一地表示，写成：数组名(下标)。例如，用MScore(1)表示第一个学生的数学成绩（下标为1），用MScore(345)表示第345个学生的数学成绩（下标为345）。

每个数组元素用来保存一个数据，其使用与简单变量类似，在简单变量允许出现的多数地方也允许出现数组元素。例如，可以通过X=90给简单变量X赋值，同样也可以通过MScore(8)=87给数组元素MScore(8)赋值，所以，数组元素也称为下标变量。

在表示数组元素时，应注意以下几点：

1）要用圆括号把下标括起来，不能用中括号或大括号代替，也不能省略圆括号。例如，将数组元素X(8)表示成X[8]、X{8}或X8都是错误的。

2）下标可以是常量、变量或表达式，其值必须是整数，否则将被自动四舍五入为整数。

3）下标的最小取值称为下界，下标的最大取值称为上界。数组元素的下标必须在其下界和上界之间，否则将会出错。下标的下界和上界由数组定义语句定义。

7.1.2 数组的维数

数组中的元素可以用一个下标来定位，也可以用多个下标来定位。如果数组元素只有一个下标，则称为一维数组。例如，一班 40 名学生的英语成绩可以表示成 G(1)，G(2)，G(3), ⋯, G(40)，用 G(1) 表示 1 号学生的成绩，用 G(2) 表示 2 号学生的成绩，以此类推。这样处理起来很直观，需要第 1 个学生的成绩时，直接使用 G(1) 即可。

如果要表示一到六班（设各班有 40 人）共 240 个学生的英语成绩，当然可以用 G(1), G(2), G(3), ⋯, G(240) 来表示，这时，如果要处理某班某学号学生的成绩，如 4 班 23 号学生，则很难从数组元素中直观地找出是第几个元素；或者反过来，问 G(197) 表示哪个学生的成绩，也难以直接看出，因此，这种表示法不便于有选择地处理数组元素。如果用两个下标来表示数组元素，例如，用第一个下标表示班级号，第二个下标表示班内学号，则 1 班 30 号学生的成绩可以表示成 G(1,30)，3 班 26 号学生的成绩表示成 G(3,26)，显然，从下标的表示上可以直观地看出该成绩在整组数中的位置，这样就便于有选择地处理数组元素。这种用两个下标来表示元素的数组称为二维数组。对于可以表示成表格形式的数据，如矩阵、行列式等，用二维数组来表示是比较方便的。例如，设有一个 4 行 4 列的矩阵：

$$\begin{bmatrix} A_{11} & A_{12} & A_{13} & A_{14} \\ A_{21} & A_{22} & A_{23} & A_{24} \\ A_{31} & A_{32} & A_{33} & A_{34} \\ A_{41} & A_{42} & A_{43} & A_{44} \end{bmatrix}$$

将该矩阵的所有元素表示成二维数组 A，用第一个下标表示元素所在的行号，用第二个下标表示元素所在的列号，则 $A(I,\ J)$ 表示第 I 行第 J 列的元素，而表示成 $A(I,\ I)$ 形式的元素都是该矩阵的主对角线元素，表示成 $A(I,\ 5-I)$ 形式的元素都是该矩阵的次对角线元素。通常也将二维数组的第一个下标叫行下标，第二个下标叫列下标。

根据问题的需要，还可以选择使用三维数组、四维数组等，Visual Basic 最多允许有 60 维。

7.2 数组的定义

数组在使用之前必须先定义（声明），定义数组的目的是为数组分配存储空间，数组名即为这个存储空间的名称，而数组元素即为存储空间的每一个单元。每个单元的大小与数组的类型有关。例如，定义某数组 X 为 Integer 类型，共有 10 个元素，则每个元素占 2 字节，所有数组元素占 20 字节的存储空间。

按数组分配存储空间的方式不同，Visual Basic 有两种数组：静态数组和动态数组。两种数组的定义方法不同，使用方法也略有不同。

7.2.1 静态数组的定义

静态数组也叫固定大小的数组，是指数组元素的个数在程序执行期间不能改变的数组。这种数组在定义阶段就已经确定了存储空间，直到程序执行完毕才释放存储空间。

定义静态数组的格式如下：

```
Public|Private|Dim 数组名 ( 维数定义 )[As 类型 ],⋯
```

功能：定义数组包括确定数组的名称、维数、每一维的大小和数组元素的类型，并为数组分配存储空间。

说明：1）Public 只能在标准模块中使用，用来建立全局级数组（标准模块将在第 8 章介绍）；在模块的通用声明段使用 Private 或 Dim 可以建立模块级数组；在过程中用 Dim 可以建立过程级数组。

2）“数组名”需遵循变量的命名规则。

3）“维数定义”形式为：

```
[下界1 To] 上界1, [下界2 To] 上界2,…
```

下界和上界规定了数组元素每一维下标的取值范围。省略下界时，Visual Basic 默认其值为 0，可以使用 Option Base 语句将默认下界修改为 1。Option Base 语句的格式为：

```
Option Base {0|1}
```

Option Base 语句用来声明数组下标的默认下界，必须写在模块的所有过程和带维数的数组定义语句之前，且一个模块中只能出现一次 Option Base 语句，它只影响该语句所在模块中的数组的下界。

4）“类型”可以是 Integer、Long、Single、Double、Boolean、String（可变长度字符串）、String*n（固定长度字符串）、Currency、Byte、Date、Object、Variant、用户定义类型或对象类型。与定义变量类似，一个“As 类型”只能定义一个数组的类型。

5）定义静态数组后，Visual Basic 自动对数组元素进行初始化。例如，将数值型数组元素值置为 0，将可变长度字符串类型数组元素值置为零长度字符串。

6）在编译时计算机为静态数组分配固定大小的存储空间，在运行期其大小不能改变。

例如：

```
Dim C(9) As Integer
```

声明了一个有 10 个元素的一维整型数组，其下标下界默认为 0，上界为 9，包括的数组元素有：C(0)、C(1)、C(2)、C(3)、C(4)、C(5)、C(6)、C(7)、C(8)、C(9)。

例如：

```
Dim A(-4 To 4) As Integer
```

声明了一个有 9 个元素的一维整型数组，其下标下界为 −4，上界为 4，包括的数组元素有：A(−4)、A(−3)、A(−2)、A(−1)、A(0)、A(1)、A(2)、A(3)、A(4)。

例如：

```
Dim B(1 To 4,0 To 8) As String
```

声明了一个有 36 个元素的二维字符串型数组，其第一维下标下界为 1，上界为 4；第二维下标下界为 0，上界为 8。第二维下标下界 0 可以省略，即写成：

```
Dim B(1 To 4, 8) As String
```

包括的数组元素有：

B(1,0) B(1,1) B(1,2) B(1,3) B(1,4) B(1,5) B(1,6) B(1,7) B(1,8)
B(2,0) B(2,1) B(2,2) B(2,3) B(2,4) B(2,5) B(2,6) B(2,7) B(2,8)
B(3,0) B(3,1) B(3,2) B(3,3) B(3,4) B(3,5) B(3,6) B(3,7) B(3,8)
B(4,0) B(4,1) B(4,2) B(4,3) B(4,4) B(4,5) B(4,6) B(4,7) B(4,8)

可以看出，数组元素的个数等于每一维的大小之积，即n维数组元素个数为：

（上界1－下界1+1）×（上界2－下界2+1）×…×（上界n－下界n+1）

在预先不知道要处理的数据量有多大时，如果使用静态数组，就需要在声明数组时使数组的大小尽可能达到最大，以适应不同的数据量。因为静态数组在整个程序的执行过程中一直占用内存空间，因此会浪费一定的内存空间，过度使用静态数组会影响整个系统的性能。

7.2.2 动态数组的定义

动态数组是指在程序执行过程中数组元素的个数可以改变的数组。动态数组也叫可变大小的数组。在解决实际问题时，所需要的数组到底应该有多大才合适，有时可能无法确定，所以希望能够在运行时改变数组的大小。使用动态数组就可以在任何时候改变其大小，并且可以在不需要时释放动态数组所占的内存空间。例如，可以在短时间内使用一个大数组，然后，在不使用这个数组时，将其所占的内存空间释放给系统。因此，使用动态数组更加灵活、方便，并有助于高效管理内存。

定义动态数组需要分以下两步进行。

步骤1：在模块级或过程级按以下格式定义一个没有下标的数组。格式为

```
Public|Private|Dim 数组名 ()[As 类型],…
```

这里的Public、Private、Dim的作用与静态数组的定义相同。

步骤2：在过程级使用下面的ReDim语句定义数组的实际大小。格式为

```
ReDim [Preserve] 数组名 ( 维数定义 ) [As 类型],…
```

说明：1）ReDim语句只能出现在过程中。

2）维数定义：通常包含变量或表达式，但其中的变量或表达式应有明确的值。

例如，以下程序在窗体模块的通用声明段使用“Dim A() As Integer”语句将A定义为一个动态整型数组，在命令按钮Command1的Click事件过程中，第一次使用“ReDim A(N)”将A定义成一个具有5个元素的一维数组，第二次使用“ReDim A(N,N)”将A定义成一个具有81个元素的二维数组。

```
Dim A() As Integer                  ' 在窗体模块的通用声明段定义A为动态数组
Private Sub Command1_Click()
    N = 4
    ReDim A(N)                      ' 在过程内部第一次定义一维数组A有5个元素
    ' 以下通过循环给A数组的所有5个元素一一赋值并打印
    For I = 0 To N
        A(I) = 1
        Print A(I);                 ' 这里使用分号使每次打印完一个数组元素后不换行
    Next I
    Print                           ' 换行
    N = 8
    ReDim A(N, N)                   ' 在过程内部第二次定义二维数组A有81个元素
    ' 以下通过两层循环给二维数组A的所有元素一一赋值并打印
    For I = 0 To N
        For J = 0 To N
            A(I, J) = 2
            Print A(I, J);          ' 这里使用分号使每次打印完一个数组元素后不换行
        Next J
        Print                       ' 换行
    Next I
End Sub
```

3）可以用 ReDim 语句反复改变数组元素及维数的数目。

4）在定义动态数组的两个步骤中，如果用步骤 1 定义了数组的类型，则不允许用步骤 2 改变类型。

5）每次执行 ReDim 语句时，如果不使用 Preserve 关键字，当前存储在数组中的值会全部丢失。Visual Basic 重新对数组元素进行初始化，如将数值型数组元素的值置为 0，将可变长度字符串类型数组元素的值置为零长度字符串。

6）Preserve 为可选的关键字。如果希望使用 ReDim 语句重新定义数组时保留数组中原有的数据，就需要在 ReDim 语句中使用 Preserve 关键字。带有 Preserve 关键字的 ReDim 语句只能改变多维数组最后一维的上界，且不能改变数组的维数。如果改变了其他维或最后一维的下界，那么运行时就会出错。

例如，以下程序第一次用 ReDim 语句定义了动态数组 A 有 5 个元素，并通过第一个循环给动态数组 A 的 5 个元素全部赋值 1，第二次使用“ReDim Preserve A(N)”将数组 A 定义成 9 个元素并保留数组 A 中原有的值，并通过第二个循环将数组 A 的全部元素值输出到窗体上。

```
Dim A() As Integer                  ' 定义数组 A 为动态数组，整型
Private Sub Command1_Click()
    N = 4
    ReDim A(N)                      ' 第一次定义数组 A 有 5 个元素
    For I = 0 To N                  ' 通过循环给数组 A 的所有元素赋值 1
        A(I) = 1
    Next I
    N = 8
    ReDim Preserve A(N)             ' 第二次定义数组 A 有 9 个元素并保留数组 A 中原有的值。
    For I = 0 To N                  ' 通过循环打印数组 A 的所有元素
        Print A(I);
    Next I
End Sub
```

运行时单击命令按钮 Command1，输出结果为：

```
1  1  1  1  1  0  0  0  0
```

可以看出，输出结果保留了数组 A 原有的 5 个元素值 1。如果不使用 Preserve 关键字，则输出结果全部为零。

在定义了一个数组之后，就可以使用数组了，即可以对数组元素进行各种操作，如对数组元素赋值、进行各种表达式运算、排序、统计、输出等。在许多场合，使用数组可以缩短和简化程序，因为可以利用循环控制数组的下标按一定规律变化，高效处理数组中的指定元素。

7.3　数组的输入输出

数组在声明之后，Visual Basic 对其进行了初始化，但在实际应用中，往往要给数组元素赋一定的初始值，也就是输入数组元素值。数组元素经过处理后，常需要将结果显示给用户，也就是输出数组元素的值。数组的输入和输出可以有多种方法，通常要结合循环语句实现。

例如，假设用数组 A 来保存学生成绩，以下代码用输入框提示输入 10 个学生的成绩并存放到数组 A 中，然后将这些成绩显示在文本框中。

```
Dim A(1 To 10) As Integer        ' 定义数组 A 为一维整型数组，有 10 个元素
```

```
' 输入:
For i = 1 To 10
    A(i) = Val(InputBox("请输入第" & Str(i) & "个学生的成绩"))
Next i
' 输出:
For i = 1 To 10
    Text1.Text = Text1.Text & Str(A(i))
Next i
```

以上代码用文本框 Text1 来输出数组元素。使用文本框输出多个数据时，通常需要给文本框设置滚动条。依据滚动条的方向，要注意每显示一个或多个数据是否需要在文本中加上回车换行符号。

对于二维数组的输入和输出，通常需要结合两层循环进行，通过两层循环的循环变量来控制二维数组的两个下标，以决定输入或输出哪些数组元素，按什么顺序进行输入和输出。

例如，假设用二维数组 B 来表示一个 6 行 6 列的矩阵，以下代码生成包含 [1，10] 之间的随机整数的矩阵，并以 6 行 6 列的形式将该矩阵打印在窗体上。

```
Dim B(1 To 6, 1 To 6) As Integer            ' 定义数组B为二维整型数组，有36个元素
' 输入:
For I = 1 To 6
    For J = 1 To 6
        B(I, J) = Int(Rnd * 10 + 1)
    Next J
Next I
' 输出:
For I = 1 To 6
    For J = 1 To 6
        Print Format(B(I, J), "@@@");       ' 这里末尾的分号表示打印后不换行
    Next J
    Print                                   ' 换行
Next I
```

以上代码在进行输入输出时，使用外层循环变量 I 控制二维数组的第一个下标（行下标），使用内层循环变量 J 控制二维数组的第二个下标（列下标）。可以看出，输入或输出矩阵元素的顺序是按行进行的。在输出矩阵元素时，外层循环变量 I 每取一个值，内层循环执行 6 次，将第 I 行的 6 个元素打印在同一行上（注意：内层循环的 Print 方法最后的分号表示打印完当前元素后不换行）。在内层循环结束后，使用无参数的 Print 方法进行换行，实现了按 6 行 6 列的格式打印输出。Format(B(I, J), "@@@") 将数组元素 B(I, J) 转化为 3 位字符串，便于输出数据的对齐。

7.4 数组的删除

数组的删除可以使用 Erase 语句来实现，Erase 语句的格式为：

```
Erase 数组名
```

功能：对静态数组使用 Erase 语句将对其中的所有元素进行初始化（清除数组中的元素值）。例如，将数值型数组元素的值置为 0；将可变长度字符串类型数组元素的值置为零长度字符串。

注意：Erase 语句不能释放静态数组所占的存储空间。

对动态数组使用 Erase 语句将释放动态数组所占的存储空间，在下次引用该动态数组之

前，必须使用ReDim语句重新定义数组。

7.5　使用For Each…Next循环处理数组

For Each…Next循环可以用来遍历数组中的所有元素并重复执行一组语句，格式为：

```
For Each 变量 In 数组名
    [语句组1]
    [Exit For]
    [语句组2]
Next 变量
```

这里的For Each语句和Next语句构成了一个循环，这两条语句之间的语句组构成了循环体。

功能：首先将数组中的第一个元素赋给“变量”，然后进入循环体中执行其中的语句。如果数组中还有其他元素，则继续将下一个元素赋给“变量”再执行循环体，当对数组中的所有元素执行了循环体后，便会退出循环，然后继续执行Next语句之后的语句。

说明：这里的“变量”只能是一个可变类型的变量。在循环体中可以在任何位置放置任意个Exit For语句。该语句一般放在某条件结构中，用于表示当某种条件成立时，强行退出循环。

例如，以下程序段使用For Each…Next语句输出一维数组A中的所有元素。

```
Dim A(1 To 10) As Integer
…
For Each X In A
    Text1.Text = Text1.Text & Str(X)
Next X
```

而以下程序段使用For Each…Next语句求二维数组B的所有元素之和。

```
Dim B(1 To 6,1 To 6 )
…
Sum = 0
For Each X In B
    Sum = Sum + X
Next X
Print Sum
```

可以看出，使用For Each…Next循环处理数组时，难以对数组中的个别元素进行处理，也难以控制对数组元素的处理次序，因此，对于不关心数组元素的处理次序的问题，采用这种结构比较方便。

7.6　数组操作函数

Visual Basic提供了一些与数组操作有关的函数，以方便对数组的操作。

1. LBound函数和UBound函数

LBound函数和UBound函数分别用来确定数组某一维的下界值和上界值，格式如下：

```
LBound(数组名[,N])
UBound(数组名[,N])
```

功能：LBound函数返回“数组名”指定的数组的第N维的下界；UBound函数返回“数组名”指定的数组的第N维的上界。

说明：N为1表示第一维，N为2表示第二维，等等。如果省略N，则默认为1。

例如，要打印一维数组A的各个值，可以通过下面的代码实现：

```
For I = LBound(A) To UBound(A)
   Print A(I);
Next I
```

要打印二维数组B的各个值，可以通过下面的代码实现：

```
For I = LBound(B, 1) To UBound(B, 1)
    For J = LBound(B, 2) To UBound(B, 2)
        Print B(I, J);
    Next J
    Print
Next I
```

2. Array 函数

Array 函数用于生成一个数组，格式如下：

```
Array(参数表)
```

功能：返回一个数组，数组元素的值由“参数表”指定。

说明：“参数表”是一系列用逗号分隔的值，这些值构成数组的各元素值。Array 函数只能给 Variant 类型的变量赋值，赋值后的数组大小由参数的个数决定，数组下标的下界由 Option Base 语句指定的下界决定。

例如，要将1，2，3，4，5，6，7，8，9，10这些值赋给数组A，可以使用下面的方法赋值。

```
Dim A                        ' 这里的 A 只能是 Variant 类型
A = Array(1, 2, 3, 4, 5, 6, 7, 8, 9, 10)
```

生成的数组A的下标的下界由Option Base语句指定的下界决定。这里没有使用Option Base语句，则默认下界为0，即执行以上赋值之后，A(0)=1，A(1)=2，A(2)=3，…，A(9)=10。

3. Split 函数

Split 函数用于将一个字符串拆分为若干个子串，格式如下：

```
Split(字符串表达式[,分隔符])
```

功能：以某个指定符号作为分隔符，将“字符串表达式”指定的字符串拆分为若干个子字符串，以这些子字符串为元素构成一个下标从零开始的一维数组，此时 Option Base 1 语句不起作用。

说明：“字符串表达式”用于指定要被拆分的字符串，“分隔符”是可选的，如果忽略，则使用空格作为分隔符。

例如，执行以下代码段：

```
Dim A
A = Split("how are you", " ")
```

则以空格作为分隔符将字符串 "how are you" 分离为3个字符串 "how"、"are"、"you"，并给 Variant 类型的变量A赋值。赋值后，A成为一个具有3个元素的一维数组，且 A(0)= "how"，A(1)= "are"，A(2)= "you"。

也可以用 Split 函数给一个动态数组赋值。例如：

```
Dim A() As String
A = Split("how are you", " ")
```

4. Join 函数

Join 函数用于将某个数组中的多个子字符串连接成一个字符串，格式如下：

```
Join(一维数组名 [, 分隔符 ])
```

功能：将一维数组中的各元素连接成一个字符串，连接时各子字符串之间加上“分隔符”指定的字符。

说明：分隔符是可选的，指定在返回的字符串中用于分隔各子字符串的字符。如果忽略该项，则使用空格 (" ") 来分隔子字符串。如果“分隔符”是零长度字符串 (""), 则将所有数组元组连接在一起，中间没有分隔符。

例如，执行以下代码，打印“吃葡萄不吐葡萄皮”：

```
Dim a
a = Array("吃葡萄", "不吐", "葡萄皮")
b = Join(a, "")
Print b
```

7.7 数组应用举例

【例 7-1】 输入若干个学生的成绩，统计不及格人数和优秀人数。

界面设计：设计界面如图 7-1a 所示。向窗体上添加一个文本框 Text1，并设置 Text1 带水平滚动条，用于输入学生成绩；添加一个图片框 Picture1，用于显示统计结果；添加一个“统计”按钮 Command1，用于对学生成绩进行统计。

代码设计：运行时学生成绩直接输入到文本框 Text1 中，各成绩之间用逗号分隔。代码首先使用 Split 函数将文本框 Text1 中输入的成绩分离开，保存到数组 A 中。然后进行统计，统计方法是：设两个计数变量 num1 和 num2，分别用来保存不及格学生人数和优秀学生人数。这里的统计操作实际上是逐一取数组元素进行判断，如果数组元素的值小于 60，则让 num1 累加 1，如果数组元素的值大于或等于 90，则让 num2 累加 1。具体如下。

```
Private Sub Command1_Click()
    Dim A, N As Integer              ' 定义 A 为可变类型，N 用来保存数组下标的上界
    Dim num1 As Integer, num2 As Integer  ' 用 num1 保存不及格人数，用 num2 保存优秀人数
    A = Split(Text1.Text, ",")       ' 分离成绩，保存到数组 A 中
    N = UBound(A)                    ' 获取数组 A 的下标的上界
    num1 = 0: num2 = 0               ' 对两个计数变量进行初始化
    ' 通过循环对数组 A 中的元素逐一判断，并分别进行统计
    For i = 0 To N
        Select Case Val(A(i))
            Case Is < 60
                num1 = num1 + 1
            Case Is >= 90
                num2 = num2 + 1
        End Select
    Next i
    ' 显示统计结果
    Picture1.Cls
    Picture1.CurrentX = 100: Picture1.CurrentY = 100        ' 定义打印位置
    Picture1.Print "不及格人数: "; num1; Tab(18); "优秀人数: "; num2
End Sub
```

运行时，在文本框 Text1 中输入若干个学生成绩，注意用逗号分隔，然后单击“统计”按钮，统计结果如图 7-1b 所示。

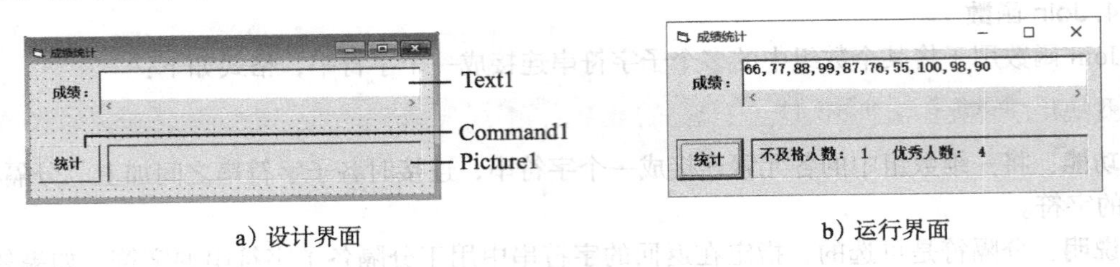

a）设计界面　　b）运行界面

图 7-1　成绩统计

【例 7-2】 输入若干名学生的成绩，求平均分、最高分、最低分。

界面设计：设计如图 7-2a 所示的界面。向窗体上添加 4 个文本框 Text1、Text2、Text3 和 Text4，设置文本框 Text1 带水平滚动条。运行时用文本框 Text1 输入学生成绩，单击“求值”按钮求平均分、最高分、最低分，显示于文本框 Text2、Text3 和 Text4 中。

代码设计：假设运行时输入到文本框 Text1 中的各成绩之间用逗号分隔。代码首先使用 Split 函数将文本框 Text1 中输入的成绩分离开，保存到数组 A 中，然后进行求值。求平均分时只需先求数组所有元素之和，再除以数组元素的个数即可。求最高分、最低分的问题实际上就是求一组数据的最大值、最小值的问题。求最大值的方法如下。

1）设一个存放最大值的变量 MaxNum，其初值为数组的第一个元素，即“MaxNum=A(0)”。

2）依次将 MaxNum 与 A(1) 到 A(N) 的所有数据进行比较，如果数组中的某个数 A(I) 大于 MaxNum，则用该数替换 MaxNum，即“MaxNumx=A(I)”，所有数据比较完后，MaxNum 中存放的数即为整个数组的最大数。

求最小值的方法与求最大值的方法类似。

“求值”按钮 Command1 的 Click 事件过程如下：

```
Private Sub Command1_Click()
    Dim A, N As Integer ' 定义A为可变类型，N用来保存数组下标的上界
    Dim MaxNum As Integer, MinNum As Integer, Average As Single
    A = Split(Text1.Text, ",")          ' 产生的A数组元素为字符串类型
    N = UBound(A)
    Total = 0               ' Total 用于存放总成绩，设初始值为0
    MaxNum = Val(A(0))  ' 设变量MaxNum的初始值为数组中的第一个元素值
    MinNum = Val(A(0))  ' 设变量MinNum的初始值为数组中的第一个元素值
    ' 通过循环依次比较，求最大值、最小值，求总和
    For i = 0 To N
        If Val(A(i)) > MaxNum Then MaxNum = Val(A(i))
        If Val(A(i)) < MinNum Then MinNum = Val(A(i))
        Total = Total + Val(A(i))
    Next i
    Average = Total / (N + 1)     ' 求平均值
    Text2.Text = Format(Average, "0.00")          ' 以两位小数显示平均值
    Text3.Text = MaxNum                           ' 显示最大值
    Text4.Text = MinNum                           ' 显示最小值
End Sub
```

运行时，首先在文本框 Text1 中输入学生成绩，注意各成绩之间用逗号分隔，然后单击“求值”按钮求学生的成绩的平均分、最高分、最低分，结果如图 7-2b 所示。

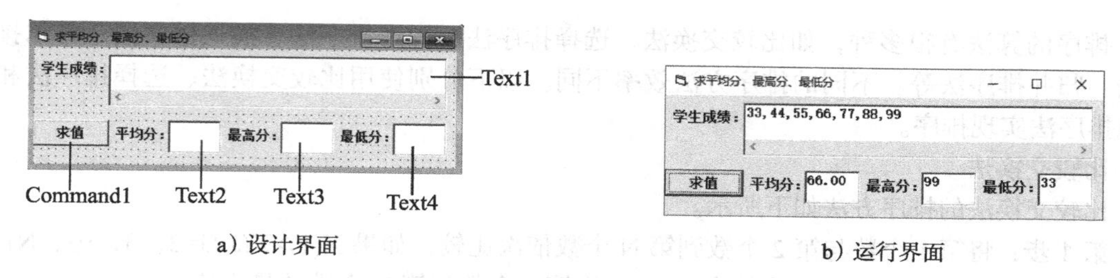

a）设计界面 b）运行界面

图 7-2 求平均分、最高分、最低分

【例 7-3】 输入 N 名学生的成绩，按成绩从低到高的次序排序。

界面设计：向窗体上添加两个文本框 Text1、Text2 和三个命令按钮 Command1、Command2、Command3，将 Text1 和 Text2 设置为带有水平滚动条。如图 7-3a 所示。运行时，单击“输入成绩”按钮 Command1，依次打开输入框，输入总人数和各学生成绩，输入的成绩存于一维数组 X 中，同时显示在文本框 Text1 中；单击“排序”按钮 Command2 对成绩进行排序，排序结果仍保存在数组 X 中，且显示在文本框 Text2 中，如图 7-3b 所示；单击“退出”按钮 Command3 结束运行。

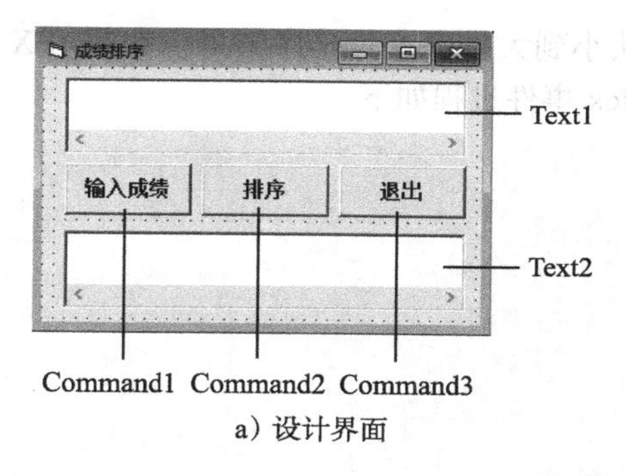

a）设计界面

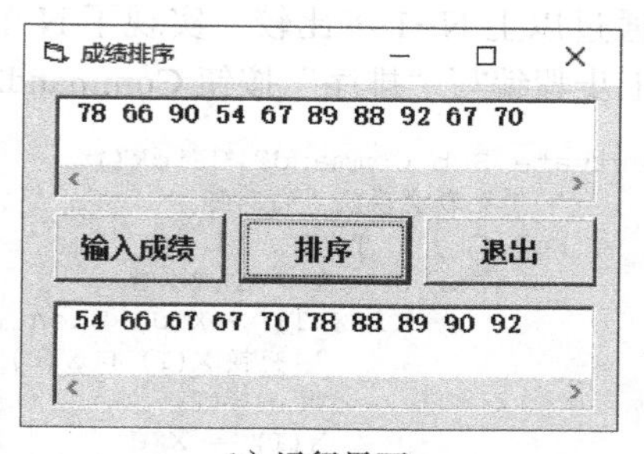

b）运行界面

图 7-3 成绩排序

代码设计：1）本例使用输入框输入学生人数和各学生的成绩。因为学生人数可以由用户来指定，所以保存成绩的数组 X 的大小是不固定的，应将数组 X 定义成动态数组。由于以下的 Command1_Click 事件过程和 Command2_Click 事件过程都要使用数组 X，因此需要在窗体模块的通用声明段定义数组 X，使 X 成为一个模块级的数组。定义语句如下：

```
Option Base 1                          ' 定义数组的默认下界为 1
Dim N As Integer, X() As Integer       ' 定义变量 N，定义数组 X 为动态数组
```

2）编写“输入成绩”按钮 Command1 的 Click 事件过程，实现成绩的输入和显示。

```
Private Sub Command1_Click()
    N = Val(InputBox("请输入总人数"))          ' 提示输入总人数
    ReDim X(N)                                ' 按输入的总人数定义数组 X 的大小
    Text1.Text = ""
    ' 输入并显示成绩
    For I = 1 To N
        X(I) = Val(InputBox("请输入第" & Str(I) & "个学生的成绩", "成绩排序", ""))
        Text1.Text = Text1.Text & Str(X(I))
    Next I
End Sub
```

3）编写“排序”Command2 按钮的 Click 事件过程，实现成绩的排序和显示。

排序的算法有很多种，如比较交换法、选择排序法、冒泡排序法、插入排序法、希尔排序法、归并排序法等。不同的排序方法效率不同。以下分别使用比较交换法、选择排序法和冒泡排序法实现排序。

比较交换法

比较交换法的排序方法如下所示。

第1步：将第1个数与第2个数到第N个数依次比较，如果X(1)>X(J)(J=2，3，…，N)，则交换X(1)、X(J)的内容，此步结束时X(1)为第1个数到第N个数的最小值。

第2步：将第2个数与第3个数到第N个数依次比较，如果X(2)>X(J)(J=3，4，…，N)，则交换X(2)、X(J)的内容。此步结束时X(2)为第2个数到第N个数的最小值。

……

第I步：重复以上方法，将第I个数与第I+1个数到第N个数依次比较，如果X(I)>X(J)(J=I+1，…，N)，则交换X(I)、X(J)的内容。此步结束时X(I)为第I个数到第N个数的最小值。

……

第N–1步：将第N–1个数与第N个数比较，如果X(N–1)>X(N)，则交换X(N–1)、X(N)的内容。

通过以上N–1步比较，实现了N个数按从小到大排序，且排序结果仍在数组X中。根据以上步骤编写“排序”按钮Command2的Click事件过程如下：

```
Private Sub Command2_Click()
    ' 用比较交换法进行排序
    For I = 1 To N - 1
        For J = I + 1 To N
            If X(I) > X(J) Then
                ' 交换X(I)和X(J)的值
                T = X(I)
                X(I) = X(J)
                X(J) = T
            End If
        Next J
    Next I
    ' 显示排序结果
    Text2.Text = ""
    For I = 1 To N
        Text2.Text = Text2.Text & Str(X(I))
    Next I
End Sub
```

选择排序法

选择排序法的排序方法如下：

第1步：将第1个数与第2个数到第N个数依次比较，找出第1个数到第N个数中的最小值，记下其位置P。如果P不等于1，则交换X(1)与X(P)的值。此步结束时X(1)为原X(1)到X(N)中的最小值。

第2步：将第2个数与第3个数到第N个数依次比较，找出第2个数到第N个数中的最小值，记下其位置P，如果P不等于2，则交换X(2)与X(P)的值。此步结束时X(2)为原X(2)到X(N)中的最小值。

……

第I步：将第I个数与第I+1个数到第N个数依次比较，找出第I个数到第N个数中的最小值，记下其位置P，如果P不等于I，则交换X(I)与X(P)的值。此步结束时X(I)为原

X(I) 到 X(N) 中的最小值。

……

第 N–1 步：将第 N–1 个数与第 N 个数比较，记下较小的一个数的位置 P，如果 P 不等于 N–1，即第 N 个数较小，则交换第 N–1 个数和第 N 个数。

通过以上 N–1 步比较，实现了 N 个数按从小到大排序，且排序结果仍在数组 X 中。根据以上排序步骤编写选择排序法的代码如下：

```
For I = 1 To N - 1
    ' 找出第 I 个数到第 N 个数中的最小值所在的位置 P
    P = I
    For J = I + 1 To N
        If X(J) < X(P) Then
            P = J
        End If
    Next J
    ' 如果最小值不是 X(I)，则交换 X(I) 与 X(P) 的值
    If P <> I Then
        T = X(I)
        X(I) = X(P)
        X(P) = T
    End If
Next I
```

冒泡排序法

冒泡排序法的排序方法是：依次将数组的每一个元素值和下一个元素值进行比较，如果前一个元素值大于后一个元素值，则进行交换。每逢两个数发生交换时，在按顺序进行下一次比较之前，进行“冒泡处理”。

“冒泡处理”是把数组中的一个较小的数比喻成气泡，使之不断地向顶部“上冒”直到上面的值比它更小为止，这时认为该气泡已经冒到顶，这是一个小数上冒，大数下沉的过程。例如，要对数据 9，15，20，14，13，17 用冒泡排序法进行排序，方法如下：

①将 9 与 15 比较、15 与 20 比较、20 与 14 比较，这时，20>14，因此对 14 进行冒泡处理，逐个与其前面较大的数交换，直到次序变成：

9 14 15 20 13 17　　（14 冒泡到顶，见图 7-4a）

②从 20 开始，继续比较 20 与 13，这时，20>13，对 13 进行冒泡处理，逐个与其前面较大的数交换，直到次序变成：

9 13 14 15 20 17　　（13 冒泡到顶，见图 7-4b）

③将 20 与 17 比较，20>17，对 17 进行冒泡处理，逐个与其前面较大的数交换，最后次序变成：

9 13 14 15 17 20　　（17 冒泡到顶，见图 7-4c）

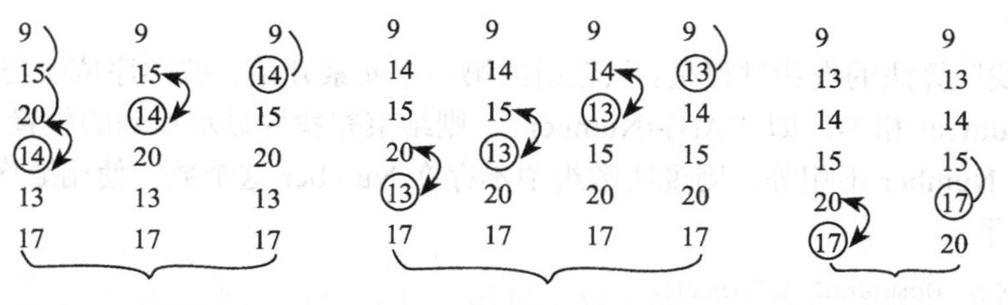

a）对 14 进行冒泡处理　　b）对 13 进行冒泡处理　　c）对 17 进行冒泡处理

图 7-4　冒泡排序法

根据以上方法编写冒泡排序法的代码如下：

```
For I = 1 To N - 1
    For J = I To 1 Step -1
        If X(J) > X(J+1) Then
            ' 如果前面的数大于后面的数，则进行交换（冒泡处理）
            T = X(J)
            X(J) = X(J + 1)
            X(J + 1) = T
        Else
            ' 如果前面的数小于后面的数，则退出循环（指内循环），继续下一轮比较
            Exit For
        End If
    Next J
Next I
```

4）在“退出”按钮 Command3 的 Click 事件过程输入 End 语句，实现退出功能。

【例 7-4】 生成 100 个 [0,100] 之间的随机整数作为原始数据，存于数组 A 中，在数组 A 中查找指定的元素。

界面设计：向窗体上添加一个文本框 Text1 和两个命令按钮 Command1、Command2，如图 7-5a 所示。将 Text1 设置为带水平滚动条。运行时通过单击“生成随机数”按钮 Command1 生成 100 个 [0,100] 之间的随机整数，显示在文本框 Text1 中，通过单击“查找”按钮 Command2 用输入框输入要查找的数，查找结果用消息框显示。

代码设计：1）因为 Command1 和 Command2 两个命令按钮的 Click 事件过程都要用到数组 A，所以需要在窗体模块的通用声明段定义数组 A，定义语句如下：

```
Dim A(1 To 100) As Integer                ' 定义数组 A 为静态数组，有 100 个元素
```

2）编写“生成随机数”按钮 Command1 的 Click 事件过程，生成 100 个 [0,100] 之间的随机整数，同时显示在文本框 Text1 中。

```
Private Sub Command1_Click()
    Randomize
    For i = 1 To 100
        A(i) = Int(Rnd * 101)
        Text1.Text = Text1.Text & Str(A(i))
    Next i
End Sub
```

3）编写“查找”按钮 Command2 的 Click 事件过程。总体思路是：首先用输入框输入要查找的数 Number，然后使用一定的查找算法进行查找，最后用消息框显示查找结果。

查找算法有很多种，如顺序查找、折半查找、分块查找等。不同的查找算法效率不同。以下介绍两种常见的查找算法：顺序查找和折半查找。

顺序查找

“顺序查找”算法的查找过程是：从数组的第一个元素开始，按顺序依次与 Number 比较，如果某数与 Number 相等，即“A(I)=Number”，则结束查找并显示找到的位置 I。如果数组中的所有数都与 Number 不相等，则说明数组中不存在 Number 这个数。使用顺序查找算法进行查找的代码如下：

```
Private Sub Command2_Click()
    Number = Val(InputBox("请输入要查找的数"))
    k = 0                                   ' 假设用变量 k 保存查找位置
```

```
    ' 顺序查找
    For I = 1 To 100
        If A(I) = Number Then              ' 如果找到
            k = I                          ' 保存找到的位置
            Exit For                       ' 退出循环
        End If
    Next I
    ' 根据 k 的值判断查找结果
    If k > 0 Then
        MsgBox "所找的数在第" & Str(k) & "个位置"
    Else
        MsgBox "没找到"
    End If
End Sub
```

图 7-5b 显示了两种可能的查找结果。

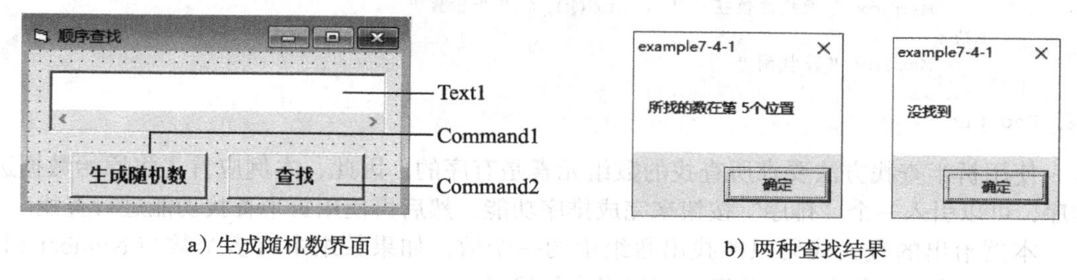

a）生成随机数界面　　b）两种查找结果

图 7-5　查找

顺序查找是最基本也是最简单的查找方法。当要在一个很大的数组中查找数据时，使用顺序查找方法速度慢，查找效率低，因此应采用更好的查找算法来实现。对于有序数列，可以使用称为“折半查找”的算法来提高查找效率。

折半查找

折半查找只能在排好序的数中查找。其查找过程是：先确定要查找的数据所在的范围，然后逐步缩小范围，直到找到或找不到该数据为止。例如，假设要在以下的有序数列中进行查找：

12 23 34 35 46 55 67 80 99

设以上有序数依次保存在数组元素 A(1),A(2),…,A(9) 中。查找的数存放在 Number 变量中。折半查找步骤如下：

步骤 1：设 low 为数组的下界 (这里为 1)，hig 为数组的上界（这里为 9）。

步骤 2：求 [low,hig] 区间的中间位置“mid=(low + hig) / 2”，mid 取整数。

步骤 3：如果“Number<A(mid)”，且数列中存在 Number 时，说明 Number 在区间 [low, mid-1] 范围内，修改新的查找区间，即设“hig= mid – 1”，返回步骤 2。

如果“Number>A(mid)”，且数列中存在 Number 时，说明 Number 在区间 [mid+1,hig] 范围内，修改新的查找区间，即设“low = mid + 1”，返回步骤 2。

如果“Number=A(mid)”，则查找成功，mid 即为所查找的位置。

因此，使用折半查找方法可以将本例“查找”按钮 Command2 的 Click 事件过程修改为：

```
Private Sub Command2_Click()
    Dim mid As Integer, low As Integer, hig As Integer
    Number = Val(InputBox("请输入要查找的数"))
    ' 折半查找
```

```
    k = 0: low = 1: hig = 100
    Do While low <= hig And k = 0
        mid = (low + hig) / 2
        If Number = A(mid) Then
            k = mid
            Exit Do
        Else
            If Number < A(mid) Then
                hig = mid - 1
            Else
                low = mid + 1
            End If
        End If
    Loop
    ' 根据 k 的值判断查找结果
    If k > 0 Then
        MsgBox "所找的数在第" & Str(k) & "个位置"
    Else
        MsgBox "没找到"
    End If
End Sub
```

使用折半查找方法要求所查找的数组元素是有序的。因此，本例应首先将原始数据进行排序，可以引入一个“排序”按钮来完成排序功能，然后再使用折半查找功能进行查找。

本例给出的查找代码只能找出数组中的一个数，如果数组中有多个数与Number相同，如何找出所有这些数所在的位置，请读者自行思考。

【例7-5】 生成20个[0,100]区间的随机整数作为原始数据，存于数组A中，然后删除数组A中指定位置的元素。

界面设计： 向窗体上添加3个文本框Text1、Text2、Text3和2个命令按钮Command1、Command2，将Text1和Text3设置为带有水平滚动条，如图7-6a所示。运行时，用文本框Text1显示原始数据，用文本框Text2输入位置值，单击“删除”按钮，将删除后的结果显示于文本框Text3中。

代码设计： 1）由于数组A的大小在删除元素后变小，因此这里将数组A定义成动态数组，由于在Form_Load和Command1_Click两个事件过程都要用到数组A，因此需要在窗体模块的通用声明段定义数组A，代码如下：

```
Option Base 1                          ' 定义数组的默认下界为 1
Dim N As Integer, A() As Integer       ' 定义变量 N 表示数组元素个数，数组 A 为动态数组
```

2）在窗体的Load事件过程中生成20个0～100之间的随机整数，显示于文本框Text1中。

```
Private Sub Form_Load()
    Text1.Text = ""
    N = 20
    ReDim A(1 To N)
    For I = 1 To N
        A(I) = Int(Rnd * 101)
        Text1.Text = Text1.Text & Str(A(I))
    Next I
End Sub
```

3）编写“删除”按钮Command1的Click事件过程，实现按指定位置删除。

删除数组 A 中指定位置的元素，实际上是将指定位置元素之后的所有元素依次向前移动一位。设数组共有 N 个元素，指定的删除位置为 Pos，则删除过程为：

```
A(Pos)=A(Pos+1)
A(Pos+1)=A(Pos+2)
…
A(N-1)=A(N)
```

以上删除操作可以用 For…Next 循环实现，即：

```
For I = Pos To N - 1
    A(I) = A(I + 1)
Next I
```

删除时，首先输入删除位置，存放到变量 Pos 中，然后判断 Pos 是否在 [0，N] 之间，如果不是，则提示输入的位置越界，如果是，则进行删除，代码如下：

```
Private Sub Command1_Click()
    Pos = Val(Text2.Text)           ' 输入删除位置
    If Pos <= 0 Or Pos > N Then
        ' 如果位置越界，则给出警告，并将焦点定位在文本框 Text2 中，选中其中的文本
        MsgBox "位置越界，请重新输入"
        Text2.SetFocus
        Text2.SelStart = 0
        Text2.SelLength = Len(Text2.Text)
    Else
        ' 将指定位置元素之后的所有元素依次向前移动一位，实现删除
        For I = Pos To N - 1
            A(I) = A(I + 1)
        Next I
        N = N - 1                   ' 数组元素总个数 N 减 1
        ReDim Preserve A(1 To N)    ' 重新定义数组大小，用 Preserve 保留数组中原有的数
        ' 显示删除后的数组元素
        Text3.Text = ""
        For I = 1 To N
            Text3.Text = Text3.Text & Str(A(I))
        Next I
    End If
End Sub
```

图 7-6b 显示了删除第 6 个位置数据的结果。

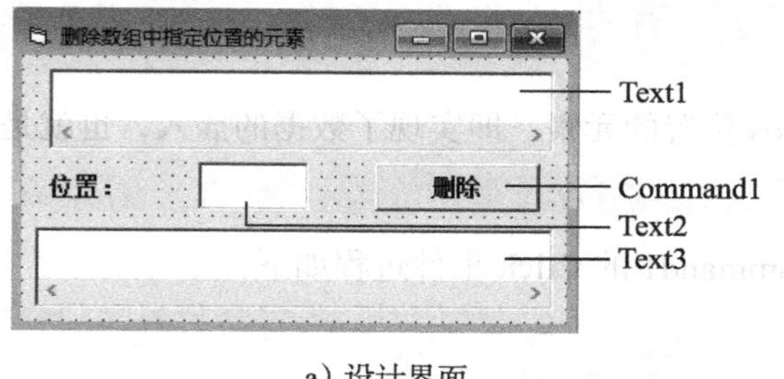

a）设计界面

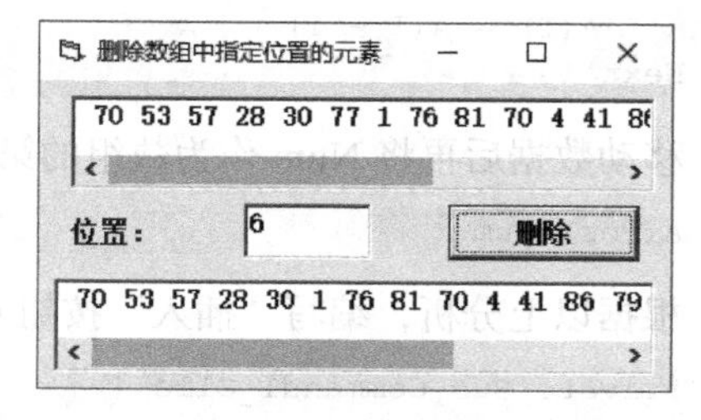

b）运行界面

图 7-6　删除数组元素

【例 7-6】 生成 20 个 [0,100] 区间的随机整数作为原始数据，存于数组 A 中，然后向数组中的指定位置插入一个指定的数。如果指定位置小于或等于零，则将指定的数插在数组的第一个位置；如果指定位置大于现有数据的个数，则将指定的数插在数组的最后一个位置。

界面设计：向窗体上添加4个文本框Text1～Text4和一个命令按钮Command1，将Text1和Text4设置为带有水平滚动条。如图7-7a所示。运行时，用文本框Text1显示原始数据，用文本框Text2输入要插入的数，用文本框Text3输入要插入的位置，单击“插入”按钮，将插入后的结果显示于文本框Text4中。

代码设计：1）由于数组A的大小在插入元素后变大，因此这里将数组A定义成动态数组，由于在Form_Load和Command1_Click两个事件过程都要用到数组A，因此需要在窗体模块的通用声明段定义数组A，代码如下：

```
Option Base 1                          ' 定义数组的默认下界为1
Dim N As Integer, A() As Integer       ' 定义变量N表示数组元素个数，数组A为动态数组
```

2）在窗体的Load事件过程中生成20个[0，100]之间的随机整数，显示于文本框Text1中。

```
Private Sub Form_Load()
    Text1.Text = ""
    N = 20
    ReDim A(N)
    For I = 1 To N
        A(I) = Int(Rnd * 101)
        Text1.Text = Text1.Text & Str(A(I))
    Next I
End Sub
```

3）编写“插入”按钮Command1的Click事件过程，实现按指定位置插入指定数据。

要将某数Num插在数组A中指定的位置Pos，可以首先将数组A中原Pos位置的元素到最后一个元素全部向后移动一个位置，然后将Num作为数组的Pos位置的元素。

要对数组中原Pos位置的元素到最后一个元素全部向后移动一个位置，需要从后往前逐个移动数组元素，即执行以下操作：

```
A(N+1)=A(N)
A(N)=A(N-1)
…
A(Pos+1)=A(Pos)
```

以上移动数据的操作可以用For…Next循环实现，即：

```
For I = N+1 To Pos + 1 Step -1
    A(I) = A(I - 1)
Next I
```

移动数据后再将Num作为数组的第Pos位置的元素，即实现了数据的插入，也就是：

```
A(Pos)=Num
```

根据以上分析，编写“插入”按钮Command1的Click事件过程如下：

```
Private Sub Command1_Click()
    Text4.Text = ""
    Num = Val(Text2.Text)
    Pos = Val(Text3.Text)
    N = N + 1                  ' 将数组的总个数增加1
    ReDim Preserve A(N)        ' 定义动态数组A，指定Preserve以保留数组中原有的值
    Select Case Pos
    Case Is <= 0    ' 如果指定的位置值小于或等于零，将数插在数组的第一个位置
        For I = N To 2 Step -1
```

```
            A(I) = A(I - 1)
        Next I
        A(1) = Num
    Case Is >= N        ' 如果指定位置大于原有数据总个数，将数插在数组的最后一个位置
        A(N) = Num
    Case Else           ' 如果指定的位置在 (0,N) 区间，则将数插在指定的位置
        For I = N To Pos + 1 Step -1
            A(I) = A(I - 1)
        Next I
        A(Pos) = Num
    End Select
    ' 显示插入后的结果
    For I = 1 To N
        Text4.Text = Text4.Text & Str(A(I))
    Next I
End Sub
```

图 7-7b 显示了在第 5 个位置插入数“90”后的结果。

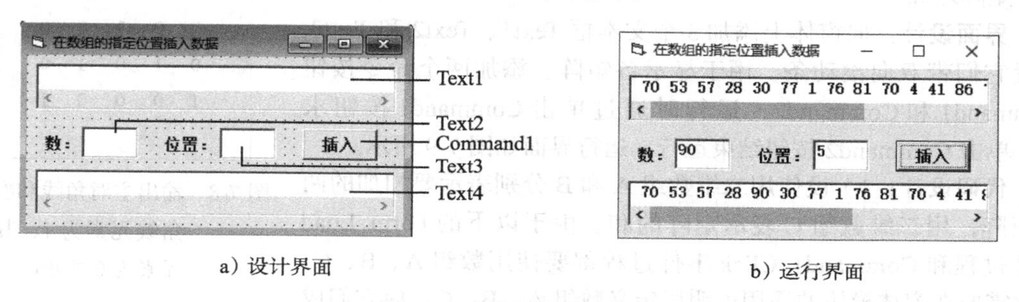

a）设计界面　　b）运行界面

图 7-7　在数组中插入数据

【例 7-7】 在窗体上输出一个 N 行 N 列、主对角线和次对角线元素为 1、其余元素均为 0 的矩阵。N 由用户指定。

界面设计：运行时单击窗体直接在窗体上打印矩阵，因此无须向窗体上添加任何控件。

代码设计：矩阵中的每个数据在矩阵中所处的位置由行号和列号决定，可以使用二维数组直观地表示矩阵中的每一个元素。假设用二维数组 A 表示矩阵，第一个下标表示矩阵中数据的行号，第二个下标表示列号，因此矩阵中第 I 行第 J 列元素表示为 A(I,J)。而 N 行 N 列矩阵的主对角线元素指数组中行下标与列下标相同的元素，次对角线元素的行下标与列下标之和为 N+1。

假设矩阵大小可以任意指定，因此应将表示矩阵的数组定义为动态数组 . 窗体的 Click 事件过程如下：

```
Private Sub Form_Click()
    Dim A() As Integer          ' 声明 A 为动态数组
    Dim N As Integer, I As Integer, J As Integer
    Cls
    N = Val(InputBox(" 请输入 N 值 ", " 生成矩阵 ", "4"))
    ReDim A(1 To N, 1 To N) As Integer      ' 根据输入的 N 值定义动态数组 A 的大小
    ' 生成矩阵中各元素的值
    For I = 1 To N
        For J = 1 To N
            A(I, J) = 0
            If I = J Then               ' 如果行下标与列下标相等，则为主对角线元素
                A(I, J) = 1             ' 主对角线元素置 1
            End If
            If I + J = N + 1 Then       ' 如果行下标与列下标之和为 N+1，则为次对角线元素
```

```
                A(I, J) = 1              ' 次对角线元素置1
            End If
    Next J, I
    ' 按N行N列的格式显示矩阵
    For I = 1 To N
        CurrentY = I * 300               ' 定义第I行元素的打印位置离窗体顶部的距离
        For J = 1 To N
            CurrentX = J * 300           ' 定义第J列元素的打印位置离窗体左侧的距离
            Print A(I, J);
        Next J
    Next I
End Sub
```

运行时单击窗体，输入N值为5，在窗体上打印结果如图7-8所示。

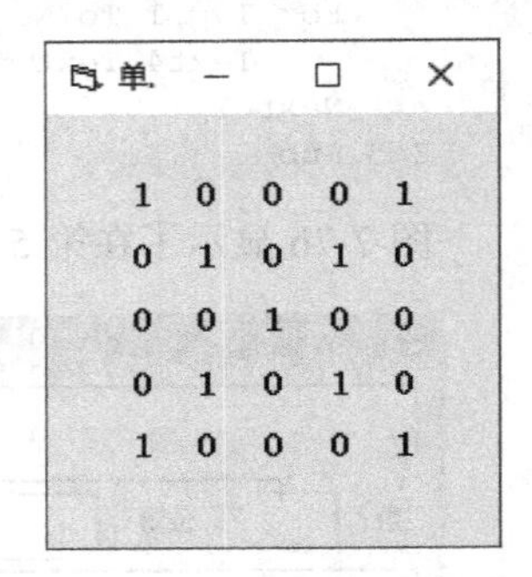

图7-8 输出主对角线和次对角线元素为1、其余元素为0的矩阵

【例7-8】 生成包含0～10之间的随机整数的两个矩阵，求两个矩阵之和。

界面设计：向窗体上添加3个文本框Text1、Text2和Text3，设置它们带双向滚动条，用于显示各矩阵。添加两个命令按钮Command1和Command2，运行时通过单击Command1按钮求和，单击Command2按钮结束运行，运行界面如图7-9所示。

代码设计：1）设使用二维数组A和B分别表示要相加的两个矩阵，用二维数组C表示矩阵的和。由于以下的Form_Load事件过程和Command1_Click事件过程都要使用数组A、B、C，因此需要在窗体模块的通用声明段定义数组A、B、C，使它们成为模块级的数组。假设矩阵大小可以任意指定，因此定义数组为动态数组。这里同时定义变量M和N，分别表示矩阵的行数和列数。定义语句如下：

```
Dim M As Integer, N As Integer, A() As Integer, B() As Integer, C() As Integer
```

2）假设在窗体加载时生成矩阵，因此，在Form_Load事件过程中用输入框输入M和N的值，再根据该值定义动态数组A、B和C的大小；生成矩阵中的数据，保存在数组A和B中，同时显示在文本框Text1和Text2中，代码如下：

```
Private Sub Form_Load()
    M = Val(InputBox("请输入行数", "矩阵相加", ""))
    N = Val(InputBox("请输入列数", "矩阵相加", ""))
    ReDim A(1 To M, 1 To N), B(1 To M, 1 To N), C(1 To M, 1 To N)
    Randomize
    ' 在文本框Text1中生成包含0到10之间的随机整数的矩阵A
    Text1.Text = ""
    For I = 1 To M
        s1 = ""                  ' S1用于保存矩阵A的第I行
        For J = 1 To N
            A(I, J) = Int(Rnd * 11)
            s1 = s1 & Format(A(I, J), "!@@@")
        Next J
        Text1.Text = Text1.Text & s1 & vbCrLf    ' 向文本框Text1添加矩阵A的一行
    Next I
    ' 在文本框Text2中生成包含0到10之间的随机整数的矩阵B
    Text2.Text = ""
    For I = 1 To M
        s1 = ""                  ' S1用于保存矩阵B的第I行
```

```
            For J = 1 To N
                B(I, J) = Int(Rnd * 11)
                s1 = s1 & Format(B(I, J), "!@@@")
            Next J
            Text2.Text = Text2.Text & s1 & vbCrLf    '向文本框Text2添加矩阵B的一行
        Next I
    End Sub
```

3）编写“求和”按钮Command1的Click事件过程实现求和。矩阵相加指矩阵的对应元素相加，即C(I,J)=A(I,J)+B(I,J)。代码如下：

```
    Private Sub Command1_Click()
        '求矩阵A与矩阵B的和，并显示在文本框Text3中
        Text3.Text = ""
        For I = 1 To M
            s1 = ""                                    'S1用于保存矩阵C的第I行
            For J = 1 To N
                C(I, J) = A(I, J) + B(I, J)
                s1 = s1 & Format(C(I, J), "!@@@")
            Next J
            Text3.Text = Text3.Text & s1 & vbCrLf    '向文本框Text3添加矩阵C的一行
        Next I
    End Sub
```

4）在“退出”按钮Command2的Click事件过程中输入End语句，结束运行。

图7-9是指定矩阵行数为5、列数为4时的执行结果。

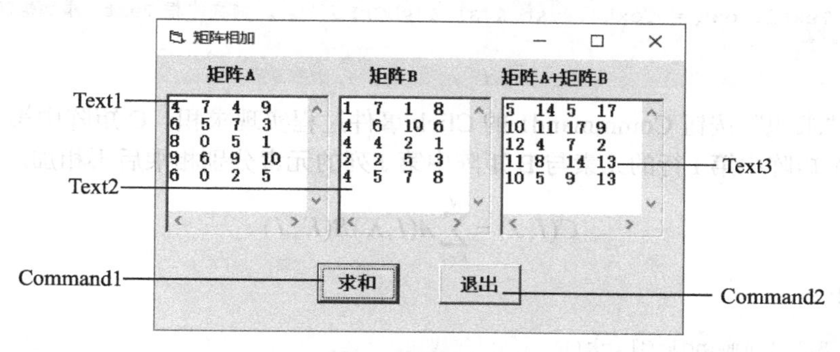

图7-9　矩阵相加

【例7-9】 求两个矩阵的积。

界面设计：向窗体上添加3个文本框Text1、Text2和Text3，设置它们带双向滚动条，用于显示各矩阵。添加两个命令按钮Command1和Command2。假设运行时通过单击Command1按钮求积，单击Command2按钮结束运行，运行界面如图7-10所示。

代码设计：1）M行N列的矩阵与N行M列的矩阵相乘，结果是一个M行M列的矩阵。设使用二维数组A和B分别表示要相乘的两个矩阵，用二维数组C表示矩阵的积。由于以下的Form_Load事件过程和Command1_Click事件过程都要使用数组A、B、C，因此需要在窗体模块的通用声明段定义数组A、B、C，使它们成为模块级的数组。假设矩阵大小可以任意指定，因此定义数组为动态数组。这里同时声明变量M和N，分别表示矩阵A的行数和列数。定义语句如下：

```
    Dim M As Integer, N As Integer, A() As Integer, B() As Integer, C() As Integer
```

2）假设在窗体加载时生成矩阵，因此，在Form_Load事件过程中用输入框输入M和N

的值，再根据该值定义动态数组A、B和C的大小；生成矩阵中的数据，保存在数组A和B中，同时显示在文本框Text1和Text2中，代码如下：

```
Private Sub Form_Load()
    M = Val(InputBox("请输入A矩阵行数", "矩阵相乘", ""))
    N = Val(InputBox("请输入A矩阵列数", "矩阵相乘", ""))
    ReDim A(1 To M, 1 To N), B(1 To N, 1 To M), C(1 To M, 1 To M)
    Randomize
    '在文本框Text1中生成包含0到10之间的随机整数的矩阵A
    Text1.Text = ""
    For I = 1 To M
        s1 = ""
        For J = 1 To N
            A(I, J) = Int(Rnd * 11)
            s1 = s1 & Format(A(I, J), "!@@@")
        Next J
        Text1.Text = Text1.Text & s1 & vbCrLf     '向文本框Text1添加矩阵A的一行
    Next I
    '在文本框Text2中生成包含0到10之间的随机整数的矩阵B
    Text2.Text = ""
    For I = 1 To N
        s1 = ""
        For J = 1 To M
            B(I, J) = Int(Rnd * 11)
            s1 = s1 & Format(B(I, J), "!@@@")
        Next J
        Text2.Text = Text2.Text & s1 & vbCrLf     '向文本框Text2添加矩阵B的一行
    Next I
End Sub
```

3) 编写"求积"按钮Commmand1的Click事件过程实现求积。C矩阵中第I行第J列的元素，等于A矩阵中第I行的元素与B矩阵中第J列的元素分别相乘后再相加。即

$$C(I,J)=\sum_{K=1}^{N}A(I,K)B(K,J)$$

代码如下：

```
Private Sub Command1_Click()
    '求A矩阵与B矩阵的积C矩阵，并显示在文本框Text3中
    Text3.Text = ""
    For I = 1 To M
        s1 = ""
        For J = 1 To M
            C(I, J) = 0
            For K = 1 To N
                C(I, J) = C(I, J) + A(I, K) * B(K, J)
            Next K
            s1 = s1 & Format(C(I, J), "!@@@@@")
        Next J
        Text3.Text = Text3.Text & s1 & vbCrLf     '向文本框Text3添加矩阵C的一行
    Next I
End Sub
```

4）在"退出"按钮Command2的Click事件过程中输入End语句，结束运行。

图7-10显示的是输入M值为3，N值为4的执行结果。

【例7-10】 求矩阵每行元素的和，每列元素的和。

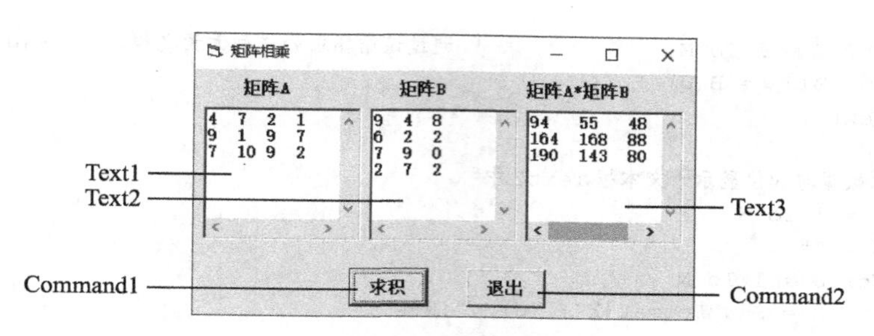

图 7-10　求矩阵的积

界面设计：向窗体上添加两个文本框 Text1 和 Text2，设置它们带双向滚动条，Text1 用于显示原矩阵，Text2 用于显示原矩阵及每行元素的和、每列元素的和。添加一个命令按钮 Command1，运行时通过单击 Command1 按钮求和，运行界面如图 7-11 所示。

代码设计：假设用二维数组 X 来表示矩阵，X 有 M 行 N 列。行元素的和共有 M 个，可以设置一个有 M 个元素的一维数组 A 来存放；列元素的和共有 N 个，可以设置一个有 N 个元素的一维数组 B 来存放。代码设计步骤如下：

1）在窗体模块的通用声明段声明动态数组 X、A、B，同时声明 M 和 N，分别表示矩阵 X 的行数和列数。

```
Dim X(), A(), B(), M As Integer, N As Integer
```

2）在窗体的 Load 事件过程中用输入框输入 M 和 N 的值，根据 M 和 N 的值定义动态数组 X、A、B 的大小，生成数组 X 中的数据，显示在文本框 Text1 中。

```
Private Sub Form_Load()
    M = Val(InputBox("请输入行数"))
    N = Val(InputBox("请输入列数"))
    ReDim X(1 To M, 1 To N), A(1 To M), B(1 To N)    '根据M、N定义数组的大小
    Text1.Text = ""
    '通过循环逐个输入数组元素
    For I = 1 To M
        S = ""
        For J = 1 To N
            Title = "请输入第" & Str(I) & "行第" & Str(J) & "列的元素值"
            X(I, J) = Val(InputBox(Title))
            S = S & Format(X(I, J), "!@@@")
        Next J
        Text1.Text = Text1.Text & S & vbCrLf        '向文本框Text1添加矩阵X的一行
    Next I
End Sub
```

3）编写“求和”按钮 Command1 的 Click 事件过程实现求和，代码如下：

```
Private Sub Command2_Click()
    '求每行元素之和
    For I = 1 To M
        A(I) = 0                        '将第I行元素之和的初始值设置为0
        For J = 1 To N                  '通过该循环求第I行元素之和，存于A(I)中
            A(I) = A(I) + X(I, J)
        Next J
    Next I
    '求每列元素之和
    For J = 1 To N
        B(J) = 0                        '将第J列元素之和的初始值设置为0
```

```
        For I = 1 To M                  ' 通过该循环求第 J 列元素之和，存于 B(J) 中
            B(J) = B(J) + X(I, J)
        Next I
    Next J
    ' 将原数据与和值显示于文本框 Text2 中
    For I = 1 To M
        S = ""
        For J = 1 To N
            S = S & Format(X(I, J), "!@@@")
        Next J
        S = S & Str(A(I))
        Text2.Text = Text2.Text & S & vbCrLf
    Next I
    S = ""
    For J = 1 To N
       S = S & Format(B(J), "!@@@")
    Next J
    Text2.Text = Text2.Text & S & vbCrLf
End Sub
```

图 7-11 显示了对行数为 3、列数为 4 的矩阵的求和结果。

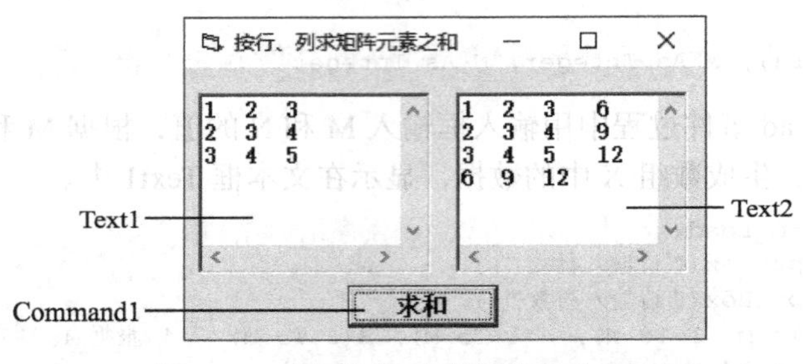

图 7-11 求矩阵各行及各列元素之和

7.8 控件数组

在应用程序中，往往要使用一些类型相同、功能相似的控件，可以将这种同一类型的控件定义成一个控件数组。例如，可以将一批文本框定义成一个控件数组，也可以将一批命令按钮定义成一个控件数组。与前面介绍的数组变量一样，控件数组中的每一个控件是该控件数组的一个元素，它们具有相同的名称（Name 属性），表示为：

```
控件数组名（索引）
```

各控件（数组元素）的索引（下标）不同，该索引由控件的 Index 属性决定。在控件数组中可用的最大索引值为 32767。同一控件数组中的不同控件可以有自己的属性设置值。

使用控件数组添加控件所消耗的资源比直接向窗体添加多个相同类型的控件消耗的资源要少。

当希望若干控件共享代码时，控件数组也很有用，因为同一个控件数组中的不同控件共享相同的事件过程。

7.8.1 创建控件数组

可以在设计阶段创建控件数组，也可以在运行期动态创建控件数组。

1. 在设计阶段创建控件数组

在设计时，可以用以下 3 种方法建立控件数组。

方法 1：将多个控件取相同的名称

具体操作步骤如下：

1）绘制要作为一个控件数组的所有控件，必须保证它们为同一类型的控件。

2）决定哪一个控件作为数组的第一个元素，选定该控件并将其“名称”属性值设置成数组名（或使用其原有的“名称”属性值）。

3）将其他控件的“名称”属性值改成同一个名称。这时，Visual Basic 会显示一个对话框，要求确认是否要创建控件数组，选择“是(Y)”则将控件添加到控件数组中。

例如，若原有 3 个文本框 Text1、Text2、Text3，要将它们设置成控件数组，数组名称为 txtName，则选择第一个文本框 Text1，将其“名称”属性修改成 txtName，然后再选择 Text2，再将其“名称”属性改成 txtName，这时会出现如图 7-12 所示的对话框，单击“是(Y)”按钮将 Text2 添加到控件数组 txtName 中。在属性窗口的对象下拉列表中可以看出原 Text1 和 Text2 文本框的名称分别变成了 txtName (0)、txtName (1)。同样地，将 Text3 的名称也改成 txtName，这时不再出现提示对话框，而在属性窗口的对象下拉列表中直接将 Text3 的名称改成 txtName (2)。观察各控件的属性窗口中的 Index 属性，其值分别变成了 0、1、2（即控件数组元素的索引）。

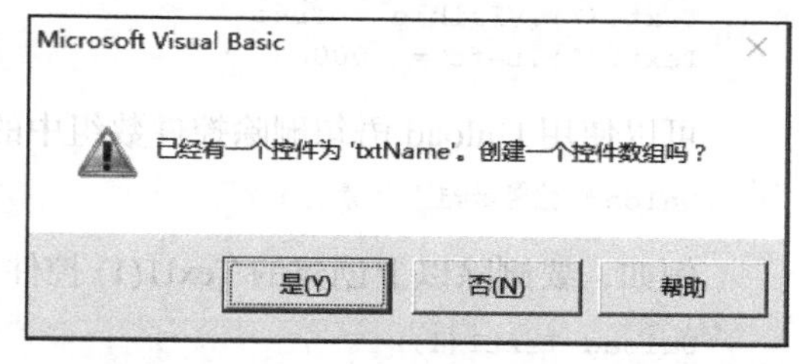

图 7-12　通过修改控件名称建立控件数组

用这种方法建立的控件数组元素仅仅具有相同的“名称”属性和控件类型，其他属性保持最初绘制控件时的值。

方法 2：复制现有的控件，并将其粘贴到所在的容器中

具体操作步骤如下：

1）绘制或选择要作为控件数组的第一个控件。

2）执行“编辑 | 复制”命令（或单击标准工具栏的“复制”按钮），然后选中容器（如窗体、图片框或 Frame 控件），再执行“编辑 | 粘贴”命令（或单击标准工具栏的“粘贴”按钮）。Visual Basic 同样会显示与图 7-12 类似的对话框，单击“是(Y)”按钮，确定要创建一个控件数组。

这时，绘制的第一个控件具有索引值 0，而新粘贴的控件的索引值为 1。以后可以继续使用粘贴的方法向现有的数组中添加控件，只是不再出现提示对话框，直接将新粘贴的控件作为控件数组的下一个元素。每个新数组元素的索引值与其添加到控件数组中的次序相同。用这种方法添加控件时，大多数可视属性，如高度、宽度和颜色，将从数组中第一个控件复制到新控件中。

方法 3：给控件设置一个 Index 属性值

具体操作步骤如下：

1）绘制或选择要作为控件数组的第一个控件。

2）在属性窗口中直接指定一个 Index 属性值（如设置为 0）。

3）使用以上两种方法之一添加数组中的其他控件，这时不再出现提示对话框询问是否要创建控件数组。

建立了控件数组之后，可以通过修改 Index 属性值修改相应控件在数组中的位置。当然，

必须保证同一个控件数组中的各元素的 Index 属性值是唯一的。

2. 在运行阶段创建控件数组

在运行时，可以使用 Load 语句向现有控件数组中添加控件。通常在设计时首先创建一个 Index 属性为 0 的控件，然后在运行时使用 Load 语句加载控件。Load 语句格式如下：

```
Load 控件数组名（索引）
```

例如，设已经在设计时建立了一个控件 Text1(0)，在运行时可以用以下语句加载该数组的一个新的控件：

```
Load Text1(1)
```

使用 Load 语句加载新的控件数组元素后，新添加的控件的大多数属性值与数组中具有最小下标的元素的属性值相同，但新添加的控件是不可见的，必须编写代码将其 Visible 属性设置为 True，通常还要调整其位置，才可以在界面上显示出来。例如，对于用以上 Load 语句加载的 Text1(1)，可以使用以下语句使其在窗体上显示出来：

```
Text1(1).Visible = True
Text1(1).Left = 1000                    ' 该坐标值要视具体情况而定
```

可以使用 Unload 语句删除控件数组中的控件，Unload 语句格式如下：

```
Unload 控件数组名（索引）
```

例如，要删除以上创建的 Text1(1) 控件，可以使用语句：

```
Unload Text1(1)
```

可以用 Unload 语句删除所有由 Load 语句创建的控件，然而，Unload 语句无法删除设计时创建的控件，无论它们是否是控件数组的一部分。

7.8.2 控件数组的使用

同一个控件数组的所有控件共享相同的事件过程。控件数组的事件过程会增加一个参数 Index，以表示当前是在控件数组的哪一个控件上发生了该事件。

例如，命令按钮数组 Command1 的 Click 事件过程为：

```
Private Sub Command1_Click(Index As Integer)
    ' 在此过程中可以根据 Index 的值判断当前单击了哪个按钮，以便做相应的处理
End Sub
```

【例 7-11】 设计如图 7-13a 所示的界面，创建一个单选按钮控件数组 Option1(0) ~ Option1(5)，包含 6 个单选按钮。运行时，当按下某一单选按钮时，对图形设置相应的形状。

界面设计：使用工具箱的 PictureBox 控件在窗体上画一个图片框控件 Picture1；使用工具箱的 Shape 控件在图片框中画一个图形控件 Shape1；使用工具箱的 Frame 控件在窗体上画一个框架控件 Frame1，并设置其 Caption 属性为“请选择形状”；首先在 Frame1 中画一个单选按钮 Option1，然后使用复制、粘贴的方法创建其他单选按钮，使 6 个单选按钮成为一个控件数组。参照图 7-13a 设置各单选按钮的 Caption 属性，并将第一个单选按钮的 Value 属性设置为 True，使其处于选中状态。

代码设计：由于 6 个单选按钮为一个控件数组，因此共享同一个 Click 事件过程，在单选按钮数组的 Click 事件过程中可以根据 Index 参数值判断在哪一个单选按钮上发生了单击事件，以决定对图形设置相应的形状。图形的形状可以通过设置 Shape1 控件的 Shape 属性实

现。Shape 属性的取值与对应的形状如表 7-1 所示。

表 7-1　Shape 控件的 Shape 属性值

Shape 属性值	形状	Shape 属性值	形状
0	矩形	3	圆形
1	正方形	4	圆角矩形
2	椭圆形	5	圆角正方形

由于 Shape 控件的 Shape 属性与各单选按钮的 Index 属性正好一致，因此编写单选按钮数组的 Click 事件过程如下：

```
Private Sub Option1_Click(Index As Integer)
    Shape1.Shape = Index
End Sub
```

运行时单击任意一个单选按钮，可以将图形设置成相应的形状，如图 7-13b 所示。

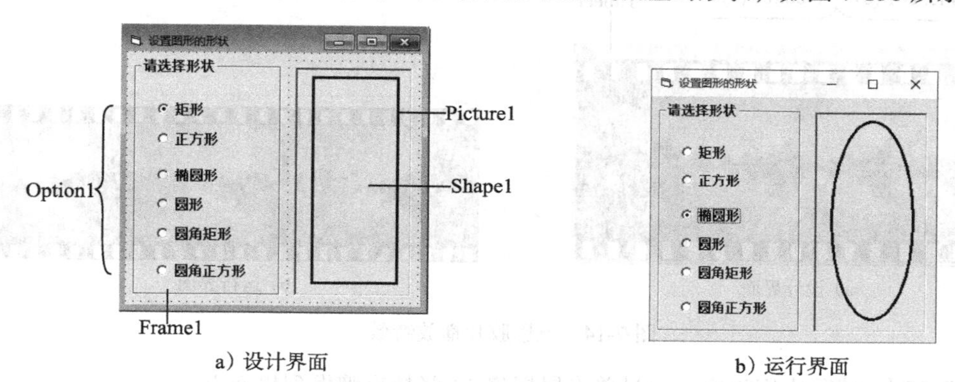

a）设计界面　　b）运行界面

图 7-13　设置图形的形状

【例 7-12】 使用控件数组创建电影胶片播放特效。

界面设计：参照图 7-14a 设计界面。向窗体上添加一个 PictureBox 控件 Picture1，通过设置其 Picture 属性添加一幅电影胶片图片，调整好大小，然后用复制、粘贴的方法创建一个控件数组 Picture1(0) ～ Picture1(3)。添加一个 Timer 控件 Timer1，设置 Timer1 控件的 Interval 属性为 10。

代码设计：本例通过连续在窗体上循环播放图片来产生电影胶片的播放特效。

1）在窗体的 Load 事件过程中编写代码，调整窗体的宽度和各图片框的初始位置，使得运行初始时，窗体宽度正好可以显示 3 幅水平并排的图片 Picture1(0) ～ Picture1(2)，使第 4 幅图片 Picture1(3) 在窗体左侧的不可见区域，其右侧与窗体左边界对齐。代码如下：

```
Private Sub Form_Load()
    Form1.Width = 3 * Picture1(0).Width           ' 使窗体的宽度正好可以容纳三幅图片
    Picture1(0).Left = 0                          ' 使第一幅图片左侧与窗体左边对齐
    Picture1(1).Left = Picture1(0).Width          ' 使第二幅图片左侧与第一幅图片右侧对齐
    ' 使第三幅图片左侧与第二幅图片右侧对齐
    Picture1(2).Left = Picture1(0).Width + Picture1(0).Width
    Picture1(3).Left = -Picture1(3).Width         ' 使第四幅图片右侧与窗体左边对齐
    For i = 0 To 3                                ' 使各图片顶部对齐
       Picture1(i).Top = 0
    Next i
End Sub
```

2）通过定时器控制每隔 10ms 将各图片框向右移动 10 缇，如果图片框的左侧已经大于窗体的内部宽度，说明图片框已经移出窗体，则将相应的图片框移回窗体左部，使其右侧与窗体左边对齐。代码写在定时器的 Timer 事件过程中，具体如下：

```
Private Sub Timer1_Timer()
    For i = 0 To 3
        Picture1(i).Left = Picture1(i).Left + 10
        If Picture1(i).Left >= Form1.ScaleWidth Then ' ScaleWidth 为窗体内部可见区域的宽度
            Picture1(i).Left = -Picture1(i).Width
        End If
    Next i
End Sub
```

运行时，各图片从窗体左侧逐渐向右侧移动，产生电影胶片的播放效果，如图 7-14b 所示。

a）设计界面

b）运行界面

图 7-14　电影胶片播放特效

【例 7-13】 编写应用程序，通过单击鼠标将 13 张扑克牌发到界面上。

素材准备： 打开 Windows 纸牌游戏，从屏幕上逐个截取 13 张扑克牌的图片，依次保存成文件名 card1.bmp ～ card13.bmp；截取一个用来表示一摞待发纸牌的图片，保存为文件名 cardall.bmp；截取一个表示一摞空纸牌的图片，保存为文件名 cardnone.bmp。将这些文件保存在同一个文件夹中。

界面设计： 新建一个标准 EXE 工程，向窗体上添加一个 Image 控件，设名称为 Image1。按表 7-2 设置 Image1 控件的属性。设置后的界面如图 7-15 所示。将当前工程保存到与素材图片相同的文件夹中。

表 7-2　Image1 控件的属性设置

控件名	属性名	属性值	说明
Image1	Index	0	使 Image1 成为一个控件数组
	Left	200	设置 Image1 离窗体左边的初始位置
	Top	200	设置 Image1 离窗体顶部的初始位置
	Picture	cardall.bmp	显示为未发牌的图片
	Stretch	True	使图片随控件大小自动调整

代码设计： 运行时，通过单击 Image1，在窗体上发出 13 张牌，如图 7-16 所示。因此代码应写在 Image1 的 Click 事件过程中。发牌的过程实际上是创建控件数组的过程。主要思路是：首先根据所预期的扑克牌的布局，计算并调整好窗体的宽度和高度，然后使用 Load 方

法创建 13 个 Image 控件 Image1(1) ～ Image1(13)，每创建一个 Image1 控件后，通过设置其 Picture 属性加载相应的扑克牌图片，将其 Visible 属性设置为 True 使图片可见，再调整好当前 Image 控件的位置即可。代码如下。

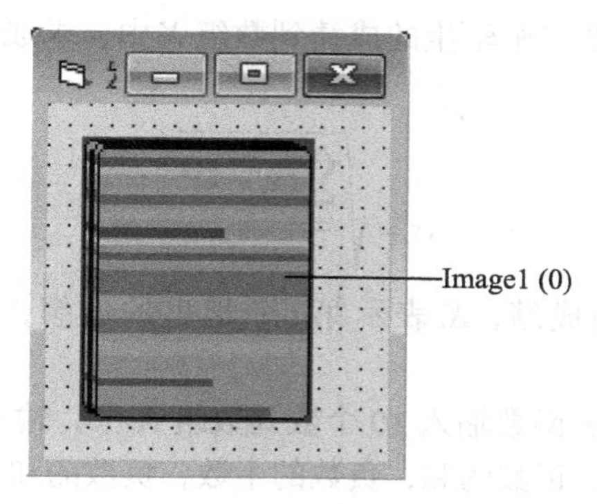

图 7-15　发牌前

```
Private Sub Image1_Click(Index As Integer)
    Dim i As Integer
    Form1.Width = 7 * Image1(0).Width + 1800      ' 调整窗体的宽度
    Form1.Height = 2 * Image1(0).Height + 1000    ' 调整窗体的高度
    For i = 1 To 13
        Load Image1(i)
        Image1(i).Picture = LoadPicture(App.Path & "\card" & Format(i) & ".bmp")
        Image1(i).Visible = True
        ' 调整图片的位置
        Select Case i
            Case Is < 7                 ' 如果是前 6 幅图片，则放在第一排
                Image1(i).Left = Image1(i - 1).Left + Image1(i - 1).Width + 200
            Case Is = 7                 ' 如果是第 7 幅图片，则放在第二排开头
                Image1(i).Left = Image1(0).Left
                Image1(i).Top = Image1(0).Top + Image1(0).Height + 200
            Case Is > 7                 ' 如果是第 8 ～ 13 幅图片，则放在第二排
                Image1(i).Left = Image1(i - 1).Left + Image1(i - 1).Width + 200
                Image1(i).Top = Image1(i - 1).Top
        End Select
    Next i
    ' 发完牌后，将 Image1(0) 的图片修改为 cardnone.bmp，表示已经没有扑克牌
    Image1(0).Picture = LoadPicture(App.Path & "\cardnone.bmp")
End Sub
```

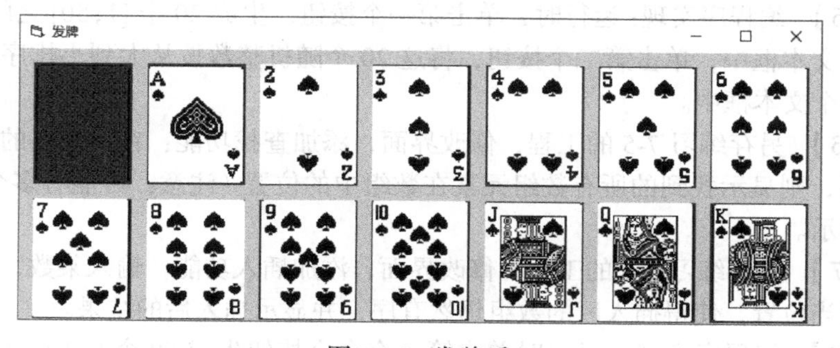

图 7-16　发牌后

由于使用 App.Path 可以获取当前程序所在的路径，因此，以上代码中使用 App.Path &

"\card" & Format(i) & ".bmp" 可以得到所要加载的图片文件所在的路径及文件名。

7.9 上机练习

【练习 7-1】 输入某班级 N 个学生的成绩到数组 X 中，求成绩的标准差，求标准差公式如下：

$$\sigma=\sqrt{\frac{\sum_{i=1}^{n}(x_i-\bar{x})^2}{n-1}}$$

其中，$\bar{x}$ 表示学生的总平均成绩，X_i 表示第 i 个学生的成绩，要求学生人数和成绩都用 InputBox 函数输入。

【练习 7-2】 用 InputBox 函数输入 10 个数到数组 A 中，输入后将这 10 个数显示在某文本框中，并统计正数的个数，正数的和，负数的个数，负数的和。用 Print 方法将结果直接打印在窗体上。设计界面如图 7-17a 所示，运行界面如图 7-17b 所示。

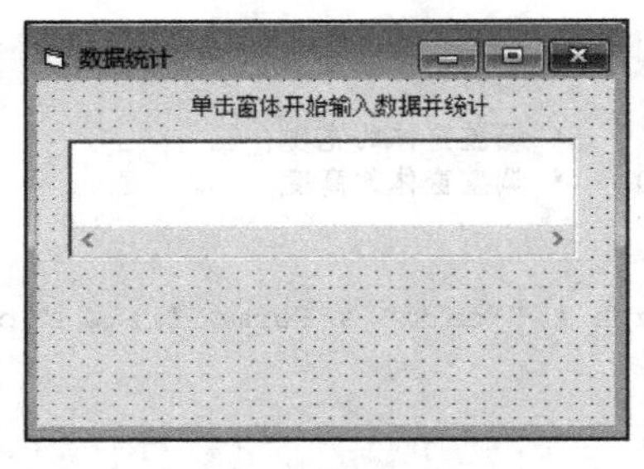

a）设计界面

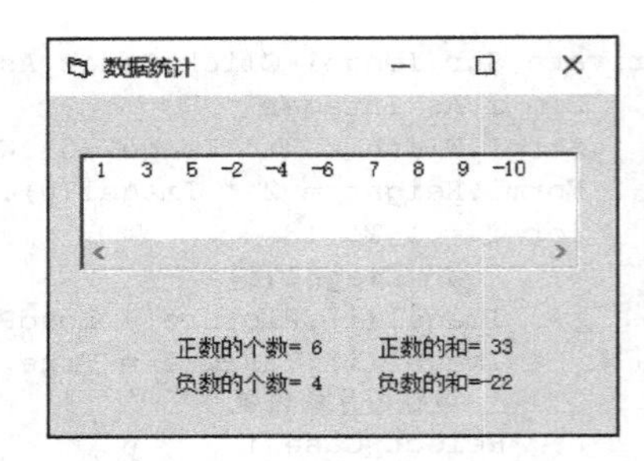

b）运行界面

图 7-17 数据统计

【练习 7-3】 编程序实现：运行时，单击第一个按钮，生成 50 个 [1，100] 之间的随机整数，显示于文本框中，单击第二个按钮，求这 50 个随机整数中的最大数，并将其显示在另一个文本框中。

【练习 7-4】 编程序实现：在窗体加载时生成 100 个 [−100，100] 之间的随机整数到某数组中，并显示于第一个文本框 Text1 中，用文本框 Text2 输入某数，单击某命令按钮实现删除功能，如果该数不在数组中，则给出警告，否则将其从数组中删除，并用文本框 Text3 显示删除后的数组元素。

【练习 7-5】 编程序实现：运行时，单击第一个按钮，生成 20 个 [1,50] 之间的随机整数，显示于第一个文本框中，单击第二个按钮，将这 20 个随机整数按从大到小排序，并将排序结果显示于另一个文本框中。

【练习 7-6】 另存练习 7-5 的工程，修改界面，添加查找功能：在排好序的数组中查找某数，如果找到，则显示找到的所有数组元素在数组中的位置（注意：可能有多个），如果没找到，则给出提示。

【练习 7-7】 另存练习 7-5 的工程，修改界面，添加插入功能，输入某数，插入到排好序的数组中的适当位置，使得插入后的数组仍然有序，并显示插入后的结果。

【练习 7-8】 编程序实现：运行时单击第一个命令按钮生成 50 个 [−10，10] 区间的随机整数，保存到一维数组 A 中，同时显示在第一个文本框中，单击第二个命令按钮将其中的正数和负数分离开来，分别保存到数组 B 和数组 C 中，并将分离后的正数和负数显示在另两个文本框中。

【练习 7-9】 编程序实现：运行时单击“生成矩阵”按钮在图片框上生成包含有 [1，10] 之间的随机整数的 6 行 6 列的矩阵，单击“转置”按钮对该矩阵进行转置，结果显示于另一个图片框中。

【练习 7-10】 编写应用程序，实现方阵与向量的左乘法运算，例如：

$$\begin{pmatrix} a & b \\ c & d \end{pmatrix}\begin{pmatrix} p \\ q \end{pmatrix}=\begin{pmatrix} ap+bq \\ cp+dq \end{pmatrix}$$

在窗体加载时，生成一个 5 行 5 列的方阵和具有 5 个元素的向量，它们的元素为 [1，10] 之间的随机整数，单击命令按钮对它们进行左乘法运算，用文本框显示矩阵和向量，如图 7-18 所示。

【练习 7-11】 编程序实现，运行时单击窗体，用 InputBox 函数输入行数，然后根据该行数在窗体上打印如图 7-19 所示的杨辉三角。

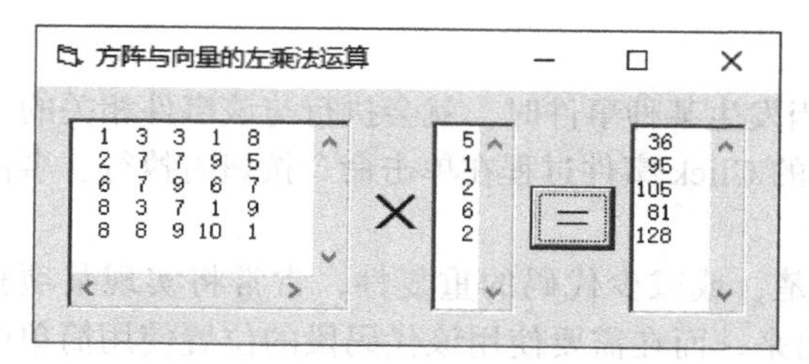

图 7-18　方阵与向量的左乘法运算

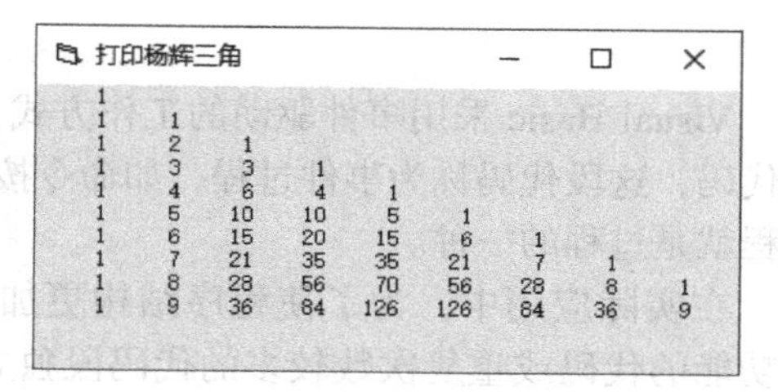

图 7-19　在窗体上打印杨辉三角

【练习 7-12】 设计一个可动态修改的界面，如图 7-20a 所示。编程序实现，运行时，单击“添加”按钮在现有文本框和标签的右侧添加一个新的文本框和一个新的标签，如果窗体宽度不足以容纳新添加的控件，则自动加宽；单击“删除”按钮删除最右侧的文本框和标签，并缩减多余的窗体宽度，如果删除到剩下最后一组控件还单击“删除”按钮，则用消息框提示“不能再删除”；单击“逆序显示”按钮，将文本框的内容逆序显示在标签中，如图 7-20c 所示。

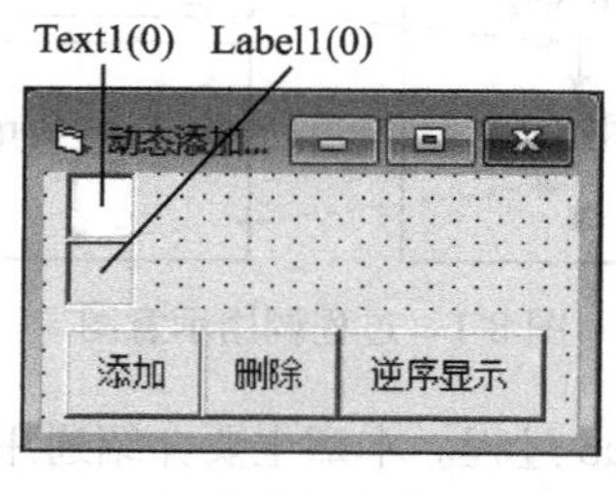

a）设计界面

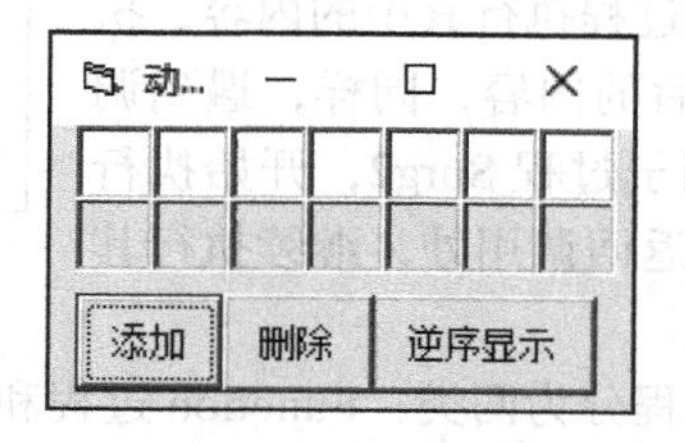

b）运行界面——添加了控件

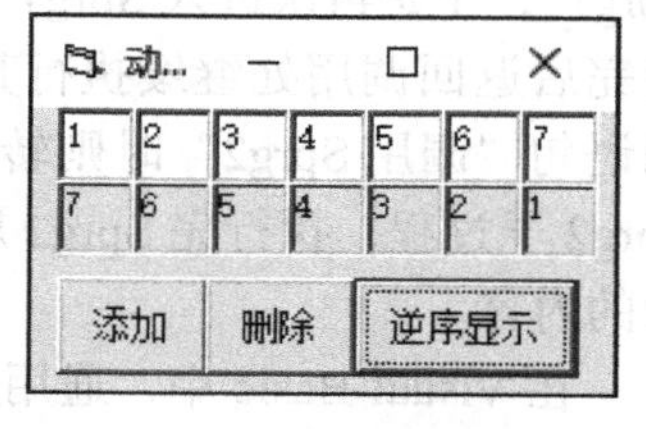

c）运行界面——逆序显示

图 7-20　在运行时动态添加和删除控件

【练习 7-13】 对例 7-13 进行修改，实现以下功能：

1）修改“发牌”功能，使发出的 13 张扑克牌是随机的，而不是按从小到大的顺序排列。

2）运行时，第二次单击 Image1（0）实现“收牌”功能。

第8章

过　　程

Visual Basic 采用事件驱动的工作方式，当发生某种事件时，就会执行与该事件相关的一段代码，这段代码称为事件过程，如命令按钮的 Click 事件过程在单击命令按钮时执行。事件过程就是过程的一种。

在实际应用中，为了使程序结构更加清楚，或减少代码的重复性，常常将实现某项独立功能的代码或重复次数较多的代码段独立出来，而在需要使用该代码段的位置使用简单的调用语句并指定必要的参数就可以代替该代码段所规定的功能，这种独立定义的代码段叫做“通用过程”。通用过程由编程人员建立，供事件过程或其他通用过程使用（调用），通用过程也称为“子过程”或“子程序”，可以被多次调用。而调用该子过程的过程称为“调用过程”。

调用过程与子过程之间的关系如图 8-1 所示。在图 8-1 中，调用过程在执行中，首先遇到调用语句“调用 Sprg1”，于是转到子过程 Sprg1 的入口处开始执行，执行完子过程 Sprg1 之后，返回调用过程的调用语句处继续执行随后的内容，执行过程中再次遇到调用语句“调用 Sprg1”，于是再次进入 Sprg1 子过程执行其中的内容，执行完后返回调用处继续执行其后的内容，同样，遇到调用语句“调用 Sprg2”时则转到子过程 Sprg2，开始执行 Sprg2 子过程，执行完 Sprg2 后返回调用处，继续执行其后的内容。

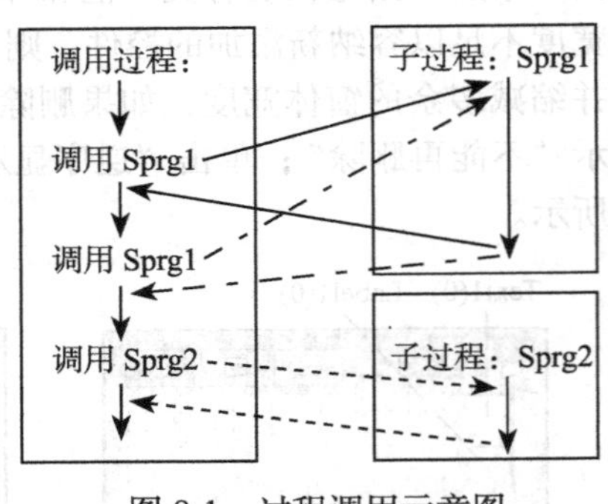

图 8-1　过程调用示意图

在 Visual Basic 中，通用过程分为两类：Function 过程和 Sub 过程。本章主要介绍通用过程的定义、调用，另外还将介绍 Visual Basic 应用程序的结构以及过程、变量的作用域、生存期等问题。

8.1　Function 过程

Visual Basic 提供了丰富的内部函数供用户使用，如 Sin 函数、Sqr 函数等，使用这些函数时，只需要写出函数名称，并指定相应的参数就能得到函数值。当在程序中要重复处理某一种函数关系，而又没有现成的内部函数可以使用时，程序员可以自己定义函数，并采用与调用内部函数相同的方法来调用自定义函数。自定义函数通过 Function 过程实现。Function 过程也称为函数过程。

8.1.1　Function 过程的定义

格式：

```
[Public|Private][Static] Function 函数过程名([形参表]) [As 类型]
      [ 语句组 ]
      [ 函数过程名 = 表达式 ]
      [ Exit Function ]
      [ 语句组 ]
End Function
```

功能：定义函数过程的名称、参数以及构成函数过程体的代码。Function 语句和 End Function 语句之间的语句为称为“函数过程体”，函数过程体的功能主要是根据“形参表”指定的参数求得一个函数值，并将该函数值保存在“函数过程名”中，作为过程的返回值。

说明：1）Public：可选项，缺省值。定义全局的函数过程，应用程序中各模块的所有过程都可以调用该函数过程。

2）Private：可选项。定义私有的函数过程，只有本模块中的其他过程才可以调用该函数过程。

3）Static：可选项。如果使用该选项，则过程中的所有局部变量为静态变量。

有关 Public、Private 和 Static 关键字的使用将在 8.8 节进一步介绍。

4）函数过程名：函数过程的名称应遵循标识符的命名规则。

5）形参表：也称形式参数表，可选项。表示函数过程的参数变量列表。多个参数之间用逗号隔开。“形参表”中的每一个参数的格式为：

```
[ByVal |ByRef |Optional |ParamArray] 参数名[( )] [As 类型]
```

其中，“参数名”之前的各关键字均为可选项，使用 ByVal 表示该参数按值传递；使用 ByRef 表示该参数按地址传递；使用 Optional 表示该参数为可选参数；使用 ParamArray 表示该参数是一个可选数组。关于这几个关键字的具体使用将在 8.3 节介绍。“参数名”是遵循标识符命名规则的任何变量名或数组名；当参数为数组时，参数名之后需要跟一对空圆括号“( )”；“As 类型”为可选项，用于定义该参数的数据类型。函数过程可以没有参数。

6）As 类型：可选项。定义函数过程的返回值的数据类型，可以是 Byte、Boolean、Integer、Long、Currency、Single、Double、Date、String（固定长度除外）、Object、Variant 或用户自定义类型。

7）Exit Function 语句：用于从函数过程中退出。该语句通常放在某种选择条件结构中，表示在满足某种条件时强行退出函数过程。

8）函数过程名 = 表达式：可选项。用于给函数过程赋值。函数过程通过赋值语句“函数过程名 = 表达式”将函数的返回值赋给“函数过程名”。如果省略该语句，则数值函数过程返回 0，字符串函数过程返回空串。

9）函数过程不能嵌套定义。

函数过程应该建立在模块的通用声明段，即建立在代码窗口的所有过程之外。当输入函数过程的第一条语句，即 Function 语句并按回车键之后，代码窗口会自动显示函数过程的最后一条语句，即 End Function 语句，且光标会停留在函数过程体内，这时可以编写函数过程

体代码，完成所需的功能。也可以使用“工具 | 添加过程”命令添加一个函数过程。

【例 8-1】 编写一个计算圆柱体体积的函数过程。

分析： 假设函数过程名称为 CV。求圆柱体体积需要已知圆柱体的底面半径 R 和圆柱体的高 H 的值，因此应给函数过程设置两个参数 R、H。在过程体中需要给 CV 赋值，以便通过函数过程名 CV 返回函数值。代码如下：

```
Function CV(R As Single, H As Single) As Double
    CV = 3.14 * R ^ 2 * H                        ' 给函数过程名赋值
End Function
```

【例 8-2】 编写一个计算 *n*! 的函数过程。

分析：假设函数过程名称为 Fact。求 *n*! 只需给函数过程设置一个参数 N。函数过程体的功能就是求 Fact=N!，代码如下：

```
Function Fact(N As Integer) As Long          ' 参数 N 为整型，函数值为长整型
    Dim I As Integer, F As Long              ' 定义函数过程体内的局部变量
    F = 1                                    ' F 用于保存阶乘值
    For I = 1 To N
       F = F * I
    Next I
    Fact = F                                 '使用函数过程名 Fact 返回 N! 的值
End Function
```

【例 8-3】 编写一个求一维数组各元素和的函数过程。

分析： 假设函数过程名称为 Sum。求数组各元素的和，需要用数组作参数，假设数组参数名称为 X，则要在 X 之后加一对空圆括号。函数过程的功能就是要求一维数组 X 的所有元素之和，保存到函数名 Sum 中。代码如下：

```
Function Sum(X() As Integer) As Long          ' 注意在参数 x 之后加一对空圆括号
    S = 0                                     ' 假设变量 S 用来保存所有元素之和
    For I = LBound(X) To UBound(X)
       S = S + X(I)
    Next I
    Sum = S                                   ' 使用函数过程名返回数组各元素的和
End Function
```

8.1.2 Function 过程的调用

定义函数过程以后，就可以在应用程序的其他地方调用这个函数过程了。调用时通常需要将一些参数传递给函数过程，函数过程利用这些参数进行计算，然后通过函数过程名将结果返回。函数过程的调用与内部函数的调用类似，即可以直接在表达式中调用。

格式： 函数过程名([实参表])

功能： 按指定的参数调用已定义的函数过程。

说明： 1）函数过程名：要调用的函数过程的名称。

2）实参表：实际参数表，指要传递给函数过程的常量、变量或表达式，各参数之间用逗号分隔。如果是数组，在数组名之后要跟一对空圆括号。

【例 8-4】 输入 *m* 和 *n* 的值，调用例 8-2 的函数过程 Fact 求组合数。求组合数公式如下：

$$C_m^n = \frac{m!}{n!(m-n)!}$$

界面设计： 向窗体上添加 3 个文本框 Text1、Text2、Text3 和一个命令按钮 Command1，

设计如图 8-2a 所示的界面。假设运行时，分别用文本框 Text1 和 Text2 输入 *n* 和 *m* 的值，单击“=”按钮 Command1 计算组合数，结果显示于文本框 Text3 中。

代码设计：在代码窗口的通用声明段编写例 8-2 的函数过程 Fact。在 Command1 按钮的 Click 事件过程中编写代码，输入 n 和 m 的值，调用函数过程 Fact 按以上公式计算组合数，将计算结果显示在文本框 Text3 中。Command1 的 Click 事件过程如下：

```
Private Sub Command1_Click()
    Dim m As Integer, n As Integer, c As Double
    n = Val(Text1.Text)
    m = Val(Text2.Text)
    c = Fact(m) / (Fact(n) * (Fact(m - n)))        ' 调用 Fact 函数求各阶乘值，计算组合数
    Text3.Text = c                                  ' 用 Text3 显示组合数
End Sub
```

运行时，分别输入 n 和 m 的值，单击“=" 按钮计算组合数，结果如图 8-2b 所示。

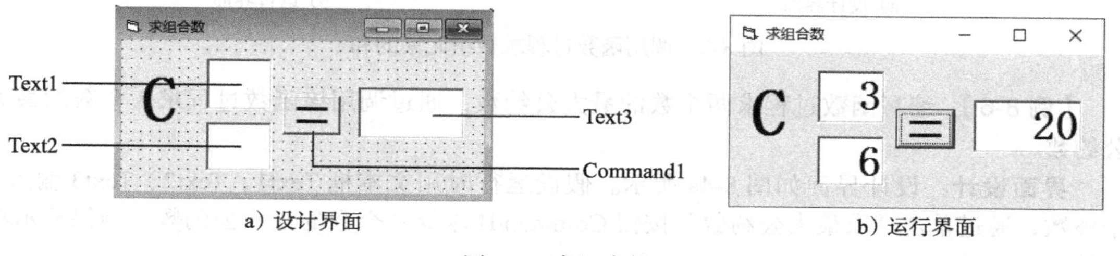

a）设计界面　　b）运行界面

图 8-2　求组合数

【例 8-5】 生成 10 个包含 [1，5] 之间的随机整数的一维数组，调用例 8-3 的函数过程求该数组的所有元素之和。

界面设计：向窗体上添加一个文本框 Text1、一个标签 Label1 和两个命令按钮 Command1、Command2，设计如图 8-3a 所示的界面。假设运行时，单击“生成数据”按钮生成 10 个随机整数，显示在文本框 Text1 中，单击“求和”按钮求所有数组元素的和，结果显示于标签 Label1 中。

代码设计：1）在代码窗口的通用声明段声明数组 A 为具有 10 个元素的一维整型数组，使 A 成为模块级数组。

```
Dim A(1 To 10) As Integer
```

2）编写例 8-3 的函数过程 Sum。

3）在“生成数据”按钮 Command1 的 Click 事件过程中编写代码，生成 10 个 [1,5] 区间内的随机整数，保存到数组 A 中，同时显示在文本框 Text1 中。

```
Private Sub Command1_Click()
    Randomize
    Text1.Text = ""
    For I = 1 To 10
        A(I) = Int(Rnd * 5 + 1)
        Text1.Text = Text1.Text & Str(A(I))
    Next I
End Sub
```

4）编写“求和”按钮 Command2 的 Click 事件过程，调用函数过程 Sum 求数组各元素的和，并将和值显示在标签 Label1 中。

```
Private Sub Command2_Click()
    Label1.Caption = Sum(A())                ' 实参是数组，数组名之后需要跟一对空圆括号
End Sub
```

运行时，首先单击“生成数据”按钮生成随机数，然后单击“求和”按钮求和，如图 8-3b 所示。

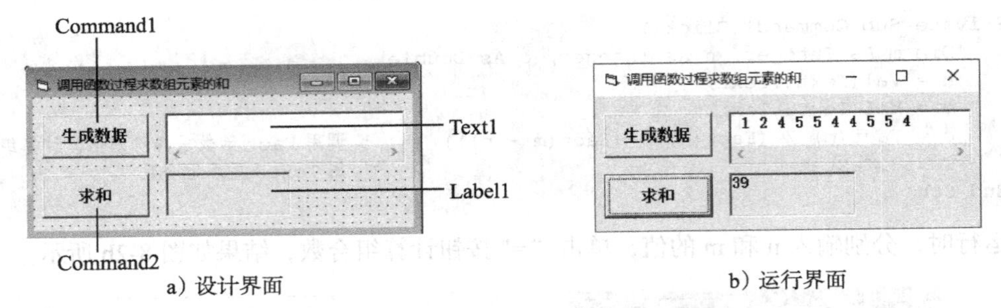

图 8-3　调用函数过程求数组元素的和

【例 8-6】 编写函数过程求两个数的最大公约数，通过调用该函数过程求 3 个数的最大公约数。

界面设计：设计界面如图 8-4a 所示。假设运行时用文本框 Text1、Text2、Text3 输入 3 个整数，通过单击“求最大公约数”按钮 Command1 求这 3 个数的最大公约数，结果显示在标签 Label2 中。

代码设计：1）在窗体模块的通用声明段定义求两个数的最大公约数的函数过程，设过程名称为 gcd。求两个数的最大公约数的算法可以参考例 6-11。代码如下：

```
Function gcd(m As Integer, n As Integer) As Integer
    Dim r As Integer
    r = m Mod n                        ' 求 m 除以 n 的余数 r
    Do While r <> 0                    ' 当余数不为 0 时进入循环
        m = n                          ' 将除数 n 作为被除数 m
        n = r                          ' 将余数 r 作为除数 n
        r = m Mod n                    ' 求 m 除以 n 的余数 r
    Loop
  gcd = n                              ' 当余数 r 为 0 时，除数 n 就是最大公约数
End Function
```

2）在 Command1 的 Click 事件过程中调用函数过程 gcd 求最大公约数。求多个数的最大公约数，可以通过多次求两个数的最大公约数实现。代码如下：

```
Private Sub Command1_Click()
    Dim A As Integer, B As Integer, C As Integer
    Dim X As Integer, Y As Integer
    A = Val(Text1.Text)
    B = Val(Text2.Text)
    C = Val(Text3.Text)
    X = gcd(A, B)                  ' 第一次调用 gcd 函数求 A 和 B 的最大公约数，保存到 X 中
    Y = gcd(X, C)                  ' 第二次调用 gcd 函数求 X 和 C 的最大公约数，保存到 Y 中
    Label2.Caption = Y             ' 显示最大公约数
End Sub
```

运行时输入 28,56,88，单击“求最大公约数”按钮，求出最大公约数 4，如图 8-4b 所示。

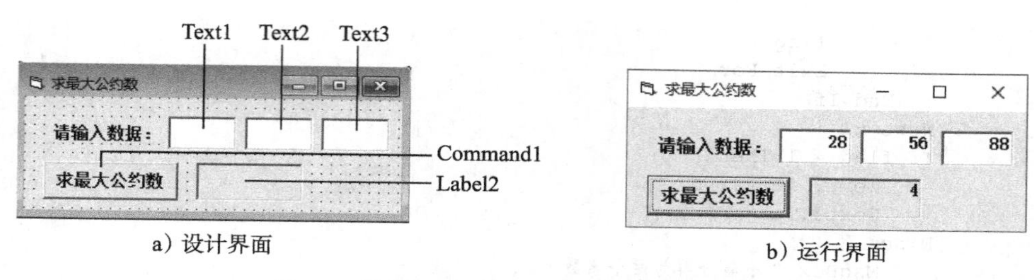

a）设计界面　b）运行界面

图 8-4　调用函数过程求 3 个数的最大公约数

【例 8-7】 编写判断一个数是否为素数的函数过程，利用该函数过程验证哥德巴赫猜想：一个不小于 6 的偶数可以表示为两个素数之和，如 6=3+3，8=3+5，10=3+7。

界面设计： 参照图 8-5a 设计界面。假设用文本框 Text1 输入一个不小于 6 的偶数，单击"分解为两个素数"按钮 Command1 将该数分解为两个素数，分别显示于文本框 Text2 和 Text3 中。

代码设计： 1）在窗体模块的通用声明段编写判断素数的函数过程，设函数过程名称为 isprime。判断素数的算法可以参考例 6-12。使用函数过程判断一个数 N 是否是素数，可以将 N 作为函数过程的参数。假设函数过程返回 True 表示 N 是素数，返回 False 表示 N 不是素数，因此需要定义函数 isprime 的类型为 Boolean 类型。代码如下：

```
Function isprime(n As Integer) As Boolean
    K = Int(Sqr(n)): I = 2
    Do While I <= K
        If n Mod I <> 0 Then
            I = I + 1                          ' 不能整除，I 值累加 1
        Else
            Exit Do                            ' 整除，退出循环
        End If
    Loop
    If I <= K Then isprime = False Else isprime = True
End Function
```

2）在 Command1 的 Click 事件过程中，从文本框 Text1 输入数据 N，如果 N 不是小于 6 的偶数，则给出提示，要求重新输入，否则，将该数分解为两个素数，然后显示在文本框 Text2 和 Text3 中。分解方法是：假设将 N 分解为 N1 和 N2，即 N=N1+N2，让 N1 取 3 到 N\2 区间（N 的前半部分）的奇数，对于每一个 N1，显然 N2=N−N1，如果 N1 和 N2 都是素数，则显示 N1 和 N2。代码如下。

```
Private Sub Command1_Click()
    Dim n As Integer, n1 As Integer, n2 As Integer
    Dim flag As Integer, m as Integer
    n = Val(Text1.Text)
    flag = 0
    If n < 6 Or n Mod 2 <> 0 Then
          MsgBox "数据错，请重输"
          Text1.SetFocus
          Text1.SelStart = 0
          Text1.SelLength = Len(Text1.Text)
    Else
       m= n \ 2
       For n1 = 3 To m Step 2
           n2 = n - n1
           If isprime(n1) And isprime(n2) Then   ' 调用函数过程判断是否是素数
```

```
                flag = 1
                Exit For
            End If
        Next n1
        If flag = 1 Then
            Text2.Text = n1
            Text3.Text = n2
        Else
            MsgBox "不能分解为两个素数"
        End If
    End If
End Sub
```

运行时输入任意一个不小于 6 的偶数，单击命令按钮将其分解为两个素数，如图 8-5b 所示。

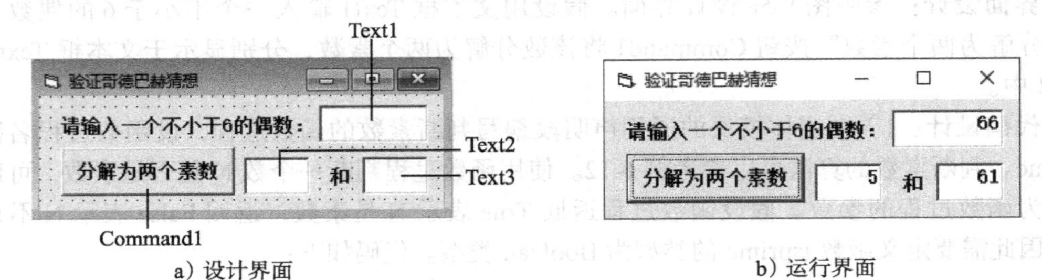

a）设计界面　　b）运行界面

图 8-5　验证哥德巴赫猜想

【例 8-8】 编写一个函数过程返回指定个数的字符串，字符串以 A 开始，例如，当指定个数为 5 时，函数过程返回字符串"A B C D E"（字符之间有一个空格）。编写窗体的 Click 事件过程，调用该函数过程，实现在窗体上按指定的行数输出如图 8-6 所示的图形。

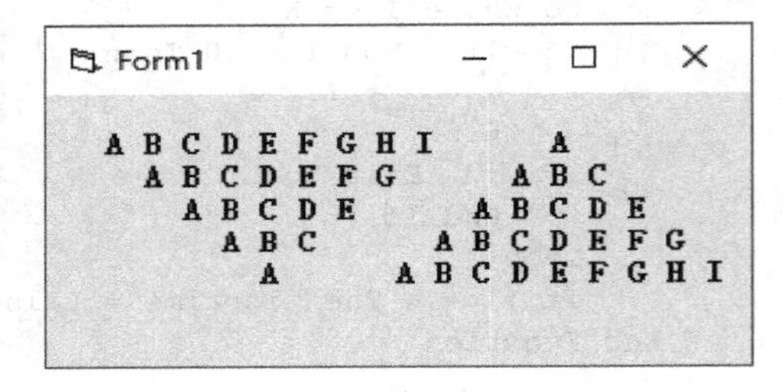

图 8-6　按指定行数输出的图形

界面设计：设运行时通过单击窗体打印图形，因此无须向窗体上添加任何控件。

代码设计：1）编写函数过程，设过程名称为 CreateStr，设置一个参数 N，用来表示要生成的字符串的个数，由于要求函数过程返回字符串，因此需要定义函数类型为字符串类型。函数过程如下：

```
Private Function CreateStr(N As Integer) As String   '该函数返回 N 个字符
    Dim TmpStr As String, I As Integer      'TmpStr 用于保存要返回的字符串
    TmpStr = ""
    StrAsc = Asc("A") - 1                   'StrAsc 用于保存字符的 ASCII 码
    For I = 1 To N
        StrAsc = StrAsc + 1                 '生成下一个字符的 ASCII 码
        TmpStr = TmpStr & Space(1) & Chr(StrAsc)
    Next I
    CreateStr = TmpStr
End Function
```

2）编写窗体的 Click 事件过程，通过调用函数过程 CreateStr 打印所要求的图形，代码如下：

```
Private Sub Form_Click()
```

```
    Dim N As Integer, I As Integer
    N = Val(InputBox("图形的行数", "请输入", "5"))      ' 输入行数
    Cls : Print
    For I = 1 To N
        Print Tab(2 * I);                      ' 将第 I 行的打印起点定位在 2I 处
        Print CreateStr(2 * N - 2 * I + 1);    ' 输出第 I 行的左半部分
        Print Spc(4);                          ' 输出左右两部分的间隔
        Print CreateStr(2 * I - 1)             ' 输出第 I 行的右半部分
    Next I
End Sub
```

8.2 Sub 过程

通常情况下，使用函数过程用于定义某种函数关系，通过调用函数过程得到一个函数值。但在实际应用中，可能不需要过程返回值（如使用过程打印一个图形）或需要过程返回多个值（如利用过程对一批数据进行排序），在这些情况下就需要使用 Sub 过程。Sub 过程也称子过程。

8.2.1 Sub 过程的定义

格式：

```
[Private|Public][Static] Sub 过程名 [(形参表)]
    [语句组]
    [Exit Sub]
    [语句组]
End Sub
```

功能：定义 Sub 过程的名称、参数以及构成子过程体的代码。Sub 语句和 End Sub 语句之间的语句称为“子过程体”，子过程体一般用于根据“形参表”指定的参数进行一系列处理，通过形参表中的参数可以返回 0 个或多个值。

说明：1）格式中大部分选项的含义同 Function 过程。

2）Sub 过程的“过程名”与 Function 过程的“函数过程名”的含义与作用不同，Sub 过程的“过程名”只在调用 Sub 过程时使用，不具有值的意义，因此不能给 Sub 过程的“过程名”定义类型，也不能在 Sub 过程中给“过程名”赋值。

3）Sub 过程可以返回 0 到多个值，且由“形参表”中的参数返回这些值。因此，使用函数过程可以实现的功能，也可以用 Sub 过程实现。

Sub 过程应该建立在模块的通用声明段，即建立在代码窗口的所有过程之外。当输入 Sub 过程的第一条语句并按回车键之后，代码窗口会自动显示 Sub 过程的最后一条语句，即 End Sub 语句，且光标会停留在子过程体内，这时可以编写子过程体代码，完成所需的功能。也可以使用“工具 | 添加过程”命令添加一个 Sub 过程。

【例 8-9】 编写 Sub 过程计算 *n*!。

分析：在前面使用函数过程求 *n*! 的示例中，阶乘值由函数名称返回，因此只需要设置一个参数 N。如果改成用 Sub 过程实现，因为 Sub 过程名称不能返回值，所以应该在形参表中引入另一个参数来返回阶乘值。设 Sub 过程的名称为 Fact，则代码如下：

```
Sub Fact(N As Integer, F As Long)      ' 参数 F 用于返回阶乘值
    Dim I As Integer
    F = 1
    For I = 1 To N
        F = F * I
```

```
    Next I
End Sub
```

注意： 在以上Sub过程中，不能给Fact定义类型，也不能给Fact赋值。

【例8-10】 编写Sub过程，求某一维数组中元素的最大数和最小数。

分析： 设Sub过程名称为S，该Sub过程需要引入3个形参，一个是数组参数，用于接收一个一维数组，假设为x，另外两个参数分别用来返回最大值和最小值，假设为max和min，则Sub过程要实现的功能就是求数组x的最大元素和最小元素值，保存到参数max和min中，代码如下：

```
Sub s(x(), max, min)          ' 形参数组 x 之后需要跟一对空圆括号
    LB = LBound(x)            ' 获取数组 x 的下标下界，保存到变量 LB 中
    UB = UBound(x)            ' 获取数组 x 的下标上界，保存到变量 UB 中
    max = x(LB)
    min = x(LB)
    For i = LB + 1 To UB
        If x(i) > max Then max = x(i)
        If x(i) < min Then min = x(i)
    Next i
End Sub
```

8.2.2 Sub过程的调用

定义好一个Sub过程之后，要让其执行，则必须使用调用语句执行该过程。调用语句可以有以下两种格式。

格式一： Call 过程名 [(实参表)]

格式二： 过程名 [实参表]

功能： 按指定的参数调用已定义的Sub过程。

说明： 1）过程名：必须是一个已定义的Sub过程的名称。

2）实参表：即实际参数表，用于指定要传递给Sub过程的常量、变量或表达式，各参数之间用逗号分隔。如果参数是数组，则要在数组名之后跟一对空圆括号。

3）如果要调用的过程本身没有参数，则省略“实参表”和小圆括号。

4）格式二省略了Call关键字，“过程名”和“实参表”之间要有空格，且“实参表”两边也不能带小圆括号。

【例8-11】 调用例8-9求$n!$的Sub过程，求组合数。假设界面与图8-2相同，代码如下：

```
Private Sub Command1_Click()
    Dim M As Integer, N As Integer
    Dim f1 As Long, f2 As Long, f3 As Long
    N = Val(Text1.Text)
    M = Val(Text2.Text)
    Call Fact(M, f1)                ' 调用后 f1=m!
    Call Fact(N, f2)                ' 调用后 f2=n!
    Call Fact(M - N, f3)            ' 调用后 f3=(m-n)!
    Text3.Text = f1 / (f2 * f3)     ' 用 Text3 显示组合数
End Sub
```

【例8-12】 输入若干学生的成绩，调用Sub过程求最高分和最低分。

界面设计： 向窗体上添加3个文本框Text1、Text2和Text3，添加一个命令按钮

Command1，设计界面如图 8-7a 所示。假设运行时首先向文本框 Text1 输入若干学生的成绩，然后通过单击命令按钮 Command1 调用 Sub 过程求最高分和最低分。

代码设计： 本例假设数据直接输入到文本框 Text1 中，然后使用 Split 函数对其进行分离，分离结果保存到某数组 A 中，然后再将该数组 A 作为参数传递给 Sub 过程，Sub 过程求该数组的最大值和最小值。由于用 Split 函数分离出的数组元素是字符串类型，因此数组参数应定义为字符串类型。在进行数据比较的时候需要用 Val 函数将字符串转换为数值再进行比较。代码设计步骤如下：

1）首先在代码窗口的通用声明段定义 Sub 过程，求某一维数组的最大值和最小值。

```
Sub s(x() As String, max, min)    ' 这里将 x 定义成字符串类型的数组参数
    LB = LBound(x)
    UB = UBound(x)
    max = Val(x(LB))
    min = Val(x(LB))
    For I = LB + 1 To UB
        If Val(x(I)) > max Then max = Val(x(I))
        If Val(x(I)) < min Then min = Val(x(I))
    Next I
End Sub
```

2）编写 Command1 的 Click 事件过程，调用以上 Sub 过程 S，求最高分和最低分并显示结果。

```
Private Sub Command1_Click()
    Dim a() As String                ' 定义数组 a 为动态字符串类型的数组
    a = Split(Text1.Text, " ")       ' 分离输入的成绩到数组 a 中，假设成绩之间以空格分隔
    s a(), max, min                  ' 调用 Sub 过程，或写成：call s(a(),max,min)
    Text2.Text = max
    Text3.Text = min
End Sub
```

运行时输入以空格分隔的成绩，然后单击命令按钮 Command1 求最高分和最低分，如图 8-7b 所示。

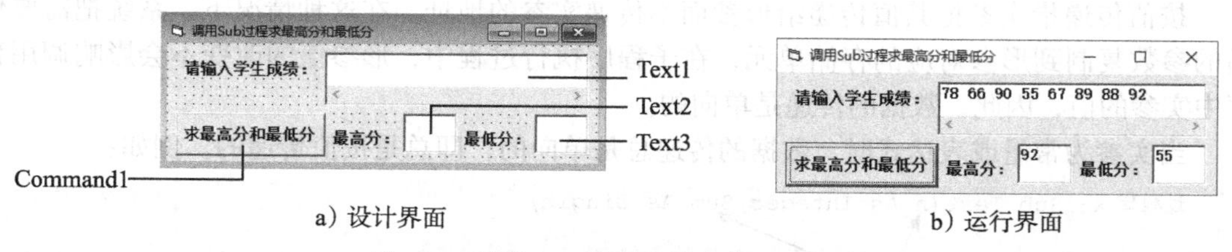

a）设计界面　　b）运行界面

图 8-7　调用 Sub 过程求最高分和最低分

8.3　参数的传递

Visual Basic 在调用过程时，使用参数传递的方式实现调用过程与被调用过程之间的数据通信。根据参数出现位置的不同，参数分为实参和形参；根据参数传递方式的不同，可分为按值传递和按地址传递两种。

8.3.1　形参和实参

形式参数是在 Sub 过程、Function 过程的定义中出现的参数，简称形参；实际参数则是在调用 Sub 过程或 Function 过程时指定的参数，简称实参。

调用过程和被调用过程之间通过参数表中的参数来实现数据的传递，这种数据的传递也称为参数的结合。例如，假设定义如下的 Sub 过程：

```
Sub Test(n As Integer,Sum As Single)
    …
End Sub
```

如果有以下调用语句：

```
Call Test(a,s)
```

则其形参与实参的结合关系如以下箭头所示：

```
过程定义: Sub Test(n As Integer,Sum As Single)

过程调用: Call Test(a , s)
```

即形参表与实参表中的参数按位置进行结合，对应位置的参数名字不必相同。一般情况下，要求形参表与实参表中参数的个数、类型、位置顺序必须一一对应，除非使用关键字 Optional 或 ParamArray 对形参进行了约束。关于 Optional 和 ParamArray 的用法将在本节稍后介绍。

形参表中的参数可以是：除固定长度字符串之外的合法变量，后面带一对空圆括号的数组。

实参表中的参数可以是：常量、变量、表达式、数组名（后面带一对空圆括号）。

需要特别注意的是，形参和实参的数据类型要按位置一一对应关系保持一致，形参的数据类型是在定义过程的第一条语句中，直接在形参表中定义的，而实参的数据类型需要用定义语句（如 Dim 语句）进行定义。

形参与实参的结合有两种方式：按值传递和按地址传递。

8.3.2 按值传递和按地址传递

1. 按值传递

按值传递指实参把其值传递给形参而不传递实参的地址。在这种情况下，系统把需要传递的参数复制到形参对应的存储单元，在子程序执行过程中，形参值的改变不会影响调用程序中实参的值，因此，数据的传递是单向的。

当实参为常量或表达式时，数据的传递总是单向的，即总是按值传递的。例如：

```
过程定义: Sub Test(n As Integer,Sum As Single)

过程调用: Call Test(10, 1+2)
```

如果实参是变量，要实现按值传递，就需要使用关键字 ByVal 来对形参进行约束。例如，如果过程定义语句为：

```
Sub Test(ByVal n As Integer,Sum As Single)
```

过程调用语句为：

```
Call Test (a , s)
```

由于子过程 Test 的参数 n 前面有 ByVal 关键字，表明该参数采用按值传递方式传递数据，因此，在子过程 Test 中改变形参 n 的值不会影响调用过程中相应的实参 a 的值。

例如，设定义了以下过程：

```
Sub SS(ByVal X, ByVal Y, ByVal Z)
    X = X + 1 : Y = Y + 1 : Z = Z + 1
End Sub
```

而命令按钮 Command1 的 Click 事件过程如下：

```
Private Sub Command1_Click()
    A = 1: B = 2: C = 3
    Call SS(A, B, C)                ' 在这里调用 SS 子过程
    Print A, B, C
End Sub
```

运行时，单击命令按钮在窗体上打印：

```
1              2              3
```

在命令按钮 Command1 的 Click 事件过程中执行“Call SS(A, B, C)”语句时，A、B、C 以按值传递的方式分别与形参 X、Y、Z 结合，在 SS 过程中改变了变量 X、Y、Z 的值，但从 SS 过程返回时，这些值不会影响调用过程中 A、B、C 的值，因此打印的 A、B、C 的值与执行 Call 语句之前相同。形参与实参结合的示意图如图 8-8 所示。

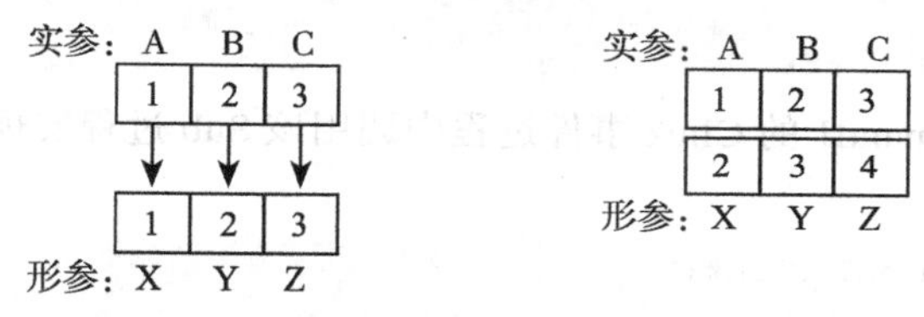

图 8-8　按值传递示意图

2. 按地址传递

按地址传递是指将实参的地址传给形参，使形参和实参具有相同的地址，这就意味着形参与实参共享同一存储单元。当实参为变量或数组时，形参前面使用关键字 ByRef 进行约束（或省略），表示要按地址传递。按地址传递可以实现调用过程与子过程之间数据的双向数据传递。

例如，定义以下 SS 过程，使用 ByRef 约束参数（ByRef 也可以省略）：

```
Sub SS(ByRef X, ByRef Y, ByRef Z)
    X = X + 1 : Y = Y + 1 : Z = Z + 1
End Sub
```

而命令按钮 Command1 的 Click 事件过程如下：

```
Private Sub Command1_Click()
    A = 1: B = 2: C = 3
    Call SS(A, B, C)
    Print A, B, C
End Sub
```

运行时，单击命令按钮在窗体上打印：

```
2              3              4
```

本例中，形参与实参结合的示意图如图 8-9 所示。

由于形参与实参共占同一存储单元，因此，如果形参的值改变了，实参的值也就随之

改变。

实参：	A	B	C
存储单元：	1	2	3
形参：	X	Y	Z

a）执行 Call 语句，进入过程时

实参：	A	B	C
存储单元：	2	3	4
形参：	X	Y	Z

b）从过程返回时

图 8-9 按地址传递示意图

在实际应用中，要根据参数本身的特点决定是使用按值传递还是按地址传递。如果不希望形参的改变致使实参也发生改变，则应考虑采用按值传递的方式；如果希望过程通过参数返回值，则应考虑采用按地址传递的方式。实际上，使用 Function 过程也可以通过形参返回值，只不过通常情况下不这么使用，更多的是使用 Function 过程返回一个函数值。

【例 8-13】 假设编写了如下的 Sub 过程，实现对任意两个数的交换：

```
Sub swap(ByRef x, ByRef y)          ' 这里的形参为按地址传递
    t = x
    x = y
    y = t
End Sub
```

在命令按钮 Command1 的 Click 事件过程中调用该 Sub 过程实现对两个变量 a、b 值的交换，代码如下：

```
Private Sub Command1_Click()
    a = 1
    b = 2
    swap a, b              ' 调用 Sub 过程
    Print a; b
End Sub
```

如果本例中的形参定义成按值传递，则无法实现交换变量 a、b 的值。

注意：使用数组作为参数时只能按地址传递，不能按值传递。

【例 8-14】 编写一个 Sub 过程，实现对任意一维数组按从小到大排序。生成 10 个 [1, 50] 之间的随机整数，调用该 Sub 过程测试其功能。

界面设计：设计如图 8-10a 所示的界面。假设运行时用文本框 Text1 显示排序前的数组元素，通过单击“排序”按钮进行排序，用文本框 Text2 显示排序后的数组元素。

代码设计：1）首先设计 Sub 过程，取名为 SortArray，由于该过程要能够实现对任意一维数组排序，因此，需要引入一个数组参数，设数组参数为 x，在过程中可以使用 Lbound 和 Ubound 函数获取数组 x 的下标的下界和上界，假设使用比较交换法进行排序，则 Sub 过程如下：

```
Sub SortArray(x() As Integer)               ' 数组 x 之后需要跟一对圆括号，参数按地址传递
    Dim i As Integer, j As Integer
    l1 = LBound(x)                          ' 获取 x 数组下标的下界
    l2 = UBound(x)                          ' 获取 x 数组下标的上界
    ' 用比较交换法对数组按从小到大排序
    For i = l1 To l2 - 1
        For j = i + 1 To l2
           If x(i) > x(j) Then
               t = x(i): x(i) = x(j) : x(j) = t
           End If
        Next j
```

```
    Next i
End Sub
```

2）在窗体模块的通用声明段声明数组 a 为具有 10 个元素的一维整型数组：

```
Dim a(1 To 10) As Integer              ' 注意将该语句写在 Sub 过程的前面
```

3）为测试 Sub 过程的作用，在窗体的 Load 事件过程中生成随机数保存到数组 a 中，并将其显示在文本框 Text1 中：

```
Private Sub Form_Load()                ' 生成 10 个 [1,50] 之间的随机整数，保存到数组 a 中
    Randomize
    For i = 1 To 10
        a(i) = Int(50 * Rnd + 1)
        Text1.Text = Text1.Text & Str(a(i)) & " "
    Next i
End Sub
```

4）在“排序”按钮的 Click 事件过程中，调用 SortArray 过程进行排序，并将排序结果显示在文本框 Text2 中，代码如下：

```
Private Sub Command1_Click()
    Call SortArray(a())        ' 调用 SortArray，实参为数组 a，a 之后需要跟一对空圆括号
    For i = 1 To 10            ' 用循环显示排序后的数组
        Text2.Text = Text2.Text & Str(a(i)) & " "
    Next i
End Sub
```

运行时，首先在文本框 Text1 中显示 10 个随机整数，单击“排序”按钮实现排序，结果显示在文本框 Text2 中，如图 8-10b 所示。

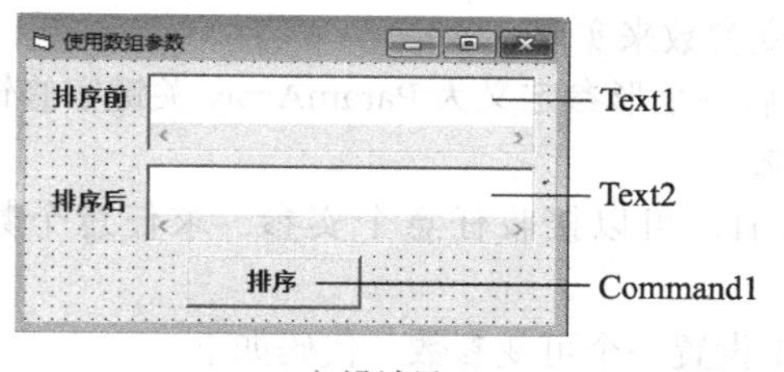

a）设计界面

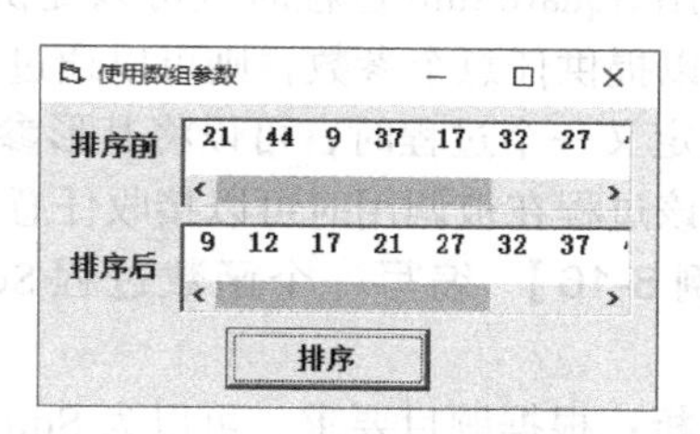

b）运行界面

图 8-10　使用数组参数实现数组的排序

本例在调用 SortArray 过程时，将实参数组 a 传递给形参数组 x，过程中对数组 x 进行排序后，将排序结果传递给实参数组 a，实现了数据的双向传递，因此调用 SortArray 过程之后，数组 a 的内容得到了排序。

8.3.3　使用可选参数

在前面的例子中，一个过程在定义时声明了几个形参，则在调用该过程时就必须使用相同数量的实参与之对应。Visual Basic 还允许定义过程时指定可选的参数，如果在某个形参前加上关键字 Optional，则表示该参数是可选的，在调用该过程时可以不提供与此形参对应的实参。

在过程中，可以使用 IsMissing 函数判断是否向可选参数传递了实参。IsMissing 函数语法如下：

```
IsMissing(参数名)
```

其中，“参数名”是指一个可选参数的名称。如果没有给“参数名”指定的参数传递值，则 IsMissing 函数返回 True，否则返回 False。

【例 8-15】 编写一个函数过程 SquareSum，用于求两个数的平方和，或求 3 个数的平方和。

分析：根据题目要求，可以为函数过程 SquareSum 设置 3 个参数，其中一个为可选参数，代码如下：

```
Function SquareSum (a, b, Optional c)      ' 指定 c 为可选参数
    SquareSum = a ^ 2 + b ^ 2              ' 求出 a、b 的平方和，保存在 Sum 中
    If Not IsMissing(c) Then               ' 如果调用过程为参数 c 传递了对应的实参
        SquareSum = SquareSum + c ^ 2      ' 继续将 SquareSum 和 c 的平方相加
    End If
End Function
```

这样，在调用程序中，既可以求两个数的平方和，也可以求 3 个数的平方和，例如，以下两条打印语句都是正确的：

```
Print SquareSum(2, 4)
Print SquareSum(2, 4, 6)
```

需要注意的是，可选参数必须放在形参表的最后，且必须为 Variant 类型。

8.3.4 使用可变参数

在例 8-15 中，SquareSum 过程既可以求 2 个数的平方和，也可以求 3 个数的平方和，因此在调用 SquareSum 过程时既可以提供 2 个参数，也可以提供 3 个参数。如果希望在调用语句中可以提供任意个参数，则可以通过定义可变参数来实现。

在定义一个过程时，可以将其形参表中最后一个形参定义为 ParamArray 关键字修饰的数组，则该过程在被调用时可以接收任意多个实参。

【例 8-16】 编写一个函数过程 SquareSum1，可以接收任意个实参，求任意个数的平方和。

分析：根据题目要求，可以为 SquareSum1 设置一个可变参数，代码如下。

```
Function SquareSum1(ParamArray a()) ' 设置一个可变参数 a,a 之后需要跟一对空圆括号
    SquareSum1 = 0
    For Each x In a
        SquareSum1 = SquareSum1 + x ^ 2
    Next x
End Function
```

这样，在调用程序中，可以指定任意个参数求它们的平方和。例如，以下打印语句都是正确的：

```
Print SquareSum1(2, 4)
Print SquareSum1(2, 4, 6)
Print SquareSum1(2, 4, 6, 8)
```

需要注意的是，用 ParamArray 关键字修饰的形参只能是 Variant 类型，且必须作为形参表的最后一个参数。ParamArray 关键字不能与 ByVal、ByRef 或 Optional 一起使用。如果形参表中有参数使用了关键字 ParamArray，则其他任何参数都不能再使用关键字 Optional。

8.3.5 使用对象参数

Visual Basic 还允许用对象，即窗体或控件作为通用过程的参数。如果用对象做参数，则需要在定义过程时，使用 Form、Control 等关键字把形参声明为对象类型。调用具有对象类型形参的过程时，实参应该为与形参类型相匹配的对象名。

对象参数只能定义为按地址传递，因此，在定义过程时，不能在对象参数之前加 ByBal 关键字。

1. 使用窗体参数

使用窗体作为参数时，需要定义形参的类型为 Form，而对应的实参应为窗体名称。

【例 8-17】 编写一个 Sub 过程 FormSet，用于将任意指定的两个窗体设置为相同大小并层叠显示。调用该过程测试其功能。

设计步骤如下：

1）新建一个标准 EXE 工程，使用“工程 | 添加窗体”命令向当前工程添加两个新的空白窗体，设第一个窗体的名称为 Form1，新添加的窗体名称为 Form2、Form3。

2）在 Form1 模块的通用声明段定义通用过程 FormSet，用于将窗体对象 f2 指定为与窗体对象 f1 大小相同，且 f2 与 f1 的显示位置错开一定距离，形成层叠的效果。为了在其他窗体模块中也能够调用该过程，需要用 Public 关键字定义过程 FormSet。代码如下：

```
Public Sub FormSet(f1 As Form, f2 As Form)   ' 定义参数 f1、f2 为窗体对象
    f2.Width = f1.Width
    f2.Height = f1.Height
    f2.Left = f1.Left + 500
    f2.Top = f1.Top + 500
End Sub
```

3）在窗体 Form2 的 Load 事件过程中编写代码如下：

```
Private Sub Form_Load()
    Call Form1.FormSet(Form1, Form2)         ' 调用 Form1 模块下的通用过程 FormSet
End Sub
```

4）在窗体 Form3 的 Load 事件过程中编写代码如下：

```
Private Sub Form_Load()
    Call Form1.FormSet(Form2, Form3)         ' 调用 Form1 模块下的通用过程 FormSet
End Sub
```

5）在窗体 Form1 的 Click 事件过程中编写代码，显示窗体 Form2，代码如下：

```
Private Sub Form_Click()
    Form2.Show
End Sub
```

6）在窗体 Form2 的 Click 事件过程中编写代码，显示窗体 Form3，代码如下：

```
Private Sub Form_Click()
    Form3.Show
End Sub
```

运行时，单击窗体 Form1，打开窗体 Form2，再单击窗体 Form2，打开窗体 Form3，可以看出 3 个窗体大小相同，且层叠显示。

2. 使用控件参数

使用控件作为参数时，需要定义形参的类型为 Control，而对应的实参应为控件名称。

【例 8-18】 在许多应用程序中，当移动鼠标到某个按钮或菜单项时，在按钮或菜单项周围会自动出现一个方框，起到强调的效果。本例将使用 Label 控件和 Shape 控件实现该效果。运行时，将鼠标移动到标签上，用方框将标签框起来，使标签具有按钮效果。

界面设计：按图 8-11a 所示设计界面。在窗体的顶部添加一个 Image 控件 Image1，通过设置其 Picture 属性添加适当的图片，将 Image1 的 Stretch 属性设置为 True，然后调整好 Image1 的大小，使其紧贴窗体顶部；在 Image1 上画 4 个标签 Label1 ～ Label4，标题依次为"成绩录入""成绩查询""成绩统计"和"成绩打印"，将各标签的 BackStyle 属性设置为 0（透明），AutoSize 属性设置为 True；在任意位置画一个 Shape 控件 Shape1，设置其 Visible 属性为 False，使运行初始时 Shape1 不可见。

代码设计：1）首先在窗体模块的通用声明段编写 Sub 过程 s 如下：

```
Sub s(X As Control)                        ' 设置一个控件参数 x
    Shape1.Visible = True                  ' 使 Shape1 控件可见
    xLeft = X.Left - 50                    ' 设置 Shape1 控件移动后的 Left 位置
    xtop = X.Top - 50                      ' 设置 Shape1 控件移动后的 Top 位置
    xwidth = X.Width + 100                 ' 设置 Shape1 控件移动后的宽度
    xHeight = X.Height + 100               ' 设置 Shape1 控件移动后的高度
    ' 移动 Shape1 控件，使其将参数 X 指定的控件框起来
    Shape1.Move xLeft, xtop, xwidth, xHeight
End Sub
```

该过程设置了一个控件参数 X，在过程中利用 X 的位置和大小来计算 Shape 控件（方框）移动到 x 控件上的位置和大小，然后将方框移动到该位置并调整方框的大小。

2）在各标签的 MouseMove 事件过程中编写相应代码，调用以上 Sub 过程 s，把标签名称作为实参传递给形参 X，实现将方框移动到标签上，产生按钮的效果，具体如下：

```
    Private Sub Label1_MouseMove(Button As Integer, Shift As Integer,X As Single, Y
As Single)
        Call s(Label1)            ' 调用过程 x，用标签名称作为参数
    End Sub
    Private Sub Label2_MouseMove(Button As Integer, Shift As Integer, X As Single, Y
As Single)
        Call s(Label2)
    End Sub
    Private Sub Label3_MouseMove(Button As Integer, Shift As Integer, X As Single, Y
As Single)
        Call s(Label3)
    End Sub
    Private Sub Label4_MouseMove(Button As Integer, Shift As Integer, X As Single, Y
As Single)
        Call s(Label4)
    End Sub
```

为了在鼠标移开标签（即移到 Image1 控件上）时方框能够消失，可以在 Image1 控件的 MouseMove 事件过程中隐藏 Shape1 控件，代码如下：

```
    Private Sub Image1_MouseMove(Button As Integer, Shift As Integer, X As Single, Y
As Single)
        Shape1.Visible = False
    End Sub
```

运行时将鼠标移动到各标签上，会呈现按钮的效果，如图 8-11b 所示。

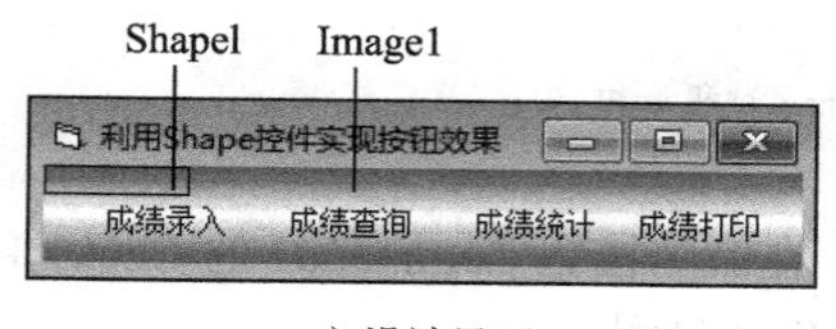

a）设计界面

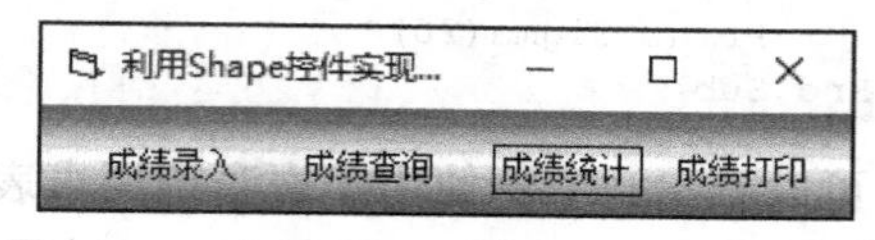

b）运行界面

图 8-11　使标签具有按钮效果

8.4　过程的嵌套调用

过程不能嵌套定义，即不能在一个过程中再定义过程，但过程可以嵌套调用，即可以在一个过程中调用另一个过程。

例如，在图 8-12 中，调用过程执行到“调用 S1”语句，则会转移到子过程 S1 开始执行，在子过程 S1 中执行时遇到“调用 S2”语句，则进入子过程 S2 执行，执行完子过程 S2 后，返回“调用 S2”语句之后继续执行子过程 S1，执行完子过程 S1 之后，返回“调用 S1”语句之后继续执行调用过程。

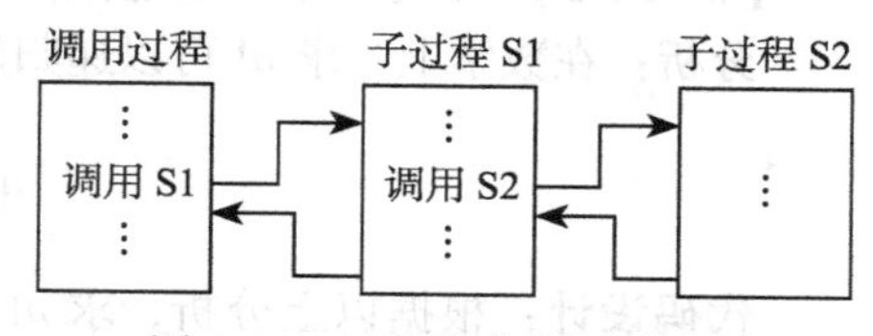

图 8-12　过程嵌套调用示意图

【例 8-19】 用 Function 过程的嵌套调用求 $\sum_{n=1}^{20} n!$，即求 1!+2!+3!+…+20!。

分析：可以定义两个过程分别实现求阶乘及求和，在事件过程中调用求和的子过程，而在求和的子过程中再调用求阶乘的子过程。

假设窗体上有一个命令按钮 Command1，运行时通过单击 Command1 进行计算，计算结果直接打印在当前窗体上。代码设计步骤如下：

1）设计一个求阶乘的函数过程 Fact。

```
Function Fact(n As Integer) As Double
    Dim i As Integer, f As Double
    f = 1
    For i = 1 To n
        f = f * i
    Next i
    Fact = f
End Function
```

2）设计一个求 1!+2!+3!+…+*n*! 的函数过程 Sigma，在 Sigma 过程中调用以上 Fact 过程求阶乘。

```
Function Sigma(n As Integer) As Double
    Dim i As Integer, sum As Double
    sum = 0
    For i = 1 To n
        sum = sum + Fact(i)          ' 用 Fact(i) 求 i!
    Next i
   Sigma = sum
End Function
```

3）在命令按钮 Command1 的 Click 事件过程中调用 Sigma，指定参数 20 求 1!+2!+3!+…+20!。

```
Private Sub Command1_Click()
    Print Sigma(20)                    ' 调用 Sigma 过程求和
End Sub
```

可以看出，本例使用了嵌套调用求表达式的和。在命令按钮 Command1 的 Click 事件过程中调用了 Sigma 过程，而在 Sigma 过程中又调用了 Fact 过程。

8.5 过程的递归调用

若一个过程直接地或间接地调用自己，则称这个过程是递归的过程。使用递归过程解决递归定义问题特别有效，所谓递归定义就是用自身的结构来定义自身。例如，数学上常见的阶乘运算、级数运算、幂指数运算等，它们都可以用递归过程很容易地实现。

【例 8-20】 编写一个函数过程，用递归方法实现求 $n!$。

分析：在数学上，求 $n!$ 可以递归定义为

$$n!=\begin{cases}1 & n=1\\ n(n-1)! & n>1\end{cases}$$

代码设计：根据以上分析，求 $n!$ 可以用求 $(n-1)!$ 来定义，使用递归过程实现求 $n!$ 的代码如下：

```
Function fact(n As Long) As Long
    If n = 1 Then
        fact = 1                       ' 终止条件
    Else
        fact = n * fact(n - 1)         ' 在这里使用 fact(n-1) 又调用了 Fact 过程
    End If
End Function
```

假设在命令按钮 Command1 的 Click 事件过程中，从文本框 Text1 输入 n 的值，调用以上 Fact 过程计算 $n!$，结果显示在文本框 Text2 中，则 Command1 的 Click 事件过程如下：

```
Private Sub Command1_Click()
    Dim n As Long, result As Long
    n = Val(Text1.Text)
    result = fact(n)                   ' 调用 fact，求 n!
    Text2.Text = Str(result)
End Sub
```

运行时，如果在文本框 Text1 中输入数据 5，则计算过程如图 8-13 所示。

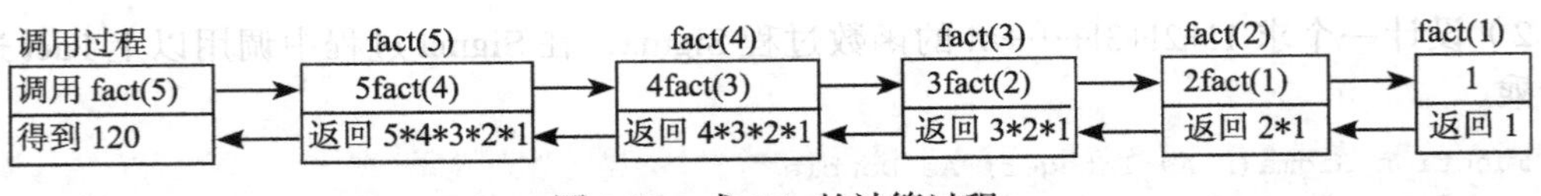

图 8-13 求 5！的计算过程

【例 8-21】 猴子吃桃问题。猴子第一天摘下若干个桃子，当即吃了一半，还不过瘾，又多吃了一个。第二天早上又将剩下的桃子吃了一半，又多吃了一个。以后每天早上都吃了前一天剩下的一半零一个，到第十天早上想再吃时，就只剩一个桃子了。求第一天共摘了多少桃子。

分析：假设用函数 $f(n)$ 表示第 1 天的桃数，第 2 天剩余桃数为 $f(n-1)$，第 3 天剩余桃数为 $f(n-2)$，…，第 n 天剩余桃数为 $f(1)=1$。根据题目描述可以归纳出以下关系：

$$f(n)=\begin{cases}1 & n=1\\ 2(f(n-1)+1) & n>1\end{cases}$$

代码设计：根据以上公式可以编写递归函数过程如下：

```
Function f(n)
    If n = 1 Then                              ' 如果是最后一天
        f = 1
    Else
        f = 2 * (f(n - 1) + 1)                 ' 在这里使用 f(n-1) 又调用了 f 过程
    End If
End Function
```

假设在命令按钮的 Command1 的 Click 事件过程中调用以上过程 f 求出第一天的桃数，代码如下：

```
Private Sub Command1_Click()
    Print f(10)
End Sub
运行时单击命令按钮 Command1，在窗体上打印结果为：1534
```

需要特别注意的是，在递归过程中必须有递归的终止条件，如以上代码中，在 n=1 时，使 fact=1，如果没有该终止条件，递归将无休止地执行下去。

要使用递归过程解决问题，要求问题应满足以下两点：

1）该问题能够用递归形式描述。

2）存在递归结束的终止条件。

使用递归过程解决递归问题非常方便，可以使一些复杂的问题处理起来简单明了，但是，在每一次执行递归时都要为局部变量、返回地址分配空间，降低了运行效率。

8.6　Visual Basic 应用程序的结构

Visual Basic 应用程序的结构如图 8-14 所示，一个应用程序可以由一个工程组成，也可以包含多个工程，多个工程组成一个工程组，工程组在存盘时会对应一个工程组文件，其文件扩展名为 .vbg。而一个工程对应一个扩展名为 .vbp 的工程文件。

一个工程可以包含 3 种模块，即窗体模块、标准模块和类模块。这些模块保存在特定类型的文件中。窗体模块保存在以 .frm 为扩展名的文件中；标准模块保存在以 .bas 为扩展名的文件中；类模块保存在以 .cls 为扩展名的文件中。

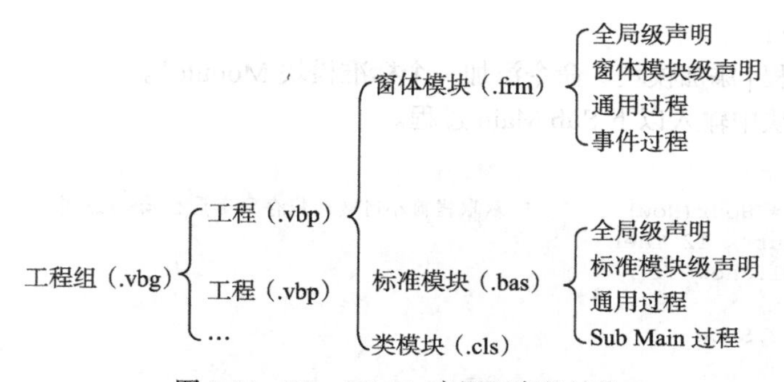

图 8-14　Visual Basic 应用程序的结构

8.6.1 窗体模块

窗体模块是大多数 Visual Basic 应用程序的基础。一个窗体模块包含了界面和代码两部分信息。代码部分可以包含常量、变量、数组等的全局级声明或模块级声明以及通用过程、事件过程，如图 8-14 所示。

8.6.2 标准模块

标准模块没有界面信息，是一种纯代码的模块。当一个应用程序含有多个窗体模块或其他模块时，如果有多个模块需要共享一些常量、变量、数组等，或都要调用某一段公共过程，则可以将这种常量、变量、数组或过程的定义建立在标准模块内，且定义为全局级，供各个模块使用。标准模块还可以包含自己模块使用的模块级的常量、变量、数组或过程定义。注意，由于标准模块不与任何窗体相关联，因此，在标准模块中不能包含事件过程，标准模块的组成如图 8-14 所示。

在工程中添加标准模块的步骤为：

1）执行“工程 | 添加模块”命令，打开“添加模块”对话框。

2）在“新建”选项卡中，双击“模块”图标可建立一个标准模块，并打开标准模块代码窗口。缺省的标准模块名称为 Module1，缺省的存盘文件名为 Module1.bas。

8.6.3 Sub Main 过程

默认情况下，应用程序的第一个窗体为启动窗体，如果想在应用程序启动时首先显示其他窗体，那么就得在“工程属性”对话框中改变启动对象的名称。

如果希望应用程序启动时首先执行一些代码，如对一些数据进行初始化或根据情况决定加载哪一个窗体时，则可以将这些代码写在标准模块的一个特殊过程即 Sub Main 过程中，然后将该过程定义为启动对象。

要将 Sub Main 过程定义为启动对象，需要执行以下步骤：

1）执行“工程 | ××× 属性”命令，其中，××× 为当前工程名，如“工程 1”。

2）在打开的“工程属性”对话框的“通用”选项卡上，从“启动对象”下拉列表中，选择“Sub Main”。

3）单击“确定”按钮。

【例 8-22】 假设已经创建了一个标准 EXE 工程，名称为“工程 1”，包含两个窗体 Form1 和 Form2。编写一个 Sub Main 过程，实现运行时如果是中午 12 点以前，则启动窗体 Form1，否则启动窗体 Form2。

设计步骤如下：

1）使用“工程 | 添加模块”命令添加一个标准模块 Module1。

2）在标准模块中输入以下 Sub Main 过程。

```
Sub Main()
    NowHour = Hour(Now)         ' 获取当前小时数，保存到变量 NowHour 中
    If NowHour < 12 Then
        Form1.Show
    Else
        Form2.Show
    End If
End Sub
```

3）执行“工程|工程1属性”命令，在打开的“工程属性”对话框的“通用”选项卡上，从“启动对象”下拉列表中选择“Sub Main”。

运行工程，则首先会执行 Sub Main 过程，如果当前是 12 点以前，则显示窗体 Form1，否则显示窗体 Form2。

8.6.4　类模块

类是具有相同或相似特征的事物的集合，类封装了对象的属性（数据成员）和方法（处理数据的函数或过程）。程序员一般不直接对类进行操作，而只能对类的实例（对象）进行操作。

前面介绍了 Visual Basic 系统中已定义好的类，如窗体和控件，但在有些情况下，系统提供的类不能满足实际需要，此时，用户可以使用类模块创建自己的类，每个类模块定义一个类，并以扩展名 .cls 保存。

8.7　过程的作用域

过程的作用域指一个过程允许被访问的范围。过程的定义方法、位置不同，允许被访问的范围也不同。在 Visual Basic 中，可以将过程的作用域分为模块级和全局级。

在定义 Sub 过程或 Function 过程时，如果加 Private 关键字，则这种过程只能被其所在的模块中的其他过程所调用，称为模块级过程。

在定义 Sub 过程或 Function 过程时，如果加 Public 关键字，或者省略 Public 与 Private 关键字，这种过程可以被该应用程序的所有模块中的过程调用，称为全局过程。全局过程所处的位置不同，其调用方式也有所不同。在窗体模块内定义的全局过程，在其他模块中要调用该过程时，必须在过程名前面加上其所在的窗体名；在标准模块内定义的全局过程，在其他模块中可以直接调用，但被调用的过程名必须唯一，否则要加上其所在的标准模块名。

表 8-1 列出了过程的作用域及过程的定义、调用规则。

表 8-1　过程的作用域及过程的定义、调用规则

作用域	模块级		全局级	
定义位置	窗体模块	标准模块	窗体模块	标准模块
定义方式	使用 Private 定义，如 Private Sub Sub1(形参)		使用 Public 定义（或省略 Public），如 [Public] Sub Sub2(形参表)	
能否被本模块中其他过程调用	能	能	能	能
能否被本应用程序中其他模块调用	否	否	能，但必须在过程名前加窗体名，如 Call Form1.Sub2(形参表)	能，但过程名必须唯一，否则必须在过程名前加标准模块名，如 Call Module1.Sub2(形参表)

【例 8-23】 假设当前工程包含了两个窗体 Form1、Form2，一个标准模块 Module1，且窗体 Form1 和 Form2 上各有两个命令按钮 Command1、Command2。

在窗体 Form1 中定义一个全局过程 aa：

```
Public Sub aa()         ' aa 为全局过程，Public 可以省略
    MsgBox "这是窗体 Form1 中的过程"
End Sub
```

在标准模块 Module1 中定义一个全局过程 bb。

```
Public Sub bb()              ' bb为全局过程，Public可以省略
    MsgBox "这是标准模块中的过程bb"
End Sub
```

在窗体Form1中可以直接调用aa，如在Command1_Click事件过程中调用aa：

```
Private Sub Command1_Click()
    Call aa
End Sub
```

在窗体Form1的Command2_Click事件过程中使用Show方法打开窗体Form2：

```
Private Sub Command2_Click()
    Form2.Show
End Sub
```

在窗体Form2的Command1_Click事件过程中调用过程aa，需要指定窗体名：

```
Private Sub Command1_Click()
    Call Form1.aa            ' 调用另一个窗体模块Form1中的过程，Form1不能省略
End Sub
```

在窗体Form2的Command2_Click事件过程中调用标准模块中的过程bb：

```
Private Sub Command2_Click()
    Call Module1.bb          ' 调用标准模块中的过程，Module1可以省略，写成Call bb
End Sub
```

8.8 变量的作用域和生存期

Visual Basic的程序模块由各种过程组成。在过程中会使用到变量，这些变量可以是过程的参数，也可以不是过程的参数，而是在程序的其他地方定义的变量。本节要讨论的是不在过程参数列表中出现的变量。

变量被定义的位置不同或定义的方式不同，允许被访问的范围和作用时间也不相同。变量的作用域即指变量的有效范围；变量的生存期即指变量的作用时间。

8.8.1 变量的作用域

变量的作用域决定了该变量能被应用程序中的哪些过程访问。按变量的作用域不同，可以将变量分为局部变量、模块级变量和全局变量。

1. 局部变量

局部变量指在过程内用Dim语句声明的变量、未声明而直接使用的变量或者用Static声明的变量。这种变量只能在本过程中使用，不能被其他过程访问。在其他过程中即使有同名的变量，也与本过程的变量无关，也就是在不同的过程中可以使用同名的变量。除了用Static声明的变量外，局部变量在其所在的过程每次运行时都被初始化。

【例8-24】 设在窗体模块中定义Sub过程S如下：

```
Sub S()
    ' 本过程中的变量X、Y、Z为局部变量，只在本过程中有效
    X = 1
    Y = 2
    Z = X + Y
    Print X, Y, Z        ' 打印局部变量X、Y、Z的值1、2、3
End Sub
```

在命令按钮 C1 的 Click 事件过程中调用以上定义的 S 过程：

```
Private Sub C1_Click()
    ' 本过程中的变量 X、Y、Z 为局部变量，只在本过程中有效
    X = 2
    Y = 3
    Z = X + Y
    Call S
    Print X, Y, Z      ' 打印局部变量 X、Y、Z 的值 2、3、5
End Sub
```

运行时单击命令按钮 C1，在窗体上输出：

```
1             2             3
2             3             5
```

2. 模块级变量

模块级变量指在窗体模块或标准模块的通用声明段中用 Dim 语句或 Private 语句声明的变量。模块级变量的作用范围是其定义位置所在的模块，可以被本模块中的所有过程访问。在应用程序执行期间，模块级变量一直保持其值，仅在退出应用程序时才释放其存储空间。

【例 8-25】 设某窗体模块代码如下：

```
Dim Z As Integer          ' 在窗体模块的通用声明段声明模块级变量 Z
Sub S()
    ' 本过程中没有定义变量 Z，因此变量 Z 为模块级变量
    Z = Z + 2
    Print Z
End Sub
Private Sub C1_Click()
    ' 本过程中没有定义变量 Z，因此变量 Z 为模块级变量
    Z = Z + 2
    Call S
    Print Z
End Sub
```

运行时，第一次单击命令按钮 C1 的结果：

```
4
4
```

第二次单击命令按钮 C1 的结果：

```
8
8
```

第三次单击命令按钮 C1 的结果：

```
12
12
```

注意：当一个变量被声明为模块级之后，在过程中仍可以定义与该模块级变量同名的局部变量。

【例 8-26】 设某窗体模块代码如下：

```
Dim Z As Integer       ' 在这里声明变量 Z 为模块级变量
Sub S()
    Dim Z              ' 在这里声明了变量 Z，因此本过程中的变量 Z 为局部变量
    Z = Z + 2
    Print Z
```

```
End Sub
Private Sub C1_Click()
    Z = Z + 2           ' 这里没有声明变量Z，因此变量Z为模块级变量
    Call S
    Print Z
End Sub
```

运行时，第一次单击命令按钮C1的结果：

```
2
2
```

第二次单击命令按钮C1的结果：

```
2
4
```

第三次单击命令按钮C1的结果：

```
2
6
```

3. 全局变量

全局变量指在模块的通用声明段用Public语句声明的变量，其作用范围为应用程序的所有过程。在应用程序执行期间，全局变量一直保持其值，仅在退出应用程序时才释放其存储空间。

引用其他窗体模块中定义的全局变量时，需要在变量名称前面加上定义变量语句所在的窗体的名称。例如，假设在窗体模块Form1中使用语句：

```
Public a As Integer
```

定义了全局变量a，则在窗体模块Form2中要打印该变量的值，需要写成：

```
Print Form1.a
```

在其他模块中引用标准模块中定义的全局变量，可以直接引用，不需要在变量名前加标准模块名。

表8-2列出了局部变量、模块级变量和全局变量的作用域及声明、使用规则。

表8-2　变量的作用域及声明、使用规则

作用域	局部变量	模块级变量		全局变量	
声明方式	Dim、Static	Dim、Private		Public	
声明位置	过程中	窗体模块的通用声明段	标准模块的通用声明段	窗体模块的通用声明段	标准模块的通用声明段
能否被本模块中的其他过程使用	否	能		能	
能否被本应用程序中的其他模块使用	否	否		能，但要在变量名前加窗体名	能

8.8.2　变量的生存期

变量除了作用范围之外，还有生存期，模块级变量和全局变量的生存期和应用程序的生存期相同，也就是在应用程序的生存期内一直保持模块级变量和全局变量的值，在应用程序结束时才释放其存储空间。而局部变量的生存期和其定义方式有关。当一个过程被调用时，

系统将给该过程中的局部变量分配存储单元，当该过程执行结束时，可以释放局部变量的存储单元，也可以保留局部变量的存储单元。

1. 动态变量

在过程中的局部变量如果不使用Static语句进行声明，则属于动态变量。在程序运行到动态变量所在的过程时，系统为其分配存储空间，并进行初始化，当该过程结束时，释放动态变量所占用的存储空间。

2. 静态变量

如果一个变量用Static进行声明，则该变量只被初始化一次，且在应用程序运行期间保留其值。即在每次调用该变量所在的过程时，该变量不会被重新初始化，而在退出变量所在的过程时，不释放该变量所占用的存储空间。

可以在过程中用Static语句声明静态变量，即

```
Static 变量名 [As 类型]
```

也可以在Function过程、Sub过程的定义语句中加上Static关键字，表明该过程内所有的局部变量均为静态变量。即

```
Static Function 函数过程名([形参表]) [As 类型]
Static Sub 过程名[形参表]
```

【例8-27】 在以下代码中，对过程SS1使用Static进行声明，因此，过程中的变量I和S都是静态变量。

```
Static Sub SS1()
    For I = 1 To 10
        S = S + I
    Next I
    Print S
End Sub
Private Sub Command1_Click()
    Call SS1
End Sub
```

运行时，多次单击命令按钮Command1的执行结果为：

```
55
110
165
…
```

如果取消Static关键字，则运行时多次单击命令按钮Command1的执行结果为：

```
55
55
55
…
```

8.9 上机练习

【练习8-1】 编写一个函数过程，能够求表达式$\sqrt{x^2+y^2}$的值。调用该函数过程求以下w的值。

$$w = \frac{\sqrt{3^2+4^2}+\sqrt{5^2+6^2}}{\sqrt{7^2+8^2}+\sqrt{9^2+10^2}}$$

【练习 8-2】 设计如图 8-15a 所示的界面。编写一个根据三角形的 3 条边求三角形面积的函数过程。在命令按钮的 Click 事件过程中输入各边长，调用该函数过程求多边形面积。运行界面如图 8-15b 所示。根据三角形的 3 条边 a、b、c 计算三角形面积可以使用海伦公式，海伦公式如下：

$$\text{area} = \sqrt{p(p-a)(p-b)(p-c)},\quad p=\frac{1}{2}(a+b+c)$$

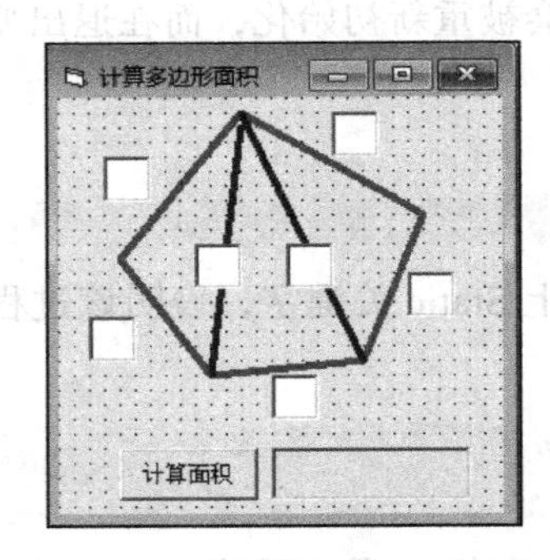

a）设计界面

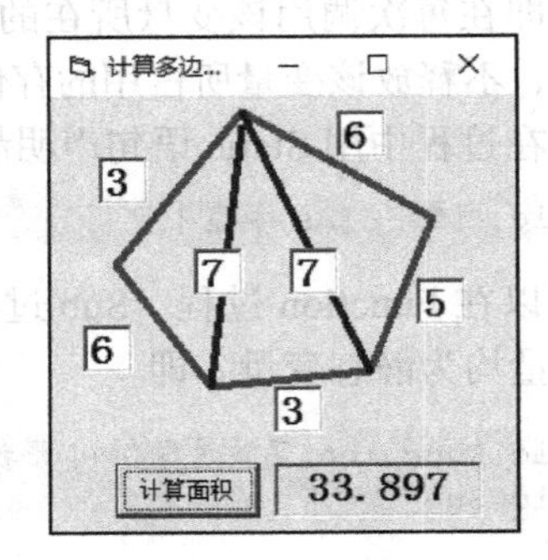

b）运行界面

图 8-15 调用函数过程求多边形面积

【练习 8-3】 设计如图 8-16a 所示的界面。编写一函数过程，计算 1+2+3+⋯+K，在命令按钮的 Click 事件过程中输入 m、n、p 的值，调用该函数过程计算以下 y 值，计算结果保留 4 位小数。运行界面如图 8-16b 所示。

$$y=\frac{(1+2+3+\cdots+m)+(1+2+3+\cdots+n)}{(1+2+3+\cdots+p)}$$

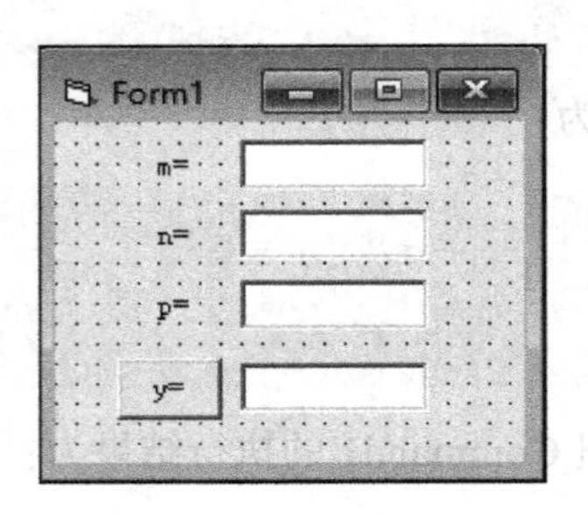

a) 设计界面

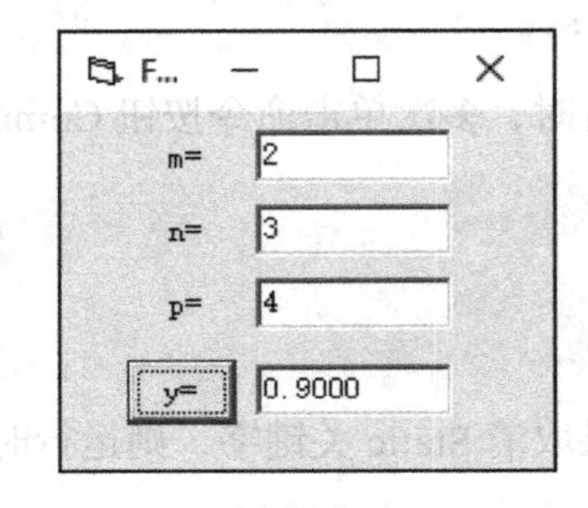

b) 运行界面

图 8-16 调用函数过程计算 y

【练习 8-4】 设计如图 8-17a 所示的界面。编写一个函数过程，用于判断某字符串是否是回文，函数过程返回逻辑值，如果是回文则返回 True，不是回文则返回 False。所谓回文是指顺读和倒读都相同，如“ABCDCBA”。在命令按钮的 Click 事件过程中输入一个字符串，调用该函数过程判断是否是回文，运行界面如图 8-17b 所示。

【练习 8-5】 设计如图 8-18a 所示的界面。编写一个函数过程，用于求任意一维数组的所有元素的平均值（使用数组参数）。在“生成随机数”按钮的 Click 事件过程中生成 10 个 [0,

100] 区间的随机整数，显示在第一个文本框中，在“求平均值”按钮的 Click 时间过程中调用函数过程求这些随机整数的平均值，显示在第二个文本框中，如图 8-18b 所示。

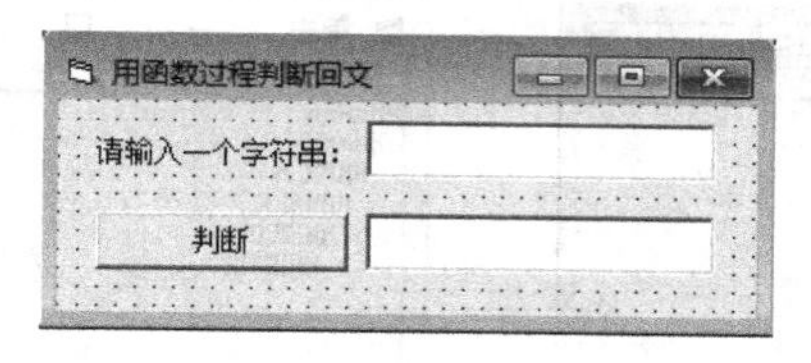

a) 设计界面

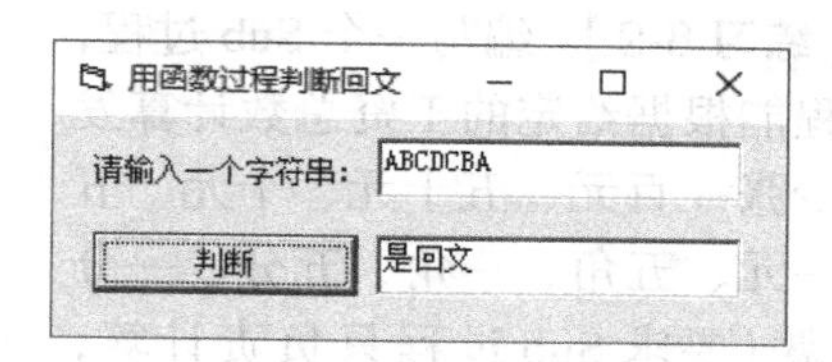

b) 运行界面

图 8-17　调用函数过程判断回文

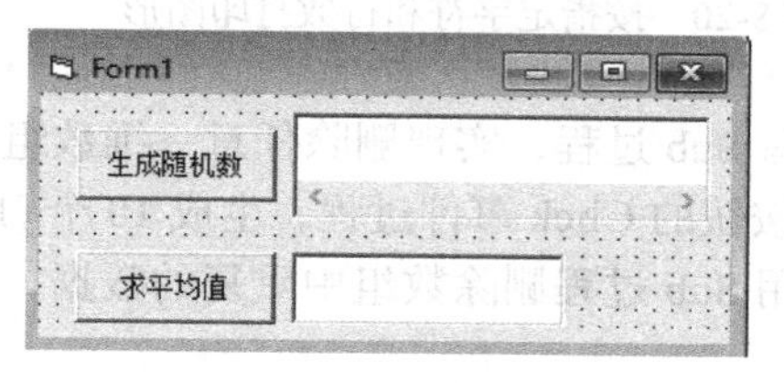

a) 设计界面

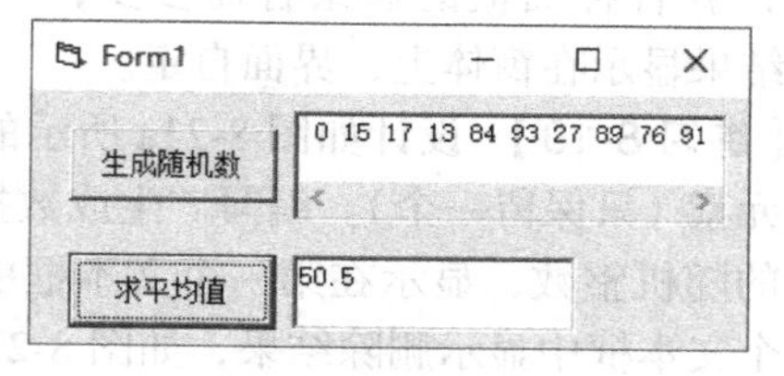

b) 运行界面

图 8-18　调用函数过程求一维数组所有元素的平均值

【练习 8-6】 设计如图 8-19a 所示的界面。编写一个 Sub 过程，能根据三角形的 3 条边返回其内切圆和外接圆的面积。在命令按钮的 Click 事件过程中输入三角形的 3 条边的值，调用该 Sub 过程计算其内切圆和外接圆的面积，结果显示在文本框中，运行界面如图 8-19b 所示。设三角形的 3 条边为 a、b、c，面积为 S，内切圆半径为 R_1，外接圆半径为 R_2，则

$$R_1=\frac{S}{P},\quad R_2=\frac{abc}{4S}$$

其中：

$$P=\frac{1}{2}(A+B+C),\quad S=\sqrt{P(P-A)(P-B)(P-C)}$$

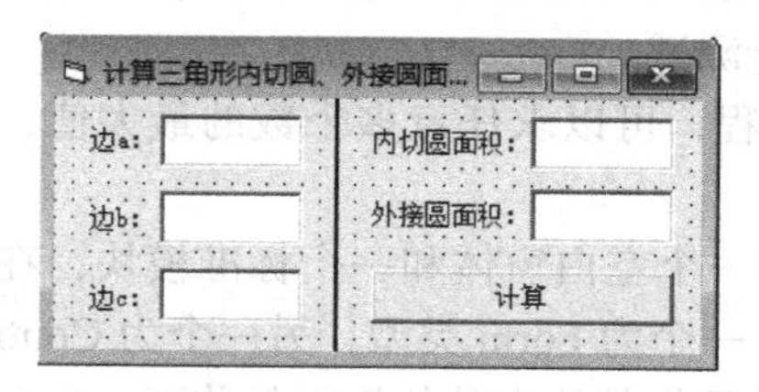

a) 设计界面

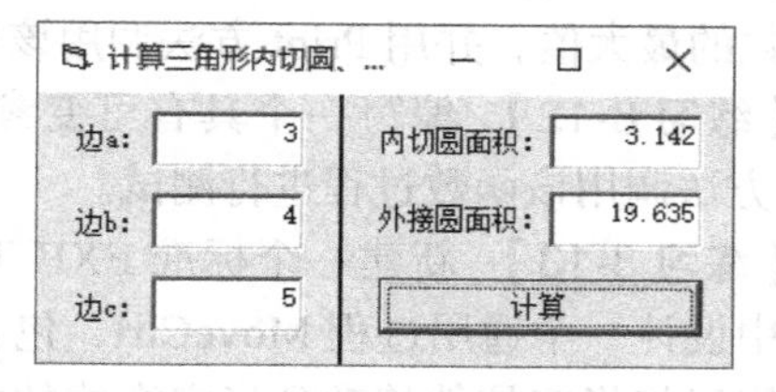

b) 运行界面

图 8-19　调用 Sub 过程求三角形内切圆面积和外接圆面积

【练习 8-7】 编写一个 Sub 过程，能根据参数 K 求 $1+2+3+\cdots+K$ 的值。在窗体的 Click 事件过程中用输入框（InputBox）输入某 n 值，调用该 Sub 过程求以下 y 的值，计算结果用消息框显示。

$$y=\frac{1}{1}+\frac{1}{1+2}+\frac{1}{1+2+3}+\cdots+\frac{1}{1+2+3+\cdots+n}$$

【练习 8-8】 向窗体上添加一个图片框，如图 8-20a 所示。编写一个 Sub 过程，能根据任意给定的字符及行数在图片框中打印如图 8-20b 所示的图形。图形中每行的字符数与行数相

同。编写图片框的Click事件过程，用输入框（InputBox）输入任一字符及行数，调用该Sub过程打印图形。

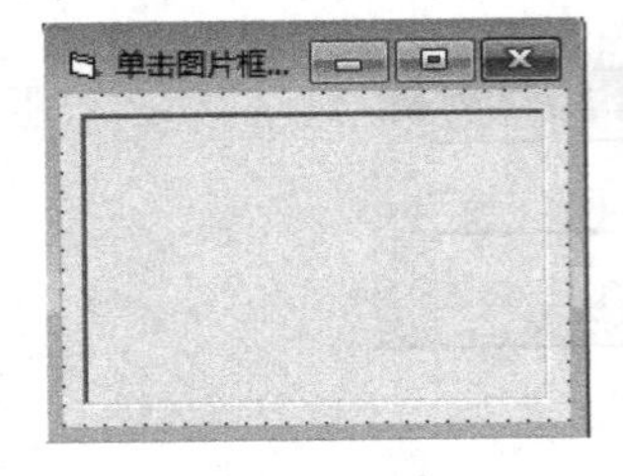

a）设计界面

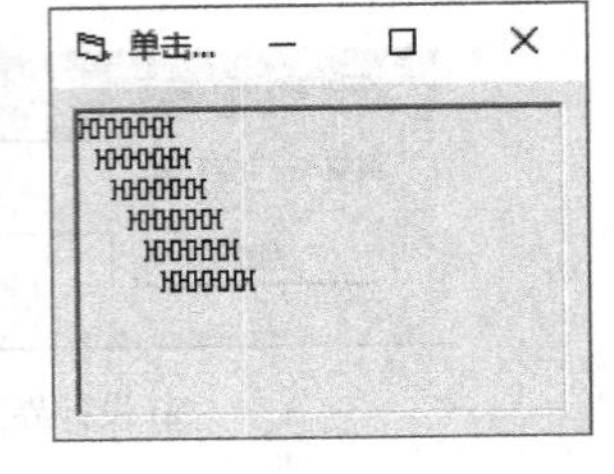

b）运行界面

图8-20　按指定字符和行数打印图形

【练习8-9】编写一个Sub过程，该过程能根据给定的工资总数计算发给多少张一百元、五十元、十元、五元、一元、五角、一角、五分、一分的钞票（要求Sub过程只负责计算，不负责显示结果）。运行时，用文本框输入工资额，按回车键调用该Sub过程计算各种面值的钞票各需多少，并将结果显示在窗体上，界面自定。

【练习8-10】设计如图8-21a所示的界面。编写Sub过程，实现删除任意一维数组中重复的元素（只保留一个）。编写“生成数据并删除”按钮的Click事件过程，生成10个[1，5]区间的随机整数，显示在第一个文本框中，然后调用Sub过程删除数组中重复的数据，并在第二个文本框中显示删除结果，如图8-21b所示。

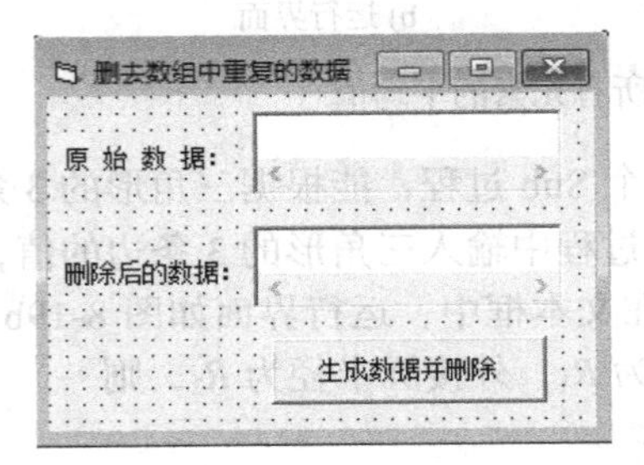

a) 设计界面

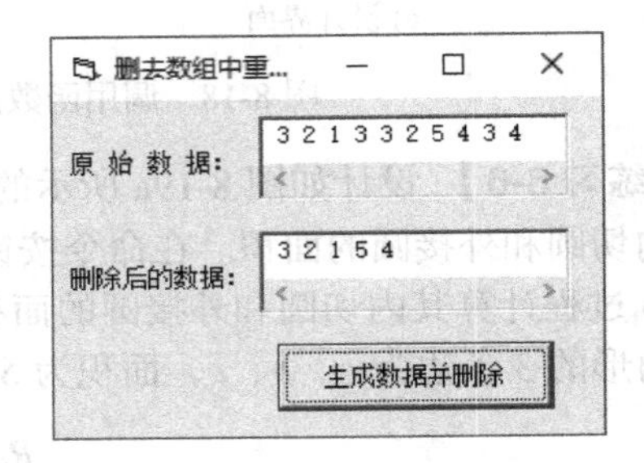

b) 运行界面

图8-21　删去数组中重复的元素

【练习8-11】编写一个具有可选参数的函数过程，既可以求2个数的最大值，也可以求3个数的最大值，并用Print方法调用该函数过程进行测试。

【练习8-12】编写一个具有可变参数的函数过程，可以求任意多个数的最大值，并用Print方法调用该函数过程进行测试。

【练习8-13】新建一个标准EXE工程，再添加一个空白窗体和一个标准模块，在标准模块中设计一个通用过程MoveCtrl，包含两个形参，一个为Form类型，另一个为Control类型，用于将指定控件移动到指定窗体的中央位置，并且将其放在其他控件的前面。在两个窗体上各放一些控件，编写代码实现，运行时单击每一个窗体上的控件，调用MoveCtrl过程将该控件移动到所在窗体的中央位置，并放在其他控件的前面。

提示：将控件x移动到其他控件的前面，可以使用Zorder方法，即x.Zorder。

【练习8-14】使用过程的递归调用求5000之内的斐波那契数列。斐波那契数列的第一项为1，第二项为1，从第三项起每一项为其前两项的和，求斐波那契数列的第k项，可以用递归定义表示为：

$$\text{fib}(k)=\begin{cases}1 & k\leqslant 2\\ \text{fib}(k-1)+\text{fib}(k-2) & k>2\end{cases}$$

第 9 章

Visual Basic 常用控件

控件是图形化的对象，是建立图形用户界面的基本要素，是进行可视化编程的重要基础。以前的章节中已经介绍了一些常用控件，如命令按钮、标签、文本框等。本章将继续介绍 Visual Basic 中的其他一些常用控件，包括内部控件和 ActiveX 控件。

9.1 控件的公共属性

控件有很多共同的属性，本节介绍多数控件所共有的属性，在介绍具体控件时，将不再重复介绍这些属性。

1. Name 属性

Name 属性用于标识窗体、控件或数据访问对象的名称，在运行时是只读的。在 Visual Basic 中文版中，Name 属性在属性窗口的属性名为“(名称)”。

每当建立一个新控件时，Visual Basic 为其建立一个缺省名称，该名称由一个表示控件类型的标识符加上一个唯一的整数组成。例如，第一个新建的命令按钮的名称是 Command1，第二个新建的命令按钮的名称是 Command2，第一个新建的文本框的名称是 Text1，第二个新建的文本框的名称是 Text2 等。

可以通过在属性窗口中修改 Name 属性给控件赋予一个更有意义的名称。控件的 Name 属性必须以一个字母开始，最长可达 40 个字符。它可以包括字母、数字和下划线，但不能包括标点符号和空格。为同类型的控件取相同的名称，可以创建控件数组。在程序中使用控件数组中的控件时，应在其名称后加上索引，如 MyCom(3)。不同类型的控件不能具有相同的名称。

2. Caption 属性

Caption 属性用于设置或返回对象的标题。对于窗体，该属性表示要显示在标题栏中的文本。当窗体最小化时，该文本被显示在窗体图标旁边。对于其他控件，该属性表示要显示在控件中的文本。当创建一个新的对象时，其缺省的 Caption 属性值与缺省的 Name 属性值相同，但 Caption 属性与 Name 属性是完全不同的两个属性。一般要对缺省的 Caption 属性进行修改，以产生一个描述更清楚的标题。

Label 控件标题的长度没有限制。对于窗体和所有其他有标题的控件，标题长度被限制在

255个字符之内。

3. Enabled 属性

该属性用来确定一个窗体或控件是否能够对用户产生的事件做出响应。如果将控件的Enabled属性设置为True（缺省值），则控件有效，允许控件对事件做出响应；如果将控件的Enabled属性设置为False，则控件无效，阻止控件对事件做出响应。

运行时，可以根据应用程序的当前状态决定使某些控件无效或有效。例如，将按钮、菜单项设置为无效，则按钮、菜单项呈暗灰色；将文本框的Enabled属性设置为False，则阻止用户修改文本框的内容；将定时器的Enabled属性设置为False，则停止定时器的计时。

4. Visible 属性

该属性用来确定一个窗体或控件是否可见。如果将控件的Visible属性设置为True（缺省值），则控件在运行时可见；如果将控件的Visible属性设置为False，则控件在运行时不可见。如果在属性窗口中将控件的Visible属性设置为False，则控件在设计窗体上仍是可见的，仅在运行时才不可见。

5. Left、Top、Width、Height 属性

Left、Top、Width和Height属性用于设置或返回控件的位置和尺寸。其中Left属性表示控件的左边与它所在容器的内部显示区域左边之间的距离，Top属性表示控件的顶部和它所在的容器的内部显示区域顶边之间的距离。

例如，如果将命令按钮直接放在窗体上，则窗体为命令按钮的容器，命令按钮的Left、Top、Width和Height属性如图9-1所示。如果将Left和Top设置为0，则将命令按钮移到窗体的左上角。

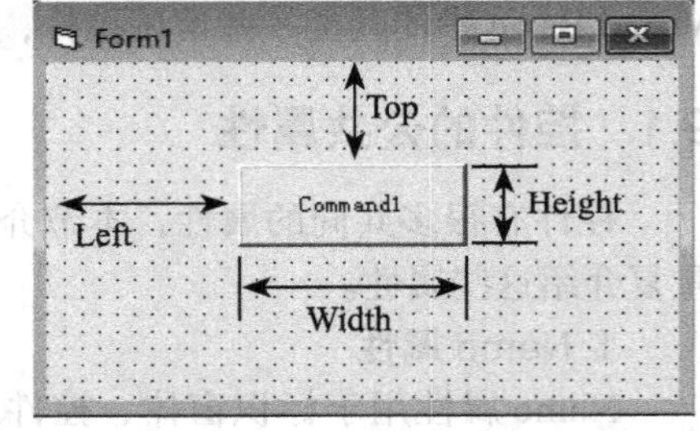

图9-1 Left、Top、Width和Height属性

6. BackColor、ForeColor 属性

BackColor属性用来设置或返回控件的背景颜色。ForeColor属性用来设置或返回控件上所显示的图形或文本的颜色，称前景颜色。

在Label控件和Shape控件中，如果BackStyle属性的设置值为0（透明），则忽略BackColor属性。

如果在Form对象或PictureBox控件中设置BackColor属性，则所有已经打印的文本或用绘图方法绘制的图形都将被擦除。设置ForeColor属性值不会影响已经打印的文本或绘制的图形。

7. FontName、FontSize、FontBold、FontItalic、FontStrikethru、FontUnderline 属性

- FontName：设置或返回在控件中显示的文本所用的字体，其值为字符串类型。Visual Basic中可用的字体取决于系统的配置、显示设备和打印设备。
- FontSize：设置或返回在控件中显示的文本所用的字体大小，以磅为单位。
- FontBold：设置或返回在控件中显示的文本是否为粗体样式，其值为True或False。
- FontItalic：设置或返回在控件中显示的文本是否为斜体样式，其值为True或False。
- FontStrikethru：设置或返回在控件中显示的文本是否带有删除线，其值为True或False。
- FontUnderline：设置或返回在控件中显示的文本是否带有下划线，其值为True或False。

对于PictureBox控件及Form和Printer对象，设置这些属性不会影响在控件或对象上已

经打印的文本。对于其他控件，这些属性的改变会在屏幕上立刻生效。

使用这些属性是为了与一些特殊控件的使用一致，并与早期的 Visual Basic 版本保持兼容。它们在设计时不能使用，只能在运行时通过代码来改变。如：

```
Form1.FontSize =17
```

表示将窗体 Form1 的字号设置为 17。

8. Font 属性

Font 属性是一个对象，可以在设计阶段，在属性窗口中通过选择控件的 Font 属性并单击浏览按钮“…”，在打开的对话框中直接设置。也可以在代码中引用或设置，格式如下：

```
对象名 .Font. 属性名
```

这里的“属性名”包括：

- Name：设置或返回 Font 对象的字体名称。
- Size：设置或返回 Font 对象使用的字体大小。
- Bold：设置或返回 Font 对象的字形是粗体或非粗体。
- Italic：设置或返回 Font 对象的字形为斜体或非斜体。
- Underline：设置或返回 Font 对象的字形为带下划线或不带下划线。
- Strikethrough：设置或返回 Font 对象的字形为有删除线或无删除线。

【例 9-1】 在窗体的 Click 事件中编写如下代码，运行时单击窗体，结果如图 9-2 所示。

```
Private Sub Form_Click()
    Form1.Font.Name = "隶书"
    Print "隶书"
    Form1.Font.Size = 14
    Print "隶书 14 号字"
    Form1.Font.Bold = True
    Print "隶书 14 号字，粗体"
    Form1.Font.Italic = True
    Print "隶书 14 号字，粗体，斜体"
    Form1.Font.Underline = True
    Print "隶书 14 号字，粗体，斜体，下划线"
    Form1.Font.Underline = False
    Form1.Font.Strikethrough = True
    Print "隶书 14 号字，粗体，斜体，删除线"
End Sub
```

9. MousePointer、MouseIcon 属性

- MousePointer 属性：返回或设置一个值，指示在运行时当鼠标移动到对象上时要显示的鼠标指针的类型。

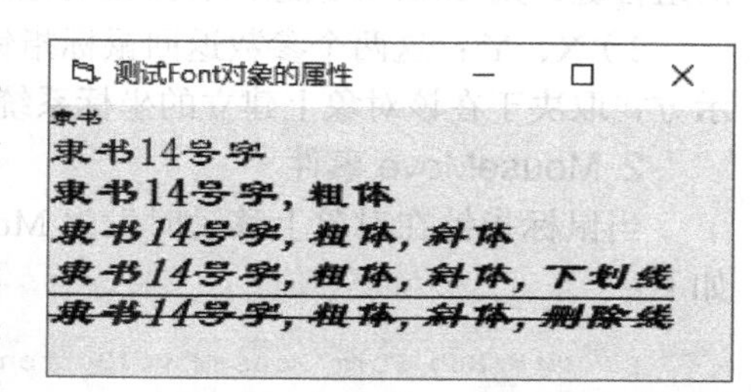

图 9-2　测试 Font 对象的属性

在属性窗口中，从该属性的下拉列表中可以选择 Visual Basic 预定义的鼠标指针类型，如果选择“99-Custom”，则鼠标指针为通过 MouseIcon 属性所指定的图标。

在代码中可以通过将该值设置为 0 ～ 15 之间的一个整数来定义鼠标指针的类型。也可以将其设置为相应的系统符号常量。设置为 99（或 vbCustom）表示鼠标指针为通过 MouseIcon 属性所指定的图标。

- MouseIcon 属性：设置在运行时当鼠标移动到对象上时要显示的图标。在 MousePointer 属性设置为“99”时使用。

9.2 鼠标与键盘事件

Visual Basic 应用程序可以响应多种鼠标与键盘事件。例如，鼠标事件有单击、双击、按下、抬起、移动、拖动等，键盘事件有按键按下、抬起等。利用这些事件可以编写响应各种事件的应用程序。除了前面提到的鼠标单击、双击、GotFocus、LostFocus 等事件外，本节将进一步介绍其他几个常用的鼠标与键盘事件。

9.2.1 鼠标操作

1. MouseDown、MouseUp 事件

MouseDown 事件在按下鼠标按钮时发生；MouseUp 事件在释放鼠标按钮时发生。例如，某命令按钮 Command1 的 MouseDown 事件过程如下：

```
    Private Sub Command1_MouseDown(Button As Integer, Shift As Integer, X As Single,
Y As Single)
    …
    End Sub
```

在 MouseDown 和 MouseUp 两个事件所对应的事件过程中，系统都会返回以下 4 个参数。

1）Button：Button 参数根据所按下或抬起的是鼠标的左按钮、右按钮还是中间按钮返回一个整数，其取值见表 9-1。

2）Shift：Shift 参数根据在按下或释放鼠标按钮时是否同时按下 Shift、Ctrl 或 Alt 键返回一个整数，其取值见表 9-2。

表 9-1　Button 参数的值

整数值	常量	说明
1	vbLeftButton	按下左按钮
2	vbRightButton	按下右按钮
4	vbMiddleButton	按下中间按钮

表 9-2　Shift 参数的值

整数值	常量	说明
1	vbShiftMask	按下 Shift 键
2	vbCtrlMask	按下 Ctrl 键
4	vbAltMask	按下 Alt 键

如果没有按下 Shift、Ctrl 或 Alt 键，则 Shift 参数返回 0，如果同时按下 Shift、Ctrl 或 Alt 的组合键，则 Shift 参数返回各按键对应的值之和。

3）X，Y：这两个参数返回鼠标指针在对象上的当前位置，默认单位为缇。X 和 Y 的表示方式取决于在该对象上建立的坐标系统。关于坐标系统的概念将在第 11 章介绍。

2. MouseMove 事件

当鼠标指针在对象上移动时发生 MouseMove 事件。例如，窗体的 MouseMove 事件过程如下：

```
    Private Sub Form_MouseMove(Button As Integer, Shift As Integer, X As Single, Y As
Single)
    …
    End Sub
```

MouseMove 事件过程也提供了 4 个参数，其作用与 MouseDown 和 MouseUp 事件过程中的参数一样。

需要注意的是，当鼠标指针在对象上移动时，并不是经过每个像素都会产生 MouseMove 事件，而是按每秒一定的次数生成 MouseMove 事件。由于应用程序能在短时间内识别大量的 MouseMove 事件，因此，不应在 MouseMove 事件过程中编写需要大量计算时间的程序。

【例 9-2】 在窗体上移动鼠标时，将当前的鼠标位置显示在文本框中。

窗体的 MouseMove 事件过程如下：

```
    Private Sub Form_MouseMove(Button As Integer, Shift As Integer, X As Single, Y As Single)
        Text1.Text = X : Text2.Text = Y
    End Sub
```

运行时在窗体上移动鼠标，效果如图 9-3 所示。

图 9-3 测试鼠标移动事件

9.2.2 键盘操作

1. KeyPress 事件

当用户按下键盘上一个会产生 ASCII 码的按键时产生 KeyPress 事件，如按下数字键、字母键、Tab、Enter、BackSpace、Esc 等都会产生 KeyPress 事件。例如，某文本框 Text1 的 KeyPress 事件过程如下：

```
    Private Sub Text1_KeyPress(KeyAscii As Integer)
    …
    End Sub
```

KeyPress 事件返回一个参数 KeyAscii，KeyAscii 为与按键对应的 ASCII 码值。对于同一个字母按键，其大小写形式在 KeyPress 事件中返回的 KeyAscii 值是不同的。

只有当对象具有焦点时才可以接收该事件。一个窗体仅在它没有可视和有效的控件或 KeyPreview 属性被设置为 True 时才能接收该事件。

使用文本框的 KeyPress 事件可以及时对输入的内容进行检查，以保证输入内容的有效性。

【例 9-3】 设某应用程序用文本框输入学生成绩，并能根据成绩给出五级评分。现在需要对输入的成绩进行有效性验证，如果输入的字符不是阿拉伯数字，则响铃，并消除该字符。

分析：设用文本框 Text1 输入成绩。当焦点在文本框 Text1 时，按下键盘上任意一个键都需要判断所输入的是否是数字 0 ～ 9。因此可以在 Text1 的 KeyPress 事件过程中对参数 KeyAscii 的值进行判断。已知 0 ～ 9 的 ASCII 码为 48 ～ 57，所以当 KeyAscii 的值不在 48 ～ 57 的范围内时，需要响铃（用 Beep 语句）并消除该字符（将 KeyAscii 设置为 0）。代码如下：

```
    Private Sub Text1_KeyPress(KeyAscii As Integer)
        If KeyAscii < 48 Or KeyAscii > 57 Then                  ' 如果不是数字
            Beep                                                 ' 响铃
            KeyAscii = 0                                         ' 消除该字符
        End If
    End Sub
```

2. KeyDown、KeyUp 事件

当一个对象具有焦点时，按下键盘上的一个按键时发生 KeyDown 事件，松开键盘上的一个按键时发生 KeyUp 事件。例如，某文本框 Text1 的 KeyDown 事件过程如下：

```
    Private Sub Text1_KeyDown(KeyCode As Integer, Shift As Integer)
```

```
    …
    End Sub
```

KeyDown 和 KeyUp 事件过程均返回两个参数，即 KeyCode 和 Shift。

KeyCode 参数返回所操作的物理键的代码。也就是说，在键盘上只要按的是同一个键，则返回的 KeyCode 值相同。例如，对于同一个字母按键，不管是大写还是小写形式，所返回的 KeyCode 值是相同的。Visual Basic 为 KeyCode 值定义了符号常量，要使用这些符号常量，可以使用“视图 | 对象浏览器”命令，打开对象浏览器，选择 VBRUN 库，在“类”列表中找到“ KeyCodeConstants”，则在 KeyCodeConstants 成员列表中会列出所有的键代码符号常量，如 vbKeyF1（F1 键）或 vbKeyHome（Home 键），如图 9-4 所示。

Shift 参数根据在按键时是否按下 Shift、Ctrl 或 Alt 键返回一个整数。它可以有表 9-2 中的取值。

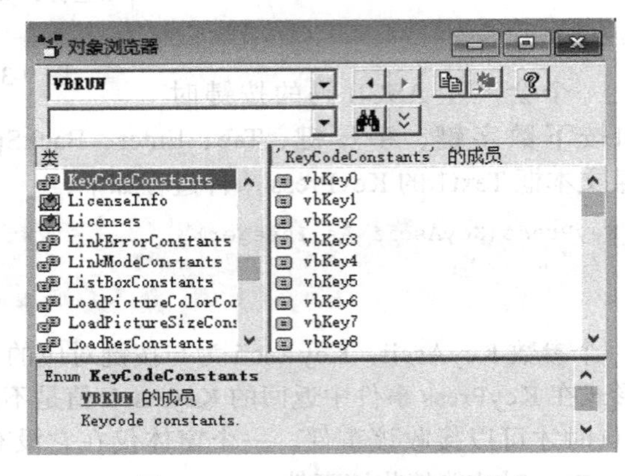

图 9-4　KeyCodeConstants 成员

与 KeyPress 事件一样，只有当对象具有焦点时才可以接收 KeyDown 和 KeyUp 事件。一个窗体仅在它没有可视和有效的控件或 KeyPreview 属性被设置为 True 时才能接收 KeyDown 和 KeyUp 事件。

【例 9-4】 在窗体上用 Shape 控件画一个圆形，用键盘上的“←”“↑”“→”“↓”方向键移动该圆形，界面如图 9-5 所示。

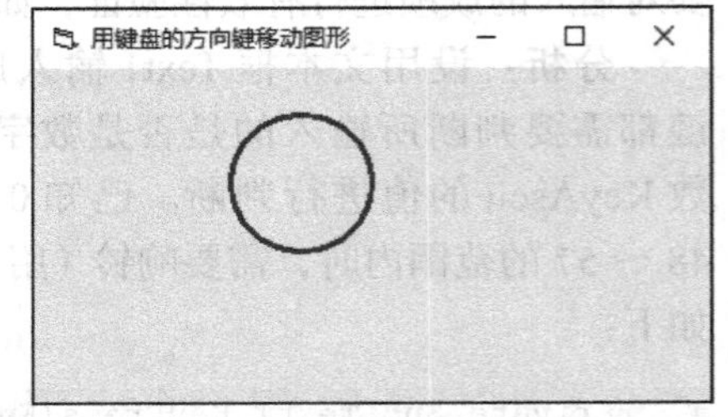

图 9-5　用方向键移动圆形

分析：方向键“←”“↑”“→”“↓”的 KeyCode 值分别为 37、38、39、40，也可以分别用 vbKeyLeft、vbKeyUp、vbKeyRight、vbKeyDown 符号常量来代替。在窗体的 KeyDown 事件过程中根据所返回的 KeyCode 值实现对图形的移动，代码如下。

```
Private Sub Form_KeyDown(KeyCode As Integer, Shift As Integer)
    Select Case KeyCode
        Case vbKeyUp
            Shape1.Top = Shape1.Top - 100
        Case vbKeyDown
            Shape1.Top = Shape1.Top + 100
        Case vbKeyLeft
            Shape1.Left = Shape1.Left - 100
        Case vbKeyRight
```

```
            Shape1.Left = Shape1.Left + 100
        End Select
    End Sub
```

9.3 常用内部控件

第 2 章详细介绍了命令按钮、标签、文本框的使用，前面各章也结合示例引入了其他一些控件的简单使用。本节将较详细地介绍除命令按钮、标签、文本框以外的几个常用内部控件。

9.3.1 框架

框架在工具箱中的图标为▭，属于 Frame 类，是一种容器控件，也用于修饰界面。

容器控件简称容器，用来存放控件。放在同一个容器中的控件构成一组，跟随其容器移动，删除容器将同时删除其中的所有控件。

要将控件放在容器中，可以直接在容器中画控件，也可以将事先画好的控件复制到剪贴板，再选中容器，然后粘贴控件。

要检查控件是否在容器中，可以用鼠标拖动容器，容器中的控件应该能够随容器移动，也可以试用鼠标拖动控件，如果控件不能移出容器，则说明控件已经放在了容器中。虽然有时控件与容器放在了一起，但如果拖动容器时，控件不能随容器移动，或者拖动控件时，可以将控件移出容器，也说明控件不在容器中。

要同时选中容器中的多个控件，可以按住 Ctrl 键或 Shift 键，同时拖动鼠标，圈选其他控件；也可以按住 Ctrl 键或 Shift 键，再逐个单击所需的控件。

框架具有以上介绍的控件的公共属性，其中要特别注意的是 Enabled 属性，当框架的 Enabled 属性设置为 False 时，框架的标题变成暗灰色，而框架中的所有对象会同时无效，此时框架不响应鼠标事件。

图 9-6 用了两个框架 Frame1 和 Frame2，将字体的选项按钮与文字颜色的选项按钮分成了两组。

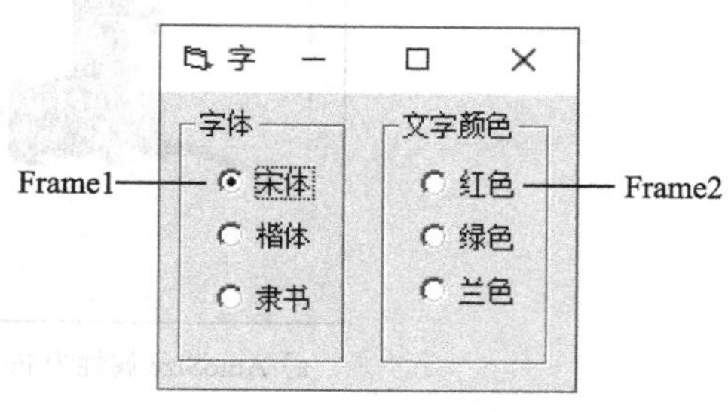

图 9-6 用框架对控件进行分组

9.3.2 图片框

图片框在工具箱中的图标为▣，属于 PictureBox 类，该控件可以用来显示图像，包括位图文件（.bmp）、图标文件（.ico）、光标文件（.cur）、元文件（.wmf）、增强的元文件（.emf）、JPEG 文件（.jpg）或 GIF 文件（.gif）。

要在图片框中显示一幅图像，可以在属性窗口中设置其 Picture 属性，也可以在代码中使用 LoadPicture 函数设置其 Picture 属性，格式如下：

```
对象名.Picture=LoadPicture(图像文件名)
```

其中，“图像文件名”是一个字符串表达，用于指定要加载的图像文件所在的路径和文件名。

要清除图片框中的图像，可以在属性窗口中直接删除其 Picture 属性的内容，也可以在代码中使用 LoadPicture 函数进行清除，格式如下：

```
对象名.Picture=LoadPicture()
或
对象名.Picture=LoadPicture("")
```

PictureBox控件也可以作为控件的容器，还可用于显示用Print方法产生的文本和用图形方法绘制的图形。要清除用Print方法在图片框中产生的文本和用图形方法绘制的图形，可以使用Cls方法，格式如下：

```
对象名.Cls
```

如果使用LoadPicture函数清除图像，将同时清除文本和用图形方法绘制的图形。关于如何用图形方法在图片框中绘制图形，将在第11章详细介绍。

通常，我们希望图像能够充满图片框，或者能够随图片框大小的改变而改变。如果在图片框中加载.wmf文件，则图像会自动调整大小，以适应图片框的大小。对于其他类型的文件，如果图片框大小不足以显示整幅图像，Visual Basic不能调整图形来适应图片框的大小，而会自动裁剪图像，以适应图片框的大小。要使图片框能够自动调整大小以显示整幅图像，可以将其AutoSize属性设置为True。例如，图9-7a在图片框的AutoSize属性为False时，装入一幅比图片框大的图像，此时在图片框中仅显示了部分图像。如果在属性窗口中将图片框的AutoSize属性改为True，则图片框自动调整为图像的大小，显示了整幅图像，如图9-7b所示。

a）AutoSize属性为False　　b）AutoSize属性为True

图9-7　PictureBox控件显示图像的两种方式

9.3.3　图像框

图像框在工具箱中的图标为▣，属于Image类，该控件也用于显示图像，包括位图文件（.bmp）、图标文件（.ico）、光标文件（.cur）、元文件（.wmf）、增强的元文件（.emf）、JPEG文件（.jpg）或GIF文件（.gif）。

与PictureBox控件一样，可以在属性窗口通过设置Image控件的Picture属性来加载一幅图像，也可以在代码中使用LoadPicture函数进行图像的加载或清除。

如果将Image控件的Stretch属性设置为True，则可以缩放图像来适应控件大小，如图9-8a所示；如果将Image控件的Stretch属性设置为False，则可以自动调整控件大小以适应图像，如图9-8b所示。

因为Image控件比PictureBox控件使用较少的系统资源，所以重画起来比PictureBox控件要快，但是它只支持PictureBox控件的一部分属性、事件和方法。

a）Stretch 属性为 True　　b）Stretch 属性为 False

图 9-8　Image 控件显示图像的两种方式

9.3.4　选项按钮

选项按钮也称单选按钮，选项按钮在工具箱中的图标为，属于 OptionButton 类，该控件用于提供一个可以打开或者关闭的选项。在使用时，一般将几个选项按钮组成一组，在同一组中，用户只能选择其中的一项。在 Frame 控件、PictureBox 控件或者窗体这样的容器中绘制选项按钮，就可以把这些选项按钮分组，同一容器中的选项按钮为一个组。运行时，在选择一个选项按钮时，同组中的其他选项按钮会自动取消选择。

1. 属性

1）Value 属性：表示选项按钮的状态。Value 属性值为 True 时，表示选择了该按钮；Value 属性值为 False 时，表示没有选择该按钮。Value 属性的缺省值为 False。

2）Alignment 属性：决定选项按钮中的文本的对齐方式，有以下取值。

- 0（或 vbLeftJustify）——表示文本左对齐。
- 1（或 vbRightJustify）——表示文本右对齐。

3）Style 属性：用于控制选项按钮的外观，有以下取值。

- 0（或 vbButtonStandard）——选项按钮呈现为默认的旁边带有文本的圆形按钮。
- 1（或 vbButtonGraphical）——选项按钮显示为与命令按钮相同的形状，运行时按钮可以在按下和抬起两种状态间切换，这时还可以为其设置颜色或添加图形。

图 9-9 是两组具有不同外观的选项按钮。

2. 事件

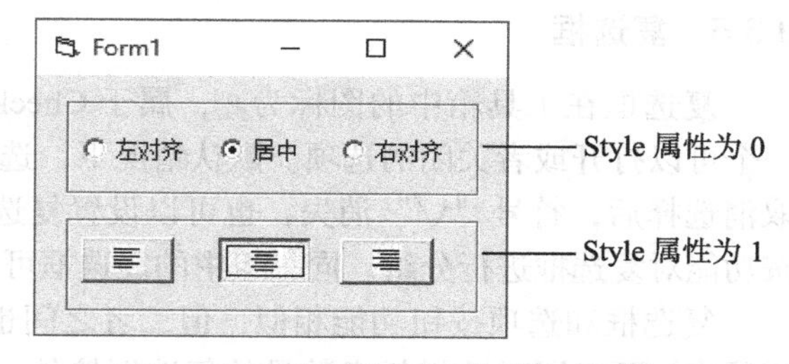

图 9-9　两组具有不同外观的选项按钮

选项按钮常用的事件为 Click 事件，当运行时单击选项按钮，使选项按钮从未选择状态变成选择状态时；或在代码中将一个选项按钮的 Value 属性值从 False 改为 True 时，触发 Click 事件，可以在该事件过程中编写代码，指定选择该选项按钮时要执行的操作。也经常不直接在选项按钮的事件过程中编写代码，只是使用选项按钮进行选择，而在其他事件过程（如命令按钮的 Click 事件过程）中根据选项按钮的 Value 属性值进行判断，以执行相应的操作。

【例 9-5】 用选项按钮设计一个简单的工具栏，用于设置文本框文本的对齐方式。

界面设计：设计如图 9-10a 所示的界面。在窗体顶部画一个图片框控件 Picture1。在 Picture1 中画 3 个选项按钮 Option1 ～ Option3，将它们的 Style 属性设置为 1，使它们呈现为按钮的形状，清除各选项按钮的 Caption 属性内容，并设置各选项按钮的 Picture 属性，加载表示其功能的图片。如果在安装 Visual Basic 时选择了安装图形，则本例的图片可以从“Program Files\Microsoft Visual Studio\Common\Graphics\Bitmaps\TlBr_W95”路径下获得。画一个文本框 Text1 并设置其 MultiLine 属性和 Text 属性，输入一些文字。由于文本框的初始文本对齐方式为左对齐，因此可以将 Option1 的 Value 属性设置为 True，使其处于按下状态，与文本框的对齐方式保持一致。

代码设计：在各选项按钮的 Click 事件过程中编写代码，通过设置文本框的 Alignment 属性为 0、1 或 2 实现将文本设置为左对齐、右对齐、居中。代码如下：

```
Private Sub Option1_Click()
    Text1.Alignment = 0
End Sub
Private Sub Option2_Click()
    Text1.Alignment = 2
End Sub
Private Sub Option3_Click()
    Text1.Alignment = 1
End Sub
```

运行时单击各选项按钮，可以设置文本框文本的对齐方式，图 9-10b 所示为居中对齐。

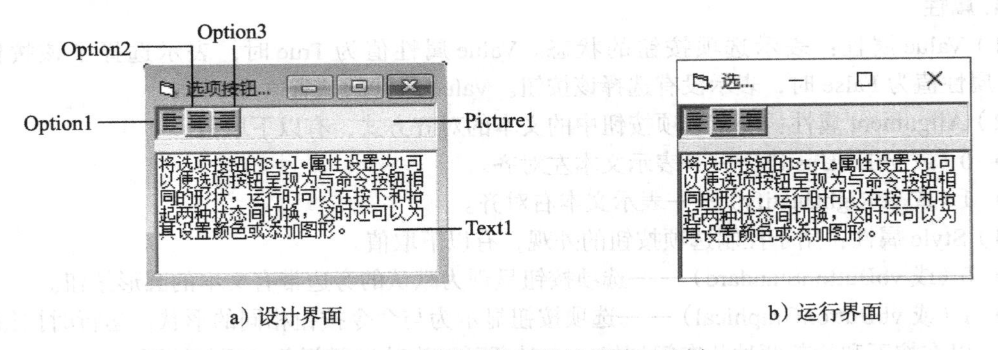

图9-10　用选项按钮设计简单工具栏

9.3.5　复选框

复选框在工具箱中的图标为☑，属于 CheckBox 类。与选项按钮类似，该控件用于提供一个可以打开或者关闭的选项。默认情况下，选择复选框控件后，该控件显示符号“√”，而取消选择后，符号“√”消失，也可以设置复选框使其处于第三种状态，即灰度状态。可以按功能对复选框进行分组，同一组中的复选框可以有多个同时被选中。

复选框和选项按钮功能相似，但二者之间也存在着明显差别：在一个窗体中（包括其他容器中）可以同时选择任意数量的复选框控件；但在一个容器中，在任何时候只能选择一个选项按钮。

1. 属性

1）Value 属性：复选框的 Value 属性用来确定其状态，即选择、取消选择或灰度状态。Value 值为 0 表示取消选择状态；Value 值为 1 表示选择状态；Value 值为 2 表示灰度状态，常利用灰度状态来表示部分选中或不确定状态。图 9-11 是复选框的 3 种状态。

图 9-11 复选框的 3 种状态

2）Alignment 属性：设置或返回一个值，决定复选框中文本的对齐方式。有以下取值：

- 0（或 vbLeftJustify）——表示复选框中的文本左对齐。
- 1(或 vbRightJustify)——表示复选框中的文本右对齐。

3）Style 属性：用于控制复选框的外观，有以下取值：

- 0（或 vbButtonStandard）——复选框呈现为默认外观，其文本旁边带有一个小方块。
- 1（或 vbButtonGraphical）——复选框显示为与命令按钮相同的形状，运行时按钮可以在按下和抬起两种状态间切换，这时还可以为其设置颜色或添加图形。

图 9-12 是两组具有不同外观的复选框。

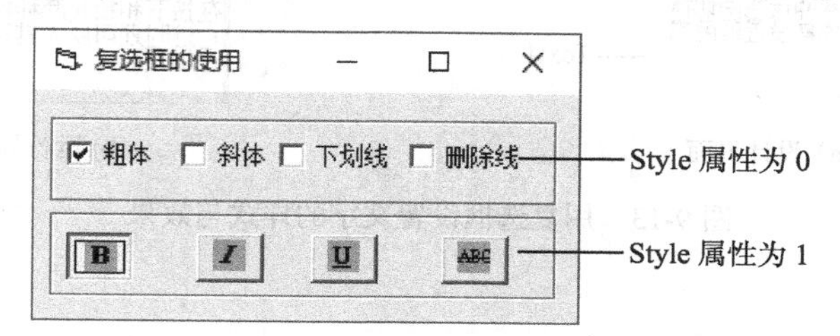

图 9-12 两组具有不同外观的复选框

2. 事件

复选框常用的事件为 Click 事件。运行时单击复选框，或在代码中改变复选框的 Value 属性值时，发生 Click 事件。可以在该事件过程中编写代码，指定选择或取消选择该复选框时要执行的操作。也经常不直接在复选框的事件过程中编写代码，只是使用复选框进行选择，而在其他事件过程（如命令按钮的 Click 事件过程）中根据复选框的 Value 属性值进行判断，以执行相应的操作。

【例 9-6】 在例 9-5 的基础上，添加一组工具栏按钮，用于设置文本框文字的样式与效果，包括粗体、斜体、下划线和删除线。

界面设计：由于文本框可以同时具有多种文字样式与效果，因此工具栏按钮可以用复选框来实现。在例 9-5 的界面基础上进一步修改，缩小图片框 Picture1，在其右侧添加图片框 Picture2，在 Picture2 中画 4 个复选框 Check1 ～ Check4，将它们的 Style 属性设置为 1，使它们呈现为按钮的形状，清除各复选框的 Caption 属性内容，并为各复选框的 Picture 属性设置表示其功能的图片。复选框上的图片可以从 “Program Files\Microsoft Visual Studio\Common\Graphics\Bitmaps\TlBr_W95”路径下获得。修改后的界面如图 9-13a 所示。

代码设计：复选框的选择或取消选择由单击鼠标实现，所以代码应写在各复选框的 Click 事件过程中。具体如下：

```
    Private Sub Check1_Click()
        If Check1.Value = 1 Then Text1.FontBold = True Else Text1.FontBold = False
    End Sub
    Private Sub Check2_Click()
        If Check2.Value = 1 Then Text1.FontItalic = True Else Text1.FontItalic = False
    End Sub
    Private Sub Check3_Click()
        If Check3.Value = 1 Then Text1.FontUnderline = True Else Text1.FontUnderline
= False
    End Sub
```

```
    Private Sub Check4_Click()
        If Check4.Value = 1 Then Text1.FontStrikethru = True Else Text1.FontStrikethru
= False
    End Sub
```

运行时，单击每个复选框按钮，可以在按下和抬起两种状态下切换，如图 9-13b 所示。

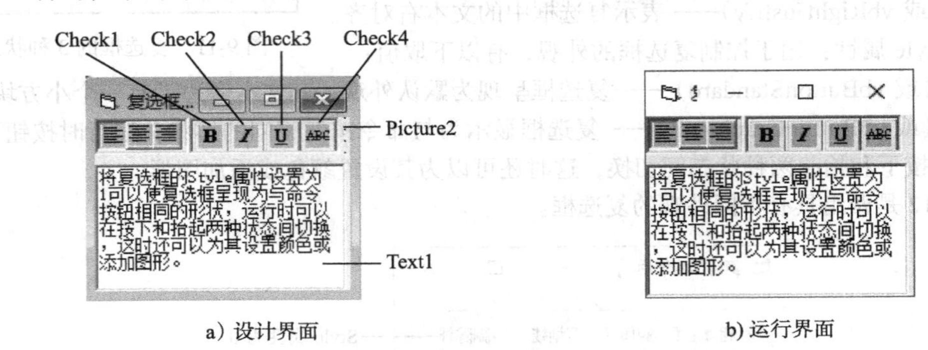

a）设计界面　　b）运行界面

图 9-13　用复选框设置文字的样式与效果

9.3.6　列表框

列表框在工具箱中的图标为，属于 ListBox 类，该控件用于显示项目列表，从列表中可以选择一项或多项。如果项目总数超过了列表框当前可显示的项目数，Visual Basic 会自动给列表框加上滚动条。

1. 属性

1）List 属性：返回或设置列表框的列表部分的项目。在设计时可以在属性窗口中直接输入列表项目，输入每一列表项后使用 Ctrl+Enter 组合键换行。在代码中，引用列表框的第一项用 List(0)，引用第二项用 List(1)，依此类推。例如，引用列表框 List1 的第 6 项表示为 List1.List(5)。

2）Style 属性：返回或设置列表框的显示样式。如果该属性设置为 0（缺省值），则列表框按传统的列表样式显示列表项；如果该属性设置为 1，则在列表框中的每一个文本项的旁边都有一个复选框，这时在列表框中可以同时选择多项，如图 9-14 所示。

3）Columns 属性：返回或设置列表框是按单列显示（垂直滚动）还是按多列显示（水平滚动）。当 Columns 属性值为 0 时，列表框为垂直滚动的单列形式；当 Columns 属性值大于 0 时，列表框为水平滚动形式，显示的列数由 Columns 属性值决定。图 9-15 显示了 Columns 属性值为 0 和 2 的两种形式。

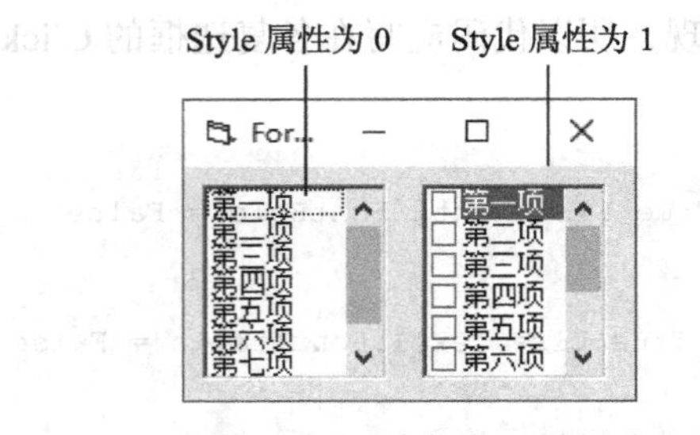

图 9-14　列表框的两种样式

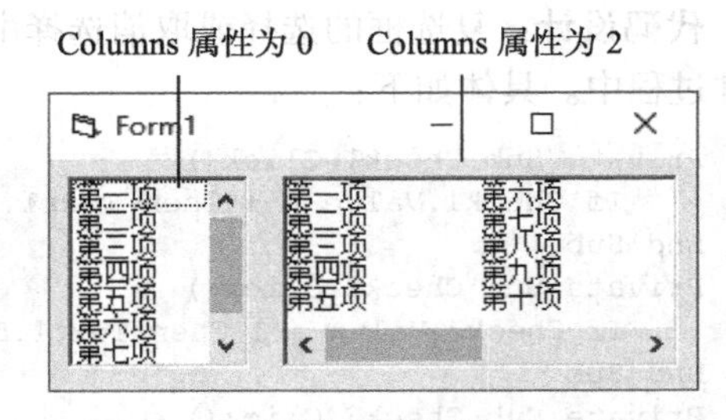

图 9-15　列表框的单列与多列形式

4）Text 属性：返回列表框中被选择的项目。如果列表框的名称为 List1，则 List1.Text 的值总是与 List1.List(List1.ListIndex) 的值相同。Text 属性为只读属性。

5）ListIndex 属性：返回或设置列表框中当前选择项目的索引，在设计时不可用。列表框的索引从 0 开始，也就是说，第一项的索引为 0，第二项的索引为 1，依此类推。如果没有在列表框中选择项目，则 ListIndex 的值为 −1。

对于可以做多重选择的列表框，如果同时选择了多个项目，ListIndex 返回所选项目的最后一项的索引。

6）ListCount 属性：返回列表框中列表部分项目的总个数。ListCount 属性值总是比最大的 ListIndex 值大 1。

7）Sorted 属性：指定列表项目是否自动按字母表顺序排序。将 Sorted 属性值设置为 True，表示列表项目按字母表顺序排序；设置为 False（缺省值）表示列表项目不按字母表顺序排序。

8）Selected 属性：返回或设置在列表框中某项的选择状态，该属性在设计时不可用。例如，要选择列表框 List1 的第 4 项，可以使用语句 List1.Selected(3)=True。

9）MultiSelect 属性：返回或设置一个值，该值指示是否能够同时选择列表框中的多个项（复选），以及如何进行复选。该属性在运行时是只读的，有以下几种取值。

- 0——缺省值，表示不允许复选。
- 1——单击鼠标或按空格键可在列表中选择或取消选择列表项。
- 2——按下 Shift 键并单击鼠标，或按下 Shift 键以及一个箭头键将在以前选择项的基础上扩展选择到当前选择项；按下 Ctrl 键并单击鼠标可在列表中选择或取消选择列表项。

2. 事件

列表框接受 Click、DblClick、GotFocus、LostFocus 等大多数控件的通用事件，但通常不编写其 Click 事件过程，而是当单击某个命令按钮或双击列表框时读取列表框的 Text 属性值。

3. 方法

1）AddItem 方法：向列表框中添加新的项目，使用格式为：

```
对象名.AddItem 项目[,索引]
```

其中，“索引”表示“项目”要添加的位置。省略“索引”时，如果 Sorted 属性设置为 True，“项目”将添加到恰当的排序位置；如果 Sorted 属性设置为 False，“项目”将添加到列表的末尾。

2）RemoveItem 方法：从列表框中删除项目，使用格式为：

```
对象名.RemoveItem 索引
```

格式中的“索引”用于指定要删除的项目的索引。

3）Clear 方法：清除列表框中的所有项目，使用格式为：

```
对象名.Clear
```

【例 9-7】 用列表框实现游戏列表的管理，实现从所有游戏列表中选择自己喜欢的游戏，添加到“我的收藏”列表中。在“我的收藏”列表中双击某游戏名称可以打开相应的游戏。

界面设计：设计如图 9-16a 所示的界面，向窗体上添加两个列表框 List1 和 List2，在属性窗口设置 List1 的 List 属性，输入所有游戏名称。在 List1 和 List2 之间画 4 个命令按钮，假设各命令按钮将完成的功能如下：

[>] —— Command1 将左侧列表框中选择的项目移动到右侧列表框中。

[<] —— Command2 将右侧列表框中选择的项目移动到左侧列表框中。

[>>] —— Command3 将左侧列表框中的所有项目移动到右侧列表框中。

[<<] —— Command4 将右侧列表框中的所有项目移动到左侧列表框中。

代码设计：下面依次给出各命令按钮的 Click 事件过程。

1）将左侧列表框中选择的项目移动到右侧列表框中。

```
Private Sub Command1_Click()
    If List1.ListCount = 0 Then                    ' 如果左侧列表框为空
        MsgBox "左列表中已没有可选项", , "注意"
        Exit Sub                                   ' 退出本事件过程
    End If
    If List1.ListIndex >= 0 Then                   ' 如果在 List1 中选择了某列表项
        List2.AddItem List1.Text                   ' 将 List1 选择项的内容添加到 List2 末尾
        List1.RemoveItem List1.ListIndex           ' 删除在 List1 中选择的列表项
    Else                                           ' 如果没有选择任何列表项
        MsgBox "请先在左列表中选择某项", , "注意"
    End If
End Sub
```

2）将右侧列表框中选择的项目移动到左侧列表框中。

```
Private Sub Command2_Click()
    If List2.ListCount = 0 Then                    ' 如果右侧列表框为空
        MsgBox "右列表中已没有可选项", , "注意"
        Exit Sub                                   ' 退出本事件过程
    End If
    If List2.ListIndex >= 0 Then                   ' 如果在 List2 中选择了某列表项
        List1.AddItem List2.Text                   ' 将 List2 选择项的内容添加到 List1 末尾
        List2.RemoveItem List2.ListIndex           ' 删除在 List2 中选择的列表项
    Else                                           ' 如果没有选择任何列表项
        MsgBox "请先在右列表中选择某项", , "注意"
    End If
End Sub
```

3）将左侧列表框中的所有项移动到右侧列表框中。

```
Private Sub Command3_Click()
    For i = 0 To List1.ListCount - 1
        List1.Selected(0) = True                   ' 选择 List1 的第 1 项
        List2.AddItem List1.Text                   ' 将 List1 选择项的内容添加到 List2 末尾
        List1.RemoveItem 0                         ' 删除 List1 的第 1 项
    Next i
End Sub
```

4）将右侧列表框中的所有项移动到左侧列表框中。

```
Private Sub Command4_Click()
    For i = 0 To List2.ListCount - 1
        List2.Selected(0) = True                   ' 选择 List2 的第 1 项
        List1.AddItem List2.Text                   ' 将 List2 选择项的内容添加到 List1 末尾
        List2.RemoveItem 0                         ' 删除 List2 的第 1 项
    Next i
End Sub
```

注意：在做全部移动的过程中，循环体每执行一次移动一项，因为每次移动一项后，原列表框剩余各项的位置自动前进一位，所以每次移动的都是列表框的第一项（即索引为 0 的项）。

5）当在右侧“我的收藏”列表中双击某游戏名称后，可以打开相应的游戏。只要在List2列表框的DblClick事件过程中编写代码，用Shell函数执行相应的游戏程序就可以了，例如：

```
Private Sub List2_DblClick()
    If List2.Text = "跑跑卡丁车" Then Shell "E:\M01\KartRider.exe", vbNormalFocus
    '在这里可以用类似的方法继续执行其他游戏程序
End Sub
```

运行时可以通过单击各命令按钮实现游戏列表项的移动，并执行收藏的游戏，运行界面如图9-16b所示。

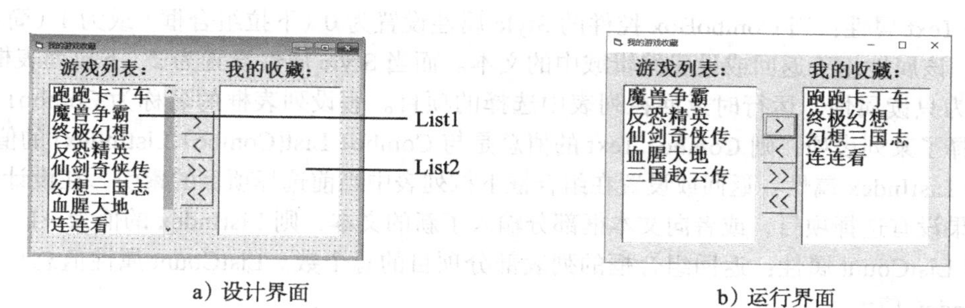

a）设计界面　　b）运行界面

图9-16　列表框操作示例

9.3.7　组合框

组合框在工具箱中的图标为▤，属于ComboBox类。组合框的作用与列表框类似，只是组合框控件将文本框和列表框的特性结合在一起，既可以在控件的文本框（编辑域）部分输入信息，也可以在控件的列表框部分选择列表项。另外，组合框可以将列表项折叠起来，使用时再通过下拉列表进行选择，所以使用组合框比使用列表框更节省界面空间。

1. 属性

1）List属性：返回或设置组合框的列表部分的项目。在设计时可以在属性窗口中直接输入列表项目。输入每一个列表项后使用Ctrl+Enter键换行。在代码中，引用组合框中的第一项用List(0)，引用第二项用List(1)……例如，引用组合框Combo1的第6项表示为Combo1.List(5)。

2）Style属性：用于指定组合框的显示形式，有以下几种取值。

- 0（或vbComboDropDown）——缺省值。组合框显示形式为下拉组合框，包括一个文本框和一个下拉式列表。可以从列表中选择项目或在文本框中输入文本。该样式将选项列表折叠起来，当需要选择时，单击组合框旁边的下拉箭头，弹出选项列表，再用鼠标单击进行选择，选择后列表会重新折叠起来，只显示被选择的项目。如图9-17左边的组合框就是一个下拉组合框。
- 1（或vbComboSimple）——组合框显示形式为简单组合框。该形式同样包括一个文本框和一个列表框。与下拉组合框不同的是，该形式不能将列表折叠起来。图9-17中间的组合框就是一个简单组合框。
- 2（或vbComboDrop-DownList）——组合框显示形式为下拉列表框。这种样式仅允许从下拉列表中选择，不能在文本框中输入文本，列表可以折叠起来。图9-17右边的组合框就是一个下拉列表框。

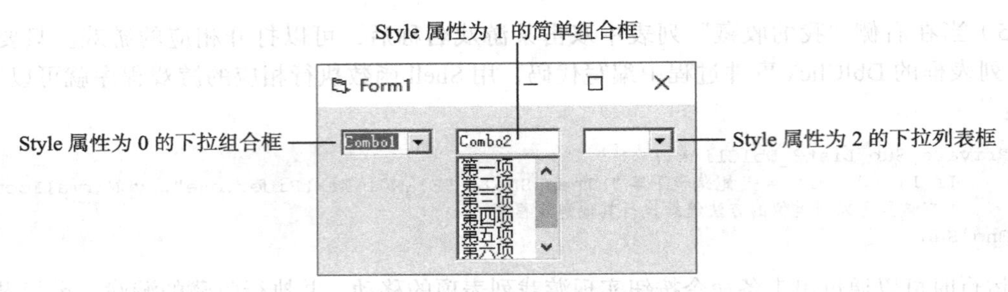

图 9-17 组合框的几种样式

3）Text 属性：当 ComboBox 控件的 Style 属性设置为 0（下拉组合框）或为 1（简单组合框）时，该属性用于返回或设置编辑域中的文本。而当 Style 属性设置为 2（下拉列表框）时，该属性为只读属性，运行时返回在列表中选择的项目。假设列表框的名称为 Combo1，且运行时选择了某列表项，则 Combo1.Text 的值总是与 Combo1.List(Combo1.ListIndex) 的值相同。

4）ListIndex 属性：返回或设置在组合框下拉列表中当前选择项目的索引，在设计时不可用。如果没有选择项目，或者向文本框部分输入了新的文本，则 ListIndex 的值为 -1。

5）ListCount 属性：返回组合框的列表部分项目的总个数。ListCount 属性值总是比最大的 ListIndex 值大 1。

6）Sorted 属性：指定列表项目是否自动按字母表顺序排序。将 Sorted 属性设置为 True 表示列表项目按字母表顺序排序；设置为 False（缺省值）表示列表项目不按字母表顺序排序。

2. 事件

组合框的事件与它的 Style 属性有关。

1）当 Style 属性值为 0 时，响应 Click、Change、DropDown 事件。

2）当 Style 属性值为 1 时，响应 Click、DblClick、Change 事件。

3）当 Style 属性值为 2 时，响应 Click、DropDown 事件。

当用户单击组合框的下拉箭头时，触发 DropDown 事件；当组合框可以接受文本编辑，且其编辑框内容发生变化时，触发 Change 事件。通常是在其他事件过程（如命令按钮的 Click 事件过程）中读取组合框的 Text 属性。

3. 方法

1）AddItem 方法：向组合框中添加新的项目，使用格式为

```
对象名 .AddItem 项目 [, 索引 ]
```

格式中的“索引”表示“项目”要添加的位置。当省略“索引”时，如果 Sorted 属性设置为 True，“项目”将添加到恰当的排序位置；如果 Sorted 属性设置为 False，“项目”将添加到列表的末尾。

2）RemoveItem 方法：从组合框的列表中删除项目，使用格式为

```
对象名 .RemoveItem 索引
```

格式中的“索引”用于指定要删除的项目的索引。

3）Clear 方法：清除组合框中的所有列表项，使用格式为

```
对象名 .Clear
```

【例 9-8】 使用组合框选择微机配置，包括选择品牌、CPU、硬盘、内存。

界面设计：向窗体上添加 4 个组合框 Combo1 ～ Combo4，分别用于选择品牌、CPU、

硬盘、内存；添加一个图片框Picture，用于显示所选择的配置信息；添加一个命令按钮Command1。假设运行时，在各组合框中选择所需的配置信息后，单击Command1按钮在Picture1中显示所选择的微机配置，如图9-18所示。设置各组合框控件的属性如表9-3所示。

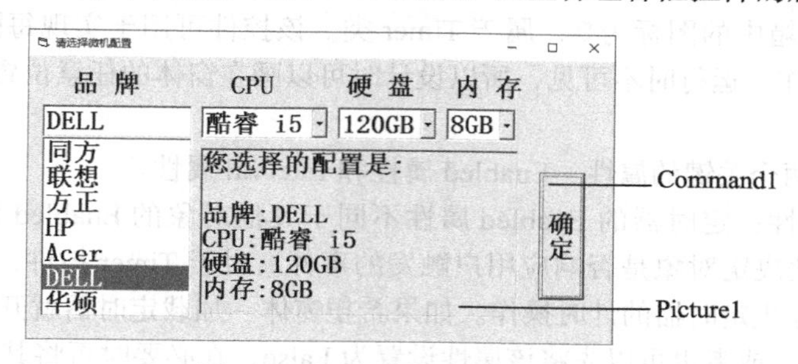

图 9-18 用组合框选择微机配置

表 9-3 各组合框的属性

控件 属性	Combo1（品牌）	Combo2（CPU）	Combo3（硬盘）	Combo4（内存）
List	同方	酷睿 i3	120 GB	1 GB
	联想	酷睿 i5	160 GB	2 GB
	方正	酷睿 i7	200 GB	3 GB
	HP	翼龙Ⅱ双核	250 GB	4 GB
	Acer	翼龙Ⅱ三核	320 GB	6 GB
	DELL	翼龙Ⅱ四核	500 GB	8 GB
	华硕	速龙双核	1 TB	
		速龙三核	1.5 TB	
		速龙四核	2 TB	
Style	1	2	2	0

代码设计：1）设运行时各组合框的文本部分初始值为其列表的第一项，因此编写窗体的Load事件过程如下：

```
Private Sub Form_Load()
    Combo1.Text = Combo1.List(0)
    Combo2.Text = Combo2.List(0)
    Combo3.Text = Combo3.List(0)
    Combo4.Text = Combo4.List(0)
End Sub
```

2）当在各组合框中进行选择后，选择的内容可以从Text属性获得，因此在“确定”按钮Command1的Click事件过程中，直接将各组合框的Text属性打印在图片框Picture1中，代码如下：

```
Private Sub Command1_Click()
    Picture1.Cls
    Picture1.Print "您选择的配置是:"
    Picture1.Print
    Picture1.Print "品牌:"; Combo1.Text
    Picture1.Print "CPU:"; Combo2.Text
    Picture1.Print "硬盘:"; Combo3.Text
    Picture1.Print "内存:"; Combo4.Text
End Sub
```

运行时，除了内存大小可以由用户输入外，其余内容只能从列表中选择。

9.3.8 定时器

定时器在工具箱中的图标为，属于 Timer 类。该控件可用于实现每隔一定的时间间隔自动执行指定的操作。运行时不可见，所以设计时可以画在窗体的任意位置。

1. 属性

Timer 控件有两个关键的属性：Enabled 属性和 Interval 属性。

1）Enabled 属性：定时器的 Enabled 属性不同于其他对象的 Enabled 属性。对于大多数对象，Enabled 属性决定对象是否响应用户触发的事件。对于 Timer 控件，将 Enabled 属性设置为 False 时就会停止定时器的计时操作。如果希望窗体一加载定时器就开始工作，应首先将此属性设置为 True，或者也可以先将该属性设置为 False，在必要时再将其改为 True，启动定时器。

2）Interval 属性：表示定时器的定时时间间隔，以毫秒为单位。Interval 属性的最大值为 65535 毫秒，相当于 1 分钟多一些。

2. 事件

Timer 事件：运行时当 Timer 控件设置为有效时，每隔一定时间就会触发一次 Timer 事件。触发 Timer 事件的时间间隔由 Interval 属性决定。可以在该事件过程中编写代码，以告诉 Visual Basic 每隔一定时间要做什么。

【例 9-9】 使用 Image 控件和 Timer 控件自制简单的动画，实现图形的旋转。

素材准备：将一组相关的图片进行连续的更换可以产生动画效果，准备一组这样的相关图片。例如，可以使用 Word 的自选图形功能画一个自选图形，设置一定的填充效果，将其复制到 Windows 画图工具中，保存成一个 .bmp 文件（如图 9-19 中的图形），然后在 Word 中对自选图形按一定方向（如逆时针）进行旋转，每旋转一定角度（如 30° ）就使用相同的方法保存成一个 .bmp 文件。这里假设保存了 12 个文件，名称为 tx1.bmp ～ tx12.bmp，与所要设计的应用程序保存在同一个文件夹下。

界面设计：新建一个标准 EXE 工程，参照图 9 -19 设计界面，主要步骤如下：

1）在窗体上画一个 Image 控件，设名称为 Image1，将 Image1 的 BorderStyle 属性值设置为“1-Fixed Single”，Stretch 属性值设置为 True，Picture 属性设置为所准备的素材图形的第一幅图形 tx1.bmp。

2）向窗体上添加 3 个命令按钮，设名称为 Command1、Command2 和 Command3，将它们的 Caption 属性设置为“开始旋转”、“暂停” 和 “退出”。

3）向窗体上添加一个 Timer 控件，设名称为 Timer1，设置其 Enabled 属性值为 False，Interval 属性值为 100。

图 9-19 使用 Image 控件和 Timer 控件制作简单动画

假设运行时，单击“开始旋转”按钮使图形开始旋转，单击“暂停”按钮暂停旋转，单击“退出”按钮结束运行。

代码设计：代码的主要思路是，在定时器的 Timer 事件过程中编写加载图形的代码，实现每隔 50 毫秒更换一幅图形产生图形的旋转效果，步骤如下。

1）在窗体模块的通用声明段定义变量 i，用来表示当前要加载的是第几个图形。

```
Dim i As Integer
```

2）在窗体的 Load 事件过程中对 i 进行初始化。

```
Private Sub Form_Load()
    i = 1
End Sub
```

3）在“开始旋转”按钮的 Click 事件过程中启动定时器。

```
Private Sub Command1_Click()
    Timer1.Enabled = True
End Sub
```

4）在“暂停”按钮的 Click 事件过程中关闭定时器。

```
Private Sub Command2_Click()
    Timer1.Enabled = False
End Sub
```

5）在定时器的 Timer 事件过程中加载图形，每加载一幅图形，对变量 i 累加 1，如果 i 的值等于 12，表示已经加载完所有 12 幅图形，则对 i 重新初始化，下次加载图形则从 tx1.bmp 开始。

```
Private Sub Timer1_Timer()
    i = i + 1
    Image1.Picture = LoadPicture(App.Path & "\tx\" & i & ".bmp")
    If i = 12 Then i = 0
End Sub
```

6）在“退出”按钮的 Click 事件过程中输入 End 语句，结束程序运行。

9.3.9 滚动条

Visual Basic 提供两种滚动条控件：水平滚动条和垂直滚动条。水平滚动条在工具箱中的名称为 HScrollBar，垂直滚动条在工具箱中的名称为 VScrollBar。两种滚动条除了显示方向不同外，结构和操作方式完全一样。滚动条的结构如图 9-20 所示，两端各有一个滚动箭头，中间有一个滚动块。滚动条通常用来辅助显示内容较多的信息，或用来对要显示的内容进行简便的定位，也可以作为数量或进度的指示器。

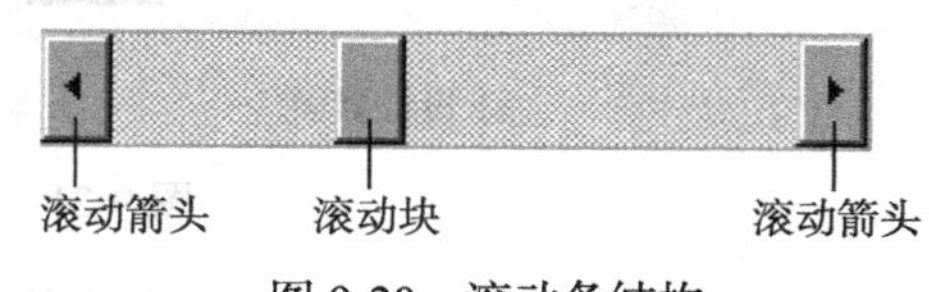

图 9-20　滚动条结构

1. 属性

1）Value 属性：滚动块的当前位置值，该值始终介于 Max 和 Min 属性值之间（包括这两个值）。

2）Max 属性：滚动条所能表示的最大值。当滚动块移动到滚动条的最右端或底部时，滚动条的 Value 属性值等于 Max 值。

3）Min属性：滚动条所能表示的最小值。当滚动块移动到滚动条的最左端或顶部时，滚动条的Value属性值等于Min值。

4）LargeChange属性：当用户按PageUp或PageDown键时，或单击滚动块和滚动箭头之间的区域时，滚动条的Value属性值的改变量。

5）SmallChange属性：当用户按键盘上的箭头键"←""↑""→""↓"时，或单击滚动箭头时，滚动条的Value属性值的改变量。

2. 事件

1）Change事件：当滚动块移动后或在代码中改变Value属性值后产生该事件。

2）Scroll事件：当在滚动条内拖动滚动块时产生该事件。

【例9-10】 使用滚动条控制颜色的红、绿、蓝分量的值，用来设置图形的填充颜色。

界面设计：新建一个标准EXE工程，参考图9-21a所示的设计界面，主要步骤如下。

1）使用工具箱的HScrollBar控件在窗体上画3个水平滚动条HScroll1、HScroll2、HScroll3。由于颜色的红、绿、蓝分量的取值范围均为0～255，因此将每一个水平滚动条的Max属性设置为255，Min属性设置为0。另外，将各滚动条的LargeChange属性设置为10，SmallChange属性设置为1。在每个滚动条的左侧添加标签，给出红、绿、蓝文字提示。

2）在每一个滚动条的右侧放一个标签，设名称从上到下依次为Label4、Label5、Label6，将各标签的Caption属性设置为0，使其与滚动条滑块的初始状态保持一致。设置标签的BorderStyle属性为"1-Fixed Single"，使其具有立体边框。

3）向窗体上添加一个Shape控件，设名称为Shape1，将Shape控件的FillStyle属性设置为"0-Solid"，将FillColor属性设置为黑色，使图形初始填充颜色为黑色，这样可以使图形颜色与滚动条所代表的初始颜色一致，因为黑色的红、绿、蓝颜色分量为0。

假设运行时，拖动滚动条滑块、单击滚动条两端的箭头或单击滑块与两端箭头的空白位置都可以改变相应的颜色分量，同时用当前的颜色设置图形的填充颜色，如图9-21b所示。

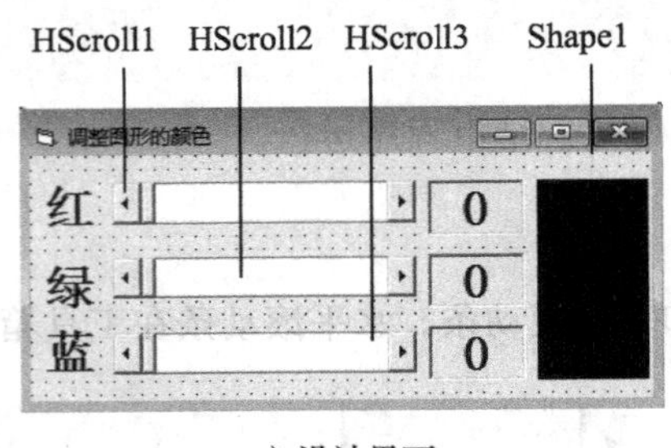

a）设计界面

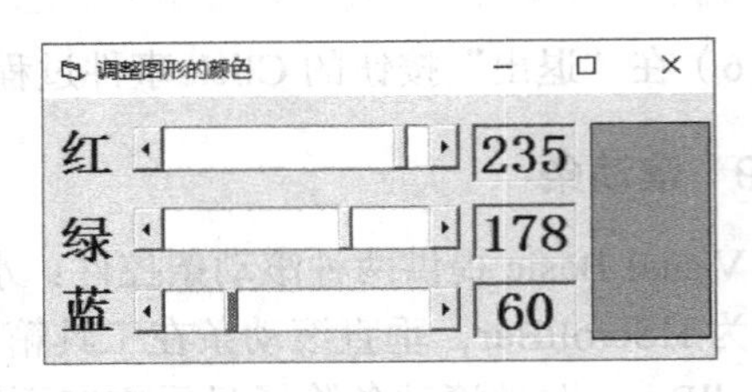

b）运行界面

图9-21 用滚动条设置图形的颜色

代码设计：1）运行时，当滚动条滑块位置发生变化时，标签应能够反映滚动条的当前值，同时图形的颜色会做相应的调整，因此应在滚动条的Change事件过程中编写代码。具体如下：

```
Private Sub HScroll1_Change()
    Shape1.FillColor = RGB(HScroll1.Value, HScroll2.Value, HScroll3.Value)
    Label4.Caption = HScroll1.Value
End Sub
Private Sub HScroll2_Change()
```

```
    Shape1.FillColor = RGB(HScroll1.Value, HScroll2.Value, HScroll3.Value)
    Label5.Caption = HScroll2.Value
End Sub
Private Sub HScroll3_Change()
    Shape1.FillColor = RGB(HScroll1.Value, HScroll2.Value, HScroll3.Value)
    Label6.Caption = HScroll3.Value
End Sub
```

2）如果希望运行时拖动滚动条滑块也能够及时调整图形的颜色，并在标签中显示相应的颜色值，应在滚动条的 Scroll 事件过程中编写相同的代码，即

```
Private Sub HScroll1_Scroll()
    Shape1.FillColor = RGB(HScroll1.Value, HScroll2.Value, HScroll3.Value)
    Label4.Caption = HScroll1.Value
End Sub
Private Sub HScroll2_Scroll()
    Shape1.FillColor = RGB(HScroll1.Value, HScroll2.Value, HScroll3.Value)
    Label5.Caption = HScroll2.Value
End Sub
Private Sub HScroll3_Scroll()
    Shape1.FillColor = RGB(HScroll1.Value, HScroll2.Value, HScroll3.Value)
    Label6.Caption = HScroll3.Value
End Sub
```

【例 9-11】 用滚动条浏览大幅图像。

界面设计：按图 9-22a 所示设计界面。向窗体上添加两个图片框 Picture1 和 Picture2，将图片框的 BackColor 属性设置为黑色；添加一个水平滚动条 HScroll1 和一个垂直滚动条 VScroll1。调整 Picture1 和两个滚动条的大小和位置，使 Picture1 紧贴滚动条摆放。设置 Picture1 和 Picture2 的 Autosize 属性为 True。设置窗体 Form1 的 BorderStyle 属性为“Fixed Single”，使程序运行时不能改变窗口的大小。

代码设计：1）浏览大幅图像是通过移动图片框 Picture2 实现的。在窗体的 Load 事件过程中编写代码，将图像加载到 Picture2 中，根据 Picture1 与 Picture2 的相对大小来决定是否要加滚动条。如果图像 Picture2 的宽度小于 Picture1 的宽度，则不需要加载水平滚动条，隐藏水平滚动条，将 Picture2 调整到中间位置，并调整窗体的高度，以去掉水平滚动条占据的位置。如果图像 Picture2 的高度小于 Picture1 的高度，则不需要加载垂直滚动条，隐藏垂直滚动条，将 Picture2 调整到中间位置，并调整窗体的宽度，以去掉垂直滚动条占据的位置，如图 9-22b 所示。如果需要加滚动条，则计算滚动条的滚动幅度。代码如下：

```
Private Sub Form_Load()
  Picture2.Picture = LoadPicture(App.Path & "\蝴蝶.bmp")     ' 加载图像
  If Picture2.Width < Picture1.ScaleWidth Then  ' 如果图像宽度小于 Picture1 的宽度
     Picture2.Left = (Picture1.ScaleWidth - Picture2.Width) \ 2 ' 调整小图的水平位置
     HScroll1.Visible = False                          ' 隐藏水平滚动条
     Form1.Height = Form1.Height - HScroll1.Height    ' 调整窗体高度
  Else  ' 如果图像宽度大于 Picture1 的宽度，则需要加水平滚动条
     Picture2.Left = 0                  ' 调整大图的水平位置
     HScroll1.Visible = True            ' 显示水平滚动条
     HScroll1.Value = 0                 ' 使水平滚动条滑块移到最左边
     HScroll1.Max = Picture2.Width - Picture1.ScaleWidth ' 设置滚动条移动的最大幅度
     HScroll1.SmallChange = Picture2.Width \ 20  ' 设置水平滚动条滑块每次移动的幅度
     HScroll1.LargeChange = Picture2.Width \ 10
  End If
  If Picture2.Height < Picture1.Height Then     ' 如果图像高度小于 Picture1 的高度
```

```
        Picture2.Top = (Picture1.ScaleHeight - Picture2.Height) \ 2 ' 调整小图的垂直位置
        VScroll1.Visible = False                                  ' 隐藏垂直滚动条
        Form1.Width = Form1.Width - VScroll1.Width                ' 调整窗体宽度
    Else      ' 如果图像高度大于 Picture1 的高度，则需要加垂直滚动条
        Picture2.Top = 0                          ' 调整大图的垂直位置
        VScroll1.Visible = True                   ' 显示垂直滚动条
        VScroll1.Value = 0                        ' 使垂直滚动条滑块移到最上边
        VScroll1.Max = Picture2.Height - Picture1.ScaleHeight ' 设置滚动条移动的最大幅度
        VScroll1.SmallChange = Picture2.Height \ 20 ' 设置垂直滚动条滑块每次移动的幅度
        VScroll1.LargeChange = Picture2.Height \ 10
    End If
End Sub
```

2）在滚动条的 Change 事件过程中编写代码，根据当前滚动条的 Value 值调整图片框的位置。

```
Private Sub HScroll1_Change()      ' 滚动水平滚动条
    Picture2.Left = -HScroll1.Value
End Sub
Private Sub VScroll1_Change()      ' 滚动垂直滚动条
    Picture2.Top = -VScroll1.Value
End Sub
```

3）还可以继续在滚动条的 Scroll 事件过程中编写与 Change 事件过程相同的代码，使运行时拖动滑块也可以实现大图的滚动显示。

以上 Form_Load 事件过程的第一条语句加载了一幅小图“蝴蝶 .bmp”，效果如图 9-22b 所示，如果改成加载一幅大图，如“大熊猫 .bmp”，则效果如图 9-22c 所示，这时可以通过滚动条来浏览整幅大图。

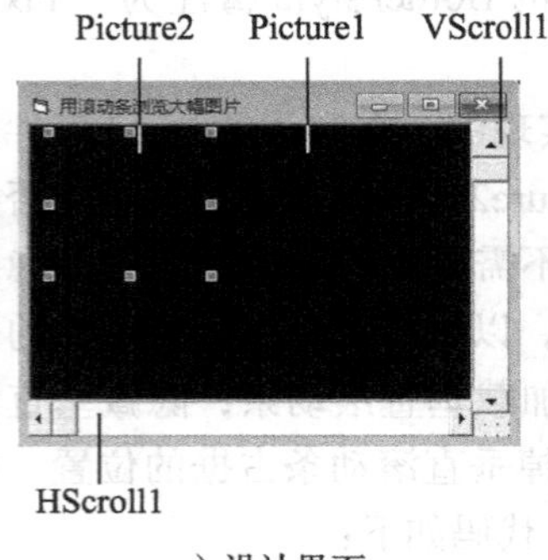

a）设计界面

b）运行界面——显示小图

c）运行界面——显示大图

图 9-22 用滚动条浏览大幅图像

9.4 动画控件和多媒体控件

除了工具箱中提供的常用内部控件外，还可以使用 ActiveX 控件来增强 Visual Basic 应用程序的界面效果及其功能。ActiveX 控件文件的扩展名为 .ocx。可以使用 Visual Basic 提供的 ActiveX 控件，也可以使用第三方开发者提供的控件。本节将介绍 Visual Basic 提供的几个常用的 ActiveX 控件，包括动画控件和多媒体控件。

使用 ActiveX 控件之前，需要首先将其添加到工具箱中，添加步骤如下：

1）使用“工程 | 部件”命令，打开“部件”对话框，如图 9-23 所示。

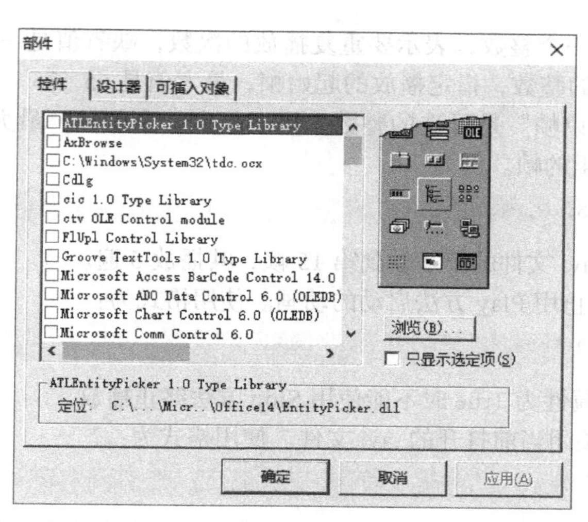

图 9-23 “部件”对话框

2）在“部件”对话框的“控件”选项卡的列表中列出了所有可添加的 ActiveX 控件。可以通过选定控件名称左边的复选框来选择所要添加的控件；也可以通过单击“浏览”按钮找到相应的 .ocx 文件，将其添加到列表中。

3）单击“确定”按钮关闭“部件”对话框，所有选定的 ActiveX 控件将出现在工具箱中。完成添加后就可以像使用内部控件一样使用添加到工具箱中的 ActiveX 控件了。

将 ActiveX 控件添加到窗体上以后，在属性窗口的属性名称列表中有一项“自定义”属性，单击该属性旁的浏览按钮“…”可以打开一个“属性页”对话框，该对话框集中了设计期可以设置的许多重要属性，可以在该对话框中方便地进行各种属性的设置，也可以在属性窗口或代码中对单个属性进行设置。

9.4.1 Animation 控件

Animation 控件可以用来显示无声的 AVI 视频文件，播放无声动画。在图 9-23 的“部件”对话框中选择“ Microsoft Windows Common Contrls -2 6.0”后，可以在工具箱中得到 Animation 控件。该控件在工具箱中的图标为▣。Animation 控件是一个运行时不可见的控件。

1. 属性

AutoPlay 属性：在将 .avi 文件加载到 Animation 控件时，该属性决定 Animation 控件是否开始自动播放 .avi 文件。将该属性设置为 True 表示要自动连续循环播放 .avi 文件；设置为 False 表示在加载了 .avi 文件后，需要使用 Play 方法来播放该 .avi 文件。

2. 方法

1）Open 方法：该方法用于打开一个要播放的 .avi 文件，使用格式为：

```
对象名 .Open 文件名
```

这里“文件名”指要播放的文件名，可以包含文件所在的路径。例如，要打开当前应用程序路径之下的文件 filedel.avi，可以写成：

```
Animation1.Open App.Path & "\filedel.avi"
```

2）Play 方法：该方法用于播放已经打开的 .avi 文件，使用格式为：

```
对象名 .Play [ 重复次数 ][, 起始帧 ][, 结束帧 ]
```

其中，“重复次数”为一个整数，表示要重复播放的次数，缺省值是 -1，表示要不断重复播放；“起始帧”是可选的整数，指定播放的起始帧，最大值是 65 535，缺省值是 0，表示在第一帧上开始剪辑；“结束帧”是可选的整数，用于指定结束的帧，最大值是 65 535，缺省值是 -1，表示上一次剪辑的帧。例如：

```
Animation1.Play 5, 3, 15
```

表示播放当前打开的 .avi 文件的第 3 帧到第 15 帧，共播放 5 遍。

3）Stop 方法：终止用 Play 方法启动的动画。使用格式为：

```
对象名 .Stop
```

当设置 Autoplay 属性为 True 时不能使用 Stop 方法终止播放。

4）Close 方法：关闭当前打开的 .avi 文件。使用格式为：

```
对象名 .Close
```

【例 9-12】 向窗体上添加一个 Animation 控件和 4 个命令按钮，编程序实现，运行并单击各命令按钮时分别打开特定的 .avi 文件、播放动画、停止播放和关闭动画。

界面设计：按图 9-24a 所示设计界面。准备一个无声的 .avi 文件，与当前工程保存在同一个文件夹下。

代码设计：编写各命令按钮的 Click 事件过程如下。

```
Private Sub Command1_Click()       ' "打开"按钮
    Animation1.Open App.Path & "\filedel.avi"
End Sub
Private Sub Command2_Click()       ' "播放"按钮
    Animation1.Play
End Sub
Private Sub Command3_Click()       ' "停止"按钮
    Animation1.Stop
End Sub
Private Sub Command4_Click()       ' "关闭"按钮
    Animation1.Close
End Sub
```

运行时，首先单击“打开”按钮打开文件，然后单击播放按钮开始播放，如图 9-24b 所示。

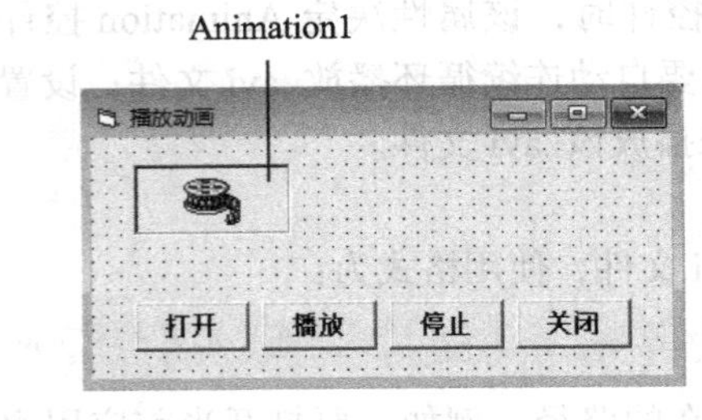

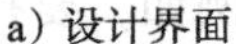

a）设计界面

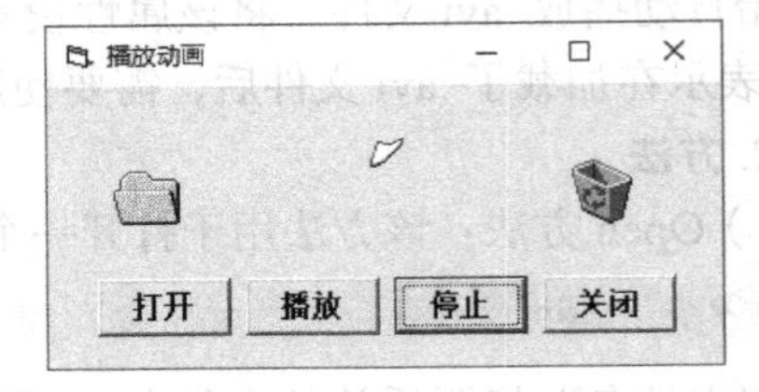

b）运行界面

图 9-24　用 Animation 控件播放无声 .avi 文件

9.4.2　Multimedia MCI 控件

Multimedia MCI 控件也称多媒体控件，用于管理媒体控制接口（MCI）设备，这些设备包括常规的多媒体音频、视频设备，如声卡、MIDI 发生器、CD-ROM 驱动器、音频播放器、视频播放器和视频磁带录放器。Multimedia MCI 控件可以用于对这些设备进行常规的启动、播放、前进、后退、停止等操作。

在图 9-23 的“部件”对话框中选择“ Microsoft Multimedia Control 6.0”，可以在工具箱中添加 Multimedia MCI 控件。该控件在工具箱中的图标为▣。Multimedia MCI 控件在窗体上呈现为一系列按钮，如图 9-25 所示。各按钮的功能定义见表 9-4。

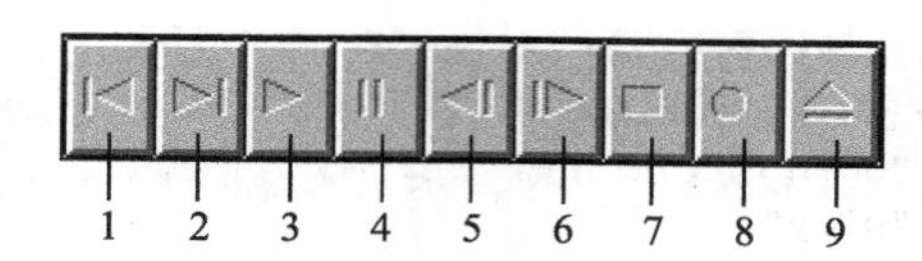

图 9-25 Multimedia MCI 控件在窗体上的外观

表 9-4 Multimedia MCI 控件各按钮的名称及定义

序号	名称	定义	序号	名称	定义
1	Prev	前一个	6	Step	向前步进
2	Next	下一个	7	Stop	停止
3	Play	播放	8	Record	录制
4	Pause	暂停	9	Eject	弹出
5	Back	向后步进			

如果想使用 Multimedia MCI 控件中的按钮，可以将其 Visible 属性和 Enabled 属性设置为 True。在具体使用时，Multimedia MCI 控件的哪些按钮可以使用，取决于特定计算机的软件和硬件配置。对于个别不想使用的按钮，还可以将其隐藏起来。

1. 属性

1）DeviceType 属性：该属性用于指定要打开的 MCI 设备的类型。

多媒体设备分为两种，即简单设备和复合设备。简单多媒体设备不需要数据文件即可播放。例如，打开视频或音频 CD 播放器后，即可进行播放、回绕和快进等。而复合设备必须通过数据文件才能播放。

例如，要使用 Multimedia MCI 控件 MMControl1 播放 CD，需要首先进行以下设置：

```
MMControl1.DeviceType = "cdaudio"
```

要使用 Multimedia MCI 控件 MMControl1 播放 .avi 文件，需要首先进行以下设置：

```
MMControl1.DeviceType = "AVIVideo"
```

2）FileName 属性：指定 Open 命令将要打开的或者 Save 命令将要保存的文件。例如，

```
MMControl1.FileName = "d:\clock.avi"
```

3）Command 属性：指定将要执行的 MCI 命令，该属性在设计时不可用。常用的命令如表 9-5 所示。

表 9-5 Multimedia MCI 控件的命令

命令	说明	命令	说明
Open	打开设备	Step	向前步进
Close	关闭设备	Prev	定位到当前曲目的开始部分
Play	播放	Eject	将媒体弹出

（续）

命令	说明	命令	说明
Pause	暂停	Record	记录
Stop	停止	Next	定位到下一个曲目的开始部分
Back	向后步进	Save	保存打开的文件

例如，以下语句将打开指定的 .avi 文件并开始播放。

```
MMControl1.DeviceType = "AVIVideo"
MMControl1.FileName = "d:\clock.avi"
MMControl1.Command = "open"
MMControl1.Command = "play"
```

例如，在窗体上添加一个 Multimedia MCI 控件之后，在窗体的 Load 事件过程中编写如下代码，即可播放一张 CD 盘。

```
MMControl1.DeviceType = "cdaudio"
MMControl1.Command = "open"
MMControl1.Command = "play"
```

4）AutoEnable 属性：决定 Multimedia MCI 控件是否能够自动启动或关闭控件中的某个按钮。如果 AutoEnable 属性被设置为 True，Multimedia MCI 控件就启用指定 MCI 设备类型在当前模式下所支持的全部按钮。这一属性还会禁用那些 MCI 设备类型在当前模式下不支持的按钮。AutoEnable 属性仅在 Enabled 属性被设置为 True 的前提下才起作用。

5）ButtonEnabled 属性：决定是否启用或禁用控件中的某个按钮，取值为 True 或 False。只有当 Multimedia MCI 控件的 Enabled 属性被设置为 True，且 AutoEnable 属性设置为 False 时，ButtonEnabled 属性设置才起作用。具体指定属性时应将 Button 替换成相应的按钮名称（见表 9-4）。例如，

```
MMControl1.EjectEnabled = False
```

6）ButtonVisible 属性：决定指定的按钮是否在控件中显示，取值为 True 或 False。只有当 Multimedia MCI 控件的 Visible 属性被设置为 True 时，ButtonVisible 属性才起作用。具体指定属性时应将 Button 替换成相应的按钮名称（见表 9-4）。例如，

```
MMControl1.RecordVisible = False
```

7）Frames 属性：规定 Step 命令向前步进或 Back 命令向后步进的帧数，在设计时不可用。例如，

```
MMControl1.Frames = 10
```

指定每次步进的帧数为 10。

8）From 属性：规定 Play 或 Record 命令的起始点，在设计时不可用。

9）To 属性：规定 Play 或 Record 命令的结束点，在设计时不可用。

10）Length 属性：该属性为运行期只读属性，返回打开的 MCI 设备上的媒体长度。

11）Position 属性：该属性为运行期只读属性，返回打开的 MCI 设备的当前位置。

12）Start 属性：该属性为运行期只读属性，返回当前媒体的起始位置。

13）Tracks 属性：该属性为运行期只读属性，返回当前所使用的设备的音轨数。对于 CD 唱片，Tracks 属性指的是一张盘中共有多少个曲目。

14）Track 属性：用于指定音轨。

15）TrackPosition 属性：该属性为运行期只读属性，返回 Track 属性给出的音轨的起始位置。

16）TrackLength 属性：该属性为运行期只读属性，返回 Track 属性给出的音轨的长度。

17）hWndDisplay 属性：对于利用窗口显示输出结果的设备，该属性用于为其规定显示输出的窗口。该属性在设计时不可用。使用时可以为该属性指定一个 MCI 设备输出窗口的句柄。如果句柄为 0，则使用缺省窗口来显示。在 Visual Basic 中，窗体和控件都有句柄，可以通过其 hWnd 属性获得。例如，可以使用语句：

```
MMControl1.hWndDisplay = Picture1.hWnd
```

来指定输出窗口为图片框 Picture1。

2. 事件

ButtonClick 事件：当用户在 Multimedia MCI 控件的按钮上单击鼠标时发生该事件，其事件过程如下：

```
Private Sub MMControl1_ButtonClick(Cancel As Integer)
…
End Sub
```

这里的 Button 可以是以下任意一种：Prev、Next、Play、Pause、Back、Step、Stop、Record 或 Eject。

例如，以下为 Pause 按钮对应的事件过程：

```
Private Sub MMControl1_PauseClick(Cancel As Integer)
…
End Sub
```

【例 9-13】 利用 Multimedia MCI 控件在指定的图片框中播放 .avi 文件。

界面设计：向窗体上添加一个图片框控件 Picture1 和一个 Multimedia MCI 控件 MMControl1。假设要播放的 .avi 文件在当前应用程序目录下。

代码设计：1）在窗体的 Load 事件过程中编写如下代码：

```
Private Sub Form_Load()
    MMControl1.DeviceType = "AVIVideo"              ' 指定设备类型为 AVIVideo
    MMControl1.FileName = App.Path & "\SEARCH.AVI"   ' 指定文件路径及文件名
    MMControl1.RecordVisible = False                 ' 隐藏 Record 按钮
    MMControl1.EjectVisible = False                  ' 隐藏 Eject 按钮
    MMControl1.Command = "open"                      ' 打开已经指定的 .avi 文件
    MMControl1.hWndDisplay = Picture1.hWnd  ' 设置 .avi 文件在播放时显示在图片框中
End Sub
```

2）在窗体的 Unload 事件过程中执行 Stop 命令，代码如下：

```
Private Sub Form_Unload(Cancel As Integer)
    MMControl1.Command = "stop"
End Sub
```

运行时，Multimedia MCI 控件上的部分按钮变成有效，单击其“Play”按钮可以开始播放指定的 .avi 文件，图 9-26 为播放效果。

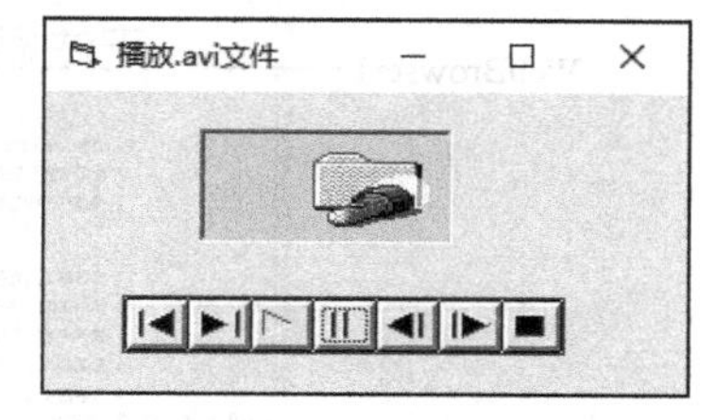

图 9-26　用 Multimedia MCI 控件播放 .avi 文件

9.4.3　其他常用的动画控件和多媒体控件

还有一些 ActiveX 控件可以用来播放多媒体文件，如播放音乐、Flash 动画、Gif 动画等，下面将结合示例介绍几种常用多媒体文件的播放。

【例 9-14】 使用 WindowsMediaPlayer 控件给应用程序添加背景音乐。

界面设计：使用 WindowsMediaPlayer 控件可以播放多种媒体文件，这里将使用该控件来为应用程序播放背景音乐。WindowsMediaPlayer 控件是 ActiveX 控件，使用“工程 | 部件”命令，打开“部件”对话框，在其“控件”选项卡上选择“Windows Media Palyer”向工具箱添加一个 WindowsMediaPlayer 控件，该控件在工具箱中的显示图标为，然后向窗体上添加一个 WindowsMediaPlayer 控件，使用其默认名称 WindowsMediaPlayer1。单击 WindowsMediaPlayer1 属性窗口的“自定义”右侧的浏览按钮，打开其属性页对话框，在其“常规”选项卡的“选择模式”下拉列表中选择“ Invisible”，单击“确定”后该控件变为不可见。

代码设计：在窗体的 Load 事件过程中，设置 WindowsMediaPlayer 控件的 URL 属性为所要播放的背景音乐文件名，然后对其 Controls 对象属性使用 Play 方法可以播放指定的音乐。还可以进一步指定循环播放。代码如下。

```
Private Sub Form_Load()
    WindowsMediaPlayer1.URL = App.Path & "\赛马 .MP3"
    WindowsMediaPlayer1.Controls.play
    WindowsMediaPlayer1.settings.setMode "loop", True          ' 循环播放
End Sub
```

运行时将循环播放指定的背景音乐。

【例 9-15】 使用 WebBrowser 控件播放 gif 动画。

界面设计：WebBrowser 控件是 IE 发行时附带的一个 ActiveX 控件。这个控件是显示 HTML 文档的首选控件，也可以用它来播放 gif 动画。使用“工程 | 部件”命令，打开“部件”对话框，在其“控件”选项卡上选择“Microsoft Internet Controls”向工具箱添加一个 WebBrowser 控件，该控件在工具箱中的显示图标为，向窗体上添加一个 WebBrowser 控件，设名称为 WebBrowser1，如图 9-27a 所示。

代码设计：在窗体的 Load 事件过程中对 WebBrowser1 控件使用 Navigate 方法即可播放 gif 动画，代码如下。

```
Private Sub Form_Load()
    WebBrowser1.Navigate (App.Path & "\松鼠 .gif")
End Sub
```

运行工程，即可在 WebBrowser1 控件中播放 gif 动画，如图 9-27b 所示。

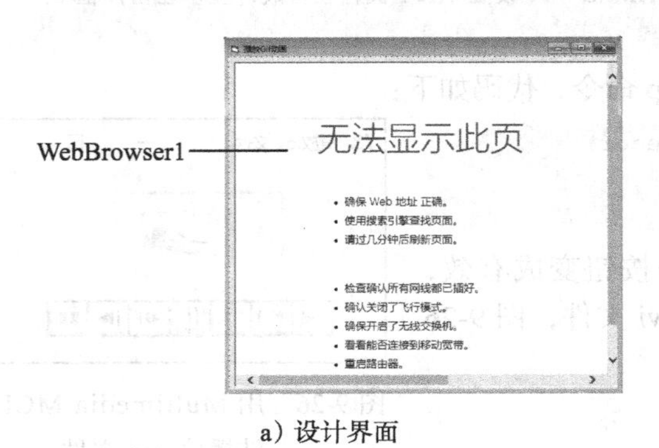

a）设计界面

b）运行界面

图 9-27 用 WebBrowser 控件播放 gif 动画

9.5 上机练习

【练习 9-1】 设计如图 9-28 所示的界面，在窗体上画两个框架，分别在其中放置两组选项按钮（注意：移动框架时其中的选项按钮应能与框架一起移动），中间为一个用 Shape 控件画出的红色长方形（将 Shape 控件的 FillStyle 属性设置为 0，FillColor 属性设置为红色）。运行时，单击颜色按钮用于改变中间图形的颜色（设置 FillColor 属性），单击形状按钮用于改变中间图形的形状（设置 Shape 属性）。

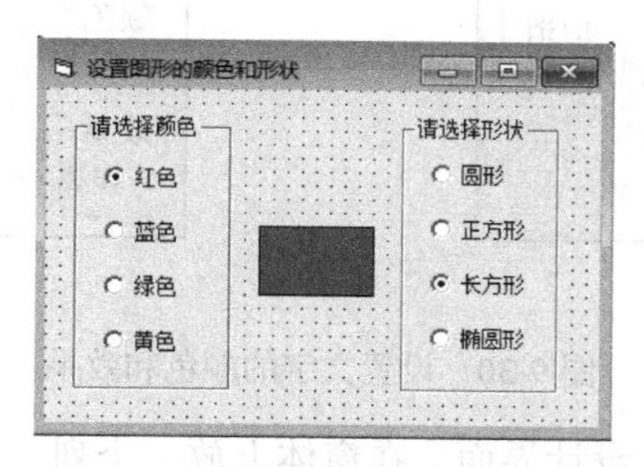

图 9-28 改变图形的颜色与形状

【练习 9-2】 参考图 9-29 设计界面，在窗体上先画两个图片框 Picture1 和 Picture2，在 Picture1 中放 4 个选项按钮 Option1(0)、Option1(1)、Option1(2) 和 Option1(3)（注意：移动图片框时选项按钮应能与图片框一起移动）；设置各个选项按钮的 Style 属性为“1-Graphical”，使它们成为方形按钮；修改各个选项按钮的 Caption 属性，使它们分别为“宋体”、“楷体”、“黑体”和“隶书”；在 Picture2 中放 4 个复选框 Check1(0)、Check1(1)、Check1(2) 和 Check1(3)（注意：移动图片框时复选框应能与图片框一起移动）；设置各个复选框的 Style 属性为“1-Graphical”，使它们成为方形按钮；修改各个复选框的 Caption 属性，使它们分别为“粗体”、“斜体”、“删除线”和“下划线”。

编写程序实现，运行时单击选项按钮可以设置文本框中文字的字体，单击复选框可以对文本框中的文本同时设置（或取消）1 ～ 4 种样式或效果。

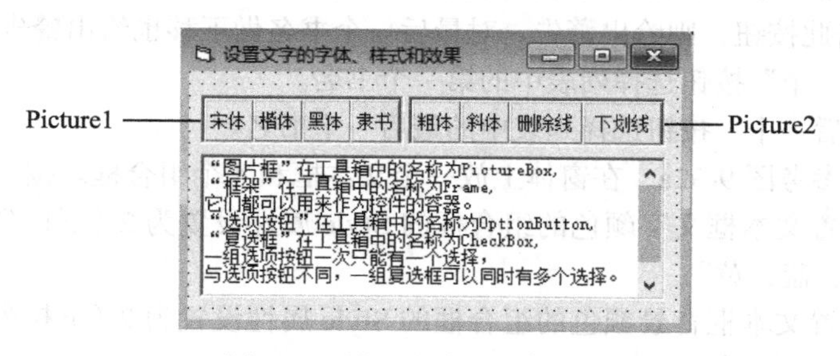

图 9-29 设置文字的字体、样式和效果

【练习 9-3】 使用单选按钮和复选框对标签文字的颜色和效果进行设置。通过单选按钮可以将标签的文字设置为红、绿、蓝 3 种颜色，通过复选框可以设置标签上的文字是否具有粗体、斜体和下划线效果。

提示：*参照图 9-30a，按以下步骤设计界面。*

1）向窗体上添加一个标签 Label1。将标签的 BorderStyle 属性设置为“1-Fixed Single”，使其具有立体边框；将标签的 Alignment 属性设置为“2-Center”，使其文字居中。设置标签的字体为宋体、字形为常规、大小为一号，文字颜色为默认的黑色。

2）在“确定”按钮Command1的Click事件过程中，根据单选按钮的Value属性值是否为True判断其是否处于选中状态，进而决定是否对标签文字设置相应的颜色。根据复选框的Value属性是否为1判断其是否处于选中状态，进而决定是否对标签文字设置相应的效果。

图9-30b为运行效果。

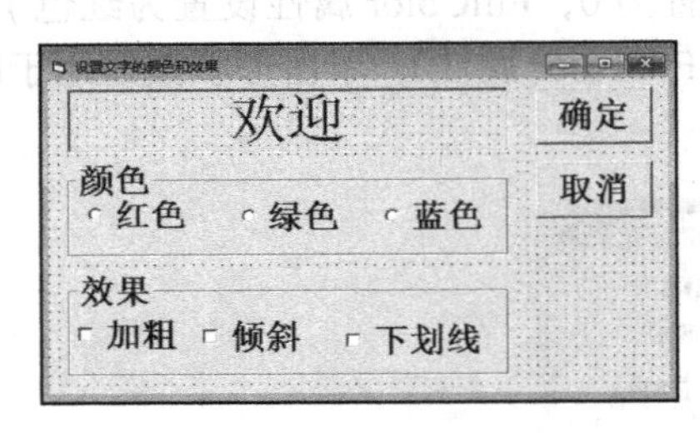

a）设计界面

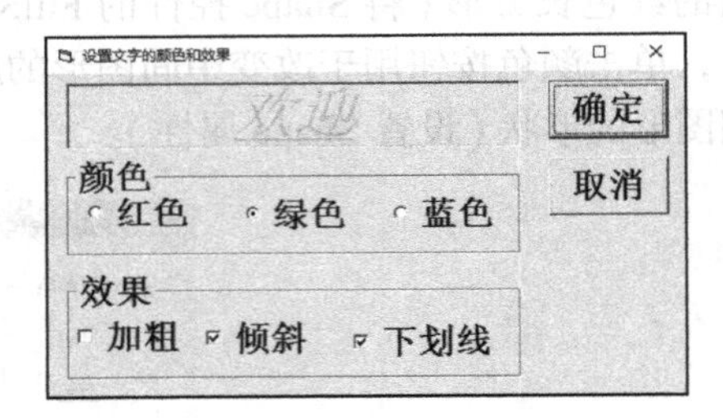

b）运行界面

图9-30 设置文字的颜色和效果

【练习9-4】 参考图9-31设计界面。在窗体上放一个列表框和6个命令按钮，列表框列出了某计算机资料室的所有书名，按以下要求编写各命令按钮的事件过程。

1）单击“添加”按钮打开一个输入框，在输入框中可输入书名，单击“确定”后将该书名添加到列表框中。在输入框中单击“取消”或输入内容为空则不添加。

2）单击“删除”按钮删除当前在列表框中选择的书名，如果没有选择书名就单击此按钮，则给出警告。

图9-31 图书资料列表管理

3）单击“上移一个”按钮将当前在列表框中选择的书名在列表中上移一个位置，如果没有选择书名就单击此按钮，则给出警告。对第一个书名做上移也给出警告。

4）单击“下移一个”按钮将当前在列表框中选择的书名在列表中下移一个位置，如果没有选择书名就单击此按钮，则给出警告。对最后一个书名做下移也给出警告。

5）单击“第一个”按钮选择列表中的第一个书名。

6）单击“最后一个”按钮选择列表中的最后一个书名。

【练习9-5】 参考图9-32a，在窗体上放一个文本框和4个组合框。按以下要求设计界面。

1）将用于设置文本框文字颜色的组合框的Style属性设置为2（下拉列表框），列表包括“白、黑、红、绿、蓝、黄”。

2）将用于设置文本框背景颜色的组合框的Style属性设置为2（下拉列表框），列表包括“黑、白、红、绿、蓝、黄”。

3）将用于设置文本框文字对齐方式的组合框的Style属性设置为2（下拉列表框），列表包括“左、中、右”。

4）将用于设置文本框字体大小的组合框的Style属性设置为0（下拉组合框），列表包括“10、12、14、16、18、20、22”。

编写代码实现：运行时初始界面如图9-32b所示。从文字颜色、背景颜色和对齐方式下拉列表中选择相应内容可以设置文本框的文字颜色、背景颜色和文字对齐方式。从字体大小下拉列表中选择相应内容可以设置文本框的字号，也可以输入自定义的字号。当输入自定义字号并按回车键（KeyCode 值为 13）或输入字号且焦点离开该组合框后，文本框的字号变为所定义的字号；如果输入的字号非法（小于或等于 0、空或非数字），则保留原字体大小。

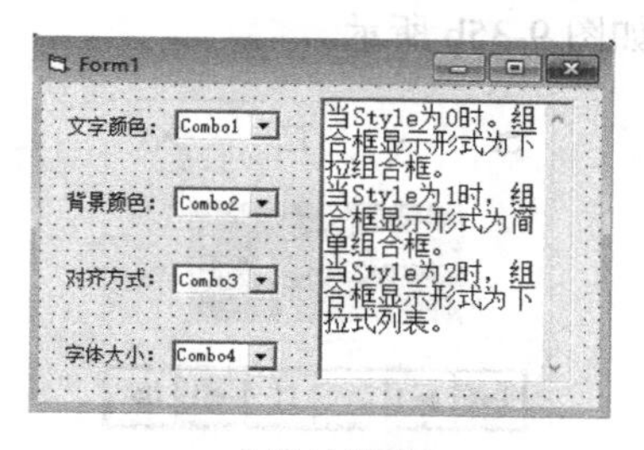

a）设计界面

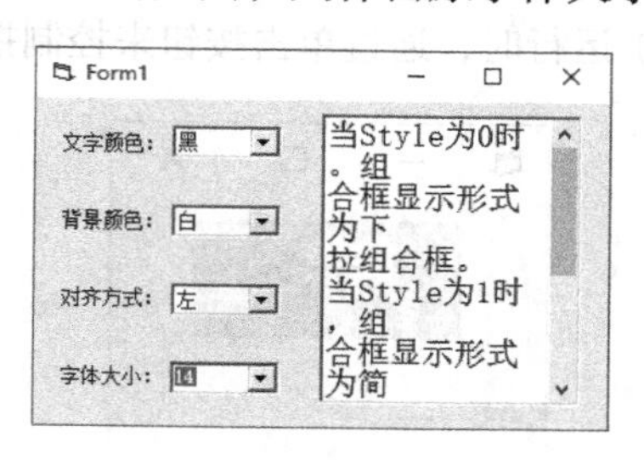

b）运行界面

图 9-32　组合框的使用

【练习 9-6】 准备一组相关的图片，通过逐个播放这些图片来形成动画效果，如“骏马奔驰”，参考界面如图 9-33 所示。

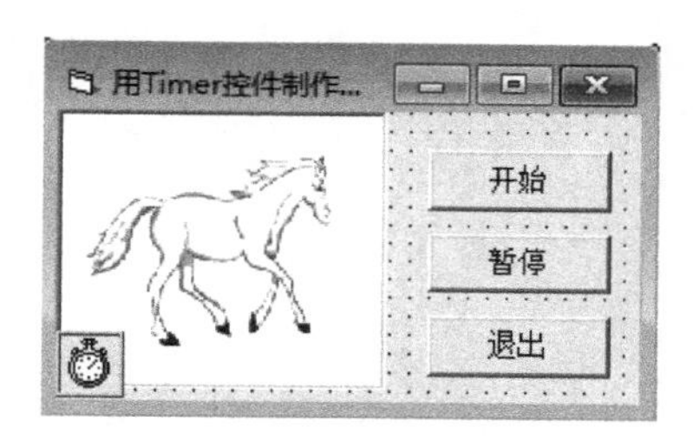

a）设计界面

b）运行界面

图 9-33　用 Timer 控件设计动画

【练习 9-7】 让一个红色圆每隔 50ms 从当前位置向下移动 100 缇，当遇到窗体底部后，改成向上移动，而遇到窗体顶部又改成向下移动……直到按下某命令按钮后停止移动。

【练习 9-8】 每隔 2min 在窗体新的一行上输出当前的系统时间并响铃。

【练习 9-9】 设计一个滚动条及两个文本框，滚动条代表温度，最小值是摄氏零度（或华氏 32 度），最大值是摄氏 100 度（或华氏 212 度），如图 9-34a 所示。运行时，当移动滚动条滑块时，摄氏及华氏文本框能正确显示相应的温度值，如图 9-34b 所示。

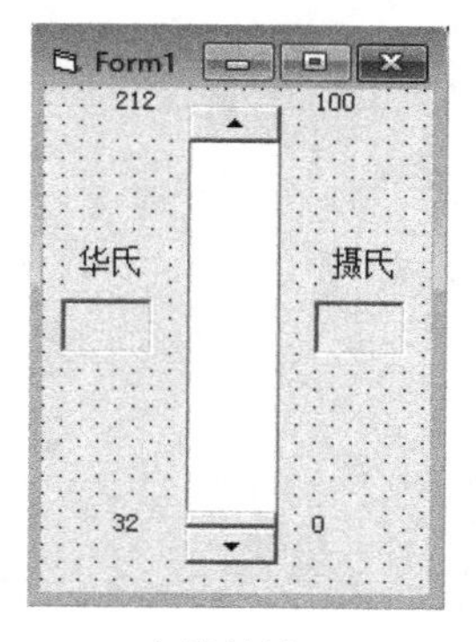

a）设计界面

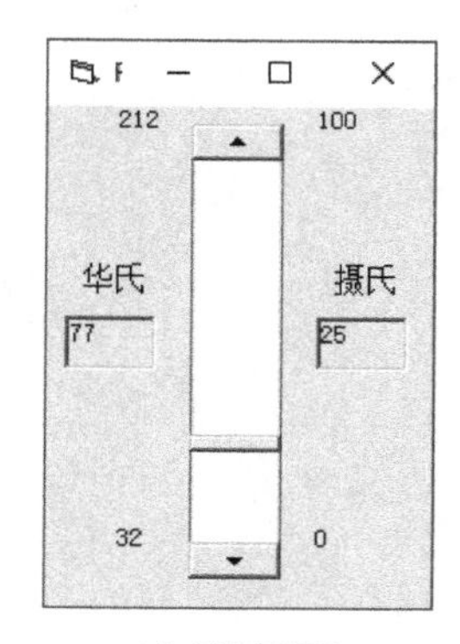

b）运行界面

图 9-34　用滚动条显示温度

【练习 9-10】 使用以下两种方式播放一个无声的 .avi 文件。

1）运行时自动播放，界面上不显示任何播放按钮，参考界面如图 9-35a 所示。

2）运行时，通过单击按钮来控制播放，参考界面如图 9-35b 所示。

a）自动播放

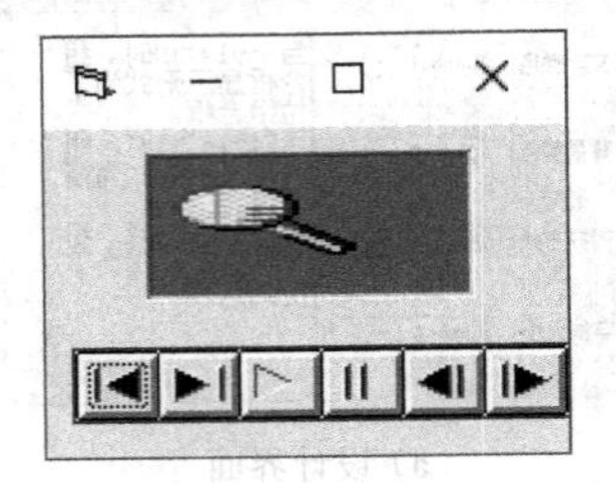

b）手动播放

图 9-35 用两种方式播放 .avi 文件

第 10 章

界面设计

设计 Windows 环境下的应用程序界面，除了经常会用到前面介绍的各种控件外，还常需要设计菜单、工具栏、状态栏等，在应用程序的操作过程中也往往要打开一些对话框，如保存文件对话框、设置字体对话框、设置颜色对话框等。本章将继续介绍 3 种典型的界面要素的设计，即菜单、工具栏和对话框的设计。

10.1 菜单的设计

设计 Windows 环境下的应用程序时，菜单是不可缺少的重要界面要素。菜单的基本作用有两个：一是提供人机对话的界面，将应用程序的各种操作分组显示在界面上，由用户方便地进行选择；二是管理应用程序，控制各种功能模块的执行。

菜单分成两种类型：下拉式菜单和弹出式菜单。下拉式菜单通常通过单击菜单标题打开，弹出式菜单通常在某一区域通过单击鼠标右键打开。例如，启动 Visual Basic 后，单击“文件”菜单所显示的就是下拉式菜单，而在窗体上单击鼠标右键打开的菜单即为弹出式菜单。

10.1.1 下拉式菜单

1. 下拉式菜单的结构

图 10-1 是 Visual Basic 6.0 集成环境的下拉式菜单的结构。通常，下拉式菜单包括一个主菜单，其中包括若干个菜单项，称为主菜单标题。主菜单标题作为菜单的最顶层，放在主菜单栏中，一般用于对要执行的操作按功能进行分组。不同功能的操作划分在不同的主菜单标题下。如文件的新建、打开、保存、另存等操作放在“文件”主菜单标题下，而对文档的编辑操作常放在“编辑”主菜单标题下。每一个主菜单标题可以下拉出下一级菜单，称为子菜单。子菜单中的菜单项有的可以直接执行，称为菜单命令；有的可以再下拉出一级菜单，称为子菜单标题。在子菜单中还常包含一种特殊的菜单项——分隔条，分隔条用于对子菜单项进行分组。子菜单可以逐级下拉，在屏幕上依次打开，当执行了最底层的菜单命令之后，这些子菜单会自动从屏幕上消失。

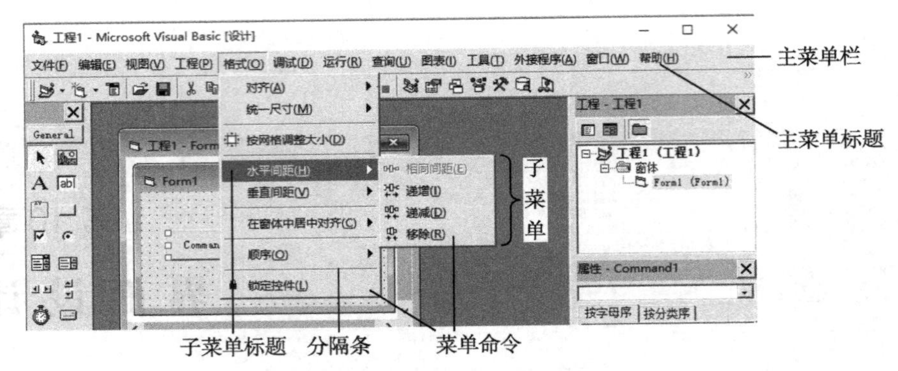

图 10-1　下拉式菜单的结构

2. 菜单编辑器

在 Visual Basic 中设计下拉式菜单时，把每个菜单项（主菜单项或子菜单项）看成一个控件，因此每个菜单项具有与控件类似的属性或操作方法。以下也常把菜单项称为菜单控件。

下拉式菜单的设计通过“菜单编辑器”来完成。首先要打开菜单编辑器，然后在菜单编辑器中完成对整个菜单结构的设计。可以用以下方法之一打开菜单编辑器：

- 执行“工具 | 菜单编辑器”命令。
- 单击标准工具栏上的“菜单编辑器”按钮。
- 在要建立菜单的窗体上单击鼠标右键，从快捷菜单中选择“菜单编辑器”命令。

注意：菜单总是建立在窗体上的，所以只有当某个窗体为当前活动窗口时，才能打开菜单编辑器。如果当前窗口为代码窗口，则不能打开菜单编辑器。

菜单编辑器窗口可以分成三部分，如图 10-2 所示，即属性区、编辑区和菜单列表区。

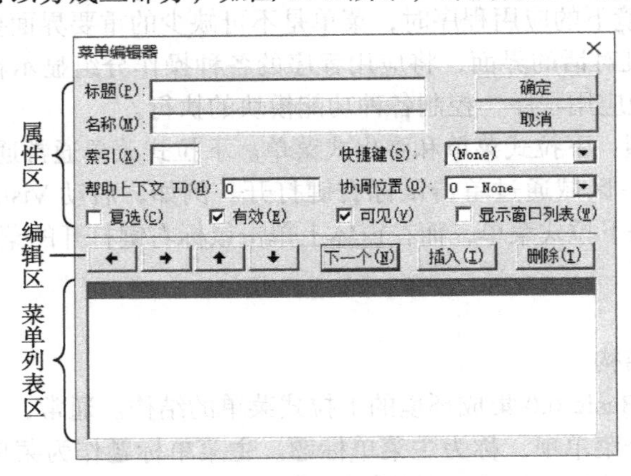

图 10-2　菜单编辑器

（1）属性区

属性区用于设置或修改菜单项的属性。菜单项包括的属性及其作用如下：

1）标题：菜单控件的 Caption 属性，用于输入要在菜单项中显示的文字，如“文件”、“编辑”、“查看”等。如果想在子菜单中建立分隔条，则应在标题框中键入一个连字符 (-)。可以在一个字母前插入“ &”符号，给菜单项定义一个访问键。在运行时，该字母会带有下划线，对于主菜单标题，同时按 Alt 键和该字母就可以打开其子菜单；对于已经打开的子菜单，直接按下该字母键相当于用鼠标单击该菜单项。

2）名称：用于设置菜单控件的名称（Name）属性，以便在代码中用此名称访问菜单控件。

3）索引：菜单控件的 Index 属性。可将若干个菜单控件取相同的名称，定义成一个控件数组。Index 属性即菜单控件数组的下标，用于确定相应菜单控件在数组中的位置。该值不影响菜单控件的显示位置。

4）快捷键：菜单控件的 ShortCut 属性，用于为当前的菜单项指定一个快捷键。快捷键从下拉列表中选择，如“Ctrl+A”、“Ctrl+K”等。注意：不能给顶级菜单项设置快捷键。

5）帮助上下文 ID：菜单控件的 HelpContextID 属性。用来指定与当前菜单项相关联的“帮助”主题编号。如果已经为应用程序建立了 Microsoft Windows 操作系统环境下的帮助文件并设置了应用程序的 HelpFile 属性，那么当用户按 F1 键时，Visual Basic 将自动地调用帮助并查找该属性所定义的主题。

6）协调位置：菜单控件的 NegotiatePosition 属性。当一个具有菜单的容器对象（如窗体）包含另一个具有菜单的对象（如 Microsoft Excel 工作表）时，该属性决定容器对象的顶级菜单与其中的活动对象的菜单如何共用菜单栏空间。该属性运行时无效，有以下 4 个选项：

- 0-None：缺省值。对象活动时，菜单栏上不显示顶级菜单。
- 1-Left：对象活动时，顶级菜单显示在菜单栏的左端。
- 2-Middle：对象活动时，顶级菜单显示在菜单栏的中间。
- 3-Right：对象活动时，顶级菜单显示在菜单栏的右端。

所有 NegotiatePosition 为非零值的顶级菜单项与活动对象的菜单在容器对象的菜单栏上一起显示。如果容器对象的 NegotiateMenus 属性设为 False，则该属性的设置不起作用。

7）复选：菜单控件的 Checked 属性，取值可以是 True 或 False，缺省值为 False。该属性用来设置菜单项的左边是否带复选标记“√”。在菜单编辑器中选择该属性时，相应的菜单项的旁边会带有一个“√”符号，而在代码中通过设置菜单项的 Checked 属性值为 True 或 False，可以设置菜单项的左边有、无符号“√”。对于具有开关状态的菜单项，可以使用该属性在两种状态之间切换。此选项对顶级菜单无效。

8）有效：菜单控件的 Enabled 属性，取值可以是 True 或 False，缺省值为 True。该属性用来决定是否让菜单项对事件做出响应。设置为 False（无效）时相应的菜单项在菜单上呈暗淡显示。

9）可见：菜单控件的 Visible 属性，取值可以是 True 或 False，缺省值为 True。该属性用来决定菜单项是否显示。将该属性设置为 False 时相应的菜单项在菜单上不显示。

10）显示窗口列表：菜单控件的 WindowList 属性。该属性用于多文档界面应用程序的设计，有关多文档界面的设计本书不做介绍，有兴趣的读者可以参考 Visual Basic 帮助文档。

（2）编辑区

编辑区共有 7 个按钮，用于对输入的菜单项进行简单的编辑操作。

1）“➡”按钮：单击该按钮，将在菜单列表区中选定的菜单向下移一个等级，在菜单列表中显示一个内缩符号（....）。最多可以创建 4 个子菜单等级。

2）“⬅”按钮：单击该按钮，将在菜单列表区中选定的菜单向上移一个等级，删除一个内缩符号。

3）“⬆”按钮：单击该按钮，将在菜单列表区中选定的菜单项在同级菜单内向上移动一个位置。

4）“⬇”按钮：单击该按钮，将在菜单列表区中选定的菜单项在同级菜单内向下移动一个位置。

5）“下一个”按钮：移动到下一个菜单项，如果当前位置在最后一个菜单项，则在最后创建一个新的菜单项。

6）“插入”按钮：在菜单列表区中的当前选定行上方插入一行，用于插入一个新菜单项。

7）“删除”按钮：删除当前在菜单列表区中选定的行。

（3）菜单列表区

该列表区显示菜单项的分级列表。子菜单项以缩进方式显示它们的分级位置或等级。

在菜单编辑器中完成了各菜单项的设置之后，单击“确定”按钮关闭菜单编辑器，这时在窗体的顶部可以看到所设计的菜单结构，包括下拉菜单。注意：在设计时单击菜单项不是执行菜单项的功能，而是打开菜单项的Click事件过程代码窗口。只有在该事件过程中编写了完成相应功能的代码后，才能在运行时通过单击菜单项执行相应的功能。

如果在菜单编辑器中单击“取消”按钮，则关闭菜单编辑器，取消所有的修改。

【例10-1】设计菜单界面，各主菜单及其子菜单如图10-3所示。其中，“格式”菜单下的菜单项“删除线、下划线、斜体、粗体”具有复选功能，可以在两种状态下切换，如图10-3d和图10-3e所示。编写有关代码实现各菜单项的功能。

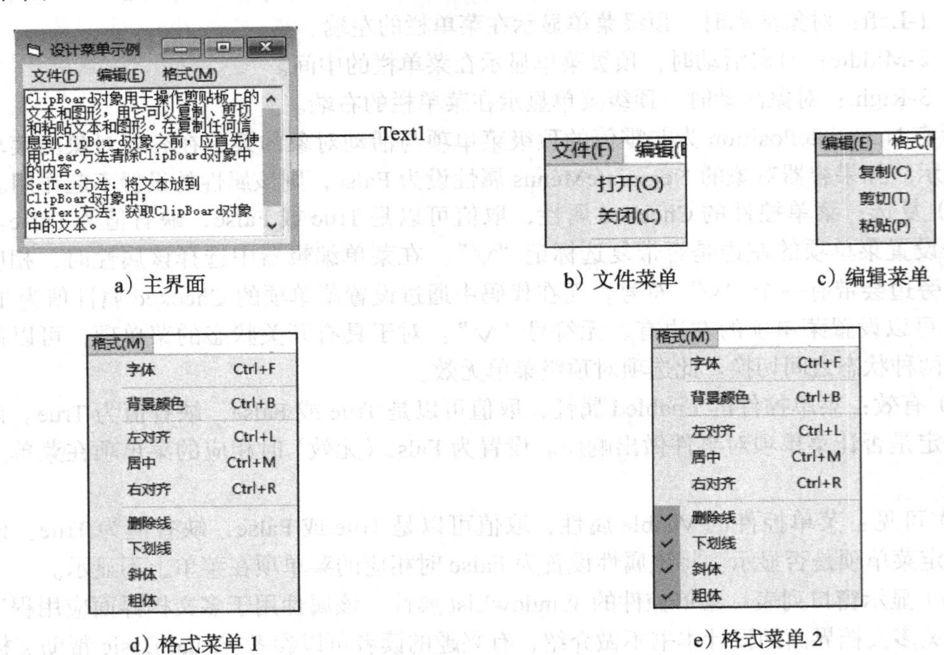

图10-3 主菜单及各子菜单结构

界面设计：在菜单编辑器中进行各菜单项的设计，具体设置见表10-1。

表10-1 菜单编辑器中各菜单项的属性设置

标题	名称	快捷键	说明
文件(&F)	FileMenu		定义访问键F
....打开(&O)	FileOpen		定义访问键O
....关闭(&C)	FileClose		定义访问键C
....-	SptBar1		定义分隔条

（续）

标题	名 称	快捷键	说明
编辑 (&E)	EditMenu		定义访问键 E
.... 复制 (&C)	txtCopy		定义访问键 C
.... 剪切 (&T)	txtCut		定义访问键 T
.... 粘贴 (&P)	txtPaste		定义访问键 P
格式 (&M)	FormatMenu		定义访问键 M
.... 字体	txtFont	Ctrl+F	
.... -	SptBar2		定义分隔条
.... 背景颜色	bckColor	Ctrl+B	
.... -	SptBar3		定义分隔条
.... 左对齐	txtLeft	Ctrl+L	
.... 居中	txtCenter	Ctrl+M	
.... 右对齐	txtRight	Ctrl+R	
.... -	SptBar4		定义分隔条
.... 删除线	txtStrikethru		
.... 下划线	txtUnderLine		
.... 斜体	txtItalic		
.... 粗体	txtBold		

在菜单编辑器中完成了各菜单项的设置之后，单击“确定”按钮关闭菜单编辑器。完成菜单设计，向窗体添加一个文本框 Text1，录入适当的文字。各菜单命令主要用于对文本框进行操作。

代码设计：用鼠标单击窗体上的各下拉菜单项，或在代码窗口的对象下拉列表中选择菜单项，都可以打开相应菜单项的 Click 事件过程，在其中编写代码。各菜单项代码设计如下。

1）“文件”菜单下各菜单项的功能将在例 10-2 中给出代码。

2）“编辑”菜单下的菜单项用于对文本框 Text1 中的文本进行复制、剪切和粘贴，这些功能需要用到剪贴板对象 ClipBoard，请阅读图 10-3a 的文本框 Text1 中的内容理解剪贴板对象 ClipBoard 的简单使用，以下是“编辑”菜单下各子菜单项的 Click 事件过程。

```
Private Sub txtCopy_Click()                   ' 复制
    ClipBoard.SetText Text1.SelText           ' 将文本框中选择的文本放到剪贴板中
End Sub
Private Sub txtCut_Click()                    ' 剪切
    ClipBoard.SetText Text1.SelText           ' 将文本框中选择的文本放到剪贴板中
    ' 删除在文本框中选择的文本
    Text1.Text = Left(Text1.Text, Text1.SelStart) & _
        Right(Text1.Text, Len(Text1.Text) - Text1.SelStart - Text1.SelLength)
End Sub
Private Sub txtPaste_Click()                  ' 粘贴
    s = ClipBoard.GetText                     ' 获取剪贴板的文本
    ' 将剪贴板的文本加到文本框的当前位置
    Text1.Text = Left(Text1.Text, Text1.SelStart) & s & _
        Right(Text1.Text, Len(Text1.Text) - Text1.SelStart - Text1.SelLength)
End Sub
```

3）“格式”菜单下“字体”和“背景颜色”菜单项的功能将在本章后面进一步完善，下面是“格式”菜单下其他菜单项的 Click 事件过程。

```
Private Sub txtLeft_Click()        ' 左对齐
    Text1.Alignment = 0
End Sub
Private Sub txtCenter_Click()      ' 居中
    Text1.Alignment = 2
End Sub
Private Sub txtRight_Click()       ' 右对齐
    Text1.Alignment = 1
End Sub
Private Sub txtStrikethru_Click()                    ' 删除线
    If txtStrikethru.Checked = True Then
        Text1.FontStrikethru = False                 ' 给文本框去除删除线
        txtStrikethru.Checked = False                ' 去除"删除线"菜单项前面的符号"√"
    Else
       Text1.FontStrikethru = True                   ' 给文本框加上删除线
        txtStrikethru.Checked = True                 ' 给"删除线"菜单项前面加上符号"√"
    End If
End Sub
Private Sub txtUnderLine_Click()                     ' 下划线
    If txtUnderLine.Checked = True Then
        Text1.FontUnderline = False
        txtUnderLine.Checked = False
    Else
        Text1.FontUnderline = True
        txtUnderLine.Checked = True
    End If
End Sub
Private Sub txtItalic_Click()                        ' 斜体
    If txtItalic.Checked = True Then
        Text1.FontItalic = False
        txtItalic.Checked = False
    Else
        Text1.FontItalic = True
        txtItalic.Checked = True
    End If
End Sub
Private Sub txtBold_Click()                          ' 粗体
    If txtBold.Checked = True Then
        Text1.FontBold = False
        txtBold.Checked = False
    Else
        Text1.FontBold = True
        txtBold.Checked = True
    End If
End Sub
```

【例 10-2】 在例 10-1 的基础上进一步实现菜单项的动态增减。例 10-1 的“文件”菜单在运行时初始界面如图 10-4a 所示。“打开”和“关闭”菜单项是两个固定的子菜单项。要求：运行时单击“打开”菜单项在分隔线下面增加一个新的菜单项（一个由用户指定的文件名），单击“关闭”菜单项删除分隔线下面一个指定的菜单项。

菜单设计：在例 10-1 的基础上，在“文件”菜单下增加一个不可见的子菜单项。具体方法是，打开菜单编辑器，在“文件”菜单下的分隔条子菜单项 SptBar1 之后添加一个新的子菜单项，设置其标题为空，名称为 SubMenu，去除“可见”属性前面的“√”，设置索引属性为 0，则 SubMenu 为一个菜单控件数组，现在菜单控件数组中只有一个元素 SubMenu(0)。

代码设计：1）在窗体模块中定义模块级变量 MenuNum，用于保存当前 SubMenu 菜单数组的最大下标。

```
Dim MenuNum As Integer
```

2）编写“打开”菜单项的 Click 事件过程。代码如下：

```
Private Sub FileOpen_Click()
    OpenFileName = InputBox("请输入文件名称")
    If Trim(OpenFileName) <> "" Then         ' 如果输入的文件名不为空，则添加
        MenuNum = MenuNum + 1                ' 数组最大下标增加 1
        Load SubMenu(MenuNum)                ' 添加菜单项
        SubMenu(MenuNum).Caption = OpenFileName    ' 设置新添加的菜单项的标题
        SubMenu(MenuNum).Visible = True            ' 使新添加的菜单项可见
    End If
End Sub
```

运行时，单击“打开”菜单项，首先显示一个输入框，让用户输入文件名，单击“确定”之后，即在“文件”菜单下添加一个新的菜单项，图 10-4b 为添加了 3 个菜单项的“文件”菜单。

3）编写“关闭”菜单项的 Click 事件过程。代码如下：

```
Private Sub FileClose_Click()
    N = Val(InputBox("请指定关闭第几个文件"))
    If N > MenuNum Or N < 1 Then           ' 如果指定要关闭的文件超出实际范围
       MsgBox "超出范围! "
    Else
        ' 以下循环从被删除的菜单项开始，用后面的菜单项逐项覆盖前面的菜单项，实现删除
        For I = N To MenuNum - 1
            SubMenu(I).Caption = SubMenu(I + 1).Caption
        Next I
        Unload SubMenu(MenuNum)            ' 删除最后一个菜单项
        MenuNum = MenuNum - 1              ' 菜单控件数组总项数减 1
    End If
End Sub
```

运行时，单击“关闭”菜单项，执行以上过程，首先显示一个对话框，要求用户输入要删除的菜单项的编号，即菜单数组 SubMenu 的下标。如果指定的下标不在有效范围内，则用消息框提示“超出范围！”，否则删除指定的菜单项。删除指定的菜单项的方法和删除数组元素的方法一样，即从被删除的菜单项开始，用后面的菜单项逐项覆盖前面的菜单项，然后再删除最后一个菜单项。图 10-4c 是删除了第二个菜单项的“文件”菜单。

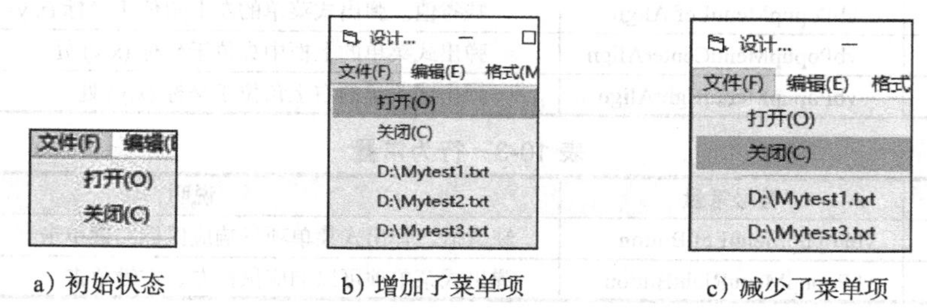

a）初始状态　　b）增加了菜单项　　c）减少了菜单项

图 10-4　菜单项的动态增减

注意：为了说明菜单项动态增减的方法，这里只是把用户指定的文件名作为菜单项进行添加或删除，并没有实现真正的文件打开和关闭操作，有关文件的打开和关闭将在第 12 章介绍。另外，由用户直接输入文件路径及名称既烦琐也不便于验证其正确性，本章后面的例

10-7将对本例进一步完善，使用“打开文件”对话框来指定文件的路径及名称，使指定文件名更加方便。

10.1.2 弹出式菜单

弹出式菜单能够以更加灵活的方式为用户提供便捷的操作，它独立于菜单栏，直接显示在窗体上。弹出式菜单能根据用户当前单击鼠标的位置，动态地调整菜单项的显示位置及显示内容，并提供相应的操作。因此，弹出式菜单又称为“上下文菜单”或“快捷菜单”。通常弹出式菜单通过单击鼠标右键打开，所以也称“右键菜单”。

为某对象（控件）设计弹出式菜单的步骤如下：

1）在菜单编辑器中按设计下拉式菜单的方法设计弹出式菜单，然后将要作为弹出式菜单的顶级菜单项设置为“不可见”。

2）在对象的MouseDown事件过程中编写代码，用PopupMenu方法显示弹出式菜单。

PopupMenu方法格式如下：

```
[窗体名.]PopupMenu 菜单名[,flags][,x][,y][,boldcommand]
```

功能：在当前鼠标位置或指定的坐标位置显示弹出式菜单。

说明：

- 窗体名：指菜单所在窗体的名称，如果省略，则默认为是当前窗体。
- 菜单名：指在菜单编辑器中设计的菜单项（至少有一个子菜单）的名称。
- flags：可选项，可以是一个数值或符号常量，用于指定弹出式菜单的位置和行为，其取值如表10-2和表10-3所示。如果要同时指定位置和行为时，则将两个参数值用Or连接，如：

```
4 Or 2
```

- x、y：指定显示弹出式菜单的x坐标和y坐标。省略时为鼠标坐标。
- boldcommand：指定弹出式菜单中要显示为黑体的菜单控件的名称。如果省略该参数，则弹出式菜单中没有以黑体字出现的菜单项。

表10-2 位置常量

值	符号常量	说明
0	vbPopupMenuLeftAlign	缺省值。弹出式菜单的左上角位于坐标(x,y)处
4	vbPopupMenuCenterAlign	弹出式菜单的上框中央位于坐标(x,y)处
8	vbPopupMenuRightAlign	弹出式菜单的右上角位于坐标(x,y)处

表10-3 行为常量

值	符号常量	说明
0	vbPopupMenuLeftButton	缺省值。弹出式菜单项只响应鼠标左键单击
2	vbPopupMenuRightButton	弹出式菜单项可以响应鼠标左、右键单击

【例10-3】 在例10-2的基础上设计文本框快捷菜单，实现对文本框的文字进行放大或缩小，还可以修改文本框的只读属性。

菜单设计：在例10-2的菜单编辑器上增加表10-4的设置。

表 10-4 快捷菜单项的设置

标题	名称	可见	说明
文本框快捷菜单	txtMenu	不选中	顶级菜单，设置为不可见
....放大	ZoomIn	选中	使文本框的文字大小增加 5 磅
....缩小	ZoomOut	选中	使文本框的文字大小减少 5 磅
....只读	txtLock	选中	决定文本框的文字内容能否修改，在“只读”和“读写”两种状态之间切换，显示为粗体

代码设计：1）在文本框 Text1 的 MouseDown 事件过程中编写代码，使用 PopupMenu 方法打开文本框快捷菜单。在 PopupMenu 方法中使用位置常量 0，使快捷菜单的左上角位于鼠标箭头处（见图 10-5）。MouseDown 事件过程返回一个整型参数 Button，用来标识该事件的产生是按下了鼠标的左按钮（1）、右按钮（2）还是中间按钮（4）。代码如下：

```
 Private Sub Text1_MouseDown(Button As Integer, Shift As Integer, X As Single, Y
As Single)
     If Button = 2 Then                              ' 如果按下了鼠标右键
     ' 显示快捷菜单 txtMenu，设置 txtLock 为粗体
         PopupMenu txtMenu, 0 Or 0, , , txtLock
     End If
 End Sub
```

以上代码的 PopupMenu 方法省略了参数 x 坐标和 y 坐标，表示弹出式菜单显示在当前鼠标位置。注意：省略参数 x 坐标和 y 坐标时不能省略相应的逗号分隔符。

2）编写各快捷菜单项的 Click 事件过程，完成相应功能，具体如下：

```
 Private Sub zoomin_Click()      ' 放大
     Text1.FontSize = Text1.FontSize + 5      ' 使文本框的文字大小增加 5 磅
 End Sub
 Private Sub zoomout_Click()      ' 缩小
     Text1.FontSize = Text1.FontSize - 1      ' 使文本框的文字大小减少 5 磅
 End Sub
 Private Sub txtLock_Click()      ' 读写
     If txtLock.Caption = "只读" Then
         txtLock.Caption = "读写"              ' 将菜单项的标题改成 "读写"
         Text1.Locked = True                  ' 锁定文本框，不允许修改其内容
     Else
         txtLock.Caption = "只读"              ' 将菜单项的标题改成 "只读"
         Text1.Locked = False                 ' 取消锁定文本框，允许修改其内容
     End If
 End Sub
```

注意：Visual Basic 本身为文本框设计了一个快捷菜单，所以在运行时，即使不设计快捷菜单，也会得到一个弹出式菜单。本例在运行时在文本框上单击鼠标右键会首先弹出该预定义的快捷菜单，再次单击鼠标右键才弹出自定义快捷菜单。图 10-5 是本例设计的文本框快捷菜单的两种状态。

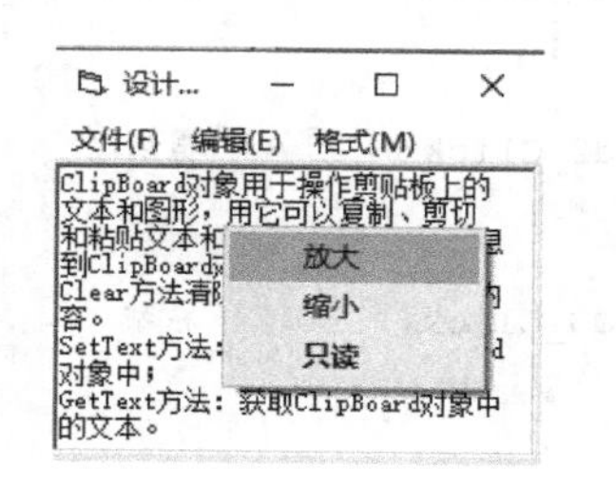

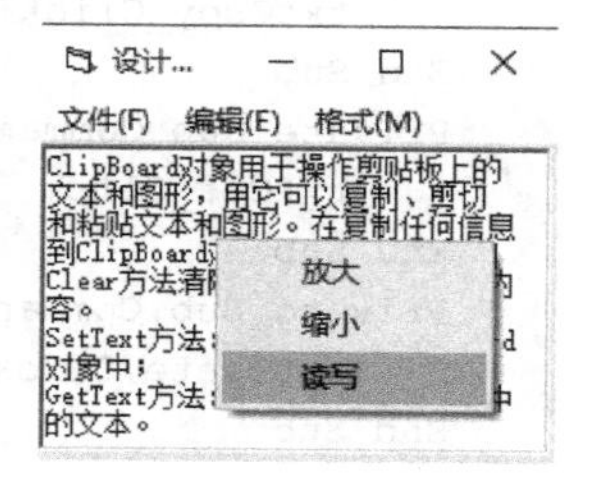

图 10-5 文本框快捷菜单示例

设计菜单时，可以把应用程序的大多数功能放在下拉式菜单中，并按功能进行分组，而对于与界面各部分有直接关系的一些特殊操作或常用操作，可以通过快捷菜单来实现。当然，允许下拉

式菜单与弹出式菜单包含相同的功能。另外，为了使操作更加方便直观，也常把菜单中的一些常用操作做成按钮、列表框或组合框等形式，集中放在工具栏中，如Microsoft Word中的常用工具栏、格式工具栏等。

10.2 工具栏的设计

工具栏是许多基于Windows的应用程序的标准功能，它通常用于提供对应用程序中最常用的菜单命令的快速访问。在Visual Basic中，设计工具栏可以有两种方法：手工设计和使用工具栏控件进行设计。

10.2.1 使用手工方式制作工具栏

用手工方式制作工具栏可以采用以下步骤：

1）在窗体上放置一个图片框，设置其Align属性为“1-Align Top”，图片框的宽度会自动伸展，填满窗体顶部工作空间（标题栏、菜单栏之下）。调整好图片框的高度。

2）在图片框中可以放置任何想在工具栏上显示的控件，如命令按钮、选项按钮、复选框、列表框、组合框等。

3）对于命令按钮、选项按钮、复选框等可以带图形的控件，可以设其Style属性为1，使它们具有图形样式，然后通过设置控件的Picture属性指定要在控件上显示的图片，使用图片来形象地表示相应的操作。

4）设置控件的ToolTipText属性，给控件添加适当的文字提示。

5）为各工具栏控件编写代码。

如果工具栏控件的功能已经包括在某菜单项中，可以直接调用菜单项的相应事件过程，而不必重复编写代码。

【例10-4】 使用手工方式为例10-3添加工具栏，实现编辑菜单下的复制、剪切、粘贴功能。

工具栏设计： 调整窗体和文本框的大小或位置，为工具栏留出一定空间。按以上制作工具栏的步骤，依次在窗体上添加图片框，在图片框中添加3个命令按钮，清除命令按钮的Caption属性，设置命令按钮的Style属性值为1，为命令按钮指定图形，如图10-6a所示。如果在安装Visual Basic时选择了安装图形，则本例的图形可以从“Program Files\Microsoft Visual Studio\COMMON\Graphics\Bitmaps\TlBr_W95”路径下获得。分别设置3个命令按钮的ToolTipText属性为“复制”、“剪切”和“粘贴”。

代码设计： 为3个工具栏按钮的Click事件过程编写代码，在代码中可以直接调用“编辑”菜单下的“复制、剪切、粘贴”子菜单项的Click事件过程，具体如下。

```
Private Sub Command1_Click()        ' 复制
    txtCopy_Click
End Sub
Private Sub Command2_Click()        ' 剪切
    txtCut_Click
End Sub
Private Sub Command3_Click()        ' 粘贴
    txtPaste_Click
End Sub
```

运行时，鼠标指向各工具栏按钮，会有相应的文字提示，如图10-6b所示。单击工具栏按钮可以执行复制、剪切或粘贴操作。

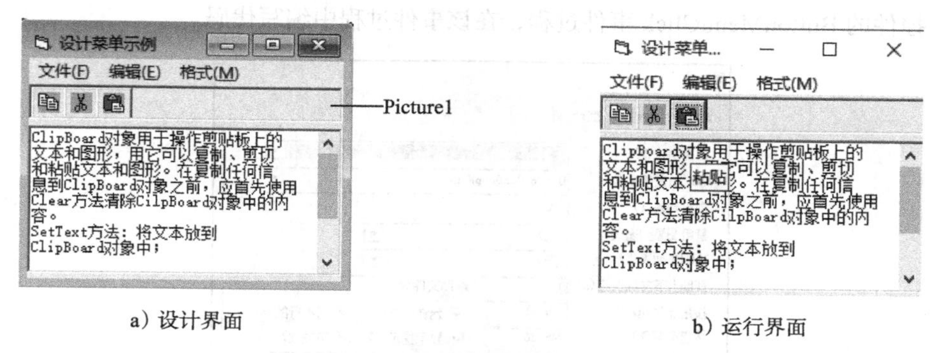

a）设计界面　　b）运行界面

图 10-6　用手工方式制作的工具栏

10.2.2　使用工具栏控件制作工具栏

Visual Basic 为创建工具栏提供了一个 ActiveX 控件——ToolBar 控件，使用该控件创建工具栏更方便、快捷，创建出的工具栏与 Windows 工具栏风格更加统一。

使用 ToolBar 控件之前，首先要先将其添加到工具箱中。添加步骤如下：

1）使用“工程 | 部件”命令，打开“部件”对话框。

2）在“控件”选项卡上选择“Microsoft Windows Common Controls 6.0”。

3）单击“确定”按钮，在工具箱中会增加一批控件，其中包括 ToolBar 控件和 ImageList 控件，如图 10-7 所示。ToolBar 控件用来创建工具栏的 Button（按钮）对象集合。ImageList 控件用于为工具栏的 Button 对象提供所要显示的图像。

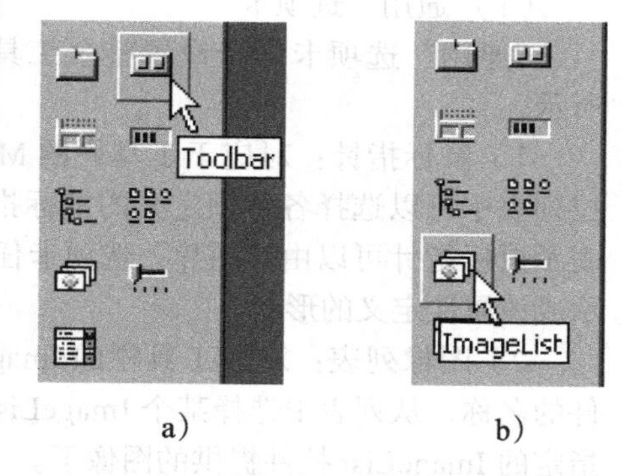

a）　　b）

图 10-7　ToolBar 控件和 ImageList 控件

使用 ToolBar 控件设计工具栏的基本步骤如下：

1）设置 ImageList 控件。如果要给工具栏按钮添加一些图片，可以在窗体的任意位置绘制一个 ImageList 控件，选择 ImageList 控件，单击鼠标右键，在快捷菜单中选择“属性”，或者单击其属性窗口的“自定义”右侧的浏览按钮“...”，打开 ImageList 控件的“属性页”对话框，在其“图像”选项卡中插入需要的所有图片，Visual Basic 会按添加次序给每幅图片设置一个索引号，该索引号将在定义工具栏时使用。

2）绘制 ToolBar 控件。在窗体上任意位置绘制 ToolBar 控件，这时会在窗体顶部显示一个空白的工具栏，该空白工具栏会自动充满整个窗体顶部。如果不希望工具栏出现在窗体的顶部，也可以修改其 Align 属性使其出现在窗体的底部、左侧或右侧。

3）设置 ToolBar 控件的“属性页”。选择 ToolBar 控件，单击鼠标右键，在快捷菜单中选择“属性”，或者单击属性窗口的“自定义”右侧的浏览按钮“...”，打开 ToolBar 控件的“属性页”对话框，如图 10-8 所示。在该属性页中设置整个工具栏及各按钮的属性（详见后续描述）。

4）编写代码。在 ToolBar 控件的“属性页”对话框中进行了各项设置以后，就可以为工具栏上的每个按钮或按钮菜单项编写代码，完成相应的功能。如果要在单击工具栏按钮时执行一定的操作，可以在窗体上双击工具栏控件，打开其 ButtonClick 事件过程，将代码添加到 ButtonClick 事件过程中。如果要在单击按钮菜单时执行操作，需要在代码窗口中选择 ToolBar 控件的 ButtonMenuClick 事件过程，在该事件过程中编写代码。

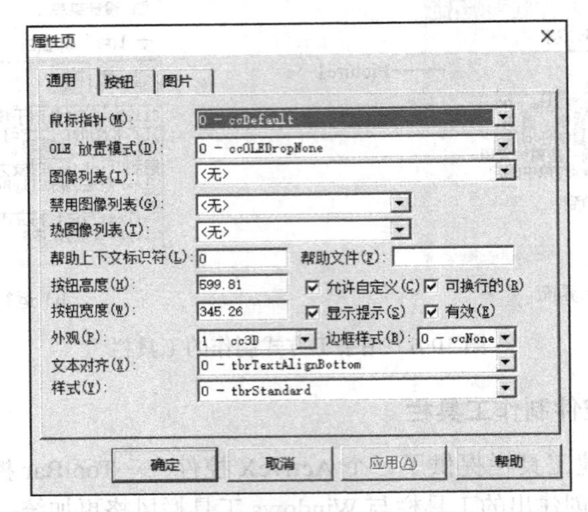

图 10-8　ToolBar 控件的“属性页”对话框的“通用”选项卡

下面再详细介绍一下 ToolBar 控件的“属性页”对话框。该对话框包括 3 个选项卡，即“通用”“按钮”和“图片”选项卡，如图 10-8 所示。

（1）“通用”选项卡

“通用”选项卡用于设置整个工具栏的一些共同的属性，该选项卡上常用的设置如下所示。

1）鼠标指针：对应于工具栏的 MousePointer 属性。该设置提供了一个下拉列表，从下拉列表中可以选择各种预定义的鼠标指针形状。如果在下拉列表中选择“99-ccCustom”，则表示鼠标指针可以由“图片”选项卡任意指定。运行时，当鼠标指向工具栏时，鼠标指针显示成该属性定义的形状。

2）图像列表：对应工具栏的 ImageList 属性。在图像列表中会列出窗体上 ImageList 控件的名称，从列表中选择某个 ImageList 控件，使其与工具栏相关联，这样工具栏就可以使用指定的 ImageList 控件提供的图像了。

3）按钮高度、按钮宽度：对应于工具栏的 ButtonHeight、ButtonWidth 属性，用于指定具有命令按钮、复选框或选项按钮组样式的控件的按钮大小。

4）外观：对应于工具栏的 Appearance 属性，用于决定工具栏是否带有三维效果。

5）边框样式：对应于工具栏的 BorderStyle 属性。选择 0 为无边框样式，选择 1 为固定单边框。

6）文本对齐：对应于工具栏的 TextAlignment 属性，用于确定文本在按钮上的位置。选择“0-tbrTextAlignBottom”使文本与按钮的底部对齐；选择“1-tbrTextAlignRight”使文本与按钮的右侧对齐。

7）样式：对应于工具栏的 Style 属性，用于决定工具栏按钮的外观样式。选择“0”为标准样式，按钮呈标准凸起形状；选择“1”时按钮呈平面形状。

8）允许自定义：对应于工具栏的 AllowCustomize 属性，用于决定运行时是否可用“自定义工具栏”对话框自定义 ToolBar 控件。如果选择该属性（或设置为 True），运行时双击 ToolBar 控件可以打开一个“自定义工具栏”对话框；否则不允许在运行时用“自定义工具栏”

对话框自定义 ToolBar 控件。

9）可换行：对应工具栏的 Wrappable 属性，用于决定当 ToolBar 控件上的按钮总宽度超过窗体宽度时是否自动换行。如果选择该属性（或设置为 True），ToolBar 控件上的按钮会自动换行；否则，ToolBar 控件上的按钮不会自动换行。

10）显示提示：对应于工具栏的 ShowTips 属性，用于决定是否对按钮对象显示工具提示。如果选择该属性（或设置为 True），工具栏中的每个对象都可以显示一个相关的提示字符串；否则，不允许显示提示字符串。提示字符串在“按钮”选项卡上定义。

11）有效：对应于工具栏的 Enabled 属性，用于决定工具栏是否有效。

以上在“通用”选项卡上设置的属性也可以直接在属性窗口中设置。在代码中设置这些属性与设置普通控件的属性方法相同。例如，要设置工具栏 ToolBar1 的文本对齐属性为右对齐，使用以下代码：

```
ToolBar1.TextAlignment = tbrTextAlignRight
```

要使工具栏无效，使用以下代码：

```
ToolBar1.Enabled = False
```

（2）“按钮”选项卡

ToolBar 控件的“属性页”对话框的“按钮”选项卡如图 10-9 所示。一般情况下，工具栏中要包含一些按钮，因此要创建工具栏，必须先将按钮添加到工具栏中。在设计时，使用“按钮”选项卡可以添加按钮对象并对各个按钮对象的属性进行设计。

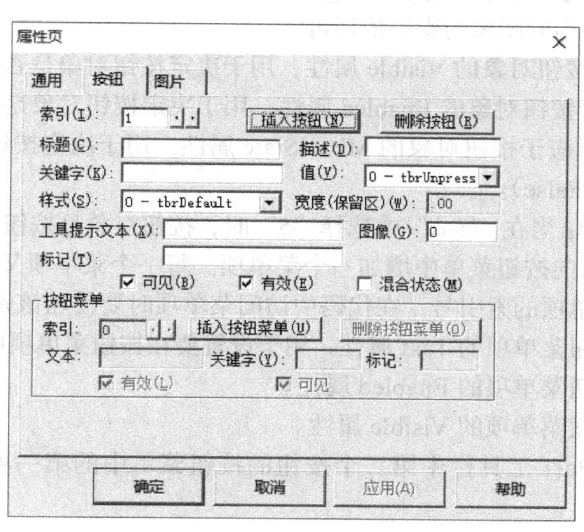

图 10-9　ToolBar 控件的“属性页”对话框的“按钮”选项卡

“按钮”选项卡的主要设置如下所示。

1）插入按钮：单击该按钮可以在工具栏上添加一个按钮对象。

2）删除按钮：单击该按钮可以删除工具栏上由当前索引指定的按钮对象。

3）索引：对应于按钮对象的 Index 属性，表示添加的按钮对象的索引值，该索引值由添加次序决定。在代码中访问此按钮对象时要使用该索引值。例如，要设置工具栏 ToolBar1 中索引值为 3 的按钮的标题为“显示”，可以写成：

```
ToolBar1.Buttons(3).Caption = "显示"
```

4）标题：对应于按钮对象的 Caption 属性，用来设置要在按钮对象上显示的文本。

5）关键字：对应于按钮对象的 Key 属性，用于给当前的按钮对象定义一个标识符。该标识符在整个按钮对象集合的标识符中必须唯一。

6）样式：对应于按钮对象的 Style 属性，用于决定按钮对象的外观和状态，有以下选择：

- 0-tbrDefault：按钮对象具有命令按钮的特点。
- 1-tbrCheck：按钮对象是一个复选按钮，可以有“选择”和“未选择”两种状态。
- 2-tbrButtonGroup：按钮对象具有选项按钮组的特点。在一个选项按钮组内任何时刻都只能按下一个按钮。当按下组内的另一个按钮时，原来按下的按钮会自动抬起。如果需要多个选项按钮组，必须使用分隔条对它们进行分组。
- 3-tbrSeparator：按钮对象作为分隔条使用，分隔条宽度固定为 8 像素。
- 4-tbrPlaceHolder：按钮对象作为占位符使用，在外观和功能上像分隔条，但可以设置其宽度。
- 5-tbrDropDown：按钮对象呈按钮菜单的样式，选择该选项后，在按钮的旁边会有一个下拉箭头。运行时单击下拉箭头可以打开一个下拉菜单，从中选择所需要的选项。下拉菜单的菜单项可以在该选项卡下部的“按钮菜单”中进一步设置。

7）工具提示文本：对应于按钮对象的 ToolTipText 属性，用于设置按钮的提示信息。运行时鼠标指向该按钮时会出现该提示信息。

8）图像：对应于按钮对象的 Image 属性。可以为每个按钮对象添加图像。图像是由关联的 ImageList 控件提供的。每个图像在 ImageList 控件的“属性页”设置中会有一个索引值，在这里只需要指出要使用的图像的索引值即可。

9）可见：对应于按钮对象的 Visible 属性，用于决定按钮对象是否可见。

10）有效：对应于按钮对象的 Enabled 属性，用于决定按钮对象是否响应用户事件。

11）混合状态：对应于按钮对象的 MixedState 属性，用于决定按钮对象是否以不确定状态出现。缺省值为否（False）。

12）插入按钮菜单：当在“样式”中选择“5”时，按钮对象呈按钮菜单的样式。使用“插入按钮菜单”按钮可以向按钮菜单中增加一个菜单项。每一个菜单项又有以下设置。

- 索引：按钮菜单项的索引号，在代码中访问菜单项时要使用该索引号。
- 文本：对应按钮菜单项的 Text 属性，用于设置要在按钮菜单项中显示的文本。
- 有效：对应按钮菜单项的 Enabled 属性。
- 可见：对应按钮菜单项的 Visible 属性。

例如，要使 ToolBar1 工具栏中第二个按钮的按钮菜单中的第一项显示内容为“粗体”，可以使用以下代码：

```
ToolBar1.Buttons(2).ButtonMenus(1).Text = "粗体"
```

（3）“图片”选项卡

当在“通用”选项卡的“鼠标指针”设置中选择“99-ccCustom”时，就可以在“图片”选项卡中为鼠标指针定义一幅图片，运行时，当鼠标指向工具栏时，鼠标指针将显示成该自定义的图片。

也可以在代码中使用 MouseIcon 属性指定鼠标指向工具栏时要显示的图片。例如：

```
Toolbar1.MouseIcon = LoadPicture("E:\ H_POINT.CUR")
```

下面将结合实例说明使用 ToolBars 控件设计工具栏的过程。

【例 10-5】用 ToolBar 控件设计工具栏。在例 10-3 的基础上添加工具栏，实现“编辑”菜单下的复制、剪切、粘贴功能；“格式”菜单下的左对齐、居中、右对齐、删除线、下划线、斜体、粗体功能。

分析：首先确定工具栏按钮的类型，对于复制、剪切、粘贴功能，可以使用命令按钮实现；对于左对齐、居中、右对齐功能，可以使用选项按钮实现；对于删除线、下划线、斜体、粗体，可以使用复选按钮实现，因此可以将工具栏按钮分成 3 组。

工具栏设计：调整窗体和文本框的大小或位置，对照图 10-10a，在窗体上按以下步骤设计工具栏。

1）添加 ToolBar 控件和 ImageList 控件。选择“工程 | 部件”命令，在打开的“部件”对话框中选择“Microsoft Windows Common Controls 6.0”，向工具箱中添加一批控件。然后向窗体上添加一个 ToolBar 控件和一个 ImageList 控件，使用其默认名称 ToolBar1 和 ImageList1。

2）设置 ImageList 控件的属性。打开 ImageList1 控件的“属性页”对话框，在“图像”选项卡中添加工具栏按钮所需要的各图像，记下各图像对应的索引。如果在安装 Visual Basic 时选择了安装图形，则本例的图像可以从“Program Files\Microsoft Visual Studio\COMMON\Graphics\Bitmaps\TlBr_W95”路径下获得。

3）设置 ToolBar1 控件的属性。打开 ToolBar1 的“属性页”对话框，在“通用”选项卡的“图像列表”中选择 ImageList1，使 ToolBar 控件与 ImageList 控件相关联。在“按钮”选项卡上依次添加按钮，按表 10-5 设置各按钮的属性。

表 10-5 各工具栏按钮的属性设置

索引	关键字	样式	工具文本提示	图像索引	说明
1	A1	0-tbrDefault	复制	1	命令按钮组
2	A2	0-tbrDefault	剪切	2	
3	A3	0-tbrDefault	粘贴	3	
4	S1	3-tbrSeperator			分隔条
5	B1	2-tbrButtonGroup	左对齐	4	选项按钮组
6	B2	2-tbrButtonGroup	居中	5	
7	B3	2-tbrButtonGroup	右对齐	6	
8	S2	3-tbrSeperator			分隔条
9	C1	1-tbrCheck	删除线	7	复选按钮组
10	C2	1-tbrCheck	下划线	8	
11	C3	1-tbrCheck	斜体	9	
12	C4	1-tbrCheck	粗体	10	

设计好的工具栏如图 10-10a 所示。

代码设计：1）由于各工具栏按钮的功能都是菜单功能的重复，因此可以直接在 ToolBar1 的 ButtonClick 事件过程中调用相应菜单项的事件过程，具体如下。

```
Private Sub ToolBar1_ButtonClick(ByVal Button As MSComctlLib.Button)
    Select Case Button.Index
        Case 1
            txtCopy_Click                ' 复制
        Case 2
            txtCut_Click                 ' 剪切
        Case 3
```

```
            txtPaste_Click                   ' 粘贴
        Case 5
            txtleft_Click                    ' 左对齐
        Case 6
            txtCenter_Click                  ' 居中
        Case 7
            txtRight_Click                   ' 右对齐
        Case 9
            txtStrikethru_Click              ' 删除线
        Case 10
            txtUnderLine_Click               ' 下划线
        Case 11
            txtItalic_Click                  ' 斜体
        Case 12
            txtBold_Click                    ' 粗体
    End Select
End Sub
```

2）修改“格式”菜单下删除线、下划线、粗体、斜体菜单项的 Click 事件过程，使运行时单击这些菜单项时，工具栏按钮的状态能够做相应的修改。以“删除线”菜单项的 Click 事件过程为例，修改后的代码如下：

```
Private Sub txtStrikethru_Click()                       ' 删除线
    If txtStrikethru.Checked = True Then
        Text1.FontStrikethru = False
        txtStrikethru.Checked = False
        ToolBar1.Buttons(9).Value = tbrUnpressed        ' 使工具栏对应按钮抬起
    Else
        Text1.FontStrikethru = True
        txtStrikethru.Checked = True
        ToolBar1.Buttons(9).Value = tbrPressed          ' 使工具栏对应按钮按下
    End If
End Sub
```

其余菜单项的 Click 事件过程类似。

3）修改“格式”菜单下各对齐菜单项的 Click 事件过程，使运行时单击这些菜单项时，工具栏按钮的状态能够做相应的修改。以“左对齐”菜单项的 Click 事件过程为例，修改后的代码如下：

```
Private Sub txtLeft_Click()                     ' 左对齐
    Text1.Alignment = 0
    ToolBar1.Buttons(5).Value = tbrPressed      ' 增加这条语句
End Sub
```

其余菜单项的 Click 事件过程类似。

运行时，单击各工具按钮，可以完成相应的功能，如图 10-10b 所示。

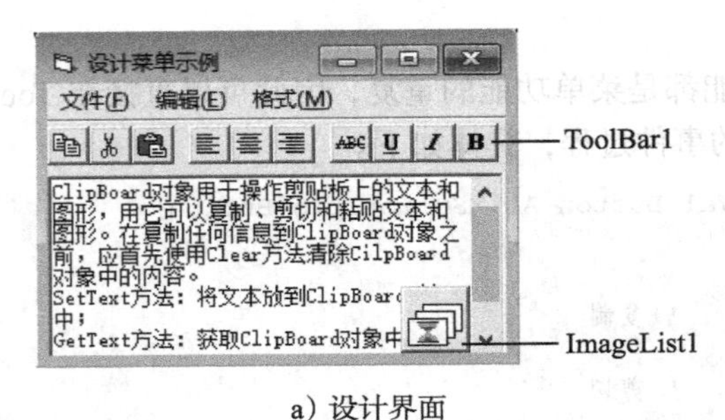

a）设计界面

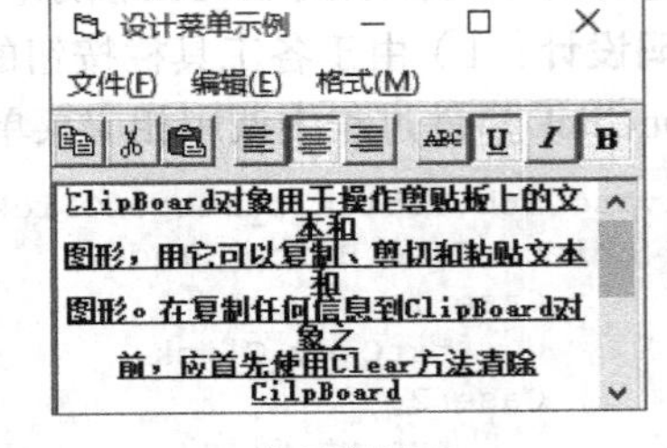

b）运行界面

图 10-10　用 ToolBar 控件设计工具栏

10.3 对话框的设计

在 Windows 应用程序中，对话框是用户和应用程序交互的主要途径，它常用来向用户提供输入数据或进行选择的界面，或者向用户显示一些提示信息。一个对话框可以很简单，如只显示一段很简单的提示信息，也可以很复杂，如可以包含多个选项卡（如 Microsoft Word 中的"页面设置"对话框）。

尽管对话框有自己的特性，但从结构上看，对话框与窗体是类似的。可以用以下 3 种方法之一创建对话框。

- 使用 MsgBox 函数或 InputBox 函数创建预定义对话框。
- 使用标准窗体创建自定义对话框。
- 使用 ActiveX 控件创建通用对话框。

MsgBox 函数和 InputBox 函数已在第 4 章做过介绍，本节将介绍另外两种创建对话框的方法。

10.3.1 自定义对话框

自定义对话框就是用户所创建的含有控件的窗体。在普通窗体上添加对话框中所需要的控件，如命令按钮、选项按钮、复选框、文本框等，通过设置窗体的属性值来自定义窗体的外观，使其成为对话框风格，然后编写显示对话框的代码以及实现对话框功能的代码。

设计自定义对话框可以按以下步骤进行：

1）添加窗体。执行"工程 | 添加窗体"命令，向工程中添加一个窗体。

2）定义具有对话框风格的窗体。一般情况下，因为对话框是临时性的，所以用户通常不需要对它进行移动、改变尺寸、最大化或最小化等操作。通过设置窗体的 BorderStyle、ControlBox、MaxButton 或 MinButton 属性，可以将普通窗体设置成具有对话框风格的窗体。例如，以下是一组可能的属性设置：

- 将 BorderStyle 属性设置为 1：将窗体边框类型定义为固定单边框，运行时不能改变大小。
- 将 ControlBox 属性设置为 False：删除控制菜单。
- 将 MaxButton 属性设置为 False：删除最大化按钮，这样可以防止对话框在运行时被最大化。
- 将 MinButton 属性设置为 False：删除最小化按钮，这样可以防止对话框在运行时被最小化。

3）在对话框上添加按钮。对话框中通常要有两个按钮，其中一个用于确定在对话框中完成的设置或回答，另一个用于关闭该对话框而不做任何改变，如"确定"与"取消"按钮。当然，对于只显示一些文字，不需要用户做任何设置或选择的对话框，通常只有一个"确定"按钮。

可以将某个按钮的 Default 属性设置为 True（称为 Default 按钮），这样，运行时按下回车键与单击该按钮效果相同。同样，可以将另一个按钮的 Cancel 属性设置为 True（称为 Cancel 按钮），这样，运行时按下 Esc 键与单击该按钮效果相同。例如，将"确定"按钮的 Default 属性设置为 True，而将"取消"按钮的 Cancel 属性设置为 True。通常情况下，代表最可靠的或者最安全的操作的按钮应当设置成 Default 按钮。例如，在"文本替换"对话框中，Default

按钮应当是“取消”按钮，而不是“全部替换”按钮。

4）在对话框上添加必要的控件。根据对话框要完成的功能在对话框上添加各种控件，如命令按钮、选项按钮、复选框、文本框、框架、图片框等。

5）在适当的位置编写显示对话框的代码。自定义对话框由普通窗体设计而来，所以显示对话框与显示窗体方法相同，用 Show 方法实现。根据对话框的作用，可以有两种显示方式，即显示为模式对话框与无模式对话框。

如果在打开一个对话框时，焦点不可以切换到其他窗体或对话框，则这种对话框称为模式对话框，如 Microsoft Word 下的“页面设置”对话框就是一个模式对话框。如果在打开一个对话框时，焦点可以切换到其他窗体或对话框，则这种对话框称为无模式对话框，如 Microsoft Word 下的“查找和替换”对话框就是一个无模式对话框。

可以使用 Show 方法显示模式对话框或无模式对话框，Show 方法格式如下：

```
窗体名.Show [显示方式][,父窗体]
```

其中，“显示方式”是一个可选的整数，用于决定窗体是模式还是无模式。如果“显示方式”为 0（或 vbModeless），则窗体是无模式的；如果“显示方式”为 1（或 vbModal），则窗体是模式的。如果要确保对话框可以随其父窗体的最小化而最小化，随其父窗体的关闭而关闭，需要在 Show 方法中定义父窗体。

例如，将窗体 Form2 显示为模式对话框，应写成：

```
Form2.Show vbModal
```

例如，将窗体 Form2 显示为无模式对话框，应写成：

```
Form2.Show vbModeless
```

例如，在窗体 Form1 中单击命令按钮 Command1 后打开对话框 Form2，则可以将 Form1 定义为 Form2 的父窗体。代码如下：

```
Private Sub Command1_Click()
    Form2.Show vbModeless, Form1
End Sub
```

6）编写实现对话框功能的代码，如“确定”按钮和“取消”按钮的 Click 事件过程。不同的对话框所完成的功能不同，因此应根据实际要求编写代码。

7）编写从对话框退出的代码。从对话框退出可以使用 Unload 语句或 Hide 方法，例如：

```
Unload Form2
```

或

```
Form2.Hide
```

Unload 语句把对话框从内存中删除，该对话框本身以及它的控件都从内存中卸载。而 Hide 方法只是将对话框隐藏起来，该对话框以及其中的控件仍留在内存中。

当需要节省内存空间时，最好卸载对话框，因为卸载对话框可以释放内存。如果经常使用对话框，可以选择隐藏对话框。隐藏对话框仍可以保留与它关联的任何数据。对话框被隐藏后，可以继续从代码中引用被隐藏的对话框上的控件及其属性。

【例 10-6】 在例 10-5 的编辑菜单下添加一个“查找替换”菜单项，运行时通过该菜单项打开一个“查找替换”对话框，实现对文本框文本的简单查找和替换。

界面设计：1）打开菜单编辑器，在“编辑”菜单下添加一个新的子菜单项，设置其标题为“查找替换”，名称为 txtFind，添加后的“编辑”菜单如图 10-11a 所示。

2）使用“工程 | 添加窗体”命令，在工程中添加一个窗体 Form2，设置 Form2 的 BorderStyle 属性值为 1，使其具有对话框风格。按图 10-11b 所示在对话框上添加各控件。

代码设计：1）编写窗体 Form1 的“查找替换”菜单项的 Click 事件过程，以显示对话框 Form2。

```
Private Sub txtFind_Click()
    Form2.Show vbModeless, form1
End Sub
```

这里将“查找替换”对话框设置为无模式对话框，并设置窗体 Form1 为其父窗体。

2）在 Form2 模块的通用声明段声明两个模块级变量。

```
Dim StartPos As Integer, Pos As Integer
```

其中，StartPos 用于保存窗体 Form1 的文本框 Text1 的文本插入点，Pos 用于保存在 Text1 中查找时找到的位置。

3）编写对话框 Form2 的“查找下一处”按钮的 Click 事件过程。

```
Private Sub Command1_Click()                        ' 查找下一处
    Pos = InStr(StartPos + 1, form1.Text1.Text, Text1.Text)  ' 查找
    If Pos = 0 Then                                 ' 如果没找到
        MsgBox "查找完毕，已没有匹配项"
        StartPos = 0                                ' 当前文本框插入点设置在最开始处
    Else            ' 如果找到，则选中找到的文本
        form1.Text1.SetFocus
        form1.Text1.SelStart = Pos - 1
        form1.Text1.SelLength = Len(Text1.Text)
        ' 修改文本框插入点，以便下次从这里开始查找
        StartPos = form1.Text1.SelStart + Len(Text1.Text)
    End If
End Sub
```

4）编写对话框 Form2 的“替换”按钮的 Click 事件过程。

```
Private Sub Command2_Click()                        ' 替换
    If Len(form1.Text1.SelText) > 0 Then            ' 如果有选中的文本
        form1.Text1.SelText = Text2.Text            ' 替换选中的文本
        Command1_Click                          ' 调用 Command1_Click 事件过程继续查找下一处
    End If
End Sub
```

5）编写“取消”按钮的 Click 事件过程如下：

```
Private Sub Command3_Click()
    Unload Me
End Sub
```

图 10-11b 和图 10-11c 显示了“查找替换”对话框及查找替换效果。

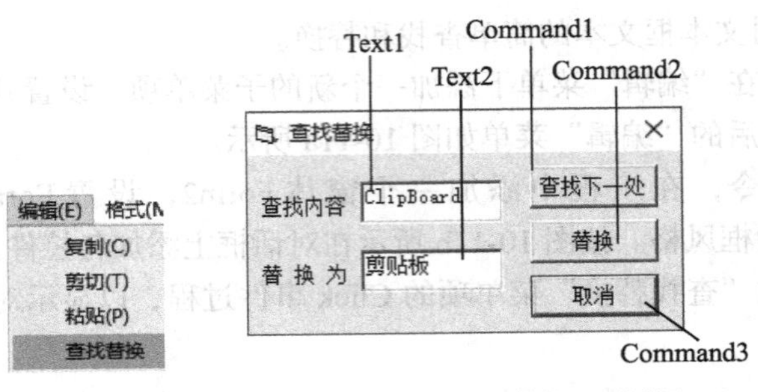

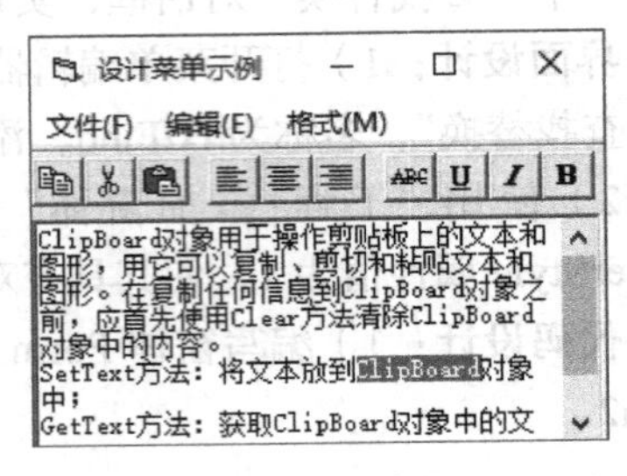

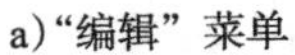

a)“编辑”菜单　　b) Form2——“查找替换”对话框　　c) 查找替换效果

图 10-11　“查找替换”对话框

10.3.2　通用对话框

利用 Visual Basic 提供的通用对话框控件可以很方便地创建 Windows 风格的标准对话框。通用对话框控件是 ActiveX 控件，使用之前必须先将它添加到工具箱中，添加步骤如下：

1）执行“工程 | 部件”命令，打开“部件”对话框。

2）在“部件”对话框中的“控件”选项卡上选择“Microsoft Common Dialog Control 6.0”。

3）单击“确定”按钮，通用对话框控件 CommonDialog 即被添加到工具箱中，如图 10-12 所示。

图 10-12　CommonDialog 控件

使用 CommonDialog 控件可以创建多种标准对话框，包括打开文件对话框、保存文件对话框、颜色对话框、字体对话框、打印对话框和帮助对话框。设计步骤如下所示。

1）设置 CommonDialog 控件的属性。可以在属性窗口或代码中设置，也可以在其“属性页”对话框中设置。向窗体上添加 CommonDialog 控件，用鼠标右键单击该控件，或者在属性窗口中单击“自定义”属性右边的浏览按钮“…”都可以打开“属性页”对话框。CommonDialog 控件的“属性页”对话框如图 10-13 所示，使用不同的选项卡可以对不同类型的对话框设置属性。

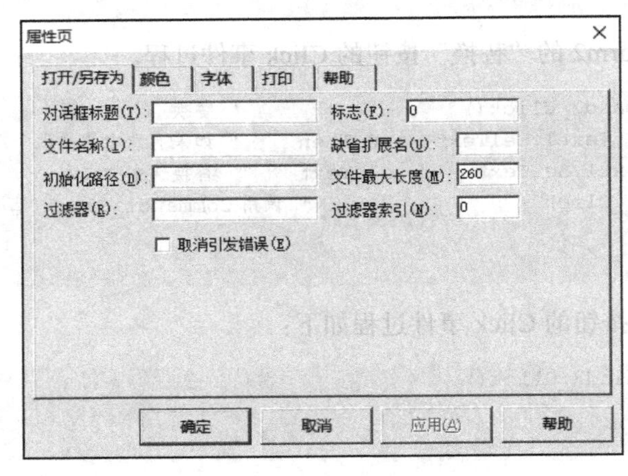

图 10-13　CommonDialog 控件的“属性页”对话框

2）完成各项属性的设置之后，在代码中使用对话框的 Show 方法打开对话框。对话框的

Show 方法有以下几种。

- ShowOpen 方法：显示“打开文件”对话框。
- ShowSave 方法：显示“保存文件”对话框。
- ShowColor 方法：显示“颜色”对话框。
- ShowFont 方法：显示“字体”对话框。
- ShowPrinter 方法：显示“打印”对话框。
- ShowHelp 方法：调用帮助文件。

例如，要将通用对话框控件 CommonDialog1 显示为一个颜色对话框，可以使用以下语句：

```
CommonDialog1.ShowColor
```

也可以使用通用对话框控件的 Action 属性指定要打开的对话框类型，该属性在设计时无效。Action 属性的取值与打开的对话框类型如表 10-6 所示。

如要将通用对话框控件 CommonDialog1 显示为一个颜色对话框，可以使用以下语句：

```
CommonDialog1.Action = 3
```

表 10-6 Action 属性的取值

设置	说明	对应的方法
1	显示“打开文件”对话框	ShowOpen
2	显示“保存文件”对话框	ShowSave
3	显示“颜色”对话框	ShowColor
4	显示“字体”对话框	ShowFont
5	显示“打印”对话框	ShowPrinter
6	调用帮助文件	ShowHelp

Action 属性是为了与 Visual Basic 早期版本兼容而提供的，建议使用 Show 方法来打开对话框。

以下介绍“打开文件”对话框、“保存文件”对话框、“颜色”对话框和“字体”对话框的设计。

1. 文件对话框

要使用 CommonDialog 控件设计“打开文件”或“保存文件”对话框，可以首先在 CommonDialog 控件“属性页”的“打开 / 另存为”选项卡中进行属性设置。“打开 / 另存为”选项卡如图 10-13 所示。各项设置作用如下所示。

1）对话框标题：对应 DialogTitle 属性，用于设置对话框的标题内容。

2）文件名称：对应 FileName 属性，用于设置打开对话框时显示的初始文件名。

3）初始化路径：对应 InitDir 属性，用于为打开或另存为对话框指定初始路径。如没有指定该属性或指定的路径不存在，则使用当前路径。

4）过滤器：对应 Filter 属性。用于指定在对话框的文件类型列表框中所要显示的文件类型。Filter 属性中可以设置多个过滤器，每个过滤器由描述、管道符号（|）和过滤条件组成，多个过滤器间用管道符号分隔。管道符号的前后都不要加空格。例如，下列代码设置了两个过滤器，分别设置了过滤器允许选择文本文件、位图文件和图标文件：

```
Text (*.txt)|*.txt|Pictures (*.bmp;*.ico)|*.bmp;*.ico
```

描述　过滤条件　描述　过滤条件

5）过滤器索引：对应 FilterIndex 属性。当为一个对话框指定一个以上的过滤器时，该选项用于指定哪一个作为缺省过滤器。索引值为一个整数。第一个过滤器索引值为 1，第二个过滤器索引值为 2，以此类推。

6）缺省扩展名：对应 DefaultExt 属性。当对话框用于保存文件时，如果文件名中没有指定扩展名，则使用该属性指定文件的缺省扩展名，如 .txt 或 .doc。

7）文件最大长度：对应 MaxFileSize 属性，用于指定文件名的最大长度，单位为字节。

8）取消引发错误：对应 CancelError 属性，用于指定运行时当在对话框中按“取消”按钮时是否出错。选择该选项时，相当于将 CancelError 属性设置为 True，在这种情况下，当运行时在对话框中按“取消”按钮，均产生 32755 号错误；否则，相当于将 CancelError 属性设置为 False。

9）标志：对应于 Flags 属性，该属性是一个长整型值，用于确定对话框的一些特性，如是否允许同时选择多个文件，是否在对话框中显示帮助按钮等。具体设置值可以查阅 Visual Basic 的帮助文档。

【例 10-7】 在例 10-6 的基础上继续设计。例 10-6 的“文件”菜单功能已经在例 10-2 中完成了设计，实现了执行文件菜单下的“打开”命令，则打开一个输入框，要求用户输入需要打开的文件路径及名称，并将该名称添加在“文件”菜单的子菜单中。将这一功能改成用通用对话框控件来指定要打开的文件路径及名称。

界面设计：在窗体 Form1 的任意位置上添加一个通用对话框控件 CommonDialog1。设置 CommonDialog1 的属性，可以用“属性页”设置，也可以通过代码设置。

如果通过“属性页”设置属性，可以在图 10-13 的对话框中设置以下各属性。

- 对话框标题：请选择文件。
- 初始化路径：d:\ 测试。
- 过滤器：All Files|*.*|Text Files|*.txt。
- 取消引发错误：选择。

代码设计：1）如果用代码来完成以上在属性页的设置，则可以写成：

```
Private Sub Form_Load()
    CommonDialog1.DialogTitle = "请选择文件"
    CommonDialog1.InitDir = "d:\测试"
    CommonDialog1.Filter = "All Files|*.*|Text Files|*.txt"
    CommonDialog1.CancelError = True
End Sub
```

2）修改“打开”菜单项的 Click 事件过程如下：

```
Private Sub FileOpen_Click()
    On Error GoTo ErrorHandle                    '设置错误陷阱
    CommonDialog1.ShowOpen                       '显示为"打开文件"对话框
    OpenFileName = CommonDialog1.FileName        '获取文件名及路径
    If Trim(OpenFileName) <> "" Then             '如果输入的文件名不为空，则添加
        MenuNum = MenuNum + 1                    '菜单数组最大下标增加1
        Load SubMenu(MenuNum)                    '添加菜单项
        '设置新添加的菜单项的标题并使其可见
        SubMenu(MenuNum).Caption = OpenFileName
        SubMenu(MenuNum).Visible = True
    End If
    Exit Sub          '在这里一定要加上此语句，以免进入错误处理
ErrorHandle:          '错误处理的入口
    MsgBox "您在文件对话框中选择的取消"
End Sub
```

以上代码用两条语句（第 2 条和第 3 条语句）代替例 10-2 的 FileOpen_Click 事件过程的第一条语句，运行时，用户不需要输入文件的路径和名称，只需从打开的对话框中直接选择，使操作更加方便可靠。由于在 CommonDialog1 控件的“属性页”中选择了“取消引发错误”，

这样，运行时当在“打开文件”对话框中单击“取消”按钮时，将产生一个错误，在代码中使用了 On Error GoTo ErrHandle 对该错误进行处理，转到 ErrHandle 处执行，给出警告。图 10-14 是本例运行时单击“文件”菜单下的“打开”命令显示的“打开文件”对话框。

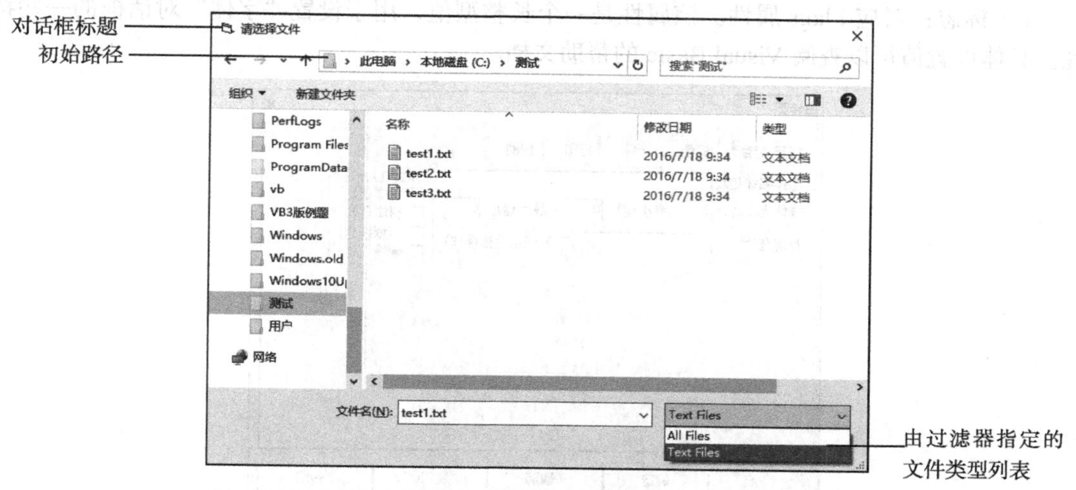

图 10-14　用 CommonDialog1 控件设计的“打开文件”对话框

2.“颜色”对话框

使用 CommonDialog 控件的 ShowColor 方法可以显示“颜色”对话框。“颜色”对话框用于从调色板中选择颜色，或者生成和选择自定义颜色。

要使用 CommonDialog 控件打开“颜色”对话框，需要先在其“属性页”的“颜色”选项卡上进行属性设置。“颜色”选项卡如图 10-15 所示。

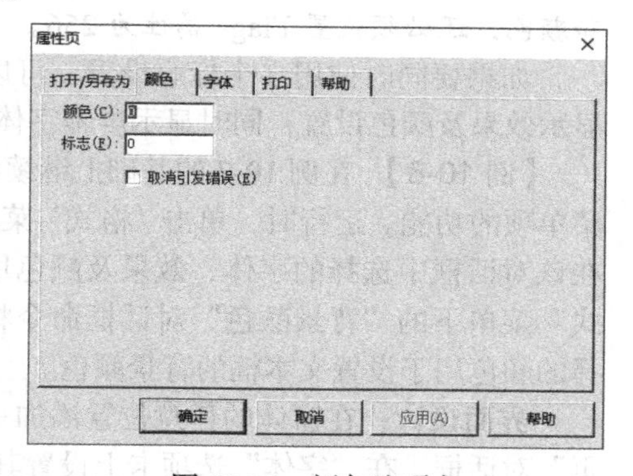

图 10-15　颜色选项卡

在“颜色”选项卡上有以下设置。

1）颜色：对应 Color 属性，用于设置对话框的初始颜色，只有当标志为 1 时才起作用。

2）标志：对应 Flags 属性，该属性是一个长整型值，用于设置“颜色”对话框的一些特性。具体设置值可以查阅 Visual Basic 的帮助文档。

3.“字体”对话框

通过使用 CommonDialog 控件的 ShowFont 方法可以显示“字体”对话框。“字体”对话框用于指定文字的字体、大小、颜色、样式。

要使用 CommonDialog 控件打开“字体”对话框，需要先在其“属性页”的“字体”选项卡上进行属性设置，“字体”选项卡如图 10-16 所示。

在“字体”选项卡上有以下设置。

1）字体名称：对应 FontName 属性，用于设置字体对话框中的初始字体。

2）字体大小：对应 FontSize 属性，用于设置字体对话框中的初始字体大小。

3）最小：对应 Min 属性，用于设置字体对话框的“大小”列表框中显示的字体的最小尺寸。只有当 Flags（标志）属性设置为 8192 时起作用。

4）最大：对应 Max 属性，用于设置字体对话框的“大小”列表框中显示的字体的最大尺寸。只有当 Flags 属性设置为 8192 时起作用。

5）样式：对应 FontBold 属性、FontItalic 属性、FontUnderline 属性、FontStrikethru 属性，用于设置初始字体是否具有粗体、斜体、下划线、删除线效果。

6）标志：对应 Flags 属性。该属性是一个长整型值，用于设置“字体”对话框的一些特性。具体设置值可以查阅 Visual Basic 的帮助文档。

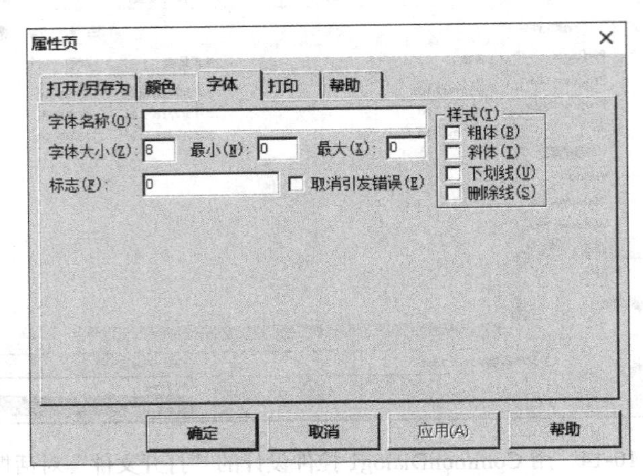

图 10-16 “字体”选项卡

注意：在显示“字体”对话框前，必须先将 Flags 属性设置为 1（屏幕字体）、2（打印机字体）或 3（两种字体），否则会产生字体不存在的错误。如果要在“字体”对话框中显示效果和颜色，还必须设置 Flags 属性为 256。

如果要同时使用多个标志设置，可以将相应的标志值相加。例如，要使“字体”对话框显示效果及颜色设置，同时显示屏幕字体，应将标志设置为 257（即 256+1）。

【例 10-8】 在例 10-7 的基础上继续设计，实现“格式”菜单下的“字体”和“背景颜色”菜单项的功能。运行时，单击“格式”菜单下的“字体”命令，可以打开一个“字体”对话框，在该对话框中选择的字体、效果及颜色用于设置文本框文字的字体、效果及颜色。单击“格式”菜单下的“背景颜色”对话框命令将打开一个“颜色”对话框，在“颜色”对话框中选择的颜色用于设置文本框的背景颜色。

界面设计：在窗体的任意位置添加一个通用对话框控件 CommonDialog1。打开其“属性页”对话框，在“字体”选项卡上设置其标志值为 259，其余设置均使用缺省值。

代码设计：1）编写“格式”菜单下“字体”菜单项的 Click 事件过程，将 CommonDialog1 显示为一个“字体”对话框，然后用该对话框的属性设置文本框的对应属性。

```
Private Sub txtFont_Click()
    CommonDialog1.ShowFont                          ' 打开 " 字体 " 对话框
    ' 用对话框的各选项设置文本框的对应属性
    Text1.Font = CommonDialog1.FontName
    Text1.FontBold = CommonDialog1.FontBold
    Text1.FontItalic = CommonDialog1.FontItalic
    Text1.FontStrikethru = CommonDialog1.FontStrikethru
    Text1.FontUnderline = CommonDialog1.FontUnderline
    Text1.ForeColor = CommonDialog1.Color
    Text1.FontSize = CommonDialog1.FontSize
End Sub
```

2）编写"格式"菜单下的"背景颜色"菜单项的Click事件过程，将CommonDialog1显示为一个"颜色"对话框，然后用该对话框的颜色属性设置文本框的背景颜色。

```
Private Sub bckColor_Click()
    CommonDialog1.ShowColor                    ' 打开 " 颜色 " 对话框
    ' 用在对话框中选择的颜色设置文本框的背景颜色
    Text1.BackColor = CommonDialog1.Color
End Sub
```

运行时，单击"字体"菜单命令，打开的"字体"对话框如图10-17所示；单击"背景颜色"菜单命令，打开的"颜色"对话框如图10-18所示。

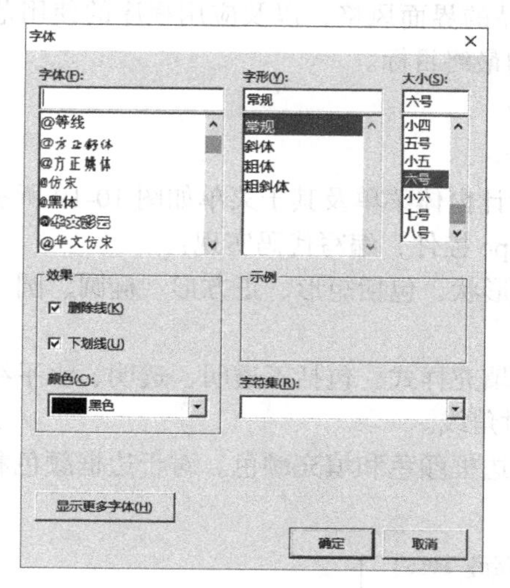

图10-17 "字体"对话框

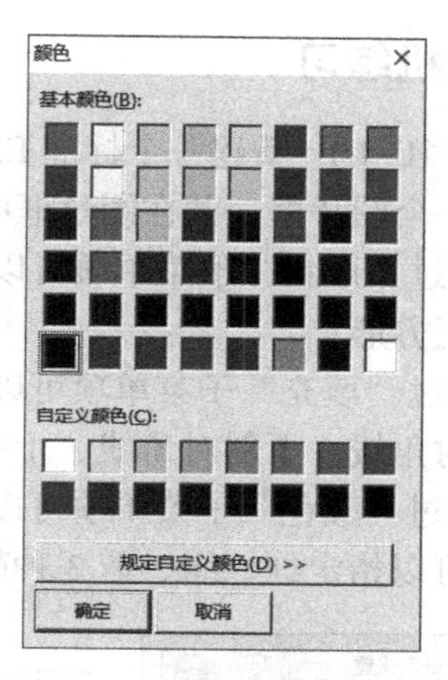

图10-18 "颜色"对话框

如何让在"字体"对话框中设置的下划线、删除线、粗体和斜体效果与菜单命令和工具栏按钮的这些功能保持状态一致，需要进一步完善。

利用CommonDialog控件还可以制作具有Windows风格的"打印"对话框和"帮助"对话框，这两种对话框的使用涉及其他方面的知识较多，这里不再叙述，有兴趣的读者可以参阅Visual Basic的帮助文档。

本章介绍了设计Windows应用程序界面的几种常见的要素，包括菜单、工具栏和对话框。应用程序界面对应用程序的推广有很大影响，无论代码在技术上多么卓越，或者优化得多么好，如果用户发现应用程序很难使用，那么他们就很难接受它。一个设计得好的界面应具有以下特点。

1）从外观上讲，界面应美观。可以适当使用立体效果、图片、颜色等修饰控件，但也不要过多地使用颜色和图片。

2）控件布局合理。窗体的构图或布局不仅影响它的美感，而且也极大地影响应用程序的可用性。较重要的或者频繁访问的元素应当放在显著的位置，而不太重要的元素应当放到不太显著的位置。在语言中我们习惯于从左到右、自上而下地阅读。对于计算机屏幕也是如此，大多数用户的眼睛会首先注视屏幕的左上部位，所以最重要的元素应当放在屏幕的左上部位。另外，要注意保持各控件之间一致的间隔以及垂直与水平方向的对齐。就像杂志中的文本一样，行列整齐、行距一致，整齐的界面会使阅读更容易。

3）空白空间使用得当。可以使用一定的颜色或空白空间将控件分组，以免界面过分拥挤，显得凌乱。

4）保持界面的简明。尽量将界面设计得整洁、简单明了，这样可以使用户更容易在界面上操作，保持清晰的思路。如果界面看上去很复杂，则可能使用户感觉操作困难。

5）对信息进行分组。尽量将信息按一定的标准进行分组，这样可以保持视觉上的一致性，分组的标准应该在设计应用程序的开始确定。

6）尽量保持界面元素有一致的风格。一致的外观可以使界面看上去更加协调。如选择的字体、同种类型的控件、表示同一类功能的控件、窗体的背景、控件的边框等应尽量保持一致的风格。

当然，界面设计还要参考一些好的软件产品的界面风格，以及应用程序的使用范围和运行环境，满足使用者的要求应该作为界面设计的最终目标。

10.4 上机练习

【练习 10-1】 新建一个标准 EXE 工程，设计窗体菜单及其子菜单如图 10-19 所示。向窗体上添加一个图片框，并在图片框中画一个 Shape 控件，编写代码实现：

1）通过“形状”子菜单项可以设置图形的形状，包括矩形、正方形、椭圆、圆、圆角矩形、圆角正方形。

2）通过“填充”子菜单项可以设置图形的填充样式，包括不透明、透明、水平线、垂直线、上斜对角线、下斜对角线、十字线、交叉对角线。

3）通过“颜色”子菜单项可以设置图形的边框颜色和填充颜色。对于边框颜色和填充颜色又分别可以指定红、绿、蓝 3 种颜色。

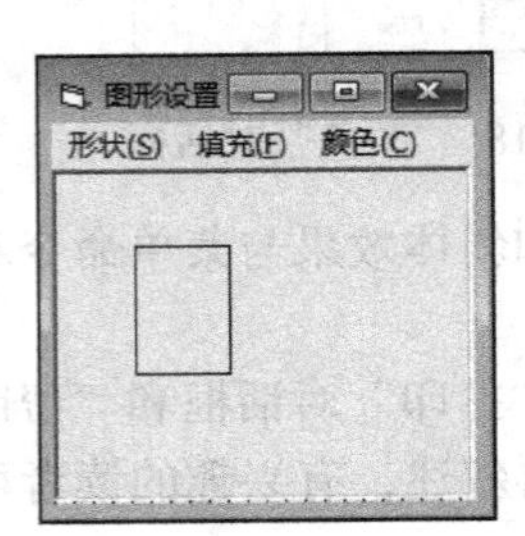

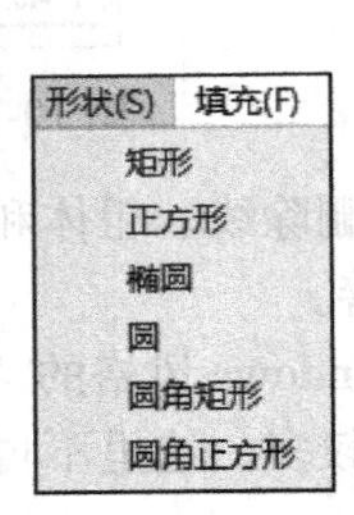

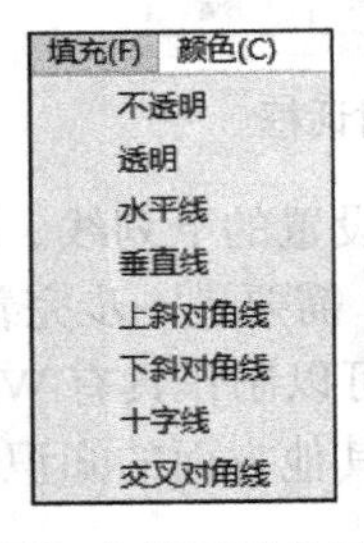

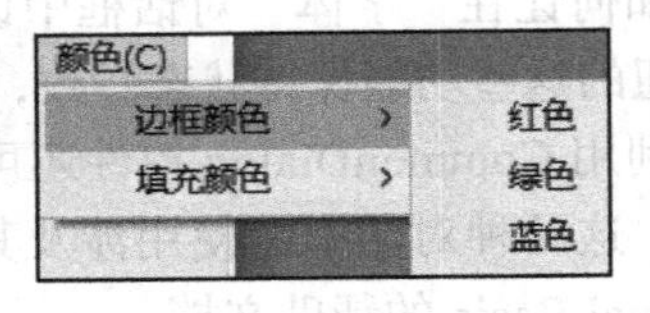

图 10-19 “图形设置”主界面及各子菜单项

提示： Shape 控件的形状由 Shape 属性决定，Shape 控件的填充样式由 FillStyle 属性决定。Shape 控件的边框颜色由 BorderColor 属性决定，Shape 控件的填充颜色由 FillColor 属性决定，可以在属性窗口查看各属性的值及其相应的设置效果。

【练习 10-2】 在练习 10-1 的基础上，为图片框添加一个弹出式菜单。菜单项包括上移、下移、左移、右移、停止。运行时用鼠标右击图片框，显示该弹出式菜单，单击各菜单项分别能够实现对图形控件按指定方向进行连续的移动或停止移动。其中，“停止”菜单项显示为粗体，如图 10-20 所示。

上移
下移
左移
右移
停止

图 10-20 图片框弹出式菜单

提示： 使用定时器实现图形的连续移动。

【练习 10-3】 在练习 10-2 的基础上，使用手工方式设计工具栏，工具栏具有图片框的弹出式菜单的功能，如图 10-21a 所示。其中，4 个移动按钮为单选按钮，“Stop”按钮为命令按钮。要求运行时鼠标指向工具栏按钮会有相应的文字提示，即提示：上移、下移、左移、右移和停止。运行结果可能如图 10-21b、图 10-21c 所示。

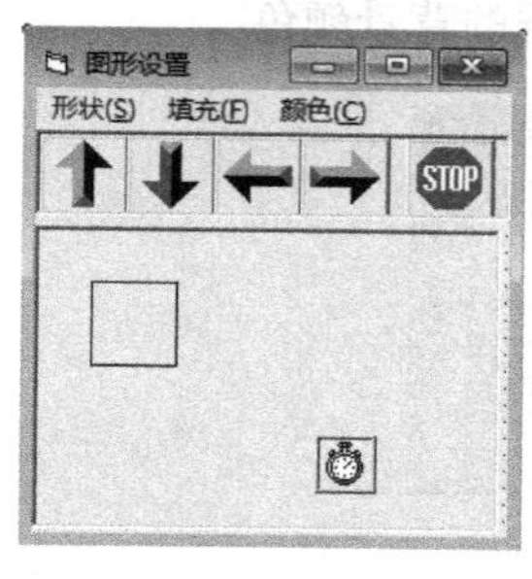

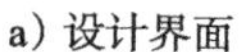
a）设计界面

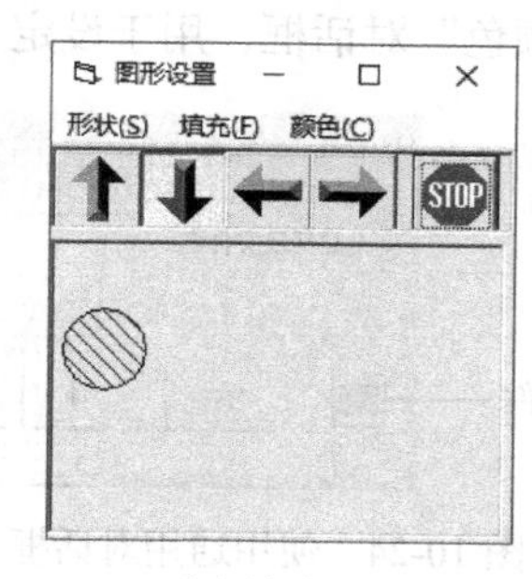

b）运行界面 1

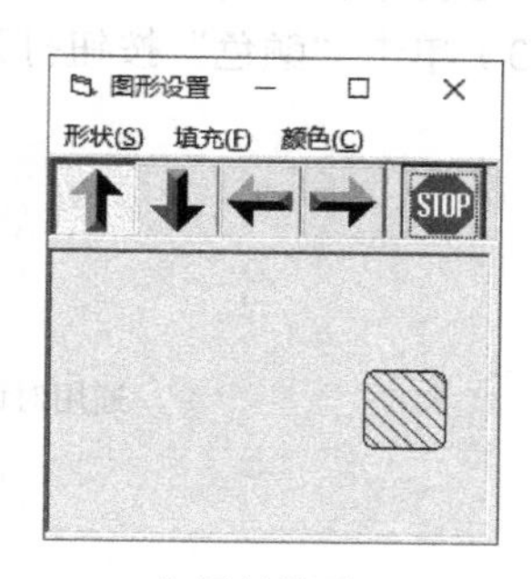

c）运行界面 2

图 10-21　用手工方式设计的工具栏

【练习 10-4】 另存练习 10-3 的工程，然后将用手工方式设计的工具栏改成用 ToolBar 控件进行设计。

【练习 10-5】 另存练习 10-4 的工程，然后删除“颜色”菜单下的最底层菜单项，改为用“颜色”对话框来设置图形的边框颜色和填充颜色。

【练习 10-6】 新建一标准 EXE 工程，包括窗体 Form1 和 Form2，按以下要求进行设计：

1）将 Form1 设为启动对象（主窗体），界面如图 10-22 所示。其中，滚动条的初始范围为 [0，100]（缺省值），Form1 中的文本框用于显示当前滚动条的值，设定时器定时时间为 1s。运行时每隔 1s 生成一个滚动条滚动范围内的随机整数，并将此数反映在滚动条上与文本框中。

2）运行时单击“设置范围”按钮，以模式方式打开窗体 Form2，单击“退出”按钮结束运行。

3）将窗体 Form2 设计成一个对话框，界面如图 10-23 所示。运行时，单击“确定”按钮将用新输入的范围取代滚动条现有的范围，并返回主窗体，继续定时显示新范围内的随机整数；单击“缺省值”按钮采用滚动条的缺省范围 [0，100]，并返回主窗体，继续定时显示缺省范围内的随机整数；单击“取消”按钮返回主窗体，继续定时显示现有范围内的随机整数。

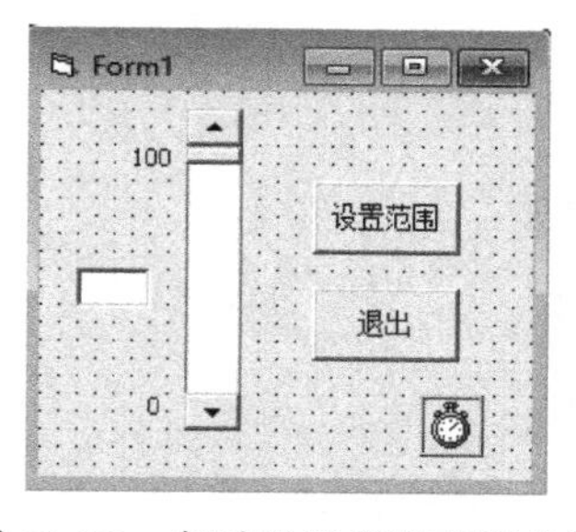

图 10-22　定时显示指定范围的数

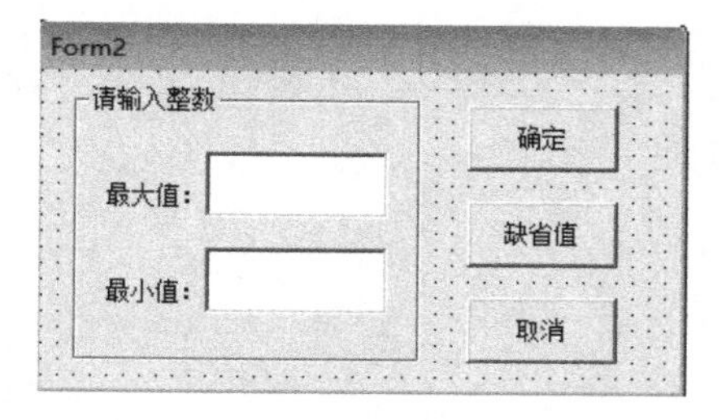

图 10-23　“设置范围”对话框

【练习 10-7】 利用通用对话框控件编写应用程序，界面参考如图 10-24 所示。要求：

1）单击“打开”按钮，显示标准的“打开文件”对话框，对话框标题为“请选择文件”，默认路径为“ C:\WINDOWS”（或所用机器中的一个已经存在的文件夹），默认列出的文件扩展名为 TXT，选定路径及文件名后，该路径和文件名显示在文本框中。

2）单击“字体”按钮，显示标准的“字体”对话框，利用该对话框设置文本框文字的字体、样式、大小、效果和颜色。

3）单击“颜色”按钮打开“颜色”对话框，用于设定文本框的背景颜色。

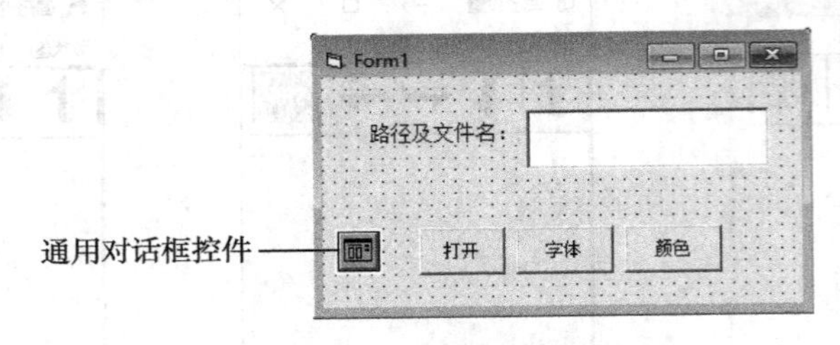

图 10-24 使用通用对话框

第 11 章

图形设计

图形设计是许多应用程序设计中非常重要的一个环节。图形可以为应用程序的界面增加情趣和艺术效果，比呆板的文字能更形象、准确地表达各种事物或解题结果。Visual Basic 6.0 为程序设计者提供了丰富的绘图功能。设计程序时，不仅可以使用 Visual Basic 提供的图形控件画图，还可以调用图形方法绘制丰富多彩的图形。

本章首先介绍与绘图有关的基础知识，如坐标系统、绘图的颜色等，然后围绕图形控件、图形函数、绘图方法等介绍图形设计的基本方法和技巧。

11.1 图形设计基础

图形设计离不开坐标系统和颜色，本节将简要介绍 Visual Basic 的坐标系统和颜色的基础知识。

11.1.1 坐标系统

Visual Basic 的坐标系用于在二维空间定义容器对象（如窗体和图片框）中点的位置。像数学中的坐标系一样，Visual Basic 的坐标系也包含坐标原点、x 坐标轴和 y 坐标轴。Visual Basic 坐标系的缺省坐标原点（0,0）在容器对象的左上角，水平方向的 x 坐标轴向右为正方向，垂直方向的 y 坐标轴向下为正方向。如图 11-1 所示。

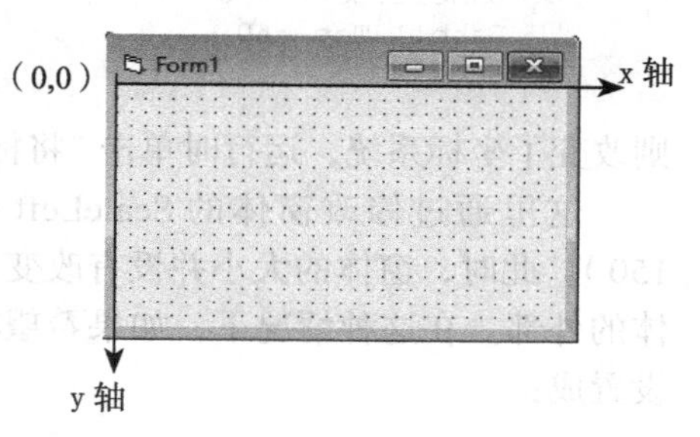

图 11-1 缺省坐标系

1. 刻度单位

Visual Basic 中坐标轴的缺省刻度单位是缇（Twip），用户可以根据实际需要使用 ScaleMode 属性改变刻度单位。ScaleMode 属性值如表 11-1 所示。

表 11-1 ScaleMode 属性值

值	常量	说明
0	vbUser	用户自定义，可设置 ScaleHeight、ScaleWidth、ScaleTop、ScaleLeft 属性
1	vbTwips	缇（缺省值），1440 缇等于 1 英寸（1 英寸≈ 0.254 m）

（续）

值	常量	说明
2	vbPoints	点，72 点等于 1 英寸
3	vbPixels	像素，表示分辨率的最小单位
4	vbCharacters	字符
5	vbInches	英寸
6	vbMillimeters	毫米
7	vbCentimeters	厘米

例如，将窗体坐标系的刻度单位设置为像素，代码为：

```
Form1.ScaleMode=3
```

2. 改变坐标系

Visual Basic 提供了一系列属性和方法，方便用户改变坐标系的原点和坐标轴的方向。

1）ScaleLeft 和 ScaleTop 属性：用于重定义对象的左上角坐标，改变坐标系的原点位置。

【例 11-1】 定义不同的坐标系，通过将标签移动到坐标系原点检验原点的位置。设计界面如图 11-2a 所示，运行时按下“将标签移动到原点”命令按钮将标签移动到坐标原点。

如果编写“将标签移动到原点”按钮的单击事件过程如下：

```
Private Sub Command1_Click()
    Label1.Left = 0
    Label1.Top = 0
End Sub
```

则使用缺省的坐标系统，原点在窗体的左上角，运行时单击“将标签移动到原点”按钮，标签位置如图 11-2b 所示。

如果编写“将标签移动到原点”按钮的单击事件过程如下：

```
Private Sub Command1_Click()
    Form1.ScaleLeft = 200
    Form1.ScaleTop = 300
    Label1.Left = 0
    Label1.Top = 0
End Sub
```

则改变了坐标系统，运行时单击“将标签移动到原点”按钮，标签位置如图 11-2c 所示。

这里通过修改窗体的 ScaleLeft 和 ScaleTop 属性，将窗体左上角的坐标定义为（200, 150）。此时，窗体的大小并没有改变，而坐标系的原点（0,0）位置改变了，相当于移到了窗体的外部。在这种情况下，如果希望将标签移动到窗体的左上角，则需要将标签的位置坐标设置成：

```
Label1.Left = 200
Label1.Top = 150
```

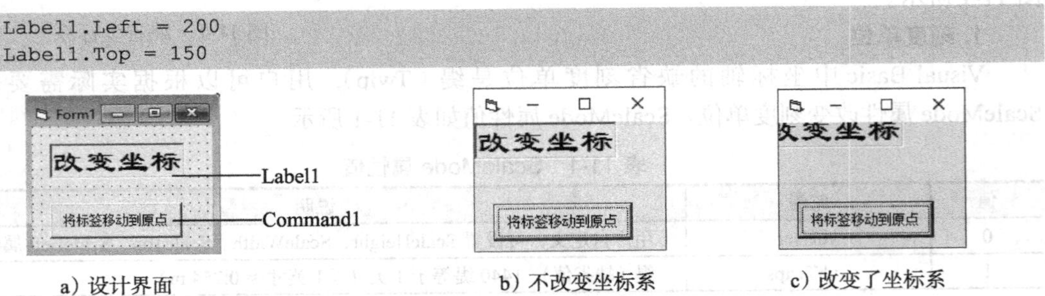

a）设计界面　　b）不改变坐标系　　c）改变了坐标系

图 11-2　用 ScaleLeft 和 ScaleTop 属性改变坐标系的原点

2）ScaleWidth 和 ScaleHeight 属性：用于改变容器对象高度和宽度的刻度单位。这一刻度单位是由 ScaleWidth 和 ScaleHeight 属性的值和容器对象内部显示区域的当前尺寸决定的。将这两个属性设置为负值将改变坐标轴的方向。

例如，如果当前窗体内部显示区域的高度是 2000 缇，宽度是 3000 缇。此时高度和宽度的刻度单位均为 1 缇。

如果设置 ScaleHeight=500，则将窗体内部显示区域的高度划分为 500 个单位，每个单位为 2000/500 缇（即 4 缇）。

如果设置 ScaleWidth=1000，则将窗体内部显示区域的宽度划分为 1000 个单位，每个单位为 3000/1000 缇（即 3 缇）。

在使用以上方法定义了新的刻度单位后，如果容器对象的实际尺寸发生了变化，这一刻度也不会改变，直到重新设置 ScaleWidth 和 ScaleHeight 属性为止。

【例 11-2】 将一个图形的左上角移动到窗体的中央位置。

分析： 如果不对窗体重新定义刻度单位，就需要以缇为单位来计算窗体的中央位置，显然计算较烦琐。如果将窗体的高度和宽度都定义为 2 个刻度单位，则窗体的中央位置就是坐标为（1,1）的点。

界面设计： 向窗体上添加一个图形控件 Shape1 和一个命令按钮 Command1，如图 11-3a 所示。假设运行时单击命令按钮将图形的左上角移动到窗体的中央位置。

代码设计： "移动"按钮 Command1 的 Click 事件过程如下：

```
Private Sub Command1_Click()
    Form1.ScaleHeight = 2                    ' 将窗体的高度定义为 2 个刻度单位
    Form1.ScaleWidth = 2                     ' 将窗体的宽度定义为 2 个刻度单位
'设置 Shape 控件左上角的坐标
    Shape1.Left = 1
    Shape1.Top = 1
End Sub
```

运行时，单击"移动"按钮将图形 Shape1 的左上角移动到窗体的中央位置，如图 11-3b 所示。

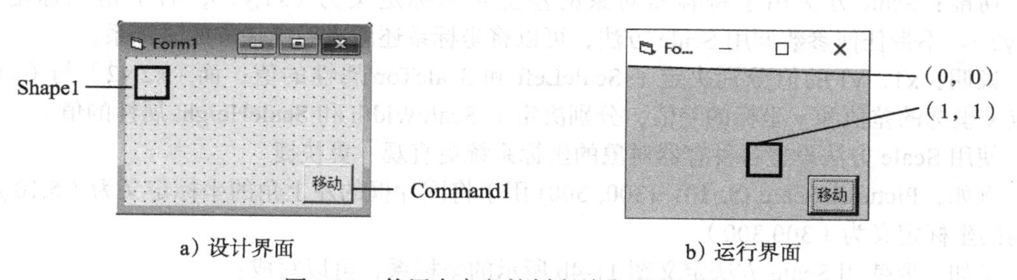

a）设计界面　　b）运行界面

图 11-3　使用自定义的刻度单位移动图形

将 ScaleHeight、ScaleWidth、ScaleLeft 与 ScaleTop 属性结合使用，可以自定义坐标系统。

【例 11-3】 设计如图 11-4a 所示的界面，并定义新的坐标系，坐标系原点在窗体的左下角，x 轴正方向向右，y 轴正方向向上，将窗体的高度和宽度都划分为 4 个刻度单位。运行时，单击"移动"按钮将图形左上角移动到坐标（1,1）处。

在窗体的 Load 事件过程中定义坐标系统，代码如下：

```
Private Sub Form_Load()
    Form1.ScaleHeight = -4   ' 定义窗体高度为 4 个刻度单位，设置为负数使 y 轴正方向向上
```

```
    Form1.ScaleWidth = 4        ' 定义窗体宽度为 4 个刻度单位
    Form1.ScaleTop = 4          ' 使窗体左上角 y 坐标为 4，则原点移到了左下角
End Sub
```

"移动"按钮 Command1 的 Click 事件过程如下：

```
Private Sub Command1_Click()
    Shape1.Left = 1
    Shape1.Top = 1
End Sub
```

运行时，单击“移动”按钮，图形移动后的位置如图 11-4b 所示。

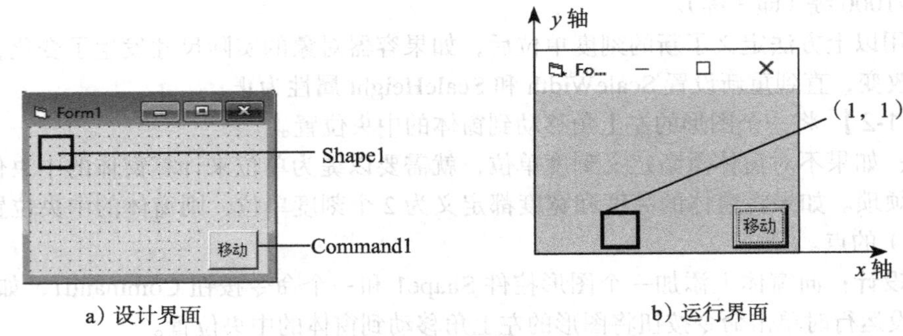

a）设计界面　　b）运行界面

图 11-4　使窗体的左下角为坐标原点

如果要将坐标原点定位在窗体中央位置，*y* 轴正方向向上，可以使用以下代码：

```
Form1.ScaleHeight = -4
Form1.ScaleWidth = 4
Form1.ScaleTop = 2
Form1.ScaleLeft = -2
```

3）Scale 方法：用于重新设置各种容器对象的坐标系统。格式如下：

```
[对象名.]Scale [(x1,y1)-(x2,y2)]
```

功能：Scale 方法用于将容器对象的左上角坐标定义为（x1,y1），右下角坐标定义为（x2,y2）。不带任何参数调用 Scale 方法，可以将坐标系还原成系统缺省的坐标系。

说明：x1，y1 的值分别决定了 ScaleLeft 和 ScaleTop 属性的值；而（x2,y2）与（x1,y1）两点 x 坐标的差值和 y 坐标的差值，分别决定了 ScaleWidth 和 ScaleHeight 属性的值。

使用 Scale 方法设置各种容器对象的坐标系统更直观、更快捷。

例如，Picture1.Scale (5, 10)−(300, 300) 用于将图片框的左上角的坐标定义为（5,10），右下角的坐标定义为（300,300）。

又如，要使用 Scale 方法定义图 11-4b 所示的坐标系，可以写成：

```
Form1.Scale (0, 4)-(4, 0)
```

3. 当前坐标

当前坐标即坐标的当前位置。当在容器中要将某一结果输出到特定的位置时，要用到当前坐标。在容器中绘制图形或输出结果后，当前坐标也会发生变化。Visual Basic 使用 CurrentX 和 CurrentY 属性设置或返回当前坐标的水平坐标和垂直坐标。

例如，在窗体 Form1 的点（200,200）处显示“当前坐标为 (200,200)”，可以使用以下语句：

```
Form1.CurrentX = 200
```

```
Form1.CurrentY = 200
Form1.Print "当前坐标为(200,200)"
```

4. 与位置和大小有关的属性

对象的属性 Left、Top、Width、Height 决定其在容器对象中的位置和大小。对于 Form、Printer 和 Screen 对象，这些属性值总是以缇为单位，它们表示对象的外边界的位置或大小，如窗体的 Width 属性和 Heigh 属性代表窗体外部的高度和宽度，包括边框和标题栏。对基于对象内部可视区域的操作或计算，要使用 ScaleLeft、ScaleTop、ScaleHeight 和 ScaleWidth 属性。图 11-5 表示了窗体对象的上述各属性的意义。

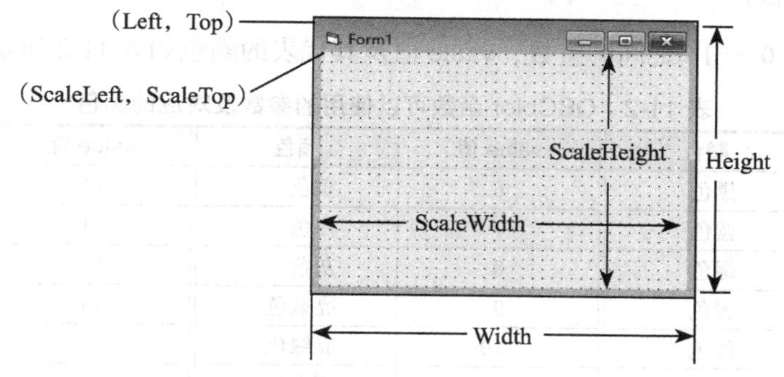

图 11-5 与位置和大小有关的属性

11.1.2 颜色

Visual Basic 的对象一般都带有颜色属性（如 BackColor 属性），在画图之前也常常需要先确定图形的颜色。Visual Basic 用一个 4 字节的长整型（Long）数来代表颜色值，其中较低的 3 字节分别对应构成颜色的三原色，即红色、绿色和蓝色。如果用十进制表示，则每个字节的取值范围为 0 ～ 255。通过合理地调配三原色所占的比例，可以得到丰富多彩的颜色。Visual Basic 为用户提供了多种获取和设置颜色值的方法。

1. 在设计阶段设置颜色

对象的属性窗口列出了该对象的所有属性，其中与颜色有关的属性（如 BackColor、ForeColor）的名称中都带有"Color"。要为对象的属性设置颜色值，可以在属性窗口中单击相应的属性名，在属性值处就会出现一个下拉箭头，再单击下拉箭头，会弹出图 11-6 所示的颜色对话框。其中包括两个选项卡，一个提供了系统预定义的颜色，如图 11-6a 所示；另一个显示的是调色板，如图 11-6b 所示，使用时可从两个选项卡中任选一个，再从中选择需要的颜色。

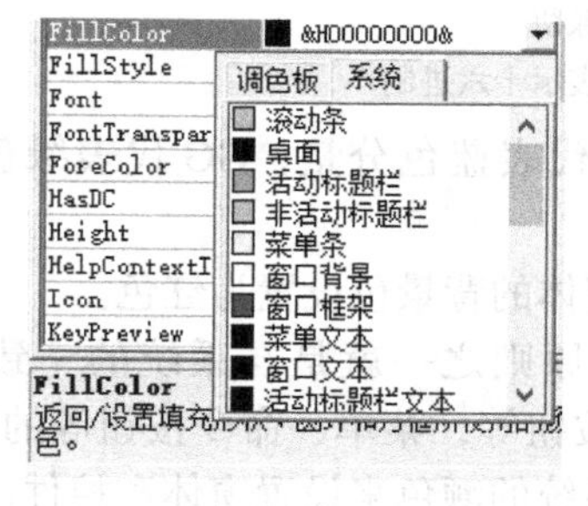

a）系统颜色

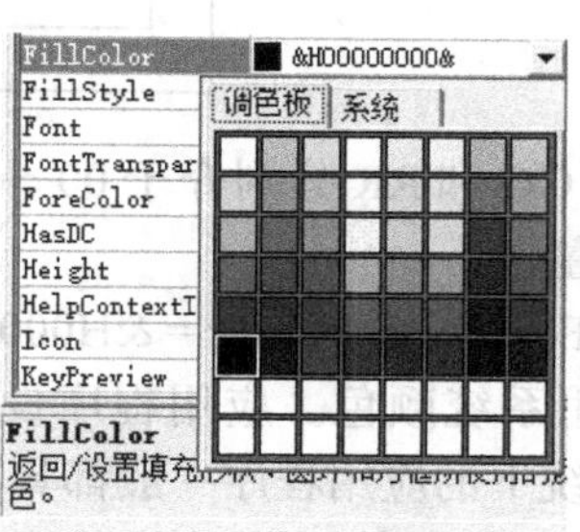

b）调色板

图 11-6 在属性窗口中设置颜色属性值

2. 在运行阶段设置颜色

1）使用 RGB 函数。使用 RGB 函数获取一个长整型（Long）的 RGB 颜色值。格式为：

```
RGB(red,green,blue)
```

其中，red，green，blue 分别代表红色、绿色、蓝色的值，取值范围是 0 ～ 255 之间的整数。例如，Form1.BackColor = RGB(255, 0, 0) 用于将窗体的背景色设置为红色。

2）使用 QBColor 函数。使用 QBColor 函数可以从 16 种颜色中选择一种颜色。QBColor 函数格式为：

```
QBColor(value)
```

value 是介于 0 ～ 15 之间的整数，value 值及其代表的颜色如表 11-2 所示。

表 11-2 QBColor 函数可以使用的参数及对应的颜色

value 值	颜色	value 值	颜色	value 值	颜色
0	黑色	6	黄色	12	亮红色
1	蓝色	7	白色	13	亮洋红色
2	绿色	8	灰色	14	亮黄色
3	青色	9	亮蓝色	15	亮白色
4	红色	10	亮绿色		
5	洋红色	11	亮青色		

例如，Form1.BackColor = QBColor(4) 用于将窗体的背景色设置为红色。

3）使用颜色常量。Visual Basic 为了方便用户，将经常使用的颜色值定义为系统内部常量。Visual Basic 定义的颜色常量如表 11-3 所示。

表 11-3 颜色常量

颜色常量	颜色	颜色常量	颜色
vbBlack	黑色	vbBlue	蓝色
vbRed	红色	vbMagenta	洋红色
vbGreen	绿色	vbCyan	青色
vbYellow	黄色	vbWhite	白色

例如，Form1.BackColor=vbRed 用于将窗体的背景色设置为红色。

4）使用颜色的十六进制表示值。Visual Basic 内部使用十六进制数代表指定的颜色，用户可以直接使用该十六进制数为颜色属性赋值。该十六进制数表示为：

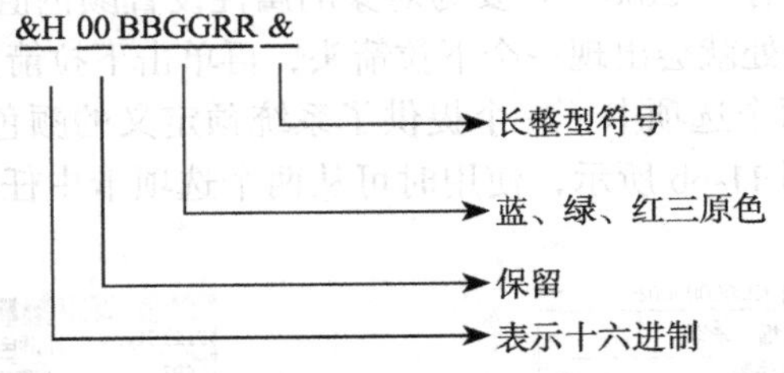

其中，BB、GG 和 RR 分别介于 00 ～ FF 之间，BB 代表蓝色分量，GG 代表绿色分量，RR 代表红色分量。

例如，Form1.BackColor = &H0000FF& 用于将窗体的背景色设置为红色。

5）使用系统颜色。应用程序设计遵循的基本原则之一就是与系统的一致性。例如，Windows 系统下的应用程序一般都具有菜单、命令按钮等，菜单、命令按钮等的默认颜色都是灰色的。Visual Basic 允许在应用程序中直接引用系统的颜色来设置窗体和控件的颜色属性，这样可以保证用户设计的应用程序与系统风格的一致。如果在控制面板中改变了系统颜色，应用程序中被引用的相应颜色也会随之变化。

在 Visual Basic 中，系统颜色有两种表示方法，一种是用系统符号常量表示；另一种是用十六进制的 4 字节长整型数表示。用十六进制表示的系统颜色值的第一个字节为 80，其余字节指定的是一种系统颜色。在图 11-6a 的属性窗口中，选择一种系统颜色后，可以看出所对应的颜色值。例如，选择“活动标题栏”颜色，所产生的颜色值为 &H80000002&。而选择“非活动边框”颜色，所产生的颜色值为 &H8000000B&。在“对象浏览器”的 VBRUN 库中，选择 SystemColorConstants 类，可以查看系统颜色所对应的系统内部常量。

11.2 图形控件

图形控件用于在对象（窗体、图片框）上绘制特定形状的图形，如圆、直线等。图形控件的属性既可以在设计阶段设置，也可以在运行阶段由程序动态地改变。

1. Shape 控件

Shape 控件在工具箱中的图标为[icon]，用于在窗体或图片框上绘制常见的几何图形。通过设置 Shape 控件的 Shape 属性可以画出多种图形。Shape 属性具有表 11-4 所示的设置值。

表 11-4 Shape 控件的 Shape 属性值

设置值	常量	形状
0（缺省值）	vbShapeRectangle	矩形
1	vbShapeSquare	正方形
2	vbShapeOval	椭圆形
3	vbShapeCircle	圆形
4	vbShapeRoundedRectangle	圆角矩形
5	vbShapeRoundedSquare	圆角正方形

2. Line 控件

Line 控件在工具箱中的图标为[icon]，用于在容器对象中画直线。表示直线起点坐标的属性为 x1、y1，表示直线终点坐标的属性为 x2、y2。

对于 Shape 控件和 Line 控件，都有 BorderColor、BorderWidth 和 BorderStyle 属性。BorderColor 属性用于返回或设置图形边框或线条的颜色；BorderWidth 属性用于返回或设置图形边框或线条的宽度；BorderStyle 属性用于返回或设置图形边框或线条的样式，其取值如表 11-5 所示。

表 11-5 BorderStyle 属性的设置值。

设置值	常量	形状
0	vbTransparent	透明，忽略 BorderWidth 属性
1	vbBSSolid	（缺省值）实线，边框处于形状边缘的中心
2	vbBSDash	虚线，当 BorderWidth 为 1 时有效
3	vbBSDot	点线，当 BorderWidth 为 1 时有效
4	vbBSDashDot	点划线，当 BorderWidth 为 1 时有效
5	vbBSDashDotDot	双点划线，当 BorderWidth 为 1 时有效
6	vbBSInsideSolid	内收实线，边框的外边界就是形状的外边缘

注意：当 BorderStyle 属性为“0”（透明）时，将忽略 BorderColor 和 BorderWidth 属性的设置值。当 BorderWidth 为 1 时，BorderStyle 属性设置为 1（实线）和 6（内收实线）看

上去效果相同，为了比较这两个值的区别，在窗体上画一个 Shape 控件 Shape1，设置其 BorderWidth 值为 20，BorderColor 为黄色，BorderStyle 值为 1，复制该控件，形成另一个控件 Shape2，将 Shape2 的 BorderStyle 属性设置为 6，用鼠标单击这两个控件时可以看出其边框的位置，如图 11-7 所示。

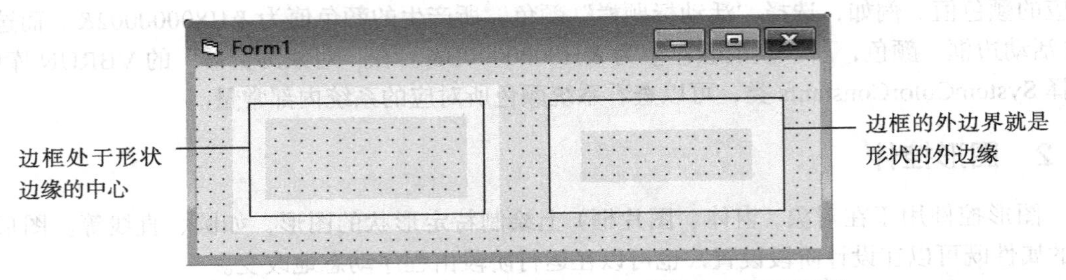

a）BorderStyle 属性为 1（实线） b）BorderStyle 属性为 6（内收实线）

图 11-7 BorderStyle 属性为 1 和 6 的区别

【例 11-4】 设计一个简单的秒表。单击“开始”按钮开始移动秒针，单击“停止”按钮停止移动秒针。

界面设计： 在窗体上放一个图片框 Picture1，在 Picture1 中用 Shape 控件画一个圆，再画 4 个显示数字的标签，用 Line 控件画一直线作为秒针，名称为 Line1。再向窗体上添加两个命令按钮和一个定时器，界面如图 11-8a 所示。

代码设计： 通过在定时器的 Timer 事件过程中改变 Line 控件的终点坐标（X2，Y2）可以使秒针旋转起来。代码设计步骤如下所示。

1）在窗体的 Load 事件过程中对定时器控件进行初始化，同时更改 Picture1 控件的坐标系统。

```
Dim arph                                        ' 用 arph 表示秒针旋转角度（用弧度表示）
Private Sub Form_Load()
    Timer1.Enabled = False                      ' 关闭定时器
    Timer1.Interval = 1000                      ' 设定时器时间为 1s
    Picture1.Scale (-1, 1)-(1, -1)              ' 定义图片框坐标系
    Line1.X1 = 0: Line1.Y1 = 0                  ' 将秒针的起点移动到原点
    Line1.X2 = 0: Line1.Y2 = 0.7                ' 将秒针的另一端移动到正上方，指向 0，设长度为 0.7
    arph = 0                                    ' 旋转角度为 0
End Sub
```

2）在定时器控件的 Timer 事件过程中更改 Line1 控件的终点坐标（X2,Y2），X2、Y2 可由下式计算得出：

```
Line1.X2 = 秒针长度 *Sin(arph)
Line1.Y2 = 秒针长度 *Cos(arph)
```

其中 arph 的取值范围在 0 ～ 2π 之间，其值每次增加 6°（2π/60）。代码如下：

```
Private Sub Timer1_Timer()                      ' 每隔 1s 旋转一次秒针
    arph = arph + 3.14159265 / 30               ' 旋转角度增加 6°
    ' 以下语句将秒针的另一端移动到旋转后的位置。
    Line1.Y2 = 0.7 * Cos(arph)
    Line1.X2 = 0.7 * Sin(arph)
End Sub
```

3）在“开始”按钮 Command1 的 Click 事件过程中，启动定时器，使秒针开始旋转。

```
Private Sub Command1_Click()                ' "开始"按钮
    Timer1.Enabled = True                   ' 启动定时器
End Sub
```

4）在“停止”按钮 Command2 的 Click 事件过程中，关闭定时器，停止秒针的旋转。

```
Private Sub Command2_Click()                ' "停止"按钮
    Timer1.Enabled = False                  ' 关闭定时器
End Sub
```

运行时，单击“开始”按钮（Command1）秒针开始旋转，单击“停止”按钮（Command2）停止旋转，图 11-8b 为运行界面。

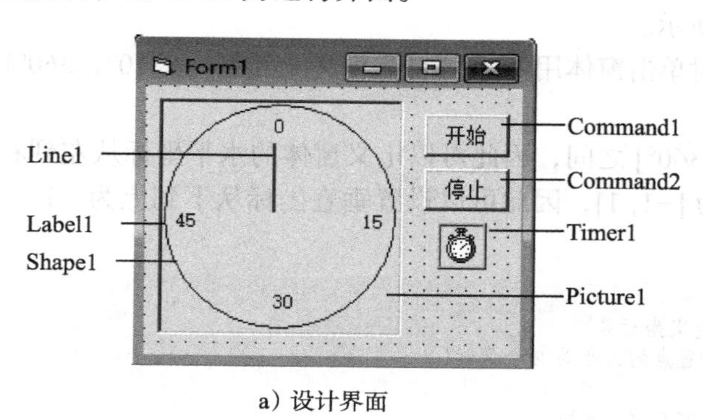

a）设计界面　　b）运行界面

图 11-8　简单秒表

11.3　绘图方法

Visual Basic 还提供了一些绘图方法，可以在指定的容器对象上画点、线、矩形、圆、弧等，并指定各种绘图参数。

11.3.1　画点方法

PSet 方法用于在容器对象的指定位置用特定的颜色画点。PSet 方法格式如下：

```
[对象名.]PSet [Step] (x,y) [,颜色]
```

说明：1）对象名：要绘制点的容器对象的名称，如窗体、图片框等。省略该参数时将默认为当前窗体。

2）(x,y)：绘制点的坐标，可以是任何数值表达式。

3）颜色：绘制点的颜色值。省略该参数时，PSet 方法用容器对象的前景颜色（ForeColor）画点。

4）Step：可选项。带此参数时，(x,y) 是相对于当前坐标的坐标。当前坐标可以是最后的画图位置，也可以由容器对象的 CurrentX 和 CurrentY 属性设定。执行 PSet 方法后，(x,y) 成为当前坐标。

5）用 PSet 方法绘制的点的大小受其容器对象的 DrawWidth 属性的影响。

【例 11-5】 编写代码实现：运行时单击窗体，在窗体上随机画一些带颜色的点，实现满天星的效果。

窗体的 Click 事件过程如下：

```
Private Sub Form_Click()
```

```
    ScaleWidth = 100        ' 设窗体宽度为 100 个单位
    ScaleHeight = 100       ' 设窗体高度为 100 个单位
    DrawWidth = 20          ' 设置点的大小为 20 个像素
    For i = 1 To 30
        ' 生成随机点的坐标 (m_x,m_y)
        m_x = Rnd * 100 : m_y = Rnd * 100
        ' 生成随机的红、绿、篮颜色分量值
    m_red = Rnd * 255 : m_green = Rnd * 255 : m_blue = Rnd * 255
    PSet (m_x, m_y), RGB(m_red, m_green, m_blue)   ' 用随机坐标和随机颜色画点
    Next i
End Sub
```

运行时单击窗体，效果如图 11-9 所示。

【例 11-6】 编写代码实现：运行时单击窗体用 PSet 方法在窗体上绘制一条 [0°，360°] 的正弦曲线。

分析：由于要绘制的曲线在 [0°，360°] 之间，因此可以定义窗体的水平坐标从左到右为 0 ～ 360；由于正弦函数的取值范围为 [−1, 1]，因此可以设置垂直坐标从下到上为 −1 ～ 1。窗体的 Click 事件过程如下：

```
Private Sub Form_Click()
    Scale (0, 1)-(360, -1)      ' 定义坐标系
    DrawWidth = 2               '设置点的大小为 2 个像素
    For x = 0 To 360
       y = 0.9 * Sin(x * 3.1415926 / 180)
       PSet (x, y), vbRed      ' 在坐标 (x,y) 处画红色点
    Next x
End Sub
```

以上代码在 Scale 方法、DrawWidth 属性、PSet 方法前都没有指定对象名，都默认为是当前窗体。运行时单击窗体，结果如图 11-10 所示。

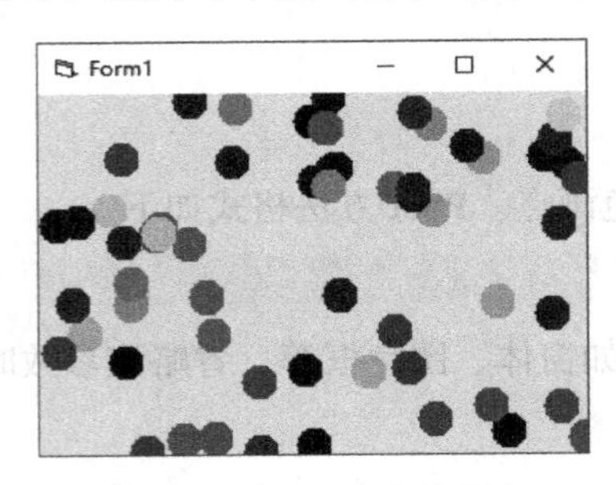

图 11-9　用 PSet 方法画点

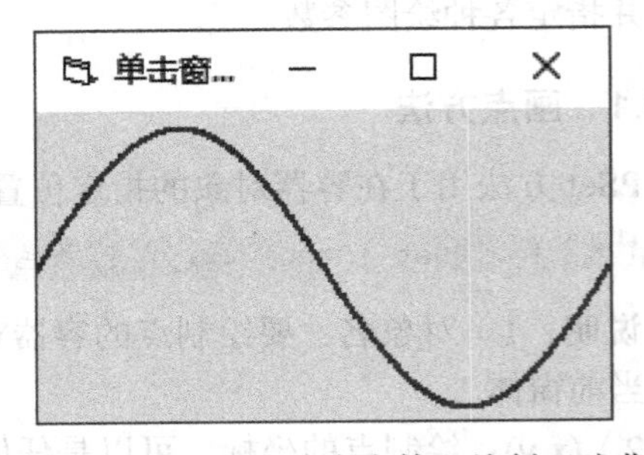

图 11-10　用 PSet 方法在窗体上绘制正弦曲线

【例 11-7】 编写代码实现：运行时单击窗体用 PSet 方法在窗体上绘制以下参数方程决定的曲线：

$$\begin{cases} x=\sin 2t*\cos t \\ y=\sin 2t*\sin t \end{cases}$$

其中 t 的取值范围为 $0 \leqslant t \leqslant 2\pi$。

分析：由于正弦函数和余弦函数的取值范围为 [−1, 1]，根据方程可以确定 x、y 的取值范围在 −1 ～ 1 之间，因此可以使用 Scale 方法定义坐标系：Scale (−1, −1) − (1, 1)。窗体的 Click 事件过程如下：

```
Private Sub Form_Click()
```

```
    Scale (-1, -1)-(1, 1)
    DrawWidth = 2
    ForeColor = vbRed        ' 设窗体的前景颜色为红色
    For t = 0 To 2 * 3.1415926 Step 0.001
        x = Sin(2 * t) * Cos(t)
        y = Sin(2 * t) * Sin(t)
        PSet (x, y)              ' 在坐标 (x,y) 处用窗体的前景颜色画点
    Next t
End Sub
```

运行时单击窗体，绘制的图形为星形曲线，如图 11-11 所示。

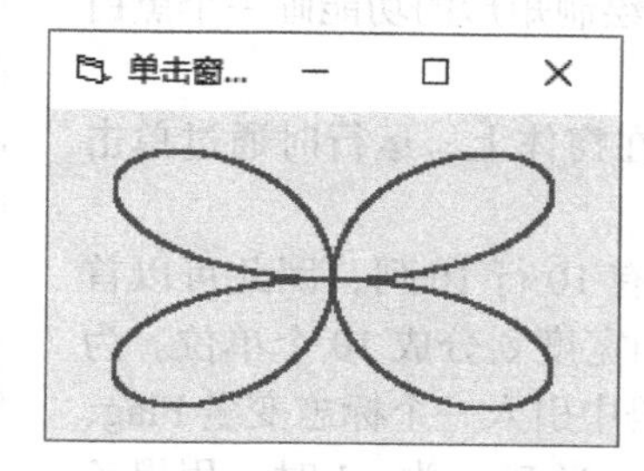

图 11-11　绘制星形曲线

11.3.2　画直线、矩形方法

Line 方法用于画直线和矩形。使用格式如下：

```
[对象名.]Line [Step] [(x1,y1)]-[Step] (x2,y2) [,颜色][,B[F]]
```

说明：1）对象名：要在其中画图的容器对象的名称，如窗体、图片框等，缺省为当前窗体。

2）(x1, y1)：起点坐标。如果省略该参数，图形起始于当前坐标位置。

3）(x2, y2)：终点坐标。

4）Step：可选项。当在 (x1, y1) 前出现 Step 时，表示 (x1, y1) 是相对于当前坐标位置的坐标。当在 (x2, y2) 前出现 Step 时，表示 (x2, y2) 是相对于图形起点的终点坐标。

5）颜色：图形的颜色。如果省略该参数，则使用容器对象的 ForeColor 属性值作为图形的颜色。

6）B：可选项。如果选择了 B，则以 (x1, y1)、(x2, y2) 为对角坐标画出矩形。

7）F：可选项。如果使用了 B 参数后再选择 F 参数，则所画的矩形将用矩形边框的颜色填充。如果不使用 F 参数只使用 B 参数，则所画的矩形用当前容器对象的 FillColor 和 FillStyle 填充。FillStyle 的缺省值为 1-Transparent（透明）。不能只选择 F 参数而不选择 B 参数。

执行 Line 方法后，当前坐标被设置在终点坐标 (x2,y2)。线的宽度取决于容器对象的 DrawWidth 属性值。

【例 11-8】 编写代码实现：运行时单击窗体画出如图 11-12 所示的放射性五彩直线。

窗体的 Click 事件过程如下：

```
Private Sub Form_Click()
    Randomize
    ScaleWidth = 100                  ' 设窗体宽度为 100 个单位
    ScaleHeight = 100                 ' 设窗体高度为 100 个单位
```

```
    DrawWidth = 5                        ' 设线条宽度为 5 个像素
    For i = 1 To 50
       x = Int(Rnd * 90 + 10)            ' 随机终点
       y = Int(Rnd * 130 + 10)
       r = Int(Rnd * 255)                ' 红色分量
       g = Int(Rnd * 255)                ' 绿色分量
       B = Int(Rnd * 255)                ' 蓝色分量
       Line (50, 50)-(x, y), RGB(r, g, B)    ' 随机颜色
    Next
End Sub
```

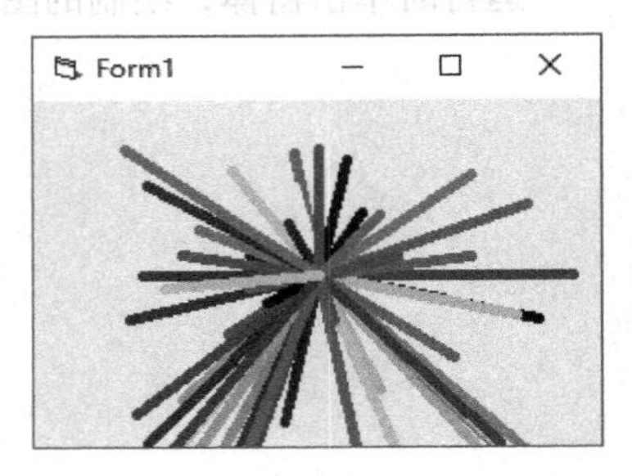

图 11-12 用 Line 方法画五彩直线

【例 11-9】 使用 Line 方法绘制矩形的功能画一个黑白格相间的棋盘。

界面设计： 设棋盘直接画在窗体上，运行时通过单击窗体画出棋盘。

代码设计： 本例假设棋盘有 10 行 10 列，因此可以首先用 Scale 方法将窗体的高度和宽度划分成 10 个单位。为了实现黑白相间的效果，在代码中引入一个标志变量 Flag，当 Flag 为 1 时，用白色画矩形，当 Flag 为 −1 时，用黑色画矩形。在 Line 方法中使用 BF 参数指定画填充矩形，代码如下。

```
Private Sub Form_Click()
    Scale (0, 0)-(10, 10)          ' 定义窗体宽度和高度为 10 个单位
    Flag = 1
    For i = 0 To 9                 ' 外循环每执行一轮，由内循环画出棋盘的一列图案
        Flag = Flag * (-1)
        For j = 0 To 9             ' 内循环每执行一次，画出第 i+1 列的第 j+1 格
            X1 = i: Y1 = j         ' 设置小矩形的左上角坐标
            X2 = i + 1: Y2 = j + 1   ' 设置小矩形的右下角坐标
            ' 根据 Flag 的值设置画图颜色
            If Flag = -1 Then
                C = vbWhite
            Else
                C = vbBlack
            End If
            Line (X1, Y1)-(X2, Y2), C, BF   ' 画矩形
            Flag = Flag * (-1)
        Next j
    Next i
End Sub
```

运行时单击窗体，画出的棋盘如图 11-13 所示。

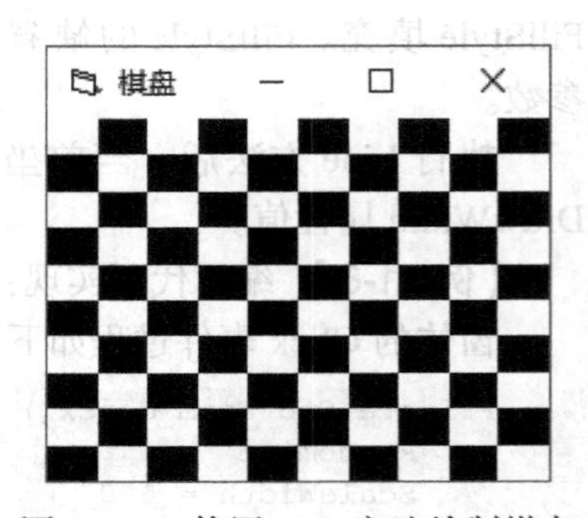

图 11-13 使用 Line 方法绘制棋盘

【例 11-10】 使用 Line 方法绘制艺术图案。使画线的起始坐标（x_1, y_1）和终点坐标（x_2, y_2）根据三角函数表达式的规律变化，可以绘制各种风格的图形。本例使坐标（x_1, y_1）、（x_2, y_2）随表达式

$$\begin{cases} x_1=320+f\cos a \\ y_1=200-f\sin a \\ x_2=320+f\cos(a+\pi/5) \\ y_2=200-f\sin(a+\pi/9) \end{cases}$$

的规律变化，其中，f 由表达式

$$f=d(1+1/2\cos 2.5a)$$

决定，d是一个常量。本例设d=100，a在0～4π之间。

界面设计： 在窗体上画一个图片框Picture1，设运行时单击图片框在图片框内画图。

代码设计： 为了便于确定画图的坐标范围，需要根据以上表达式估算x1、y1、x2、y2的值。由于余弦函数值在-1～1之间，根据以上表达式可以看出，f的值在50～150之间。根据f的取值范围和正弦、余弦函数的取值范围可以推导出x的坐标值在170～470之间，y的坐标值在50～350之间。据此，可以用Scale方法定义图片框的坐标范围，其宽度和高度应大于或等于x和y的取值范围，以保证所画的线条落在图片框内。设运行时通过单击图片框绘制图形，图片框Picture1的Click事件过程如下。

```
Private Sub Picture1_Click()
    Const pi = 3.14159265, d = 100
    Dim a As Single, f As Single
    Dim x1 As Integer, y1 As Integer, x2 As Integer, y2 As Integer
    ' 使用Scale方法定义坐标系统
    Picture1.Scale (170, 50)-(470, 350)
    ' 绘制图形
    For a = 0 To 4 * pi Step pi / 100
        f = d * (1 + 1 / 2 * Cos(2.5 * a))
        ' 计算坐标
        x1 = 320 + f * Cos(a)
        y1 = 200 - f * Sin(a)
        x2 = 320 + f * Cos(a + pi / 5)
        y2 = 200 - f * Sin(a + pi / 9)
        Picture1.Line (x1, y1)-(x2, y2), vbBlue      ' 画蓝色线条
    Next a
End Sub
```

运行时单击图片框，画出图11-14所示的图形。

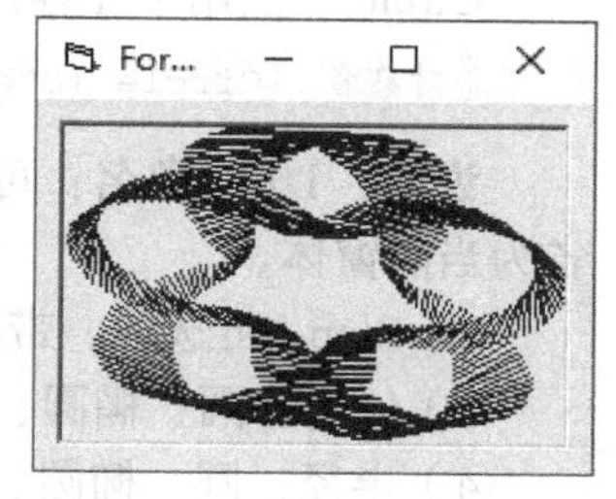

图11-14　使用Line方法绘制艺术图案

【例11-11】 用Line方法绘制坐标轴，用PSet方法绘制抛物线。抛物线的数学方程式为：$y=ax^2+bx+c$，其中a、b、c为常数。输入常数a、b、c的值，画出相应的抛物线。

界面设计： 设计界面如图11-15a所示。假设运行时，用文本框Text1、Text2、Text3输入a、b、c的值，单击“画抛物线”按钮Command1在图片框Picture1中画出相应的抛物线。

代码设计： 将坐标原点设置在图片框Picture1的中心处，将图片框的宽度划分为40个单位，高度划分为40个单位。“画抛物线”按钮Command1的Click事件过程如下。

```
Private Sub Command1_Click()
    Dim x As Single, a As Single, b As Single, c As Single
    ' 重新设置坐标系，原点在Picture1的中心
    Picture1.Scale (-20, 20)-(20, -20)
    Picture1.Cls
    ' 用Line方法绘制X轴
    Picture1.Line (-20, 0)-(20, 0), vbBlue          ' 画X轴
    Picture1.Line (18, 1)-(20, 0), vbBlue           ' 画X轴箭头线
    Picture1.Line -(18, -1), vbBlue                 ' 画X轴箭头线
    Picture1.Print "X"
    ' 用Line方法绘制Y轴
    Picture1.Line (0, 20)-(0, -20), vbBlue          ' 画Y轴
    Picture1.Line (-1, 18)-(0, 20), vbBlue          ' 画Y轴箭头线
```

```
    Picture1.Line -(1, 18), vbBlue                  ' 画 Y 轴箭头线
    Picture1.Print "Y"
    ' 显示原点
    Picture1.CurrentX = 1: Picture1.CurrentY = -1
    Picture1.Print "0"
    ' 读取方程系数
    a = Val(Text1.Text): b = Val(Text2.Text): c = Val(Text3.Text)
    ' 用 PSet 方法绘制 x 在 -10 ～ 10 之间的抛物线，设在 x 每隔 0.005 时画一个点
    For x = -10 To 10 Step 0.005
        Picture1.PSet (x, a * x ^ 2 + b * x + c), vbRed
    Next
End Sub
```

运行时，输入 a、b、c 的值，单击“画抛物线”按钮，即可显示如图 11-15b 所示的图形。

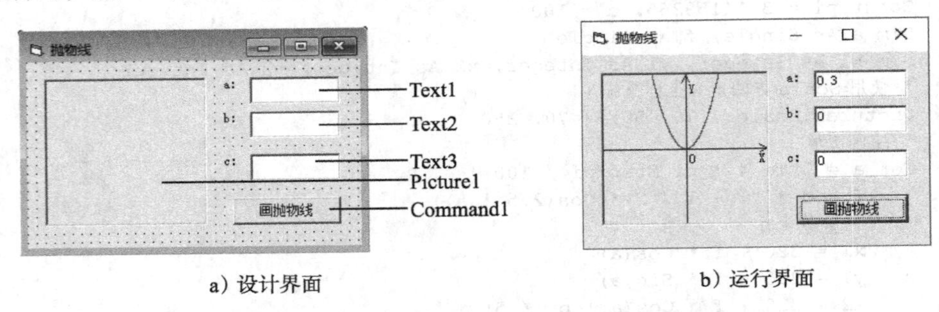

a）设计界面　　　　b）运行界面

图 11-15　使用 Line 方法和 PSet 方法绘制抛物线

11.3.3　画圆方法

Circle 方法用于在容器对象上画圆形、椭圆形、圆弧和扇形。使用格式如下：

```
[ 对象名 .]Circle [Step](x,y), 半径 ,[ 颜色 ],[ 起始角 ],[ 终止角 ][, 纵横比 ]
```

说明：1）对象名：可选项，表示要绘制图形的容器对象的名称，如窗体、图片框等，缺省为当前窗体。

2）Step：可选项，带此参数时，点（x,y）是相对于当前位置的坐标点。否则为绝对坐标。

3）(x,y)：圆、椭圆、弧或扇形的圆心坐标。

4）半径：圆、椭圆、弧或扇形的半径，其度量单位和 x 坐标轴的刻度单位相同。

5）颜色：可选项，用于指定圆、椭圆、弧或扇形的边框颜色值。如果省略，则图形边框使用容器对象的 ForeColor 属性值。

6）起始角：可选项，指定弧的起点位置（以弧度为单位）。取值范围为 $-2\pi \sim 2\pi$。缺省值是 0（水平轴的正方向），若为负数，则在画弧的同时还要画出圆心到弧的起点的连线。绘制起始角度从 0 开始的扇形时，要赋给起始角一个很小的负数，如 $-0.000\ 01$。

7）终止角：可选项，指定弧的终点位置（以弧度为单位）。取值范围为 $-2\pi \sim 2\pi$。缺省值是 2π（从水平轴的正方向逆时针旋转 360°），若为负数，则在画弧的同时还要画出圆心到弧的终点的连线。弧的画法是从起点逆时针画到终点。

8）纵横比：可选项，圆的纵轴和横轴的尺寸比。缺省值为 1，表示画一个标准圆。当纵横比大于 1 时，椭圆的纵轴比横轴长；当纵横比小于 1 时，椭圆的纵轴比横轴短。

9）除圆心坐标（x, y）和“半径”外，其他参数均可省略，但若省略的是中间参数，则逗号必须保留。

执行 Circle 方法后，当前坐标的值被设置成圆心的坐标值。

【例 11-12】 使用 Circle 方法画图 11-6 所示的各种图形。

设运行时单击窗体画图，则窗体的 Click 事件过程如下：

```
Private Sub Form_Click()
    Const pi = 3.14159265
    ScaleWidth = 100            ' 定义窗体宽度为 100 个单位
    ScaleHeight = 100           ' 定义窗体高度为 100 个单位
    Circle (30, 30), 10         ' 画标准圆
    Circle (70, 30), 10, vbGreen, , , 0.5      ' 画绿色椭圆（横轴长，竖轴短）
    Circle (70, 30), 10, vbRed, , , 2          ' 画红色椭圆（横轴短，竖轴长）
    Circle (30, 75), 10, , -0.75 * pi, -0.25 * pi    ' 画扇区
    Circle (70, 75), 10, , -0.25 * pi, -0.75 * pi    ' 画扇区
    Circle (70, 75), 10, , 1.25 * pi, 1.75 * pi      ' 画弧
End Sub
```

【例 11-13】 使用 Circle 方法绘制如图 11-17 所示的艺术图案。该艺术图案由一系列的圆组成，这些圆的圆心在另外一个固定圆（轨迹圆）的圆周上。

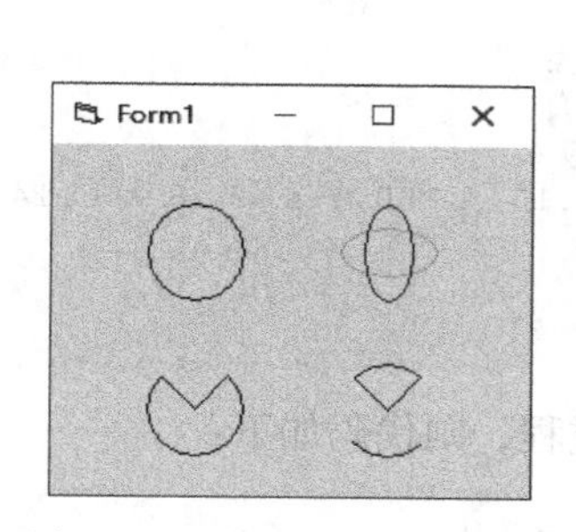

图 11-16　用 Circle 方法画图

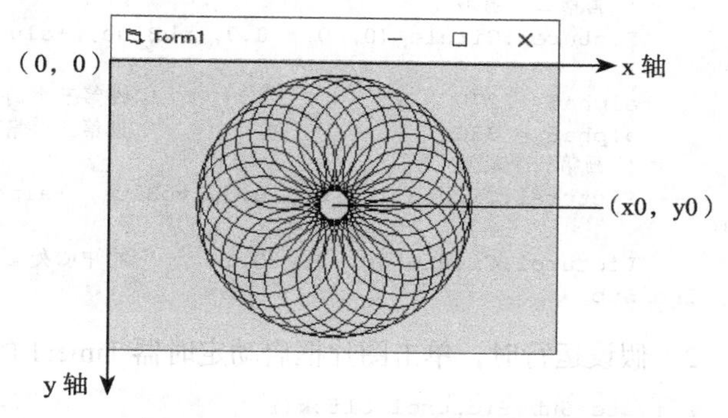

图 11-17　用 Circle 方法画艺术图案

分析：使用缺省的坐标系统，设轨迹圆的圆心坐标为（x0，y0），将该圆三十等分，以圆周上的每一个等分点为圆心画圆，圆心的坐标为（x0+r*Cos(i)，y0−r*Sin(i)），其中，i 为等分点和（x0，y0）的连线与 x 轴正方向之间的夹角（以弧度为单位），r 为轨迹圆的半径。

代码设计：设运行时单击窗体开始绘图，则窗体的 Click 事件过程如下。

```
Private Sub Form_Click()
    Const pi = 3.14159265
    Dim x As Single, y As Single, x0 As Single, y0 As Single
    Dim r As Single, pace As Single
    Cls
    r = ScaleHeight / 4        ' 将窗体的 1/4 高作为轨迹圆的半径
    ' 将窗体的中心位置设置为轨迹圆的圆心坐标
    x0 = ScaleWidth / 2: y0 = ScaleHeight / 2
    pace = (2 * pi) / 30       ' 将圆周三十等分
    For i = 0 To 2 * pi Step pace
        x = x0 + r * Cos(i) : y = y0 - r * Sin(i) ' 求轨迹圆圆周上各等分点的坐标
        Circle (x, y), r * 0.8 ' 以轨迹圆圆周上的等分点为圆心，以 r*0.8 为半径画圆
    Next i
End Sub
```

【例 11-14】 在图片框中画 3 个扇形和一个小圆，配合定时器使扇形旋转起来。

界面设计：在窗体上画一个图片框控件 Picture1 和一个定时器控件 Timer1，如图 11-18a

所示。设置 Timer1 控件的 Interval 属性为 100，Enabled 属性为 False。

代码设计： 1）首先在窗体模块的通用声明段声明变量 alpha1，用于保存第一个扇形的起始角度，其他两个扇形的起始角度由 alpha1 推出，每个扇形的终止角由其起始角加上 60 得出。在窗体的 Load 事件过程中画如图 11-18b 所示的初始图形。

```
Dim alpha1
Private Sub Form_Load()
    Show
    Picture1.FillStyle = 0              ' 将 FillStyle 设置为 0 以便给扇形填充颜色
    Picture1.FillColor = vbBlue         ' 设置图形填充颜色为蓝色
    Picture1.Scale (-1, 1)-(1, -1)      ' 定义坐标系
    alpha1 = 30                         ' 设第一个扇形的起始角
    alpha2 = 90                         ' 设第一个扇形的终止角
    ' 画第一个扇形
    Picture1.Circle (0, 0), 0.7, vbBlue, -alpha1 * 3.14 / 180, -alpha2 * 3.14 /
180
    alpha3 = 150                        ' 设第二个扇形的起始角
    alpha4 = 210                        ' 设第二个扇形的终止角
    ' 画第二个扇形
    Picture1.Circle (0, 0), 0.7, vbBlue, -alpha3 * 3.14 / 180, -alpha4 * 3.14 /
180
    alpha5 = 270                        ' 设第三个扇形的起始角
    alpha6 = 330                        ' 设第三个扇形的终止角
    ' 画第三个扇形
    Picture1.Circle (0, 0), 0.7, vbBlue, -alpha5 * 3.14 / 180, -alpha6 * 3.14 /
180
    Picture1.Circle (0, 0), 0.1         ' 在中心处画一个小圆
End Sub
```

2）假设运行时，单击图片框启动定时器 Timer1 的事件过程，则代码如下：

```
Private Sub Picture1_Click()
    Timer1.Enabled = True
End Sub
```

3）在定时器的 Timer 的事件过程中实现每隔 100ms 重新画图，让每个扇形的画图角度增加 5°，产生旋转的效果。由于使用 Circle 画扇形时，指定的起始角和终止角不能超过 360°，因此，代码中需要将增加后的角度对 360 进行取模运算。而且，由于在画扇形时，起始角或终止角不能为 0°，因此在每次画扇形之前，需要先判断起始角和终止角是否为 0°，如果为 0°，需要将其改成一个很小的数，这里假设为 0.001°。代码如下：

```
Private Sub Timer1_Timer()
    Picture1.Cls
    alpha1 = (alpha1 + 5) Mod 360
    If alpha1 = 0 Then alpha11 = alpha1 + 0.001 Else alpha11 = alpha1
    alpha2 = (alpha1 + 60) Mod 360
    If alpha2 = 0 Then alpha12 = alpha2 + 0.001 Else alpha12 = alpha2
    Picture1.Circle (0, 0), 0.7, vbBlue, -alpha11 * 3.14 / 180, -alpha12 * 3.14 / 180
    alpha3 = (alpha2 + 60) Mod 360
    If alpha3 = 0 Then alpha21 = alpha3 + 0.001 Else alpha21 = alpha3
    alpha4 = (alpha3 + 60) Mod 360
    If alpha4 = 0 Then alpha22 = alpha4 + 0.001 Else alpha22 = alpha4
    Picture1.Circle (0, 0), 0.7, vbBlue, -alpha21 * 3.14 / 180, -alpha22 * 3.14 / 180
    alpha5 = (alpha4 + 60) Mod 360
    If alpha5 = 0 Then alpha31 = alpha5 + 0.001 Else alpha31 = alpha5
    alpha6 = (alpha5 + 60) Mod 360
```

```
        If alpha6 = 0 Then alpha32 = alpha6 + 0.001 Else alpha32 = alpha6
        Picture1.Circle (0, 0), 0.7, vbBlue, -alpha31 * 3.14 / 180, -alpha32 * 3.14 /
180
        Picture1.Circle (0, 0), 0.1
    End Sub
```

运行时单击图片框，开始执行定时器的 Timer 事件过程，使图形产生旋转效果，如图 11-18c 所示。

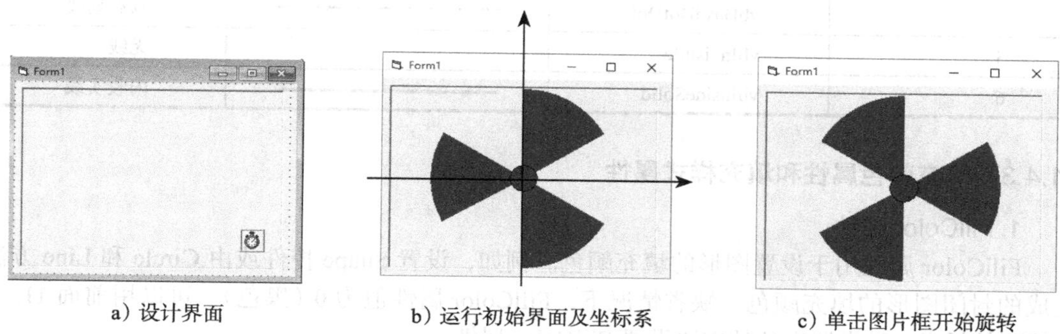

a）设计界面　b）运行初始界面及坐标系　c）单击图片框开始旋转

图 11-18　用 Circle 方法画扇形和圆

11.4　与绘图有关的常用属性、事件和方法

Visual Basic 中有许多与绘图有关的属性、事件和方法。设置这些属性可以改变图形的颜色、线形和填充式样等；合理使用这些事件和方法，可以增强图形表现的效果。本节将介绍其中常用的属性、事件和方法。

11.4.1　清除图形方法

Cls 方法用于清除容器对象中生成的图形和文本，并将当前坐标移到原点。Cls 方法的使用格式为：

```
[对象名.]Cls
```

例如，以下语句将从图片框的中心（原点）位置画一条直线。

```
Picture1.Scale (-1, 1)-(1, -1)    ' 设置图片框的原点在其中心位置
Picture1.Cls                      ' 用 Cls 清除图片框中的图形，并将当前坐标移到原点
Picture1.Line -(0.5, 0.5)         ' 从当前坐标处到点 (0.5,0.5) 画一条直线
```

11.4.2　线宽属性和线型属性

1. DrawWidth 属性

DrawWidth 属性用于设置图形方法输出的线宽。该属性值以像素为单位表示，取值范围从 1 ～ 327 67，缺省值为 1。

如果 DrawWidth 的属性值等于 1，则可以通过设置 DrawStyle 属性画出多种线型；如果 DrawWidth 的属性值大于 1，则 DrawStyle 的属性值设置为 1 ～ 4 时画出的线都是实线。

2. DrawStyle 属性

DrawStyle 属性用于设置图形方法输出的线型，其取值与相应的线型如表 11-6 所示。

表 11-6　DrawStyle 属性值与对应的线型

设置值	常量	线型	线型名称
0（缺省值）	vbSolid	————————	实线
1	vbDash	- - - - - - - - - -	虚线
2	vbDot	··················	点线
3	vbDashDot	-·-·-·-·-·-·-	点划线
4	vbDashDotDot	—··—··—··—	双点划线
5	vbInvisible		无线
6	vbInsideSolid	━━━━━━━━	内收实线

11.4.3　填充颜色属性和填充样式属性

1. FillColor 属性

FillColor 属性用于设置图形的填充颜色。例如，设置 Shape 控件或由 Circle 和 Line 方法生成的封闭图形的填充颜色。缺省情况下，FillColor 属性值为 0（黑色）。可以用前面 11.1.2 节提到的任意一种设置颜色的方法设置 FillColor 属性。

2. FillStyle 属性

FillStyle 属性用于设置图形的填充样式。例如，设置 Shape 控件或由 Circle 和 Line 方法生成的封闭图形的填充样式。表 11-7 为 FillStyle 属性可选择的填充样式的设置值。图 11-19 为相应的填充样式。

若 FillStyle 设置为 1（透明），则忽略 FillColor 属性，Form 对象除外。

表 11-7　FillStyle 属性的设置值

设置值	常量	填充样式
0	vbFSSolid	实心
1	vbFSTransparent	透明（缺省值）
2	vbHorizontalLine	水平直线
3	vbVerticalLine	垂直直线
4	vbUpwardDiagonal	上斜对角线
5	vbDownwardDiagonal	下斜对角线
6	vbCross	十字线
7	vbDiagonalCross	交叉对角线

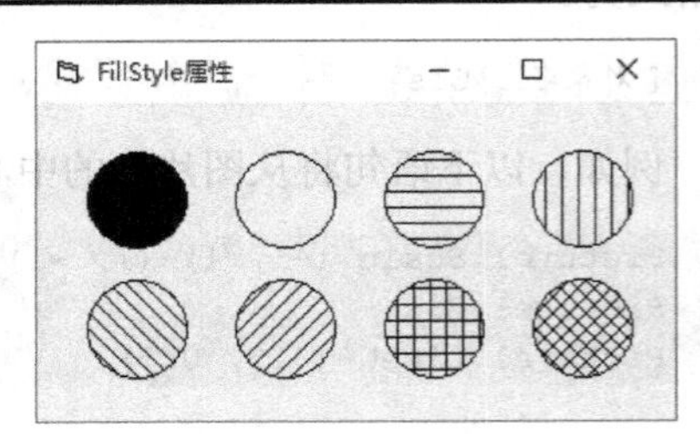

图 11-19　各种填充样式

11.4.4　自动重画属性

在应用程序运行时，其窗体经常被移动、改变大小，或被其他对象所覆盖，要想保持窗体或图片框中的图形不丢失，就要在窗体被移动、改变大小，或覆盖它的对象移开后，重新显示（绘制）窗体或图片框中原有的内容。

使用图形方法如 PSet、Line 和 Circle 绘图时，自动重画（AutoRedraw）属性的设置极为重要。AutoRedraw 属性提供了重新显示窗体和图片框内图形的功能。当 AutoRedraw 属性为 False（缺省值）时，在对象中绘制的图形不具有持久性，也就是在对象被移动、改变大小，或覆盖它的对象移开后，对象上的图形将丢失；当 AutoRedraw 属性设置为 True 时，表示对象的自动重画功能有效，此时在对象上绘制的图形具有持久性，也就是在对象被移动、改变大小，或覆盖它的对象移开后，对象内的图形将被重画，恢复原来的样子。

【例 11-15】 在窗体的 AutoRedraw 属性设置为 True 时，画一个绿色大圆，在窗体的 AutoRedraw 属性设置为 False 时，画一个红色小圆。将一个图片框移过这两个圆，观察

AutoRedraw属性的作用。

界面设计： 设计如图11-20a所示的界面，在窗体上放一个定时器控件Timer1，一个图片框控件Picture1。设置Timer1的Interval属性为100，Enable属性为False。

代码设计： 1）在窗体的Click事件过程中编写代码，在AutoRedraw属性为True时画一个绿色实心圆（持久图形），在AutoRedraw属性为False时画一个红色实心圆（非持久图形），然后启动定时器。

```
Private Sub form_Click()
    Form1.Scale (-1, 1)-(1, -1)    ' 定义坐标系
    Form1.FillStyle = 0            ' 设置填充样式为实心
    Form1.AutoRedraw = True        ' 设置窗体的 AutoRedraw 为 True
    Form1.FillColor = vbGreen      ' 设置填充颜色为绿色
    Form1.Circle (0, 0), 1         ' 画一个绿色实心圆（持久图形）
    Form1.AutoRedraw = False       ' 设置窗体的 AutoRedraw 为 False
    Form1.FillColor = vbRed        ' 设置填充颜色为红色
    Form1.Circle (0, 0), 0.5       ' 画一个红色实心圆（非持久图形）
    Timer1.Enabled = True
End Sub
```

2）在定时器Timer1的Timer事件过程中将图片框向窗体右下角逐渐移动。

```
Private Sub Timer1_Timer()
    Picture1.Move Picture1.Left + 0.1, Picture1.Top - 0.1
End Sub
```

运行时，单击窗体，在窗体上画出红色实心圆和绿色实心圆，左上角的小方块（图片框）开始向右下角移动，如图11-20b所示，可以看到，当小方块移过两个图形之后，绿色实心圆完整地再现，而红色实心圆被小方块曾经遮挡过的部分消失了，没有被重画，如图11-20c所示。

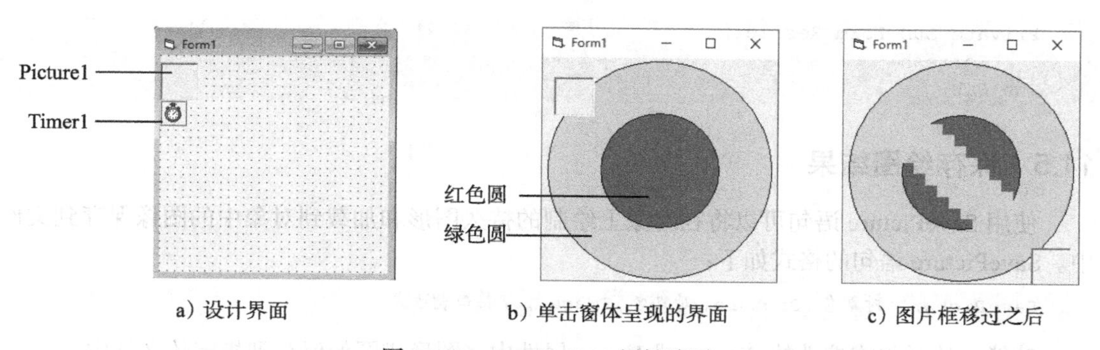

图11-20　AutoRedraw属性演示

11.4.5 Paint事件

在一个对象被移动、放大之后，或在一个覆盖该对象的窗体被移开之后，该对象部分或全部暴露时，发生Paint事件，使用Refresh方法时也将触发Paint事件。因此，在对象被移动、放大之后，或当一个覆盖该对象的窗体被移开之后，如果要保持在该对象上所画图形的完整性（重现原来的图形），可以在Paint事件过程中编写程序来完成图形的重画工作。

如果AutoRedraw属性被设置为True，重新绘图将会自动进行，此时Paint事件无效。

当窗体大小发生变化时会触发Resize事件，可以在Resize事件过程中调用Refresh方法，强制对象进行刷新，即清除对象上面的图形并触发Paint事件重画图形。

【例 11-16】 编写代码实现：在窗体中画一组圆和椭圆。当窗体的大小改变时，所有圆和椭圆也随着自动调整，如图 11-21 所示。

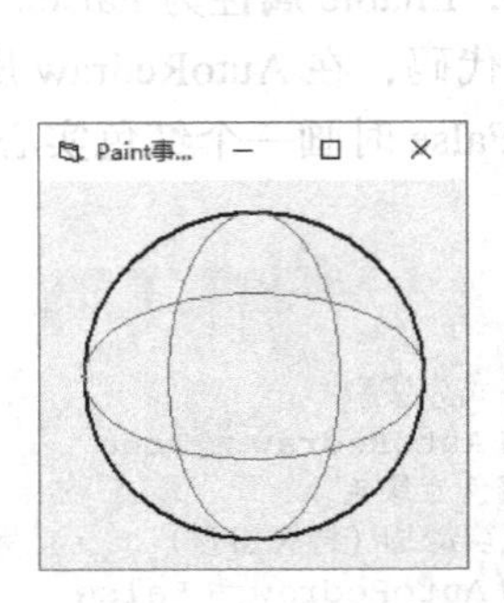

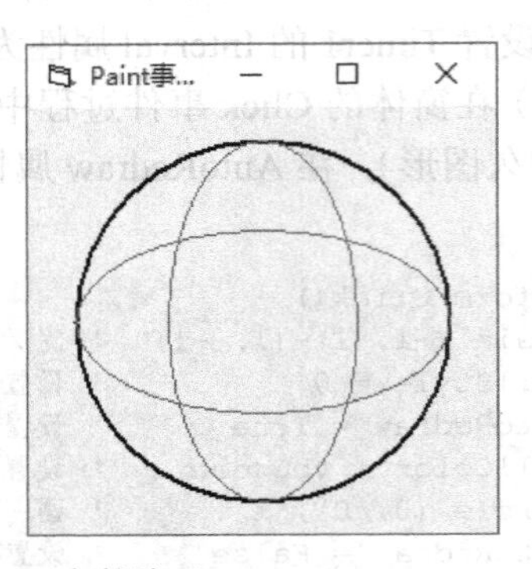

图 11-21 Paint 事件演示

首先在窗体的 Paint 事件过程中编写画圆和椭圆的代码如下：

```
Private Sub Form_Paint()
    DrawWidth = 2
    Scale (-1, 1)-(1, -1)              '设置新的坐标系统
    Circle (0, 0), 0.8                 '以屏幕中心点为圆心画圆
    DrawWidth = 1
    Circle (0, 0), 0.8, vbRed, , , 0.5     '画椭圆
    Circle (0, 0), 0.8, vbRed, , , 2
End Sub
```

然后，在窗体的 Resize 事件过程中调用 Refresh 方法，这样在窗体大小发生变化时，将刷新窗体，且触发其 Paint 事件重画图形。代码如下：

```
Private Sub Form_Resize()
    Refresh
End Sub
```

11.5 保存绘图结果

使用 SavePicture 语句可以将在对象上绘制的持久图形和加载到对象中的图像保存到文件中。SavePicture 语句的格式如下：

```
SavePicture 对象名 .Picture| 对象名 .Image ，字符串表达式
```

功能：从对象或控件的 Picture 或 Image 属性中将图形或图像保存到指定的文件中。

说明：1）字符串表达式：用于指定要保存的图形或图像文件的名称，可以包含路径。

2）对象名 .Picture ：表示将对象的 Picture 属性指定的图片保存到指定文件中，如果是位图、图标、元文件或增强元文件，则使用 SavePicture 语句保存后，它们将以和原始文件同样的格式保存；如果是 .GIF 或 .JPEG 文件，则它们将被保存为位图文件。

3）对象名 .Image ：窗体或 PictureBox 控件都有一个 Image 属性，如果在 SavePicture 语句中指定“对象名 .Image”，则图片总是以位图的格式保存而不管其原始格式。用图形方法绘制的图形应使用 Image 属性保存。

【例 11-17】 比较使用 SavePicture 语句保存 Picture 属性和保存 Image 属性的区别。

界面设计：设计如图 11-22a 所示的界面。在属性窗口设置图片框 Picture1 的 Picture 属

性，加载一幅图像。

代码设计： 1）在“画图”按钮 Command1 的 Click 事件过程中，首先设置 Picture1 的 AutoRedraw 属性为 True，然后在图片框中画一些垂直线条，使这些线条成为永久图形。

```
Private Sub Command1_Click()
    Picture1.AutoRedraw = True
    Picture1.DrawWidth = 5                   ' 设置线条宽度
    Picture1.ForeColor = vbWhite             ' 设置线条颜色
    Picture1.Scale (0, 0)-(10, 10)           ' 定义坐标系
    For i = 1 To 10
        Picture1.Line (i, 0)-(i, 10)         ' 画直线
    Next i
End Sub
```

2）在“保存 Picture”按钮 Command2 的 Click 事件过程中，使用 SavePicture 语句指定保存 Picture 属性。

```
Private Sub Command2_Click()
    SavePicture Picture1.Picture, "d:\a.bmp"
End Sub
```

3）在“保存 Image”按钮的 Click 事件过程中指定保存 Image 属性。

```
Private Sub Command3_Click()
    SavePicture Picture1.Image, "d:\b.bmp"
End Sub
```

运行时，首先单击“画图”按钮在现有图像上画一些线条，单击“保存 Picture”按钮将图像保存到 d 盘的文件 a.bmp 中，单击“保存 Image”按钮将图像保存到 d 盘的文件 b.bmp 中。

a）设计界面

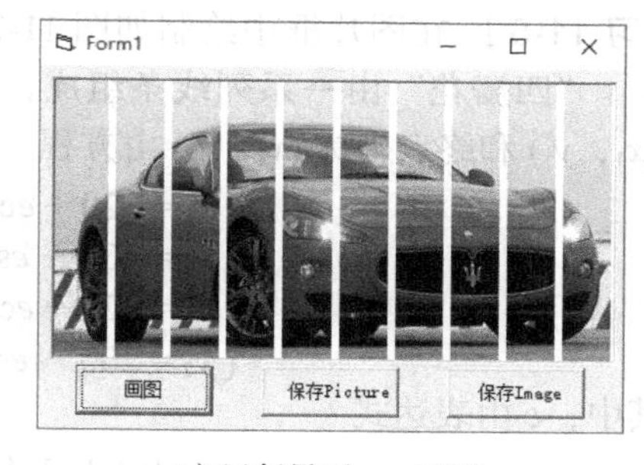

b）运行界面——画图

图 11-22　SavePicture 演示

打开 a.bmp 文件和 b.bmp 文件，可以看出 a.bmp 文件和 b.bmp 文件内容的区别，如图 11-23 所示。

a）a.bmp 文件

b）b.bmp 文件

图 11-23　用 SavePicture 保存的文件

11.6 上机练习

【练习 11-1】 绘制由方程 $y=2x^2+x+1$ 所确定的曲线，设 x 在 −10 ～ 10 之间。

【练习 11-2】 使用 Line 方法在窗体上绘制图 11-24 所示的艺术图案。

【练习 11-3】 设阿基米德螺旋的参数方程为：

$$x=t\sin t$$
$$y=t\cos t$$

在窗体上绘制 t 在 [0，2π] 范围内的阿基米德螺旋，如图 11-25 所示。

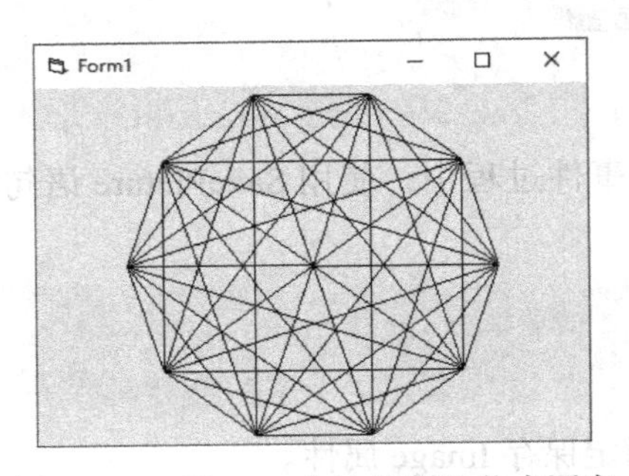

图 11-24 用 Line 方法绘制的艺术图案

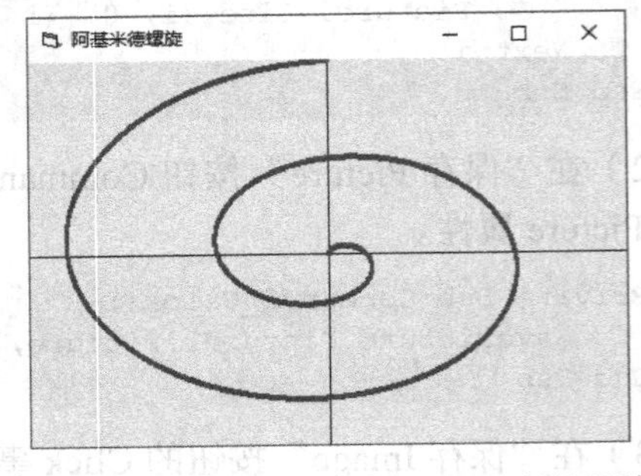

图 11-25 在窗体上绘制的阿基米德螺旋

【练习 11-4】 在窗体上绘制 sin x 曲线，x 的取值范围为 [−360°，360°]，线宽为 2，曲线为红色，坐标轴为黑色，X 轴每隔 30° 画一刻度线，如图 11-26 所示。

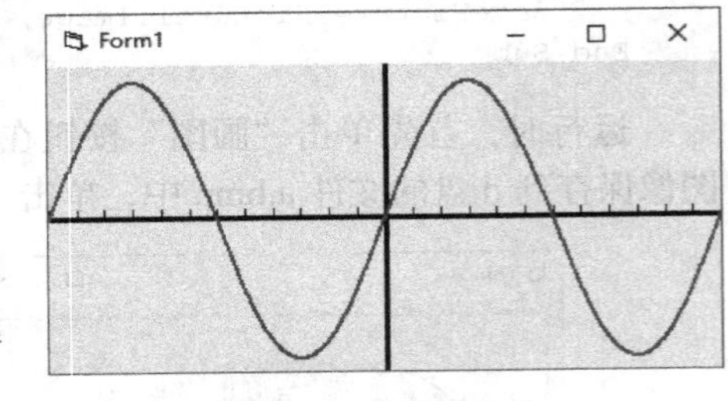

图 11-26 正弦曲线

【练习 11-5】 在图片框中绘制如图 11-27 所示的“四瓣花”。“四瓣花”由一系列线条组成，线条的起点坐标 (x_1，y_1) 和终点坐标 (x_2，y_2) 由方程

$$\begin{cases} x_1 = 320 + e\cos a \\ y_1 = 200 - e\sin a \\ x_2 = 320 + e\cos(a + \pi/5) \\ y_2 = 200 - e\sin(a + \pi/5) \end{cases}$$

决定。其中，e 由表达式

$$e=50\ (1+1/4\sin 12a)(1+\sin 4a)$$

决定，a 在 0 ～ 2π 之间。

【练习 11-6】 用 Circle 方法实现：运行时单击图片框分别在相应的图片框上画如图 11-28 所示的图形。

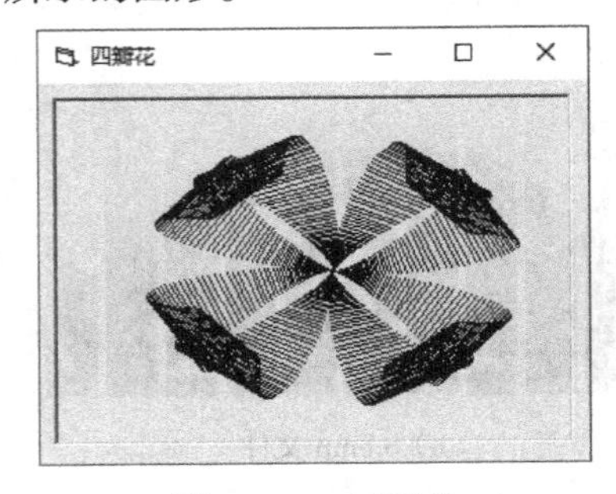

图 11-27 四瓣花

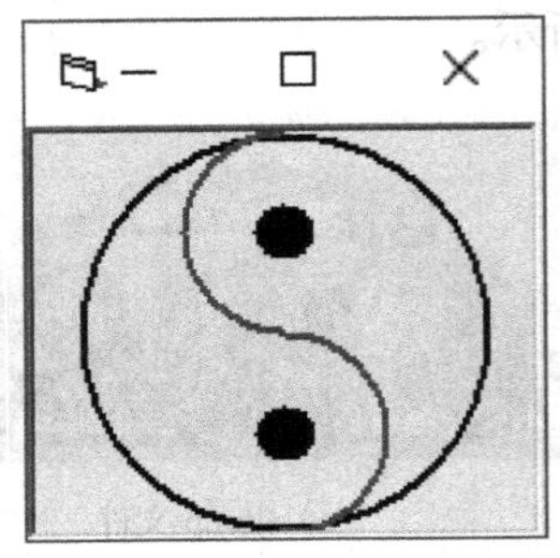

图 11-28 用 Circle 方法在图片上画图

【练习 11-7】 在窗体上绘制如图 11-29 所示的彩色扇形，各小扇形使用随机颜色。

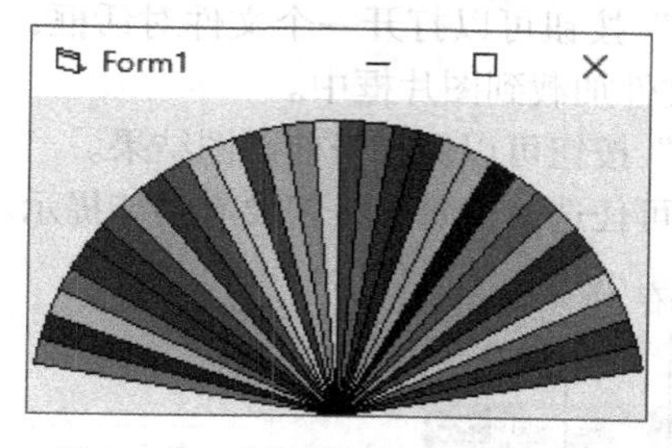

图 11-29　由随机颜色组成的扇形

【练习 11-8】 用 Line 方法画图，如图 11-30 所示，运行时图形将随着窗体尺寸的改变自动调整。

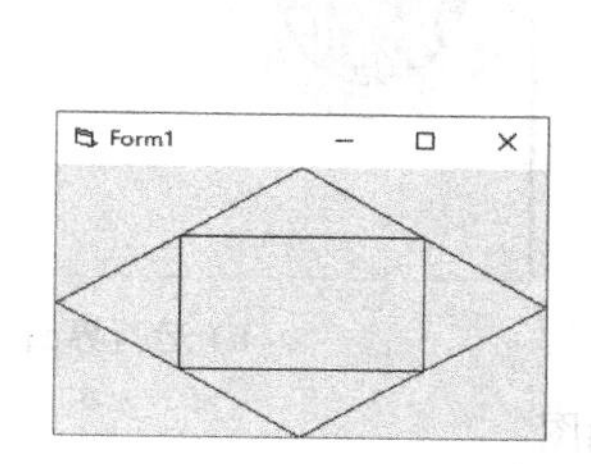

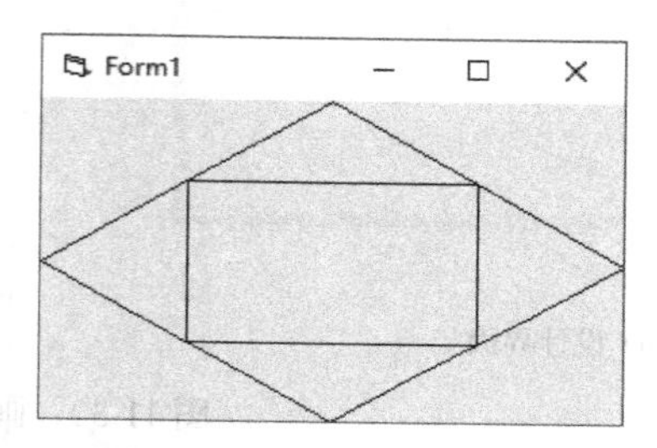

图 11-30　图形随窗体大小的变化而变化

【练习 11-9】 在窗体上画一个图片框和 4 个命令按钮，如图 11-31 所示。编写代码，使得运行时单击各命令按钮能实现以下功能。

1）“画背景”按钮：在图片框中绘制一系列背景线（持久图形）。

2）“画圆”按钮：在图片框中随机绘制一系列圆（临时图形）。

3）“清除圆”按钮：清除图片框中绘制的圆（不清除背景线）。

4）“清除全部”按钮：清除图片框中的所有图形（持久图形和临时图形）。

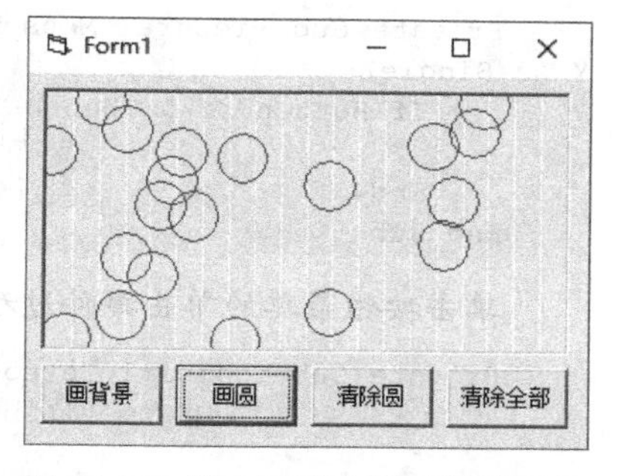

图 11-31　持久图形和临时图形的绘制和清除

提示：在 AutoRedraw 属性值为 False 时可以清除临时图形，在 AutoRedraw 属性值为 True 时可以清除全部图形。

【练习 11-10】 编写画图应用程序，通过在图片框中拖动鼠标实现简单的画图功能，可以选择画笔、橡皮、画图颜色、画图线宽、打开图形文件、保存画图结果。界面如图 11-32 所示。要求：

1）选择工具栏按钮“画笔”后，在图片框上拖动鼠标用图片框的初始前景颜色画图。

2）选择工具栏按钮“颜色”后，打开一个颜色对话框，在该对话框中选择一种颜色后，则使用该颜色画图。

3）选择工具栏按钮“橡皮”后，在图片框上拖动鼠标可擦除所画内容。

4）工具栏的“线型”按钮包括一个按钮菜单，从菜单中可以选择画线宽度（如 1、2、4、

6、8、10）。

5）使用工具栏的“打开”按钮可以打开一个文件对话框，在该对话框可以选择 .bmp 文件或 .jpg 文件，确定后将该文件加载到图片框中。

6）使用工具栏的“保存”按钮可以保存当前画图结果。

7）工具栏按钮上的图标可任选，但每个按钮要有功能提示。

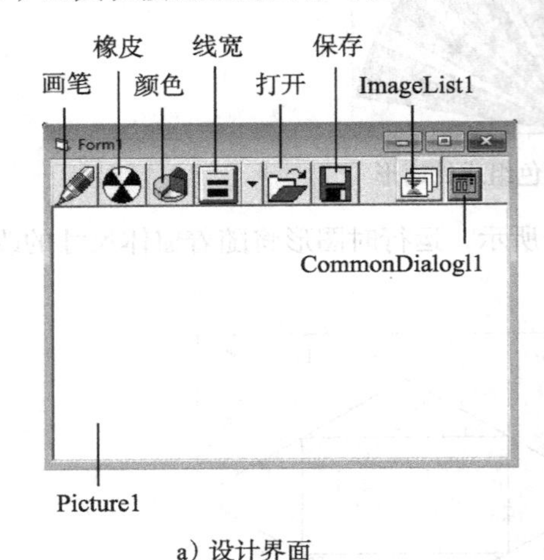

a）设计界面

b）运行界面

图 11-32 画图

提示：要实现拖动鼠标时画图，可以在以下事件过程中编写代码：

```
    Private Sub Picture1_MouseMove(Button As Integer, Shift As Integer, X As Single,
Y As Single)
        If Button <> 0 Then
            …
        End If
    End Sub
```

单击按钮菜单的单击事件过程为：

```
    Private Sub Toolbar1_ButtonMenuClick(ByVal ButtonMenu As _
                  MSComctlLib.ButtonMenu)
        …
    End Sub
```

参数 ButtonMenu 为当前单击的菜单对象，可以使用其 Text 属性获得单击的菜单项的文本。

第 12 章

文　件

在以前各章中，应用程序所处理的数据存储在变量或数组中，即数据是保存在内存中的，当退出应用程序时，数据不能被保存下来。为了长期有效地使用数据，在计算机系统中引入了文件的概念。

文件是以计算机外存储器（磁盘、磁带等）为载体，存储在计算机上的数据集合。应用程序及其所需要的原始数据、处理的中间结果以及执行的最后结果都可以以文件的形式保存起来，以便继续使用。

Visual Basic 提供了多种访问文件的方法。第一种是使用传统语句和函数对文件进行访问和操纵，如可以打开文件、写文件、复制文件、获取文件的创建时间等；第二种是使用 Windows API 函数，也可以查询磁盘信息（如容量）、查询文件和文件夹的信息（如创建时间）、复制文件和文件夹、移动和删除文件和文件夹等；第三种是使用 Visual Basic 6.0 提供的新方法，即使用文件系统对象（File System Object，FSO）对文件进行访问。另外，使用 Visual Basic 的内部文件系统控件（如 DriveListBox、DirListBox、FileListBox）还可以实现选择驱动器、浏览文件夹或文件等操作。

本章将介绍使用传统语句和函数访问文件的方法，以及文件系统控件的使用。

12.1　文件的基本概念

在计算机系统中，文件是存储数据的基本单位，任何对数据的访问都是通过文件进行的。通常在计算机的外存储设备（如磁盘、磁带）上存储着大量的文件，如文本文件、位图文件、程序文件等。为了便于管理，常将具有相互关系的一组文件放在同一个文件夹中，系统通过对文件、文件夹的管理达到管理数据信息的目的。

在计算机系统中，文件分为二进制文件和文本文件。广义上讲所有文件都是以二进制的编码方式来存放数据的，所以所有文件都是二进制文件。狭义的二进制文件是除文本文件以外的文件，如位图文件、音频文件等。通常所说的文本文件是基于 ASCII 和 UNICODE 编码方式存储数据的文件，即纯文本文件，文本文件是二进制文件的一种特例。

另外，人们还经常从多种角度对文件进行分类。例如，按文件的存储介质不同，可以分为磁盘文件、磁带文件等；按文件的用途不同，可以分为程序文件和数据文件；按文件的存储内容不同，可分为图形图像文件和音频文件等。

在 Visual Basic 中按文件打开和组织的方式，将文件分为顺序文件、随机文件和二进制文件。

顺序文件即普通的纯文本文件，其数据是以 ASCII 字符的形式存储的，可以用任何字处理软件进行访问。顺序文件中的一行称为一个记录，记录只能按顺序存储，读写记录也只能按顺序读写。读写顺序文件时可以快速定位到文件头或文件尾，但如果要查找位于中间的数据，就必须从头开始一个记录一个记录地查找，直到找到为止，就好像在录音带上查找某首歌一样。顺序文件的优点是结构简单、访问方式简单，缺点是查找数据必须按顺序进行，且不能同时对顺序文件进行读操作和写操作。

随机文件是以固定长度的记录为单位进行存储的。随机文件由若干条记录组成，而每条记录又可以包含多个数据项，所有记录包含的数据项个数应相同，所有记录的同一个数据项称为一个字段，同一个字段中的数据类型都是相同的。随机文件按记录号引用各个记录，通过简单地指定记录号，就可以很快地访问到该记录。随机文件的优点是可以按任意顺序访问其中的数据；可以在打开文件后，同时进行读操作和写操作。随机文件的缺点是不能用字处理软件查看其中的内容；占用的磁盘存储空间比顺序文件大。

二进制文件是以字节为单位进行存储的文件。由于二进制文件没有特别的结构，整个文件都可以当作一个长的字节序列来处理，所以可以用二进制文件来存放非记录形式的数据或变长记录形式的数据。

12.2 顺序文件

对顺序文件中的记录只能按顺序进行读写，这决定了对顺序文件的操作也比较简单，一般分为 3 步：打开文件，读或写文件，关闭文件。

12.2.1 顺序文件的打开和关闭

1. 顺序文件的打开

在对文件进行任何存取操作之前必须先打开文件，打开顺序文件要使用 Open 语句。格式如下：

```
Open 文件名 For [Input|Output|Append] As [#] 文件号 [Len= 缓冲区大小 ]
```

功能：按指定的方式打开一个文件，并为文件指定一个文件号。

说明：1）文件名：一个字符串表达式，可以包含驱动器符及文件夹名，用于指定要打开的文件。

2）Input|Output|Append：指定打开文件的方式，具体作用如下：

Input：表示以只读方式打开文件。当要读的文件不存在时会出错。

Output：表示以写方式打开文件。如果文件不存在，就创建一个新的文件；如果文件已经存在，则删除文件中的原有数据，从头开始写入数据。

Append：表示以添加的方式打开文件。如果文件不存在，就创建一个新的文件；如果文件已经存在，则打开文件并保留原有的数据，写入的数据将添加到文件的末尾。

3）文件号：用于为打开的文件指定一个编号，是一个介于 1 ～ 511 之间的整数，“文件号”前的 # 号可以省略。为了在同时打开多个文件时避免文件号的重复，Visual Basic 提供了函数 FreeFile 来为打开的文件分配系统中未被使用的文件号。

4）缓冲区大小：指定缓冲区的字节数。默认缓冲区的大小为 512 字节。

例如，要在 C 盘 Data 文件夹下建立一个名为 Student.dat 的顺序文件，首先需要使用 Open 语句创建该文件，Open 语句为：

```
Open "C:\Data\Student.dat" For Output As #1
```

要打开当前文件夹下名为 Salary.dat 的顺序文件，以便从中读取数据，Open 语句为：

```
Open "Salary.dat" For Input As #8
```

要打开 C 盘 Data 文件夹下名为 Student.dat 的文件，以便在文件末尾添加数据，Open 语句为：

```
Open "C:\Data\Student.dat" For Append As 2
```

2. 顺序文件的关闭

完成文件操作后，需要使用 Close 语句关闭打开的文件。Close 语句格式如下：

```
Close [ 文件号列表 ]
```

其中，“文件号列表”包括一个到多个已经打开的文件的文件号，各项之间用逗号隔开，省略时则关闭所有已打开的文件。

例如，要关闭文件号为 1 的文件，相应的 Close 语句为：

```
Close #1
```

要关闭文件号为 1，2，8 的文件，相应的 Close 语句为：

```
Close #1, 2, 8    ' 文件号前的"#"号可以省略
```

要关闭所有文件，相应的 Close 语句为：

```
Close
```

12.2.2　顺序文件的读写

打开顺序文件之后，就可以对顺序文件进行读写操作了。读操作是指将文件中的数据读取到内存（如变量或数组元素）中，写操作是指将内存（如常量、变量或数组元素）中的数据保存到文件中。

1. 顺序文件的写操作

Visual Basic 提供了两个向文件写入数据的语句，即 Write # 语句和 Print # 语句。

（1）Write # 语句

格式：`Write # 文件号 [, 输出列表 ]`

功能：将“输出列表”的内容写入到由“文件号”指定的文件中。

说明：1）“输出列表”中各项之间要用逗号分开，每一项可以是常量、变量或表达式。

2）Write # 语句将各输出项的值按列表顺序写入文件并在各值之间自动插入逗号，并且将字符串加上双引号。所有数据写完后，将在最后加入一个回车换行符。不含“输出列表”的 Write # 语句将在文件中写入一空行。

【例 12-1】 建立一个新的学生成绩文件，将输入的学生成绩添加到文件中。

界面设计：在窗体上添加一个通用对话框控件 CommonDialog1，打开其属性页，按图 12-1 设置其属性，参照图 12-2a 添加其他控件。

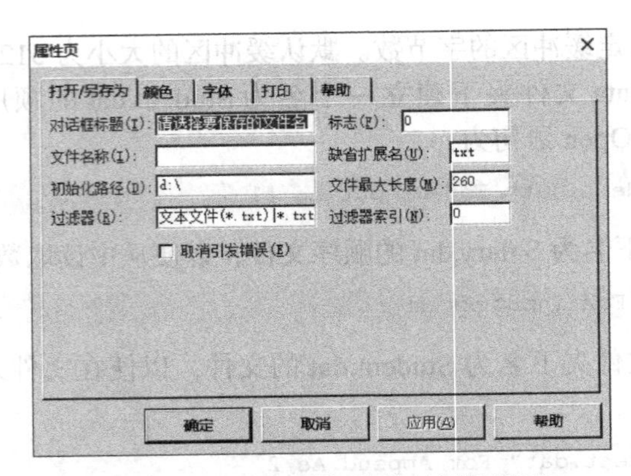

图 12-1 通用对话框控件的属性设置

代码设计：1）在窗体的 Load 事件过程中显示保存文件对话框，并将对话框中指定的文件作为 Open 语句要打开的文件。因为要新建文件，所以在 Open 语句中指定以 Output 方式打开文件。窗体的 Load 事件过程如下。

```
Private Sub Form_Load()
    CommonDialog1.ShowSave
    Open CommonDialog1.FileName For Output As #1
End Sub
```

2）在“添加”按钮 Command1 的 Click 事件过程中，将输入的数据用 Write # 语句写入文件，同时清除界面上的数据。

```
Private Sub Command1_Click()
    no = Text1.Text
    na = Text2.Text
    g1 = Val(Text3.Text)
    g2 = Val(Text4.Text)
    Write #1, no, na, g1, g2              ' 将变量中的数据写入文件中
    Text1.Text = "" : Text2.Text = "" : Text3.Text = "" : Text4.Text = ""
End Sub
```

3）在“结束”按钮 Command2 的 Click 事件过程中关闭文件、结束运行。

```
Private Sub Command2_Click()
    Close #1
    End
End Sub
```

运行时，首先会打开一个保存文件对话框，在该对话框中选择文件路径并指定一个文件名（这里假设为 d:\aaa.txt），单击“确定”后会打开成绩录入界面，如图 12-2b 所示，每输入一个学生的学号、姓名、数学和英语成绩后，单击“添加”按钮，将这些数据作为一条记录添加到指定的文件中，同时清空各输入文本框。

单击“结束”按钮结束运行，用记事本打开生成的顺序文件（这里为 d:\test1.txt），文件内容如图 12-3 所示。可以看出，字符串用双引号括起来，各数据项之间加上了逗号分隔符。

（2）Print # 语句

格式：`Print #文件号，输出列表`

功能：将“输出列表”的内容写入“文件号”指定的文件中。

说明：1）“输出列表”中各项要用逗号或分号隔开。当用逗号分隔时，采用分区格式输

出；当用分号分隔时，采用紧凑格式输出。所有项将在一行内输出，所有项输出后将自动换行。“输出列表”的每一项可以是常量、变量或表达式。

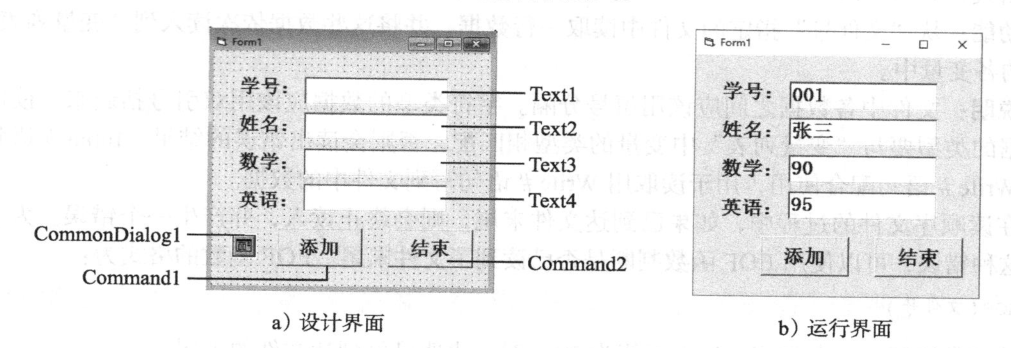

a）设计界面　　b）运行界面

图 12-2　学生成绩录入

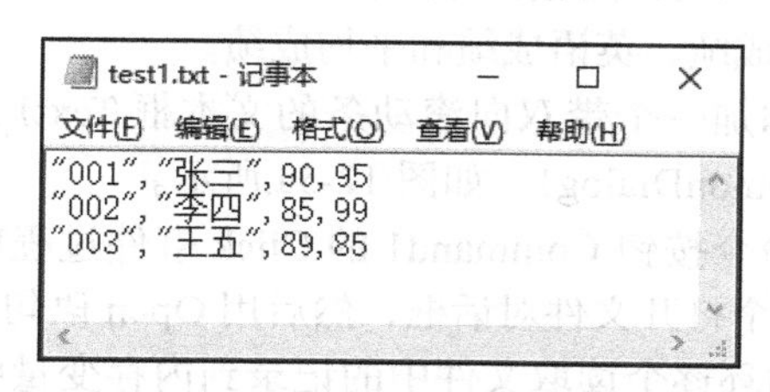

图 12-3　用 Write# 语句生成的学生成绩顺序文件

2）Print # 语句与 Write # 语句不同，用 Print # 语句输出后，文件中的字符串没有被加上引号，各项之间没有用逗号分隔。

3）“输出列表”中可以使用 Spc() 函数和 Tab() 函数。例如：

```
Print #1, "函数",Spc(8),"实验"    ' 在"函数"和"实验"间留有 8 个空格
Print #1, "定位",Tab(8),"实验"    ' "实验"将写在第 8 列开始的位置
```

例如，如果将例 12-1 中的 Write # 语句改为以下 Print # 语句：

```
Print #2, no, na, g1, g2
```

则运行后文件格式如图 12-4a 所示。如果将例 12-1 中的 Write # 语句改为以下 Print # 语句：

```
Print #2, no; na; g1; g2
```

则运行后文件格式如图 12-4b 所示。

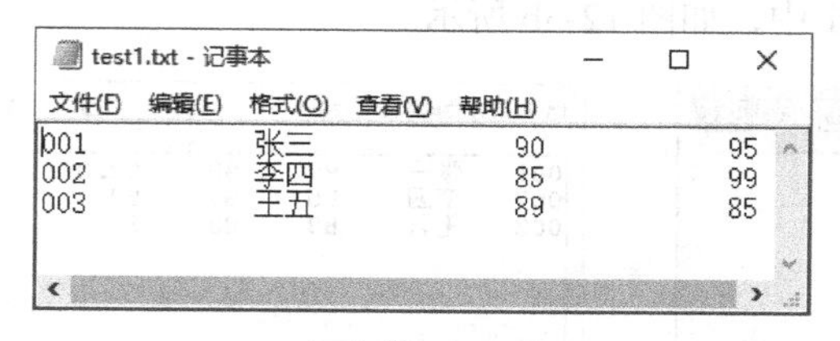

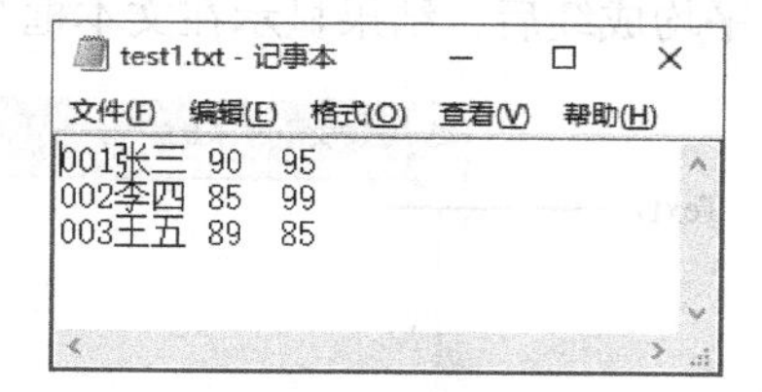

a）参数间用逗号　　b）参数间用分号

图 12-4　用 Print# 语句生成的学生成绩顺序文件

2. 顺序文件的读操作

Visual Basic 允许使用多种方式来读取顺序文件中的数据。

（1）Input # 语句

格式：Input # 文件号，变量列表

功能：从“文件号”指定的文件中读取一行数据，并将这些数据依次读入到“变量列表”所列的各变量中。

说明：文件中各数据之间应该用逗号分隔。字符类型的数据应该用双引号括起来。读取的数据的类型要与“变量列表”中变量的类型相匹配，否则会读出错误的结果。Input # 语句常与 Write # 语句配合使用，用于读取用 Write # 语句写到文件中的数据。

在读顺序文件的过程中，如果已到达文件末尾，则会终止读入，并产生一个错误。为了避免这种错误，可以使用 EOF 函数判断是否已读到了文件末尾。EOF 函数的格式为：

```
EOF(文件号)
```

该函数返回一个布尔值，当返回值为 True 时，表明已经到达文件的末尾。

【例 12-2】 读取例 12-1 生成的数据文件（用 Write # 语句生成），计算平均成绩，并显示各学生的学号、姓名、数学成绩、英语成绩和平均成绩。

界面设计：向窗体上添加一个带双向滚动条的文本框 Text1、一个命令按钮 Command1 和一个通用对话框控件 CommonDialog1，如图 12-5a 所示。

代码设计：代码写在命令按钮 Command1 的 Click 事件过程中，首先用 ShowOpen 方法将通用对话框控件显示为一个打开文件对话框，然后用 Open 语句将在对话框中指定的文件打开，使用 Input# 语句结合循环逐个读取文件中的记录到内存变量中，计算平均值并显示在文本框中，代码如下。

```
Private Sub Command1_Click()
    CommonDialog1.ShowOpen                        ' 显示一个打开文件对话框
    Open CommonDialog1.FileName For Input As #2     ' 打开顺序文件
    Text1.Text = ""
    Do While Not EOF(2)                           ' 如果没有到达文件末尾，则进入循环
        Input #2, num, nam, s1, s2                ' 读取文件中的当前记录到各变量中
        ave = (s1 + s2) / 2                       ' 计算平均成绩
        Text1.Text = Text1.Text & num & "   " & nam & "   " & _
        Str(s1) & "   " & Str(s2) & "   " & Str(ave) & vbCrlf
    Loop
    Close #2
End Sub
```

运行时，单击“读取数据”按钮，打开文件对话框，选中要读取数据的文件，读取数据并计算平均成绩后，结果显示在文本框 Text1 中，如图 12-5b 所示。

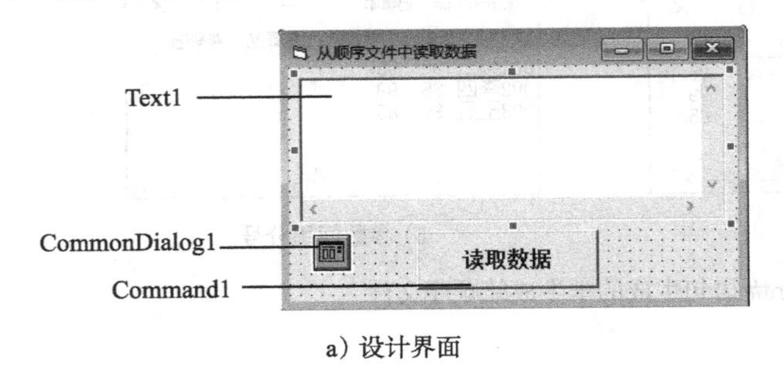

a）设计界面

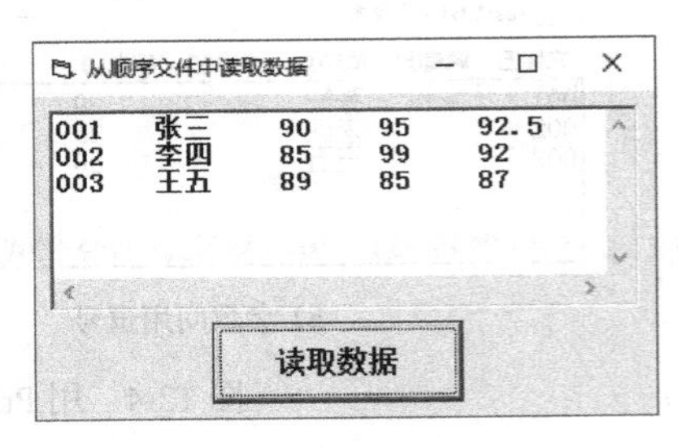

b）运行界面

图 12-5　用 Input # 语句读取文件

（2）Line Input # 语句

格式：`Line Input # 文件号，变量名`

功能：从“文件号”指定的文件中读取一行数据，即读取从行首到回车换行符之间的所有字符（不包括回车和换行符）。读出的字符串放在“变量名”中。

说明：Line Input # 语句常与 Print # 语句配合使用，用于读取由 Print # 语句写到文件中的数据。

【例 12-3】 将例 12-1 代码中的 Write # 语句改用“ Print #2, no; na; g1; g2”后，生成的学生成绩数据文件如图 12-4b 所示。读取该数据文件中的数据，显示在文本框中。

界面设计：向窗体上添加一个带双向滚动条的文本框 Text1、一个命令按钮 Command1 和一个通用对话框控件 CommonDialog1，如图 12-6a 所示。

代码设计：代码写在命令按钮 Command1 的 Click 事件过程中，首先用 ShowOpen 方法将通用对话框控件显示为一个打开文件对话框，然后用 Open 语句将在对话框中指定的文件打开，因为本例只显示各记录的内容，不对其中的数据项进行处理，因此可以直接使用 Line Input # 语句按记录读取文件中的数据。代码如下。

```
Private Sub Command1_Click()
    CommonDialog1.ShowOpen      ' 显示一个打开文件对话框
    Open CommonDialog1.FileName For Input As #3     ' 打开顺序文件
    Text1.Text = ""
    Do While Not EOF(3)         ' 如果没有读完最后一条记录
        Line Input #3, SS       ' 读取文件中的当前记录给变量 SS
        Text1.Text = Text1.Text & SS & Chr(13) & Chr(10)
    Loop
    Close #3
End Sub
```

运行时，单击“读取数据”按钮，在打开的对话框中指定文件名，将文件中的数据显示在文本框 Text1 中，如图 12-6b 所示。

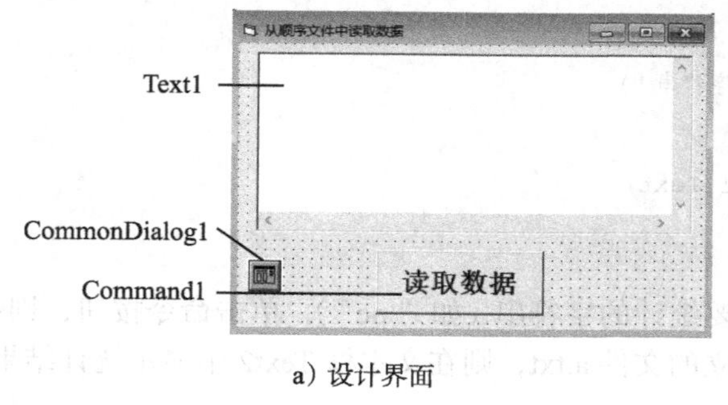

a）设计界面

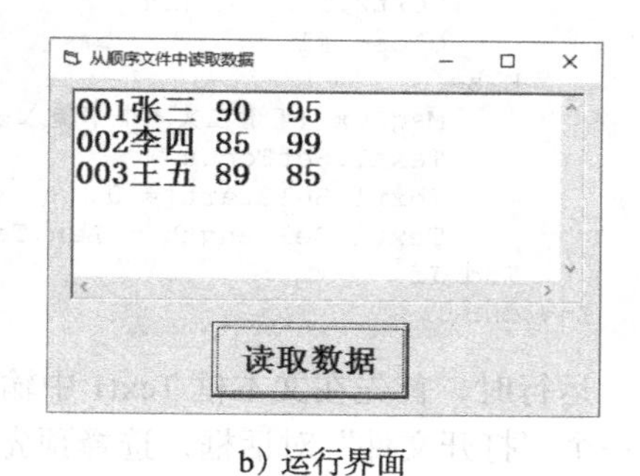

b）运行界面

图 12-6　用 Line Input # 语句读取文件

（3）Input 函数

格式：`Input(n,[#] 文件号)`

功能：从由“文件号”指定文件的当前位置一次读取 n 个字符，n 为整数。

【例 12-4】 输入一个字符串，统计该字符串在某文件中出现的次数。

首先用记事本直接创建一个具有两行（两条记录）的文本文件，作为要读取的源文件。如图 12-7 所示，本例为文件取名“a.txt”。

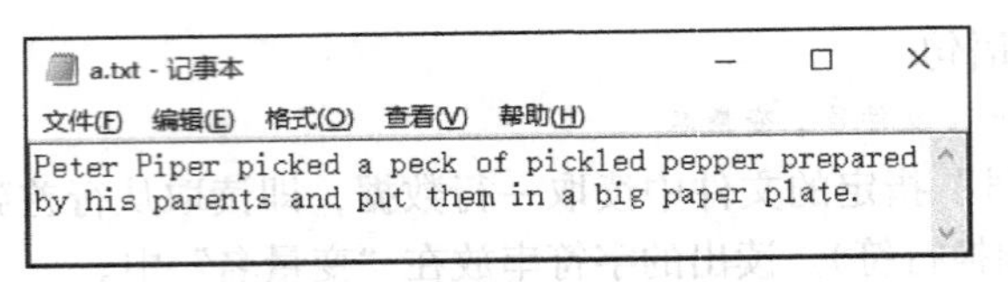
Peter Piper picked a peck of pickled pepper prepared
by his parents and put them in a big paper plate.

图 12-7　a.txt 文件

界面设计：在窗体上添加两个文本框、一个命令按钮、一个通用对话框控件，如图 12-8a 所示。假设运行时在文本框 Text1 中输入要统计的字符串，单击命令按钮，用通用对话框控件显示一个打开文件对话框，指定源文件之后，将统计结果显示在文本框 Text2 中。

代码设计：从文本框获得用户输入的指定字符串并赋值给变量 x。打开顺序文件，将顺序文件中的所有数据用 Input 函数一次读取到变量 s 中。用 InStr 函数检查 x 在 s 中出现的位置 f，如果 f 不为 0，表明在文件中找到了文本框输入的字符串，则将计数变量 num 加 1，然后用 InStr 函数从当前找到的位置之后继续向后查找，直到 f 为 0，则说明已经查找完毕，最后得到的 num 值即为统计结果。代码写在命令按钮 Command1 的 Click 事件过程中，具体如下。

```
Private Sub Command1_Click()
    x = Trim(Text1.Text)          ' 输入用户指定的字符串到变量 x 中，
    If x <> "" Then
        CommonDialog1.ShowOpen ' 显示 " 打开文件 " 对话框
        Open CommonDialog1.FileName For Input As #1     ' 打开指定的文件
        FLen = LOF(1)             ' 用 LOF 函数获取文件的总长度
        s = Input(FLen, #1)       ' 用 Input 函数从文件中读取长度为 FLen 的字符（全部字符）
        f = InStr(1, s, x)        ' 查找 x 在 s 中首次出现的位置
        num = 0                   ' 假设用 num 来保存统计结果
        Do While f <> 0           ' 如果上次查找位置 f 不为 0，则继续
           num = num + 1
           f = InStr(f + Len(x), s, x)     ' 继续在 s 中查找 x，查找起始位置为 f + Len(x)
        Loop
        Text2.Text = num          ' 显示查找结果
        Close #1
    Else
        MsgBox ("请在文本框中输入一个字符串")
        Text1.SetFocus
        Text1.SelStart = 0
        Text1.SelLength = Len(Text1.Text)
    End If
End Sub
```

运行时，首先在文本框 Text1 中输入要统计的字符串（如 “pe”），单击命令按钮，则显示一个“打开文件”对话框，选择预先建立的文件 a.txt，则在文本框 Text2 中显示统计结果，如图 12-8b 所示。

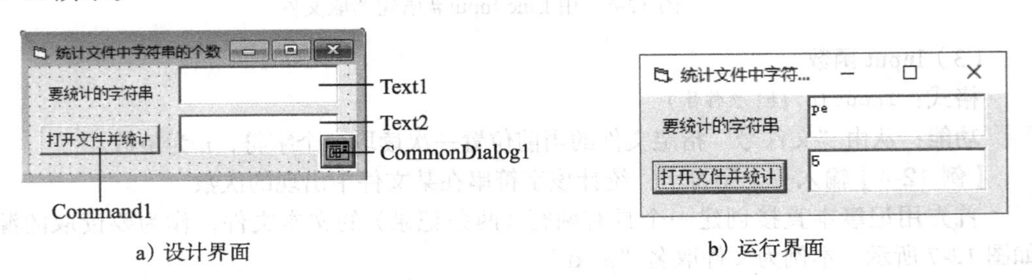

a）设计界面　　b）运行界面

图 12-8　统计指定字符串在文件中出现的次数

说明：本例代码中使用 LOF 函数获取文件的总长度，LOF 函数的格式为：

```
LOF(文件号)
```

LOF 函数返回一个 Long 类型的数据，表示用 Open 语句打开的文件的大小，该大小以字节为单位。

（4）InputB 函数

格式：`InputB(n,[#]文件号)`

功能：从“文件号”指定文件的当前位置一次读取 n 字节的数据。

说明：InputB 函数读出的是 ANSI 格式的字符，必须使用 StrConv 函数转换成 Unicode 字符才能被正确地显示在屏幕上。

【例 12-5】 使用 InputB 函数一次读取某文本文件的内容，并显示在文本框 Text1 中。

界面设计：向窗体上添加一个文本框 Text1 和一个命令按钮 Command1，假设运行时单击命令按钮 Comman1，读取文本文件 a.txt 的全部文本并显示在文本框 Text1 中。

代码设计：首先打开文件，然后使用 LOf 函数获取文件的总字节数，再使用该字节数作为 InputB 函数要读取的字节数，即可读取文件的全部内容。

```
Private Sub Command1_Click()
    Open App.Path & "\a.txt" For Input As #1
    s = StrConv(InputB(LOF(1), #1), vbUnicode)
    Text1.Text = s
End Sub
```

【例 12-6】 读取例 12-1 生成的学生成绩文件，计算每个学生的平均成绩，计算每门课的平均成绩，将原始数据和计算结果显示于文本框中，同时保存于另外一个指定的文件中。

界面设计：向窗体上添加一个文本框 Text1，用于显示原始数据；添加另一个文本框 Text2 用于显示原始数据和计算结果；添加一个通用对话框控件 CommonDialog1，用于显示打开文件或保存文件对话框；添加 3 个命令按钮，如图 12-9a 所示。

代码设计：1）程序中引入数组来保存从文件中读出的数据，一维数组 Num 用于保存学号，第 i 个学生的学号保存在数组元素 Num(i) 中；一维数组 Nam 用于保存姓名，第 i 个学生的姓名保存在数组元素 Nam(i) 中；二维数组 G 用于保存两门课的成绩。第 i 个学生的数学和英语成绩分别保存在数组元素 G(i,1) 和 G(i,2) 中。程序设最多学生人数为 100 人，因为在多个事件过程中都要用到数组，所以要在窗体模块的通用声明段声明数组：

```
Dim Num(100) As String, Nam(100) As String, G(100, 2) As Integer, N As Integer
```

2）在“读取数据”按钮的 Click 事件过程中，用 ShowOpen 方法将通用对话框控件显示为一个打开文件对话框，将在该对话框中指定的文件用 Open 语句打开，使用循环逐个读取文件中的记录到各数组元素中，并显示在文本框 Text1 中。

```
Private Sub Command1_Click()          ' 读取数据
    CommonDialog1.ShowOpen            ' 显示一个打开文件对话框
    Open CommonDialog1.FileName For Input As #1      ' 打开顺序文件
    N = 0
    Do While Not EOF(1)               ' 如果没有到达文件末尾，则进入循环
        N = N + 1
        Input #1, Num(N), Nam(N), G(N, 1), G(N, 2)  ' 读取文件中的当前记录
        Text1.Text = Text1.Text & "    " & Num(N) & "    " & Nam(N) & "    " & _
                     Str(G(N, 1)) & "    " & Str(G(N, 2)) & "    " & vbCrLf
    Loop
```

```
    Close #1
End Sub
```

3）在“计算平均”按钮的 Click 事件过程中，用 ShowSave 方法将通用对话框控件显示为一个保存文件对话框，将在该对话框中指定的文件用 Open 语句打开，使用循环逐个求每个学生成绩的平均值，将每个学生的原始信息和平均成绩写入文件并显示在文本框 Text2 中。最后求出每门课的总平均成绩后，写入文件的最后一条记录。

```
Private Sub Command2_Click()          ' 计算平均
    CommonDialog1.ShowSave
    Open CommonDialog1.FileName For Output As #2    ' 显示一个保存文件对话框
    Sum1 = 0: Sum2 = 0              ' sum1 和 sum2 分别用于保存数学总成绩和英语总成绩
    Text2.Text = ""
    For i = 1 To N
        ave = (G(i, 1) + G(i, 2)) / 2     ' 计算每个学生的平均成绩
        Write #2, Num(i), Nam(i), G(i, 1), G(i, 2), ave; 写入文件
        Text2.Text = Text2.Text & "   " & Num(i) & "  " & Nam(i) & _
        "   " & Str(G(i, 1)) & "   " & Str(G(i, 2)) & "   " & Str(ave) & vbCrLf
       Sum1 = Sum1 + G(i, 1)
       Sum2 = Sum2 + G(i, 2)
    Next i
    Text2.Text = Text2.Text & " 总平均 " & "      " & Format(Sum1 / N, "0.0") & _
                "   " & Format(Sum2 / N, "0.0")
    Write #2, "总平均", Sum1 / N, Sum2 / N
    Close #2
End Sub
```

4）在“退出”按钮的 Click 事件过程中关闭文件，结束程序运行。

```
Private Sub Command3_Click()     ' 退出
    close
    End
End Sub
```

运行时单击“读取数据”按钮，用通用对话框控件显示一个打开文件对话框，在对话框中指定要读取的数据文件，则该数据文件中的数据显示在文本框 Text1 中；单击“计算平均”按钮，显示另一个保存文件对话框，指定要保存数据的文件名后，将原始数据和计算结果显示在文本框 Text2 中，同时保存到该指定的文件中，显示结果如图 12-9b 所示。

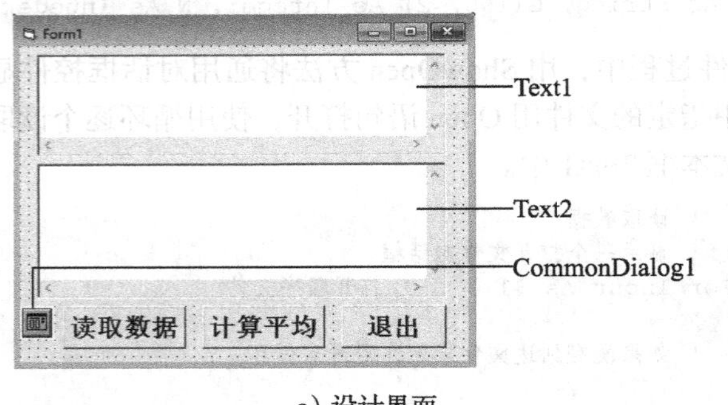

a）设计界面

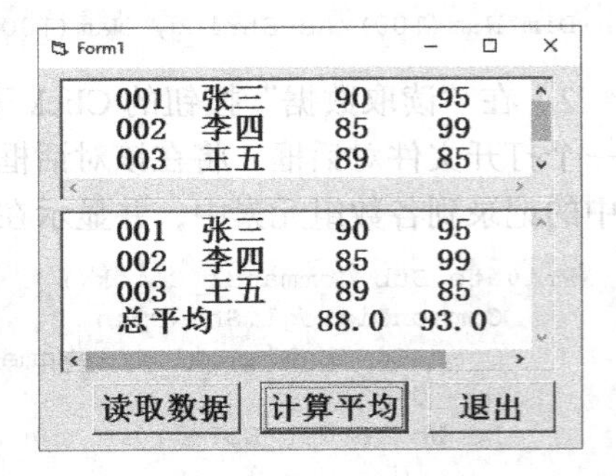

b）运行界面

图 12-9　计算平均成绩

12.3 随机文件

随机文件由一系列固定长度的记录组成，所有记录的同一个字段的数据类型相同。访问随机文件时，通过指定记录号可以快速地定位到相应的记录。打开随机文件后，可以同时对其进行读、写操作。操作完成后需要关闭文件。不能使用纯文本编辑器查看随机文件的内容。

12.3.1 随机文件的打开和关闭

1. 随机文件的打开

在对随机文件进行存取之前必须先打开文件，打开随机文件也使用 Open 语句。

格式：`Open 文件名 [For Random] As 文件号 Len = 记录长度`

说明： 1)“For Random” 表示打开随机文件，可以省略。

2)“记录长度”：随机文件中每条记录的长度。

3) 当使用 Open 语句打开随机文件时，如果文件已经存在则直接打开，否则，建立一个新的文件。

2. 随机文件的关闭

随机文件的关闭和关闭顺序文件一样，同样使用 Close 语句。例如：

```
Close #1    ' 表示关闭文件号为 1 的文件。
```

12.3.2 随机文件的读写

1. 写文件

Visual Basic 使用 Put 语句向随机文件中写数据。

格式：`Put [#] 文件号 ,[ 记录号 ], 变量名`

功能： 将“变量名”指定的数据写入由“文件号”指定的随机文件中。

说明： 1) 记录号：指定要将数据写到文件中的哪个位置。第一条记录的记录号为 1，第二条记录的记录号为 2……若文件中已有此记录，则该记录将被新记录覆盖；若文件中无此记录，则在文件中添加一条新记录。如果省略“记录号”，则写入数据的记录号为上次读或写的记录的记录号加 1。

2) 变量名：通常是一个用户自定义类型的变量，也可以是其他类型的变量。

2. 读文件

Visual Basic 使用 Get 语句从随机文件中读取数据。

格式：`Get [#] 文件号 ,[ 记录号 ], 变量名`

功能: 从由“文件号”指定的随机文件中读取由“记录号”指定的一条记录，保存到“变量名”指定的变量之中。

说明：“记录号”的含义与 Put 语句相同。“变量名”通常是用户自定义类型，用于接收从随机文件中读取的记录。

Visual Basic 为了方便用户，允许用户使用 Type 语句来构造用户自己需要的数据类型，这种数据类型称为“用户自定义类型”。当需要创建单个变量来记录多项相关信息时，用户自定义类型就十分有用。例如，如果希望用一个变量 Stud 来保存一个学生的学号、姓名、数学成绩、英语成绩，则可以定义一个用户自定义类型，该类型的每一个数据包含学号、姓名、数学成绩、英语成绩 4 项信息，然后将变量 Stud 定义为该自定义类型。

用户自定义类型可以使用 Type 语句定义，Type 语句格式如下：

```
[Private|Public] Type 用户自定义类型名
    元素名 [(下标)] As 类型
    …
End Type
```

说明：1）“用户自定义类型名”“元素名”应遵循标识符的命名规则。“类型”可以是 Visual Basic 系统提供的基本数据类型或已声明的用户自定义类型。缺省 [Private|Public] 选项时，默认是 Public。

2）用户自定义类型必须在窗体模块或标准模块的通用声明段进行声明。在窗体模块中定义用户自定义类型时必须使用 Private 关键字。

3）如果用户自定义类型的元素为数组，则需要使用“下标”参数。

例如，在窗体模块的通用声明段中自定义如下的 Student 类型用来保存学生的信息：

```
Private Type Student                  ' 自定义数据类型 Student
    studNum As String * 6             ' 学号
    studName As String * 5            ' 姓名
    Math As Integer                   ' 数学成绩
    English As Integer                ' 英语成绩
End Type
```

在使用用户自定义类型前，必须先声明用户自定义类型的变量。例如：

```
Dim Stud As Student                   ' 定义变量 Stud 为 Student 类型
```

在代码中引用用户自定义类型变量中的元素时，需要使用如下格式：

```
用户自定义类型名 . 元素名
```

例如，要给以上定义的变量 Stud 赋值，需要使用语句：

```
Stud.studNum = "001"
Stud.studName = "张三"
Stud.Math = 90
Stud.English = 95
End Sub
```

【例 12-7】 修改例 12-1，将建立学生成绩顺序文件修改为建立学生成绩随机文件。

界面设计：界面和图 12-2 的“学生成绩录入”界面相同。

代码设计：1）在窗体模块的通用声明段声明用户自定义类型 Student，并定义变量 Stud 为 Student 类型。

```
Private Type Student                  ' 自定义数据类型 Student
    studNum As String * 6             ' 学号
    studName As String * 5            ' 姓名
    Math As Integer                   ' 数学成绩
    English As Integer                ' 英语成绩
End Type
Dim Stud As Student                   ' 定义变量 Stud 为 Student 类型
```

2）在窗体的 Load 事件过程中打开指定的文件。

```
Private Sub Form_Load()
    CommonDialog1.ShowSave          ' 显示一个保存文件对话框
    ' 以随机文件的方式打开对话框中指定的文件
    Open CommonDialog1.FileName For Random As #1 Len = Len(Stud)
End Sub
```

3）在“添加”按钮 Command1 的 Click 事件过程中读取界面各数据到变量 Stud 中，然后将变量 Stud 的值作为一条记录写入随机文件中。

```
Private Sub Command1_Click()
    Stud.studNum = Text1.Text
    Stud.studName = Text2.Text
    Stud.Math = Val(Text3.Text)
    Stud.English = Val(Text4.Text)
    Put #1, , Stud     ' 将变量Stud的值作为一条记录写入随机文件中
    Text1.Text = "": Text2.Text = "": Text3.Text = "": Text4.Text = ""
End Sub
```

4）在“结束”按钮的 Click 事件过程中关闭随机文件，并结束运行。

```
Private Sub Command2_Click()
    Close #1            ' 关闭随机文件
    End
End Sub
```

本例运行方法与例 12-1 相同，只是生成的数据文件为随机文件，而不是顺序文件。

【例 12-8】 使用例 12-7 建立的随机文件，按指定的记录号读取记录。

界面设计：设计如图 12-10a 所示的界面。运行时，每当向文本框 Text1 输入一个记录号并按回车键后，将指定的记录信息显示出来。

代码设计： 1）在窗体模块的通用声明段声明用户自定义类型 Student，并定义变量 Stud 为 Student 类型。

```
Private Type Student              ' 自定义数据类型Student
    studNum As String * 6         ' 学号
    studName As String * 5        ' 姓名
    Math As Integer               ' 数学成绩
    English As Integer            ' 英语成绩
End Type
Dim Stud As Student               ' 定义变量Stud为Student类型
```

2）在窗体的 Load 事件过程中将 CommonDialog1 显示为一个打开文件对话框，然后以随机文件的方式打开对话框中指定的文件。

```
Private Sub Form_Load()
    CommonDialog1.ShowOpen        ' 显示打开文件对话框
    ' 以随机文件的方式打开对话框中指定的文件
    Open CommonDialog1.FileName For Random As #1 Len = Len(Stud)
End Sub
```

3）在 Text1 的 KeyUp 事件过程中编写代码，根据返回的 KeyCode 参数进行判断，如果 KeyCode 的值为 13（回车键的 ASCII 码），说明按下了回车键，则从随机文件中读取指定的记录。

```
Private Sub Text1_KeyUp(KeyCode As Integer, Shift As Integer)
    recno = Val(Text1.Text)
    If KeyCode = 13 Then                      ' 如果在文本框中按下了回车键
        recCount = LOF(1) / Len(Stud)         ' 求文件的总记录数
        If recno > recCount Or recno <= 0 Then
            ' 如果指定的记录号超出范围，则给出提示，选中Text1中的文本
            MsgBox "记录号超出范围"
            Text2.Text = "": Text3.Text = "": Text4.Text = "": Text5.Text = ""
        Else
```

```
                Get #1, recno, Stud    ' 读取文件中记录号为 recno 的记录到变量 Stud 中
                Text2.Text = Stud.studNum
                Text3.Text = Stud.studName
                Text4.Text = Stud.Math
                Text5.Text = Stud.English
            End If
        End If
        Text1.SelStart = 0
        Text1.SelLength = Len(Text1.Text)
    End Sub
```

由于使用 Len(Stud) 可以获取每条记录的长度，使用 LOF(1) 可以获取文件号为 #1 的文件的总长度，因此，以上代码使用 LOF(1)/Len(Stud) 来获取了文件的总记录数。只有当指定要读取的记录号不超过文件的总记录数时才从文件中读取数据。

4）在窗体的 UnLoad 事件过程中关闭随机文件。

```
Private Sub Form_Unload(Cancel As Integer)
    Close #1
End Sub
```

运行时，在文本框 Text1 中输入记录号，按下回车键，则显示相应的记录信息，如图 12-10b 所示。

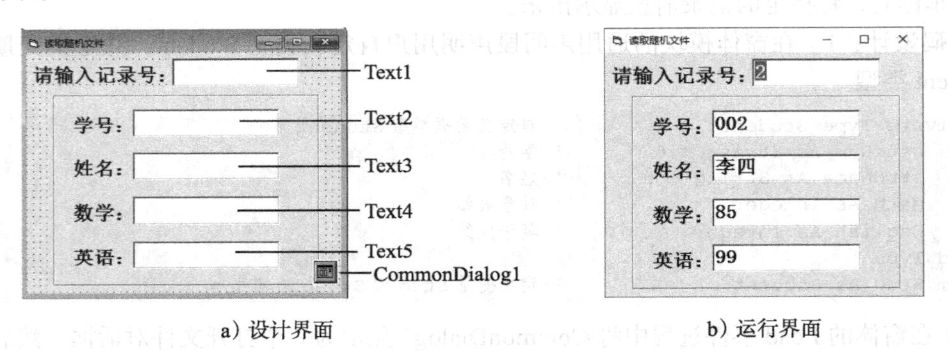

a）设计界面　　b）运行界面

图 12-10　读取随机文件中指定的记录

12.4　二进制文件

二进制文件是以字节为单位进行访问的文件。由于二进制文件没有特别的结构，整个文件都可以当作一个长的字节序列来处理，所以可以用二进制文件来存放非记录形式的数据或变长记录形式的数据。

12.4.1　二进制文件的打开和关闭

和使用其他文件一样，在对二进制文件进行存取之前也必须先打开文件，使用之后需要将其关闭。

1. 二进制文件的打开

打开二进制文件使用 Open 语句。

格式： `Open 文件名 For Binary As [#] 文件号`

说明： 1）关键字“For Binary”表示打开二进制文件。

2）当使用 Open 语句打开二进制文件时，如果文件已经存在则直接打开，否则，建立一

个新的文件。

例如：以二进制方式打开 C 盘上的文件 test.txt，使用以下语句：

```
Open "C:\test.txt" For Binary As #1
```

2. 二进制文件的关闭

二进制文件的关闭同样使用 Close 语句。例如：

```
Close #1    ' 表示关闭文件号为 1 的文件
```

12.4.2 二进制文件的读写

1. 写文件

Visual Basic 使用 Put 语句向二进制文件写入数据。

格式： `Put [#] 文件号 ,[ 位置 ], 变量名`

功能： 将“变量名”包含的数据写入由“文件号”指定的二进制文件中。写入的位置由“位置”参数指定。

说明： 1）位置：表示从文件头开始的字节数，文件中的第一字节位于位置 1，第二字节位于位置 2，以此类推，文件从“位置”开始写入数据，如果省略“位置”，则数据从上次读或写的位置数加 1 字节处开始写入。

2）变量名：可以是任何类型的变量。每次写入的数据长度为此数据类型所占的字节数。如果是可变长度字符串，写入的将是字符串数据，而不包括结束符，建议最好使用定长字符串读写二进制文件。

3）可以使用 Seek 语句来定位读写文件的位置。Seek 语句格式如下：

```
Seek [#] 文件号 , 字节数
```

其功能是将文件的读写位置定位到“字节数”所指的位置处。

例如，在编号为 1 的文件的第 10 字节处写入“实验”，使用下列语句：

```
Seek #1, 10
Put #1, , "实验"
```

2. 读文件

Visual Basic 使用 Get 语句从二进制文件中读取数据。

格式： `Get [#] 文件号 ,[ 位置 ], 变量名`

功能： 从由“文件号”指定的二进制文件读取数据到“变量名”指定的变量中。读取的位置由“位置”参数指定，读取的字节数等于“变量名”指定的变量的长度。

说明：“位置”的含义与 Put 语句相同。“变量名”通常可以是任何数据类型，用于接收从二进制文件中读取的数据。

【例 12-9】 编写一个读写二进制文件的程序，从文本框读成绩数据以二进制的形式写入文件，再从此文件中读出成绩并统计平均成绩、最高分和最低分。

界面设计： 在窗体上添加两个带滚动条的文本框和 3 个不带滚动条的文本框、两个命令按钮、一个通用对话框控件，如图 12-11 所示。

代码设计： 1）在命令按钮 Command1 的 Click 事件过程中，将通用对话框控件显示为一个保存文件对话框，将文本框 Text1 中的数据写入文件中。

```
Private Sub Command1_Click()
```

```
    Dim score, B As Byte
    If Text1.Text <> "" Then
        CommonDialog1.ShowSave        ' 打开成绩文件
        FileNum1 = FreeFile           ' 获取当前可用的文件号
        Open CommonDialog1.FileName For Binary As #FileNum1
        score = Split(Text1.Text, ",")
        For I = 0 To UBound(score)
            B = Val(score(I))
            Put #FileNum1, , B        ' 写文件
         '  Text2.Text = Text2.Text & B & " "
        Next
    Else
        MsgBox "成绩不能为空，重新输入！"
        Text1.SetFocus
    End If
End Sub
```

2）在命令按钮Command2的Click事件过程中，将通用对话框控件显示为一个打开文件对话框，从文件中读出数据并进行统计，原始数据显示在文本框Text2中，统计结果显示在文本框Text3、Text4、Text5中。

```
Private Sub Command2_Click()
    Dim B As Byte                             ' B用于保存每次从源文件中读取的1字节
    Dim Sum As Long, I As Long
    Dim Max As Long, Min As Long              ' 保存最高分、最低分
    Dim FileName1 As String                   ' 保存文件名
    Dim FileNum1 As Integer                   ' 保存文件号
    CommonDialog1.ShowOpen
    FileNum1 = FreeFile                       ' 获取当前可用的文件号
    FileName1 = CommonDialog1.FileName
    Open FileName1 For Binary As #FileNum1    ' 打开成绩文件
    Sum = 0
    I = 0
    Get #FileNum1, , B                        ' 从源文件读取1字节到变量B
    Max = B
    Min = B
    Do While Not EOF(FileNum1)                ' 如果源文件未结束，则循环
        Text2.Text = Text2.Text & B & " "
        If B > Max Then Max = B
        If B < Min Then Min = B
        Sum = Sum + B
        I = I + 1
        Get #FileNum1, , B
    Loop
    Text3.Text = Format(Sum / I, "0.0")
    Text4.Text = Max
    Text5.Text = Min
    Close #FileNum1                           ' 关闭文件
End Sub
```

假设运行时，先在文本框Text1中输入成绩，然后单击“创建成绩文件”按钮，弹出保存文件对话框，让用户选择要保存数据的文件，再单击“确定”按钮，保存数据并关闭保存文件对话框。单击“输出成绩”按钮，弹出打开文件对话框，让用户选择读取数据的文件，再单击“确定”按钮，程序从文件中读出数据并显示平均成绩、最高分、最低分。

图12-11b为运行界面。

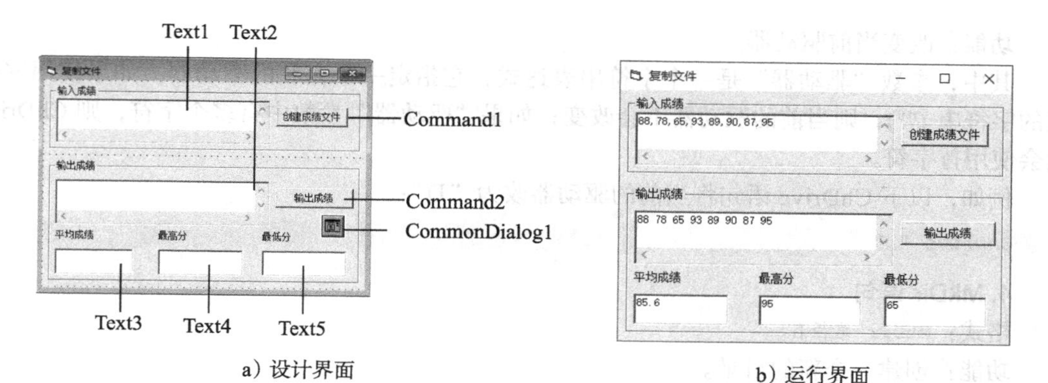

图 12-11　二进制文件读写和统计

12.5　常用的文件操作语句和函数

要对文件进行操作，需要了解与文件有关的信息，如文件所在的位置、文件的大小等。为此，Visual Basic 提供了一些语法简单的函数和语句，满足了程序员对文件和文件夹操作的基本操作需求。在 Windows 系统中目录和文件夹是同一个概念，在以下的叙述中将不进行区分。

1. CurDir 函数

格式：`CurDir [驱动器]`

功能：返回一个字符串值，表示某驱动器的当前路径。

其中，参数“驱动器”是一个字符串表达式，它指定一个存在的驱动器。如果没有指定驱动器或其值是零长度字符串 („“)，则函数 CurDir 返回的是当前驱动器的工作路径。

例如，假设 C 为当前的驱动器，当前路径为“C:\WINDOWS”，使用下列语句可返回当前路径：

```
Dim MyPath as string
MyPath = CurDir              ' 返回"C:\WINDOWS"
MyPath = CurDir("C")         ' 返回"C:\WINDOWS"
```

2. ChDir 语句

格式：`ChDir 路径名`

功能：改变当前目录。

其中，参数“路径名”是一个字符串表达式，表示将成为新的当前目录的名称。“路径名”可能会包含驱动器，如果没有指定驱动器，则 ChDir 在当前的驱动器上改变当前目录。

ChDir 语句改变当前目录的位置，但不会改变当前驱动器。

例如，使用下列语句将当前目录改为“MyDir”：

```
ChDir "MyDir"
```

假设当前的驱动器是“C”，下列语句将把当前目录改至“D:\MyDir”，而“C”仍旧是当前驱动器：

```
ChDir "D:\MyDir"
```

3. ChDrive 语句

格式：`ChDrive 驱动器`

功能：改变当前驱动器。

其中，参数“驱动器”是一个字符串表达式，它指定一个存在的驱动器。如果使用零长度的字符串 („)，则当前的驱动器不会改变；如果“驱动器”参数中有多个字符，则 ChDrive 只会使用首字符。

例如，以下 ChDrive 语句将当前的驱动器改为“D”：

```
ChDrive "D"
```

4. MkDir 语句

格式：MkDir 路径名

功能：创建一个新的目录。

其中，参数“路径名”是一个字符串表达式，表示要创建的目录的名称。“路径名”可以包含驱动器。如果没有指定驱动器，则 MkDir 会在当前驱动器上创建新的目录。如果创建的目录已存在，则会出现错误。

例如，以下语句在当前驱动器下建立新的目录 MyDir：

```
MkDir "MyDir"
```

例如，在 D 驱动器下建立新的目录 MyDir：

```
MkDir "D:\MyDir"
```

5. RmDir 语句

格式：RmDir 路径名

功能：删除一个存在的目录。

其中，参数“路径名”是一个字符串表达式，用来指定要删除的目录。“路径名”可以包含驱动器。如果没有指定驱动器，则 RmDir 语句会在当前驱动器上删除“路径名”指定的目录。

例如，删除 C 驱动器下的目录 MyDir，使用下列语句：

```
RmDir "C:\MyDir"
```

如果使用 RmDir 删除一个不存在的目录或一个含有文件的目录，则会发生错误。

6. Dir 函数

格式：Dir [(路径名 [,属性])]

功能：返回匹配“路径名”的第一个文件名或目录名，返回值为 String 类型的字符串。

其中，“路径名”为一字符串表达式，是可选参数，用来指定文件或目录的名称，它可以包含驱动器及目录。如果没有找到“路径名”，则会返回零长度字符串 („)。“属性”为一常量或数值表达式，是可选参数，用来指定文件、目录的属性。如果省略“属性”，则会返回匹配“路径名”的普通文件的文件名，不包含属性是“vbHidden”、“vbSystem”、“vbDirectory”的文件或文件夹。如果指定“属性”，则会返回普通文件的文件名和拥有指定“属性”的文件名和文件夹名。“属性”参数的设置如表 12-1 所示，其中的参数可以组合使用。

表 12-1　文件属性参数

常量	值	说明
vbNormal	0	一般文件 (缺省值)
vbReadOnly	1	只读文件
vbHidden	2	隐藏文件

（续）

常量	值	说明
VbSystem	4	系统文件
vbVolume	8	卷标文件，如果指定了其他属性，则忽略 vbVolume
vbDirectory	16	路径和目录

可以使用多字符 (*) 和单字符 (?) 的通配符来指定多个文件。在第一次调用 Dir 函数时，必须指定“路径名”，否则会产生错误，如果要指定文件属性，那么就必须包括“路径名”。Dir 会返回与“路径名”匹配的第一个文件名。若想得到其他匹配“路径名”的文件名，需再一次调用 Dir，且不能使用参数。如果已没有符合条件的文件，则 Dir 会返回一个零长度字符串 (" ")。一旦返回值为零长度字符串，要再次调用 Dir 时，就必须重新指定“路径名”，否则会产生错误。

例如，如果“ C:\Windows\Win.ini”文件存在，以下 Dir 函数返回文件名“ Win.ini”，否则返回空串。

```
MyFile = Dir("C:\Windows\Win.ini")
```

以下代码将在窗体上显示 D 盘根目录下所有文本文件（不包括属性是“vbHidden”“vbSystem”“vbDirectory”）的名称：

```
f = Dir("d:\*.txt")
Do While f <> ""
    Print f
    f = Dir                          ' 再次调用 Dir 函数，此时不能带参数
Loop
```

以下代码将返回 D 盘根目录下所有文件名，包括具有隐藏属性或系统属性的文件：

```
f = Dir("d:\*.*", vbHidden + vbSystem)
Do While f <> ""
    Print f
    f = Dir
Loop
```

7. Kill 语句

格式：Kill 路径名

功能：删除指定的文件。

其中，“路径名”是一个字符串表达式，用来指定被删除的文件。“路径名”可以包含驱动器及目录。

可以使用多字符 (*) 和单字符 (?) 的通配符来指定多个文件。执行 Kill 语句时没有确认提示，所以使用时一定要慎重，以免误删了重要文件！

例如，删除 testfile.txt 文件，相应的语句为：

```
Kill "TestFile.txt"
```

例如，将当前文件夹下所有扩展名为 .txt 的文件全部删除，相应的语句为：

```
Kill "*.txt"
```

8. FileCopy 语句

格式：FileCopy 源文件名，目标文件名

功能：复制文件。

其中，“源文件名”为一字符串表达式，用来表示要被复制的源文件名；“目标文件名”为一字符串表达式，用来指定要复制的目标文件名。“源文件名”“目标文件名”可以包含驱动器及目录。

如果对一个已打开的文件使用 FileCopy 语句，则会产生错误。

例如，将 srcfile.txt 复制到 D 盘并改名为 destfile.txt：

```
Dim sFile, dFile
sFile = "srcfile.txt"                ' 指定源文件名
dFile = "d:\destfile.txt"            ' 指定目标文件名
FileCopy sFile, dFile
```

9. Name 语句

格式：Name 原路径名 As 新路径名

功能：重新命名文件或目录的名称。

其中，“原路径名”是一字符串表达式，表示已存在的文件名或目录名，可以包含驱动器及目录；“新路径名”是一字符串表达式，表示新的文件名或目录名，可以包含目录及驱动器。如果“新路径名”所指定的文件或目录已存在，此语句将出错。

Name 语句能重新命名文件，并可将其移动到一个不同的目录中。Name 语句也可在不同的驱动器间移动文件。

在一个已打开的文件上使用 Name 语句将会产生错误。在改变文件名称之前，必须先关闭打开的文件。

Name 语句参数不能包括多字符 (*) 和单字符 (?) 的通配符。

例如，将 oldfile.txt 更名为 newfile.txt，相应的语句为：

```
Name "oldfile.txt" As "newfile.txt"
```

将 C:\MyDir\oldfile.txt 更名为 C:\NewDir\newfile.txt，相应的语句为：

```
OldName = "C:\MyDir\oldfile.txt"
NewName = "C:\NewDir\newfile.txt"
Name OldName As NewName          ' 更改文件名，并移动文件。
```

10. FileDateTime 函数

格式：FileDateTime(路径名)

功能：返回一个 Date 类型的数据，表示文件或目录被创建或最后被修改的日期和时间。

其中，参数“路径名”是一个字符串表达式，用来指定文件名或目录名。“路径名”可以包含驱动器和目录。

例如，以下语句获得文件 c:\test.txt 最后被修改时间：

```
Print FileDateTime("c:\test.txt")
```

显示结果为：

```
7/18/2009 6:16:20 PM
```

表示最后被修改时间为 2009 年 7 月 18 日下午 6 时 16 分 20 秒。这里的日期与时间的显示格式依系统的地区设置而定。

11. FileLen 函数

格式：FileLen(路径名)

功能：返回以字节为单位表示的文件的长度，是一个 Long 类型的数据。

其中，参数“路径名”是一个字符串表达式，用来指定文件名。“路径名”可以包含驱动器及目录。

当调用FileLen函数时，如果所指定的文件已经打开，则返回的值是这个文件在打开前的长度。若要获得一个已打开文件的长度，应使用LOF函数。

例如，使用FileLen来获得文件c:\testfile.txt的长度，相应的语句为：

```
Dim MySize
MySize = FileLen("c:\testfile.txt")
```

12. GetAttr 函数

格式：GetAttr(路径名)

功能： 获得文件或目录的属性，是一个Integer类型的值。

其中，参数“路径名”是字符串表达式，用来指定一文件或目录。“路径名”可以包含驱动器及目录。文件或目录的属性值如表12-2所示。

对于同时具有多个属性的文件，若要判断该文件是否具有某个属性，需要将GetAttr函数的返回值与表12-2所列的属性值进行And运算，如果所得的结果不为零，则表示该文件具有这个属性。

表12-2　文件或目录的属性

常量	值	说明
vbNormal	0	一般文件
vbReadOnly	1	只读文件
vbHidden	2	隐藏文件
vbSystem	4	系统文件
vbDirectory	16	目录
vbArchive	32	档案属性
vbAlias	64	指定的文件名是别名

例如，如果d:\aaa.txt文件的档案属性没有设置，也没有设置其他属性，则下列语句打印0；如果文件只有档案属性，则下列语句打印32：

```
Print GetAttr("d:\aaa.txt")
```

如果d盘根目录下有一个子目录aaa，且没有设置任何属性，则下列语句打印16：

```
GetAttr("d:\aaa")
```

如果要判断文件d:\aaa.txt是否具有只读属性，则可以使用以下语句：

```
If (GetAttr("d:\aaa.txt") And vbReadOnly) <> 0 Then
    Print "readonly"
Else
    Print "not readonly"
End If
```

13. SetAttr 语句

格式：SetAttr 路径名，属性

功能： 设置文件属性。

其中，参数“路径名”是一个字符串表达式，用来指定文件名称；参数“属性”是一个常量或数值表达式，表示文件的属性。“属性”值如表12-2所示。

例如，设置文件c:\testfile.txt具有隐藏和只读属性，相应语句如下：

```
SetAttr "c:\testfile.txt",vbHidden+vbReadOnly
```

如果为一个已打开的文件设置属性，则会产生错误。

【例12-10】 在windows系统中，查看某文件属性时能看到类似图12-12b所示的对话框。使用Visual Basic的函数和语句实现图12-12b所示的对话框。

界面设计： 按照图12-12a所示设计界面。文本框Text1用来显示文件名，标签Label3、

Label5、Label8 分别用来显示文件的“位置”、“大小”、“创建时间”，复选框 Check1、Check2 用来显示文件的“只读”、“隐藏”属性。

代码设计：在窗体的 Load 事件过程中编写代码如下。

```
Private Sub Form_Load()
    Dim filename As String
    CommonDialog1.ShowOpen                    ' 显示“打开”对话框
    filename = CommonDialog1.filename         ' 获得文件名
    Text1.Text = filename                     ' 显示文件名
    Label3.Caption = Left(CurDir(filename), 3)     ' 获得选中文件所在的驱动器
    Label5.Caption = FileLen(filename)             ' 获得文件长度
    Label8.Caption = FileDateTime(filename)        ' 获得文件创建时间
    If GetAttr(filename) And vbReadOnly <> 0 Then  ' 如果文件具有只读属性
        Check1.Value = 1
    Else
        Check1.Value = 0
    End If
    If GetAttr(filename) And vbReadOnly <> 0 Then  ' 如果文件具有隐藏属性
        Check2.Value = 1
    Else
        Check2.Value = 0
    End If
End Sub
```

运行时首先弹出一个“打开”对话框，在该对话框中选中某一文件并单击“确定”按钮后，即可按图 12-12b 所示显示文件的有关属性。

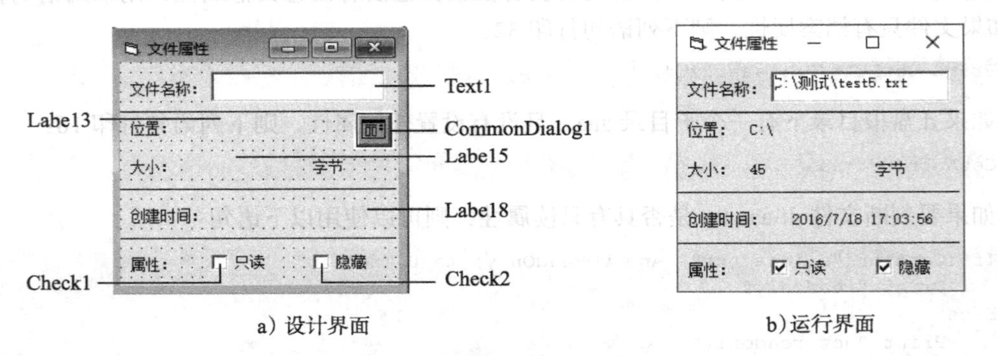

a）设计界面　　b）运行界面

图 12-12　简易文件属性对话框

12.6　文件系统控件

Visual Basic 为用户提供了 3 个文件系统控件：驱动器列表框、目录列表框和文件列表框。它们都能自动从操作系统获取信息，让用户了解有关驱动器、目录和文件的当前状态。这 3 个控件可以单独使用，也可以组合起来使用。组合使用时，可在各控件的事件过程中编写代码，建立它们之间的联系，产生联动的关系。

12.6.1　驱动器列表框

驱动器列表框在工具箱中的名称为 DriveListBox，如图 12-13a 所示。将它画到窗体上将呈现为一个有关驱动器名称的下拉列表，如图 12-13b 和图 12-13c 所示。它是一种能显示系统中所有有效磁盘驱动器（包括 U 盘）的列表框。用户可以单击列表框右侧的箭头从列出的驱

动器列表中选择驱动器。

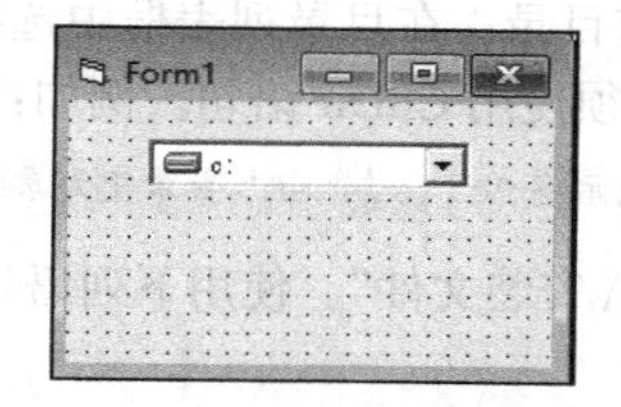

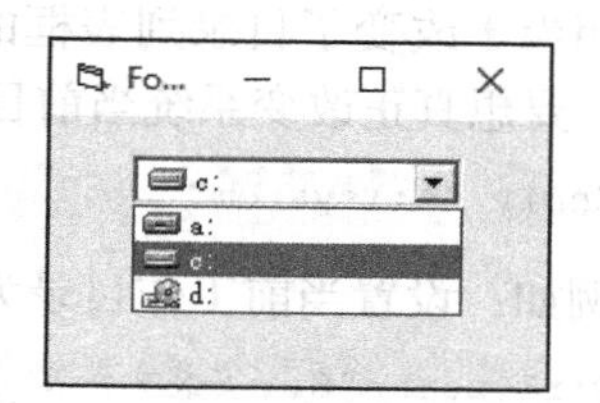

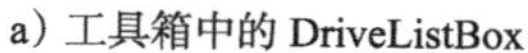

a）工具箱中的 DriveListBox　　b）DriveListBox 的设计状态　　c）DriveListBox 的运行状态

图 12-13　DriveListBox 控件

1. 属性

Drive 属性：返回或设置磁盘驱动器的名称。可以是任何一个有效的字符串表达式，该字符串的第一个字母必须是一个有效的磁盘驱动器符号，如“C”或“D”等。Drive 属性只能在运行时被设置，当被设置后，驱动器盘符出现在列表框的顶部。改变 Drive 属性的设置值将激活 Change 事件。从列表框中选择驱动器并不能自动地变更系统当前的工作驱动器，要改变系统当前的工作驱动器需要使用 ChDrive 语句。例如：

```
Drive1.Drive = "e:\"          ' 设置驱动器
ChDrive Drive1.Drive          ' 表示将驱动器 e: 变成当前的工作驱动器
```

2. 事件

驱动器列表框的常用事件为 Change 事件。当选择一个新的驱动器或通过代码改变 Drive 属性的设置时触发该事件。例如，要将在驱动器列表中选择的驱动器设置为当前驱动器，可以在该事件过程中编写以下代码：

```
Private Sub Drive1_Change()
    ChDrive Drive1.Drive
End Sub
```

12.6.2　目录列表框

目录列表框在工具箱中的名称为 DirListBox，如图 12-14a 所示。将它画到窗体上将呈现为一个有关目录的列表，如图 12-14b 所示。目录列表框通过显示一个树形的目录结构来列出当前驱动器下的分层目录，其中每一行代表一级目录，当用鼠标双击某一目录时，将打开该目录并显示其子目录。例如，运行时双击图 12-14b 的“安装文件”目录，将展开“安装文件”目录的子目录，如图 12-14c 所示。

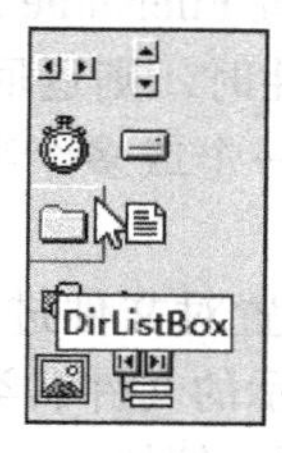

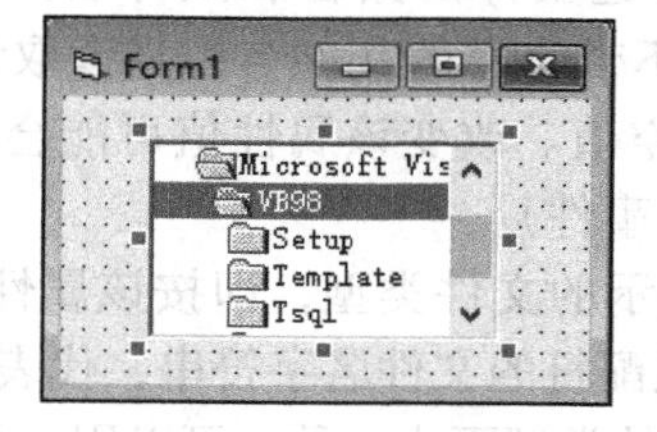

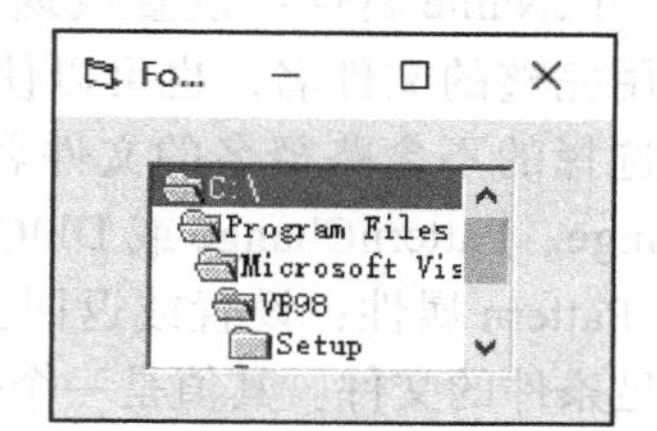

a）工具箱中的 DirListBox　　b）DirListBox 的设计状态　　c）DirListBox 的运行状态

图 12-14　DirListBox 控件

1. 属性

Path 属性：返回或设置当前工作目录的完整路径（包括驱动器符号）。

当改变 Path 属性时，将激活一个 Change 事件。在设计阶段，该属性不可用。设置 Path 属性相当于改变了目录列表框的当前目录。在目录列表框中选择目录并不能改变系统的当前目录，要想真正改变系统当前目录必须使用 ChDir 语句。例如：

```
ChDir "c:\system"          ' 表示将"c:\system"目录变为系统当前的工作目录。
```

例如：设置当前工作目录为“E:\ 安装文件”，使用下列语句：

```
Dir1.path="E:\ 安装文件 "
```

执行结果如图 12-14c 所示。

2. 事件

目录列表框的常用事件为 Change 事件。当双击一个目录项或通过代码改变 Path 属性的设置时触发该事件。

12.6.3　文件列表框

文件列表框在工具箱中的名称为 FileListBox，文件列表框用来显示特定目录下的文件，该控件在工具箱中的名称为 FileListBox，如图 12-15a 所示。将它画到窗体上将呈现为一个有关文件名的列表，如图 12-15b 所示。运行时，可以用文件列表框自带的滚动条滚动文件名，选择其中的文件，如图 12-15c 所示。编写程序时，经常用到其 Path 属性、FileName 属性、Pattern 属性和 Click 事件、DblClick 事件。

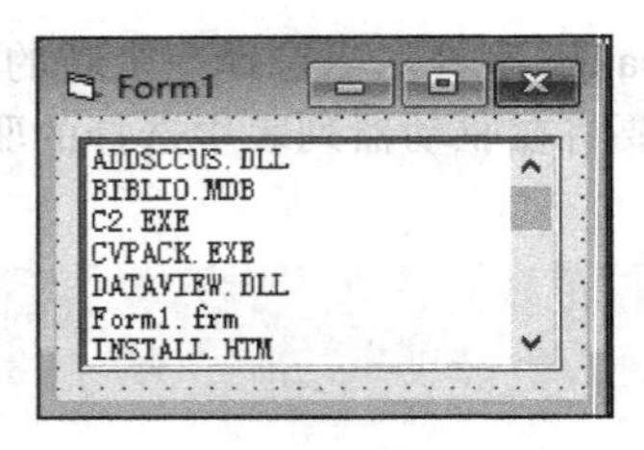

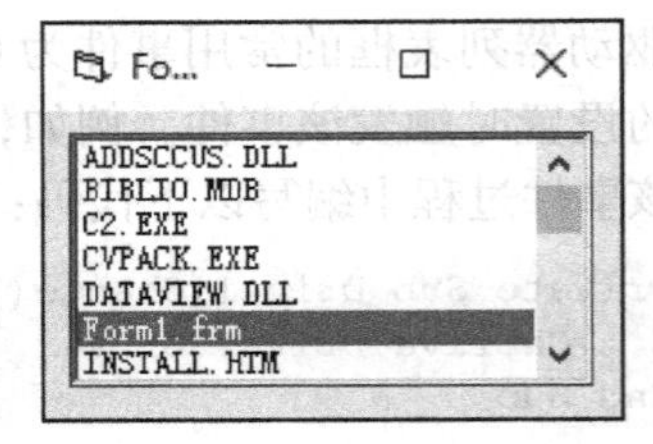

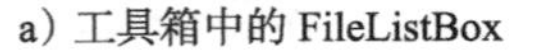

a）工具箱中的 FileListBox　　b）FileListBox 的设计状态　　c）FileListBox 的运行状态

图 12-15　FileListBox 控件

1. 属性

1）Path 属性：返回或设置当前目录的路径名，其值为一个表示路径名的字符串表达式。编写程序时，一般用目录列表框的 Path 属性值来设置文件列表框的 Path 属性值。当 Path 属性被设置后，文件列表框将显示当前目录下的文件。Path 属性只能在运行阶段设置。

2）FileName 属性：设置或返回所选文件的路径和文件名。当设置 FileName 属性时，可以使用完整的文件名，也可以使用不带路径的文件名；当读取该属性时，则返回当前从列表中选择的不含路径名的文件名或空值。改变该属性值可能会激活一个或多个事件（如 PathChange、PatternChange 或 DblClick 事件）。

3）Pattern 属性：设置或返回要显示的文件类型，即按该属性的设置对文件进行过滤，显示满足条件的文件。其值是一个带通配符的文件名字符串，代表要显示的文件名类型，如“*.TXT”，缺省值为“*.*”。如果过滤的类型不止一种，可以用分号分隔。例如，

```
filelistbox1.Pattern= "*.EXE ; *.COM "
```

表示只显示以 .EXE 和 .COM 为扩展名的文件。

4）ReadOnly、Archive、System、Normal、Hidden 属性：可以用这些属性来指定在

FileListBox 控件中所显示文件的类型。运行时，可以在程序中设置这些属性中的任一个为True，而设置其他属性为 False，使 FileListBox 控件只显示具有指定属性的文件。

2. 事件

Click、DblClick 事件：当用户单击或双击文件列表框中的文件名时，激活 Click 或 DblClick 事件。

【例 12-11】 在窗体上建立 DriveListBox 控件、DirListBox 控件和 FileListBox 控件，运行时，单击驱动器列表框可以变更当前驱动器，将驱动器盘符传递给目录列表框，引起目录列表框内信息的改变（联动）。双击目录列表框内的目录项可以展开目录列表，将带驱动器盘符的目录名传递给文件列表框的 Path 属性，引起文件列表框内所显示文件的变更，并将文件名显示在文本框内。编写代码实现各控件之间的联动。

设计界面：在窗体上添加一个文本框控件 Text1，一个 DriveListBox 控件 Driver1，一个 DirListBox 控件 Dir1，一个 FileListBox 控件 File1，如图 12-16a 所示。

代码设计：设计各事件过程如下。

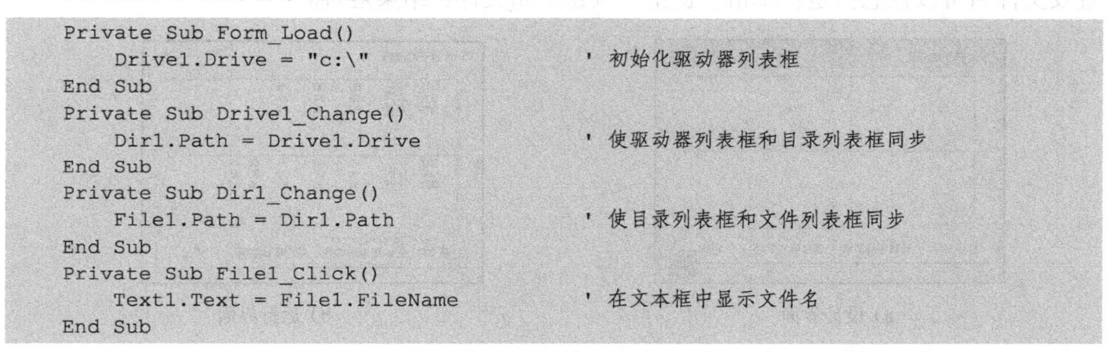

```
Private Sub Form_Load()
    Drive1.Drive = "c:\"                    ' 初始化驱动器列表框
End Sub
Private Sub Drive1_Change()
    Dir1.Path = Drive1.Drive                ' 使驱动器列表框和目录列表框同步
End Sub
Private Sub Dir1_Change()
    File1.Path = Dir1.Path                  ' 使目录列表框和文件列表框同步
End Sub
Private Sub File1_Click()
    Text1.Text = File1.FileName             ' 在文本框中显示文件名
End Sub
```

运行时，从驱动器列表中选择某驱动器，从目录列表中双击某个目录可以打开该目录，在文件列表中会显示该目录下的所有文件名，单击某文件名，该文件名将显示在文本框 Text1 中，如图 12-16b 所示。

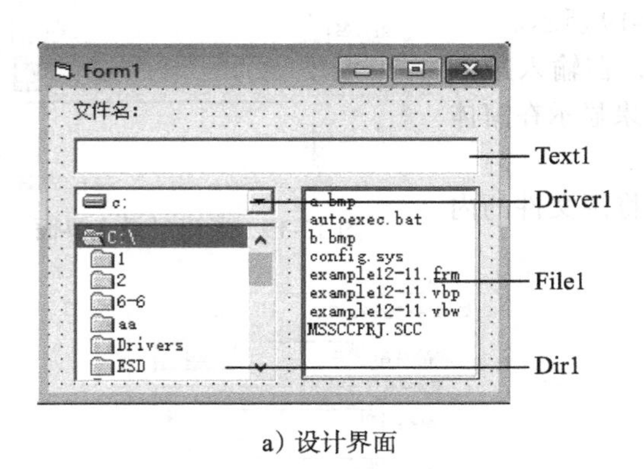

a）设计界面

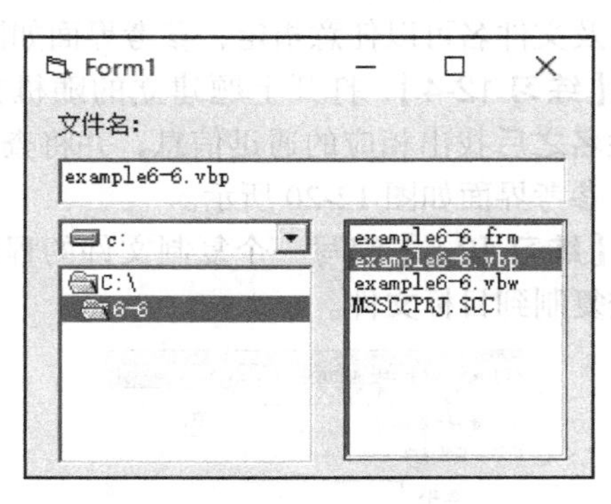

b）运行界面

图 12-16 文件系统控件的应用

12.7 上机练习

【练习 12-1】 设计一个学生成绩录入系统，录入后的学生成绩保存到顺序文件中，要求该文件的保存位置及文件名可以任意指定，参考界面如图 12-17 所示。

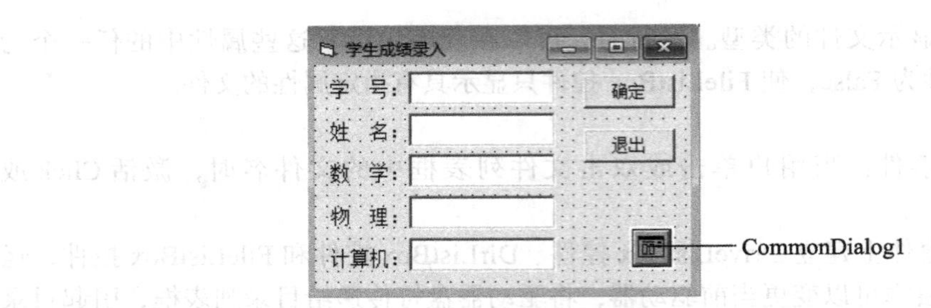

图 12-17　学生成绩录入界面

【练习 12-2】 参照图 12-18 设计界面。编程序实现：运行时，单击“打开文件”按钮读取练习 12-1 生成的学生成绩顺序文件，将文件内容显示在第一个文本框中，单击“计算平均成绩”按钮计算每个学生的平均成绩，并将原始数据和平均成绩显示在另一个文本框中；单击“保存平均成绩”按钮将学生的学号、姓名和平均成绩保存到另一个顺序文件中，保存位置及文件名可以任意指定；单击“退出”按钮关闭文件，结束运行。

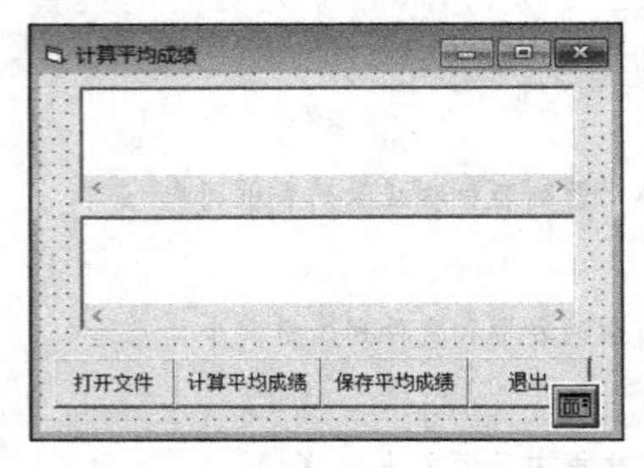

a）设计界面

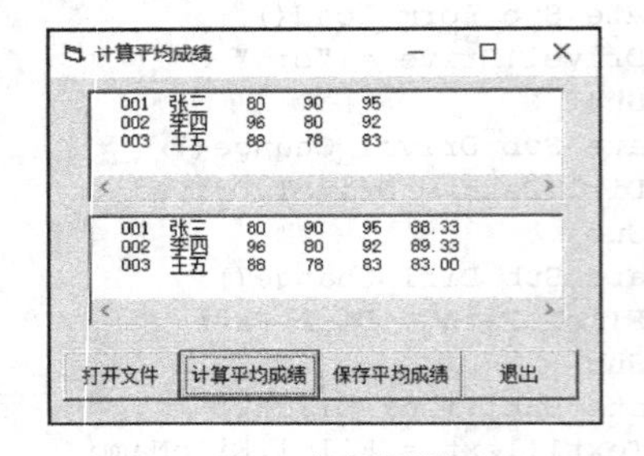

b）运行界面

图 12-18　计算学生的平均成绩

【练习 12-3】 设计录入学生通讯录的应用程序，将每个学生的通信信息存入一个随机文件中，要求该文件的保存位置及文件名可以任意指定，参考界面如图 12-19 所示。

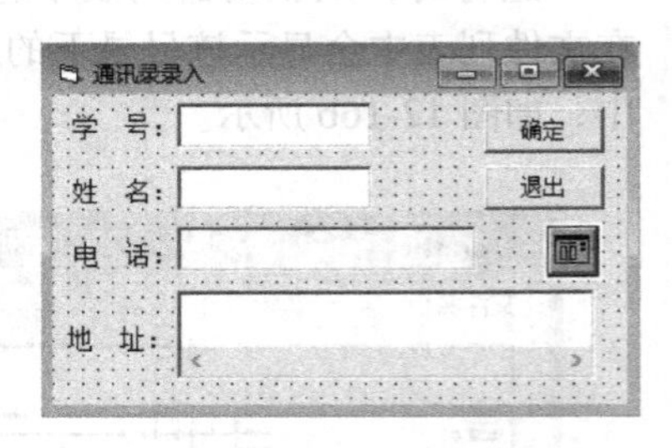

图 12-19　通讯录录入界面

【练习 12-4】 打开上题建立的随机文件，在输入某人的姓名之后找出相应的通迅信息，并将查找结果显示在窗体上，参考界面如图 12-20 所示。

【练习 12-5】 编写一个复制文件的程序，将源文件的内容按复制到目标文件。

a）设计界面

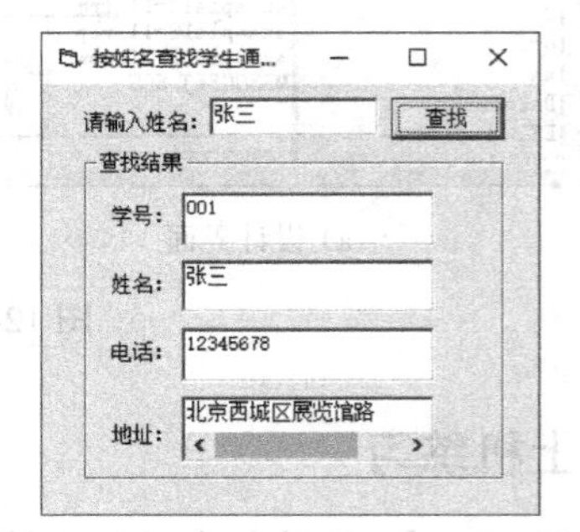

b）运行界面

图 12-20　查找随机文件中的记录

运行时，可以在文本框中直接输入文件名，也可以用文本框旁边的浏览按钮选择文件，然后单击“开始复制”按钮开始复制文件，复制完成后，会显示一个消息框，报告“文件复制成功”，图 12-21b 为运行界面。

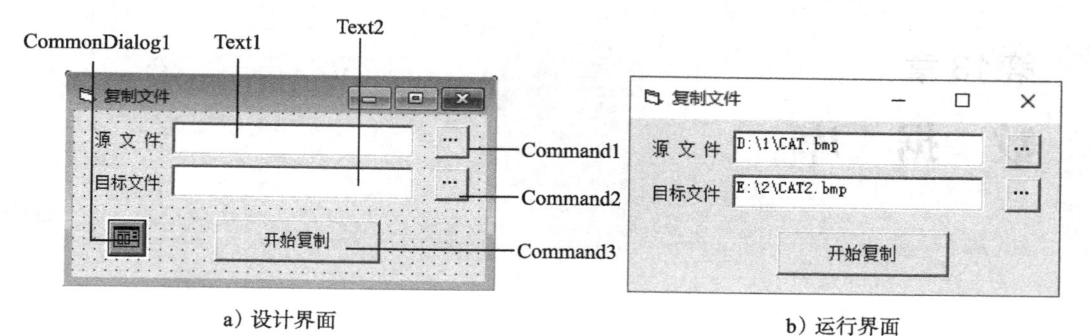

a）设计界面　　　　b）运行界面

图 12-21　文件复制

【练习 12-6】 使用二进制文件操作，将一个含有西文字符和中文字符的 ASCII 文件中的西文和中文分开，形成两个文件，参考界面如图 12-22 所示。

提示： 将原 ASCII 文件以二进制文件的方式打开，按字节读取文件，每读取 1 字节，判断该字节是西文编码还是汉字编码。由于西文字符用 1 字节的 ASCII 码表示，其最高位为 0，因此其值不大于 127，汉字编码用 2 字节表示，每字节的最高位为 1，即每字节的值大于 127，因此可以通过判断读取的字节的值决定将该字节写入指定的西文文件还是中文文件中。

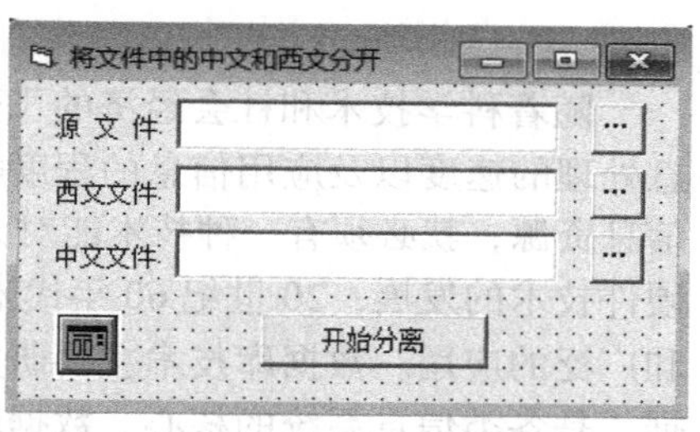

图 12-22　将文件中的中文和西文分开

【练习 12-7】 利用文件系统控件设计应用程序，提供驱动器、文件夹和文件的选择，实现文件由源位置到目标位置的复制，参考界面如图 12-23 所示。

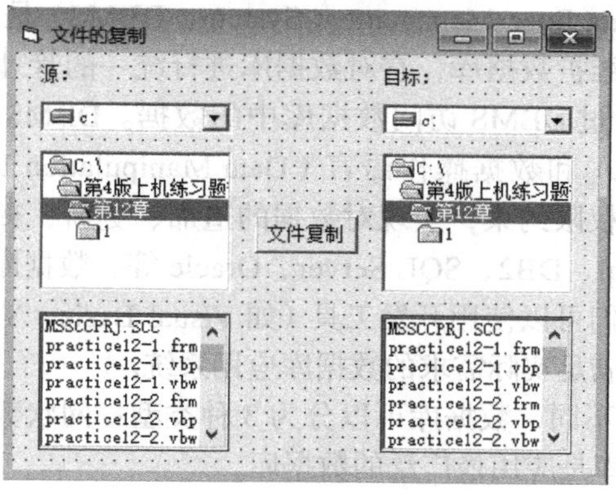

图 12-23　文件的复制

第 13 章
数 据 库

随着科学技术和社会经济的飞速发展，人类进入了信息社会，信息数量、信息传播和信息处理的速度以及应用信息的程度等都以几何级数的方式在增长。要充分地开发和利用这些信息资源，就必须有一种技术能对大量的信息进行识别、存储、处理与传播。随着计算机软、硬件技术的发展，20 世纪 60 年代末数据库技术应运而生，并从 70 年代起得到了迅速的发展和广泛的应用。数据库技术主要研究如何科学地组织和存储数据，如何高效地获取和处理数据，是各类信息系统的核心。数据库技术作为数据管理的最有效的手段，目前已在各个领域得到了广泛应用。

13.1 数据库的基本概念

以一定的方式组织并存储在一起的相互有关的数据的集合称为数据库（DataBase，DB）。对数据库的管理由数据库管理系统来实现。

数据库管理系统（Data Base Management System，DBMS）是一种操纵和管理数据库的软件，用于建立、使用和维护数据库，它对数据库进行统一的管理和控制，以保证数据库的安全性和完整性。用户通过 DBMS 访问数据库中的数据。DBMS 提供数据定义语言（Data Definition Language，DDL）和数据操作语言（Data Manipulation Language，DML），供用户定义数据库的模式结构与权限约束，实现对数据的追加、更新、查询等操作。常见的数据库管理系统有 Access、MySql、DB2、SQL Server、Oracle 等。数据库管理系统运行在一定的硬件和操作系统平台上，人们可以使用开发工具（如 Visual Basic、Visual C++、Java 等），利用 DBMS 提供的功能，创建满足实际需求的数据库应用系统。

依据数据的组织方式不同，数据库可以分为 3 种类型：网状数据库、层次数据库和关系数据库。其中，关系数据库是应用最广泛的数据库。

13.1.1 关系数据库

关系数据库（Relational Data Base，RDB）是建立在关系数据模型基础上的数据库，它借助于集合代数等概念和方法来处理数据库中的数据。在关系数据库中，实体和实体间的联系都是用关系表示的，每个关系对应一个二维表，数据存储在二维表中，所有二维表保存在已命名的数据库文件中。把支持关系数据模型的数据库管理系统称为关系数据库管理系统（RDBMS）。

1. 表

将相关的数据按行和列的形式组织成的二维表格即为表，表通常用于描述某一种关系（实体），每一个表有一个表名。例如，表 13-1 就是一个用于描述“学生”这种关系的表，表名称为“学生基本信息”。表 13-2 就是一个用于描述“课程”这种关系的表，表名称为“课程”。表 13-3 就是一个用于描述“学生课程成绩”这种关系的表，表名称为“成绩单”。

表 13-1 “学生基本信息”表

学号	姓名	性别	班级	出生日期	系名称
16001	杨新	男	建筑 151	1996-09-20	建筑系
16002	郭军	男	建筑 151	1997-02-03	建筑系
16003	张丽	女	建筑 151	1996-11-12	土木系
16004	陈兰	男	建筑 151	1996-11-29	土木系
16005	刘海洋	男	建筑 152	1997-03-25	建筑系
16006	赵晓军	男	建筑 152	1997-04-06	建筑系
16007	杨洋	女	土木 151	1996-12-27	土木系
16008	刘娟	女	土木 151	1996-10-10	土木系
16009	章希望	男	土木 151	1996-12-02	土木系
16010	郭建军	男	土木 151	1997-01-02	土木系

表 13-2 “课程”表

课程号	课程名称	学分	理论学时	实践学时
001	信息技术基础	4	32	32
002	程序设计基础	5	48	32
003	数据库原理	3	32	16
004	数据库应用技术	4	32	32
005	计算机组成原理	5	48	16
006	人工智能	4	32	32

表 13-3 “成绩单”表

序号	学号	课程号	成绩	序号	学号	课程号	成绩
1	16001	001	80	10	16005	004	85
2	16001	002	66	11	16005	001	55
3	16002	001	78	12	16005	003	65
4	16002	002	98	13	16005	006	78
5	16003	001	60	14	16006	001	88
6	16003	004	90	15	16006	002	90
7	16003	007	99	16	16007	002	98
8	16004	001	50	17	16007	003	79
9	16005	003	67				

一个数据库可以有一个或多个表，各表之间存在着某种关系，如“学生基本信息”表与“成绩单”表通过“学号”建立了每个学生与各科成绩之间的关系。

2. 表的结构

每个表由多行和多列构成，表的每一行称为一个记录，如“学生基本信息”表的每个学生的信息就是一个记录，同一个表不应有相同的记录。表的每一列称为一个字段，每个字段也有一个名称，称为字段名，如“学生基本信息”表共有6列，即6个字段，字段名依次为学号、姓名、性别、班级、出生日期、系名称。每个字段对应一种数据类型，如“姓名”字段的数据类型为字符串型，“出生日期”字段的数据类型为日期型。记录中的某字段值称为数据项。在一个表中，记录的顺序和字段的顺序不影响表中的数据信息。

字段名、字段类型、字段长度和约束等要素构成了表的结构，表13-4描述了“学生”数据库中各表的结构（以Access数据库为例）。

表13-4 “学生”数据库中各表的结构

表名	字段名	字段类型	字段长度	说明
学生基本信息	学号	Text	8	主键
	姓名	Text	10	Not Null
	性别	Text	2	
	班级	Text	10	
	出生日期	Date		
	系名称	Text	20	
课程	课程号	Text	4	主键
	课程名称	Text	20	Not Null
	学分	数字		Long
	理论学时	数字		Long
	实践学时	数字		Long
成绩单	序号	自动编号	3	Long
	学号	Text	8	
	课程号	Text	4	
	成绩	数字		Long

3. 关键字

如果表中的某个字段或多个字段的组合能唯一地确定一个记录，则称该字段或多个字段的组合为候选关键字，如“学生基本信息”表中的“学号”可以作为候选关键字，因为对于每个学生来说，学号是唯一的。一个表可以有多个候选关键字，但只能有一个关键字作为主关键字（Primary Key）。关键字中的每一个值必须是唯一的，且不能为空值（Null）。

4. 表间的关联

表间的关联是指按照某一个公共字段建立的表与表之间的关系，如“学生基本信息”表与“成绩单”表之间通过“学号”字段建立关系。这种关系分为一对一、一对多（或多对一）、多对多关系。例如，对于“学生基本信息”表中的每一个学号，在“成绩单”表中有多条记录具有相同的学号，因此，“学生基本信息”表中的学号与“成绩单”表中的学号之间是一对多的关系。

5. 外部键

设某个字段或字段的组合F不是表A的关键字，如果F与另一个表B的主关键字相对应（也就是两个表的公共字段），则称F为表A的外部键。通过外部键可以结合两个表的数据，进而筛选、过滤出所需要的数据。外部键与主关键字通常是多对一的关系。例如，“成绩单”表中的“学号”可以定义为外部键，它与“学生基本信息”表中的“学号”（主关键字）相关联。外部键的值应当是主关键字值的子集或空值（Null）。例如，“成绩单”表中的学号只能是“学生基本信息”表中已经存在的学号。

6. 索引

使用索引可以加快查询表中特定信息的速度。索引是一个单独的、物理的数据库结构或文件，它包含某个表中一列或若干列的值（索引关键字的值）及指针。索引关键字的值按特定的顺序排序（升序或降序），指针指向原表中对应的记录。

数据库中使用索引的方式与书籍中使用索引的方式很相似。查找数据时，数据库管理系统先从索引结构或文件上根据索引关键字找到信息的位置（指针），再根据指针从原表中读取数据。索引关键字（或索引字段）既可以是一个字段，也可以是多个字段的组合。在一个表中可以建立多个索引，但只能有一个主索引。

例如，要按学生的学号快速检索学生基本信息，可以在“学生基本信息”表中以“学号”为索引关键字建立一个索引。

通常，当经常查询某个字段中的数据时，才需要在表中对该字段创建索引。索引将占用磁盘空间，并且降低添加、删除和修改记录的速度。在多数情况下，索引所带来的检索数据的速度优势，将大大超过它的不足之处。如果应用程序非常频繁地更新数据，或磁盘空间有限，那么最好限制索引的数量。

13.1.2 关系数据库的操作

对关系数据库的操作是通过结构化查询语言（Structured Query Language，SQL）实现的。SQL 是通用的关系数据库语言，它的非过程化特性使其只要求用户指出做什么而不需要指出怎么做。SQL 既可以直接以命令方式交互使用，也可以嵌入到其他高级语言（如 Visual Basic）中使用。SQL 包含以下三部分功能。

数据定义语言：用来创建数据库、定义数据对象等，如 CREATE、DROP、ALTER 等语句。

数据操作语言：用来对数据库数据进行插入、修改、删除、查询等，如 INSERT、UPDATE、DELETE、SELECT 等语句。

数据控制语言（Data Controlling Language，DCL）：用来控制对数据库组件的存取许可、存取权限等，如 GRANT、REVOKE、COMMIT、ROLLBACK 等语句。

13.1.3 Visual Basic 对数据库的访问

Visual Basic 6.0 可以通过多种方式访问数据库，其中功能强大的 ADO 技术作为存取数据的新标准，得到了最广泛的使用。ADO 是一种面向对象的、与语言无关的应用程序编程接口，它对数据源的访问是通过 OLB DB 实现的。OLB DB 是一种数据访问的技术标准，是专为提高对数据源的访问性能而设计的。ADO 能访问包括数据库在内的多种数据源，如 Access、MySQL、Excel、DB2、SQL Server、Oracle 等。本章将以 Access 数据库为例介绍 Visual Basic 使用 ADO 对象访问数据库。

13.2 Access 数据库简介

Microsoft Access 是由微软发布的关系数据库管理系统，是 Microsoft Office 的系列程序之一。软件开发人员既可以使用 Microsoft Access 开发独立的应用软件，也可以使用 Access 数据库构建信息管理应用系统。本节将对 Microsoft Access 2010 进行简要介绍。

13.2.1 创建数据库

Access 数据库是保存表、查询、窗体和报表等对象的容器，它以文件的形式保存在存储设备上，文件的后缀名为 .accdb，使用数据库前需要创建这个文件。在 Access 集成环境中可以直接创建空数据库，操作步骤如下所示。

启动 Access，进入 Access 工作窗口，如图 13-1 所示。选择“文件”选项卡中“新建”菜单，在“可用模板”子窗口选中“空数据库”图标，然后在窗口右下方“文件名”下的文本框中输入数据库名称并单击其右侧的按钮 选择数据库文件存放的文件夹，最后单击“创建”命令按钮，Access 将打开新创建的数据库并显示“表格工具”选项卡，如图 13-2 所示。此时数据库创建完成，用户可以进行后续的各种操作了。

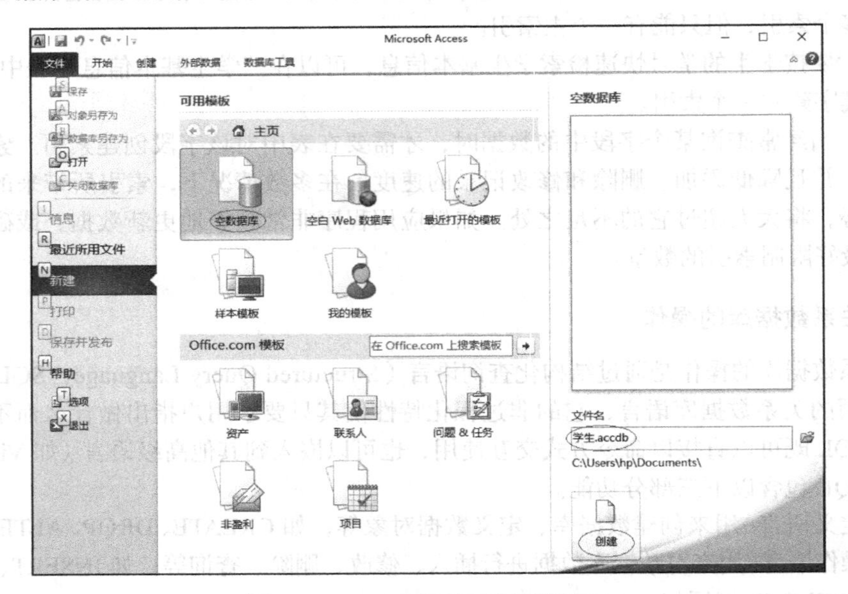

图 13-1 Access 初始工作环境窗口

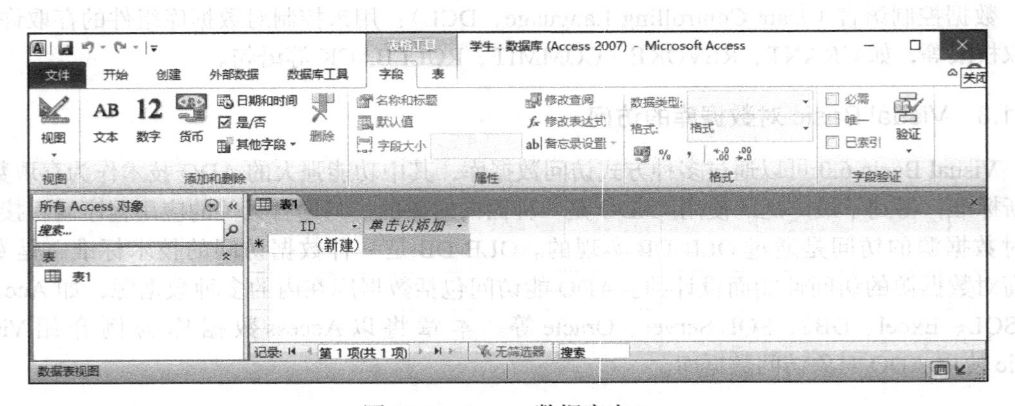

图 13-2 Access 数据库窗口

13.2.2 打开和关闭数据库

使用 Access 数据库之前要打开数据库，使用完之后要关闭数据库。

1）打开数据库。选择“文件”选项卡中的“打开”命令，或在保存有数据库文件的文件夹下双击数据库文件即可打开数据库。

2）关闭数据库。选择“文件”选项卡中的“关闭数据库”命令可以关闭数据库。

13.2.3 创建表

Access 提供了使用“数据视图”和“设计视图”创建表的方法，其中使用“设计视图”创建表可以完整、一步到位地创建表及相关的各种要素。

1. 使用设计视图创建表

用户可以采用下列步骤 1 或 2 任意一种方式，使用设计视图创建表。

1）创建数据库后首次进入如图 13-2 所示的 Access 数据库窗口时，Access 为数据库创建了一个缺省表“表 1”。执行“视图 | 设计视图”命令，如图 13-3 所示，系统会打开如图 13-4 所示的“另存为”对话框，在“表名称”处输入表的名称，如“学生基本信息”，单击“确定”命令按钮，即可进入表的“设计视图”窗口，如图 13-5 所示。

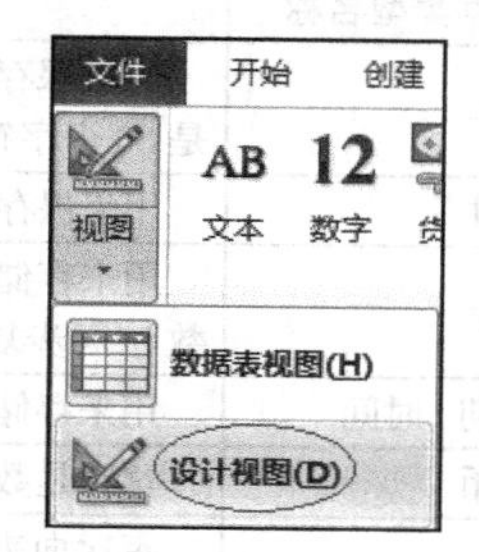

图 13-3 “视图”命令

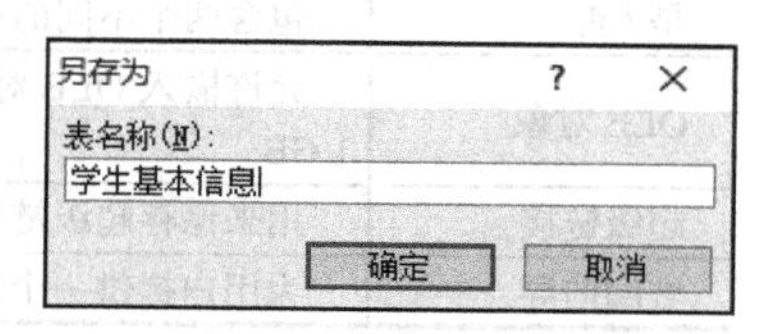

图 13-4 “另存为”对话框

2）打开数据库，使用“创建”选项卡新建表。

执行“创建”选项卡“表格 | 表”命令，再执行“视图 | 设计视图”命令，完成与步骤 1 类似的操作。

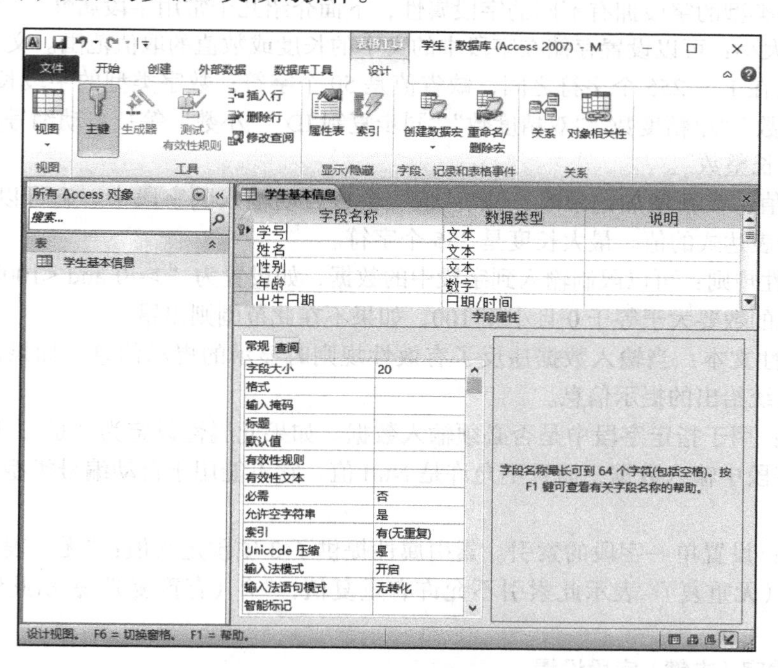

图 13-5 “设计视图”窗口

或执行“创建”选项卡的“表格 | 设计表”命令。

3）在“字段名称”下输入字段名，如“学号”；在“数据类型”下的对应位置选择数据类型（见表 13-5），如“文本”，此时在图 13-5 所示的“字段属性”子窗口会显示相应数据类型的字段属性。

4）在“字段属性”窗口，设置必要的属性，如“学号”的“字段大小”为 20。

表 13-5 Access 数据类型

数据类型名称	描述
文本	用来保存汉字和 ASCII 码中所有可打印的字符，最大长度为 255 个字符，Access 默认的大小是 50 个字符
备注	用来保存长度较长的文本，最大长度为 65 535 个字符
数字	用来存储进行算术运算的数字数据，可细分为“字节”“整数”“长整数”“单精度数”“双精度数”“同步复制 ID”“小数”等类型。通常默认为“长整数”
日期 / 时间	用来存储日期、时间
货币	这种是数字数据类型的特殊类型，等价于具有双精度属性的数字字段类型
自动编号	每次向表格添加新记录时，Access 会在此字段以递增或随机形式自动插入一个唯一编号。此编号不能更改
是 / 否	包含两个不同的可选值，可细分为 True/False、Yes/No 或 On/Off
OLE 对象	允许嵌入 OLE 对象，如 Word 文档、Excel 电子表格、图像、声音等。OLE 对象字段最大可为 1 GB
超级链接	用来保存超级链接
查阅向导	为用户提供一个建立字段内容的列表，可以选择列表中的内容作为添入字段的内容

2. 常用字段属性

不同数据类型的字段拥有不同的字段属性，下面介绍几个常用字段属性。

1）字段大小：可以设置存储在字段中的文本的长度或数值的取值范围。文本类型的字段长度可以定义在 1 ～ 255 个字符之间，缺省值是 50 个字符；数字类型的字段长度为“字节”“整数”“长整数”“单精度数”“双精度数”“同步复制 ID”“小数”等；自动编号类型的字段长度可设置为“长整数”。

2）默认值：在新增加记录时，“默认值”会被自动输入到字段中。它可以是一个常量，也可以是一个表达式的值。最大长度是 255 个字符。

3）有效性规则：可以限制输入到字段中的数据，如设置为“ >=0 and <100”时，表示该字段允许输入的数要大于等于 0 且小于 100，如果不在此范围则出错。

4）有效性文本：当输入数据违反了有效性规则时显示的提示信息。如果没有设置该属性，则显示系统给出的提示信息。

5）必需：用于指定字段中是否必须输入数据。如果此属性设定为“是”，则在输入数据时必须在此字段中输入数据，而且不允许是 Null 值。它不能用于自动编号类型的字段，默认值为“否”。

6）索引：设置单一字段的索引。索引属性提供了 3 项预定义值：“无”表示无索引，为默认值；“有（无重复）”表示此索引不允许有重复值；“有（有重复）”表示此索引允许有重复值。

3. 主关键字（主键）字段设置

系统为了确保唯一性，将不允许任何重复值或 Null（空）值进入主键字段中。在表的“设计视图”窗口中，选择要作为主键的一个字段或多个字段，然后执行“表格工具设计”选项卡的“工具 | 主键”命令，即可设置表的主键。主键字段的左侧会出现主键标志，如图 13-5 中的“学号”字段。

13.2.4 修改表

在数据库窗口的“所有 Access 对象”子窗口的“表”对象列表中，右击要修改的表，执行“设计视图”命令，即可打开图 13-5 所示的“表格工具设计”选项卡窗口。在此窗口可以修改、增加、删除字段，更改字段属性等。

1. 修改字段

在表的“设计视图”窗口，选中任意字段，即可修改字段名称、数据类型及各种字段属性。

2. 增加字段

在表的“设计视图”窗口，单击“字段名称”列表的空白处，可增加一个新的字段。选择已存在的字段，然后执行“工具 | 插入行”命令，或右击已存在的字段，然后执行“插入行”命令，都可在此字段上方增加一个新的字段。

3. 删除字段

在表的“设计视图”窗口，选择要删除的字段，执行“工具 | 删除行”命令，或右击要删除的字段，执行“删除行”，即可删除此字段。

13.2.5 表中数据的编辑

定义好表的结构后，就可以向表中添加数据了。在数据库窗口“所有 Access 对象”子窗口的“表”对象列表中，双击要修改的表，即可打开表的“数据表视图”窗口，如图 13-6 所示。在此窗口可以进行数据的输入和编辑。

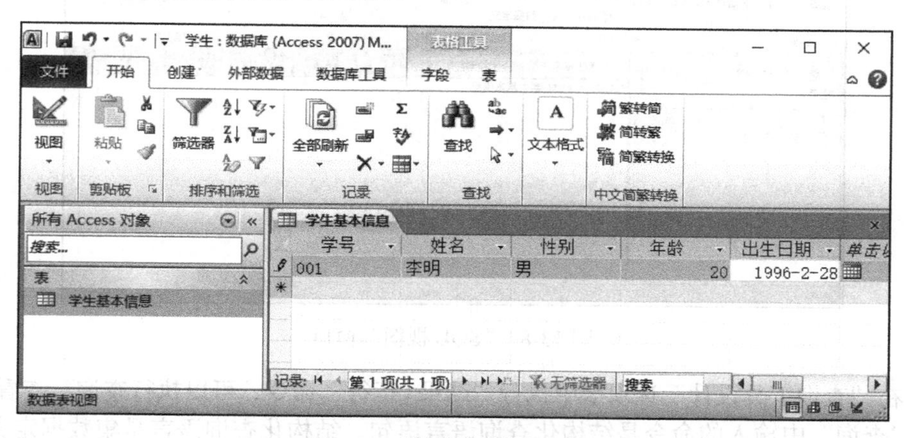

图 13-6 “数据表视图”窗口

13.2.6 创建查询

查询是 Access 的重要对象，它也是一种表，但本身并不保存数据，是与一个或多个数据库表中的数据相关的虚表（数据视图）。利用不同的查询，用户可以方便快捷地浏览数据库中的数据，同时利用查询还可以实现数据的统计与分析。查询是由 SQL 语句（详见 13.3 节）来实现的。

创建查询的步骤如下：

1）在如图 13-7 所示的数据库窗口中，执行“创建”选项卡的“查询 | 查询设计”命令，将打开“显示表”对话框，单击“关闭”命令按钮，关闭对话框，系统为用户创建了一个空的查询。

2）在“查询工具设计”选项卡中执行“结果 | 视图 |SQL 视图”命令，将显示“ SQL 视图”窗口，如图 13-8 所示。用户可以在窗口中输入 SQL 命令建立查询，如使用“ SELECT *

FROM 学生基本信息”语句，查询“学生基本信息”表中学生的信息。

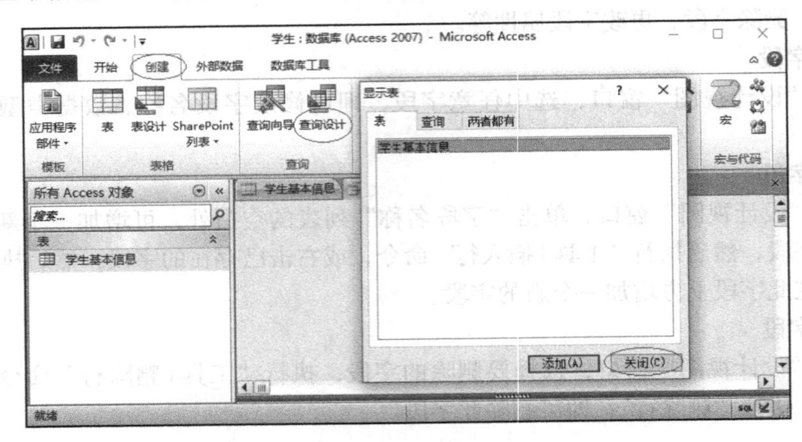

图 13-7　数据库窗口

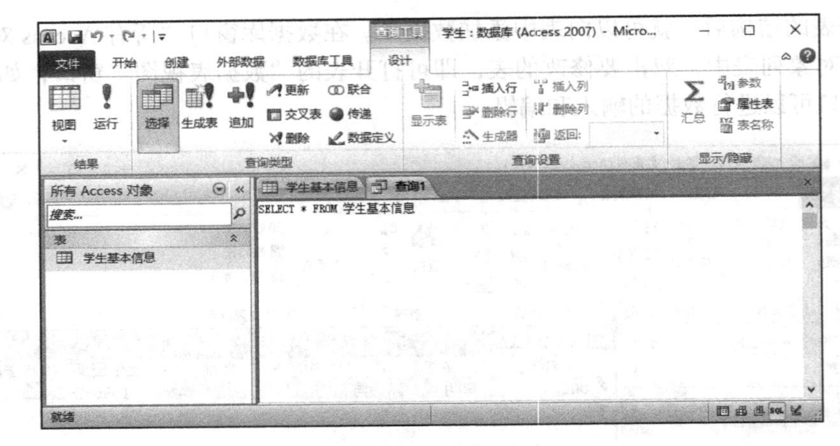

图 13-8　“SQL 视图”窗口

3）在“查询工具设计”选项卡中执行“结果 | 运行”命令，可以执行查询，查看结果。

在“查询”中输入的命令是结构化查询语言语句。结构化查询语言是集数据定义、数据查询、数据操作和数据控制功能于一体的关系数据库语言。人们利用 SQL 对数据库进行“提问”，而数据库则给予满足提问条件的“回答”。SQL 语法规定了“提问”的方式、条件的表述方法等，并明确指出数据库所给予的“回答”应放在何处。

13.3　结构化查询语言

结构化查询语言（SQL）不仅能查询表中的数据，还可以建立表，修改表结构，对数据库中的数据进行添加、删除、修改、排序、统计等操作。可以直接在“SQL 视图”窗口或代码中输入 SQL 语句来实现各种功能。本节介绍几种 SQL 语句的简单形式。

13.3.1　SELECT 语句

SELECT 语句的作用是从数据库中查询满足条件的数据，并以表格的形式返回查询结果。SELECT 语句的基本语法如下：

```
SELECT 子句
FROM 子句
[ WHERE 子句 ]
[ GROUP BY 子句 ]
[ ORDER BY 子句 ]
```

SELECT 语句中各子句的主要作用如表 13-6 所示。

以上各子句的具体使用方法将在下面结合实例进行介绍。在 Access 中可以在查询窗口执行 SELECT 语句，并查看执行结果。

表 13-6 SELECT 语句中各子句的说明

SELECT 子句	说明
SELECT 子句	指定查询返回的列
FROM 子句	指定要进行查询的表
WHERE 子句	指定查询条件
GROUP BY 子句	指定查询结果的分组条件
ORDER BY 子句	指定对结果集如何排序

1. 基本的 SELECT 语句

最基本的 SELECT 语句只包括 SELECT 子句和 FROM 子句。

SELECT 子句是 SELECT 语句的关键部分，它的作用是指定查询返回的列。SELECT 子句的基本语法格式如下：

```
SELECT [ ALL | DISTINCT ] {选择显示的列表} FROM 表 1, [ 表 2, … , 表 n]
```

功能：从 FROM 指定的一个或多个表中进行查询，创建并显示一个新记录集，记录集包含的列由参数“选择显示的列表”指定。

说明：1）参数 ALL 指定显示结果集的所有行，可以显示重复行。ALL 是默认设置。

2）参数 DISTINCT 指定在结果集中只能显示唯一行，空值被认为相等，ALL 和 DISTINCT 不能同时使用。

3）参数“选择显示的列表”为列名列表，当有多个列名时，各列名间要用逗号分隔，使用“*”代表所有列名。

4）参数“表 1”“表 2”等为数据库表名。

例如，查询“学生基本信息”表中所有学生记录，查询结果只包括“班级”“学号”和“姓名”字段，相应的 SELECT 语句如下：

```
SELECT 学生基本信息.班级,学生基本信息.学号,学生基本信息.姓名
FROM 学生基本信息
```

对于单个表的查询，可以省去各字段名前面的表名，以上 SELECT 语句可以简写成：

```
SELECT 班级,学号,姓名 FROM 学生基本信息
```

显示“学生基本信息”表中学生的所有信息，相应的 SELECT 语句如下：

```
SELECT * FROM 学生基本信息
```

2. WHERE 子句

格式：

```
WHERE 条件表达式
```

功能：用于指定查询的搜索条件。当“条件表达式”为 TRUE 时，返回满足条件的行。

（1）简单查询条件

在条件表达式中使用比较运算符指定搜索条件，如在“学生基本信息”表中查询性别为“男”的学生信息使用下列语句：

```
SELECT * FROM 学生基本信息 WHERE 性别='男'
```

（2）使用 LIKE 运算符

格式：

```
[NOT] LIKE '匹配串'
```

功能：在 WHERE 子句中使用 LIKE 运算符和通配符进行模糊查询。'匹配串'中可以包含“*”、“?”、“[]”。

说明：1）如果要匹配固定字符串，这时可以用“=”运算符取代 LIKE，用“!=”或“<>”运算符取代 NOT LIKE。

2）*（或 %）：代表任意长度（长度可以为 0）的字符串。例如，“m*n”表示以 m 开头，以 n 结尾的任意长度的字符串，如 man、mxyzn、mn 等都满足该匹配串。

3）?（或 _）：代表任意单个字符。例如，a?b 表示以 a 开头，以 b 结尾的长度为 3 的任意字符串，如 axb、ayb 等都满足该匹配串。

4）[ ]：指定某范围或集合中的任何单个字符。例如，[a-f] 表示在字母 a ～ f 之间（包括 a 和 f）的任意一个字符。

例如，使用 SELECT 语句查询“学生基本信息”表中所有叫“李明”的学生。

```
SELECT * FROM 学生基本信息 WHERE 姓名='李明'
```

或

```
SELECT * FROM 学生基本信息 WHERE 姓名 LIKE '李明'
```

例如，使用 SELECT 语句查询“学生基本信息”表中所有姓“李”的学生。

```
SELECT * FROM 学生基本信息 WHERE 姓名 LIKE '李*'
```

（3）使用 AND 和 OR 运算符

在查询条件中使用 AND 表示两个条件都满足时查询条件才为真；使用 OR 表示两个条件中有一个满足时查询条件即为真。

例如，使用 SELECT 语句查询“学生基本信息”表中所有一班女生的信息。

```
SELECT * FROM 学生基本信息 WHERE 班级='一班' AND 性别='女'
```

（4）使用 BETWEEN 运算符

在 WHERE 子句中使用 BETWEEN 运算符可以查询指定范围的记录。

例如，使用 SELECT 语句查询“成绩单”表中所有成绩在 80 ～ 90 之间的学生记录。

```
SELECT * FROM 成绩单 WHERE 成绩 BETWEEN 80 AND 90
```

3. ORDER BY 子句

格式：

```
ORDER BY { 排序表达式 [ ASC | DESC ] } [ ,…n ]
```

功能：对查询结果进行排序。

说明：排序表达式可以是一个列名，也可以是一个表达式，ASC 表示按照递增的顺序排列，DESC 表示按照递减的顺序排列。ASC 为默认值。ORDER BY 子句也可以对多个列进行排序，排序的优先级是从左至右。

例如，使用 SELECT 语句查询“学生基本信息”表的所有记录，按照出生日期递减排序。

```
SELECT * FROM 学生基本信息 ORDER BY 出生日期 DESC
```

4. 聚合函数

SELECT 语句不仅可以显示表或查询（视图）中的列，还可以对列应用聚合函数，实现对表中指定数据的统计，如求总和、计数、求平均值等。

例如，统计“学生基本信息”表的记录个数。

```
SELECT COUNT(*) AS 记录数量 FROM 学生
```

例如，统计“成绩单”表中学号是“16001”的学生的各科平均成绩。

```
SELECT AVG(成绩) AS 平均成绩 FROM 成绩单 WHERE 学号='16001'
```

聚合函数还包含 SUM()、MAX() 和 MIN() 等，分别用于计算总和、最大值和最小值，其使用方法和以上函数的使用方法类似。

5. GROUP BY 子句

格式：

```
GROUP BY [ ALL ] 分组表达式 [ ,...n ]
```

功能：对查询结果进行分组，计算每组记录的汇总值。一般和聚合函数一起使用。

说明：分组表达式仅应包含分组列名和聚合函数。

例如，在“学生基本信息”表中按性别统计男女学生人数。

```
SELECT 性别, COUNT(学号) AS 人数 FROM 学生基本信息 GROUP BY 性别
```

6. 连接查询

在很多情况下，需要从多个表中提取数据，组合成一个结果集。如果一个查询需要对多个表进行操作，则将此查询称为连接查询。

连接查询一般是在 WHERE 子句中使用比较运算符（最常使用的是等号，即等值连接），根据每个表共有列的值匹配两个表中的行。只有每个表中都存在相匹配列值的记录才出现在结果集中。在连接中，所有表是平等的，没有主次之分。

例如，在“成绩单”表中只包含学生的学号和课程的课程号，要想同时看到学生的姓名和课程名称，就必须建立“成绩单”表和“学生基本信息”表、“课程”表的连接。“成绩单”表与“学生基本信息”表通过“学号”建立连接；“成绩单”表和“课程”表通过“课程号”建立连接。3 个表匹配的行构成结果集。可以使用下列语句：

```
SELECT 学生基本信息.姓名,学生基本信息.学号,课程.课程名称, 课程.课程号,成绩单.成绩
FROM 学生基本信息,课程,成绩单
WHERE 学生基本信息.学号=成绩单.学号 AND 课程.课程号=成绩单.课程号
```

7. 嵌套查询

一个查询语句（SELECT-FROM-WHERE）嵌套在另外一个查询语句的 WHERE 子句中，称为嵌套查询。其中外层查询也称为父查询、主查询；内层查询也称子查询，子查询的 SELECT 查询总是使用圆括号括起来。在执行嵌套查询时，总是先处理内层查询，再处理外层查询，外层查询利用内层查询的结果。在外层查询语句中一般会使用关系运算符（如等号“=”）和 IN 关键字。IN 关键字在 WHERE 子句中用来判断查询的表达式是否在多个值的列表中，如在“学生基本信息”表中查询“杨新”的同班同学，可以使用下列语句：

```
SELECT * FROM 学生基本信息 WHERE 姓名<>'杨新' AND
班级=( SELECT 班级 FROM 学生基本信息 WHERE 姓名='杨新')
```

或

```
SELECT * FROM 学生基本信息 WHERE 姓名<>'杨新' AND
班级 IN ( SELECT 班级 FROM 学生基本信息 WHERE 姓名='杨新')
```

其中圆括号中的语句“SELECT 班级 FROM 学生基本信息 WHERE 姓名='杨新'”为子查询，返回的是“杨新”所在班级的名称。

13.3.2 INSERT 语句

格式：

```
INSERT INTO 表名 [(字段名1, 字段名2, … , 字段名n)]
    VALUES (值1, 值2, …, 值n)
```

功能：将一系列的“值”作为一条记录插入到指定的表中。

说明：1）如果不省略“字段名”，则“字段名”和“值”要一一对应，个数、数据类型保持一致。

2）如果省略“字段名”，则表示要向表的所有字段插入数据，“值”的个数、顺序和数据类型要与“表名”指定的表的字段个数、顺序和数据类型一致。

例如，使用INSERT语句向“成绩单”表插入一条新记录，“学号”字段值为“16017”，“课程号”字段值为“008”，“成绩”字段值为98：

```
INSERT INTO 成绩单 (学号,课程号,成绩) VALUES ('16017', '008',98)
```

或

```
INSERT INTO 成绩单 VALUES ('16017', '008',98)
```

13.3.3 DELETE 语句

格式：

```
DELETE FROM 表名 [WHERE 删除条件]
```

功能：从一个表中删除指定的记录。

说明：WHERE子句用于指定删除记录的条件。如果省略WHERE子句，则表示删除表中的所有记录。

例如，在“课程”表中删除所有“课程号”大于或等于“005”的记录：

```
DELETE FROM 课程 WHERE 课程号 >= '005'
```

下面的语句删除“课程”表中的所有记录：

```
DELETE FROM 课程
```

13.3.4 UPDATE 语句

格式：

```
UPDATE 表名
    SET 字段名1=值1 [, 字段名2=值2, … , 字段名n=值n ]
    [WHERE 更新条件]
```

功能：更改表中一个或多个记录的字段值。

说明：WHERE子句用于指定要更改记录的条件。如果省略WHERE子句，则表示更改表中所有记录。

例如，在“成绩单”表中将“学号”为“007”、“课程号”为“008”的成绩加 5 分可以使用以下语句：

```
UPDATE 成绩单 SET 成绩 = 成绩 +5 WHERE 学号 ='007' AND 课程号 ='008'
```

13.4 使用 ADO 数据控件访问数据库

ADO（ActiveX Data Object，ActiveX 数据对象）是 Microsoft 提供的最新的数据访问技术，是一组优化的访问数据的专用对象集。ADO 访问数据是通过 OLE DB 来实现的。OLE DB 是用于访问各种类型数据的开放标准，是访问数据的重要的系统级编程接口，它是 ADO 的基础技术。使用 ADO 提供的编程模型可以访问几乎所有数据源。Visual Basic 提供了 ADO 数据控件和 ADO 对象两种手段访问数据源，本节和下一节将分别对它们进行介绍。

使用 ADO 数据控件可以方便快捷地建立与数据源的连接，并实现对数据源的各种操作，使程序员用最少的代码快速创建数据库应用程序。

13.4.1 ADO 数据控件

使用 ADO 数据控件之前需要首先将其添加到当前工程中，然后设置 ADO 控件的属性，最后编写必要的代码实现对数据库的有关操作。

1. ADO 数据控件的添加

ADO 数据控件不是 Visual Basic 的内部控件，所以使用 ADO 数据控件之前，必须先把它添加到当前工程中。添加方法是：选择“工程 | 部件”命令，打开“部件”对话框，在“控件”选项卡的部件列表中选中“ Microsoft ADO Data Control 6.0(OLEDB)”，单击“确定”按钮，即可将 ADO 数据控件添加到工具箱中，如图 13-9 所示。在工具箱中添加了 ADO 数据控件之后，就可以像添加普通内部控件一样将其添加到任何容器上。图 13-10 所示是添加到窗体上的 ADO 数据控件。

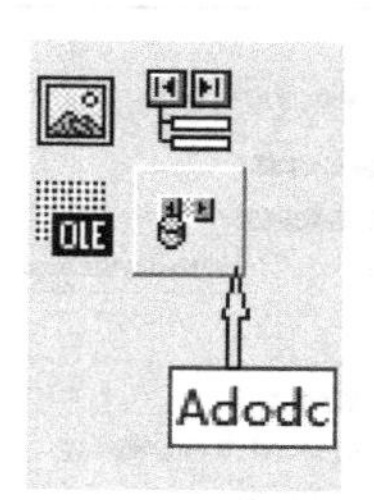

图 13-9 在工具箱中添加的 ADO 数据控件

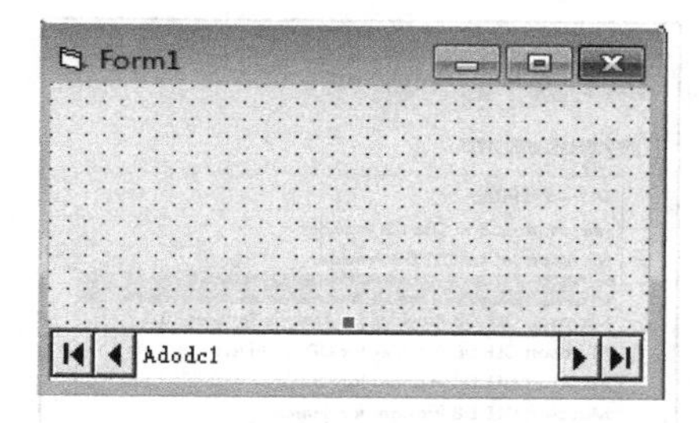

图 13-10 在窗体上添加的 ADO 数据控件

2. ADO 数据控件的常用属性和方法

设置 ADO 数据控件的属性可以快速地建立和数据库的连接。可以在 ADO 数据控件的属性页中对其属性进行设置，也可以在属性窗口中直接设置其属性。

用鼠标右键单击窗体上的 ADO 数据控件，从快捷菜单中选择“ ADODC 属性”，可以打开 ADO 数据控件的“属性页”对话框。单击 ADO 数据控件属性窗口中的“自定义”，再单击其右侧的浏览按钮“…”，也可打开其属性页对话框，如图 13-11 所示。其中每个选项卡对应 ADO 数据控件属性窗口中的一个或多个属性。

1）连接字符串。连接字符串包含了用于与数据库连接的相关信息，对应于 ADO 数据控件的 ConnectionString 属性。在图 13-11 的“通用”选项卡的“连接资源”中选择“使用连接字符串”，单击“生成”按钮，将打开“数据链接属性”对话框，如图 13-12a 所示。在其“提供程序”选项卡的列表框内选择“ Microsoft Office 12.0 Access Database Engine OLE DB Provider”，然后单击“下一步”按钮，则打开该对话框的“连接”选项卡，如图 13-12b 所示。在“数据源”右侧的文本框中输入要连接的数据库路径及名称，如“ D:\mydb\ 学生 .accdb”，单击“测试连接”按钮。如果显示“测试连接成功”消息框，则表示连接成功，否则表示连接失败。单击“确定”按钮，回到图 13-11 的“属性页”对话框，这时可以看到在“使用连接字符串”下的文本框中已经生成了一个连接字符串。内容如下：

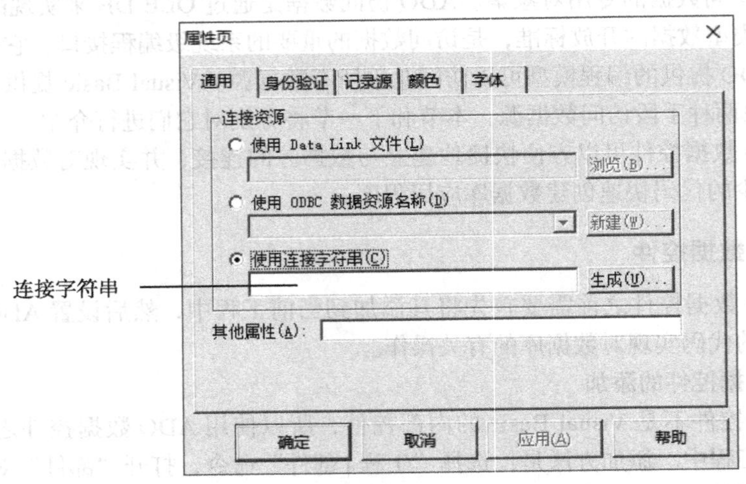

图 13-11　ADO 数据控件的“属性页”对话框——通用选项卡

```
Provider=Microsoft.ACE.OLEDB.12.0;Data Source=d:\mydb\ 学生 .accdb;Persist Security Info=False
```

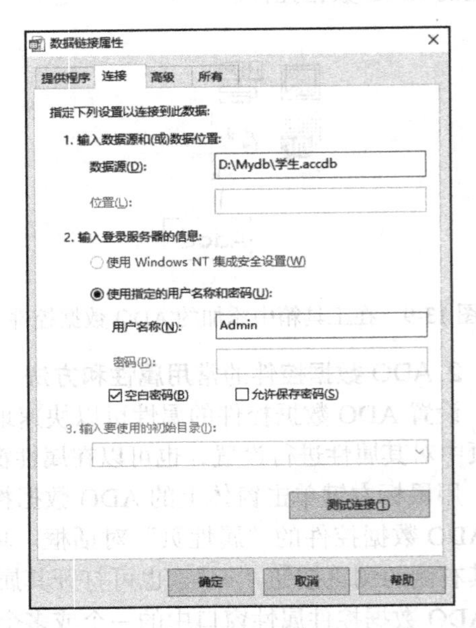

a)“提供程序”选项卡　　　　b)“连接”选项卡

图 13-12　“数据链接属性”对话框

该字符串即为 ConnectionString 属性的值，也可以在属性窗口直接设置 ConnectionString 属性值为以上字符串。

2）CommandType 属性：对应图 13-13 属性页记录源选项卡的“命令类型”，用于指定记录源的命令类型，有以下 4 个选项，如表 13-7 所示。

表 13-7 CommandType 属性

CommandType 属性值	说明
1 – adCmdText	指定命令类型为文本，即 SQL 语句。选择该选项后，可以在“记录源”选项卡下面的“命令文本”中直接输入 SQL 语句
2 – adCmdTable	指定命令类型为表或查询。选择该选项后，在“表或存储过程名称”（对应 RecordSource 属性）下拉列表中会列出可以使用的表名和查询名称
4 – adCmdStoredProc	指定命令类型为存储过程。选择该选项后，在“表或存储过程名称”下拉列表中会列出可以使用的存储过程名（Access 不支持）
8 – adCmdUnknown	默认值，命令类型未知。选择该选项后，可以在命令文本中输入 SQL 语句或在代码中设置 CommandText 属性

注意：*使用 adCmdUnknown 会降低系统性能，因为 ADO 必须调用提供者以判断记录源是来自 SQL 语句、存储过程还是表名称。*

3）RecordSource 属性：用于指定记录集的来源，与 CommandType 属性的设置有关，可以是表名、查询名和 SQL 语句。

4）CommandText 属性：对应图 13-13 属性页记录源选项卡的“命令文本 SQL”，用于指定 SQL 语句。

5）Recordset 属性：ADO 数据控件的 Recordset 属性实际上是一个对象，即 Recordset 对象（也称记录集对象）。Recordset 对象包含了从数据源获得的数据（记录）集，使用它可以在数据库中查询、添加、修改和删除数据。有关 Recordset 对象的属性和方法将在 13.5.2 节中介绍。

6）Refresh 方法：更新记录集。当 ADO 数据控件的连接对象改变了，需要调用此方法获得新的记录集。

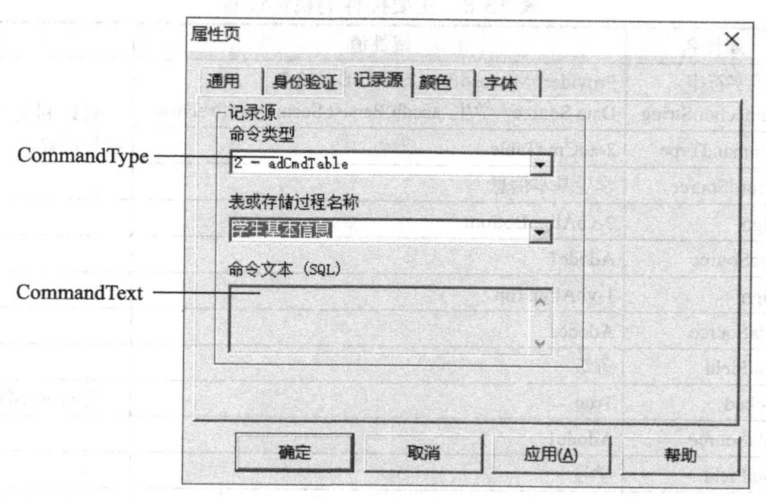

图 13-13 ADO 数据控件的“属性页”对话框——“记录源”选项卡

13.4.2 数据绑定控件

使用ADO数据控件可以方便地建立与数据源的连接，但ADO数据控件本身不能直接显示记录集中的数据，它必须通过与之相绑定的控件来实现数据的显示。这些能与ADO数据控件进行绑定的控件被称为数据绑定控件，如文本框控件。

数据绑定控件是任何具有“数据源”属性的控件。在Visual Basic中可以和ADO数据控件绑定的控件有文本框（TextBox）、标签（Label）、图片框（PictureBox）、图像框(Image)、列表框(ListBox)、组合框(ComboBox)、复选框(CheckBox)等内部控件，以及数据列表(DataList)、数据网格（DataGrid）等ActiveX控件。

要使数据绑定控件能够显示数据库记录集中的数据，一般要在设计时或在运行时设置数据绑定控件的DataSource属性和DataField属性。

1）DataSource属性：返回或设置一个数据源，通过该数据源，数据绑定控件被绑定到一个数据库。例如，可以将DataSource属性设置为一个有效的ADO数据控件。

2）DataField属性：返回或设置数据绑定控件将被绑定到的字段名。

设置了以上两个属性之后，数据绑定控件就可以显示数据库中的记录了。

例如，设置TextBox控件的DataSource属性和DataField属性可以将文本框绑定到某数据源（如表）的指定字段上；设置DataGrid控件的DataSource属性可以用数据网格控件显示某数据源（如查询结果）中的信息。

【例13-1】 利用本章前面建立的“学生”数据库中的数据，用文本框显示“学生基本信息”表的班级、学号、姓名、性别。

界面设计： 参照图13-14a设计界面，具体步骤如下。

1）新建一个标准EXE工程，选择“工程|部件”菜单命令，打开“部件”对话框，选择“Microsoft ADO Data Control 6.0(OLEDB)”和“Microsoft DataGrid Control 6.0(OLEDB)”向工具箱中添加一个ADO数据控件和一个DataGrid网格控件，然后将其添加到窗体上。

2）向窗体上添加4个TextBox控件、4个Label控件。

3）按表13-8设置各主要控件的属性。

表13-8 主要控件的属性设置

控件名	属性名	属性值	说明
Adodc1	连接字符串 ConnectionString	Provider=Microsoft.ACE.OLEDB.12.0; Data Source= 学生 .accdb;Persist Security Info=False	可以利用“属性页”对话框进行设置
	CommandType	2-adCmdTable	
	RecordSource	学生基本信息	
	Align	2-vbAlignBottom	
DataGrid1	DataSource	Adodc1	
	Align	1-vbAlignTop	
Text1	DataSource	Adodc1	
	DataField	班级	
	Locked	True	运行时不能修改
Text2	DataSource	Adodc1	
	DataField	学号	
	Locked	True	运行时不能修改
Text3	DataSource	Adodc1	

（续）

控件名	属性名	属性值	说明
Text3	DataField	姓名	
	Locked	True	运行时不能修改
Text4	DataSource	Adodc1	
	DataField	性别	
	Locked	True	运行时不能修改

运行时，单击 Adodc1 上的导航按钮可以移动记录指针，文本框同步显示数据，如图 13-14b 所示。

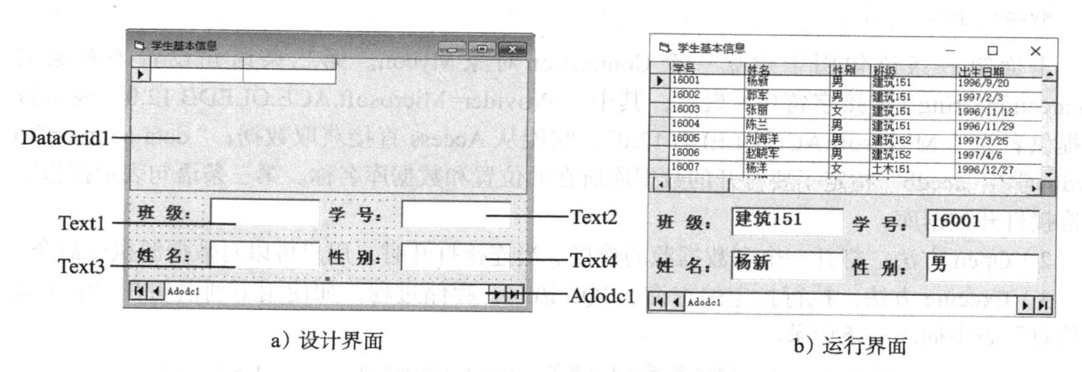

a）设计界面　　b）运行界面

图 13-14　使用文本框显示数据库中的数据

13.5　使用 ADO 对象访问数据库

ADO 对象模型定义了一个可编程的分层对象集合，如图 13-15 所示。虽然从图中可以看出 Connection 对象是 ADO 的上层对象，而 Command 对象和 Recordset 对象都是 Connection 对象之下的对象，但使用时 ADO 对象没有严格的层次关系。如 ADO 允许用户直接打开一个 Recordset 对象，也允许用户从 Connection 对象或 Command 对象中创建一个 Recordset 对象。

Connection 对象
Error 集合 — Error 对象
Command 对象
Parameter 集合 — Parameter 对象
Recordset 对象
Field 集合 — Field 对象

图 13-15　ADO 对象模型

使用 ADO 对象之前，首先要向当前工程添加 ADO 的对象库，添加方法是：打开“工程”菜单，从下拉菜单中选择“引用”命令，打开“引用”对话框，在“可用的引用”列表中选择“Microsoft ActiveX Data Object 2.x Library”选项，单击“确定”按钮实现添加。接下来在程序中可以使用下列语句建立 ADO 对象，如：

```
Dim mycon As New ADODB.Connection
Dim mycom As New ADODB.Command
Dim myrs As New ADODB.Recordset
```

ADO 对象的核心是 Connection、Command 和 Recordset 对象。程序设计时，一般首先要用 Connection 对象建立与数据源（数据库）的连接，然后用 Command 对象执行命令，如查询等，再用Recordset对象来操纵和查看数据。

13.5.1 Connection 对象

Connection对象用于建立与数据源的连接。

1）ConnectionString属性：用来定义数据提供者和数据库的名称等。

下列语句显示了Connection对象的典型使用方式。

```
Dim Mycon As New ADODB.Connection
Mycon.ConnectionString = "Provider=Microsoft.ACE.OLEDB.12.0;" & _
    "Data Source=D:\mydb\ 学生 .accdb;Persist Security Info=False"
Mycon.Open
```

上面第一条语句用于建立一个Connection对象Mycon。第二条语句设置该对象的ConnectionString（连接字符串）属性，其中“Provider=Microsoft.ACE.OLEDB.12.0”表示数据提供者为“Microsoft.ACE.OLEDB.12.0”，它能从Access直接获取数据；“data source=D:\mydb\ 学生 .accdb”指定了要打开的数据库所在的位置和数据库名称。第三条语句表示按指定的连接打开数据库。

2）Open方法：打开一个到数据源的连接。当连接打开时，用户可以对数据源执行命令。

3）Execute方法：执行指定的查询、SQL语句、存储过程，如使用下列语句在“学生基本信息”表中插入一条记录。

```
strInsert = "INSERT INTO 学生基本信息 (学号 , 姓名) VALUES('16007',' 朱虹 ')"
Mycon.Execute (strInsert)
```

4）BeginTrans、CommitTran以及RollbackTrans方法：与Connection对象配合使用，用来保存或取消对数据源所做的更改。

BeginTrans方法用来开始一个新事务。

CommitTrans方法用来保存自最后一个BeginTrans方法调用以来的所有更改，并结束当前事务。

RollbackTrans方法用来取消自最后一次BeginTrans方法调用以来的所有更改，并结束该事务。

打开数据库之后，接下来就可以使用Command对象和Recordset对象对数据库进行操纵。

13.5.2 Recordset 对象

Recordset对象是所有ADO对象中被使用最多的对象，它包含从数据源（库）获得的数据（记录）的集合，使用它可以在数据库中检索、增加、修改和删除数据。

1. Recordset对象的常用属性

1）AbsolutePosition属性：指定Recordset对象当前记录的序号位置。第一条记录的AbsolutePosition值为1。例如，将Rs记录集的当前记录定位在第3条，应写成：

```
Rs.AbsolutePosition = 3
```

2）Bookmark属性：打开Recordset对象时，其每个记录都有唯一的书签。可以用Bookmark属性返回Recordset对象中当前记录的书签，或者将Recordset对象的当前记录设置为由有效书签所标识的记录。因此使用Bookmark属性可以保存当前记录的位置并随时返回到该记录。例如，要保存 Recordset 对象当前记录位置，可以写成：

```
bm = Rs.Bookmark          ' bm 应为可变（Variant）类型
```

当改变了记录集对象的当前记录后，可以使用以下语句返回原来的记录位置。

```
Rs.Bookmark = bm
```

注意：有些游标不支持 Bookmark 功能。

3）BOF、EOF 属性：如果当前记录位于 Recordset 对象的最后一个记录之后，则 EOF 值为 True，否则为 False。如果当前记录位于 Recordset 对象的第一个记录之前，则 BOF 值为 True，否则为 False。打开记录集时，如果记录集中有记录，则当前记录位于第一个记录，并且 BOF 和 EOF 属性值被设置为 False；如果记录集中没有记录，BOF 和 EOF 属性值被设置为 True。因此，可以使用 BOF 和 EOF 属性来判断 Recordset 对象是否包含记录，或者判断 Recordset 对象所指定记录集的边界。

4）CursorType 属性：设置或返回在 Recordset 对象中使用的游标类型。Recordset 对象支持的游标类型有动态游标、键集游标、静态游标和仅向前游标。CursorType 属性值 adOpenDynamic、adOpenKeyset、adOpenStatic 和 adOpenForwardOnly 分别表示 Recordset 对象支持的 4 种游标类型，如表 13-9 所示。

表 13-9 游标类型

CursorType 属性值	游标类型	说明
adOpenDynamic	动态游标	可以查看其他用户所做的添加、修改和删除，并用于不依赖书签的 Recordset 中各种类型的移动。如果提供者支持，可使用书签
adOpenKeyset	键集游标	不能访问其他用户添加、删除的记录，可以看见其他用户修改的数据。它始终支持书签，并允许 Recordset 中各种类型的移动
adOpenStatic	静态游标	可以用来查找数据或生成记录集的静态副本。不能看见其他用户所作的添加、修改或删除。它始终支持书签，并允许 Recordset 中各种类型的移动
adOpenForwardOnly	仅向前游标	除仅允许在记录中向前滚动之外，其行为类似于动态游标。当需要在 Recordset 中单向移动时，使用仅向前游标可以提高性能

有些提供者不支持所有的游标类型。如果没有指定游标类型，则默认为仅向前游标。

5）RecordCount 属性：返回 Recordset 对象中记录的总数。

6）Fields 属性：Recordset 对象的 Fields 属性是一个集合，该集合包含若干个 Field 对象，每个 Field 对象对应于记录集的一个字段。使用 Field 对象的 Value 属性可以设置或返回当前记录的某个字段的数据。

例如，在窗体上显示当前记录的“姓名”字段的内容：

```
Print Rs.Fields("姓名").Value
```

或在窗体上显示当前记录的前两个字段的内容：

```
Print Rs.Fields(0).Value
Print Rs.Fields(1).Value
```

7）LockType 属性：指示当前用户对记录或表进行编辑时对记录的锁定类型。所谓“锁定”是指记录或表的一种状态，这种状态使得除当前正在编辑记录或表的用户之外，其余用户对该记录或表的访问都是只读的。LockType 属性值如表 13-10 所示。

表 13-10 LockType 属性值

LockType 属性值	说明
adLockReadOnly	默认值，表示以只读方式打开记录集，因而无法更改数据
adLockPessimistic	保守式记录锁定（逐条）。提供者执行必要的操作确保成功编辑记录，通常采用编辑时立即锁定数据源的记录的方式
adLockOptimistic	开放式记录锁定（逐条）。提供者使用开放式锁定，编辑时不锁定，只在调用 Update 方法时锁定记录。这样就允许两个用户同一时刻编辑同一条记录，会导致在更新时产生锁定错误
adLockBatchOptimistic	开放式批更新。用于成批更新数据，与 UpdateBatch 方法相对应

8）State 属性：说明对象状态是打开或是关闭。属性值为“adStateClosed”表示对象是关闭的；属性值为“adStateOpen”表示对象是打开的。其他对象也有此属性。

9）CursorLocation 属性：设置或返回一个 Long 值，该值指示游标服务的位置。属性值为“adUseServer”表示使用服务器端数据提供者或驱动程序提供的游标；属性值为“adUseClient”表示使用本地游标库提供的客户端的游标。

2. 常用方法

1）MoveFirst、MoveLast、MoveNext、MovePrevious 方法。

MoveFirst：将当前记录指针移到第一条记录。

MoveLast：将当前记录指针移到最后一条记录。

MoveNext：将当前记录指针移到后一条记录。

MovePrevious：将当前记录指针移到前一条记录。

例如，将当前记录指针移到前一条记录，可以使用语句：

```
Rs.MovePrevious
```

如果第一条记录是当前记录，再使用 MovePrevious 时，BOF 属性被设为 True，并且没有当前记录。如果再次使用 MovePrevious，则产生一个错误，BOF 仍为 True。

如果最后一条记录是当前记录，再使用 MoveNext 时，EOF 属性被设为 True，并且没有当前记录。如果再次使用 MoveNext，则产生一个错误，EOF 仍为 True。

2）Move 方法：将当前记录向前或向后移动指定的条数。使用格式为

```
Move n
```

其中，n 为正数时表示向后移动，n 为负数时表示向前移动。例如，如果当前记录为第 5 条记录，则执行 Rs.Move -3 后，当前记录变为第 2 条记录。

3）AddNew 方法：在记录集中添加一条新记录。

在调用 AddNew 方法后，新记录将成为当前记录并在调用 Update 方法后继续保持为当前记录。

例如，给“学生基本信息”表添加一条新记录，可以写成：

```
Rs.AddNew
Rs.Fields("学号") = "16009"
Rs.Fields("姓名") = "马朝阳"
Rs.Fields("班级") = "土161"
Rs.Fields("性别") = "男"
Rs.Fields("出生日期") = #9/23/1996#
Rs.Fields("系名称") = "土木系"
Rs.Update
```

4）Update 方法：保存对 Recordset 对象的当前记录所做的所有更改。

5）UpdateBatch 方法：在批更新模式下修改 Recordset 对象时，使用 UpdateBatch 方法可将 Recordset 对象中的所有挂起的更改保存到当前数据库中。

6）CancelBatch 方法：使用 CancelBatch 方法可取消批更新模式下记录集中所有挂起的更新。

7）Delete 方法：删除当前记录。

删除当前记录后，在移动到其他记录之前已删除的记录仍保持为当前状态，记录指针不会自动移动到下一条记录上。一旦离开已删除的记录，则无法再次访问它。

8）Find 方法：在 Recordset 中查找满足指定条件的记录。

如果找到了满足条件的记录，则记录指针定位在找到的记录上，否则记录指针将设置在记录集的末尾。

例如，在记录集中查找姓名为“马朝阳”的记录，使用下列语句：

```
Rs.Find "姓名='马朝阳'"
```

9）Open 方法：打开 Recordset 记录集（游标）。

格式：

```
recordset.Open Source, ActiveConnection, CursorType, LockType, Options
```

说明：Source：可选，可变类型，一般为字符串，指定表名、查询或一条 SQL 语句等。

ActiveConnection：可选。对应 Recordset.ActiveConnection 属性，为一个有效的 Connection 对象变量名；或为包含 ConnectionString 参数的字符串。

CursorType：可选，对应 Recordset.CursorType 属性，指定提供者打开 Recordset 时应该使用的游标类型，如表 13-9 所示。

LockType：可选。对应 Recordset.LockType 属性，指定提供者打开 Recordset 时应该使用的锁定（并发）类型，如表 13-10 所示。

Options：可选，长整型值，用于指示提供者如何解释 Source 参数。可为表 13-7 所示的常量之一（参见 ADO.CommandType 属性）。

如果在执行 Open 方法时没有指定相应的参数，则需要在执行 Open 方法前设置相应的属性或使用默认属性设置；如果在执行 Open 方法时指定了相应的参数，则它将覆盖相应的属性设置，并且用参数值更新属性设置。如：

```
MyRs.ActiveConnection = Mycon
MyRs.CursorType = adOpenDynamic
MyRs.LockType = adLockOptimistic
MyRs.Source = "学生基本信息"
MyRs.Open
```

等价于下列语句：

```
MyRs.Open "学生基本信息", Mycon, adOpenDynamic, adLockOptimistic
```

【例 13-2】 打开学生数据库“D:\mydb\学生.accdb”，显示学生数据库中所有学生的姓名。

首先向当前工程添加 ADO 的对象库“Microsoft ActiveX Data Object 2.x Library”，然后在窗体的 Load 事件过程中编写以下代码：

```
Private Sub Form_Load()
```

```
    ' 定义 Mycon 为 Connection 对象
    Dim Mycon As New ADODB.Connection
    Dim MyRs As New ADODB.Recordset          ' 定义 MyRs 为 Recordset 对象
    '设置连接字符串
    Mycon.ConnectionString = "Provider=Microsoft.ACE.OLEDB.12.0;" & _
    "Data Source=D:\mydb\ 学生 .accdb;Persist Security Info=False"
    Mycon.Open                               ' 打开连接
    ' 打开一个由查询指定的记录集
    MyRs.Open "select * from 学生基本信息 ", Mycon
    MyRs.MoveFirst                           ' 移动到记录集的第一条记录
    Show
    Do While Not MyRs.EOF
        Print MyRs.Fields(" 姓名 ")           ' 打印记录集中当前记录的 " 姓名 " 字段
        MyRs.MoveNext                        ' 移动到记录集的下一条记录
    Loop
End Sub
```

13.5.3 Command 对象

Command 对象定义了对数据源（库）执行的命令。Command 对象可以基于 SQL 语句、表或查询（其他数据库的存储过程）来操纵数据库并返回与 Recordset 对象相关联的记录集。下面列出了 Command 对象的部分属性和方法。

1）ActiveConnection 属性：指定一个 Connection 对象。

2）CommandText 属性：包含要发送给提供者的命令文本，可以为 SQL 语句、表或查询。

3）CommandType 属性：指示 CommandText 的类型，如 AdCmdText（SQL 语句）、AdCmdTable（表或查询）、AdCmdStoredProc（存储过程）等。

4）Execute 方法：执行在 CommandText 属性中指定的查询、SQL 语句或存储过程，返回一个 Recordset 对象。

【例 13-3】 改写上例程序，用 Command 对象实现上例功能。

程序如下：

```
Private Sub Form_Load()
    ' 定义 Mycon 为 Connection 对象
    Dim Mycon As New ADODB.Connection
    Dim MyRs As New ADODB.Recordset          ' 定义 MyRs 为 Recordset 对象
    Dim Mycom As New ADODB.Command           ' 定义 Mycom 为 Command 对象
    '设置连接字符串
    Mycon.ConnectionString = "Provider=Microsoft.ACE.OLEDB.12.0;" & _
    "Data Source=D:\mydb\ 学生 .accdb;Persist Security Info=False"
    Mycon.Open                   ' 打开连接
    strSQL = "select * from 学生基本信息 " ' 定义一个查询字符串
    ' 指定 Command 对象属于 Mycon 连接
    Set Mycom.ActiveConnection = Mycon
    ' 指定 Command 对象的命令文本为 strSQL
    Mycom.CommandText = strSQL
    ' 执行在 CommandText 属性中指定的查询
    Set MyRs = Mycom.Execute
    MyRs.MoveFirst                           ' 移动到第一条记录
    Show
    Do While Not MyRs.EOF
        Print MyRs.Fields(" 姓名 ")
        MyRs.MoveNext
```

```
    Loop
End Sub
```

13.5.4 Error 对象

任何涉及 ADO 对象的操作都可能产生一个或多个提供者错误。产生错误时，可以将一个或多个 Error 对象置于 Connection 对象的 Errors 集合中。其他 ADO 操作产生错误时，将清空 Errors 集合，并且将新的 Error 对象置于 Errors 集合中。

13.5.5 Field 对象

Fields 集合包含 Recordset 对象的所有 Field 对象。每个 Field 对象对应于 Recordset 中的一列。使用 Field 对象的 Value 属性可以设置或返回当前记录的数据。使用 Name 属性可返回字段名。

【例 13-4】 在例 13-3 的基础上增加一个 Field 对象，将程序改成：

```
Private Sub Form_Load()
    ' 定义 Mycon 为 Connection 对象
    Dim Mycon As New ADODB.Connection
    Dim MyRs As New ADODB.Recordset         ' 定义 MyRs 为 Recordset 对象
    Dim Mycom As New ADODB.Command          ' 定义 Mycom 为 Command 对象
    Dim f As ADODB.Field                    ' 定义 f 为 Field 对象
    '设置连接字符串
    Mycon.ConnectionString = "Provider=Microsoft.ACE.OLEDB.12.0;" & _
    "Data Source=D:\mydb\ 学生 .accdb;Persist Security Info=False"
    Mycon.Open                   ' 打开连接
    strSQL = "select * from 学生基本信息" ' 定义一个查询字符串
    ' 指定 Command 对象属于 Mycon 连接
    Set Mycom.ActiveConnection = Mycon
    ' 指定 Command 对象的命令文本为 strSQL
    Mycom.CommandText = strSQL
    ' 执行在 CommandText 属性中指定的查询
    Set MyRs = Mycom.Execute
    MyRs.MoveFirst                          ' 移动到记录集的第一条记录
    Show
    Do While Not MyRs.EOF
        For Each f In MyRs.Fields           ' 遍历所有字段
            Print "    " & f.Name & " = " & f.Value
        Next f
        MyRs.MoveNext
    Loop
End Sub
```

程序中使用 f.Name 显示字段名称，使用 f.Value 显示字段值。

运行该程序，立即窗口显示的部分内容如图 13-16 所示。

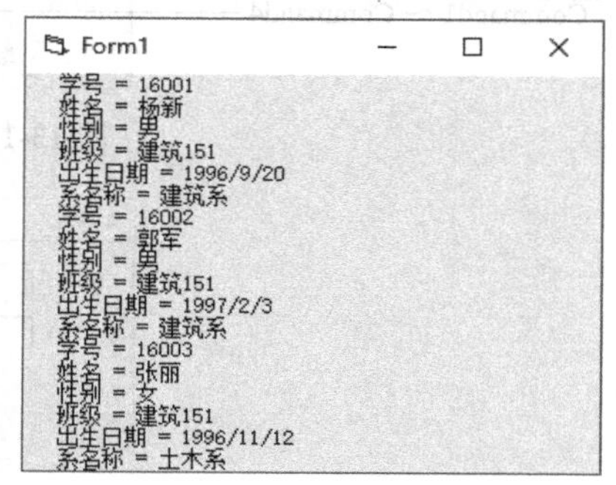

图 13-16 使用 Field 对象

13.6 应用举例

【例 13-5】 设计一个学生成绩管理系统，在此例中仅使用 Recordset 对象的相关属性和方法实现对数据库中数据的编辑和浏览，运行时主界面如图 13-17 所示，主界面包括 3 个主菜单标题：浏览信息、数据维护和退出系统。图 13-17a 为“浏览信息”菜单下的子菜单项，用于按指定表名称浏览信息，图 13-17b 为“数据维护”菜单下的子菜单项，用于对指定的表进行记录的添加、删除和修改。

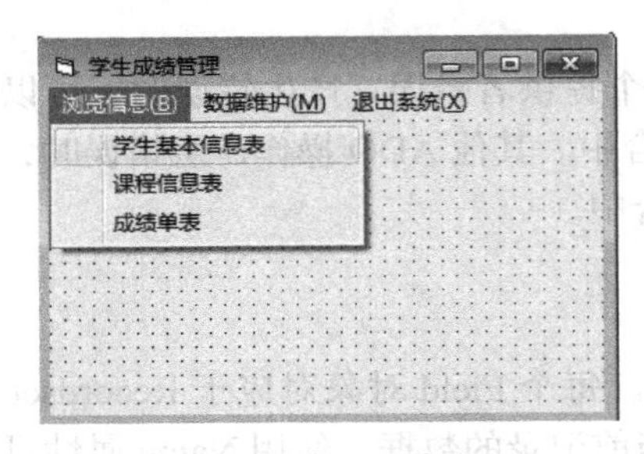

a)“浏览信息”菜单

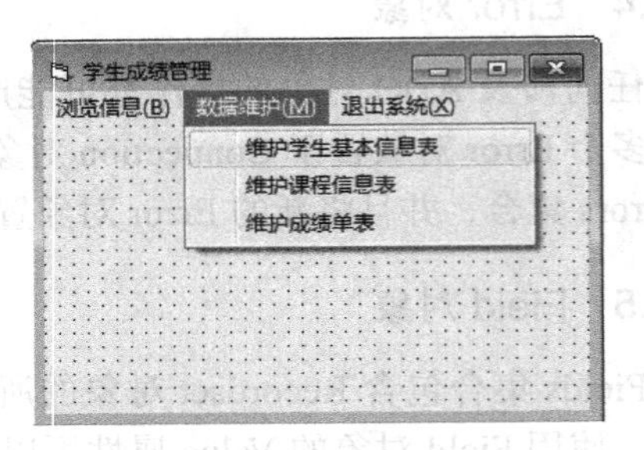

b)“数据维护”菜单

图 13-17 主界面（Form1）

运行时，在“浏览信息”子菜单中按名称选择一基本表（如学生基本信息）后，可以以表格的形式快速浏览此表的所有数据信息，如图 13-18 所示。

运行时，在“维护数据”子菜单中选择一个菜单项后，打开相应的维护界面（Form3、Form4、Form5），分别如图 13-19、图 13-20、图 13-21 所示，在维护界面上可以对表进行添加记录、删除记录、更新当前修改等操作，并可以浏览记录。

浏览学生基本信息表

学号	姓名	性别	班级	出生日期
16001	杨新	女	建筑151	1996/9/20
16002	郭军	男	建筑151	1997/2/3
16003	张丽	女	建筑151	1996/11/12
16004	陈兰	男	建筑151	1996/11/29
16005	刘海洋	男	建筑152	1997/3/25
16006	赵晓军	男	建筑152	1997/4/6
16007	杨洋	女	土木151	1996/12/27
16008	刘娟	女	土木151	1996/10/10
16009	章希望	男	土木151	1996/12/2
16010	郭建军	男	土木151	1997/1/2

图 13-18 浏览信息（Form2）

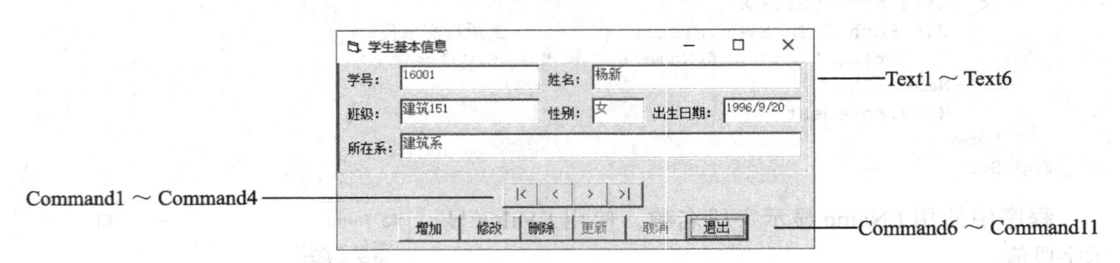

图 13-19 基本信息表维护界面（Form3）

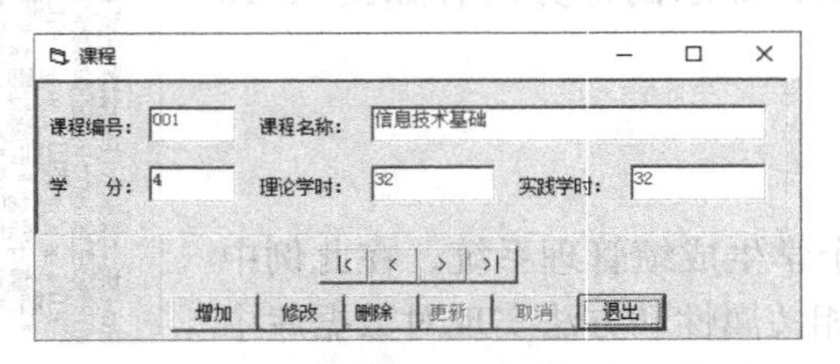

图 13-20 课程表维护界面（Form4）

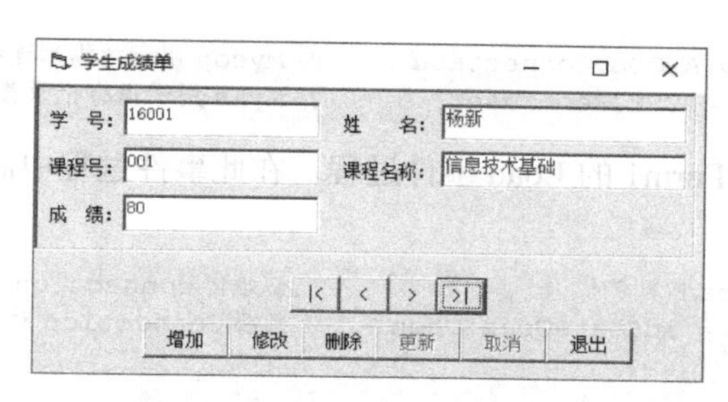

图 13-21 学生成绩单表维护界面（Form5）

设计步骤如下：

1）设计主菜单界面。新建一个标准 EXE 工程，按表 13-11 在菜单编辑器中设计主菜单界面（Form1）的主菜单及其子菜单项。

表 13-11 主菜单界面各菜单项的属性设置

标题	名称	标题	名称
浏览信息 (&B)	liulan	数据维护 (&M)	weihu
....学生基本信息表	liulan1	....维护学生基本信息表	weihu1
....课程信息表	liulan2	....维护课程信息表	weihu2
....成绩单表	liulan3	....维护成绩单表	weihu3
		退出 (&Q)	tuichu

2）在当前工程中引用 ADO 对象，并添加一个 DataGrid 控件 DataGrid1。

3）向当前工程添加其他窗体（Form2 ～ Form5），按照图 13-18 至图 13-21 设计各界面，各主要控件的属性设置如表 13-12 所示。

表 13-12 Form2 ～ Form5 主要控件的属性设置

窗体	控件名	属性名	属性值	说明
Form2	DataGrid1	AllowAddNew	False	ActiveX 控 件：Microsoft DataGrid Control 6.0（OLEDB）
		AllowDelete	False	
		AllowUpdate	False	
Form3 Form4 Form5	Command1	Caption	|<	Form3、Form4、Form5 中的命令按钮属性设置相同；ToolTipText 属性用于给命令按钮添加文字提示。运行时鼠标指向该命令按钮会有相应的文字提示
		ToolTipText	第一条记录	
	Command2	Caption	<	
		ToolTipText	上一条记录	
	Command3	Caption	>	
		ToolTipText	下一条记录	
	Command4	Caption	>|	
		ToolTipText	最后一条记录	
	Command6	Caption	添加	
	Command7	Caption	修改	
	Command8	Caption	删除	
	Command9	Caption	更新	
	Command10	Caption	取消	
	Command11	Caption	退出	

4）添加一个标准模块 Module1，在标准模块中定义两个全局变量：

```
Public Mycon As New ADODB.Connection       ' Mycon 用于数据库连接
Public MyRs As New ADODB.Recordset         ' MyRs 用于保存记录集
```

5）编写主菜单界面 Form1 的 Load 事件过程。在此事件过程中需要初始化 Connection 对象实现和数据库的连接。

```
Private Sub Form_Load()                    '初始化 Connection 对象
    If Mycon.State = adStateOpen Then      '判断 Connection 对象是否处于打开状态
       Mycon.Close
    End If
    '连接字符串
    Mycon.ConnectionString = "Provider=Microsoft.ACE.OLEDB.12.0;Data Source= 学
生 .accdb;Persist Security Info=False"
    Mycon.Open            '打开 Connection 对象
End Sub
```

6）编写主菜单界面 Form1 的“浏览信息”部分的代码，包括“学生基本信息表”、“课程信息表”和“成绩单表”3 个子菜单项的 Click 事件过程。首先以表的形式打开 Recordset 记录集 MyRs，然后调用窗体 Form2。

```
Private Sub liulan1_Click()                '浏览学生基本信息表
    If MyRs.State = adStateOpen Then
       MyRs.Close
    End If
    '设置游标的服务位置在客户端（adUseClient）
    MyRs.CursorLoca tion = adUseClient
    '打开 Recordset 对象
    MyRs.Open "学生基本信息", Mycon, adOpenStatic, adLockOptimistic, adCmdTable
    Form2.Caption = "浏览学生基本信息表"
    Form2.Show 1                           ' 用 Form2 实现对学生基本信息表按表格浏览
End Sub
Private Sub liulan2_Click()                '浏览学生课程表
    If MyRs.State = adStateOpen Then
      MyRs.Close
    End If
    '设置游标的服务位置在客户端（adUseClient）
    MyRs.CursorLocation = adUseClient
    MyRs.Open "课程", Mycon, adOpenStatic, adLockOptimistic, adCmdTable
    Form2.Caption = "浏览课程信息"
    Form2.Show 1                           '用 Form2 实现对课程信息表按表格浏览
End Sub
Private Sub liulan3_Click()                '浏览学生成绩单表
    If MyRs.State = adStateOpen Then
       MyRs.Close
    End If
    '设置游标的服务位置在客户端（adUseClient）
    MyRs.CursorLocation = adUseClient
    MyRs.Open "成绩单", Mycon, adOpenStatic, adLockOptimistic, adCmdTableDirect
    Form2.Caption = "浏览成绩单表"
    Form2.Show 1                           '用 Form2 实现对成绩单情况表按表格浏览
End Sub
```

7）在 Form2 的 Activate 事件过程中将 RecordSet 对象 MyRs 传递给 DataGrid1 的 DataSource 属性，这样就可以用 DataGrid 数据网格浏览表中的数据了。

```
Private Sub Form_Activate()
    Set DataGrid1.DataSource = MyRs        ' 设置数据表格控件的数据源为 MyRS
    DataGrid1.Refresh                      ' 刷新 DataGrid
```

```
End Sub
Private Sub Form_Unload(Cancel As Integer)        ' 在窗体卸载时
    Set DataGrid1.DataSource = Nothing            ' 断开数据源
    MyRs.Close                                    ' 关闭记录集 MyRS
End Sub
```

8）编写主界菜单界面 Form1 的“维护”部分的代码，包括维护“学生基本信息表”“课程信息表”和“成绩单表”3 个子菜单项的 Click 事件过程。代码如下：

```
Private Sub weihu1_Click()
    Form3.Show              ' 打开维护“学生基本信息”表的界面
End Sub

Private Sub weihu2_Click()
    Form4.Show              ' 打开维护“课程信息”表的界面
End Sub

Private Sub weihu3_Click()
    Form5.Show              ' 打开维护“成绩单”表的界面
End Sub
```

9）编写 Form3 ～ Form5 的代码，实现对表的维护，包括添加记录、删除记录、修改记录。这里以 Form3 的代码为例介绍模块中各种功能的实现方法。Form4 和 Form5 的代码的编写方法与 Form3 类似。

首先在 Form3 的 Activate 事件过程中打开与“学生基本信息”表相关的 RecordSet，并调用通用过程设置其他控件。代码如下：

```
Private Sub Form_Activate()
    '打开与"学生基本信息"表相关的 RecordSet
    MyRs.Open "学生基本信息", Mycon, adOpenKeyset, adLockOptimistic
    Call Display_item           '显示各字段内容
    Call Disable_text           '使个字段不可编辑
    Command9.Enabled = False    '更新按钮
    Command10.Enabled = False   '取消按钮
    flag = 0
End Sub
```

编写各移动记录命令按钮的事件过程如下：

```
Private Sub Command1_Click()                 '第一条记录
    MyRs.MoveFirst
    Call Display_item
End Sub
Private Sub Command2_Click()                 '前一条记录
    MyRs.MovePrevious
    If Not MyRs.BOF Then
       Call Display_item
    Else
       MyRs.MoveFirst
    End If
End Sub
Private Sub Command3_Click()                 '下一条记录
    MyRs.MoveNext
    If Not MyRs.EOF Then
       Call Display_item
    Else
       MyRs.MoveLast
```

```
        End If
    End Sub
    Private Sub Command4_Click()        '最后一条记录
        MyRs.MoveLast
        Call Display_item
    End Sub
```

编写“添加”“编辑”“删除”“更新”“取消”“退出”按钮的事件过程如下：

```
    Private Sub Command6_Click()        '增加
        flag = 1
        Call Enable_text
        Text1.Text = "":   Text2.Text = ""
        Text3.Text = "":   Text4.Text = ""
        Text5.Text = "":   Text6.Text = ""
        Text1.SetFocus
        abc = MyRs.Bookmark                  '保存当前记录书签
        Command6.Enabled = False
        Command7.Enabled = False
        Command8.Enabled = False
        Command9.Enabled = True
        Command10.Enabled = True
    End Sub
    Private Sub Command7_Click()        '编辑
        Call Enable_text
        Text1.SetFocus
        abc = MyRs.Bookmark                  '恢复到原来记录
        Command6.Enabled = False
        Command7.Enabled = False
        Command8.Enabled = False
        Command9.Enabled = True
        Command10.Enabled = True
    End Sub

    Private Sub Command8_Click()        '删除记录
        a = MsgBox("是否要删除此记录? ", 4 + 32 + 256)
        If a = vbYes Then                '是要删除
            MyRs.Delete
            MyRs.MoveNext
            If MyRs.EOF Then
                MyRs.MoveLast
            End If
            Call Display_item
        End If
    End Sub

    Private Sub Command9_Click()         '更新
        If flag = 1 Then
            MyRs.AddNew                  '添加一条记录
        End If
        MyRs.Fields("学号") = Text1.Text
        MyRs.Fields("姓名") = Text2.Text
        MyRs.Fields("班级") = Text3.Text
        MyRs.Fields("性别") = Text4.Text
        MyRs.Fields("系名称") = Val(Text5.Text)
        MyRs.Fields("出生日期") = Text6.Text
        MyRs.Update                            '更新记录
```

```
    Call Disable_text
    Command6.Enabled = True
    Command7.Enabled = True
    Command8.Enabled = True
    Command9.Enabled = False
    Command10.Enabled = False
    flag = 0
End Sub
Private Sub Command10_Click()          ' 取消
    MyRs.Bookmark = abc
    Call Display_item
    Call Disable_text
    Command6.Enabled = True
    Command7.Enabled = True
    Command8.Enabled = True
    Command9.Enabled = False
    Command10.Enabled = False
End Sub
Private Sub Command11_Click()          ' 退出
    If MyRs.State = adStateOpen Then
       MyRs.Close
    End If
    Unload Me
End Sub
```

当添加一条记录或修改当前记录后，可以通过单击“更新”按钮保存添加或修改的记录。标准模块 Module1 代码如下：

```
Public Mycon As New ADODB.Connection      ' Mycon 用于数据库连接
Public MyRs As New ADODB.Recordset        ' MyRs 用于保存记录集
Public MyRs1 As New ADODB.Recordset
Public MyRs2 As New ADODB.Recordset
```

另外，为了保证程序的可操作性，本例创建了几个过程供多个事件过程调用，代码如下：

```
Public abc                       ' 保存书签的变量
Public flag As Integer           ' 是否已激活添加数据功能，"1" 为是
Sub Disable_text()               ' 使与各字段有关的文本框不可编辑
    Text1.Enabled = False
    Text2.Enabled = False
    Text3.Enabled = False
    Text4.Enabled = False
    Text5.Enabled = False
    Text6.Enabled = False
End Sub
Sub Enable_text()               ' 使与各字段有关的文本框可编辑
    Text1.Enabled = True
    Text2.Enabled = True
    Text3.Enabled = True
    Text4.Enabled = True
    Text5.Enabled = True
    Text6.Enabled = True
End Sub
Sub Display_item()             ' 用文本框显示各字段内容
    Text1.Text = MyRs.Fields("学号")
    Text2.Text = MyRs.Fields("姓名")
    Text3.Text = MyRs.Fields("班级")
    Text4.Text = MyRs.Fields("性别")
```

```
    Text5.Text = MyRs.Fields("系名称")
    Text6.Text = MyRs.Fields("出生日期")
End Sub
```

10）编写主菜单界面的退出菜单的 Click 事件过程如下：

```
Private Sub tuichu_Click()        '退出主菜单
    End
End Sub
```

【例 13-6】 上例使用 RecordSet 对象的相关属性和方法完成了对数据库表中数据的添加、修改、删除和查询等任务。使用 ADO 的其他对象也能完成类似的工作。本例综合使用 ADO 多个对象，修改和完善了例 13-5。主界面（Form1）包括 6 个主菜单标题：浏览信息、添加、删除、修改、查询和统计、退出系统，如图 13-22 所示。

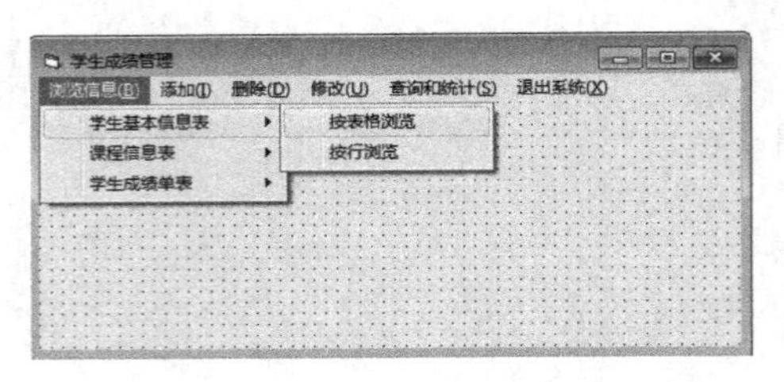

a）"浏览信息" 菜单

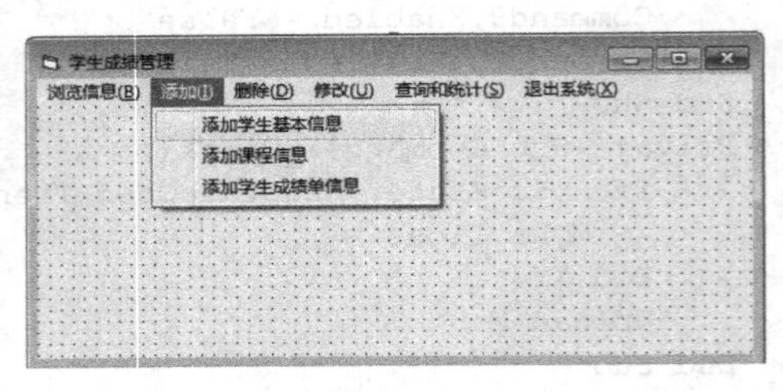

b）"添加" 菜单

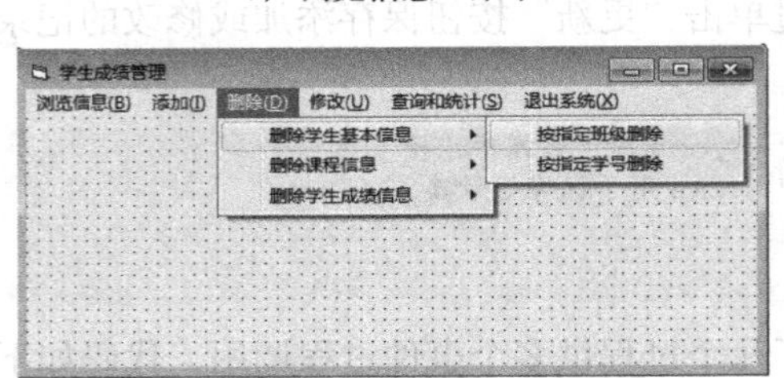

c）"删除" 菜单

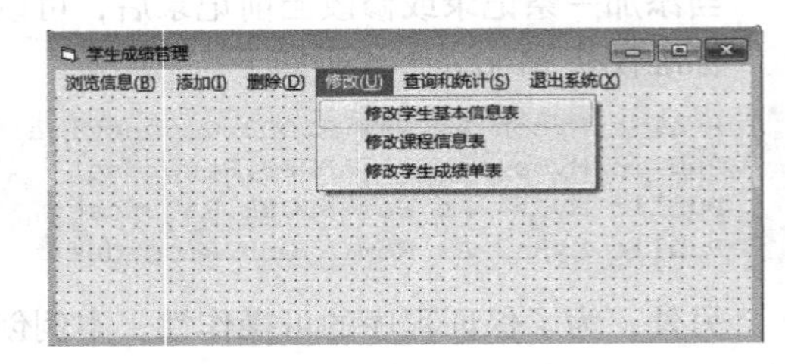

d）"修改" 菜单

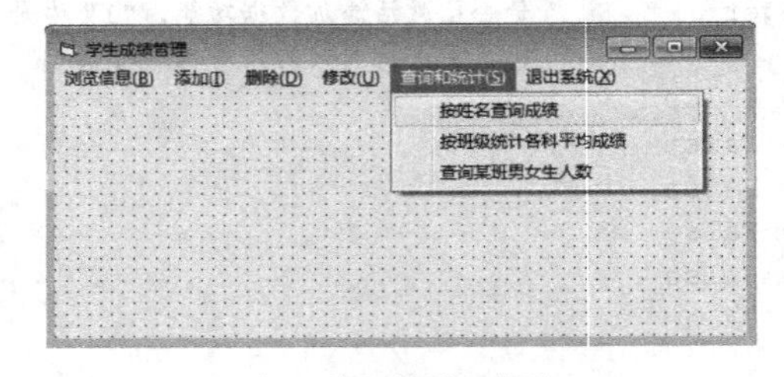

e）"查询和统计" 菜单

图 13-22 主界面（Form1）

设计步骤如下：

1）设计主菜单界面。新建一个标准 EXE 工程，按表 13-13 在菜单编辑器中设计主菜单界面（Form1）的主菜单及其子菜单项。

表 13-13 主菜单界面各菜单项的属性设置

标题	名称
浏览信息 (&B)	liulan
....学生基本信息表	liulan1

（续）

标题	名称
........按表格浏览	liulan11
........按行浏览	liulan12
....课程信息表	liulan2
........按表格浏览	liulan21
........按行浏览	liulan22
....成绩单表	liulan3
........按表格浏览	liulan31
........按行浏览	liulan32
添加 (&I)	tianjia
....添加学生基本信息	tianjia1
....添加课程信息	tianjia2
....添加学生成绩单信息	tianjia3
删除 (&D)	sc
....删除学生基本信息	sc1
........按指定班级删除	sc11
........按指定学号删除	sc12
....删除课程信息	sc2
........按指定课程名称删除	sc21
....删除学生成绩信息	sc3
........按指定学号和课程号删除	sc31
修改 (&U)	xg
....修改学生基本信息表	xg1
....修改课程信息表	xg2
....修改学生成绩单表	xg3
统计和查询 (&S)	sel
....按姓名查询成绩	sel1
....按班级统计各科平均成绩	sel2
....查询某班男女生人数	sel3
退出系统 (&Q)	tuichu

2）在当前工程中引用 ADO 对象，并添加一个 DataGrid 控件 DataGrid1 和一个 DataCombo 控件 DataCombo1。

3）向当前工程添加其他窗体（Form2 ～ Form10），按图 13-23 至图 13-31 设计各界面。

4）添加一个标准模块 Module1，在标准模块中定义 4 个全局变量：

```
Public Mycon As New ADODB.Connection        ' Mycon 用于数据库连接
Public MyRs As New ADODB.RecordSet          ' MyRs 用于保存记录集
Public MyRs1 As New ADODB.RecordSet         ' MyRs1 用于保存记录集
Public MyRs2 As New ADODB.RecordSet         ' MyRs2 用于保存记录集
```

5）设计主界面（Form1），当运行程序时，首先加载的是主界面，如图 13-22 所示，主界面包括 6 个功能菜单，分别完成“浏览信息”“添加”“删除”“修改”“查询和统计”及“退出系统”的功能。当窗体加载时，在窗体的 Load 事件过程中，完成了对 Connection 对象的初始化，建立了和数据库的连接；在 Unload 事件过程中，完成了各种资源的释放工作。其代码如下：

```
    Private Sub Form_Load()                          '初始化 Connection 对象
        If Mycon.State = adStateOpen Then            '判断 Connection 对象是否处于打开状态
            Mycon.Close
        End If
        '连接字符串
        Mycon.ConnectionString = "Provider=Microsoft.ACE.OLEDB.12.0;Data Source=学生
.accdb;Persist Security Info=False"
        Mycon.Open                                      '打开 Connection 对象
    End Sub
    Private Sub Form_Unload(Cancel As Integer)          '卸载窗体
        Set MyRs = Nothing
        Set Mycon = Nothing
    End Sub
    Private Sub tuichu_Click()                          '退出系统，释放各种资源
        If MyRs.State = adStateOpen Then
            MyRs.Close
        End If
        If MyRs1.State = adStateOpen Then
            MyRs1.Close
        End If
        If MyRs2.State = adStateOpen Then
            MyRs2.Close
        End If
        Set MyRs = Nothing
        Set MyRs1 = Nothing
        Set MyRs2 = Nothing
        Set Mycon = Nothing
        End
    End Sub
```

其他各菜单对应代码如下：

```
    Private Sub liulan11_Click()         ' 按表格浏览学生基本信息表
        If MyRs.State = adStateOpen Then
            MyRs.Close
        End If
        '设置游标的服务位置在客户端(adUseClient)
        MyRs.CursorLocation = adUseClient
        MyRs.Open "学生基本信息", Mycon, adOpenStatic, adLockOptimistic, adCmdTable
        Form5.Caption = "浏览学生基本信息表"
        Form5.Show 1                     ' 用 Form5 实现对学生基本信息表按表格浏览
    End Sub

    Private Sub liulan12_Click()         ' 按行浏览学生基本信息表
        If MyRs.State = adStateOpen Then
            MyRs.Close
        End If
        MyRs.Open "学生基本信息", Mycon, adOpenStatic, adLockOptimistic, adCmdTableDirect
        Form2.Show 1                     ' 用 Form2 实现对学生基本信表按行浏览
    End Sub

    Private Sub liulan21_Click()         ' 按表格浏览课程信息表
        If MyRs.State = adStateOpen Then
            MyRs.Close
        End If
        '设置游标的服务位置在客户端(adUseClient)
        MyRs.CursorLocation = adUseClient
```

```
    MyRs.Open "课程", Mycon, adOpenStatic, adLockOptimistic, adCmdTable
    Form5.Caption = "浏览课程信息"
    Form5.Show 1                        '用 Form5 实现对课程信息表按表格浏览
End Sub
Private Sub liulan22_Click()      '按行浏览课程信息表
    If MyRs.State = adStateOpen Then
        MyRs.Close
    End If
    MyRs.Open "课程", Mycon, adOpenStatic, adLockOptimistic, adCmdTableDirect
    Form3.Show 1                        '用 Form3 实现对课程信息表按行浏览
End Sub

Private Sub liulan31_Click()      '按表格浏览成绩单
    If MyRs.State = adStateOpen Then
        MyRs.Close
    End If
    '设置游标的服务位置在客户端(adUseClient)
    MyRs.CursorLocation = adUseClient
    MyRs.Open "成绩单", Mycon, adOpenStatic, adLockOptimistic, adCmdTableDirect
    Form5.Caption = "浏览成绩单表"
    Form5.Show 1                        '用 Form5 实现对成绩单情况表按表格浏览
End Sub

Private Sub liulan32_Click()      '按行浏览成绩单
    If MyRs.State = adStateOpen Then
        MyRs.Close
    End If
    MyRs.Open "成绩单", Mycon, adOpenStatic, adLockOptimistic, adCmdTableDirect
    Form4.Show 1                        '用 Form4 实现对成绩单情况表按行浏览
End Sub

Private Sub tianjia1_Click()      '添加学生基本信息
    Form6.Show 1
End Sub

Private Sub tianjia2_Click()      '添加课程信息
    Form7.Show 1
End Sub

Private Sub tianjia3_Click()      '添加成绩信息
    Dim strSql As String
    '产生查询字符串,用于从学生基本信息表中提取学号
    strSql = "SELECT 学号 FROM 学生基本信息"
    If MyRs1.State = adStateOpen Then      '如果记录集 MyRs1 处于打开状态
        MyRs1.Close                        '关闭记录集 MyRs1
    End If
    '按查询字符串 strSql 指定的查询产生记录集
    MyRs1.Open strSql, Mycon, adOpenStatic, adLockReadOnly
    '设置 Form8 的显示学号的组合框的数据源为 MyRs1
    Set Form8.DataCombo1.RowSource = MyRs1
    '设置 Form8 的显示学号的组合框与记录集 MyRs1 的学号字段绑定
    Form8.DataCombo1.ListField = "学号"
    Form8.DataCombo1.Text = ""
    '产生查询字符串,用于从课程信息表中提取课程号
    strSql = "SELECT 课程号 FROM 课程"
    If MyRs2.State = adStateOpen Then      '如果记录集 MyRs1 处于打开状态
        MyRs2.Close                        '关闭记录集 MyRs1
    End If
```

```
        '按查询字符串strSql指定的查询产生记录集
        MyRs2.Open strSql, Mycon, adOpenStatic, adLockReadOnly
        '设置Form8的显示课程号的组合框的数据源为MyRs1
        Set Form8.DataCombo2.RowSource = MyRs2
        '设置Form8的显示课程号的组合框与记录集MyRs1的课程号字段绑定
        Form8.DataCombo2.ListField = "课程号"
        Form8.DataCombo2.Text = ""
        Form8.Show 1
    End Sub

    Private Sub sc11_Click()                    '按指定班级名称删除
        Dim strDelete As String, ClassName As String
        ClassName = InputBox("请输入班级名称(可以只输入前几个字)", 注意, "")
        '如果用户在输入框中指定的班级名称为空或按了"取消"则退出删除操作
        If Trim(ClassName) = "" Then Exit Sub
        '产生删除字符串,保存在变量strDelete中,删除字符串中的条件使用模糊匹配
    strDelete = "DELETE FROM 学生基本信息 WHERE 班级 LIKE '" & Trim(ClassName) & "%'"
        Mycon.BeginTrans                        '开始事务
        Mycon.Execute (strDelete)               '执行删除
        a = MsgBox("删除学生基本信息表中的记录将会删除相关的成绩单情况信息" & Chr(13) & "确定
吗?", vbYesNo + vbExclamation, "注意")
        If a = vbYes Then                       '如果"确认"删除操作
            Mycon.CommitTrans                   '提交事务
        Else                                    '如果用户选择取消删除操作
            Mycon.RollbackTrans                 '撤销事务
            MsgBox "删除被撤销!", vbExclamation, "注意"
        End If
    End Sub

    Private Sub sc12_Click()                    '按指定学号删除
        Dim strDelete As String, StudNo As String
        StudNo = InputBox("请输入学号", 注意, "")
        If Trim(StudNo) = "" Then Exit Sub
        strDelete = "DELETE FROM 学生基本信息 WHERE 学号 LIKE '" & Trim(StudNo) & "%'"
        Mycon.BeginTrans
        Mycon.Execute strDelete
        a = MsgBox("删除学生基本信息表中的记录将会删除相关的成绩单情况信息" & Chr(13) & "确定
吗?", vbOKCancel + vbExclamation, "注意")
        If a = vbOK Then
            Mycon.CommitTrans
        Else
            Mycon.RollbackTrans
            MsgBox "删除被撤销", vbExclamation, "注意"
        End If
    End Sub

    Private Sub sc21_Click()                    '按课程名称删
        Dim strDelete As String, ClassName As String
        ClassName = InputBox("请输入课程名称(可以只输入前几个字)", "注意", "")
        If Trim(ClassName) = "" Then Exit Sub
        strDelete = "DELETE FROM 课程 WHERE 课程名称 LIKE'" & Trim(ClassName) & "%'"
        Mycon.BeginTrans
        Mycon.Execute strDelete
        a = MsgBox("删除课程表中的记录" & Chr(13) & "确定吗?", vbYesNo + vbExclamation,
"注意")
        If a = vbYes Then
            Mycon.CommitTrans
        Else
```

```
        Mycon.RollbackTrans
        MsgBox "删除被撤销", vbExclamation, "注意"
    End If
End Sub

Private Sub sc31_Click()                                 '学号和课程号删除
    Dim strSql As String                                 ' strSql 用于保存查询字符串
    Form10.DataCombo1.Enabled = True                     ' 设置显示学号的组合框有效
    Form10.Label1.Enabled = True                         ' 设置显示学号的文字提示有效
    Form10.DataCombo2.Enabled = True                     ' 设置显示课程号的组合框有效
    Form10.Label2.Enabled = True                         ' 设置显示课程号的文字提示无效
    '产生查询字符串，用于从成绩单表中提取学号，并去除重复的学号
    strSql = "SELECT DISTINCT 学号 FROM 成绩单"
    If MyRs1.State = adStateOpen Then                    ' 如果记录集 MyRs1 处于打开状态
        MyRs1.Close                                      ' 关闭记录集 MyRs1
    End If
    '按查询字符串 strSql 指定的查询产生记录集
    MyRs1.Open strSql, Mycon, adOpenStatic, adLockReadOnly
    '设置 Form10 的显示学生学号的组合框的数据源为 MyRs1
    Set Form10.DataCombo1.RowSource = MyRs1
    '设置 Form10 的显示学生学号的组合框与记录集 MyRs1 的学号字段绑定
    Form10.DataCombo1.ListField = "学号"
    '产生查询字符串，用于从成绩单表中提取课程，并去除重复的课程号
    strSql = "SELECT DISTINCT 课程号 FROM 成绩单"
    If MyRs2.State = adStateOpen Then                    '如果记录集 MyRs1 处于打开状态
        MyRs2.Close                                      '关闭记录集 MyRs1
    End If
    '按查询字符串 strSql 指定的查询产生记录集
    MyRs2.Open strSql, Mycon, adOpenStatic, adLockReadOnly
    '设置 Form10 的显示课程号的组合框的数据源为 MyRs1
    Set Form10.DataCombo2.RowSource = MyRs2
    '设置 Form10 的显示课程号的组合框与记录集 MyRs1 的课程号字段绑定
    Form10.DataCombo2.ListField = "课程号"
    Form10.DataCombo1.Text = ""
    Form10.DataCombo2.Text = ""
    Form10.Show 1
End Sub

Private Sub xg1_Click()                                  '修改学生基本信息表
    If MyRs.State = adStateOpen Then                     ' 如果记录集 MyRs 处于打开状态
        MyRs.Close                                       ' 关闭记录集 MyRs
    End If
    '设置游标的服务位置在客户端(adUseClient)
    MyRs.CursorLocation = adUseClient
MyRs.Open "学生基本信息", Mycon, adOpenKeyset, adLockBatchOptimistic, adCmdTable
    Form9.Caption = "修改学生基本信息"
    Form9.Show 1
End Sub

Private Sub xg2_Click()                                  ' 修改课程信息表
    If MyRs.State = adStateOpen Then                     ' 如果记录集 MyRs 处于打开状态
        MyRs.Close                                       ' 关闭记录集 MyRs
    End If
    '设置游标的服务位置在客户端(adUseClient)
    MyRs.CursorLocation = adUseClient
    MyRs.Open "课程", Mycon, adOpenKeyset, adLockBatchOptimistic, adCmdTable
    Form9.Caption = "修改课程信息"
    Form9.Show 1
```

```
End Sub

Private Sub xg3_Click()                    ' 修改学生成绩单表
    If MyRs.State = adStateOpen Then       ' 如果记录集 MyRs 处于打开状态
        MyRs.Close                         ' 关闭记录集 MyRs
    End If
    '设置游标的服务位置在客户端(adUseClient)
    MyRs.CursorLocation = adUseClient
    MyRs.Open "成绩单", Mycon, adOpenKeyset, adLockBatchOptimistic, adCmdTable
    Form9.Caption = "修改学生成绩单"
    Form9.Show 1
End Sub

Private Sub sel1_Click()                   '按姓名查询各科成绩
    Dim textInput As String
    textInput = InputBox("请输入学生姓名", "按姓名查询各科成绩")
    If textInput <> "" Then
        selStr1 = "SELECT 成绩单.学号, 成绩单.课程号, 课程.课程名称, 成绩 "
        selstr2 = "From 成绩单, 课程 WHERE 成绩单.课程号= 课程.课程号 and 学号 = "
        selstr3 = "(SELECT 学号 FROM 学生基本信息 WHERE 姓名='" & textInput & "')"
        selStr = selStr1 & selstr2 & selstr3
        If MyRs.State = adStateOpen Then
            MyRs.Close
        End If
        MyRs.CursorLocation = adUseClient
        MyRs.Open selStr, Mycon, adOpenStatic, adLockOptimistic
        If MyRs.EOF = True Then
            MsgBox "没查到 " & textInput, vbInformation
        Else
            Form5.Caption = "查询" & textInput & "的各科成绩"
            Form5.Show 1
        End If
    End If
End Sub

Private Sub sel2_Click()              '按班级统计各科平均成绩
        textInput = InputBox("请输入班级名称", "按班级统计各科平均成绩")
        If textInput <> "" Then
        selStr1 = "SELECT 课程.课程名称, Avg(成绩单.成绩) AS 平均成绩 "
        selstr2 = "From 课程, 成绩单 WHERE 成绩单.课程号=课程.课程号 AND 成绩单.学号 "
        selstr3 = "IN (SELECT 学号 FROM 学生基本信息 WHERE 班级='" & textInput & "')"
        selstr4 = " GROUP BY 课程.课程名称"
        selStr = selStr1 & selstr2 & selstr3 & selstr4
        If MyRs.State = adStateOpen Then
            MyRs.Close
        End If
        MyRs.CursorLocation = adUseClient
        MyRs.Open selStr, Mycon, adOpenStatic, adLockOptimistic
        If MyRs.EOF = True Then
            MsgBox "没查到 " & textInput, vbInformation
        Else
            Form5.Caption = "统计" & textInput & "班各科平均成绩"
            Form5.Show 1
        End If
    End If
End Sub

Private Sub sel3_Click()              '按班级统计男女生人数
```

```
    Dim textInput As String
    textInput = InputBox("请输入班级名称", "按班级统计男女生人数")
    If textInput <> "" Then
        selStr1 = "SELECT 性别,Count(学号) As 人数 From 学生基本信息 "
        selstr2 = " WHERE 班级='" & textInput & "' GROUP BY 性别"
        selStr = selStr1 & selstr2
        If MyRs.State = adStateOpen Then
            MyRs.Close
        End If
        MyRs.CursorLocation = adUseClient
        MyRs.Open selStr, Mycon, adOpenStatic, adLockOptimistic
        If MyRs.EOF = True Then
        MsgBox "没查到 " & textInput, vbInformation
        Else
            Form5.Caption = "统计" & textInput & "班男女生人数"
            Form5.Show 1
        End If
    End If
End Sub
```

6）设计窗体Form2，如图13-23所示，本窗体实现按行浏览学生基本信息，代码如下：

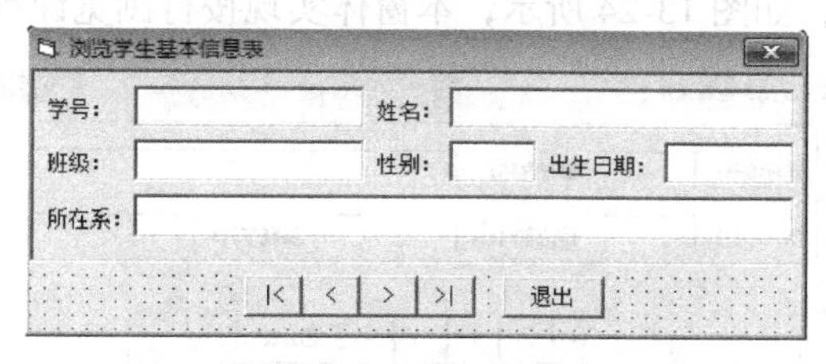

图13-23 按行浏览学生基本信息（Form2）

```
'在窗体激活时将各文本框绑定到记录集的相应字段上
Private Sub Form_Activate()
    Set Text1.DataSource = MyRs
    Text1.DataField = "学号"
    Set Text2.DataSource = MyRs
    Text2.DataField = "姓名"
    Set Text3.DataSource = MyRs
    Text3.DataField = "班级"
    Set Text4.DataSource = MyRs
    Text4.DataField = "性别"
    Set Text5.DataSource = MyRs
    Text5.DataField = "系名称"
    Set Text6.DataSource = MyRs
    Text6.DataField = "出生日期"
End Sub
Private Sub Command1_Click()
    MyRs.MoveFirst              ' 移动到记录集的第一条记录
End Sub
Private Sub Command2_Click()
    MyRs.MovePrevious           ' 移动到记录集的前一条记录
    If MyRs.BOF Then            ' 如果当前记录已在第一条记录之前
        MyRs.MoveFirst          ' 移动到记录集的第一条记录
    End If
End Sub
Private Sub Command3_Click()
    MyRs.MoveNext               ' 移动到记录集的下一条记录
```

```
    If MyRs.EOF Then              ' 如果当前记录已在最后一条记录之后
        MyRs.MoveLast             ' 移动到记录集的最后一条记录
    End If
End Sub
Private Sub Command4_Click()
    MyRs.MoveLast                 ' 移动到记录集的最后一条记录
End Sub
Private Sub Command5_Click()      ' "退出"按钮
    Unload Me                     ' 关闭当前窗体
End Sub
' 在关闭窗体时断开数据源，并关闭记录集
Private Sub Form_Unload(Cancel As Integer)
    Set Text1.DataSource = Nothing
    Set Text2.DataSource = Nothing
    Set Text3.DataSource = Nothing
    Set Text4.DataSource = Nothing
    Set Text5.DataSource = Nothing
    Set Text6.DataSource = Nothing
    MyRs.Close
End Sub
```

7）设计窗体 Form3，如图 13-24 所示，本窗体实现按行浏览课程信息，代码如下：

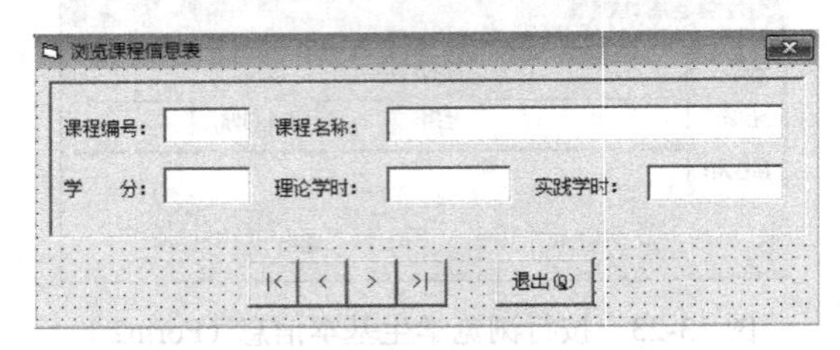

图 13-24　按行浏览课程信息（Form3）

```
Private Sub Form_Activate()
    Set Text1.DataSource = MyRs
    Text1.DataField = "课程号"
    Set Text2.DataSource = MyRs
    Text2.DataField = "课程名称"
    Set Text3.DataSource = MyRs
    Text3.DataField = "学分"
    Set Text4.DataSource = MyRs
    Text4.DataField = "理论学时"
    Set Text5.DataSource = MyRs
    Text5.DataField = "实践学时"
End Sub
```

其他事件过程与 Form2 相同。

8）设计窗体 Form4，如图 13-25 所示，本窗体实现按行浏览成绩单信息，代码如下：

```
Private Sub Form_Activate()
    Set Text1.DataSource = MyRs
    Text1.DataField = "学号"
    Set Text2.DataSource = MyRs
    Text2.DataField = "课程号"
    Set Text3.DataSource = MyRs
    Text3.DataField = "成绩"
End Sub
```

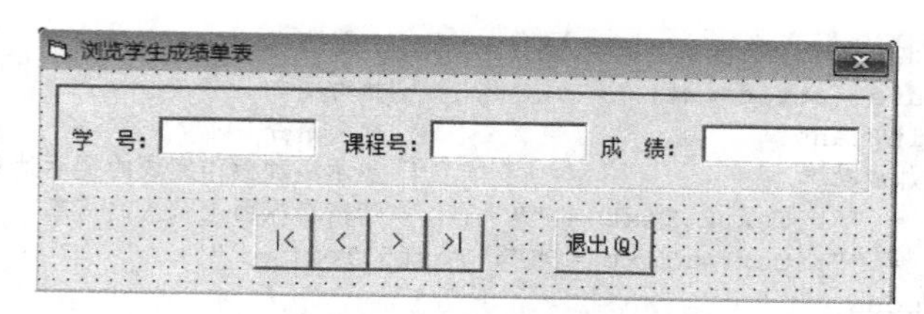

图 13-25 按行浏览学生成绩单（Form4）

其他事件过程与 Form2 相同。

9）设计窗体 Form5，如图 13-26 所示，本窗体实现按网格浏览各种表，代码如下：

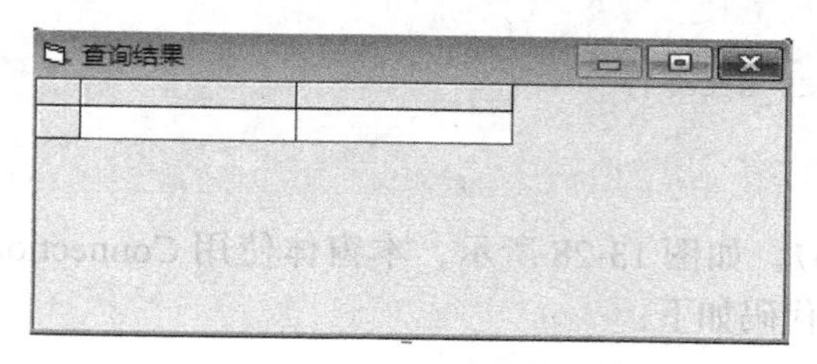

图 13-26 按表格浏览各种信息（Form5）

```
Private Sub Form_Activate()
    Set DataGrid1.DataSource = MyRs            ' 设置数据表格控件的数据源为 MyRs
    DataGrid1.Refresh
End Sub
Private Sub Form_Unload(Cancel As Integer)     ' 在窗体卸载时
    Set DataGrid1.DataSource = Nothing         ' 断开数据源
    MyRs.Close                                 ' 关闭记录集 MyRs
End Sub
```

10）设计窗体 Form6，如图 13-27 所示，本窗体使用 Connection 对象的 Execute 方法向"学生基本信息"表中插入数据，代码如下：

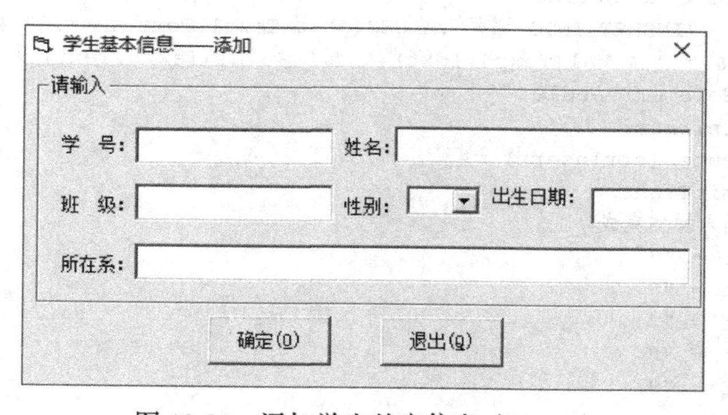

图 13-27 添加学生基本信息（Form6）

```
Private Sub Form_Activate()
    Text1.SetFocus
End Sub
Private Sub Command1_Click()
    Dim strInsert As String
    strInsert = "INSERT INTO 学生基本信息 VALUES('" & Text1.Text & "','" & Text2.Text
& "','" & Combo1.Text & "','" & Text3.Text & "','" & Text5.Text & "','" & Text4.Text & "')"
    On Error GoTo errhandle                ' 如果出错则转向 errhandler 处执行
```

```
    Mycon.BeginTrans                        ' 开始事务
    Mycon.Execute (strInsert)               ' 执行添加
    Mycon.CommitTrans                       ' 提交事务
    MsgBox "添加成功"                        ' 显示添加操作完成的提示消息
    Text1.Text = "": Text2.Text = ""        ' 清空在界面上录入的信息
    Text3.Text = "": Text4.Text = "": Text5.Text = ""
    Text1.SetFocus
    Exit Sub
errhandle:                                  ' 错误处理程序入口，当添加操作出现错误时执行
    MsgBox "添加失败"
    Mycon.RollbackTrans                     ' 撤销事务
End Sub

Private Sub Command2_Click()
    Unload Me
End Sub
```

11）设计窗体 Form7，如图 13-28 所示，本窗体使用 Connection 对象的 Execute 方法向“课程”表中插入数据，代码如下：

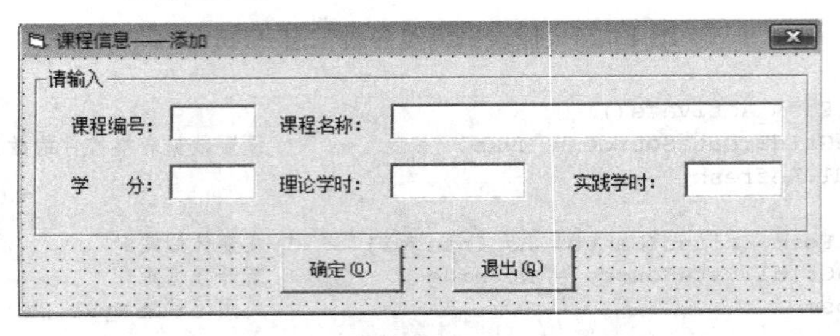

图 13-28 添加课程信息（Form7）

```
Private Sub Command1_Click()
    Dim strInsert As String
    strInsert = "INSERT INTO 课程 VALUES('" & Text1.Text & "','" & Text2.Text & "',"
& Val(Text3.Text) & "," & Val(Text4.Text) & "," & Val(Text5.Text) & ")"
    On Error GoTo errhandler
    Mycon.BeginTrans
    Mycon.Execute (strInsert)
    Mycon.CommitTrans
    MsgBox "插入操作完成"
    Text1.Text = ""
    Text2.Text = ""
    Text3.Text = ""
    Text4.Text = ""
    Text5.Text = ""
    Text1.SetFocus
    Exit Sub
errhandler:
    MsgBox "插入操作失败"
    Mycon.RollbackTrans
End Sub

Private Sub Command2_Click()
    Unload Me
End Sub
```

12）设计窗体 Form8，如图 13-29 所示，本窗体使用 Connection 对象的 Execute 方法向“成绩单”表中插入数据，代码如下：

图 13-29 添加学生成绩单（Form8）

```
 Private Sub Command1_Click()
     Dim strInsert As String
     ' 生成执行添加记录的字符串
     InsertStr = "INSERT INTO 成绩单 ( 学号 , 课程号 , 成绩 ) VALUES('" & DataCombo1.Text
& "','" & DataCombo2.Text & "'," & Val(Text3.Text) & ")"
     On Error GoTo errhandler          ' 如果出错则转向 errhandler 处执行
     Mycon.BeginTrans                  ' 开始事务
     Mycon.Execute (InsertStr)         ' 执行添加
     Mycon.CommitTrans                 ' 提交事务
     MsgBox " 插入操作完成 "
     DataCombo1.Text = "": DataCombo2.Text = "": Text3.Text = ""
     Text3.SetFocus
     Exit Sub
 errhandler:                          ' 错误处理程序入口
     MsgBox " 插入操作失败 "
     Mycon.RollbackTrans              ' 撤销事务
 End Sub

 Private Sub Command2_Click()
   Unload Me
 End Sub
```

13）设计窗体 Form9，如图 13-30 所示，本窗体使用 DataGrid 控件实现对数据的编辑修改，代码如下：

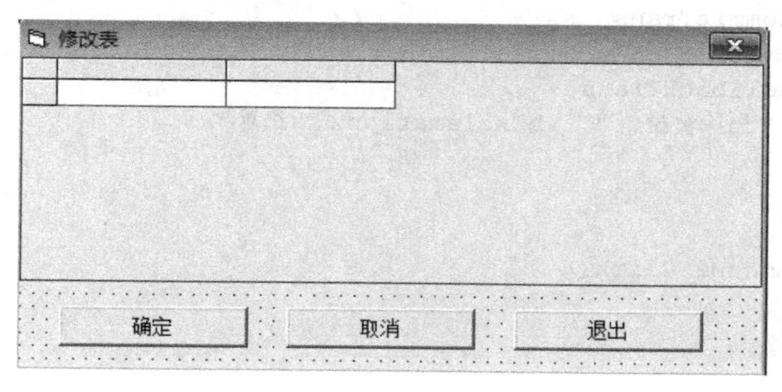

图 13-30 修改各种表（Form9）

```
Private Sub Form_Activate()
    Set DataGrid1.DataSource = MyRs     ' 用 DataGrid 控件显示数据
End Sub
Private Sub Command1_Click()
    MyRs.UpdateBatch                    ' 按确定按钮，进行批更新
End Sub
```

```
Private Sub Command2_Click()
    MyRs.CancelBatch                                   '按取消按钮，取消批更新
End Sub

Private Sub Command3_Click()
    Unload Me
End Sub

Private Sub Form_Unload(Cancel As Integer)
    Set DataGrid1.DataSource = Nothing
    MyRs.Close
    Unload Me
End Sub
```

14）设计窗体 Form10，如图 13-31 所示，本窗体使用 Connection 对象的 Execute 方法按学号和课程号删除成绩，代码如下：

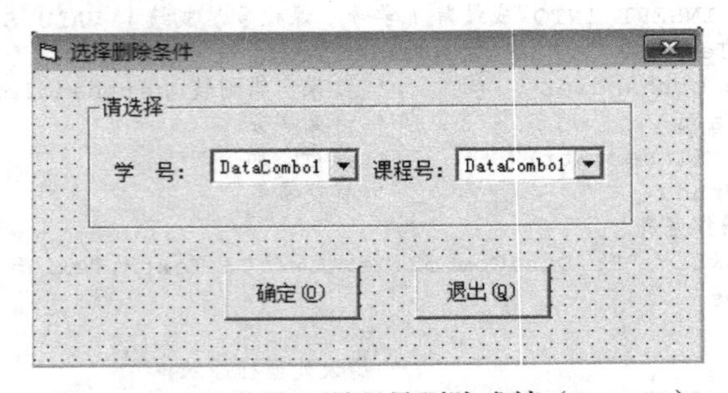

图 13-31 按学号和课程号删除成绩（Form10）

```
Private Sub Command1_Click()
    Dim strDelete As String, StudName As String
    strDelete = "DELETE FROM 成绩单 WHERE 课程号 LIKE '" & Trim(DataCombo2.Text) &
"%' AND 学号 LIKE '" & Trim(DataCombo1.Text) & "%'"
    Mycon.BeginTrans
    Mycon.Execute strDelete
    a = MsgBox("确定要删除指定的成绩单信息吗？", vbYesNo + vbExclamation, "注意")
    If a = vbYes Then
        Mycon.CommitTrans
    Else
        Mycon.RollbackTrans
        MsgBox "删除被撤销", vbExclamation, "注意"
    End If
End Sub

Private Sub Command2_Click()
    Unload Me
End Sub
```

13.7 上机练习

【练习 13-1】 使用 Microsoft Access 建立一个数据库“职工 .mdb”，该数据库包括“职工基本信息”表、“工资”表，结构如表 13-14、表 13-15 所示。

【练习 13-2】 使用 Microsoft Access 向练习 13-1 生成的表中录入一定的数据，其中，“工资”表中的“应发工资”不输入数据。

表 13-14 “职工基本信息”表

字段名	类型	长度	说明
职工编号	Text	18	Primary Key
姓名	Text	20	Not Null
性别	Text	2	
出生日期	Date		
职称	Text	20	
部门	Text	30	

表 13-15 “工资”表

字段名	类型	长度	说明
职工编号	Text	18	Primary Key
基本工资	Single		
奖金	Single		
房租	Single		
水电费	Single		
应发工资	Single		

【练习 13-3】 使用 Microsoft Access 创建一个查询，在“SQL 视图”窗口中使用 SQL 语句计算所有职工的应发工资。

【练习 13-4】 在“SQL 视图”窗口查询所有男职工的信息，查询结果包括“姓名”、“性别”、“职称”、“基本工资”、“奖金”。以查询名“男职工信息”保存该查询。

【练习 13-5】 使用 ADO 数据控件设计数据窗体，在该窗体上以表格形式显示“职工基本信息”表中的数据。

【练习 13-6】 参照例 13-1 和例 13-5 的界面建立一个职工信息管理系统。其中，“查询”功能包括“按部门查询”和“按职称查询”，查询结果显示的字段包括两个表中的所有字段。“数据维护”功能包括对“职工基本信息”表和“工资”表的维护。设计和运行界面如图 13-32 所示。

a)“查询”菜单

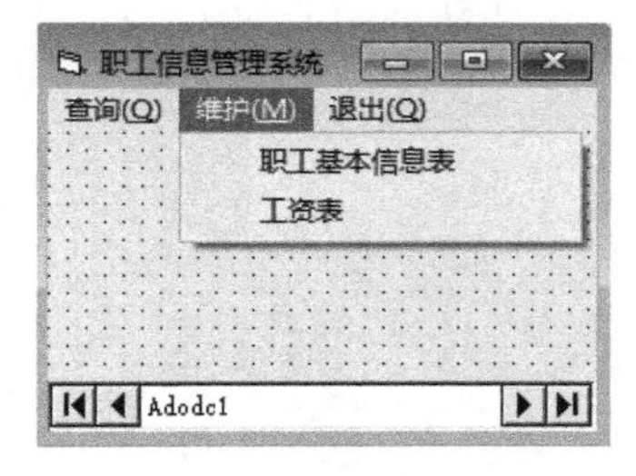

b)“维护”菜单

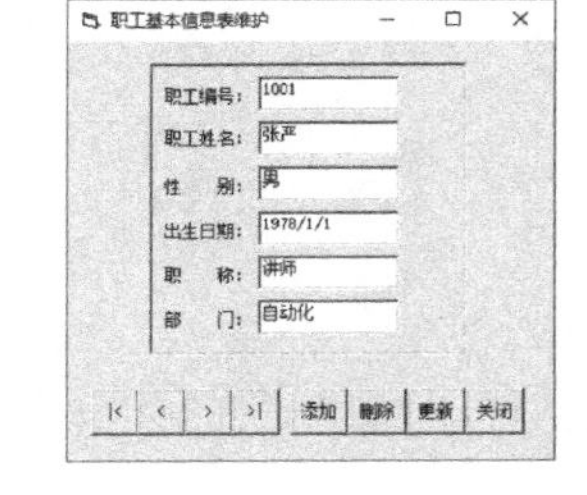

c）运行界面

图 13-32 “职工信息管理系统”

参考文献

[1] 教育部高等学校计算机科学与技术教学指导委员会 . 关于进一步加强高等学校计算机基础教学的意见暨计算机基础课程教学基本要求（试行）[M]. 北京：高等教育出版社，2006.

[2] 刘瑞新 .Visual Basic 程序设计教程 [M]. 3 版 . 北京：电子工业出版社，2007.

[3] 明日科技 . Visual Basic 程序开发范例宝典 [M]. 北京：人民邮电出版社，2007.

[4] 邱李华，李晓黎，任华，等 . SQL Server 2008 数据库应用教程 [M]. 2 版 . 北京：人民邮电出版社，2012.

推荐阅读

计算机组成基础（原书第2版）

作者：孙德文 等 ISBN：978-7-111-53347-4 定价：39.00元

本书系统地介绍了计算机的基本组成原理和内部工作机制，包括计算机系统概论、运算基础、数值的机器运算、存储系统和结构、指令系统、中央处理器、I/O接口、外围设备和总线。在此基础上，为了加强理论与应用实践的联系，反映计算机技术的新发展——新的处理器芯片和控制芯片组层出不穷，计算机的应用遍地开花，应用技术更有了长足的进步，第2版新加了一章“计算机硬件系统举例——PC主板和CPU”。

针对我国高等教育进入大众化的现实以及计算机学科迅速发展的特点，本书在内容组织和编写过程中尽可能做到深入浅出、贴近实际，在保证基本体系和基础内容的前提下，有选择地介绍学科的新发展和新技术。

数据结构与算法：Python语言描述

作者：裘宗燕 ISBN：978-7-111-52118-1 定价：45.00元

本书基于Python语言介绍了数据结构与算法的基本知识，主要内容包括抽象数据类型和 Python 面向对象程序设计、线性表、字符串、栈和队列、二叉树和树、集合、排序以及算法的基本知识。本书延续问题求解的思路，从解决问题的目标来组织教学内容，注重理论与实践的并用。

计算机科学导论：基于机器人的实践方法

作者：陈以农 等 ISBN：978-7-111-43588-4 定价：35.00元

这是一本基于机器人的计算机科学入门课程教材/实验教学教材，既介绍原理又要实现原理，分为原理和实验两部分。这样学生在学完一个原理之后，就要动手实践这个原理。该课程的实验部分主要基于微软的机器人开发环境MRDS、VPL可视化编程语言以及乐高机器人。

推荐阅读

数据库原理与应用教程 第4版

作者：何玉洁 ISBN：978-7-111-53426-6 定价：36.00元

计算机软件技术及应用

作者：张玉洁 等 ISBN：978-7-111-52953-8 定价：39.00元

C#程序设计教程 第3版

作者：郑阿奇 等 ISBN：978-7-111-50529-7 定价：45.00元

Access 2010数据库应用程序设计

作者：沈楠 等 ISBN：978-7-111-55840-8 定价：39.00元

SQL Server教程：从基础到应用

作者：郑阿奇 ISBN：978-7-111-49601-4 定价：45.00元

Visual Basic.NET程序设计教程

作者：邱李华 等 ISBN：978-7-111-45092-4 定价：39.00元